Hermann Heckmann:
DIE GUTACHTEN
DES BAUMEISTERS ERNST GEORGE SONNIN

Hermann Heckmann

DIE GUTACHTEN DES BAUMEISTERS ERNST GEORGE SONNIN

Acta humaniora

Herausgegeben von der Stiftung Mitteldeutscher Kulturrat, Bonn als Band 23 der Reihe »Aus Deutschlands Mitte«

Einband: Aufmaß Sonnins vom Domturm in Hamburg mit Darstellung des Mauerwerksrisses unter dem südwestlichen Ecktürmchen, 1761

CIP-Titelaufnahme der Deutschen Bibliothek

Sonnin, Ernst George:
Die Gutachten des Baumeisters Ernst George Sonnin / [Ernst George Sonnin]; Hermann Heckmann. [Hrsg. von der Stiftung Mitteldeutscher Kulturrat, Bonn]. – Weinheim: VCH, Acta Humaniora, 1990
   (Aus Deutschlands Mitte; Bd. 23)
   ISBN 3-527-17769-8
NE: Heckmann, Hermann [Hrsg.]; HST; GT

© Stiftung Mitteldeutscher Kulturrat, Colmantstraße 19, 5300 Bonn 1, 1990
Vertrieb: VCH Verlagsgesellschaft mbH, Pappelallee 3, 6940 Weinheim

Alle Rechte, insbesondere die der Übersetzung in andere Sprachen, vorbehalten. Kein Teil dieses Buches darf ohne schriftliche Genehmigung des Verlages in irgendeiner Form – durch Photokopie, Mikroverfilmung oder irgendein anderes Verfahren – reproduziert oder in eine von Maschinen, insbesondere von Datenverarbeitungsmaschinen, verwendbare Sprache übertragen oder übersetzt werden.

Gesamtherstellung: Clausen & Bosse, Leck

INHALTSVERZEICHNIS

VORWORT 7
EINFÜHRUNG 9

GUTACHTEN
1. Große Michaeliskirche Hamburg,
   6. 4. 1751 23
2. Große Michaeliskirche Hamburg,
   13. 11. 1753 24
3. Dom St. Marien Hamburg,
   18. 2. 1754 25
4. Große Michaeliskirche Hamburg,
   2. 6. 1755 28
5. Große Michaeliskirche Hamburg,
   5. 2. 1756 30
6. Herrengraben Hamburg,
   27. 11. 1758 32
7. Petri- und Paulikirche Hamburg,
   21. 5. 1759 34
8. Petri- und Paulikirche Hamburg,
   16. 7. 1759 35
9. Herrengraben Hamburg,
   April 1760 36
10. Pferdestall Seestermühe,
    28. 5. 1760 39
11. Kirche St. Cosmae et Damiani
    Stade, 20. 6. 1760 40
12. Dom St. Marien Hamburg,
    13. 1. 1761 42
13. Kirche St. Cosmae et Damiani
    Stade, 17. 2. 1761 45
14. Ratsapotheke Hamburg,
    27. 2. 1761 46
15. Dom St. Marien Hamburg,
    16. 4. 1761 47
16. Dom St. Marien Hamburg,
    18. 4. 1761 49
17. Herrengraben Hamburg,
    25. 9. 1761 50
18. Dom St. Marien Hamburg,
    21. 10. 1762 51
19. Dom St. Marien Hamburg,
    24. 10. 1763 52
20. Schloß Kiel, 29. 2. 1764 . . . 54
21. Universitätsgebäude Kiel,
    29. 2. 1764 57
22. Kirche Wilster, 14. 3. 1764 . . . 61
23. Kirche Wedel, 8. 11. 1764 . . . 64
24. Kirche Selent, 2. 3. 1765 65
25. Herrengraben Hamburg,
    2. 10. 1765 68
26. Herrengraben Hamburg,
    14. 10. 1765 75
27. Kirche Wilster, 12. 11. 1765 . . . 77
28. Elbregulierung, 28. 11. 1766 . . . 80
29. Hanfmagazin an der Elbe,
    um 1768 90
30. Niederhafen Hamburg,
    28. 1. 1767 91
31. Herrengraben Hamburg, 1767 . . 92
32. Herrengraben Hamburg,
    18. 8. 1767 98
33. Dreifaltigkeitskirche Harburg,
    30. 5. 1769 100
34. Nikolaikirche Hamburg,
    22. 6. 1769 104
35. Katharinenkirche Hamburg,
    3. 9. 1769 105
36. Feuerspritzen, 5. und 8. 2. 1770 . 108
37. Katharinenkirche Hamburg,
    1. 3. 1770 112
38. Dreifaltigkeitskirche Harburg,
    9. 4. 1770 114
39. Dreifaltigkeitskirche Harburg,
    13. 4. 1770 115
40. Rathaus Hamburg, 9. 5. 1770 . . 116
41. Rathaus Hamburg, 25. 8. 1770 . . 118
42. Dreifaltigkeitskirche Harburg,
    22. 9. 1770 119
43. Katharinenkirche Hamburg,
    2. 11. 1770 120
44. Rathaus Hamburg, 15. 3. 1771 . . 124
45. Katharinenkirche Hamburg,
    4. 4. 1771 126
46. Rathaus Hamburg, 2. 5. 1771 . . 127
47. Vicelinkirche Neumünster,
    28. 2. 1774 130
48. Vicelinkirche Neumünster,
    28. 2. 1774 133
49. Kirche Wilster, 1. 5. 1775 135
50. Kirche Wilster, 8. 5. 1775 149
51. Kirche Wilster, 13. 6. 1775 . . . 151
52. Saline Lüneburg, 31. 7. 1775 . . 155
53. Kirche Wilster, 27. 9. 1775 . . . 176
54. Kirche Wilster, 30. 10. 1775 . . . 183
55. Kirche Wilster, 14. 11. 1775 . . . 185
56. Kirche Wilster, 14. 3. 1776 . . . 186
57. Große Michaeliskirche Hamburg,
    15. 6. 1776 187
58. Kirche Wilster, 2. 7. 1776 190
59. Kirche Wilster, 18. 12. 1776 . . . 192
60. Lüneburg, um 1776 192
61. Kirche Wilster, 10. 3. 1777 . . . 196
62. Kirche Wilster, 6. 5. 1777 197
63. Kirche Wilster, 9. 6. 1777 199
64. Petrikirche Buxtehude,
    27. 10. 1777 199

65.	Saline Lüneburg, 21. 4. 1778	202
66.	Saline Lüneburg, 24. 6. 1778	209
67.	Große Michaeliskirche Hamburg, 14. 9. 1778	222
68.	Saline Lüneburg, 15. 6. 1779	225
69.	Saline Lüneburg, 16. 6. 1779	229
70.	Saline Lüneburg, 16. 11. 1779	232
71.	Nikolaikirche Lüneburg, 24. 6. 1780	236
72.	Große Michaeliskirche Hamburg, 13. 7. 1780	237
73.	Saline Lüneburg, 31. 7. 1780	238
74.	Saline Lüneburg, 5. 8. 1780	240
75.	Saline Lüneburg, 9. 8. 1780	241
76.	Große Michaeliskirche Hamburg, 14. 8. 1780	243
77.	Saline Lüneburg, 29. 8. 1780	247
78.	Saline Lüneburg, 15. 10. 1780	249
79.	Saline Lüneburg, 7. 2. 1781	252
80.	Saline Lüneburg, 4. 3. 1781	253
81.	Lüneburg, 22. 3. 1781	259
82.	Saline Lüneburg, 27. 7. 1782	268
83.	Saline Lüneburg, 21. 9. 1782	274
84.	Saline Lüneburg, 26. 9. 1782	284
85.	Saline Lüneburg, 21. 11. 1782	285
86.	Lüneburg, 12. 3. 1783	287
87.	Lüneburg, 14. 4. 1783	288
88.	Lüneburg, 16. 4. 1783	292
89.	Lüneburg, 23. 10. 1784	293
90.	Saline Lüneburg, 17. 2. 1785	294
91.	Saline Lüneburg, 25. 2. 1785	296
92.	Saline Lüneburg, vor dem 14. 9. 1786	303
93.	Lüneburg, 15. 5. 1787	304
94.	Lüneburg, 9. 11. 1787	305
95.	Lüneburg, 12. 11. 1787	306
96.	Lüneburg, 14. 12. 1787	307
97.	Saline Lüneburg, 24. 12. 1787	308
98.	Rathaus Hamburg, 27. 4. 1788	310
99.	Rathaus Hamburg, 9. 5. 1788	316
100.	Sandwisch- und Tiefstackschleuse am Billwerder Elbdeich, 23. 5. 1788	320
101.	Lüneburg, 7. 6. 1788	321
102.	Entwässerungs- und Kornmühle am Herrenbrack, 3. 7. 1789	322
103.	Lambertikirche Oldenburg in Oldenburg, 23. 7. 1789	323
104.	Sandwisch- und Tiefstackschleuse am Billwerder Elbdeich, 13. 10. 1789	328
105.	Saline Lüneburg, 23. 3. 1790	331
106.	Lüneburg, 3. 4. 1790	332
107.	Lüneburg, 16. 4. 1790	336
108.	Lüneburg, 21. 4. 1790	338
109.	Lüneburg, 14. 5. 1790	339
110.	Lüneburg, 14. 7. 1790	341
111.	Entwässerungs- und Kornmühle am Herrenbrack, 10. 8. 1790	342
112.	Entwässerung der Marschen, 1791	344
113.	Lüneburg, 19. 3. 1791	354
114.	Lüneburg, 26. 5. 1791	355
115.	Alsterverschmutzung Hamburg, 19. 8. 1791	356
116.	Lüneburg, 13. 9. 1791	360
117.	Alsterverschmutzung Hamburg, 5. 2. 1792	361
118.	Brunnen Gänsemarkt Hamburg, 21. 2. 1792	372
119.	Alsterverschmutzung Hamburg, 5. 3. 1793	373
120.	Saline Lüneburg, 21. 8. 1793	383
121.	Saline Lüneburg, 9. 12. 1793	385
122.	Eindeichung von Hamburg, 23. 1. 1794	398
123.	Saline Lüneburg, 2. 4. 1794	404

KONKORDANZ 407
PERSONENVERZEICHNIS . . . 408

VORWORT

Ernst George Sonnin wird am 10. Juni 1713 in dem brandenburgischen Dorf Quitzow bei Perleberg als Sohn des Pastors Johann Sonnin und dessen Ehefrau Rahel Elisabeth geb. Struensee geboren. Da der Vater früh stirbt und die Mutter acht Kinder zu versorgen hat, gibt sie den begabten Jungen ins dänische Altona dem Freund der Familie Johann Kruse mit, der dort soeben die Stelle des Konrektors der neugegründeten Friedrichsschule angetreten hat. Der junge Sonnin kann die fünf Klassen mit so großem Erfolg durchlaufen, daß er vom späteren Oberpräsidenten Altonas, Graf Hans Rantzau von Aschberg, ein Stipendium für das Studium der Theologie an der Friedrichsuniversität in Halle erhält. Das Studium in Halle ist die Voraussetzung für eine Anstellung im preußischen Dienst. In Halle findet er in den Struensees mütterlicherseits Verwandte und bald auch einen Gönner an der Universität: Der Theologieprofessor Joachim Lange, bei dem Sonnin vermutlich das dogmatische Anfangskolleg im großen Auditorium auf der Waage am Markt hört, betraut ihn mit der Unterrichtung seines Sohnes in der lateinischen Sprache. Zu Sonnins Studienzeit lehren ferner in Halle die Theologen Johann Heinrich und Christian Benedict Michaelis und Siegmund Jakob Baumgarten und dessen Bruder, der Philosoph Alexander Gottlieb Baumgarten. Doch Sonnin entdeckt seine eigentliche Begabung bei der Beschäftigung mit der Mathematik. Den 1723 durch Kabinettsorder Friedrich Wilhelms I. amtsenthobenen und des Landes verwiesenen bedeutenden Philosophen und Mathematiker Christian Wolff kann er nicht kennenlernen, da dieser erst 1740 zurückberufen wird. Aber er arbeitet nach dessen 1710 erschienenen »Anfangsgründe sämtlicher mathem. Wissenschaften«.

1736 wechselt er vermutlich für kurze Zeit nach Jena und kehrt dann ohne akademischen Grad 1737 nach Hamburg zurück, wo er seinen Lebensunterhalt als Hauslehrer verdient und mit dem Freund Cord Michael Möller in einer Werkstatt mechanische Instrumente herstellt, bevor er beim Abbruch und Wiederaufbau der am 10. März 1750 abgebrannten Großen Michaeliskirche zum ersten Bauvorhaben von Bedeutung hinzugezogen wird.

Ernst George Sonnin, der nun in Norddeutschland bleibt und hier sein Lebenswerk vollbringt, ist ein Beispiel für die weite Ausstrahlung der mitteldeutschen Universitäten. Vor allem in Halle erhält er die akademische Ausbildung im logischen Denken, die ihn zu seinen großen Leistungen auf dem Gebiet der Hoch- und Tiefbaukonstruktionen befähigt. In Halle lernt er das 1694 in der Vorstadt Glaucha von August Hermann Francke gegründete Waisenhaus kennen, in dem ein Naturalien- und Kunstkabinett mit einer ausgezeichneten Sammlung physikalischer und technischer Exponate besteht, die ihn zu seiner eigenen, dann zum Bauwesen führenden Tätigkeit als Mechanikus mit bewogen haben dürfte. Aber vor allem veranlassen ihn die an den Franckeschen Stiftungen gewonnenen Erkenntnisse, was in einem Waisenhaus zu tun nötig und auch möglich ist, am 14. Januar 1764 zur Vorbereitung der Gründung der »Hamburgischen Gesellschaft zur Beförderung der Manufacturen, Künste und nützlichen Gewerbe« (Patriotische Gesellschaft) als ersten eigenen Beitrag den Entwurf für ein neues Waisenhaus vorzulegen.

Die »Stiftung mitteldeutscher Kulturrat«, deren Aufgabe die »Wahrnehmung und Vertretung der mitteldeutschen Beiträge zur gesamtdeutschen Kultur, Förderung der Kulturleistung der aus Mitteldeutschland stammenden Deutschen« ist, hat die Veröffentlichung der Gutachten des aus Brandenburg stammenden, in Halle und Jena ausgebildeten und dann in Norddeutschland tätigen Baumeisters finanziell ermöglichen können. Die »Hamburgische Wissenschaftliche Stiftung« trug mit einem Druckkostenzuschuß dazu bei. Dafür sei herzlich gedankt.

EINFÜHRUNG

Der schriftliche Nachlaß eines Baumeisters wird selten oder nur auszugsweise veröffentlicht, und dafür gibt es Gründe. Besteht er doch nicht nur aus Briefen – was hier so viel heißt wie die Korrespondenz mit dem Auftraggeber –, sondern auch aus den viel zahlreicheren weiteren mit der Bauvorbereitung und -durchführung zusammenhängenden Schriftstücken, also aus Material- und Leistungsverzeichnissen, Kostenangeboten, Sitzungsprotokollen, Erläuterungsberichten, Quittungen, Wochen- und Lohnzetteln und Abrechnungen. Die Forschung benutzt sie zur Klärung der Baugeschichte, publiziert sie jedoch selten wörtlich im vollen Umfang, weil deren Bedeutung zu unterschiedlich ist und weit hinter der Aussagekraft der Entwurfszeichnungen und des Bauwerks zurücktritt. Selbst Briefe werden nur zitiert, wenn aus ihnen ein besonderes Verhältnis zum Auftraggeber hervorgeht, wenn sie Eigenarten des Entwurfs erläutern, wenn sie wichtige Aussagen für die Auffassung des Baumeisters enthalten.

Diese grundsätzlichen Feststellungen treffen für das 18. Jahrhundert auch zu. So viele Baumeister-Monographien des 18. Jahrhunderts es auch gibt – die wörtliche Wiedergabe der schriftlichen Quellen enthalten sie meist nur auszugsweise. Im Mittelpunkt der Baumeister-Monographie steht das *gebaute* Lebenswerk, stehen die Entwurfsskizzen und exakten Zeichnungen und die Fotos der Bauwerke und deren Interpretation, nicht der schriftliche Nachlaß, der neben dem viel Platz beanspruchenden Abbildungsmaterial ohnehin kaum in einer solchen Veröffentlichung untergebracht werden kann und meist nur den Fachmann interessiert, der sich mit der Entstehungsgeschichte eines bestimmten Bauwerks eingehender befaßt. So heißt es im Katalog der Balthasar-Neumann-Ausstellung 1987 in Würzburg: »Die Zahl seiner von der Forschung bisher ermittelten Berichte beträgt mehr als hundert Briefe von oftmals beträchtlicher Länge.«[1] – Keiner ist abgedruckt. Im Katalog der Johann-Conrad-Schlaun-Ausstellung 1973 in Münster sind etwa 50 eigenhändige Schreiben Schlauns abgedruckt[2], in der Monographie von Matthäus Daniel Pöppelmann an die 40[3], in der von Domenico Egidio Rossi 25[4] und in der von Gottfried Heinrich Krohne 20 in Auszügen[5].

Mit der Monographie von Ernst George Sonnin steht es nicht anders.[6] Da sie nur die Fundstellen der selbstverfaßten Schriftstücke, kein einziges jedoch im vollen Wortlaut enthält, soll die Dokumentation der wichtigsten Gutachten diese Lücke nun schließen. Denn gerade Sonnins schriftlicher Nachlaß verdient es, aus der Verborgenheit der Archive hervorgeholt und im Zusammenhang publiziert zu werden; unterscheidet er sich von dem schriftlichen Nachlaß der meisten bekannten Baumeister des 18. Jahrhunderts doch im gleichen Maß, wie sich auch das ganze Lebenswerk unterscheidet.

Sonnins große architektonische Leistungen sind ja nicht sonderlich zahlreich. Zu diesen wird man die Große Michaeliskirche – vor allem den Turm – und die Kirche in Wilster zählen. Ob die Drostei in Pinneberg als authentisches Werk hinzugerechnet werden darf, bleibt fraglich. Die Universität in Kiel, die Pastorenhäuser der Johanniskirche in Lüneburg und die Wohnhäuser in Hamburg stellen keine Bauwerke von besonderer architektonischer Qualität dar. Im Hinblick auf eine progressive und stilbildende Architekturauffassung ist der Turm der Großen Michaeliskirche hervorzuheben. Die Kirche in Wilster besitzt Bedeutung für die Entwicklung des protestantischen Predigtraumes in Norddeutschland, jedoch nicht in einer mit dem Michaeliskirchturm vergleichbaren Dimension.

Sonnin war ein Baumeister des Bürgertums. Wenn er im Auftrag des Adels tätig wurde – etwa beim Umbau des Kieler Schlosses –, dann für die Bauerhaltung, nicht für die Verschönerung. Die Charakterisierung als »Baumeister des Rationalismus«[6] (weniger philosophisch als wörtlich und konträr zum Barock verstanden) unterstreicht diese Tendenz. Nur bei der Großen Michaeliskirche entstand Prachtarchitektur, um dem Anspruch einer für Hamburg so bedeutsamen Bauaufgabe gerecht zu werden. Schon zum Umbau des alten Universitätsgebäudes in Kiel schrieb er dagegen: »Die Vorschläge und Riße sind nicht sowohl zur Pracht, als vornehmlich zur möglichsten menage und dann zur Dauer eingerichtet.«[7] Die in Stade anläßlich der Durchreise der Prinzessin Sophie Charlotte von Mecklenburg-Strelitz im Jahre 1761 erbaute Ehrenpforte bildet eine zweite Ausnahme, aber Sonnin überließ den Entwurf – genauso wie die Innenausstattung der Großen Michaeliskirche – hauptsächlich dem Freund Cord Michael Möller. Selbst verfaßte er wohl die Huldigungssprüche in lateinischer Sprache und sorgte für die schnelle Herstellung.

Sonnins große Leistungen sind bautechnischer und ökonomischer Art: die Geraderichtungen der Türme von Nikolaikirche, Dom St. Marien und Katharinenkirche in Hamburg, die Instandsetzungen der Kirche St. Cosmae et Damiani in Stade und der Petrikirche in Buxtehude, die Reorganisation der Lüneburger Saline und die Austiefung des Herrengrabenfleets in Hamburg, um nur die wichtigsten zu nennen.

So ein spezifisches Arbeitsfeld erklärt die Fülle des schriftlichen Nachlasses, erklärt dessen höheren Stellenwert als bei anderen Baumeistern seiner Zeit und auch dessen Bedeutung für die Baugeschichte des 18. Jahrhunderts. Diese Feststellung berücksichtigt die Vielseitigkeit aller Baumeister in einem Jahrhundert, in dem auch das ganze bautechnische Umfeld zu deren Tätigkeits- und Zuständigkeitsbereich gehörte. Alle hatten sie sich außer mit Neuplanungen mit Gutachten und Instandsetzungen zu befassen. Alle waren nicht nur mit den architektentypischen Hochbauaufgaben befaßt, sondern auch mit Wasser-, Ufer-, Deich-, Brücken- und Straßenbauten, einige auch mit der Konstruktion von Maschinen. Die meisten stammten ja aus technischen Bereichen: dem Handwerk oder dem Kriegsingenieurwesen. Gelegentlich wurde einer sogar als »mechanicus« bezeichnet. Die ausgesprochenen Künstlerarchitekten sind in der Minderzahl. Aber auch von diesen – siehe Andreas Schlüter – wurde technisch-konstruktives Können erwartet.

Gewiß sah bei jedem das Verhältnis von künstlerischer und bautechnischer Tätigkeit anders aus, und bei jedem werden die Verdienste auf beiden Gebieten anders zu würdigen sein; auch unterscheidet sich das Urteil der Zeitgenossen oft vom heutigen Urteil.

Die Zeitgenossen nannten Sonnin stets einen Baumeister – fast nie einen Architekten – und trafen damit wohl die richtige Berufsbezeichnung, die der weit überwiegenden bautechnischen und ökonomischen Thematik der Aufträge und Gutachten gerecht wird. Das Berufsbild des Bauingenieurs hingegen würde bei Sonnins Vielseitigkeit – man denke an seine Verdienste um die Verbesserung der Salzgewinnung und -qualität in der Lüneburger Saline oder an die Gutachten über die Qualität des Alsterwassers in Hamburg – nur zum Teil zutreffen. Es entwickelte sich ohnehin erst im letzten Drittel des 18. Jahrhunderts, als exakte Berechnungen nach feststehenden Methoden und Formeln die empirische Betrachtungsweise mehr und mehr abzulösen begannen, und meinte schließlich den Statiker als den rechnenden und bemessenden Konstrukteur von Hoch- und Tiefbauten in Abgrenzung gegen den Architekten. Den Baumeister mag man als die traditionelle allgemeine Berufsbezeichnung, dann auch als Vorstufe und später als Zwischenglied zum Bauingenieur ansehen, als den Fachmann zur Bewältigung aller Bauaufgaben schlechthin – solange dies die technische Entwicklung zuließ.

Sonnins umfangreiche konstruktive Fähigkeiten und seine umfassende Bildung entsprachen den Vorstellungen Vitruvs vom idealen Baumeister, auf die er sich auch gelegentlich berief.[8] Sie besaßen im 18. Jahrhundert noch volle Gültigkeit. So verlangte beispielsweise im Jahre 1711 die Ritterakademie in Liegnitz außer Bauleitungsfähigkeiten und Materialkenntnissen Erfahrungen in den Freien und Bildenden Künsten, in den Wissenschaften, insbesondere der Mathematik und Physik (Mechanik und Statik vor allem), Geschichte, Symbolik und Heraldik. Der Baumeister müsse »ein gelehrter, kluger, und wohlversuchter mann, und so zu reden ein polyhistor seyn«.[9] Weitere Beispiele – etwa Büschs Definition in der »Bauwissenschaft«[10] – lassen sich anführen.

Die Dokumentation von Sonnins Gutachten soll jedoch nicht nur die authentischen Belege seiner Denkweise als Baumeister vorlegen, sondern auch im weiteren Sinn zur Erforschung des 18. Jahrhunderts beitragen. Sonnin hatte schon während des Studiums in Halle praktische Ergebnisse der »aufgeklärten« Geisteshaltung kennenlernen können, wirkte nun in Hamburg, dem zweiten bedeutenden Zentrum der Aufklärung in Deutschland, und erlangte hier außer als verdienter Baumeister einen respektablen Ruf als der einzige Vertreter des Bauwesens innerhalb der von der Patriotischen Gesellschaft vorangetriebenen Aufklärung.

Diese wird im Bauwesen oft nur aus ästhetischer und architekturkritischer Sicht gesehen und dann im Zusammenhang mit dem Entstehen des Klassizismus dem Barock und Rokoko gegenübergestellt oder vor dem Hintergrund des neuen Auftraggebers Bürgertum statt des Adels interpretiert.

Sonnin vertrat die Anliegen der Aufklärung in ganz anderer Weise. Er verfügte über die seltene Kombination von akademischer Bildung und Kenntnissen der Mechanik und die Doppelbegabung für Theorie und Praxis. Sie verschafften ihm einerseits Gehör bei den gebildeten Auftraggebern, in deren Kreisen er verkehrte, und andererseits Überlegenheit gegenüber den Handwerksmeistern, indem er gegen deren Traditionen und Erfahrungen seinen akademisch geschulten Verstand und seine Formulierungskunst einzusetzen wußte. Seine praktischen Kenntnisse und Erfahrungen auf dem Gebiet der Mechanik standen ebenfalls über denen vieler Handwerksmeister und erwiesen sich bei der Lösung schwieriger statisch-konstruktiver Probleme als ausschlaggebend, wenn die herkömmlichen Methoden versagten.

Belegt ist neben Sonnins engen Kontakten zur Kaufmannschaft[11] die Teilnahme am Gesprächskreis im Hause Reimarus[12], aus dem die Patriotische Gesellschaft hervorging. Sein Name steht in der Subskriptionsliste[13], er steht im Mitgliederbuch an fünfter Stelle[14]. Sonnin war Mitglied des ersten Vorstandes und hielt am 30. Juni 1768 eine Ansprache auf der Mitgliederversammlung.[15]

Im Zusammenhang mit den Bemühungen der Patriotischen Gesellschaft um das Bauwesen, auf die hier nicht weiter eingegangen werden kann, soll jedoch Professor Johann Georg Büsch erwähnt werden, auch wenn er kein gelernter Baumeister war, der erste Vorsteher der Gesellschaft. Mit Sonnin führte er die Austiefung des Herrengrabens zum befahrbaren Kanal durch, beide dürften die Initiatoren zur Gründung der »Schule von Künstlern und Handwerkern« im Jahre 1767 sein. Professor Büsch veröffentlichte 1796 die »Praktische Darstellung der Bauwissenschaft« – nicht für den Fachmann, sondern für den bürgerlichen Auftraggeber, für den Laien also. Sie belegt die Bildung und Vielseitigkeit des Mathematikprofessors und Nationalökonoms und dessen Interesse am Bauwesen als einer Voraussetzung für das Allgemeinwohl. Unter den zahlreichen Architekturtraktaten des 18. Jahrhunderts nimmt sie sich als Außenseiter aus, fand jedoch so viel Beachtung, daß 1800 eine zweite Auflage erscheinen konnte.

Sonnin hat eine ähnliche Veröffentlichung nie vorgenommen und auch wohl nicht ins Auge gefaßt, obwohl er dazu doch in der Lage gewesen wäre und auch pädagogische Veranlagungen und Ambitionen besaß. Die Zeit wird ihm gefehlt haben: »Meine Zeit ist mir das principuum, wovon ich nicht abgehen kann und sie ist mir so gut wie baares Geld.«[16] Wenn er sich mit naturwissenschaftlichen oder technischen Problemen befaßte, dann stets aus einem bestimmten praktischen Anlaß. Nicht mit

Gelehrten hatte er sich dann auseinanderzusetzen, sondern mit dem Auftraggeber, dem Politiker, dem Beamten und dem Handwerksmeister, und diese versuchte er mit wissenschaftlichen Erkenntnissen in einer einfachen und jedermann verständlichen Ausdrucksweise zu überzeugen.

Das waren ja genau die Absichten der Patriotischen Gesellschaft: »Für die Wissenschaften direkt zu wirken, war von Anfang an nicht in dem Plan der Gesellschaft. Sie wollte bloß jedes gemeinnützige Resultat des menschlichen Wissens, Entdeckens und Erfindens auf praktisches und bürgerliches Leben möglichst anwenden, nicht selbst untersuchen, entdecken und erfinden.«[17]

Diese Tendenz belegen alle Gutachten Sonnins, und in jedem vertrat er die Anliegen der Aufklärung, den Verstand einzusetzen, mit überholten und nachteiligen Traditionen zu brechen und Verbesserungen einzuführen. Er, der sein Leben ausschließlich dem Beruf widmete und von früh bis spät abends tätig war und sich selbst jede Bequemlichkeit versagte, nahm auch kein Blatt vor den Mund, wenn er gegen die Faulheit von Handwerkern anging: »Wer gelohnet wird, der muß nach Möglichkeit arbeiten.«[18] Die Fleißigen suchte er zu fördern: »Wohingegen ich einem jeden seinen gebührenden Lohn, auch wohl, wie immer geschehen ist, dem Fleißigern ein Superfluum gerne gebe.«[19] Da die Zünfte seine unorthodoxen Methoden, beispielsweise die Beschäftigung von Handwerkern ohne Meister, zu verhindern suchten, gab es genug Konfliktstoff: »Es ist mir lieb, die Macht oder auch die courage des Handwerks in dem Ausdruck: Wir sind ein Amt und haben unsere privilegia, wir wollen sehen, wer uns was zu befehlen habe, kennen zu lernen.«[19] Die Zunftmeister kritisierte er, wenn sie ihrer Verantwortung nicht nachkamen, Preisabsprachen vornahmen oder fachlich nicht auf der Höhe waren: »Wie ich es überhaupt haße, wenn unsere nachläßige oder eigen nützige Maurermeister zum wahren Schaden des Baues und zur Schande unserer Jahre ihre Arbeit so liederlich von der Hand schlagen.«[20] Oder: »...weil die Gothischen Mauermeister das den Griechen und Römern so werthe Gleichgewichte eben so wenig gekannt, als unsere itzige Mauermeister, von welchen unter Hundert kaum einer gehöret haben mag, daß das Gleichgewichte bey einem Bau in Betrachtung komme. Aus diesem Gesichts-Puncte ist es dem Kenner ein empfindlichst betrübter Anblick, wenn man Entwürffe von Mauermeistern zu Thürmen, womit unschuldige Gemeinden beladen werden sollen, siehet, die so widersinnig angeordnet sind, daß sie absolut sich zerquetschen müßen.«[20]

Auch wenn Sonnins Gutachten fast immer technische und naturwissenschaftliche Probleme behandeln, enthalten sie häufig Passagen, die darüber hinaus die Denkweise der Aufklärung und die Bestrebungen der Patriotischen Gesellschaft erkennen lassen:

– »Man handelt nicht mehr so viel als vormahls mit Geheimnißen der Kunst und der Wißenschaften, hinter welchen sich öfters eine stolze Unwißenheit sich verstecket. Man suchet viel mehr zu unseren Zeiten durch uneigennützige Verbreitung der Wißenschaften Nutzen zu stiften und Schaden abzuwenden.«[21]
– »Ein Publicum, welches von Vorurtheilen nicht eingenommen ist, kann immer dabey gewinnen, wenn es mehrere Gedanken höret, da wir Menschen sind, mithin uns sowohl in unsern eigenen Meinungen als in Betreff anderer Gedanken gar zu leicht irren können.«[22]
– »Wehe dem, der die Natur zur Feindin hat! Hingegen: Wohl dem, des Freundin sie ist, und: Wohl dem, der seine Augen steif auf ihre Winke heftet. Sie segnet ihn dafür.«[23]
– »So beruhet alles nur in dem Fleiß und der Klugheit, zu rechter Zeit solche Maasregeln zu nehmen, die den künftigen Erfolg unserer Absicht lencken. Man erreicht sie immer, wenn man mit der Natur würcket, und man ist gegentheils immer unerwünschter Folgen ausgesetzt, wenn unbegründete Eingriffe uns veranlaßen gegen die Natur zu arbeiten.«[24]

In dieser Zitatenauswahl erscheint dieselbe Terminologie, der sich die geistigen Vertreter der Aufklärung bedienten: die Gelehrten, Philosophen, Naturwissenschaftler, Literaten. Sonnin benutzt sie bei der Rechtfertigung seiner Ansichten und Maßnahmen in Ergänzung zu den technisch-konstruktiven Argumenten.

Sonnins Meisterschaft in der Abfassung von Gutachten wird besonders deutlich beim Vergleich mit den Gutachten anderer Baumeister, namentlich der Handwerksmeister. Seine Gutachten sind klarer und in logischerer Folge formuliert, auch wenn sie nicht alle nach einem festen, sich wiederholenden Schema aufgebaut sein können, weil jeder Anlaß, jeder Schadensfall anders geartet ist. Von sechs Gutachten ist das Schema des Aufbaus auf den Seiten 14–19 dargestellt.

Die Gutachten geben nicht nur Aufschluß über die Bauschäden und deren Behebung im Einzelfall, sondern lassen noch weitere Aspekte erkennen: Sie sprechen grundsätzliche Probleme der Erhaltung von Bauwerken an. Sie enthalten Hinweise auf die Maßnahmen anderer Baumeister. Sie vermitteln die Kenntnis von den verwendeten Baumaterialien, deren Eigenschaften und den damals üblichen Konstruktionen und deren statischen Bedingungen, den naturwissenschaftlichen Gesetzmäßigkeiten oder den chemischen Zusammensetzungen. Sie zeigen die damalige Arbeitsweise mit Bauverträgen, Kostenanschlägen und Abrechnungen. Darüber hinaus geht aus ihnen die Vielzahl von Sonnins Reisen, deren Unbequemlichkeiten und der Zeitaufwand hervor. Aus ihnen ist zu entnehmen, daß Sonnin unterwegs an Gutachten für Objekte in anderen Städten arbeitete: Von Wilster aus kündigte er die Anreise nach Lüneburg und von Buxtehude die nach Wilster an, in Lüneburg arbeitete er an Ausführungszeichnungen für die Kirche in Wilster. Aus den Schriftstücken geht auch die Beteiligung von Hilfskräften und die Delegierung von Arbeiten an diese hervor.

Um die im 18. Jahrhundert üblichen weitschweifigen Anreden mit allen Titeln und Ehrenbezeigungen zu vermeiden, wählte Sonnin die Form des »Pro memoria«. Auch wenn diese kein ausgesprochenes Spezifikum für ihn darstellt, sondern von anderen Zeitgenossen ebenfalls benutzt wurde, ist sie jedoch so zahlreich von keinem anderen Baumeister bekannt geworden.

Die Gutachten und Berichte Sonnins lassen unterschiedliche Qualitäten erkennen. Während sich die meisten durch den übersichtlichen Aufbau, die logische Folge, die deutliche Formulierung und die Knappheit der Aussage auszeichnen, verraten einige auch die Freude an Abschweifungen und den Hang zur Ironie in gelegentlich verletzender Schärfe. Das ist namentlich im Alter der Fall. So erreichen nur wegen zahlreicher Abschweifungen, anschaulicher Ausmalungen und breit erzählender Ausdrucksweise einige Gutachten den Umfang von um die 50 Seiten. Deren Lektüre wirkt dann trotz der spöttischen Passagen, die im Hinweis Reinkes auf »seine ihm natürliche satyrische Laune«[25] eine Bestätigung finden, etwas ermüdend.

Wenn Sonnin sich mit unüberlegten Maßnahmen anderer auseinanderzusetzen hatte und verworrene, auf vage Hoffnungen gegründete Gedankengänge erkannt hatte, brachte er gern bissige Vergleiche mit abergläubischen Vorstellungen. Das war vor allem bei den Auseinandersetzungen mit dem Fahrtmeister Neisse in der Lüneburger Saline der Fall:

– »Die Sülz-Wühlereyen scheinen mir viel ähnliches mit der Schatzgräberey zu haben.«[26]
– »Bey der Schatzgräberey finde ich es doch noch einigermaßen vernünftig, daß man einen denkenden – und wollenden Geist allerhand krumme Sprünge machen läßet, wohingegen man bey der Sültze einer leblosen Quelle solchen wunderbaren Unfug zuschreiben will.«[26]
– »...weil eine Quelle nicht, wie das bekannte Gespenst vom Riesengebirge, bald hie bald dahin springen kann.«[26]

Schema Gutachten St. Cosmae et Damiani Stade 20. 6. 1760

ANLASS	BAUTEIL I	BAUTEIL II	BAUTEIL III	BAUTEIL IV	BAUTEIL V	BAUTEIL VI	BAUTEIL VII	BAUTEIL VIII	MATERIALIEN
	SCHADEN A	SCHADEN A	VORSCHLAG	VORSCHLAG	VORSCHLAG	VORSCHLÄGE	VORSCHLAG	VORSCHLAG	
	B	B				EINZELHEIT A			
	C	C				B			
	D	VORSCHLÄGE				C			
	E	EINZELHEIT 1				D			
	F	2				E			
	VORSCHLÄGE	3							
	EINZELHEIT 1	4							
	2								
	3								
	4								

Schema Gutachten Universität Kiel 29. 2. 1764

ANLASS	I. ZUSTAND	II. VORSCHLÄGE											III. ÜBERNAHME-ERKLÄRUNG
	TEIL	VORSCHLAG 1	EINZELHEIT A	VORSCHLAG 2	VORSCHLAG 3	EINZELHEIT A	VORSCHLAG 4	VORSCHLAG 5	EINZELHEIT A	VORSCHLAG 6	EINZELHEIT A		
	1			KOSTEN			KOSTEN						
	2		B			B			B		B		
	3		C			C			C		C		
	4		D			D					D		
	5		E			E					E		
	6		F			F					F		
	7		G			G					G		
			H			H					H		
			I			I							
			K			K							

Schema Gutachten Stadtkirche Wilster 14. 3. 1764

ANLASS	FRAGE 1					FRAGE 2							FRAGE 3
	ANTWORT I	ANTWORT II	ANTWORT III			ANTWORT							ANTWORT
	EINZELHEIT A	EINZELHEIT A	EINZELHEIT 1			VORSCHLAG 1	2	3	4	5	6	7	
	B	B	2										
	C	C	3										
	D		4										
	E		5										
	F												
	G												

Schema Gutachten Stadtkirche Harburg 30. 5. 1769

ANLASS	ZUSTAND	MANGEL I	MANGEL II	MANGEL III	VORSCHLÄGE	MATERIALIEN	KOSTEN	ÜBERNAHME-ERKLÄRUNG
					EINZELHEIT A			
					B			
					C			
					D			
					E			
					F			
					G			
					H			
					I			
					K			

Schema Gutachten St. Katharinen Hamburg 3. 9. 1769

| ANLASS | BAUTEIL I | BAUTEIL II | BAUTEIL III | BAUTEIL IV | VORSCHLÄGE | ÜBERNAHME-ERKLÄRUNG | KOSTEN |

MASSNAHME 1
2
3
4
5

EINZELHEIT A
B
C
D
E

18

Schema Gutachten Stadtkirche Wedel 8. 11. 1764

ANLASS	ZUSTAND 1	FOLGERUNGEN
	2	A REPARATURERFORDERNIS
	3	B ERGEBNIS UNZUREICHEND
	4	C NEUBAUKOSTEN
	5	D SPARVORSCHLAG

Andererseits finden sich gerade in den abschweifenden Passagen die meisten Hinweise auf Sonnins aufgeklärte Einstellung und seine aufklärende Wirksamkeit: auf den Kampf gegen das Vorurteil, die Einbildung, den Wunderglauben, die Schatzsuche; auf die Beschwörung der kritischen Urteilskraft und der Vernunft.

Die abgedruckten Schriftstücke stammen aus den Jahren 1750–1793, also aus dem Zeitraum von fast einem halben Jahrhundert, etwa identisch mit der nachweisbaren Baumeistertätigkeit Sonnins. Sie stammen nicht aus einem geschlossenen Nachlaß. Dieser hat ja existiert und dürfte zunächst von Johann Theodor Reinke übernommen und von diesem teilweise an die Stadt abgegeben worden sein, scheint dann aber bald verlorengegangen zu sein – jedenfalls ist der weitere Verbleib nicht überliefert. Alle Schriftstücke sind ausschließlich Bestandteil von Bau- oder Prozeßakten, sie sind über folgende Archive verstreut: Staatsarchiv Hamburg, Niedersächsisches Staatsarchiv Stade, Landesarchiv Schleswig-Holstein in Schleswig, Stadtarchiv Lüneburg, Stadtarchiv Stade, Museum für das Fürstentum Lüneburg, Kirchenarchiv Wilster, Pfarrarchiv Buxtehude, Kirchenarchiv Neumünster, Kirchenarchiv Harburg, Archiv des evangelisch-lutherischen Gesamtverbandes Harburg, Kirchenarchiv Wilhelmsburg-Kirchdorf, Gutsarchiv Seestermühe und Patronatsarchiv Lammershagen. Privater Briefwechsel blieb nur erhalten, wenn er im Zusammenhang mit einem Auftrag stand. Das bedeutet natürlich eine große Lücke, denn Sonnin wird auch privat und unabhängig von einem bestimmten Projekt über technische und naturwissenschaftliche Probleme korrespondiert haben. Von Schriftstücken aus den Jahren zwischen Studium und Michaeliskirchenbau, als Sonnin mit Cord Michael Möller eine mechanische Werkstatt betrieb – also von 1737–1750 – fehlt jede Spur.

Aus den bisher ermittelten über 400 von Sonnin unterzeichneten oder von ihm konzipierten Schriftstücken werden – selbstverständlich in der originalen Schreibweise und Interpunktion – nur diejenigen vorgelegt, die für die Forschung bedeutsam erscheinen; überwiegend die Gutachten. Dabei wurde der Begriff »Gutachten« weit gefaßt: Auch Stellungnahmen, erläuternde Beischreiben zu Zeichnungen, Berichte, Empfehlungen und Anweisungen wurden ausgewählt, wenn sie Aussagen im bautechnisch-konstruktiven und ökonomischen Bereich oder über Sonnins Stellung als Vertreter des aufgeklärten Bürgertums im Bauwesen enthalten. Nicht aufgenommen sind die Briefe mit Anmeldungen oder Absagen und Entschuldigungen für nicht eingehaltene Reisezusagen (von denen es einige gibt), die Angebote und Materialaufstellungen, Kostenabrechnungen und Mahn- und Beschwerdeschreiben. Alle sind chronologisch geordnet. Die vorangestellten kurzen Kommentare sollen zur raschen Orientierung dienen und fehlende Informationen wie Anlaß, Vorgeschichte und Auswirkungen ergänzen und auf besonders bedeutsame Aussagen hinweisen. Literaturhinweise wurden nur dann beigefügt, wenn sie sich auf Veröffentlichungen beziehen, die nach der

Monographie von 1977 erschienen sind, oder wenn sie Zitate belegen. Die Konkordanz im Anhang ermöglicht die Zusammenfassung der Gutachten und Berichte zu den jeweiligen Aufträgen oder Baumaßnahmen.

Mit den Gutachten Sonnins werden erstmalig die authentischen Aussagen eines Baumeisters zum Denkbild der Aufklärung im Wortlaut publiziert. Sie dürften sowohl hinsichtlich der Kenntnis vom Entwicklungsstand der Baukonstruktion und -ökonomie als auch der Kenntnis vom Einfluß der Aufklärungsideen und deren Verbreitung im Bauwesen einen wertvollen Beitrag zur Erforschung des 18. Jahrhunderts darstellen.

ANMERKUNGEN

1 Aus Balthasar Neumanns Baubüro. Sonderausstellung aus Anlaß der 300. Wiederkehr des Geburtstages Balthasar Neumanns. Mainfränkisches Museum Würzburg 1987, Ausstellungskatalog S. 105.
2 Johann Conrad Schlaun 1695–1773. Ausstellung zu seinem 200. Todestag. Landesmuseum Münster 1973, Ausstellungskatalog.
3 Heckmann, Hermann: Matthäus Daniel Pöppelmann, Leben und Werk, München/Berlin 1972.
4 Passavant, Günter: Studien über Domenico Egidio Rossi und seine baukünstlerische Tätigkeit innerhalb des süddeutschen und österreichischen Barock, Karlsruhe 1967.
5 Möller, Hans-Herbert: Gottfried Heinrich Krohne und die Baukunst des 18. Jahrhunderts in Thüringen, Berlin 1956.
6 Heckmann, Hermann: Sonnin – Baumeister des Rationalismus in Norddeutschland. In: Mitteilungen aus dem Museum für Hamburgische Geschichte, Bd. XI, Hamburg 1977.
7 Landesarchiv Schleswig-Holstein. Schleswig, Schloß Gottorf. A. XVIII. No. 526, Bl. 92 v. 29.2.1764.
8 Stadtarchiv Wilster. III. G. 3. No. 1227d, Bl. 115–148.
9 Kemmerich, Dietrich Hermann: Neu eröffnete Academie der Wissenschaften, zu welchen vornehmlich Standes-Personen nützlich können angeführt und zu einer vernünftigen und wohlanständigen Conduite geschickte gemacht werden, Leipzig 1711, 3 Teile. Zitiert bei Wagner, Walter: Der Architekturunterricht außerhalb der Kunstakademien in Mitteleuropa vom Beginn des 16. bis zur Mitte des 19. Jahrhunderts. In: architectura, Ztschrft. f. Geschichte der Baukunst, 1.1980, Bd. 10, S. 64.
10 Büsch, Johann Georg: Praktische Darstellung der Bauwissenschaft, Bd. 1–3 Hamburg ^{1}1793, S. 224; ^{2}1800, S. 297.
11 Siehe den Vorschlag für die Aufstellung von Verkaufsbuden auf dem Flachdach der Börse, die Aufstockung des Commerziums, den Bau des Hanfmagazins an der Elbe, den Ausbau des Herrengrabenfleets zu einem schiffbaren Kanal, die Gutachten im Auftrag der Commerzdeputation für die Vertiefung des Holzhafens, zur Elbregulierung und zur Vergrößerung des Niederhafens.
12 Siehe den Auszug aus den Protokollen der Patriotischen Gesellschaft von 1765, abgedruckt in Kowalewski, Gustav: Geschichte der Hamburgischen Gesellschaft zur Beförderung der Künste und nützlichen Gewerbe, Hamburg 1897, S. 10 und 11.
13 Namensliste der Subskribenten vor dem 11.4.1765, Kowalewski, a. a. O.
14 Veröffentlicht in: Die Patriotische Gesellschaft zu Hamburg 1765–1965. Festschrift der Hamburgischen Gesellschaft zur Beförderung der Künste und nützlichen Gewerbe, Hamburg 1965, gegenüber S. 11.
15 Kowalewski, a. a. O., S. 17, 26, 30.
16 Stadtarchiv Lüneburg, A. 7a, Nr. 148 v. 4.3.1785.
17 J. A. Günther im Vortrag auf dem fünfundzwanzigjährigen Stiftungsfest der Patriotischen Gesellschaft am 15.4.1790. Zitiert nach Schimank, Hans: Die Patriotische Gesellschaft als Förderin von Naturwissenschaft und Technik 1765–1815. In: Die Patriotische Gesellschaft, a. a. O., S. 47.
18 Stadtarchiv Wilster. III. G. 3. No. 1227a v. 27.9.1775.

19 Landesarchiv Schleswig-Holstein. Schleswig, Schloß Gottorf. A. XXI. No. 336 v. 29.2.1764.
20 Stadtarchiv Wilster. III. G. 3. No. 1227d, Bl. 115–148.
21 Staatsarchiv Hamburg. Cl. VII, Lit. Cb, No. 8, P. 2, Vol. 4b, Bl. 61 v. 28.11.1766.
22 Staatsarchiv Hamburg. Cl. VII, Lit. Fc, No. 11, Vol. 5a, Bl. 53 v. 2.5.1771.
23 Reinke, Johann Theodor: Lebensbeschreibung des ehrenwerten Ernst Georg Sonnin, Baumeister und Gelehrten in Hamburg, Hamburg 1824, S. 157ff.
24 Staatsarchiv Hamburg. Cl. VII, Lit. Cb, No. 8, P. 2, Vol. 4b, Bl. 61ff.
25 Reinke, a.a.O., S. 26.
26 Stadtarchiv Lüneburg. Salinaria S. 1a, Nr. 570, Vol. IV, Bl. 81ff.

1.
GROSSE MICHAELISKIRCHE HAMBURG

Beschreibung des von Sonnin konstruierten Spindel-Gestänges zum Umsturz der Außenmauern der am 10. März 1750 abgebrannten Kirche. Sie ist nicht von Sonnin selbst verfaßt, fußt jedoch offensichtlich auf seinen detaillierten Angaben. Obwohl eingangs darauf hingewiesen wird, daß die Gestängekonstruktion an sich keine Neuheit darstellt, ist die Verwendung zum Umsturz von Mauern ungewöhnlich. Der Vergleich mit Domenico Fontanas Aufrichtung des Obelisken auf dem Petersplatz in Rom (1586) erscheint für die Bedeutung des Umsturzverfahrens weit überzogen. Offenbar wird er für ungewöhnliche technische Maßnahmen gern gebraucht. Sonnin benutzt ihn 21 Jahre später nach der Geraderichtung der Katharinenkirchturmspitze, um seine Leistung ins rechte Licht zu setzen und eine angemessene Bezahlung zu erhalten. Die Veröffentlichung der Wirkungsweise und der Einzelheiten des Gestänges in einer Zeitung erklärt sich aus dem allgemeinen Interesse an naturwissenschaftlichen und mechanischen Entwicklungen in der Epoche der Aufklärung.

Dazu Kupferstich. (Veröffentlicht von Heckmann, Hermann: Sonnin – Baumeister des Rationalismus in Norddeutschland. In: Mitteilungen aus dem Museum für Hamburgische Geschichte, Bd. XI, Hamburg 1977, Abb. 6.)

Staats- und Gelehrten Zeitung des
Hamburgischen unpartheyischen
Correspondenten
Nr. 55 vom 6. 4. 1751

Von gelehrten Sachen.
Erklärung des Kupferstichs zu dem Märzmonate dieser Zeitung.

Da, nach der nunmehro jährigen betrübten Einäscherung unserer schönen neuen Michaelis-Kirche, die Noth es erfordert hat, die zwar nicht vom Feuer, doch durch ihre eigene Last sehr beschädigte Kirchen-Mauer abzunehmen; so haben die beyden Baumeister, zu Beförderung dieser Arbeit, sehr vorteilhafte und artige Maschinen angeordnet, welche sowohl, als der glückliche Erfolg ihrer Wirkungen, sehenswert gewesen sind. Unerachtet dieselben nicht gar zu geneigt waren, uns davon einen Abriß mitzutheilen, weil die dazu gebrauchten Rüst-Zeuge Bauverständigen bekant, so haben wir doch das Vergnügen gehabt, solche von ihnen zu erhalten und hoffen, unsere Leser werden bey deren Communication mit uns gleiche Empfindung haben. Wir kennen das Sprüchwort, daß nicht leicht mehr was gesaget werden könne, was nicht schon gesaget ist; wir wissen auch, daß ein Hammer, ein Hobel, eine Säge und ein Messer schon sehr alte Werkzeuge, und vielleicht schon älter als eine Schreibfeder sind. Indessen muß es ein Künstler seyn, der mit den benannten Werkzeugen ein Meisterstück machen will und es werden mehr als die blosse Feder, und mehr als die Buchstaben erfordert, Aufsätze zu machen, die unter klugen Leuten für wohlgesetzt paßiren können. Wir legen also die Abbildung davon in guter Hoffnung bey, nicht um der Klugen willen, die nicht nöthig haben von uns sich belehren zu lassen, sondern um der Unerfahrnen und derjenigen willen, die nicht im Stande sind, auf vorkommende Fälle dergleichen Anordnung zu machen. Und vielleicht sind verschiedene so erkenntlich gegen uns, als wir gegen diejenigen, die uns die geometrische Erfindung des Pythagoras oder das zur Hebung des grossen Obelisci erfundene Gerüst des Fontana schriftlich hinterlassen haben. Es war die Höhe dieser ansehnlichen Kirchen-Mauer über der Erden 80, unter der Erden 14 Fuß, ihre Dicke 5 Fuß mit einem inwendig a 1, und auswendig a 3 ½ Fuß vorliegenden Pfeiler. Ihr Umkreis bestund aus 10 Fächern von

40 Fuß breite, wovon der Profil AB eines vorstellet. An ein jedes Fach waren zu dessen Umsturz die Rüstzeuge angebracht, die auf diesem Blatt entworfen sind, und aus Treibladen, Schrauben, Keilen und Tauen bestehen. Zum Behuf der Treibladen, welche von großer Kraft und Sicherheit sind, gebrauchte man sich der Stumpfen a, welches Ueberbleibsel von denen in dieser Kirche gestandenen grossen Frey-Säulen waren. Man gründete darauf das dicke Lagerholz bb, deren 2 neben einander lagen, wie die Figur C anzeiget, und auf solchen beyden die zwei Joche cc, welche die eigentliche Treiblade gewesen, in deren Schlitzen mmm drey Spreitzen d geordnet waren, und durch die Keile l getrieben wurden. Zu jeder Seite dieses Treibgerüstes hatte man zwey paar Spreitzen angeleget, welche durch die Schrauben e und f getrieben wurden, die man so über einander angelegt, daß sich die Leute, so sie schrauben sollten, nicht hinderten. An dem Obertheil der Mauer waren Tauen h, vermittelst eiserner Winkel g angebracht, die in einer guten Distance von Erdwinden gezogen wurden. Den vorliegenden Pfeiler hatte man unten bey i ganz, und die eigentliche Mauer beynahe einen Fuß eingehauen. Wenn man also die Mauer nebst den vorliegenden Pfeilern a 6 Fuß annimmt, davon die Fenster-Oefnungen sämmtlich a 10 Fuß Breite abzieht, behält man 30 Fuß Breite, 80 Fuß Höhe, 6 Fuß Dicke, und hat, den Cubic-Fuß zu 80 Pfund gerechnet, 1 ½ Million Pfund. Man hat erinnert, daß ein Fuß in die eigentliche Mauer eingehauen worden, daher stunden mit dem vorliegenden Pfeiler 2 Fuß frey und 4 Fuß veste, mithin hatte man noch 500 000 Pfund zu heben, welches bey dieser Anordnung, da die Tauen und die Spreitzen auf eine so gute Höhe angebracht waren, und von den beyden Lagen Schrauben unterstützt wurden, ein leichtes gewesen. Nur würde das bekanntlich starke Vermögen der adhaesion bey auf einander liegenden Flächen das Gewichte um ein grosses vermehret und eine weit grössere Macht erfordert haben, um die Mauer an dem verlangten Ort i abzubrechen, daher nahm man die Vorsicht, und schlug unten auf jeden Fuß Breite einen eisernen Keil k, von 25 Zoll lang, 6 Zoll breit, und hinten 1 Zoll dick. Dieselben giengen gut ein, löseten erwünscht, erhielten die Ruhe der Mauer und hinderten, daß dieselbe nicht rückwerts sinken konnte. Man warf also auf diese Art auf einmal eine gerade Wand von 150 Fuß innerhalb 10 Minuten, und legte ein halbes Acht-Eck von 160 Fuß Breite in einer Zeit von 4 Minuten glücklich aus einander, welche Operationen wir selbst mit vielem Vergnügen angesehen. Wir haben dabey anzumerken, daß es vielleicht wohl möglich wäre gewesen, mit weniger Anstalt dieses zu verrichten, allein verschiedene Umstände, die solches erforderten, zu geschweigen, so war die Sicherheit der daran arbeitenden Werkleute das Haupt-Augenmerk bey dieser Arbeit, und diese Unternehmung gieng mit so viel Gewißheit und Glück von statten, daß bey dem Umsturz dieser schweren Mauer von 400 Fuß, keiner von denen, die daran arbeiteten, den geringsten Schaden gelitten haben.

Das Kupfer auf 1 Bogen wird a part mit 1 ßl. bezahlt.

2.

GROSSE MICHAELISKIRCHE HAMBURG

Erläuterung der (nicht erhaltenen) Variante vom 13.11.1753 zur Konstruktion des Dachstuhles. Sonnin weist auf seine Vorbehalte gegen Leergebinde hin, die nicht eigentlich Bestandteil der tragenden Konstruktion sind, sondern nur die Dachlast verteilen. Er ordnet 23 Jahre später beim Bau der Kirche in Wilster aus denselben Erwägungen heraus nur tragende Gebinde an. Dieses Konstruktionssystem kann sich jedoch wegen des großen Holzverbrauches nicht allgemein durchsetzen. (Zitiert nach Faulwasser, Julius: Die St. Michaeliskirche zu Hamburg, Hamburg 1886, S. 13–14)

...sofern ein Hauptbinder noch einen leeren Sparren oder mehrere tragen soll, müßen notwendig die Pfetten, die Durchzüge, die untern und oberen Stuhlsäulen, die Spannriegel, die Hängesäulen und die Hängeeisen, kurz alles in Proportion stärcker sein, als wenn das Hauptgebinde nur seine eigene Last zu tragen hat. Wenn durch die Länge der Zeit, oder durch Nachläßigkeit derer, die ein solch' Gebäude in baulichem Stand erhalten sollen, vielleicht ein Hauptbinder schlecht werden sollte, alsdann eo ipso gleich drei Binder gefährdet werden, endlich auch bei lauter vollen Bindern die Dachwände viel solider abgebunden werden können, so fallen alle prätendirten Vorteile von leeren Bindern schlecht aus.

3.
DOM ST. MARIEN HAMBURG

Gutachten im Auftrag des Domkapitels über den Bauzustand des Turmes. Es ist das erste Gutachten Sonnins, das sich mit der Neigung der hohen Kirchturmspitzen in Hamburg befaßt. Der Aufbau des Gutachtens entspricht in der Folge: Beschreibung der Schäden, Vorschläge für deren Behebung, Erklärung zu deren Übernahme bereits dem der späteren Gutachten.

Dazu farbig getönte Federzeichnung Bl. 139: Bauaufnahme in Teilgrundriß und Teilschnitt.
Hamburg, 18.2.1754

Niedersächsisches Staatsarchiv Stade
Rep. 5d, Fach 46, Nr. 34
Bl. 133

Pro memoria.

Auf Hochgeneigtesten Befehl Sr. Hoch Ehrwürden des Herrn Senioris und Structuarii E. Reverendi Capituli in Hamburg habe Unterschriebener den Zustand des Duhmsthurms in Hamburg zu dreyen wiederholte malen aufs fleißigste und sorgfältigste Untersuchet und demnach die Ehre folgendes gegründetes Bedencken darüber einzureichen.

1. Ueberhaupt ist sowohl die Mauer des Thurms als insonderheit die Spitze so starck gegen Süden und Westen abgewichen, daß das Gebäude unmöglich in die Länge bestehen kann, insonderheit aber die Spitze bey einem starcken Sturmwinde der Gefahr eines Einsturtzes unterworfen ist.
2. Indeßen ist sowohl die Mauer an und für sich selbst, als auch die Spitze in dem Zustande, daß durch eine vernünftige Verbeßerung beide in den Stand gesetzet werden können noch viele Hunderte von Jahren ohne Beysorge sicher zu bestehen.
3. Beydes zu erläutern will so wohl die Beschaffenheit der Mauer und der Spitze umständlich beschreiben, als auch eine leichte und dauerhafte Verbeßerung meines wenigen Ermeßens anzeigen.
4. Die Mauer ist in Ansehung ihrer Proportion materialien und Nebenumstände so gut, daß sie Jahrhunderte dauern kann, und insonderheit ist der untere Theil von der Erden bis ans Gewölbe zuverläßig standhaft.
5. Hingegen sind ihre Fehler folgende:
    a) Sie ist über dem Gewölbe bis oben hinaus an allen Vier Seiten durch die Oefnung der Fenster Bogen geborsten, iedoch sind die Ecken (welche die Haupt Sache ausmachen), ohne Fehler an den Oertern, wo keine gemauerte Treppen liegen.

b) Diese nach alter Art in denen Ecken angelegete Wendel Treppen, wodurch dieselben augescheinlich geschwächet worden und der perpendiculaire Aufzug der Mauer von außen, sind die Ursachen aller an dem Thurm entstandenen Borsten. Inzwischen kann man seit 30 Jahren nicht sonderlich wahrnemen, daß die Borsten größer geworden sind.

c) Diese ihre Abweichung gegen Südwesten muß über 3 Fuß seyn, welches aus der horizontal-Lage der Oberbalcken abzunehmen, welche auf eine Länge von 36 Fuß 1 Fuß abhängig sind.

d) Die im Thurm angebrachte zwofache Anckerlage ist aus Mangel der reparation zu rechter Zeit, von Osten zu Westen auseinander gerißen, kann iedoch mit wenigen Kosten sattsam wieder befestiget werden.

e) An dem Oberen theile hingegen, wo sich die Borsten natürlich am meisten geöfnet und die Mauer dünner wird, finden sich verschiedene Fehler, die ohne bedachtsame Reparation den Zustand des Thurms sowohl als der Spitze täglich verschlimmern.

Solche sind:

α) Verschiedene Zerdrückungen Borsten und Ausweichungen der in denen Luchten befindlichen Zwischen Pfeiler, auf deren Bestand vieles ankommt.

β) Die in denen Ecken geschlagene Bogen, auf welchen das Achteck zum Grund der Spitze gesetzet ist.

γ) Der Umgang selbst, welcher das allergefährlichste und besorglichste Stück enthält.

f) Bey solchem ist, wie aus beygehendem Profil zu ersehen, die Mauer in 2 Theile getheilet, so daß in der Mitten ein Gang von 2 Fuß geblieben und die innere Mauer eine Dicke von 3 Fuß behalten. Die Höhe dieser Mauer ist 15 Fuß. Auf dieser inneren Seiten-Mauer die ein Achteck formiret, ruhet die gantze Spitze und auf der äußeren ruhen die Aufschöblinge, welche eine Art von Anlauf an die Haupt Spitze formiren. Die äußere Mauer stehet mehrentheils gerade oder lothrecht, weil sie nichts zu tragen hat. Hingegen die inwendige, welche die gantze Spitze trägt, ist sehr in Süden, und, besonders, in Westen 1 Fuß übergewichen.

g) Hieraus erhellet, da besagte Mauer nur 3 Fuß dick ist hingegen 1 Fuß überhänget, mithin bey nahe auf den Mittel Punct ihrer Schwere ruhet, daß solche kaum ihre eigene Last, viel weniger das Gewichte einer so großen Spitze tragen kann. Wozu kommet, da, wie oben bey no. 5 c erwehnet worden, der Grund der Spitze auf 36 Fuß 1 Fuß von der horizontal Linie abweichet, daß durch sothanen Abhang die Schwäche des Grundes vermehret wird.

h) Ueberdieses alles kommen die an denen 4 Ecken des Thurms aufgeführte Spitzen, die ohnedem in sich selbst so sehr zerborsten sind, daß sie mit vielen Anckern an die Mauer des Acht Eckes haben befestiget werden müßen, dem Gebäude sehr zur Last. Diese angehängte Last hat die, litt.f benannte, inwendige Mauer übergezogen und noch mehr aus ihrem senkrechten Stande gesetzet, ist auch fürs künftige eine beständige Beschwerde, so wohl fürs Gantze, als für ietzt besagte Mauer.

i) Endlich sind auswendig die Fugen der Mauer ziemlich ausgewittert, welches zwar dem Bestande der Mauer eigentlich nicht schaden kann, doch mit der Zeit zu tieferer Auswitterung und Verschwächung der äußeren Fläche ein vieles beyträget.

6. Wir kommen nun zur Betrachtung der Spitze selbst, von welcher man mit gutem Grunde sagen kann: Es sind Holz und Verbindung darin so gut, daß dieselbe ohne Besorgniß noch Hunderte von Jahren bestehen könnte, wenn sie nur lothrecht stünde, und auf einem erforderlich verbeßerten Fuße ruhete.

7. Es sind dabey folgende Fehler anzumercken:
   a) Einige von denen Unter Balcken, welche in die Haupt Balcken eingezapfet, sind mit Anckern oder Klammern zu befestigen.
   b) Die Haupt Sparren haben sich theils in denen Fügungen auseinandergezogen und müßen mit Schrauben oder Boltzen zusammen gezogen werden.
   c) An dem Obertheile ist der Stäckler geborsten, welcher zwar schon leichte repariret ist, doch aber auf längere Dauer zu befestigen wäre.
   d) Dieser ist die Ursache, daß auch oben die Spitze schief geworden, welche Krümme zwar nicht wohl verbeßert werden, doch auch der Haupt Sache nicht schaden kann.
   e) Von denen äußern Schift Sparren sind eine und andere gegen Westen, etwan von einer unbemercketen Ritze im Kupfer angefaulet, iedoch bequemlich zu beßern.
   f) Von denen Sturmbändern sind einige theils leichte verbunden, theils eingetrucknet, theils etwas schadhaft.
8. Aus angezogenen Umständen, welche einem ieden in die Augen fallen, erhellet deutlich, was schon no. 1 gesaget worden, daß der Thurm ohne eine gründliche Verbeßerung in die Länge nicht bestehen könne, und daß bey einem Sturm große Gefahr dabey sey.
9. Sothane gründliche und auf lange Zeit eingerichtete Verbeßerung bestünde nach meiner wohl überlegten und auf voriges gegründete Meinung kürtzlich darinnen:
   daß man die gantze gegen Südwesten sehr weit überhängende Spitze wieder gerade setzete, ja sie gar etwas gegen Osten überhängen ließe, damit die übermäßig beschwerete Seite der Mauer erleichtert, und hingegen die Östliche Seiten destomehr beschweret würden.
10. Die Verbeßerung selbst wäre unter gehöriger Aufmercksamkeit auf nachfolgende Weise, bequem, glücklich und ohne alle Gefahr und ohne sonderliche Unkosten vorzunehmen:
    a) Man stützete die sub no. 5 bemeldete schwache Mauer gegen Süden und Westen hinlänglich, um ihrer Weichung halber außer Sorgen zu seyn.
    b) Befestigte die Spitze in sich selbst, daß man ihrem Bestande versichert seyn könnte, auf eine Folge von Jahre.
    c) Verbünde zum Behuf dieser Unternehmung ihre Balcken und Sparren mit angeschlagenen Streben, Latten und Bändern, daß an keinem Orte eine Weichung entstehen könnte.
    d) Richtete die Spitze in proportionirter Abmeßung und zwar etwas mehr als Senkrecht gegen Osten.
    e) Entlastete den Thurm derer 4 kleinen Neben Spitzen, welche die Kosten der Abnahme bezahlen würden.
    f) Beßerte die sub 5 f,g benannte Mauren des Acht Ecks.
    g) Hienebst die übrigen schadhaften Stellen des Thurms und der sub 5 d gedachten Ancker.
    h) Und vermaurete allenfalls die gegen Südwesten befindliche Treppe, weil doch auf dem Boden Platz zu beqvemen und gar nicht kostbaren Treppen übrig ist.
11. Alle anderweitige Verbeßerungen, die man auch mit inwendigen Gegen-Stützen und Verbindungen vornehmen mögte, sind ohne Nutzen, so lange die Last der überhängenden Spitze auf der schwachen und gesunckenen West Seite ruhet, weil diese in ietzigem Zustande fast die gantze Last allein zu tragen hat, unerachtet sie sich selbst kaum starck genung ist.
12. Sollte indeßen dieser auf wahren Nutzen und Dauer abzielende Vorschlag das

Glück haben, Hochgeneigten Beyfall zu finden; So bin auf iede Befehle bereit, einen Anschlag von denen Kosten einzureichen, nehme auch die Freyheit, hiemit meine aufrichtige und gehorsamste Dienste zu dieser Unternehmung zu offeriren, welche Hochbeliebten falls zum Vergnügen des Publici mit Ehren auszuführen mich getraue.

Hamburg d 18 t Febr. 1754   EGSonnin.

4.
GROSSE MICHAELISKIRCHE HAMBURG

Stellungnahme mit Johann Leonhard Prey an das Kirchenbaukollegium zum überarbeiteten Entwurf des Oberhofbaumeisters Johann Paul Heumann aus Hannover für die Konstruktion des Dachstuhles. Ihr gingen zweijährige Auseinandersetzungen um die Überdachung der Vierung voraus. Auch einheimische Meister hatten Vorschläge abgegeben, der Bauhofs-Werkgeselle Abraham Beyer hatte sie nach Dresden mitgenommen und dort acht Fachleuten vorgelegt. Dennoch wandte man sich außerdem noch nach Hannover, und erst der überarbeitete Entwurf von Heumann bringt die ausführungsreife Konstruktion.
Hamburg, 2.6.1755

Staatsarchiv Hamburg
Cl. VII, Lit. Hc, No. 7, Vol. 7°
Acta, betr. den Bau der großen Michaeliskirche
1754–1761

Von Sr. Hochw. dem Hochgelahrten und Hochweisen Kirchspiels Herren der Kirchen zu St. Michaelis Herrn Joachim Rentzel haben unterschriebene die endliche Resolution eines Hochansehnlichen Kirchen-Collegii so wohl als die approbirten Dach-Riße des Königl. Ober-Bau-Directoris Hr. Heumanns mit Vergnügen entgegen genommen, und wie wir eines Theils zu dem gefaßeten Schluße gehorsamst gratuliren. So haben wir andern Theils unsere schuldigste Devoirs in Anführung der anbefohlenen Bemerckungen und Überschläge erfüllen sollen.

Wir befinden überhaupt, daß auch die gegebene Art unserer Kirche mit einem faisablen und sicheren Dachstuhl beleget werden könne, und dasjenige was wir zu mehrerer Vollkommenheit beygefüget, ist von der Art, daß wir uns überreden, selbst H. Heumann wird solches nicht für ungegründet achten können.

a) Die Abänderung des facons im Gewölbe da solches in der Weite der Haupt-Pfeiler als ein Mulden-Gewölbe bis an die Kähl-Balcken erhoben worden, ist weder was ungewöhnliches, noch unserm Projecte entgegen, da wir ja selbsten über dem Quadrate solches wenigstens bis unter die Kehlbalcken erhöhen wollten. Anbei ist aus der Anlage der Orgel-Niche, aus der engern distance der beyden Altar-Pfeiler und aus den diagonal-Pfeilern im Risalit ersichtlich, auch ehemals von uns angezeiget worden, daß wir ein creutzendes und in der Mitte mehr erhabenes Mulden-Gewölbe angeleget hätten, wobey wir jedoch mit der Einschließung des Quadrats den 4 Haupt-Pfeilern mehrere Verbindung zu geben, nicht ohne Grund intendiret.

b) Das facon des Risalits, da solches als eine kleinere Vorlage oder Neben-Gebäude angesehen und demnach gäntzlich wie ein fronton bedecket worden, ist dem facon welches wir in unseren ersteren von einem Hochlöbl. Großen Kirchen-Collegio approbirten Haupt-Rissen gegeben, gantz ähnlich, auch von eben der Höhe, wie unsere Risse ergeben. Die Abänderung die im Wercke noch darinn erfordert wird, ist von keiner Erheblichkeit. Zudem ist es gar wohl gebräuchlich, daß man auch in den ansehnlichsten Gebäuden die kleinern Theile mit niedrigen Dächern beleget, und dem Gesichte eine nicht unangenehme Veränderung beschaffet wird.

c) Sonsten hat die mansarde ein proportionirtes Facon. Zu den Haupt-Gebinden sind Creutz-Spangen angebracht worden, um die Unter Sparren und Dachstuhl-Säulen standrecht zu erhalten. Es würde aber noch standhafter seyn, wenn die Creutz-Spangen etwas niedriger geleget, und der Oberteil derselben dicht unter der Dachstuhl-Pfetten eingebunden würde, als woselbst sie ihre größeste force sowohl in Betracht des Wiederstandes als der Directions-Linie haben. Der Obersparren wäre alsdenn mit einem kleinen Riegel wieder zu steifen, wie beydes aus den grün von uns einpunctirten Linien erhellet.

d) Die Balcken-Lage über dem Risalit hat unter allen davon gegebenen Entwürffen das Besondere, daß die Haupt-Balcken von Süden zu Norden gestrecket sind. Die Absicht ist ohne Zweifel gewesen, den über den Risalits-Ecken und Pfeilern angebrachten Dachwänden eine contre-force zu geben. Da aber die Creutz-Spangen darin das beste verrichten, würde es die verzahnten Unterschlägen einer großen und entbehrlichen Last entheben, wenn die Haupt-Balcken von Osten zu Westen gestrecket würden.

Bestünde man aber, wie eben nicht zu vermuthen, allenfalls auf die benannte Balcken-Lage, so wäre es nöthig, zur Verminderung der Last noch ein gedoppeltes Paar gehängter Unterschläge über die Risalit-Mauren zu strecken, weil es doch angenehmer ins Auge fallen wird, wann das Risalit gewölbet wird, und ohnedem die Sparren von Osten zu Westen gesetzt werden müssen, solche mithin sicherer auf Balcken als auf Stichen sind.

e) Da auch auf den jetzt benannten gezahnten Unterschlägen über den risalits-Ecken und denen Pfeilern eine ordentliche Dachwand gezogen werden soll, welche gewiß ihr ansehnliches Gewichte hat, so wäre es sehr dienlich, diese Unterschläge mit starcken Hängewercken zu versehen, damit es nicht allein auf verzahnte Balcken von einer so beträchtlichen Länge ankomme. Ferner wäre zu erörtern, ob nicht die Last der leeren Sparren insbesondere über dem Quadrat mit Hinweglaßung der Creutz-Spangen und der Spannriegel vermindert werden mögte, weil solche sattsam auf den Dachpfetten und Durchzügen ruhen können, sobald man der inneren Dachwand gehörige Sicherheit giebet.

g) Aus den letzteren Riß ersehen wir, daß auch die in dem ersten Riß angedeuteten sehr enge Balcken-Lage und Gebinde fast um die Hälfte vermindert und die Balcken in einer Entfernung von 6 Fuß den Mittel nach gestrecket sind, welche zu diesem Wercke eine wohl proportionirte Weite ist.

h) Unter obbenannten Beobachtungen sind wir nach sattsamer oftmaligen und fleißiger Überlegung überzeugt, und können auf richtig und gründlich sagen, daß diese von einem hochansehnlichen Kirchen-Collegio genehmigte Riße, neben aufmercksamer, fleißigen und ordentlichen Bearbeitung geschickter Werckleute zu einem sicheren standhaften und guten Dachstuhl ausgearbeitet werden und zum allgemeinen Vergnügen des besorgten publici angedeihen können, wovon auf erhaltenen Befehl wir unsere schuldigste promptitude in Ausarbeitung der zu erforderlicher größeren Riße zu zeigen, nie ermangeln werden, als welches um so mehr nöthig, da die nach Maßgebung der in den letzten Riße abgeänderten Balcken-Lage doch auch eben solches in den übrigen Teilen ausgearbeitet werden muß.

i) Hiernächst folgt ein kurtz gefaßter Überschlag von den gantzen Dachstuhl.
    Eichene Mauer Latten 10/13 Zl. starck . . . 1 800 Fuß od. 1600 fl. □ = 1 200 Mk
    Eichen Holtz zum mansarde-Gesimse . . . 1 000 750
    Furen Holtz nebst den gehörigen
        Lagern etc. . . . . 6 000 a 6 pf. 22 500

Schaal-Bretter zu den gantzl. Gewölbe	2200 2	2750
Zum Boden	15000 1½	1406
Bogen-Holtz a 6/12 Zl.	3000	1150
Arbeitslohn mit Zimmern, Richten nebst Zubehör		40000
transport Schaalen und Neben-Unkosten		8000
Eisenwerck zu Schrauben, Eisen und Boltzen	30000 Pfd.	5625
Nägel		2000
Kupfer-Platen	7000 fl. a 11 Pfd.	67000
Deckerlohn		6000
		Mk 158381

k) Diesem Überschlag, der nicht zu niedrig angesetzet worden ist, in Erwegung, daß dasjenige, was es weniger kosten würde, der Kirchen allemahl angenehm seyn wird, würde ein accurater Aufsatz des erforderlichen Bau-Holtzes von Länge, Dicke und Breite beygefüget seyn, wenn obbenannter Dach-Riß in so weit ausgefertiget wäre, daß sich alle und jede Teile daraus genau bestimmen ließen; So bald ein Hochansehnliches Collegium uns dahin befehliget, soll alles specifice accurat bald und ungesäumt erfolgen.

l) Wenn auch Sr. Hochweisheiten zu äußern beliebet, daß ein Hochansehnliches Collegium einen Überschlag von dem inwendigen Ausbau begehre, und wir beiderseits schon denselben bey müßiger Zeit jeder für sich entworffen, so wollen wir mit äußerstem Fleiße dahin arbeiten, solche, obwohl etwas weitläufftige und mühsame Arbeit in sehr kurtzer Frist conjunctim in eines zu bringen, um sie in verlangter Vollständigkeit nebst dem Anschlage nächstens vorlegen zu können.

Inmittelst der hohen Geneigtheit des Hochlöbl. Kirchen-Collegii mit schuldigster Veneration und Aufmerksamkeit wir uns gehorsamst empfehlen als

Eines Hochlöblichen großen
Kirchen-Collegii
treu verpflichteste Dienern

Hamburg, den 2. Juny 1755   Johann Leonh. Prey.   Ernst George Sonnin.

5.
GROSSE MICHAELISKIRCHE HAMBURG

Stellungnahme mit Johann Leonhard Prey an das Kirchenbaukollegium zum Bau eines Steingewölbes über dem Kirchenschiff. Der vergebliche Versuch, in letzter Stunde das Kirchenschiff doch noch mit einem massiven Gewölbe anstatt mit einer Stuckdecke zu überwölben, geht auf Sonnin zurück. In einem Schreiben an die Kirchenbaukommission in Wilster vom 1. Mai 1775 bezeichnet er später die Stuckdecke der Großen Michaeliskirche als Flitterwerk, das nur aus modischen Erwägungen zu seinem Leidwesen bevorzugt worden sei.
Hamburg, 5.2.1756

Staatsarchiv Hamburg
Cl. VII, Lit. Hc, No. 7, Vol. 7°
Acta, betr. den Bau der großen Michaeliskirche
1754–1761

Lect. d. 6. Febr. 1756.

Hochgeneigtesten Befehlen mit schuldigster Hochachtung zu geloben, haben Unterschriebene über die Frage:

> Ob die neuerbauende St. Michaeliskirche, sowohl ihrem Grunde, als auch nahegehends bey der Aufführung der Mauer und Pfeiler mit genugsamen Contreforcen und Wiederlagern dergestallt angeleget sey, daß ohne Bedencken und Beysorge solche sicher mit einem steinernen Gewölbe versehen werden könne?

Ihre unvorgreiffliche Meinung hiemit nach bestem Wissen und dergestalt äußern sollen, daß sie solche iederzeit gegen Unparteiische Bau-Verständige zu rechtfertigen sich getrauen.

Da es demnach stadtkündig und der Augenschein es einem in den Untersuchenden ergiebet, daß die Fläche der Mauer, welche auf gerammten und nochmals mit einer gehauenen Weise gedeckten Felsen gegründet worden im Grunde durchgehends 20, und bey allen und ieden auswendig und inwendig vorliegenden Pfeilern 24 Fuß breit sey, und hierüber die Mauer und Pfeiler mit recht guten materialien unter proportionirten und nach außen etwas anlauffenden Absätzen dergestallt aufgezogen worden, daß bey den anzulegenden Wiederlagern die auswendigen Pfeiler mit ihren Verkröpfungen überhaupt 14 Fuß und die Zwischen-Mauern 7 Fuß geblieben. So können zufolge denen bisher in der Bau-Kunst bekannten und angegebenen Regeln von den erforderlichen Verhältnisse eines Wiederlagers gegen den darauf zu führenden Bogen, wir nicht anders als mit gutem Grund sagen, daß solche sattsam zulänglich sind auf denenselben ein steinernes Gewölbe mit Sicherheit zu gründen und zu schließen.

Die in der Kirche freystehenden Pfeiler, auf welchen das mittlere Gewölbe zu schließen, mögten zwar manchem in Ansehung der auswendigen etwas schwach zu seyn scheinen; Und wir hätten vielleicht theils diesem Einwurf zu begegnen, theils um mehreren Ansehens willen diese Pfeiler eben so starck wie die auswendigen gemacht, wann nicht ein Hochlöbliches Kirchen Collegium gleich nach der Grundlage sich entschloßen hätte, ein hölzernes Gewölbe zu schließen und zwar aus folgenden Beweg Ursachen:

a) weil solches geschaltes Gewölbe, nebst der Ersparung der Zeit und Kosten, wegen seines modernen Ansehens selbst und da die Wiederlager nicht so niedrig als bey einem steinernen Gewölbe zu stehen kommen, in Absicht auf die Höhe der Mauren und Pfeiler zur Vorzüglichen Zierde gereichete, hauptsächlich aber

b) weil ein steinernes Gewölbe so wenig als ein hölzernes, wann Gott mit Wetterstrahlen und Feuer züchtigen wollte, resistiren könne, indeßen sonst eben die Dienste leiste als jenes, angesehen man Exempel anführen könne, daß solche secula hindurch sich unversehrt erhalten, übrigens aber jetziger Zeit die mehresten neuen Gebäude solcher Art mit hölzernen Gewölbern versehen würden.

Wann wir aber dennoch der vorbenannten 4 Pfeiler eigentliche Stärcke an und vor sich selbst, da ihr Grund so breit ist als der auswendige ist, und dann, weil sie solchenfalls an die nebenstehende Mauer angeschloßen werden müßen, in ihrem Zusammenhang mit dem Gantzen betrachten. So sind sie starck genug einem steinernen Gewölbe zu dienen. Denn, wie dieselben nichts als die Last des darauf ruhenden Gewölbes perpendicular zu tragen haben, und in diesem Fall gegen Süden und Norden an der Länge der risalit-Mauer, gegen Osten an der zwischen den Altar-Pfeilern aufgeführten Mauer, und endlich gegen Westen, wo sie an den Thurm angeschloßen worden, mithin an allen Seiten eine übrig starcke Contreforce finden; So ist das Gantze in seiner Verbindung als ein Corpus zu betrachten, und läßet keine Zweifel an dem Genugsamen Bestande übrig.

Da hohen Orts noch die Frage hinzugefüget worden, wie viel der Belauf eines steinernen Gewölbes überhaupt und dann die differentz zwischen einem hölzernen Gewölbe seyn mögte, wird solches aus nachgehendem Anschlage der Kosten ersichtlich seyn. Und findet sich anfänglich zu bemercken, daß das inwendige Gerüste (denn das auswendige kann bis zur Vollendung des Baues unverändert beybehalten werden) weil es zu dieser Absicht gar nicht angelegt worden, mit guten Ständern und Streben von Grund auf verstärcket werden muß, und betrift also

Der Anschlag der Bau-Kosten zum steinernen Gewölbe. (Es folgen Massenaufstellungen)

Aus obenstehenden ergiebet sich, daß die difference zwischen dem steinernen und hölzernen Gewölbe überhaupt sey ... Mk 43 199.

Endlich würde wegen der darzu erforderlichen Zeit noch zu erwehnen seyn, daß diese Arbeit vorfallenden Umständen wegen, ein Jahr Zeit mehr wegnehmen, und daß der schon beliebte Dachstuhl aufgesetzet werden könne, ohne daß er mit denen Gewölbern einige Communication habe, oder von ihnen behindert werden dürfte, da er auf beide Fälle applicable ist.

Mit welcher zuverläßigen und wohl überlegten relation zu Hoher beharrlichen Gewogenheit mit gehorsamster Ehrfurcht wir uns zuversichtlich empfehlen.

Hamburg, d. 5. Februarii 1756   Johann Leonhard Prey.   Ernst George Sonnin.

6.

HERRENGRABEN HAMBURG

Seit dem April 1757 bemüht sich die Commerzdeputation, den verschlammten Herrengraben zu einem Kanal ausbauen zu lassen, den Lastkähne ohne Behinderung durch niedrige Brücken oder unter diesen aufgehängte Wasserleitungen befahren können. Die Stellungnahme zur Verlegung der unter der Schaartorbrücke aufgehängten Wasserleitung ist die Antwort auf eine Anfrage des Bauherren Klefeker. Sie erläutert, daß innerhalb eines geschlossenen Leitungssystems auch eine Steigung möglich und die Leitungsführung unmittelbar unter der Brückendecke die zweckmäßigste ist.

Dazu farbig getönte Federzeichnung mit 3 Längsschnitten. (Veröffentlicht von Heckmann, a. a. O., Abb. 94.)

Hamburg, 27.11.1758

Staatsarchiv Hamburg
Senat.
Cl. VII, Lit. Cb, No. 8, P. 3, Vol. 2^c.
Continuatio.
Acta deputationis wegen Aufräumung des
Herrengrabens et annexarum – wobei das
Original-Protokoll
1765–1766, Nr. 9
Lect. in Dep. d. 15. Oct. 1765

Magnifice,
Hoch Edelgeb., Hochwerter, Hochgelahrter Herr
Hochgeneigtester Herr Syndice!

Ew. Magnificenze hab über die Frage
»Ob die unter der Scharthors Brücke durch geleitete Brunnen Röhren nicht der

Schiffahrt hinderlich sein würde, und ob solche Hinderung erforderlichen Falls aus dem Wege geräumet werden könne?«
gehorsamst nachstehendes einberichten sollen.

I.

Daß die Brunnen Röhren so wie sie ietzt liegen, da unter denenselben, wie der Riß No. 1.) zeiget, wenige Fuß Platz unter den Röhren sind, die Fahrt unter der Scharthors Brücke sehr behindern würden und solchenfalls nur sehr kleine Fahrzeuge passiren könnten, ist Augenscheinlich an dem; daß aber

II.

Besagte Hinderung gehoben werden könne, ist eben so aus gemacht, und kan auf Zweyerley Art sehr bequem geschehen.

A. Nach der ersten Art.

Wan die Brücke in der jetzigen Höhe und Zustande verbleiben, und die Einrichtung also gemacht werden sollte, daß, wie unter der Brücke beym Weysenhause, keine größere Fahrzeuge als Ewer und Prahme durchgingen, so könnten nur die Röhren erhoben, in einen Bogen geleget werden und mit der Erhöhung der Brücke parallel lauffen wie Fig. 2 zeiget.

B. Nach der zweiten Art.

Wan entweder die Brücke mehr erhöhet oder auch solche, wie die Brocks Brücke einen Durchschnitt erhalten und für größere Schiffe aufgezogen werden sollte, könnte man die Röhren mit zween Biegen bis aufs Bette des Canals niedersenken, wie Fig. 3 andeutet.

So gegründet, zuverlässig und practicables beide Arten nun an für sich selbst sind; So wird es dennoch vielleicht nicht undienlich sein, um diejenigen, die der Sache nicht kundig sein mögten, aller etwanigen Zweifel zu entheben nachstehendes zu erörtern.

Zweifel a.)

Ob das Waßer seinen Lauf behielte, wann die Röhren nicht gerade lägen?

Resp: Wenn nach der ersten Art die Röhren erhoben werden, hat es eben die Bewandtniß, wie mit einem Weinheber, da jedoch, wie einem ieden bekannt, in dem Weinheber der Wein pro Rato einen sehr hohen weg zu über steigen hat, und hingegen in unsern Fall nur eine kleine Anhöhe ist.

Nach der zweiten Art, wann die Röhren gesencket sind, weiß einjeder, der einen Brunnen im Hause hat, daß das Waßer, so erst unter der Straße läuft in den Posten gerade wieder in die Höhe steiget, ohne dadurch in seinem Triebe behindert zu werden und bekanntlich fällt in denen Waßer-Künsten so wohl beim Graßkeller als bey der Alster das Waßer erstlich Lothrecht nieder, läuft, als denn unter den Straßen Wagerecht weg und steiget endlich in die Posten Lothrecht wieder in die Höhe.

Es behält also das Waßer seinen Lauf, ob es gleich lothrecht niederfällt, und steiget auch ohne Verminderung seines Triebes wieder eben so hoch und mit eben der Kraft, wie vorhin geschehen.

Daher würde denen Brunnen an ihren Lauff und Triebe nichts abgehen, wenn die Brunnen Röhren auch einige mahl nach einander gesencket oder gebogen werden müßen.

Zur Bekräftigung des besagten könnten hiebey die Exempel von denen großen Waßer Leitungen in Frankreich, Italien, und auch von Herren-Hausen angeführt werden. Ich will aber nur ein eintziges beybringen, welches alle übertrift, weil es hier in loco ist, da nehmlich die Brunnen Röhren welche vom Damm-Thor herein kommen, unter dem Bette durchgeleitet sind, und hiernechst der grünen Straßen ihr benöthigtes Waßer ausgeben.

Zweifel b.)

Ob diese Erhebung oder Senkung der Röhren auch so standhaft gemacht werden können, daß sie nicht eine öftere und mit vieler Mühe verknüpfte Reparation erfordern.

Resp: Nach der ersten Art kan bey der Erhebung der Röhren nichts weiter vorfallen, als ietzo dabey vorfällt, außer, daß diese in freier Luft liegende Röhren, vorzüglich recht dicht gemacht und gehalten werden müßen, wozu bey etwaniger Ausarbeitung das behuefige angezeiget werden kann.

Nach der zweyten Art kommt es nur drauf an, daß diese Röhren ein vor allemahl gut, und so geleget werden, daß, nach gewöhnlicher Wendens Art, zu ewigen Tagen keine Reparation daran nöthig sey, welches folgender maßen geschehen könnte.

α) Eingezogener Nachricht zu Folge ist das Bette des Grabens ein blauer fester Leimen, folglich ein unwandelbarer Grund, und wann er es auch nicht wäre, kan er unwandelbar gemacht werden.

β) An diesen Leimen würde eine benöthigte Vertiefung von 4 a 5 Fuß gegraben, und darin zu Grunde 1 Fuß hoch Mauerwerck und Klincker und Tarras geleget.

γ) Auf dem Mauerwerck würde eine ausgehölte Lage von Sandsteinen gedecket.

δ) in dem ausgehölten Sandstein würde eine sattsame Weite, sattsam dicke, wohl gelöthete und überhaupt auf Bestand bearbeitete Bleyerne Röhre freyliegend eingeleget.

ε) Sodann der Sandstein und die Röhre mit einem Deckel vom Sandstein vermittelst Tarras geschloßen und endlich der behuefige Leimen darüber geschlagen. Solchergestalt würde man sich auf dieses Wercks unwandelbare Dauer verlaßen und für eine Reparation nie besorget sein dürfen.

Wenn endlich erörtert werden könnte, ob die Erhebung »oder die Senckung der Brunnen-Röhren vorträglicher wäre?« So würde meines Ermeßens die Senckung den Vorzug behalten, weil bey der Erhebung die Röhren von rechts wegen Luftdicht sein sollten, dabey aber so wohl, als bey denen sonstigen abzuschließenden Röhren größere Behutsamkeit nöthig ist, wo hingegen die Versenckung bey jedermann eher Beyfall findet, weil sie schon in loco existiret, über dis dieselbe nur Waßerdicht sein darff und auch, wenn sie einmahl gemacht ist, keine fernere Unkosten erfordert.

Ew. Magnificence zu beharrlicher Hochgeneigtesten Gewogenheit in schuldigster Ehrfurcht mich zu empfehlen nehme die Freimüthigkeit

Hamburg, d. 27 t Nov. 1758. Ew. Magnificence
Meines Hochgeneigtesten H. Syndici
gehorsamster Diener EGSonnin.

7.

PETRI- UND PAULIKIRCHE BERGEDORF

Gutachten für den Amtsverwalter über den Bauzustand des Turmes. Die vorgeschlagenen Instandsetzungen werden sofort durchgeführt.
Bergedorf, 21.5.1759

Staatsarchiv Hamburg
Archiv des Amtes Bergedorf
Pars II, Sectio I, Vol. II, 21
Kirche und Kirchengebäude zu Bergedorf
1612–1788

Auf Sr. Hochedelgebohrnen des Herrn Amts Verwalters Befehl, habe den Thurm in Bergedorff genau besichtiget untersuchet und befunden:
1. daß der Thurm an und für sich selbst gut verbunden
2. das Holtz durchgehends gesund und von der besten qualité, mit hin
3. derselbe ratione materiae, wenn er dachdicht gehalten wird, noch hunderte von Jahren ausdauern könne.

Der an den Thurm befindliche Haupt Fehler beruhet eintzig und alleine darinnen, daß er gegen Westen sehr starck gesuncken ist, welche Versinckung auf die gantze Höhe gegen 4 Fuß beträget.

Vermöge dieses Abhanges ist dieser Thurm außer dem Gleichgewichte und die Wester Seite deßelben hat eine weit größere Last als die Ost-Seite zu tragen, weshalb dieser Fehler mit den Jahren beständig zunehmen und endlich die gantze Spitze in Gefahr setzen wird.

Wie vorbemeldeter maßen das gantze Werck sonst an sich selbst gut ist, und hingegen auf langjährige unbesorgte Dauer gebeßert werden könnte, wenn man den Thurm wieder in sein Gleichgewichte setzete; dieses auch ohne beträchtliche Kosten und unter vernünftiger Anordnung ohne alle Gefahr ins Werck zu setzen ist.

So kann nach reifer Ueberlegung mit Zuverläßigkeit zu dieser Verbeßerung errathen.

Die Kosten könnten verschieden seyn, wenn man entweder die Neben Seiten des Thurms zugleich mit verbeßern, oder solche nicht verbeßern wollte.

Meines wenigen Ermeßens ließe man die Neben Seiten, welche doch eigentlich das Werck nicht unterstützen, nur stehen wie sie sind, und rühete sie nicht weiter als sie es wegen der Verbindung mit dem Wercke nöthig haben, zumalen sie bey einer mit der Zeit unumgänglichen Veränderung der Kirche doch ohne Zweifel wegfallen werden.

Dieser zum vorausgesetzet, schätze die Kosten solcher Reparation auf 1500 bis 2000 Mk, für welche Summe der Thurm wieder gerade gestellet, die sonstige niedere defecte gehoben, und der Thurm auf unbesorgte Dauer eingerichtet werden kann.

Bergedorff d 21ᵗ Maii 1759   Ernst George Sonnin.

8.

PETRI- UND PAULIKIRCHE BERGEDORF

Schreiben an den Amtsverwalter mit Ratschlägen für weitere bauliche Maßnahmen nach dem Abschluß der am 21. Mai 1759 empfohlenen Instandsetzungen. Sie werden ebenfalls noch im gleichen Jahr befolgt.
Bergedorf, 16.7.1759

Staatsarchiv Hamburg
Archiv des Amtes Bergedorf
Pars II, Sectio I, Vol. II, 21
Kirche und Kirchengebäude zu Bergedorf
1612–1788

Hochedelgebohrner
Hochgelahrter Herr!
Hochgeneigtester Herr Amts Verwalter!

Ew. Hochedelgeb. werden Hochgeneigt bemercket haben, wie der Kirchthurm unter Gottes Seegen glücklich in Lothrechten Stand gesetzet worden ist.

Es ist nun noch übrig, denselben für das bisherige Schwancken und Zittern zu verwahren, damit bey dem Läuten die Orgel keinen Schaden nehmen möge.

Um zu diesem Hauptzweck am bequemsten und am sichersten zu gelangen, wollte Ew. Hochedelgeb. nachfolgenden Vorschlag zu thun, die Freyheit nehmen:

1. Es würde an der Süder Seite ein kleines Neben Gebäude angebauet, wie dergleichen sich schon an der Norder Seite befindet, wovon man den Vortheil söge, daß
   a) die erforderlichen Streben zur unumbgänglich nöthigen Befestigung des Thurms darunter angebracht werden könnte, und in demselben
   b) nicht allein eine weit bequemere Treppe,
   c) sondern auch ein beßeren Eingang in die Kirche erhalten würde.
2. Es würde die iezige Thurm Thüre zu, und an statt deren ein Fenster gemachet, wodurch man
   a) Ebenfalls die behufige Festigkeit und dann
   b) Platz zu zwey guten geschloßenen Kirchen-Gestühlten erhielte.
3. Wenn um der Symmetrie willen das vorhin benannte Angebäude bis an den Süder-Ausbau der Kirche continuiret würde, mögte solches
   a) der Kirchen ein gutes Ansehen und Festigkeit geben und
   b) dadurch 3 a 4 gute Kirchen Gestühlten gewonnen werden.

Ob nun wohl diese Vorschläge eigentlich die nothwendige Verbindung des Thurms und künftige Dauer desselben zum Grunde haben, so glaube doch, daß solche auch die wenige darauf zu verwendende Kosten sehr reichlich ersetzen würden.

Zu beharrlicher schätzbaren Gewogenheit nehme die Ehre mit schuldigstem Respect mich zu empfehlen Ew. Hochedelgeb.

Meines Hochgeneigtesten Herrn Amts Verwalters gehorsamster Diener

Bergedorff d 16ᵗ Jul. 1759

EGSonnin.

9.

HERRENGRABEN HAMBURG

Im Auftrag des Bauherren Klefeker mit Professor Büsch angefertigter Bericht über die Vermessung des Herrengrabens am Niederbaum.
Hamburg, April 1760

Staatsarchiv Hamburg
Senat
Cl. VII, Lit. Cb, No. 8, P. 3, Vol. 2ᶜ
Continuatio
Acta deputationis wegen Aufräumung des
Herrengrabens et annexarum – wobei das
Original-Protokoll
1765–1766, Nr. 7
Lect. d. 10. Sept. 1765 in Deput

Auf Ihro Magnif. des Herrn Syndici Klefekers Befehl haben Unterzogene das Bette im Herren Graben, gegen das Bette im Hafen vor dem Niedern Baum mit allem Fleiße untersuchet, und im beyliegenden Profile richtig aufgetragen.

1.
Die Untersuchung geschahe unter Begünstigung einer ziemlich hohen Fluth, durch deren freyen Eintritt in den Herren Graben man im Stande war, die Verhältniß beider Betten bis auf Kleinigkeiten von Zollen wahrzunehmen.

2.
Zu näherer Einsicht mögte dienen die bey dermaliger Waßer Höhe gefundene Tiefe ordentlich herzusetzen.

A
Tiefen des Bettes der Elbe im Hafen vor der Masten Schneiderey bis ans Blockhaus bezeichnet im profil

sub No. 1. Unter der Masten Schneiderey plus minus	10 Fuß	–	Zoll
2. Vor derselben	16 ”	5	”
3. Im Fahrwaßer verschiedentlich als	16 ”	11	”
	17 ”	3	”
	17 ”	8	”
	17 ”	10	”
4. Gegen den Blockhause über	15 ”	–	”

B
Tiefen des Bettes des Herren Grabens bezeichnet im Profiel

sub No. 5. Neben der nordwestl. Ecke des observatorii	6 Fuß	4	Zoll
6. Mittlere Distantz zur Scharthors Brücke	13 ”	6	”
7. Vor der Scharthors Brücke	15 ”	5	”
8. Zu Ende des Janßens Sager Platzes	16 ”	–	”
9. Neben Wwn. Preyens Hause	17 ”	8	”
10. Hinter dem admiralitaets Thurm	19 ”	8	”
11. Vor der Ellernthors Brücke	18 ”	6	”
12. Hinter der Ellernthors Brücke	8 ”	5	”
13. Auf der Ecke der steinernen Vorsetzen	8 ”	10	”
14. Hinter dem Gesandten Hause	17 ”	10	”
15. Vor Schelen Brücke	15 ”	6	”
16. Hinter Beneicks Platz	16 ”	–	”
17. Vor der Neuen Walls Schleuse	15 ”	–	”
18. Hinter Fabers Platz	19 ”	–	”
19. Hinter dem Pferdeborn	20 ”	–	”

C

Es erhellet dann aus vorstehenden Aufmeßungen, daß das Bette des Herren Grabens an einigen Orten würcklich tiefer sey als das Bette der Elbe und zwar wenigstens 3 Fuß. Andere Stellen sind nicht so tief, mögen auch wohl, wie zum Exempel bey der Ellernthors Brücke nie so tief gewesen seyn. Überhaupt aber wird es wahrscheinlich, daß bey der ersten Anlage das Bette des Grabens dem Bette der Elbe gleich tief gemachet, vielleicht aber auch letzteres in den ältern Zeiten niedriger als iezt gewesen sey. Es würde dem nach der von Ew. Magnificence aufgegebenen Frage:

D

Da das Bette des Herren-Grabens um einige Fuß niedriger als das Bette der Elbe befunden worden, ob nicht die Ausschlammung über die angegebene Maße, das ist noch über 12 Fuß sich erstrecken, und daher dan der Calculus der Kosten ohnfehlbar sich vergrößern würde? durch folgende Bemerkungen sich hinlänglich entscheiden laßen.

E

Vorstehende Untersuchung ist besagtermaßen bey einer ziemlich hohen, wenigstens 4 Fuß über die ordinaire angewachsenen Fluth geschehen. Man untersuchete, wie gewöhnlich, die Tiefe des Bettes mit einer hölzernen Stange, woran zugleich der Unterschied zwischen dem flüßigen und zwischen dem verdickten Schlamm bequem bemercket werden konnte. Man hat wahrgenommen, daß an denen bemerckten Orten der verdickte Schlamm sich nie über ⅓ der Tiefe an die Stange gehänget habe. Wenn bey dieser hohen Fluth 4 Fuß außerordentliches Waßer war, so würde bey ordinairen Fluthen die Tiefe der Elbe 13 Fuß und des Grabens mittlere Tiefe auch 13 Fuß seyn. Solchergestalt mögte der flüßige Schlamm circa 6 Fuß und der verdickte auch 6 Fuß, der flüßige und verdickte Schlamm zusammen genommen aber kaum 12 Fuß in der Höhe betragen können, mithin wird weder die Ausschlammung die angesetzte Maße überschreiten, noch der Calculus der Kosten vergrößert werden.

F

Hingegen, da die Tiefe des Grabens größer als die Tiefe der Elbe ist, mögte man Ursache haben zu erörtern:

Ob der Graben niedriger als die Elbe auszutiefen, oder ob er der Elbe gleich zu machen sey? Wer behaupten wollte, daß der Graben tiefer seyn sollte, würde anführen können: es sey den Bewohnern der Neustadt, in Ansehung von Feuers-Gefahr nöthig, daß in dem Graben ie mehr ie lieber Waßer sey, und ie tiefer man ihn bey diesen dazu vortheilhaften Umständen machete, desto später würde man nachgehends nöthig haben, ihn wieder auszutiefen.

Der Gegentheil aber würde repliciren: Es sey der Graben tief genug, und habe überflüßig Waßer, wenn er so tief, wie der Hafen, sey, welchem es auch bey den dürresten Jahren an Waßer nie gebreche. Es sey in vieler Absicht beßer, wenn der Graben ein festes nicht gar zu tiefes Bett habe: Die Kosten, welche iezt zu mehrerer Austiefung anwendete, seyn den künftigen gleich, weil sie Zinsen verzehreten. Man könnte gar ein ansehnliches lucrum bey der Ausschlammung machen, wenn man die Wall Erde zur Anlegung eines festen Bettes im Graben anwendete, und endlich mögte man einer künftigen Ausschlammung wohl gar entbehren können, wenn man das im Herbst und Frühling durch die frey-Schützen ablaufende wilde Waßer der Alster in den Graben leitete.

Dieses haben wir in gebührender Befolgung des von Ihro Magnificence an uns gelangten Befehls, auszurichten gesucht, und hiedurch unsere vermeinte unvorgreifliche

Meinung zu höherem Gutachten mit schuldigstem Respect darzulegen nicht ermangeln wollen.

Hamburg d Apr. 1760   H Büsch   EGSonnin.
                              Mathes. P. P.   architectus.

10.
PFERDESTALL SEESTERMÜHE

Vorschlag im Auftrag des Hannoveranischen Generalleutnants Georg Ludwig Graf von Kielmannsegg für die Instandsetzung und einen Umbau; bis 1761 ausgeführt.
28.5.1760

Kuhlmann, Hans Joachim: Ernst Georg Sonnins Tätigkeit auf Seestermühe, 1760–61. In: Nordelbingen, Bd. 24, 1956, S. 52 ff.

Gutsarchiv Seestermühe
Abt. II, Nr. 166
Pläne des Architekten Sonnin für die Gebäude
zu Seestermühe 1760–61.

Unmaßgebliche Gedanken über die Reparation und Einrichtung des Reitstalles zu Seestermühe.

a) Der Thurm ist außerhalb dem Dach in recht guten Umständen. Innerhalb ist die Unter-Verbindung sehr beschädigt und von dem einfallenden Regen größtentheils fermodert. Indeßen kann solche bequem ausgebeßert und aufs künftige für den Regen gesichert werden.

b) Das Dach ist in Ansehung der Sparren und Balcken unbeschädiget. Der unter dem Thurm ruhende Durchzug ist vermodert, allein es ist ein Schaden von wenigem Belange und leichter Verbeßerung. Die Dachpfannen sind elend eingedecket, und wo man das Gebäude conserviren will, muß das ganze Dach in neuen Kalck geleget werden.

c) An dem Gebäude selbst sind außer der neulichen Verbeßerung fast alle Legden nebst dem Untertheil der mehrsten Stender angestecket und unumgänglich zu repariren. Da nach einen mir vorgezeigten Entwurf bey der Reparation einige Zimmer zu mehrer Bequemlichkeit eingerichtet werden sollen, so könnte auch diese Reparation der Legden et Stender mit Bestand und Menage geschehen, wenn man, weil doch Mauersteine im Ueberfluß vorräthig sind, überhaupt die Mauer unter den Legden so hoch zöge, daß die Legden zugleich die Sohlbäncke der Fenster abgäben.

Die Einrichtung könnte nach beyliegenden Riß bequem werden. Die Kosten würden hiebey mehr als bey dem mir gezeigten betragen, weil nur die eine Wand um die Hälfte größer, dadurch aber gedoppelter Platz und überhaupt die Symmetrie erhalten wird. Solchenfalle würde der Reitstall so hoch gefüllet, daß von der Thüre 4 Stufen vorgeleget und die Flur durchgehends gleich hoch würde. Weil das Terrain hinter dem Hause abhängig, folglich solches eines Theils erhöhet und andern Theils doch eine Mauer gezogen werden müßte, so könnte mit eben denen Kosten dafür eine Keller-Etage und darinnen eine geräumige Küche und Speise-Kammer nebst 2 Domestiquen-Zimmer angeleget werden. In dem Risse sind in allen Zimmern Ofen angedeutet, wovon die beliebige gewählet werden können.

Die Kosten zu dieser Reparation und Veränderung folgende seyn, wobey die

Mauersteine, weil sie da sind, nebst den Ofen, Fuhrlohn und Tagelohn nicht in Anschlag gebracht worden sind: (Es folgt die Kostenaufstellung mit der Gesamtsumme von 1800,- Mk dän. cour.)

E.G. Sonnin, Baumeister

11.
KIRCHE ST. COSMAE ET DAMIANI STADE

Gutachten im Auftrag des Landrates und der Kirchenjuraten über den Bauzustand der Kirche. Die Sanierung der aus dem Jahre 1685 stammenden waghalsigen Konstruktion der Abfangung des Turmhelmes über der weitgespannten Vierung stellt hohe Anforderungen an statische Kenntnisse. Den Materialbedarf teilt Sonnin am 10.7.1760 mit. Die nach Sonnins Vorschlag durchgeführten Maßnahmen bewähren sich bis in die Gegenwart.
Stade, 20.6.1760

Krause: Sonnin und der St. Cosmaeturm. In: Stader Jahrbuch 1949, N. F. Heft 39, Hamburg 1949

Stadtarchiv Stade
K 56/7

Pro memoria.
Betreffende den Zustand der Kirchen und des Thurms zu St. Cosmi in Stade.

I.
Die an denen Vier Haupt Pfeilern des Thurms und viele an denen Nebenwänden ersichtliche Borsten finden großen theils ihre nächste Ursache in der durch die zu tief angelegten Begräbniße verursachten Verletzung des Grundes. So viel bey der Untersuchung wahrgenommen werden können, so ist
a) der Grund unter der gantzen Kirchen überhaupt eine feste stehende Leimdecke mithin von sicherem Bestande, wie solches auch der horizontale Stand des Gebäudes bewähret.
b) Die Grundschichte der Pfeiler ist eine Lage von mittelmäßig großen Felsen, welche ausgegräuset und ferner unter der Erde ganz mit Felsen kleinerer Sorte aufgemauert ist. Ueber der Erde sind
c) die Pfeiler hauptsächlich von kleinen mittelst guten Sandkalck ordentlich vermauerten Felsen aufgeführt und die auswendige Fläche mit zugleich einverbundenen Backsteinen ausgeebnet worden.
d) Ohne Zweifel würde, wie sehr viele Beispiele von eben der Art ergeben, dieses Werck auf viel längern Zeiten gedauert haben, wenn nicht auf obbemeldete Weise der Grund untergraben worden wäre.
e) Insbesondere ist an dem quaestionirten Pfeiler aus eben dieser Ursache die contreforce, welche nebst dem ErdGurt, worauf sie ruhet, nicht auf der Leimdecke sondern nur etwan 2 Fuß tief auf losen Sand gegründet worden vornehmlich zu Norden gewichen.
f) Von dieser Ausweichung sind sowohl die zu Tage liegende viele Borsten der Pfeiler als auch die Öffnungen des Haupt Bogens in seinem Schluß und an seinen Schenckeln ganz unmittelbare Folgen, iedoch nicht so punctuel gefährlich, weil vornehmlich nur die Backsteine geplatzet, der Kern aber noch wohl gut seyn mögte.

g) Die Verbeßerung, welche um so viel weniger kostet als früher man den Schaden heilet erfordert
   1. daß in dem Nordöstlichen Kropf des Pfeilers eine Diagonal contreforce aus dem Grunde angeleget,
   2. die contreforcen zu Osten und Norden bis auf die Leim Schichte gegründet, hinlänglich verbreitet und bis zum Wiederlager des Haupt Bogens aufgeführt,
   3. der abgeplatzte Untertheil der Haupt Bogen so weit es nöthig neu ausgebunden und
   4. die nicht zu erreichende Ritzen zwischen den Felsen gut vergoßen werden,
   zu welcher Arbeit unter gehöriger Vorsicht wenige Abstützung von nöthen seyn wird.

II.

Das AchtEck über den Pfeilern hat sich in allen 8 unteren und auch in den 8 oberen Bogen geöfnet. Die Ursachen davon sind
a) die Ausweichung der vier Haupt Pfeiler und die damit verknüpfete Oefnung der Vier Haupt-Bogen,
b) der Mangel eines hinlänglich befestigten Crantzes von Mauerlatten, wozu mit Verlauf der Zeiten,
c) die Schwankung des Glockenstuhls, welcher in sich selbst nicht sattsam verbunden ist, etwas mit beygetragen hat.
d) die Verbeßerung beruhete am füglichsten
   1. In einer Lage von 4 starcken fürenen Balcken, welche das quarré der 4 Haupt Pfeiler einschlöße, und solche für die mehrere Oefnung der Bogen sicherte
   2. In Verstreckung eines Crantzes von starcken fürenen Mauer Latten, wonächst
   3. durch Vergießung der in den Bogen entstandenen Borsten und durch Befestigung des Glocken Stuhls die Erschütterung beym Geläute großesten theils cessiren würde, besonders wann
   4. angezeigter maßen der vehemence des Läutens das gehörige Ziel gesetzet würde.

III.

Die Ringmauren der Kirchen sind wie die eine Seiten Mauer des Altars theils von dem Druck der Pfeiler theils durch die angelegten Begräbniße vielfältig ausgewichen.

Sie können ohne Beysorge noch verschiedene Jahre in ihrem ietzigen Zustande verbleiben, nur wäre vorietzt ein Stück der Altar Mauer nothwendig zu unterfangen, und wann mit der Zeit die übrigen nach und nach geschickt unterfangen würden, wäre dieses ein bequemes wohlfeiles und vielleicht einträgliches Mittel ihnen ihre bleyrechte Stellung und behufige Sicherheit in Ansehung der Begräbniße wieder zu geben.

IV.

Die Erd Gurten zwischen den Pfeilern, welche, weil man bey ihrer Anlage keine so tiefe Begräbniße vermuthete, nur so seichte gegründet worden sind, können ohne Bedencken weggenommen und mit dadurch erhaltenen Platz denen Einhabern der Begräbniße, das reichlich vergütet werden, was man denen Pfeilern und contreforcen im Grunde zuzulegen gemüßiget seyn wird.

V.

Die Thurm Spitze ist von einem wohleingerichteten nicht leicht wandelbaren Verbande. Die Acht Pfeiler der Laterne sind fast das einzige, was dann einer genauen Aufmercksamkeit bedürfftig ist. Weil dieselben rund um mit Kupfer bedecket sind, dieses aber keine Ritzen, die nicht in die Augen fallen, haben kann; so ist an ihnen ein bis zur äußersten Gefahr verborgener Fehler möglich.

Es würde kostbar seyn, das Kupfer, bevor es ausgedienet abzulösen, und daher wäre vors erste nöthig bey einfallenden Regenwettern sorgfältig zu beobachten, ob sich an den Untertheilen eine Näße, eine unfehlbare marque vorhandener Lecken herunter zöge, deren Sitz leichtlich entdecket und nach Umständen dem Schaden abgeholfen werden könnte.

VI.

Die Goßen zwischen denen Kirchendächern sind nachtheilig gewesen und können es auch künftig seyn. Ihre Unterhaltung kostet nach ietzigen Umständen mehr als nöthig wäre. Beyderley Ungemach würde vermieden wenn man

a) die Aufschöblinge der Sparren und mit ihnen die Goßen um so viel erhöhete, daß man aller Orten bequem zukommen könnte,

b) die Abdachungen am Thurm, welche viel zu steil angedecket sind und daher nie dichte werden können alle zum halben Winckel legte, welchenfalls

c) diese sehr weit auf die Dächer treten, weniger Fläche ausmachen, nicht so vielen Schnee auffangen und

d) denen Großen überhaupt ein weit stärckerer Fall zur Verminderung der Lecken gegeben werden kann, woneben es sehr wirthschaftlich ist

e) die Goßen gegen den Winter mit Brettern zu belegen, ohne welche Beyhülfe bey einfallenden Thauwetter ein hoher Schnee nie abgeseigert sondern über den Rinnenfuttern in die Gebäude tritt.

VII.

An der Gipsdecke über dem Altar würde der auf Leimen getünchte Theil mit neuer Tünche wieder übersetzet, der theil aber, welcher mit Drat und Rohr gegipset war, mit Gipslatten auf beßere Dauer ausgebeßert werden können.

VIII.

Die Giebel an den Kirchendächern machen keine besondere Zierde, wohl aber eine große Last und beschwerliche Unterhaltung. Würden dieselben gelegentlich abgetragen und zum Walm angedecket, so hätte man dem Gebäude und der Casse eine ansehnliche Erleichterung bewürcket.

IX.

In Ansehung der materialien verdienen die besten äußerst empfohlen zu werden. Der Muschel Kalck ist zu öffentlichen Gebäuden von keinem Werth, ausgenommen zur Tünche. Der Sand kann seine Stelle zur menage mit ungleich größerer Dauer vertreten. An dem Mauerwerck muß in diesem Fall nichts obenhin und die Fugen ohne Ausnahme recht scharf gemachet werden, wiedrigen falls hat man den Verdruß in wenig Jahren, wo nicht alle, doch die mehreste Mühe und Kosten verloren zu sehen.

Stade d 20st Jun. 1760.   Ernst George Sonnin, Baumeister in Hamburg.

12.

DOM ST. MARIEN HAMBURG

Gutachten auf Veranlassung des Rates über den Bauzustand des Turmes gemeinsam mit dem Domkapitelzimmermeister Johannes Christoph Grüsser, dem Domkapitelmaurermeister Johann Nicolaus Heimbürger, dem Ratsmaurermeister Johann Joachim Schuldt und dem Ratszimmermeister Jürgen Gerhard Schmidt. Das Gutachten muß als eines der aufschlußreichsten angesehen wer-

den, da es durch den Zusatz Sonnins mit dem Angebot zur Geraderichtung der Turmspitze anstatt des von den Handwerksmeistern empfohlenen Abbruches sehr deutlich die unterschiedlichen Auffassungen zum Ausdruck kommen läßt.
Hamburg, 13.1.1761

Staatsarchiv Hamburg
Senat
Cl. I, Lit. Oe, Bl. 1, Nr. 2ᶜ
Acta mit Rev. Capitulo wegen des Dohm-
Thurms und deßen gefährlichen Zustandes
1760, 61, Bl. 23

Nachdem Sr. Magnificence der älteste und p. t. Praesidirende H. Bürgermeister Scheele, vigore Conclusi Ampl. Senatus uns befehliget, mit denen von Einem Hochw. Dohm Capitul zu ernennenden Zimmer und Mauer Meister, den Zustand des Thurms am Dohm sorgfältig zu untersuchen, auch davon auf Eid und Gewißen ein unparteyisches Gutachten, und zwar solches wo möglich mit denen vom Hochw. Capitul dazu ernenneten Meistern vereiniget, zu übergeben;

Als haben wir in schuldigstem Gehorsam nebst denen mitunterzogenen Zimmer- und Mauer-Meistern Eines Hochw. Capituls die Besichtigung besagten Thurms am 5 ten und 7 ten huius mit allem Fleiße vorgenommen, und bey gemeinschaftlicher Untersuchung deßen Zustand folgendermaßen befunden;

1. Die Spitze oder Pyramide an und für sich selbst befindet sich in einem recht guten baulichen Zustande, daß – woferne das Mauerwerck, worauf sie unmittelbar ruhet, standhaft oder gerade wäre, und sie hiernächst nicht so sehr starck abhinge, dieselbe noch lange Jahre ohne alle Beysorge stehen könnte. Es ist aber
2. ietzbesagtes Mauerwerck oder Acht-Eck, worauf sie unmittelbar ruhet gar sehr schwach, nemlich nur 2 Fuß 10 Zoll dick, sodann ist sothanes Mauerwerck, welches 14 Fuß hoch, an der Südwesten Seite 1 gantzen Fuß über gewichen, und sind also davon nur 1 Fuß 10 Zoll tragbar, ferner ist eben diese Mauer auf einer Länge von 36 Fuß 1 ganzen Fuß außer der Schrotwage, und endlich ist sie am Fuß gegen Südwesten die ganze Fuge lang aufgeborsten, und stehet also in der Kippe. Weil aber diese Mauer, als der unmittelbare Grund der Spitze nicht Wagerecht, so ist natürlicher weise auch
3. die Spitze sehr von ihrem lothrechten Zustande abgewichen, und hänget effective 5 Fuß 9 Zoll gegen Südwesten über.
    Die Ursache aber, warum obbemeldete Mauer sich nicht in waagerechtem Zustande befindet, ist diese, daß vermöge geschehener Ablöthung
4. die gantze Thurm Mauer auch gegen Südwesten gesuncken, und zum wenigsten 4 ½ Fuß nach dem Loth oder Perpendicul überhänget.
5. Der Überhang der Spitze und des Thurms zusammen genommen 10 Fuß 3 Zoll beträget.
6. Die Eck-Thürmer, welche an allen 4 Ecken ausgebauet, sind sehr ofte durch und durch geborsten, und ob sie zwar theils mit Holz theils mit Eisen angeanckert sind; so kann man doch auf deren Sicherheit um so weniger trauen, da theils die Ancker von unzuverläßiger Beschaffenheit sind, theils solche an der schwachen Mauer des Acht-Ecks befestiget worden, mithin dem Grunde der Spitze um sovielmehr zur Last kommen. Endlich ist
7. die Mauer von außen ziemlich baufällig worden, indem die Mauer-Fugen so ausgeregnet sind, daß viele lose liegende und hängende Steine von dem Winde leicht abgeworfen werden, und denen darunter wohnenden und gehenden Leuten sehr gefährlich seyn könnte.

Im vorbesagten haben wir, um nichts zu vergrößern, weder den Abhang der Spitze aufs äußerste, noch dasjenige, was sonst noch bemerckenswürdig ist, auf das ausgedehnteste anzeigen wollen, sondern nur das Nothwendigste angeführt, welches da
a) die Spitze über 10 Fuß von ihrem ersten Stande abhänget,
b) die Mauer, worauf sie unmittelbar ruhet, nemlich das Acht-Eck, iezo außer Stande ist sie zu tragen,
c) dieses Acht-Eck von 2 Eck-Thürmern noch beständig übergezogen wird; folglich
d) die ganze Last der Spitze auf dem schwachen Theile des Thurmes eintzig und allein hänget

uns schon Ursache genug giebet, hiemit auf unser bestes Wißen und Gewißen einstimmig zu erklären:

> daß wir den iezigen Zustand des Dohms-Thurms für sehr gefährlich ansehen, und aus vorbesagten Gründen billig besorgen, daß bey einen starcken Sturmwinde aus Nordosten die außer Loth, Schrotwage und Gleichgewichte stehende Spitze völlig abgeworfen werden mögte, welches auch bey einem starcken westlichen Sturm durch den Rück-Prall nicht unmöglich wäre.

Wie nun, um der obschwebenden Gefahr willen (für welcher aus hinlänglichen Gründen weder wir noch iemand anderes garantieren kann) die Spitze ihrem iezigen Zustande zu laßen wohl niemand mit gutem Gewißen anrathen kann so sind wir der Meinung:

> Daß die gantze Spitze abgetragen, und auch die Eck-Thürmer nebst der schwachen Mauer des Acht-Ecks abgenommen werden müßte, und sodann der Zustand des Thurms das Mehrere ergeben würde.

Die Art und Weise, wie mit der Abnahme und Herstellung der Spitze zu verfahren, wäre wohl der weisen Einsicht Eines Hochw. Capituls hinzustellen. Indeßen auf Hochgeneigtes Verlangen in schuldigster Dienst-Begierde wir nie säumig seyn würden, das uns Wahre mit eben der Aufrichtigkeit zu bezeugen, womit wir dieses unterschreiben.

Hamburg d 13 ten Janr. 1761.

Eines Hochw. Dom Capituls	Ein Hoch Edl. und Hochw.
Zimmer und Mauer Meister	Raths Mauer und Zimmer
Johannes Christoph Grüsser	Meister Johann Joachim Schuldt
Johann Nicolaus Heimbürger	Jürgen Gerhard Schmidt.

Vorstehender unserem unpartheyischen Bericht von unserer gemeinschaftlichen Untersuchung des Thurms habe für meine Person annoch in specie den Vorschlag beyfügen wollen:

> daß woferne Hohen Orts man lieber die Spitze beybehalten, als abnehmen wollte, ich zufolge dem vor fünf Jahren von mir abgegebenen Bedencken mich wohlüberlegt hiemit nochmals erbiete, die Spitze wieder gerade zu richten und also ins Gleichgewichte zu setzen, daß man für alle künftige Weichungen sicher ist, welches Unternehmen mit eben der Sicherheit und mit eben so wenig Gefahr, als man das Dach eines mittelmäßigen Hauses richtet, geleistet werden kann, und anbefohlenen falls geleistet werden wird.

Hamburg d 13 t. Jan. 1761   Ernst George Sonnin.

13.
KIRCHE ST. COSMAE ET DAMIANI STADE

Vorschlag mit Kostenanschlägen für die Instandsetzung der drei Satteldächer über dem Kirchenschiff auf der Ostseite und für deren Ersatz durch ein Walmdach. Dem Hinweis auf das bessere Aussehen des Walmdaches wird man kaum beipflichten können, wogegen die Vermeidung der Kehlen zwischen den drei Satteldächern zweifellos die solidere Konzeption darstellt. Das Walmdach wird nicht ausgeführt. Am 20.2.1761 ergänzt Sonnin nach Rücksprache mit den Handwerksmeistern das Gutachten in 17 Detailpunkten.

Zum Gutachten gehört die getönte Federzeichnung vom 14.2.1761 mit Sparrenlage und Binderquerschnitt für ein Walmdach. (Veröffentlicht von Heckmann, a.a.O., Abb. 70.)
Stade, 17.2.1761

Stadtarchiv Stade
K 56/7

Pro memoria.

Anliegender Riß stellet
sub litt. A ein Lehr Gebinde, und
sub litt. B Einen Wercksatz
von dem in Vorschlag gekommenen neuen Dachstuhl der Kirchen vor, aus welchen beiden so wohl das Facon, als die behufigen Stücken und Maßen des erforderlichen Bauholtzes ersichtlich sind.

Es ist daraus klar, wie, ohne die Kirche zu beschweren und ohne sie zu verunstalten, ein einfaches Dach auf derselben gar wohl möglich sey, ia daß eben daßelbe neben einem beßeren Ansehen zugleich alle Eigenschaften eines guten Daches haben könne.

Denn es würde hiedurch nicht allein die Last des Daches um ein ansehnliches gemindert, sondern die mehreste Schwere deßelben würde alsdann vermittelst des stehenden Stuhls vornemlich auf denen beiden inwendigen Mauren des Chors ruhen, mithin die auswendigen ohnehin nicht gar zu starcken Mauren, von einer ihnen mit der Zeit zu schwer werdenden Last befreyet werden.

Die Proportion ist zu einer solchen Höhe und zu einer solchen Schräge angenommen, daß einertheils Regen und Schnee einen übrig guten Abfall haben, anderen theils die Dachziegel auch so flach liegen, daß sie vom Winde nicht so sehr angegriffen werden können. Letzterem Uebel sind alle steilen Dächer beständig ausgesetzt, als bey denen ein ieder starcker Wind entweder die Dachpfannen abwirft, oder wenigstens vom Kalcke ablöset, folglich eine beständige Reparation verursacht.

Die Verbindung des Dachwercks ist ungekünstelt, standhaft und aller Orten zugänglich, daß man auch die kleinesten mit Verlauf von Jahren entstehen könnenden Fehler gar leicht entdecken und abändern kann.

Die Kosten sind hienebst so wohl auf den Fall einer beliebigen Reparation als auf den Fall eines neuen Dachstuhls angeschlagen und zwar auf beide Fälle zu einem Dauerhaften Wercke, welche Absicht bey publiquen Gebäuden allemahl die erste seyn soll, und effective iederzeit die wohl feileste ist.

(Es folgen Kostenanschläge für Instandsetzung und Neuanfertigung über 3200 bzw. 4100 Mark)

Aus der Vergleichung beider Anschläge und der Erwegung der auf die eine oder andere Seite fallende Vortheile wird die gefällige resolution leicht fließen.

Auf beide Fälle würde die gute Eindeckung des Dachs ein Haupt Augenmerck seyn.

Hiezu contribuiren geschnittene Latten sehr vieles, und sind deswegen angeschlagen, weil sie regelmäßigere Arbeit geben, in Kalcke viel ersparen und längere Dauer haben. Die iezt auf dem gantzen Dache befindliche Latten sind, so bald sie gereget werden unbrauchbar.

Würde die Reparation erwählet, so mögte es sehr gerathen seyn, das gantze Dach in neuen Kalck zu legen. Denn da doch 4 Dachseiten gereget werden und an denen übrigen 2 Seiten, die neu Vorzunehmende Verstreichung nicht die gehörige Verbindung erreichen kann, weil der von Jahren zu Jahren angebrachte alte Kalck es hindert, so mögten diese beiden Seiten mit den andern nicht gleich ausdauren und also die Arbeit für halb verloren anzusehen seyn.

Geschähe dieses so würden die zur Reparation angeschlagene Latten und Kalck kaum hinreichen, zumalen bey den Goßen die Abdachung am Thurm weit größer ist als in dem andern Falle, und auch so regelmäßig nicht gearbeitet werden kann.

Sonsten glaube, daß beide Anschläge mit der Ausführung ziemlich genau zutreffen, und für den Belauf gut gemachet werden können.

Zur Vergipsung der Decke am Chor, werden außer denen zur Ausbeßerung angeschaften Schaaldielen, Lattendielen erfordert, welche nur einen schwachen halben Zoll dick und ohne Spint. Sie mögen nach der Bequemlichkeit des Uebernehmers 8, 9, 10, 12 etc. Zoll breit, und von Länge, wie ihms bestens paßet, seyn. Das benöthigte quantum wäre 900 Fuß, wenn sie 1 Fuß breit sind. Zum Annageln der Gipslatten sind kleine Scharf Nägel die bequemesten, und werden 25 000 darauf gehen, wenn auf 8 Zoll gebohret wird.

Gelegentlich habe den Thurm bey dieser naßen Witterung durchgesehen. Der Wetterboden hat sehr viele Lecken, und mit der Zeit würden die 8 Pfeiler der Laterne großen Schaden nehmen. Sie sind vom Bleydecker mit Kütte gewöhnlich verschmieret. Da aber solche Ausbeßerung selten länger als ein Jahr dauret, wäre es weit profitabler und sicherer alles was möglich ist zu verlöthen.

Stade d 17ᵗ Febr. 1761.

EGSonnin

14.
RATSAPOTHEKE HAMBURG

Gutachten im Auftrag des ältesten Baubürgers über den Bauzustand. Das wesentlich kürzere Gutachten des Bauhofsinspektors Nicolaus Ficker und des Bauhofs-Werkgesellen Abraham Beyer in derselben Akte vom 2. März 1761 hält bauliche Veränderungen ebenfalls für nicht erforderlich.
Hamburg, 27.2.1761

Staatsarchiv Hamburg
Cl. VII, Lit. Fc, No. 2ᶜ, Vol. 3
Untersuchung der Raths-Apotheke in baulicher
Hinsicht durch Sonnin und andere Baumeister
1761

Nachdem Herr Johann Bernhard Schröder p. t. Praeses am Bauhof mir aufgetragen in EHEHWRaths-Apotheque zu untersuchen ob der gesunckene Materialien-Boden über dem Flethe aufgeschoben und in tragbaren Stand gesezet werden könne:

So habe dabey wahrgenommen:
1. Der theil des Materialien Bodens, welcher gesuncken, ist zur Feurung destiniret, und seine Balken, die nach altem Gebrauch von Eichenem Holz sind haben sich sehr durchgeschlagen.

2. Man hat diesem Fehler mit Unterziehung eines gezahneten Balkens abhelfen wollen, allein der gezahnte Balcken ist von so schlechter proportion Einrichtung und Arbeit, daß er nicht allein nichts tragen kann, sondern noch dazu dem Gebäude zur Last kommt.

Unerachtet nun derselbe von unten auf

4. perpendiculair nicht gestützet werden kann, da denen Unterschlägen im Keller schon mehr als zu viel Last aufgebürdet ist, ohne ihnen die in diesem Fall leicht möglich gewesene Beyhülfe zu geben; So ist es doch

5. Eine Sache von wenigem Belange besagten versunckenen Boden dahin zu beßern, daß er die darauf kommende Last unbesorget viele Jahre tragen möge, wovon

6. die Kosten nicht 400 Mk anlaufen würden.

Sonsten befindet sich das gantze Gebäude in einem besonderen Zustande.

In Ansehung der Dauer könnte daßelbe, wenn die Unterhaltung mit Ueberlegung und menage zu gehöriger Zeit geschähe, noch viele Jahre ohne sonderliche Kosten beybehalten werden, indem die Haupt Mauren, wenn sie gleich schief, dennoch sehr dicke und meistens inwendig abhängig sind, überdieses aber das Wohn-Haus durch eine neue Auslucht und Giebel in guten Stand gesezet worden ist.

In Ansehung der Einrichtung ist es sehr unbeqvem, und würde auch mit sehr großen Kosten keine realité erhalten werden.

Wannenhero es ohne Zweifel am rathsamsten wäre, daß man an demselben so wenig als nur immer möglich verwendete, bis alle Umstände zusammen genommen anriethen ein gantz neu Gebäude aufzuführen.

Hamburg d 27st. Febr. 1761.   EGSonnin.

15.

DOM ST. MARIEN HAMBURG

Bericht vor dem Domkapitel über den Bauzustand des Turmes anhand der beigegebenen Zeichnungen, in denen die Neigung und die Risse verständlich dargestellt sind. Die 3 farbig getönten Federzeichnungen Bl. 101a, 102 und 131, signiert am 25. März 1761: Bauaufnahme des Turmes in Grundriß, Aufriß und Schnitt. (Bl. 101 a veröffentlicht von Heckmann, a. a. O., Abb. 19.)
Hamburg, 16.4.1761

Niedersächsisches Staatsarchiv Stade
Rep. 5d, Fach 46, Nr. 34
Bl. 123

1.
Da die vier Mauren des Thurms oben, und zwar 14 Fuß unter der Spitze in ein 8 Eck gezogen worden; so hat man die vier Mauren des 8 Ecks welche in den Gehren oder Ecken des Thurms befindlich sind, auf Gewölbe gesetzet. Diese Gewölbe sind von der einen Hälfte des Fensters bis zur anderen Hälfte gezogen und ruhet also jedesmalen der Fuß eines Gewölbes, auf der Mitte des Bogens der über die Fenster befindlich, und kaum 5 Fuß starck ist.

Da sich der gantze Thurm nach Südwest gelehnet, so ist natürlicherweise der Mauer des 8 Ecks in Südwesten eine größere Last durch die gleichfals dahin hangende Spitze zugewachsen, und es ist daher geschehen, daß die Last den Bogen über den Fenster c (Riß sub A) eingedrückt und beschädigt hat. Man hat zwar dieses beschädigte Fenster zugemauert und unter dem Fuß des Bogens noch ein Holtz von einem guten Fuß starck gezogen. Wann aber auf diese Seite des Thurms die Last der Spitze am mehresten drückt, so fragt es sich, in wie ferne dieser Umstand für gefährlich zu achten und ob solchem abzuhelfen, ohne der ohnehin bereits dahinhängenden Mauer Seite des Thurms eine mehrere Last aufzubürden.

ad 1.
R. Daß jedesmal die abgeschnittene Seite des Acht Ecks das ist nach dem Riße die Seiten 1, 3, 5, 7 auf Bogen ruhen, wie auch daß ein Paar Bogen sich geöfnet, hat seine Richtigkeit, daß aber auch diese Anordnung per se solide seyn könne, beweisen einige Bogen und Seiten die sich auf keine Art und Weise geöfnet oder gesetzet haben, mithin ist die zugewachsene Last der überhengenden Spitze die einzige Ursache davon. So bald diese Ursache ceßiret, welches geschiehet, wann die Spitze wieder ins Gleichgewichte gesetzt wird; So ceßiret gewiß der besorgte mehrern effect des Drucks. Will man es superfluo unter dem geöfneten Bogen einen neuen schlagen, so ist dieser Besorgniß mehr als nöthig abgeholfen.

2.
Nimt man von außen wahr, daß an der Westl. Seite des Thurms von x bis y die Mauer geborsten, wie solches die Zeichnung auf dem Riße A zeiget. Die Frage ist also: ob diese Borsten in das innere der Mauer dringet, oder ob sie dadurch nur die äußere Steine gelöset, und solches mit Bestande repariret werden könne.

ad 2.
Die Borste welche man von außen an der West Seite wahrnimmt, ist von dem Ueberhang des kleinen Eckthurms lediglich entstanden. Sie gehet nicht ins centrum der Mauer, sondern woferne den abgeborsteten Theil wegnehmen wolte, würde die sonst winkelrechte Ecke des Thurms wie eine abgeschnittene face aussehen, übrigens aber zu erwünschten Bestande reparabel seyn.

3.
Sind die Mauren gegen Süden und Westen bis auf den untern Boden des Thurms bey f welcher 60 Fuß von der Erde hoch ist, hin und wieder inwendig geborsten, welches von Zeit zu Zeit zugeschmieret und ausgebeßert worden.
    quaerit. In wieferne hie von der Thurm einen Nachtheil erhält, und ob solchen abgeholfen werden kann.

ad 3.
Daß der Thurm von allen 4 Seiten (und also nicht an der West Seite allein) verschiedene Borsten, und zwar diesen Fehler mit allen Thürmen in Hamburg gemein habe, hat seine Richtigkeit. Allein in comparatione mit den übrigen Hamburgischen Thürmen ist dieses gar kein Fehler, und nicht nöthig.

4.
Sind die Windel Treppen in den Mauern des Thurms angelegt und werde dieses dadurch sehr geschwächet, wie man denn auch an einem Orte nach Südwesten deutlich wahr nimmt, daß der Riß in der Mauer wohl hauptsächlich von der Treppe und der daher verursachten Schwäche der Mauer herrühret.
    Quaerit: wie ist demselben abzuhelfen, und können die Treppen nicht verleget werden?

ad 4.

Windel Treppen in der Mauer haben auch die Thürmer zu Jacobi und Petri auf eben diese Art. Woferne nur die West Seite der Last der überhangenden Spitze entlediget wird und die Ost Seite ihre gehörige Last wieder erhält, ist es nicht nöthig die Treppen zu verbeßern. Sie können füglich ausgemauert und die Treppen verleget werden, allein es ist nicht de neceßario.

5.

Sind die Steine an dem Mauer-Gesimse unter der Spitze verwittert, und die Fuegen ausgeregnet, es ist also solches zu untersuchen, wie weit solches der Mauer schadet, und hingegen wieder repariret werden kann.

ad 5.

Von den Gesimsen ist bey § und ≃ die obere Platte oder Vorstand ausgewittert, und die Steine welche den Vorstand decken sind lose geworden, so daß sie leichte abfallen oder abgeworfen werden können. Alleine dieses ist von der kleinesten Erheblichkeit und mit 50 Mk zu remediren. Sonsten aber sind an der gantzen Fläche des Thurms die Fugen zwischen den Steinen ausgewittert, und müßen repariret das ist mit neuen Kalck ausgefuget werden. Es ist klar, daß dieser Umstand dem Thurm nicht mehr schade als es einem Hause schadet, wenn die Mauer Fugen ausgeregnet sind und repariret werden müßen.

Übrigens wäre

6.

Mit Fleiß zu untersuchen wie weit die Borste hinein dringet, welche oben am Fuße des 8 Ecks bemercket worden.

ad 6.

Die Borste x y ist auf dem Grundriße mit ʒ ʓ bezeichnet, und läuft von x an endlich bey y aus. Wenn man es der facon wegen nicht nöthig hätte, den abgeborsteten Theil wieder zu beßern, könnte man ihn ohne Schaden des Thurms entbehren und wegfallen laßen, weil er zur solidite nichts giebt oder nimmt.

Im Hochwürdigen Dohm Capitul geantwortet
d 16. April 1761

EGSonnin.

16.
DOM ST. MARIEN HAMBURG

Ergänzende Erläuterungen zum Bericht vom 16. April 1761.
Hamburg, 18.4.1761

Niedersächsisches Staatsarchiv Stade
Rep. 5d, Fach 46, Nr. 34
Bl. 129

Pro memoria ad quaestionem 2 et 6.

Die quaestionirte Borste x y Litt. A et ℥ ℈ , S. 8 welche an der Süder-Ecke des Thurms sich befindet, habe nochmals mit allem Fleiße untersuchet. Sie betrift nicht den Kern der großen Haupt Mauer, sondern sie ist nur von dem Druck des Eckthurms entstanden, welcher, weil der Obertheil von denen Anckern gehalten wird, gantz krumm hänget. Man kann an denen Mauersteinen bemercken, daß daselbst schon vor Jahren eine reparation vorgenommen sey. Alleine eben dieses ist wieder abgebrochen. An der Süder Seite befindet sich diese Borste nicht sondern nur an der Wester Seite, wo sie recht unter dem Eckthurm am stärcksten ist und noch Nebenborsten hat. Wird der Eckthurm weggenommen, so hat sie keine weiteren Folgen.

Hienebst habe auch die Bogen quaest. 1 worauf das Achteck in seinen sogenannten Kehrungen ruhet, mit Aufmercksamkeit betrachtet. Die Seiten 2, 4, 6, 8 ruhen auf den 4 Hauptmauern. Die Seiten 1, 3, 5, 7 ruhen auf Bogen und diese Bogen ruhen wieder auf Bogen. Letztere will ich die unteren Bogen nennen. Von denen unteren Bogen deren achte sind, haben sich obrer dreyen zu Norden und Osten gar nicht geöfnet. Von den übrigen haben sich einige wenig, einige mehr und die süd- und westlichen am meisten geöfnet. Von den oberen, deren vier an der Zahl, hat sich nur ein einziger, nemlich der Südwestliche geöfnet. Die Oefnung der unteren würde vielleicht nicht existiren, wann nicht die Bogen so flach geschlagen wären, daß sie kaum den 8. Theil eines Circuls betragen. Man kann diese Gebrechen mit Bestand entweder durch einen darunter zu schlagenden Bogen, oder durch einen unterzumaurenden Pfeiler in der Oefnung heilen.

Die copie von meinem am 18 t Febr. 1854 abgegebenen Bedencken würden hiebey folgen, wenn die Zeit erlaubet hätte, den dazu gehörigen Riß auszufertigen. Doch werde denselben am Montag einsenden.
Hamburg d 18 t April 1761   EGSonnin.

P. 1 die sub quaestione 1 angeführte Bogen mit ihren Kehrungen sind in der dem Bedencken vom 18. Febr. 1754 angefügten Riße zu ersehen sub. ℥ . ℈ .

17.

HERRENGRABEN HAMBURG

Stellungnahme an den Bauherren Klefeker zur um 2/3 geringeren Höhe des Kostenanschlages für den Bau der Schleuse an der Ellerntorsbrücke als des Kostenanschlages vom Bauhofs-Werkgesellen Abraham Beyer. Die Kostenunterbietung stellt ein eindrucksvolles Beispiel für Sonnins Erfolge durch eine gründlicher überlegte Planung dar. Er hatte bereits die von Beyer auf 6 Wochen veranschlagte Auswechselung eines Pfeilers im großen Saal des Rathauses innerhalb der Woche vom 22. bis 26. August 1760 durchgeführt und schon einmal die Arbeitsweise des kommunalen Bauhofes bloßgestellt.
Hamburg, 25. 9. 1761

Staatsarchiv Hamburg
Cl. VII, Lit. Cb, No. 8, P. 3, Vol. 2^b
ad Acta
wegen Aufräumung des Herren Grabens,
Nr. 13
Lect. d. 15. Oct. 1761
Lect. in Dep. d. 22. Oct. 1765

Pro Memoria.

1. Es haben Sr. Magnificence H. Syndicus Klefeker mir die von dem Zimmer-Polier Beyer übergebene Riße und Anschlag über eine an der Ellernthors Brücke anzulegende Schleuse gütigst communiciret und anbefohlen, zu erläutern:
   »Wie es zu conciliiren wäre, daß der Beyerische Anschlag auf 17 000 Mk cour und der meine für die nemliche Schleuse nur auf 5000 Mk angesetzet sey?«
2. Nach aufmercksamer Erwegung der Beyerischen Riße erachte ich, daß woferne nach denenselben die Schleuse standhaft und behörig ins Werck gerichtet werden sollte, solche kaum für die angeschlagene 17 000 Mk praestiret werden könnte.
3. Der große Unterschied aber zwischen ietzt benanntem Anschlage und dem meinen beruhet kürtzlich darinn. In dem Beyerischen Anschlage ist
   1. Ein gedoppelter Klopfdamm zur Abhaltung des Waßers und überdieses
   2. Eine vierfache Reihe Wand mit allen zubehörigen Grund und Bindwercke NB über die gantze Breite des Grabens angegeben worden.
   Wohingegen ich in meinem Anschlage der notorisch mit der Reinigung des Herren Grabens verbunden ist
   a) Supponire, daß die Schleuse angeleget werde, wenn der Graben trocken ist, mithin man keine Klopfdämme zur Abhaltung des Waßers bedarf, auch die Ausschaffung des Waßers nicht nöthig hat.
   b) Habe ich die Gedancken nicht gehabt, würde es auch nie in Vorschlag bringen, ein dergleichen Grund- und Schleusen-Werck über die gantze Breite des Grabens zu machen; sondern mein Intent ist gewesen, und würde auch fürs künftige seyn, daß man die Schleuse innerhalb dem Bogen legte, welchenfalls man mit einer großen Ersparung von iezigen Bau und künftigen Unterhaltung Kosten ein weit dauerhafteres Werck erhalten würde.
4. Wie nun bey einer nach meinem Supposito Gedancken angelegeten Schleuse
   a) die Unkosten der von dem Polier Beyer angegebenen Klopfdämme gänzlich wegfallen,
   b) die Unkosten der vierfachen Reihe Wand cum annexo sich von selbst bis auf ein Viertel reduciret werden.

So wird einem ieden in die Augen fallen, daß solche eben so leichte für 5000 Mk, als die andere für 17 000 Mk zu Stande gebracht werden könne.

Hamburg d 25 sten Sept. 1761.   EGSonnin.

18.

DOM ST. MARIEN HAMBURG

Bericht über die Abnahme der Eckürmchen und die Geraderichtung der Turmspitze am 22. Juli, 7. August und 11. September 1762. Dazu getönte Federzeichnung mit Aufriß der »Sheldonschen Maschine«. (Veröffentlicht von Heckmann, a. a. O., Abb. 20.)
Hamburg, 21.10.1762

Niedersächsisches Staatsarchiv Stade
Rep. 5d, Fach 46, Nr. 34
Bl. 178

Pro memoria.

Nachdem in dem abgewichenen Jahre die pyramide des Dohmsthurms dem von Einem Hochwürdigen Capitul genehmigten Vorschlage zu Folge auf das sorgfältigste und zwar innerhalb zwoen etagen des Mauerwercks so solide unterbauet worden, daß nicht allein aller besorglichen Gefahr vorgebeuget, sondern auch für die künftige operation alle grundfeste Sicherheit vorhanden war, So wurde am 10 t Maii a. c. mit der Abnahme der 4 kleinen Eckthürmer der Anfang gemachet und dieselben glücklich iedoch mit vieler Beschwerde succeßive abgenommen.

Bekanntermaßen war durch deren Abhang ihr Mauerwerck vielfältig durch und durch geborsten, und daher, als ihre Spitzen abgetragen auch die Ancker, welche die Eckthürmer mit dem Achteck verbunden, gelöset wurden, dieselben in sich selbst von so wenigem Verbande, daß man sich genöthiget sahe, solche mit starcken Tauen zusammen zu schnüren, um sie ohne Gefahr abnehmen zu können. Eben dieses Hilfsmittel mußte man auch bey denen kleinen auswendigen Mauren vorsichtiglich anwenden, als man gewahr wurde, daß sie sich nach der Länge theils in 2 theils in 3 Theile separiret, oder geblättert hätten. Der gute Erfolg hie von war, daß fast kein Stein herunter gefallen, wiewohl auch anderer seits aus der gantzen maße fast kein eintziger gantzer Stein zu gute gemachet worden ist.

Während dieser Arbeit wurden die zur Richtung der großen pyramide erforderlichen Werckzeuge zubereitet und angebracht. Die machine welche eine der simplesten und zugleich von der allergrößesten force ist, bestehet nach angefügtem Riße aus der Waltze A, ferner aus einer gekrümmten Unterlage BC, und aus einem der zu hebenden Last proportionirten Ständer DE, welcher unten bey E rund ausgeschnitten ist, damit er auf die Waltze A beständig aufsitze. Bey der operation wird die Waltze A mit einem oder mehren eisernen Bäumen AF umgedrehet. Drehet man dieselbe vorwärts, daß sie gegen B avanciret so wird der Balcken GH mit der darauf liegenden Last aufgehoben drehet man dieselbe rückwärts gegen C so sincket derselbe. Auf diese Art ist die pyramide vermittelst 12 solchen machinen theils aufgehoben theils niedergelaßen worden.

Als man dann unter der gantzen pyramide statt der alten total verfaulten neue Mauerlatten unterzogen und die machinen in ordnung hatte, geschahe die erste Richtung d 22 st Julii, a. c. womit die pyramide bis auf 1 ½ Fuß gerade ward, die zwote am 7. Aug. womit die Balcken beynahe horizontal wurden und die letzte nach einem schweren Senckbley am 11 t September, in Gegenwart verschiedener angesehenen und werckkundigen Zuschauer, welche sich alle von der Sicherheit der Unternehmung überzeugeten.

Das übrige Werck wird in diesem Jahre schwerlich geendiget werden können, weil kein Seegeberger Kalck zu haben und der Lüneburger doppelt bezahlet werden muß.

Hamburg d 21 st Oct. 1762   EGSonnin.

19.

DOM ST. MARIEN HAMBURG

Drei Vorschläge für weitere Instandsetzungen des Turmes. Bl. 215 vom 8. Dezember 1763 derselben Akte enthält die daraus resultierenden Ergänzungen zum Vertrag zwischen Sonnin und dem Domkapitel.
Hamburg, 24. 10. 1763

Niedersächsisches Staatsarchiv Stade
Rep. 5d, Fach 46, Nr. 34
Bl. 192

Pro memoria.

I.

Einem Hochwürdigen Dohm Capitul habe hiedurch gehorsamst anzuzeigen meiner Schuldigkeit erachtet: welchergestalt die Herstellung der Dohms Pyramide nebst damit verknüpfter übrigen Reparation nach allen ihren Theilen, wie dieselbe in dem Contracte des mehreren benennet ist, meinerseits gottlob glücklich geendiget und also geleistet worden ist, daß Reverendi Capituli hochgeneigteste Zufriedenheit mir zuversichtlich versprechen kann.

Anbey nehme mir die Freyheit, Reverendo Capitulo annoch 3 wichtige den Dohms Thurm betreffende Desideranda zu hochgeneigtester Ueberlegung zu geben.

II.

Das erste betrift die Helmstange und die Flügel. In dem abgewichenen Saeculo hat es die Nothwendigkeit erfordert, die Helmstange nebst Knopf und Flügel abzunehmen, und dieselbe Lothrecht wieder aufzustellen, weil die mit der Pyramide überhängende Helmstange den Flügel behinderte sich gehörig nach dem Winde zu bewegen. Da nun hingegen die gantze Pyramide wieder Lothrecht gestellet ist folglich die Helmwage wieder schief geworden; So erfordert es abermalen die Nothwendigkeit, die Helmstange abzunehmen, und sie wieder nach dem Loth zu stellen, woferne der Flügel seine Dienste leisten soll.

III.

Das zweite ist die unterste Treppe welche nach dem Thurm hinauf führet.

In meinem Contracte habe mich anheischig gemachet, in den Thurm neue Treppen zu legen, wie solches auch geschehen ist. Diese unterste ist von wenig Stufen, welche auch gewiß geleget haben würde, woferne solches nicht deswegen gantz unmöglich wäre, weil die gantze Ecke des Thurms darauf ruhet, mithin die alte, worauf man ohne Gefahr nicht steigt, gar nicht ausgenommen werden kann. Indeßen ist zu einer neuen ein geräumlicher Platz in dem sogenannten Schappendohm, woselbst eine gemächliche und zu mehreren Absichten nuzbare Treppe anzulegen wäre. Man darf nur die eintzige erwegen, wie ungemein gut es ist, bey Unglücksfällen mehr als eine Treppe zu haben.

IV.

Das dritte ist meines wenigen Ermeßens von sehr großer Wichtigkeit, und einer reiferen Ueberlegung werth.

Nemlich es sind in allen Etagen die Bogen in denen Öfnungen oder sogenannten Lücken des Thurms geborsten, die Bogen zum Theil so schadhaft, daß sie dem Einsturz drohen, auch die Pfeiler und Neben Pfeiler der Oefnungen geborsten, nicht weniger die Stufen in denen Lücken sehr ausgetreten, ferner die Ancker an denen Balcken aus denen Krampen gezogen, und endlich die mehresten Lücken schadhaft, mithin der Thurm für Regen und Schnee nicht hinlänglich gesichert.

V.
Geruheten Reverendum Capitulum obenbenannte drey Paßus respective verfertigen, verändern und repariren zu laßen; So würden wann alles gut und dauerhaft gemachet werden solte, die Kosten insgesamt auf 6000 Mk cour. sich belaufen, worüber auf nähere Befehle eine genauere Specification der hierunter begriffenen Arbeit, nebst Beylage von den Treppen Riße einzureichen nicht ermangeln würde.
Hamburg d 24 st Octobr. 1763.   EGSonnin.

20.

SCHLOSS KIEL

Der Umbau, der äußerlich vor allem in einem neuen Dach sichtbar wird, erfolgt auf Grund von 7 zwischen dem 17. September 1763 und dem 4. März 1765 abgeschlossenen Verträgen. (Sparrenlage, Querschnitt und Dachansicht veröffentlicht von Heckmann, a. a. O., Abb. 48, 49.)

Das Schreiben an die Landesregierung gibt einen Einblick in die Schwierigkeiten der Zusammenarbeit mit den von den Zünften abhängigen Handwerksmeistern, nachdem Sonnin selbst Gesellen eingestellt hat. Die Ausführlichkeit läßt Sonnins Zorn über die Privilegien der Zunftmeister erkennen.
Kiel, 29.2.1764

Vgl. dazu Grießinger, A.: Handwerkerstreiks in Deutschland während des 18. Jahrhunderts. In: Engelhardt, U. (Hrsg.): Handwerker in der Industrialisierung, Stuttgart 1984, S. 407–434

Landesarchiv Schleswig-Holstein
Schleswig, Schloß Gottorf
A. XXI, Nr. 336
Betr. die Reparation und Instandsetzung des
Schlosses zu Kiel durch Ernst George Sonnin
C. des de 1763–67

Durchlauchtigster Kayserlicher Cron Printz Thronfolger und Groß-Fürst Allergnädigster Hertzog und Herr!
Ew. Kayserl. Hoheit geruhen, sich hiemit unterthänigst vortragen zu laßen, welchergestallt des hiesigen Zimmer-Amts Meistern und Gesellen am abgewichenen Donnerstag al d 23 st Februarii in einer eigentlich deswegen gehaltenen Zusammenkunft, kraft ihrer praetendirten Amts-Macht einhelliglich beschloßen haben, daß, wegen einer zwischen dem Zimmer-Meister Vollbier und dem Zimmer-Meister Neumann entstandenen Particulier Streitigkeit, allen an dem Schloß arbeitenden Zimmer Gesellen ipso momento die Arbeit geleget seyn solle. Da aber die derzeit daran arbeitende Gesellen gegen den vorgedachten Amts Schluß nur ex capite damni sich ernstlich wiedersetzet, sind sie endlich dahin begnadiget worden: »daß ihnen zwar zugestanden würde, an dem instehenden Freytag und Sonnabend zu arbeiten, iedoch mit dem Bescheide, daß der von dem Amt beklagte Meister Neumann den Kläger Vollbier coram indice belangen, auch in diesen beiden Tagen die Sache ausmachen solle, und, wo solche nicht vor Sonntag geendiget würde, ihnen hiemit gäntzlich verboten sey, am nächstkünftigen Montag und ferner bis zu ausgemachter Sache an die Arbeit am Schloßbau zu gehen« welchen einhelligen Amts Schluß dann der des Tages worthaltende Zimmer Meister Ditmar, so wohl dem Mstr. Neumann, als seinen am Schloße arbeitenden Gesellen, von Amtswegen förmlich aus und zugesprochen hat.

Die wahre Ursache zu diesen Vorgange ist nichts anderes, als der unseelige Amts-Neid und die Bitterkeit einiger, in meiner Arbeit nicht stehenden, Meistern und Gesellen, die es theils öffentlich für unrecht erklären, daß bey einem solchen ansehnlichen herrschaftlichen Bau der Unterthan nichts verdienen (sie meinen erfaulentzen) soll, theils es mit mißgünstigen Augen ansehen, wie ihre bodenlosen Anschläge bisher vereitelt sind und wie die in meiner Arbeit stehende Gesellen, gäntzlich gegen ihren und des Amts Willen, durch meine ordentliche Bezahlung dahin zu ihren eigenen Nutzen sich haben bewegen laßen, daß sie den gantzen Winter durch beständige Arbeit und ihr übliches Tagelohn richtig genoßen haben, wohingegen andere von ihren wiederspenstigen Beneidern lieber aus leerer caprice in dem Character und Solde eines schlechten Tagelöhners sich des Hungers haben erwehren sollen, als daß sie für den Stadtüblichen Lohn am Schloßbau arbeiten sollten. Indeßen ist die zu einem solchen, schon so längst erwünschten, Amts Schluße ietzt ambabus arripirte Gelegenheit eigentlich diese:

Es begegnete mir der mehrgedachte Meister Vollbier an dem nemlichen Donnerstage des Morgens um 9 Uhr, redete mich, weil er, seiner täglichen Gewohnheit nach, nicht mehr nüchtern war, frey an, fragete nach dem Schloß-Bau, beklagete, daß es in dem abgewichenen Jahre so schlecht damit gegangen und sagte, wann man es nur von ihm verlanget hätte wollte er beßere Gesellen und deren genung geschaffet haben.

Die Dreistigkeit, womit er dieses alles, wovon mir doch das Gegentheil bekannt war, ungefragt vortrug, bewog mich ihm unter die Augen zu sagen: »Er, Vollbier, sey eben der Staubmacher und Aufwiegler der in dem abgewichenen Jahre die Gesellen aufgemutzet habe; der selbst in Person zu meinem Bau-Conducteur Richter gekommen den Meister Neumann und seine Gesellen verkleinert und sich erboten, andere beßere zu senden, wenn man ihm täglich 2ß mehr geben wollte; der unerachtet er hiemit abgewiesen worden, dennoch die Frechheit gehabt, boshaft auszusprengen, wie mein Bau-Conducteur ihm täglich 2ß mehr geboten habe; der hierauf ihn Neumann bey seinen Gesellen angeschwärtzet, als ob er, Neumann, lediglich daran Schuld sey, daß seine Gesellen nicht täglich 2ß mehr von mir erhielten; der zu Neumanns Gesellen gegangen, den Neumann für einen Schelmen und Hundsvott declariret, und bey gefüget, wie er diese seine Gesellen für eben das hielte, wofern sie länger an dem Schloß-Bau arbeiten der durch dieses sein Schimpfen und Auftreiben es dahin gebracht, daß besagte Zimmer-Gesellen sogleich sämtlich von dem Schloßbau gegangen, wodurch dann die Zimmer Arbeit am Schloße bey nahe gantzer drey Wochen stille gelegen, der als endlich einige Zimmer-Gesellen wieder auf die Arbeit gegangen, es bewürcket, daß Neumann, NB, deswegen vom Amt um zwey Reichsthaler gestrafet worden, weil seine Gesellen wieder auf die Arbeit gegangen, der endlich den Frevel so weit Muth gemacht, daß die tumultuirenden sich nicht entblödet, zu verbreiten, sie wollten diejenigen einheimischen oder Fremden, so sich gelüsten ließen, wieder an dem Schloßbau zu arbeiten, mit gesammter Hand davon treiben und ihnen ein real Verbot an die Füße anlegen.« gestallten dann ein hauptsächlicher paßus von des Vollbiers vorbefragten Anstiftungen aus dem sub signo ♂ angelegten extractu protocolli erhellet, das übrige aber stadtkundige facta sind, die, wann fiscalis sie rügen sollte, durch Richter und Neumann und seine Gesellen allemal erwisen werden können.

Hierüber nun hat der Vollbier mit Neumann einen Streit erhoben, ihn unter der nichtigen Angabe, als wenn Neumann mir solches gesagt, bey dem Amte verklaget, und den vorberegten angenehmen Amts-Schluß erhalten, ohne daß sonsten der Neumann sammt seinen Gesellen nur das geringste verbrochen hatten.

Als ich von dem Amts-Schluße Nachricht erhalten, habe ich weiter nichts thun können, als daß ich denen bey mir arbeitenden Gesellen frey stellete, ihrem Amte zu gehorsamen. Jedoch da ich diese wenige gute Leute, welche noch in Kiel zu erhalten gewesen, nicht gerne mißen wollte, versprach ich, wenn sie auch feyern müßen, ihnen doch ihr ordentliches Tagelohn zu geben. Sie gingen demnach am Montag Morgen nach dem Meister Vollbier, um zu vernehmen, wie sie sich in Ansehung des Amts-Schlußes zu verhalten hätten und erhielten zur Antwort: Es sollte ihnen zeitig genung gesaget werden, daß sie feyern müßten, denn der Neumann hätte seine Sache noch nicht ausgemacht.

Seit der Zeit ist zwar nun weiter nichts erfolget; Allein ich muß doch der Execution dieses Amts-Schlußes täglich um so viel besorgter entgegen sehen, als schon seit einigen Wochen abseiten der Mißvergnügten ausgestreuet wird: »Es würde nun Gottlob bald Sommer, man wolle mir nun schon die Wege zeigen, in welchen ich fürs künftige zu wandeln hätte«.

Es ist mir lieb, daß dieser Zufall sich ereignet, da ich noch gegenwärtig bin. Es ist mir lieb zu hören, wie meiner und des Meister Neumanns so rührend gespottet worden, als er vorgestellet, daß ich dazu nicht stille schweigen würde. Es ist mir lieb, die Macht oder auch die courage des Handwerks in dem Ausdruck: Wir sind ein Amt und haben unsere privilegia, wir wollen sehen, wer uns was zu befehlen habe, kennen zu lernen. Denn itzt kann ich mich noch in tantum dagegen verwahren, da in meiner Abwesenheit es wieder, wie vormals ergangen seyn mögte, als, ohne daß man Recht erlangen konnte, der Bau einige Wochen liegen und endlich der Neumann deßen Fortgang vom Amt mit Geld erkaufen mußte.

Wenn nun auch allhie von mir schuldigst übergangen wird, was für ein bedenckliches attentatum es sey, daß die Zimmer-Amtsgenoßen es wagen, den Bau ihres Landes Herrn sistiren zu wollen; So ist es doch in genere gegen die Rechte aller gesitteten Völker, daß um den particulier Zwist zweyer Amts-Meistern leiden und in seinem Bau gehindert, das es gestrafet werden soll. In Specie aber ist in der Groß Fürstlichen Allergnädigst approbirten Zimmer Amts Rolle de ao 1753

1. das Zimmer-Amt mit keiner Syllbe befugt, einem Meister die Arbeit zu legen
2. demselben artic. 1 alle Zusammenkünfte ohne Vorwißen der Beysitzern verboten, wie doch einer pro lubito und auch in casu praesenti geschehen.
3. auch artic. 11 et 12 untersaget, daß niemand eines andern Meisters Kunden oder Gesellen durch Verheißungen an sich ziehen solle, wie Vollbier beides gethan.
4. Ferner art. 10 vorgeschrieben, daß ein ieder für den hier gebräuchlichen Lohn arbeiten solle;
5. weiter artic. 22 verboten, daß niemand, wie Vollbier, seine Mitgenossen verkleinern solle, und zugleich alle injurien an die ordentliche Obrigkeit verwiesen, dagegen in casu praesenti das Amt wegen angeblicher injurien den Neumann die Arbeit legen wollen;
6. anmercklich der 23 t articul von dem tenore, daß woferne man die von mir geleistete Schloß-Arbeit dem Amte hätte anvertrauen und dann dieser articul an dem Amte hätte Platz greifen sollen, gewiß das gantze Amt würde entsetzet werden müßen, der ihme darin auferlegten indemnisation, welche ihre gesammte Kräfte weit übersteiget, nicht zu gedencken.
7. hieneben articulo 25 ernstlich verboten, daß das Amt wegen eines großen Preises, wohin man auch das Tagelohn gehöret, sich nicht vereinbaren solle; und endlich
8. das Auftreiben, das ist Schimpfen, und das Austreten, das ist Abgehen von der Arbeit, nebst allen Amts-Mißbräuchen nach des Römischen Reichs Verordnungen gäntzlich verboten sind.

Per contractum bin ich zwar befugt, ohne mich mit denen Amts-Genoßen im geringsten einzulaßen, zu zanken oder zu ärgern, nur brevi manu zu verfahren und, »da nicht allein der Fall der Wiederspenstigkeit, sondern auch der Fall des tumults und des Auftreibens mehrmalen zu meinen mercklichen Schaden existiret hat, überdieses aber de novo unbefugte Hemmungen in meiner Arbeit vorgenommen werden sollen, wodurch, wenn sie auch nicht zur Ausführung gebracht würden, doch wenigstens die Leute abgeschreckt werden, bey mir der Unruhe wegen zu arbeiten« mir nach Belieben solche Arbeiter zu nehmen, mit welchen ich, meine engagemens auszuführen, im Stande bin; Allein ich will lieber pro ultimato und salvo quoad hunc passum contractu zeigen, daß ich es nicht den Guten mit dem Bösen entgelten laßen will, und daß es mir ein wahrer Ernst sey, den Schloß Bau von hiesigen Amts-Genoßen verfertigen zu laßen, in so ferne sie dazu tüchtig sind und für den stadtüblichen Lohn, (den doch nur sehr wenige zu verdienen fähig sind) arbeiten wollen, ich auch vor dem eigenmächtigen Amts-Zwange und Auftreiben sicher gestellet werde.

Lediglich in dieser Absicht ergehet an Ew. Kayserl. Hoheit mein allerunterthänigstes Ansuchen und Bitten, Allerhöchstdieselben geruhen wollen, Aller Gnädigst zu verfügen:
1. daß alle an dem Schloße arbeitende Meistern und Gesellen von allen Amtszwange gäntzlich erlediget werden.
2. daß zur Vermeidung der bekannten Zänckereyen, Stacheleyen, angedrohten Schlägereyen und anderer Unlust, die bey mir arbeitenden Leute nicht gezwungen werden mögen, unter was Vorwand es sey, in den Amtszusammenkünften zu erscheinen, auch zu weiter nichts verpflichtet seyn sollen, als ihre Büchsen-Gelder einzuschicken.
3. daß zur Verhütung mehreren Unfugs das Zimmer-Amt wegen dieses und vorigen Unterfangens nicht ungeahndet bleiben möge.
4. daß der Meister Vollbier und sein Gehülfe der Zimmer Geselle Heike, welcher letzterer den ersten Aufstand erreget und auch nachher die Gesellen am argsten geschimpfet und aufgetrieben hat, wegen ihrer vormaligen und diesmaligen Aufhetzungen und Auftreibungen nach Maßgabe ihrer Amts Rolle und der Römisch Kayserl. Verordnungen angesehen werden mögen, und
5. daß wegen angedroheter und zu besorgender Gewaltthätigkeiten die Wache beordert werden möge, auf jedes Erfordern meines Bau-Conducteurs, ihm die von ihm verlangte Hülfe und arrest zu leisten.

Wohingegen ich einem ieden seinen gebührenden Lohn, auch wohl, wie immer geschehen ist, dem Fleißigern ein Superfluum gerne gebe, meine Leute zur Ruhe Ordnung und Abtrag ihres Büchsen Geld anhalten und für das Verfahren meines Bau-Conducteurs schuldigster maßen allewege einstehen will.

Zu Ew. Kayserl. Hoheit Aller Höchsten Milde versehe mich Aller Gnädigster Erhörung um so viel zuversichtlicher, als ich nur das verlange, was Aller Höchst Dero eigene Verordnungen vorschreiben, bey fortwährenden Amts insolventien aber außer Stand gesetzet werde, meine Verbindungen zu erfüllen, zu deren schuldigsten und completesten Erfüllung mit devotester submißion ich unermüdet bin Durchlauchtigster Kayserlicher Cron Printz Thronfolger und Groß Fürst Ew. Kayserl. Hoheit allerunterthänigster allergehorsamster Knecht

Kiel d 29 t Februar 1764.   Ernst George Sonnin

21.
UNIVERSITÄTSGEBÄUDE KIEL

Gutachten für die Landesregierung in Kiel über den Bauzustand des alten Universitätsgebäudes am Kleinen Kiel. Die in diesem enthaltenen 6 Vorschläge mit unterschiedlichem Kostenaufwand befassen sich fast ausschließlich mit der Inneneinteilung und möglichster Erhaltung der standfesten Substanz. Zur architektonischen Gestaltung enthält es den für Sonnin charakteristischen Satz: »Die Vorschläge und Riße sind nicht sowohl zur Pracht, als vornehmlich zur möglichsten menage und dann zur Dauer eingerichtet.« Das Gutachten bleibt ohne praktische Auswirkung. Auf Veranlassung des Staatsministers von Saldern entsteht 1767 der Neubau an der Kattenstraße nach Sonnins Entwurf.

Dazu 5 grau getönte Federzeichnungen Litt. A–E mit Grundrissen, Schnitten und Aufrissen. (Litt. D und E veröffentlicht von Heckmann, a. a. O., Abb. 50, 51.)

Kiel, 29. 2. 1764

Landesarchiv Schleswig-Holstein
Schleswig, Schloß Gottorf
A. XVIII, Nr. 526
Betr. die Universität zu Kiel
Bl. 92

Als Sr. Excellence der Herr Geheimte Rath von Wolff qua Illustißimus Curatot Academiae Kiliensis mich Gnädigst befehliget, den Zustand der Academischen Gebäude fleißigst zu untersuchen und davon so wohl als über deren künftigen Ausbau mein Gutachten abzugeben; So habe solches nebst dazu gehörigen Rißen und Anschlägen hiemit unterthänigst darlegen sollen.

I

Der Zustand dieses sehr alten und schon mehr als einmal veränderten und ausgebeßerten Gebäudes ist überhaupt sehr schlecht. Es bestehet nach Maßgebung des Rißes sub litt. A aus dreyen Flügeln A, B, C wovon speciatim anzumercken ist

1. Die Lage dieser 3 Flügel ist, wie der Augenschein ergiebet, etwas irregulaire, könnte aber wohl regulaire werden, woferne, wie wahrscheinlich, der anliegende Nachbar dahin einstimmen wollte, daß der schiefe Winkel getheilet und der Flügel C mit dem Flügel A parallel gezogen würde.
2. Die Flügel B und C sind keiner Reparation mehr werth, auch die daraus etwan zu bergende materialien bey weiten nicht hinlänglich die Kosten des Abbrechens zu vergüten.
3. Der Flügel A könnte allenfalls noch wohl stehen, würde iedoch weil die Seiten ab und bc sehr starck übergewichen sind, einer schweren Reparation nöthig haben.
4. Eben dieser Flügel hat das große Inconveniens, daß der Platz dd, welches ein Creutz Gang mit darunter liegenden Begräbnißen ist, nicht bebauet und genutzet werden kann. In so ferne die Flügel ihre ietzige Lage behalten, wäre sehr zu wünschen, daß die Begräbniße transoliret werden könnten. Dadurch würde dem Flügel ein großer Zuwachs und dem Gebäude in Ansehung der Baukosten eine große Erleichterung verschaffet.
5. In Ansehung des Horizonts befindet sich der mit Signo ℞ bemerckte Vor Platz der Academischen Gebäude um 6 Fuß höher, als der Erdboden an den äußeren Seiten bey ☿ und ♂ lieget, weshalb unter dem gantzen Gebäude Keller sind, ausgenommen den Platz der mit dd bemerckten Begräbniße.
6. Besagte Keller würden vielleicht nicht wieder angeleget, es wäre denn, daß durch deren Vermiethung oder anderweitigen academischen Gebrauch die Baukosten belohnet würden. Auf beide Fälle wäre iedoch anzurathen, daß der Vor Platz wenigstens um 4 Fuß abgetragen würde, weil eine so hoch anliegende Erde einem Gebäude immer nachtheilig ist.
7. In denen folgenden Rißen und Vorschlägen ist supponiret worden, daß man auf dem alten Grunde bleiben müße und der Vor Platz um 4 Fuß erniedriget würde.

II

Die Vorschläge und Riße sind nicht sowohl zur Pracht, als vornehmlich zur möglichsten menage und dann zur Dauer eingerichtet. Damit auch in Ansehung der dazu zu verwendenden Bau Kosten eine Gnädigst gefällige Resolution zu nehmen, desto leichter sey, habe verschiedene Vorschläge an die Hand zu geben, meiner ersten Schuldigkeit erachtet.

1 ster Vorschlag zum Riß litt. A.

a) Der Fußboden der Gebäude wäre auf der platten Erden.
b) Es blieben die Mauren ab und bc stehen, und würden hinlänglich ausgebeßert.
c) Die Creutz Gewölber über den Begräbnißen würden weggenommen und an deren statt die Balcken dd gestrecket.
d) Solchergestalt erhielte der Flügel A wieder 2 etagen, wie er ietzo hat.
e) In seiner unteren etage würde der Platz e ein auditorium, f die Versammlungs Stube, g die Partheyen Stube. Der Platz h könnte mit zu dem auditorio genommen, oder sonst beliebig angewendet werden.
f) Die zwote etage erhielte nun eine Höhe von 14 Fuß und könnte gantz zur bibliothec und einem Neben Zimmer für den bibliothecarium eingerichtet werden.
g) Der Flügel B würde in 2 Theile getheilet und ergäbe 2 auditoria k und l.
h) Der Flügel C bliebe in seiner dermaligen Größe, und in demselben das auditorium majus.
i) Das Dach würde überall einfach, doch könnten in demselben leichtlich 3 geräumige Zimmer angeleget werden.
k) Der Ausbau dieses Vorschlages würde auf 6800 Reichsthaler zu stehen kommen.

2 ter Vorschlag

Es bliebe alles wie in dem vorhergehenden nur würde zu desto mehrerem Bestande, welcher doch von rechtswegen bey allen Gebäuden die este Absicht seyn soll, die schlechten Mauren ab und bc gäntzlich weggenommen und von Grund aus neu aufgeführet. Alsdann beliefe dieser Vorschlag auf 7500 Rthlr.

3 ter Vorschlag, zum Riß litt C.

Es würde
  a)
  b)
  c)
  d)
  e)
alles wie bey dem vorhergehenden. Es würde aber nach dem Riß litt. C.
f) in der zwoten etage der Theil m das große auditorium.
g) gleichfalls n ein auditorium
h) ferner o ein auditorium und endlich
i) würde der gantz Flügel C zur bibliothec und einem kleinen Vorzimmer für den bibliothecarium bestimmet.
k) Dieser Vorschlag beliefe wegen mehr erforderlicher Höhe des Flügels A und anderer dabey vorkommenden Umstände, wenn die obbesagten Mauren ab und bc nur ausgebeßert werden, auf 7600 rf und wann solche neu aufgeführet werden auf 8000 Rthlr.

4 ter Vorschlag.

Es würde der Flügel C nach den punctirten Linien α, β, γ, δ egalisiret und dadurch so wohl das gantze Werck als die bibliotheque regulaire, und dann käme dieser Vorschlag entweder 7900 oder 8300 rf zu stehen.

5 ter Vorschlag

a) Es würde unter den Flügeln B und C eine Keller Etage und solche entweder zu Mieth Keller oder zu Wohnungen der Academischen officianten angeleget.
b) Die untere Etage des Flügels A nemlich die Plätze u, x, y würden zur Wohnung des bibliothecarii aptiret und
c) die auditoria und bibliothec wie in dem 3t Vorschlage geordnet.
d) Dieser Vorschlag beliefe nach den vorbemeldeten Unterschieden auf 10 300, oder auf 10 700 oder auf 11 100 Reichsthaler.

6 ter Vorschlag, zum Riß litt. E

a) Es würden die ietzigen Gebäude sämtlich weggenommen, nur bliebe von dem Flügel A das Stück z, welches zu einem sehr logeablen Wohnhause von 3 etagen eingerichtet werden könnte.
b) Die Begräbniße dd erhielten, woferne sie ja bleiben müßten ein sehr niedriges Obdach.
c) Man bauete ein gantz neues Gebäude von 115 Fuß lang und 75 Fuß breit und 2 Etagen hoch.
d) der mit signo ♀ bemerckte Platz würde alsdann der Vor Platz und der erledigte mit ☾ bezeichnete Platz könnte einen Garten für den Bewohner des Hauses z abgeben.
e) In der unteren Etage würde der Platz aa zur bibliothec und die Plätze bb, cc, zu anderem Academischen Gebrauch gewidmet.
f) In der oberen Etage würden nach Maßgabe des Rißes litt F die 4 auditoria, dd, ee, ff, gg.
g) Das Dach würde des Bestandes wegen nur einfach, ergäbe aber doch beliebten Falls noch 4, oder
h) woferne um des Ansehens willen daßelbe mit frontons gezieret werden sollte, wohl 8 geräumige Zimmer
i) Dieser Vorschlag ist freylich der beste. Es würde alles regulaire zierlich dauerhaft und in Vergleich mit den vorigen wohlfeil. Allein es erstrecket sich auf 12 800 Reichsthaler. Er ist deswegen wohlfeiler, weil pro rato des darin enthaltenen großen Raumes nur wenig auswendige Wände gezogen werden dürfen und aus eben dieser Ursache ist auch die Unterhaltung fürs künftige so schwer nicht als bey den übrigen. Das Gebäude hat auch den Vorzug, daß es gantz frey stehet und von allen Seiten Licht hat. Schiene der Platz für die bibliothec vor der Hand zu groß zu seyn; so könnte noch ein Theil davon genommen, zu dem Platz bb zugegeben und eine Wohnung für den bibliothecarium daraus gemachet werden, welchem auch noch die in der Dachetage alsdann anzulegende Zimmer zu gute kommen könnten. In Hinsicht auf die Dauer und andere Folgen wäre zu wünschen, daß dieser Vorschlag erwählet werden könnte.

III

Uebrigens sind die vorstehenden Anschläge also eingerichtet, daß ich einen ieden derselben gut und standhaft auszuführen, iedesmal übernehmen könnte, welchenfalls zu demjenigen, der erwählet werden mögte, die erforderlichen genaueren Grund-Riße, Stand-Riße und Durchschnitte zu geben, nicht ermangeln werde.

Kiel d 29 t Februarii 1764   EGSonnin.

22.
KIRCHE WILSTER

Gutachten im Auftrag des Kirchenbaukollegiums über den Bauzustand des Kirchenschiffs und des Turmes mit Instandsetzungsvorschlägen, insgesamt jedoch einer Ablehnung der weiteren Erhaltung.
Wilster, 14.3.1764

Stadtarchiv Wilster
III, G. 3, No. 1227c
Bau der neuen Kirche 1765/1780
Bl. 2–3

Des Herrn Sonnins Bedencken von der Wilstischen Kirche. sub dato Wilster d 14 t Martii 1764.
    Copia.

Wann das ... Wilstersche Kirchen-Collegium nach oftmaliger Erwegung des baufälligen Zustandes und vieler in die Augen fallenden Mängel ihrer Stadt-Kirchen von mir ein gegründetes Gutachten begehret.
1. In wie ferne die an denen Mauren, Pfeilern und Gewölbern zu ersehene Borsten von Belange seyn?
2. Wie die Verbeßerung derselben, und der übrigen schadhaften Theile am füglichsten und vortheilhaftesten geschehen könne?
3. Was etwann die Ursache seyn möchte, daß sich seit einigen Jahren dann und wann Waßer in der Kirche gesammelt, und wie solcher Beschwerlichkeit am besten abgeholfen werden könne?

So habe nach genauer und hinlänglicher Besichtigung der Kirchen solches hiemit nach meiner besten Einsicht schuldigst darlegen sollen.

Ad 1 mum

finde ich deren Borsten und Gebrechen in denen Mauren, Pfeilern und Gewölbern eine große Anzahl, auch dieselben von der Art, daß ich mich verbunden erachte, den Zustand der Kirchen umständlicher zu erörtern.
    Sie hat bekanntlich 3 Haupt Theile, nemlich den Chor, das Schiff und den Thurm.

I.

Das Schif, oder der Haupt-Theil der Kirche, ist ein sehr altes, nach damaliger Gewohnheit sehr gut, gearbeitetes, mit regulmäßigen Gewölbern und mit einem guten Dachstuhl versehenes Gebäude. Es sind aber mit Verlauf so vieler Jahre und muthmaßlich wegen des nicht hinlänglich gesicherten Grundes nach und nach beträchtliche Fehler entstanden.
a) Überhaupt haben die Gewölber die Kirchen-Mauren so weit auseinander gedrenget, daß sie auf einer Höhe von 20 Fuß bey nahe einen Fuß, und an einigen Orten noch mehr übergewichen sind. Man hat zwar des Ansehens wegen die Mauern von außen zu wieder gerade gemacht, allein auch das, was von außen angebracht ist, hat sich wieder abgelöset, gekrümmet und gesetzet, mithin bestehet die Mauer eigentlich aus zweyen neben einander stehenden Mauern, wovon die äußere der inneren keinen Beystand leisten kann.
b) Mit den Mauern sind dann in natürlicher Folge auch der Pfeiler in der Kirchen übergewichen, und da außer der Last der Gewölbe über ihnen noch eine gantze Bogen-Wand, über dieser aber der gantze Dachstuhl ruhet, so ist voritzo keiner

unter denen Pfeilern, der nicht gespalten sey. Verschiedene derselben sind oben mit eisernen Ringen eingefaßt, und einer ist so gar mit eichenen Bohlen und eisernen Bändern verkleidet, von deßen innern Beschaffenheit man jetzo nicht urtheilen, doch auch nicht viel gutes vermuthen kann.

c) In denen Gewölbern haben nur wenige Grad- und Gurt-Bogen ihre ordentliche Circul-Figur behalten, sondern die mehresten haben sich Schlangenförmig, und zwar so sehr gekrümmet, daß man bey einigen nach den reguln kaum begreifen kann, wie sie noch bestehen. Ferner sind die meisten Gurt- und Grad Bogen von den Schildern, oder Klappen abgeborsten, weswegen man ihrer viele schon mit eisernen Schienen faßen, und an das Dach ananckern müßen. Die Schilder haben gegentheils auch sehr häufig Borsten, und überdem noch tiefe und nur noch in dem Zusammenhang bestehen könnende Säcke. Alle diese Gebrechen finden sich sowohl in den Haupt-Gewölbern, von welchen letzteren die drey Eck-Gewölber zu Süd-Westen zu Nord-Westen und zu Nord-Osten gar sehr und gar besorglich geborsten, und die Ursache sind, daß man, um gefärliche Folgen zu verhüten, von außen sehr starcke Strebe-Pfeiler anzumauern für gut befunden hat.

Es haben aber

d) diese nach der bekannten Weise schief angemaeuerte, hier sehr dicke und kostbare Strebe-Pfeiler gar keinen Nutzen. Einmal ist es gar sehr schwer, und in den meisten Fällen fast unmöglich, gegen eine alte Mauer einen neuen Pfeiler aufzuführen, der ohne selbst zu sincken und mehr zu schaden, eine alte Mauer stützen köne, und dann werden von dem auf die schiefe Fläche auffallenden Regen solche Pfeiler dergestalt ausgewittert, daß sie auf Bestand keine Dienste leisten können, wie dann in unserem Falle die angebrachten Strebe-Mauern den Kirchen-Mauern völlige Freyheit laßen, zu sincken und zu fallen, wann sie wollen.

e) Der Dachstuhl über dem Schiff ist von gutem Holtz und von guter Arbeit. Er hat 3 stehende, recht gut verbundene Stühle, nur ruhet der mittlere mitten auf dem Schluß der Gewölber, und hat dieselbe sehr gedränget. Noch mehr aber hat

f) der hohe Giebel, welcher das Kirchen-Dach gegen Westen schließt, eben diese Pfeiler und Gewölber beschweret. Nemlich dieser restliche Giebel, welcher 40 Fuß hoch, und nur 24 Zoll dick ist, hat gegen Osten einen Überhang von 32 Zoll, lehnet sich auch so sehr gegen das Dachwerck, daß mit ihm alle Sparren und auch der östliche Giebel des Schifs gleichmäßig überhangen. Er würde auch, da er 4 Zoll über den Mittel-Punct seiner Schwere überhänget, gewiß längst eingefallen seyn, woferne er nicht von dem Dachwercke und von zweyen zu seiner Erhaltung angebrachte füerne Streben unterstützet worden wäre. Wenn aber der Dachstuhl und die jetzt benannte Streben sämtlich auf denen in der Kirche stehenden Pfeilern ruhen, so ist ersichtlich, daß diese auch die Last des Giebels tragen müßen, mithin kein Wunder, daß alle Pfeiler in der Kirche gegen Osten überhängen.

g) Die Bedeckung des Dachs bestehet nach alter Art aus großen Brehmischen Fliesen, deren beträchtliche Last zwar am meisten der auswendigen Kirchen-Mauer aufliegt, jedoch vermittelst der dreyen Dachstühle auch die Pfeiler in der Kirchen nicht wenig beschweret.

II.

Der Chor ist ein Gebäude von etwas neuere Zeiten, und muthmaßlich ums Jahr 1594 errichtet. Er ist schmaler als das Schif, und hat 2 Schild-Gewölber ohne Pfeiler, und sein Zustand ist folgender:

a) Die beiden Gewölber haben wie die ersten die auswendigen Kirchen-Mauern gegen Süden, Osten und Norden starck übergedränget, und letztere sind auch schon wie die Mauern des Schifs von außen gerade gemacht.

b) Die Grat- und Gurt-Bogens sind gleichfals geborsten, außer ihrer Figur gesetzet und insbesondere derjenige, der das Chor vor dem Schife entscheidet, sehr irregulair gekrümmet und schwach. Nichtweniger haben die Schilde überhaupt große Säcke, vornehmlich aber das über dem neuen Lector einen so sehr beträgtlichen Sack, daß er schon längst an die Dach Balken mit vielen Rosen-Ankern angehängt ist, und in der That ohne Beysorge nicht betrachtet werden kann.

c) Der Dachstuhl über dem Chor ist von einer schlechten Verbindung, wie der über dem Schif. Er schiebet überaus starck gegen seine Mauren, ist gleichfals gegen Osten abhängig, und ist mit Fliesen gedeckt.

III.

Der Thurm ist großen Theils von der Kirchen abgesondert. Der Untertheil mit seiner Mauer ist von runden Felsen. Der Obertheil und auch ein großer Theil der West-Seite ist vor Jahren abgenommen, und mit Mauerwerck hergestellt worden. Da der Klokken-Stuhl hart an der Mauer anlieget, ist dieselbe von dem Geläute beständig erschüttert, und so gelöset oder zerbrochen worden, daß wenig Mauersteine gantz, und noch viel weniger mit einander verbunden geblieben. Aus vorstehenden Datis, von deren Richtigkeit sich ein jeder durch den klaren Augenschein versichern kann, fließet von selbst:

1. Daß die in den Mauern und Gewölbern zu ersehenden Riße gewiß von sehr großem Belange sind.
2. Daß an der gantzen Mauer und dem gantzen Gebäude zusammengenommen, nicht viel gesundes sey.
3. Daß niemand aus gründlichen und wahrhafften Ursachen für den Einsturtz eines oder andern Theils oder einen anderen unvermutheten Schaden einstehen könne.
4. Daß auch niemand aus erweislichen Gründen darthun könne, ob ein solcher besorglicher Fall bald, oder später entstehen werde.
5. Daß, wenn auch jemand mit einem ohne Mühe auszusprechenden Macht-Spruch erhärten wollte, daß das Gebäude noch lange stehen könne, solches doch nur aus guter Wehnung oder Vorurtheilen geschehe.

Es wäre nun ad 2 dum

Von der etwann vorzunehmenden Verbeßerung meine unvorgreifliche Meynung diese:

1. Das gantze Gebäude ist keine Verbeßerung von Bestande fähig, und keiner Reparation von großen Kosten werth.
2. Wo demnach von der Hand es nicht möglich wäre, eine neue Kirche zu erbauen, so wäre mit Aufrichtigkeit und Vernunft nichts anderes zu rathen, als dieses, daß man ohne Geld Verspilderung es mit den wenigsten Kosten solange sicherte, bis zu einem neuen Bau geschritten werden könnte.
3. Insbesondere wäre es gar nicht anzurathen, daß man von außen neue Strebe Pfähle anbrächte, da solche vorbesagter maßen von schlechten, und in diesem Fall von gantz keinen Nutzen sind.
4. gegentheils könnte man die ausweichende Mauer unter weit größerer Zuverläßigkeit mit starken, auf guten Grunde und Treibladen gesteckten eichenen Streben abstützen, welche erstlich mit weniger Kosten, zweitens weit stärkerem Gegenstand leisten, drittens nach Gefallen an und nachgezogen, und viertens, wenn je ein Paar zusammen, ohne Mühe und Gefahr gebeßert werden können.
5. Die abgeborstene und theils dem Einsturtz ziemlich nahe Grad und Gurt-Bogen, ingleichen der durch gesunckene Schilder müßte man derweiln mit eisernen Schienen und Anckern hinzuhalten suchen. Und endlich

6. den schädlichen Wester-Giebel mit einem gantz nahe an seiner Mauer auf der Bogen Wand gegründeten Treibwerck für eine besorgliche Gefahr hinlänglich sicher stellen.

Wollte man absolut Geld und Reparation wenden, wobey man auch järlich noch Verbeßerungskosten und Unterhalt hätte; So könten

7. alle Pfeiler und Gewölber aus der Kirche genommen, der Dachstuhl mit Unter-Schlägen unterstützet, der Boden mit Brettern verschlagen, und mit Leimfarbe angemahlet werden, da dann keine plötzliche Gefahr, wie jetzt, zu besorgen wäre. Die schweren und gar nichts nützenden östlichen und westlichen Giebel könnten abgenommen, und das Dach angewalmet werden. Diese Veränderung würde etwa zehn tausend Mark anlauffen, und überstiege also den Werth der Mauern. Was endlich

ad 3 tum

die in der Kirche sich sammelnde Feuchtigkeiten betrifft, so glaube, daß die bisherige naße Witterung die Ursache davor sey, und daß das Waßer, weil der Boden der Kirche niedriger, als der Kirchhof, vor der ansteigenden Erde sich in die Kirche ziehe. Dieser Unbequemlichkeit wäre leicht abzuhelfen, wenn unter der kleinen Kirchtür des Chors ein ordentlich füren Siehl weg- und in den Burggraben abgeleitet würde.

Wilster d. 14ᵗ Martii 1764 EGSonnin.

23.
KIRCHE WEDEL

Gutachten im Auftrag des Probstes von Altona über den Bauzustand der Kirche mit Vorschlag zum Abbruch. Unter der Leitung des Baumeisters George Greggenhofer werden 1770/71 jedoch Instandsetzungsarbeiten durchgeführt, die eine Erhaltung der Kirche ermöglichen.
Hamburg, 8.11.1764

Landesarchiv Schleswig-Holstein
Schleswig, Schloß Gottorf
Abt. 112, Nr. 203

Auf Sr. Hoch Würden des Herrn Consistorial-Raths und Probsten in Altona Herrn Reichenbachs Verfügung habe den Zustand der Kirchen in Wedel untersucht und ihn folgender gestalt befunden:

1. Die Kirche an und für sich selbst ist ein altes anfänglich von runden Feldsteinen aufgeführetes und nach und nach mit verschiedenem Anbau aus gebeßertes, mithin unförmliches Gebäude. Es ist ungemein niedrig, hat wegen der wenigen überaus schmalen Fenster wenig Licht und auch pro rato der zahlreichen Gemeinde nur sehr wenig Inhalt.
2. Die Theile der Mauer, so von Feld-Steinen aufgeführt sind, geben neben einem schlechten Ansehen noch die Besorgniß, daß sie inwendig nicht gar zu gut mehr zusammen hängen. Sie scheinen zwar an einigen Orten fest zu seyn, weil die Borsten ausgebeßert sind, iedoch kann niemand mit völliger Gewißheit für ihren langen Bestand einstehen, angesehen an vielen Orten sich Borsten in der Mauer der Länge nach befinden und an einigen Orten unläugbar zu Lage lieget, daß die Mauer sich der Länge nach von einander geblättert habe.
3. Die theile so in neuern Zeiten aufgeführt worden sind, stehen hie und da noch gut genug, sind aber auch an vielen Orten beträchtlich geborsten und gesuncken, wie es gewöhnlich ist, wenn man altes und neues zusammen flicket.

4. Der Thurm ist sehr ausgebeßert, verankert und mit einer Spitze versehen, mit hin dauerhaft genug, außer daß der Bogen nach der Kirche zu, worauf die Ost Seite des Thurms ruhet, sehr starck geborsten und dereinst dem gantzen Thurme sehr nachtheilig ist, woferne er nicht mit gehöriger Vorsicht regulmäßig gebeßert wird.
5. Der Dachstuhl der Kirchen ist nach altem Bindwerck sehr hoch, mithin denen Mauren sehr lastig. Sonst ist das Holtz noch gut und für sich der Schwere der Dachziegel gewachsen. Das Bindwerck über dem neuen Anbau ist nicht aller Orten mit hinlänglicher Ueberlegung geordnet. Insbesondere hat man bey dem südlichen Anbau die Last aller Sparren vom Langbau auf einen Unterschlag geleget, woher derselbige gebrochen und man durch die augenscheinliche Gefahr eines plötzlichen Einfalls genöthiget worden, denselben mit einem mitten im Wege stehenden Stender zu unterstützen, ohne daß durch denselben das Dach für einen Einsturtz völlig gesichert wäre.

Aus dem vorbemeldeten wird sich leicht ermeßen laßen:

a) daß die Kirche einer starcken und nicht mit kleinen Kosten zu bewerckstelligenden Reparation nöthig habe, woferne man der jährlichen, in fine überaus viel Geld verspildernden Flickereyen überhoben seyn will.

b) daß mit allem diesem Aufwande man doch immer ein geflicktes unförmliches und der Gemeine nicht proportionirtes Gebäude behalte.

c) daß es demnach gerathen sey, die vergeblichen Reparations Kosten zu ersparen, und wann die Gemeine dazu im Stande wäre, eine neue Kirche zu erbauen, welche mit Anwendung der alten materialien und Zugabe von Hand-Diensten über 60000 Marck nicht zu stehen kommen könnte, und

d) daß, woferne die Gemeine zu arm wäre, einen solchen Bau zu unternehmen, man an deren Reparation je weniger in lieber wenden und alle Sorge dahin gehen laßen mögte, um in denen vor der Hand seyenden Zeiten Geld zu einem neuen Bau zu sammeln.

Hamburg d. 8ten November 1764   EGSonnin.

24.
KIRCHE SELENT

Gutachten im Auftrag des Kirchenpatrons Kammerrat von Blome über den Bauzustand mit Vorschlägen für die Instandsetzung und den Neubau des Turmes. Sonnin schlägt hier nicht ein gegen Bauschäden unempfindliches und preiswertes Zeltdach vor, sondern ein Dach »mit einer kleinen zierlichen Spitze«, vermutlich also einen Dachreiter mit offener Laterne und Zwiebelkuppel. Bei den im Jahre 1766 durchgeführten Instandsetzungen wird jedoch wieder ein flachgeneigtes Zeltdach aufgesetzt.
Kiel, 2.3.1765

Hirschfeld, Peter: Ein statisches Gutachten von Ernst Georg Sonnin aus dem Jahre 1765. In: Nordelbingen, Bd. 26, 1958, S. 85 ff.

Copia

Bericht und Vorschläge über die Kirche und den Thurm zu Selent.

1

Die Mauren, Gewölber und daß Dach der Kirchen befinden sich der Haupt-Sache nach in recht guten, bey ordentlicher Unterhaltung, auf Jahrhunderte dauerhaften Umständen.

An denen Gewölber sind einige Gradbogen schadhaft, insbesondere aber sind die beyden Gradbogen, welche in den Ecken am Thurm anschließen, von der Last der Thurm Mauer gedrücket, und vom Wiederlager abgesprenget. Erstere sind leichte, letztere aber so lange nicht dauerhaft zu verbeßern, als durch die Last der Thurm Mauer, der Schaden täglich mehr vergrößert wird.

Die auswendige Ausbeßerung der Mauer, und der Anstandes wegen nöthige, inwandige Aufputz, sind von keinen großen belange. Bekannter Maaßen wird Beydes alsdann immer am wenigsten kostbahr, wann man es nicht von Jahren zu Jahren aufschieben, sondern zu rechter Zeit die Hand daran leget.

2

Die Thurm-Mauer ist ein altes schweres von gutem Zeuge und zu seiner Zeit auf die beste Art gefertigtes Gebäude. Es würde so zu reden Unvergänglich gewesen sein, wenn es in Ansehung der Schwere nach der Grund-Regula erbauert worden wäre. Seine Breite, die Dicke der Mauren, und hienächst die Art in den Mauren befindlichen Borsten sind zuverläßliche Merkmahle, daß dasselbe ehedem sehr hoch gewesen sein müsse. Um so viel schädlicher war es ihm, daß es nicht nach der Grund-Regula aufgeführet ward.

Die Borsten, welche hieraus richtig erfolgen mußten, sind überaus zahlreich, sehr beträchtlich und zum theil sonderbahr. Kleinere Borsten ersiehet man an allen Orten in den Mauren. Die Hauptborsten finden sich

a) In allen vier Ecken von oben biß unten,
b) In der Mitten wo die Schallöcher sind quer durch, von oben biß unten,
c) Der Länge nach in allen 4 Seiten der Mauren von oben biß unten. So sehr die sub. litt. a

und b benante borsten einem jeden in die Augen fallen, so sind sie doch lange so bedenklich nicht, als die letzteren. Jene könte man Bewandten Umständen nach entweder auszwicken oder ausgießen, oder der Folge wegen sich mit eingelegten Anckern versichern; diese aber würde mann auf die Dauer nicht remediren, auch ihre fernere Ausweichung nicht wehren, wenn mann gleich so viel Arbeit und Eisen daran wendete, als der gantze Thurm werth ist.

Denn durch diese haben sich die Mauren der Länge nach auseinander geblättert, und vielleicht sind nicht viele Steine mehr in ihrem vormaligen Verbande.

An verschiedenen Stellen bemercket man, daß diese Borsten unten schief ausgehen. Wenn jemand unter dieser Bemerckung die Last berechnet, welche auf einem spitz aufgeblätterten Fuße ruhet, so wird es ihn nicht allein nicht mehr wundern, wenn er daran ersiehet:

daß einige Füße über der Erde große gehauene Fellsen zwey drey mahl durchgebrochen sind; daß in verschiedenen Höhen große runde Fellsen von der Last rein durchgespalten worden; daß sich einige Füße über der Erde die Mauer an allen Seiten beträchtlich ausgebauchet hat; daß die eine Ecke schon übergewichen und auch oberwerts viele Ausbauchungen entstanden sind, und daß die in dem Thurm liegende Anckern sich so krummgezogen, daß die Kunst nicht vermögend seyn würde, dergleichen nachzumachen.

Sondern er würde vielmehr aus diesen Dates und daraus, daß uns die Bestimmenden Theile des inwendigen vielen oder wenigen Zusammenhanges der Mauren vor jetzo nicht Bekandt werden könen, gegründete Uhrsache nehmen zu besorgen:

Es mögte ein so schwerer geblätterter und außer Verband gerathener Klumpen einmahl zum Theil oder gantz aus einander fahren, ohne das es uns möglich sey, den eigentlichen Zeit Punct eines solichen Zufalls vorhero zu bestimmen.

Vielleicht könte aber gegentheils jemand, dem die Last nicht sonderlich, die Borsten etwas gewöhnliches, und die übrigen Mängel nicht so bedencklich schienen, lediglich aus dem Gesichts-Punct, daß es gleichwohl ein sehr dicker Klumpen sey, und daß alte Mauren oftmals über allen Glauben zusammenhingen, sich mit einer guten Hofnung Beruhigen, und mit einer behauptenden Vermuhtung sagen: Der Thurm steht noch wohl.

3

Der an der Nordwesten Ecke angemauerte Strebe Pfeiler hat niemahls die geringsten Dienste geleistet, sondern hat sich durch seine eigene Last abgelöset. Es würde umsonst sein, wenn mann ihn von neuem wieder aufzöge; es wären vergebliche Kosten, wenn mann deren auch zwanzig Stück anbrächte; sie trügen alle ihre eigene Last, und würden alle gegen die beständig ausdrängende Schwere des Thurms nicht in die mindeste Betrachtung kommen.

4

Der Glocken-Stuhl ist freylich schlecht, doch würde die Erschütterung vom Geläute der Thurm Mauer gantz unschädlich seyn, wenn sie im Verbande und gleichgewichte geblieben, oder auch nur in ihrem jetzigen Zustande erhalten wäre.

Die geborstene Glocke ist vermöge ihrer Aufschrift schon einmahl umgegoßen. Aus denen an ihr gemachten Versuchen ergab sich so gleich, daß ihr Metall sehr spröde mithin Ihre Borsten gantz natürlich ist. Ein Metall Kundiger weiß, daß eine Glockenspeise immer spröder wird, je öfter man sie umgießet, wird also nicht rathen, daß mann die Glocke zum dritten mahl umgießen laße. Wer mit einer Glocke gut beladen sein will, läßet sie von neuem reinen Metall, ohne allen Zusatz von altem Glocken guth unter guter Aufsicht gießen, und gibt nachher die alte Glocke zurück. Würde hier eine neue Glocke und dabey die Menage verlanget, so könte sie darin bestehen, daß die jetzige kleinere, fürs künftige die größere und die Neue die kleinere würde, indem Sie zu jener die tertie seyn könte. Die jetzige kleinere gute Glocke ist von feinerem und weit zäherem Metall, Indeßen läuft sie auch Gefahr zu Bersten, wenn sie nicht bey zeiten umgehänget wird, weil der Klöppel oder Hammer in derselben auf der Stelle des Anschlages schon eine Vertiefung von mehr als einem halben Zolle eingeschlagen hat. Daß Umhängen würde bequem fallen, da die Pfannen ausgelaufen, die Zapfen abgenutzet, die Achsel ziemlich schwach, und daher ohnehin eine Untersuchung und Verbeßerung dieser Theile unumgänglich nöthig seyn mögte.

5

Aus dem Vorbemeldeten würde in Ansehung des Thurms meine unvorgreifliche Meinung dahin gehen, daß der Thurm auf eine Dauer von vielen Jahren auch mit großen Kösten nicht repariret werden könne. Solcher Gestalt möchten für denselben zweene Wege übrig bleiben:

Entweder man wagete es, ohne etwas beträchtliches zu dessen Verbesserung anzuwenden, ihn so lange stehen zu lassen, als man seines Bestandes und der Kirchengewölber wegen sicher vermuthete, in welchem Fall denn der Glocken Stuhl mit einigen Balcken und Streben gesichert und hingehalten werden könte,

oder man trüge denselben ab und erbauete einen neuen Thurm von Backessteinen welchenfalls, wenn der alte biß auf seinen Fuß abgetragen, die alte Materialien zurück genommen, den Untertheil und hienächst die Ecken, Vorstand und Öfnungen mit gehauenen Felsen ausgebunden, alles von recht tüchtigen Materialien auf Bestand und Glauben Regulmäßig gemachet, auch Hand Dienste und Fuhren frey gegeben werden:

Derselbe mit einer kleinen zierlichen Spitze, neuem Glocken Stuhl, neuen Glocken, neuer Uhr und 4 Kupfernen Uhrscheiben insgesamt vor 16 Tausend Mark übernommen werden kann.

6
Die herbeyschaffung der Materialien konnte zu aller Zeit geschehen, und hätte der Über nehmer für Sechs gute Eichen und für plus minus Zwey Hundert Tausend Backsteine zu sorgen.
Kiel den 2ten Mertz 1765   EGSonnin

25.

HERRENGRABEN HAMBURG

Gutachten mit Professor Büsch im Auftrag der Kanalbaudeputation mit ausführlichen Bemerkungen zu den bei der Austiefung des Herrengrabens und dem Abtrag des Küterwalles entstehenden Problemen.
    Dazu farbig getönte Federzeichnung mit dem Querschnitt des Küterwalles. (Veröffentlicht von Heckmann, a.a.O., Abb. 92.)
    In einer Nachschrift berichten Sonnin und Büsch am 14. Oktober in der gleichen Akte über eine Reise nach Glückstadt zur Vorbereitung der Ausschreibung der Entschlammung und Gewinnung eines Unternehmers.
Hamburg, 2.10.1765

Staatsarchiv Hamburg
Senat
Cl. VII, Lit. Cb, No. 8, P. 3, Vol. 2ᶜ
Continuatio
Acta deputationis wegen Aufräumung des
Herrengrabens et annexarum – wobei das
Original-Protokoll
1765–1766, No. 8

Pro Memoria.

Unterschriebene haben mit schuldigster Erkenntlichkeit aus dem ihnen gütigst mitgeteilten Concluso Deputationis vom 10ten Septbr. h. a. das Hochgeneigteste Zutrauen ersehen, mit welche diese Hochansehliche Versammlung sie beehret, da Sie nicht nur die vormahls nur beiläufig von ihnen eingegebenen Vorschläge eines der wichtigsten Geschäfte, das in dieser guten Stadt jemahls unternommen worden, in den Haupt-Puncten gebilliget, sondern sich auch entschloßen, sie bey solcher Untersuchung fernerhin beizubehalten, auch des Endes die bisherigen Entschließungen ihnen mitzutheilen, und die fernere Aufträge zuthun. Sie finden sich dadurch aufs neue aufgemuntert, zu einem so großen und heilsamen Endzweck ihre beste Einsicht und alle Gemüths-Kräfte anzuwenden, um, wie sie es überhaupt wünschen, also auch in diesen Geschäften dem Staate nützlich und des auf sie gesetzten Vertrauens beständig würdig zu sein. In dieser Gesinnung haben sie die in dem erwähnten Concluso enthaltene nähere Aufträge S. Hochlöbl. Deputation aufmercksamst erwogen, die verlangten Untersuchungen angestellet, und ihre dermaligen Gedancken, so bestimmt als die vorliegende Umständte es ihnen schon ietzo erlauben, zu höherem Ermeßen in der Ordnung der aus dem Voto Deputationis Cameralis hergeleiteten Sätze, vorlegen sollen.

ad Imum scheinet uns der Ort für den zweyten Klopfdamm in der Gegend des Steinhöftes in mancherlei Betracht sehr wol gewählt zu seyn, und wir werden, da bei sich näherender Ausführung ein und andere Umstände hierbei näher zu bestimmen sein möchten, nicht ermangeln, die nötigen Bemerkungen darüber zeitig einzugeben. Nur können wir nicht umhin, vorzustellen, da nunmehr der Ort dieses Klopfdammes festgesetzt ist, daß es nothwendig, denselben mit dem allerersten, und wo möglich, noch in dem jeztlaufenden Jahre zu legen, um nicht einige zu deßen Trockenlegung gegen das künftige Jahr ohnehin noch nöthige Zeit zu verlieren.

ad IIdum müßen wir die baldige Verlegung der Mastenschneiderei und die Austiefung des Platzes unter derselben, als einen höchst dringenden Umstand, wozu die Verfügungen auf das baldigste gemacht werden mögten, vorstellen, indem davon größtentheils der beschleunigte Anfang des ganzen Werks mit künftigem Frühjahr abhängen wird.

ad IIItium Der Anschlag der Kosten für eine in der Dudane anzulegende Fluth-Schleuse hängt von der Beschaffenheit der Dudane ab. Ist dieselbe durch und durch gemauert, und das Mauerwerck von guter Beschaffenheit, so können die Vorkehrungen, welche uns gegen eine jede hohe Fluth sichern, für 800 Mk und im wiedrigen Falle für 1600 Mk gewiß geleistet werden. Diese wenigen Kosten werden den sicheren Ausschlag für die Vorrichtung dieser Schleuse geben, da wir sonst keine andere, als überaus kostbare Mittel zur Austiefung des anliegenden Teils vom Canal absehen können.

Unter diesen Absichten müßte freilich die Anlegung dieser Schleuse eine von den ersten Untersuchungen bei der ganzen Sache sein. Solte man nicht völlig mit ihr fertig sein, da man im künftigen Frühjahr bei guter Jahreszeit an das Hauptwerk geht, so ließen sich freilich Einrichtungen machen, daß dennoch der erste Teil des Canals bis an die Scharthorsbrücke, wo die Entfernung nicht über 700 Fuß ist, ausgegraben, und die Erde mit Karren über die an einer zweiten Stelle erniedrigte Dudane fortgebracht werden könnte. Allein es wird doch bei dem allen das Beste sein, sie so früh als möglich fertig zusehen, um alle Vorteile, welche man sich von derselben versprechen kann, gleich anfangs nuzen zu können.

ad 4tum et 5tum bleibt uns bei völliger Einstimmung E. Hochpreislichen Deputation vorläufig keine Veranlaßung zu näheren Bemerkungen und Vorschlägen.

ad 6tum. Die Verlegung der dreifachen unter der Scharthorsbrücke durch zu leitenden Brunnen Röhren kann auf mehr als eine Art geschehen. Ohne Zweifel wird man die Übernehmung der Kosten dieser Veränderung nicht von den Intereßenten, welche sich dieser Sache nicht annehmen werden, sondern von dem Publico zu erwarten haben, und da würde es auf deßen Entschließung ankommen, ob man lieber ein solches Werk wählen wollte, daran zu einigen Tagen, wie man zu reden pfleget, keine Reparation statt fünde, oder sich lieber zu einer anderen Anlage entschließen, welche vielleicht in 20 oder 30 Jahren eine solche, jedoch nur mit einigen 100 Thlr. Kosten, bedürfte. In dem ersten Fall würden die Kosten der Anlage, welche starcke messingene Röhren erforderte, über 10 000 Mk in der andern aber, da man es mit hölzernen, aber mit Ringen und meßingenen Buchsen wolverwahrten Röhren bestellen könnte, auf 3000 Mk anlaufen. Mit den Brunnenmeistern ist anbefohlenermaßen Rückrede gehalten, und von diesen wird keine Schwierigkeit gegen die Möglichkeit der Unternehmung selbst erhoben. Eine Verlegung dieser Röhren wird, wenn man auch wieder Verhoffen keine Zugbrücke hier anbringen wolte, durchaus nothwendig bleiben, da wie unten ad 12mum näher erörtert werden wird, die Schaarthorsbrücke in ihrem jetzigen Zustande nicht bleiben kann, und die Röhren selbst so tief liegen, daß bei etwas hoher Fluth auch die plattesten Fahrzeuge nicht unter derselben weggefürt werden können.

ad 7mum. Um die verlangte genaueste Erkundigung wegen des vermuthlichen Arbeits Lohns desto zuverläßiger einzuziehen, werden wir in diesen Tagen unter vorausgesezter Genehmigung E. Hochpreislichen Deputation eine kleine Reise nach den benachbarten Dänischen Marschgegenden, wo bei den letzten traurigen Ueberschwemmungen schwere Deichbrüche vorgefallen sind, unternehmen, um insonderheit das Steigen des Lohns bei gemehrten Entfernungen, und die Art und Weise, wie man die Arbeiter, welche die Ausgrabung der Putten bei so großen Unternehmungen annehmen, in gewisse Gesellschaften vereinigt, zuerfahren. Der benachbarte Billwärder-Deichbruch vom Jahre 1756 kan uns hier nicht hinlänglich belehren, weil man dort schon die erste Erde in einer ansehnlichen Entfernung über das Eiß von der Billwärder Insel holen mußte, da man hier den Vortheil einer näheren Entfernung wenigstens für einen großen Theil der Arbeit hat. Wäre die Sache in dem Lande eines großen Herrn zu unternehmen, der ein Corps Soldaten zu der Arbeit commandieren und die Bezahlung nach den Umständen der Arbeit fest sezen könnte, so würde man sich nach den Französischen Reglements, welche über diese Sache mit großer Einsicht gemacht sind, genau richten können. Allein hier ist nicht die Frage, was diese Leute billig nehmen sollten, sondern, was sie zu nehmen gewohnt sind, und also auch frey zu fordern für gut finden werden. Inzwischen laßen sich wegen des Modi der Austiefung des zweiten Teils vom Canal vorläufig folgende Vorschläge geben. Es könnte nemlich nach geschehener Austrocknung dieses Teils

1. versucht werden, ob sich nicht Leute finden möchten, welche an der zur Fuhr geschickten Teielfelds-Seite, ingleichen am Pferdeborn in der Fuhlentwiete den Schlamm zu Wagen abholen wolten, wie muthmaßlich nun desto eher geschehen möchte, wenn man die Bedingung allenfalls gäbe, denselben auf den Wagen liefern zu wollen. Wenn unterdeßen der Teil von der Dudane bis zur Scharthorsbrücke völlig ausgeräumt und schifbar würde, könnte
2. in dem Klopfdamm an der Scharthorsbrücke gleichfalls eine kleine Fluth-Schleuße angelegt, auch
3. bei dem Admiralitäts-Thurm eine Auffahrt der entfernteren Schlammerde über den Wall in die jenseits desselben angebrachte Fahrzeuge angelegt werden, wozu auch
4. der unter dem Wall noch befindliche aber auf der einen Seite verfallene Durchgang, wenigstens für Handkarren genutzt werden möchte. Wie groß aber auf der anderen Seite die bemerkte Ersparung durch Aufschlagung des Schlammes hinter den Vorsetzen am Teielfelde werden könnte, wird sich bestimmter als iezo angeben laßen, wenn
   1. die Breite des Canals, ingleichen
   2. die Höhe, die man den Vorsezen zugeben beliebt, und dann
   3. auch die Höhe der Erde, welche man über den Vorsezen anhäufen will, bestimmt sein wird. Inmittelst haben wir um

ad 8vum et 9num abermals eine Berechnung über die Wallerde zuentwerfen, mit Fleiß den Wall nachgemeßen, und 5 Profile davon aufgenommen. Er hat, wie aus anliegenden Profil-Rißen erscheint, so viele außer der Spur und Wage ausweichende Flächen, so viele Absäze, so viele über- und eingebauete Stellen, daß man mit der geflissensten Mühe von Sechs Wochen dennoch kaum auf 50 000 Cubic Fuße ihn richtig würde ausmeßen können, wenn auch zuvor ein uns noch fehlender richtiger terminus a quo und ad quem bestimmt wäre. Inzwischen wird nach Vergleichung der sich so wenig gleichenden Profile und der eben so sehr von einander abweichenden Breiten und Dicken des Walles deutlich, daß das Quantum der bis auf die Höchste Flucht abzutragenden Erde reichlich so groß, als der Gelaß für dieselbe wenigstens nicht größer, mithin das Residuum, zumal wenn die anzulegende Gebäude, wie nicht zuzweifeln, ihre geräumige Waarenkeller bekommen werden, ehe größer als kleiner, als es vormahls angegeben worden, ausfalle.

Es ist gewiß eine wichtige Frage, wo dieser Überschuß mit Ersparung der Kosten und zum besten Vorteile der ganzen Unternehmung zu verwenden sei. Wir wagen es, einen neuen Vorschlag dazu in der uns anbefohlenen Haupt-Absicht, der Aufnahme und Bequemlichkeit der Handlung dieser vornehmsten Quelle unseres Wohlstandes, anzugeben. Diesen Hauptzweck werden wir bei allen unseren Anschlägen nie aus dem Gesichte verlieren. Es wird uns keine artige Einrichtung, keine Schönheit und Pracht, kein Exempel von andern reizen können, hievon abzugehen. Wir werden bloß aus diesem die Schwierigkeiten, welche dem Werke entweder von der Nothwendigkeit gewißer Nebenumstände oder aus ungleichen Absichten entgegen gesezt werden könnten, beurteilen, und dieses mit so viel mehrerer Zuversicht, je beßer der Mangel unserer Einsichten, durch Höheres weises Ermeßen ersezt werden wird. Aus dem im Jahr 1759 vorgeschlagenen Riße von der neu anzulegenden Straße ist zuersehen, daß die neu anzulegenden Erben an der Seite des Küterhaußes überhaupt so tief nicht ausfallen können, als die neuen Erben an der Canal-Seite, da es doch zur Bequemlichkeit der Handlung zu wünschen wäre, daß alle diese neuanzulegende Erben eine größere Tiefe erhalten könnten. Diese wenige Tiefe der neuen Erben ist eine Ursache mit, warum vormals vorgeschlagen worden, daß man kein Erbe unter 50 Fuß breit verkaufen möchte, da überhaupt das Publicum Ursache hätte, niemanden ein schmales und langes Erbe zuüberlaßen, weil der Bau eines sehr schmalen Gebäudes allemahl 50 p. Cent mehr kostet, als eines Quadrat-Gebäudes, das eben so viel Gelaß hat. Bleibt es bei obigem Abriße, so läßt sich freilich nicht mehr Raum gewinnen, hingegen ist das anliegende und voriezt wenig genuzte Fleht von dem Küterhauße her noch so breit, daß man reichlich 40 Fuß abgeben könnte. Es käme nur darauf an, daß die nächst dem Küterhauße gezogene neue Vorsezen herausgerückt würden, welches wenig Mühe und wenig Kosten erfordern wird. Der übrige Teil bis an das Schiffer-Armenhauß, welchen die Admiralitäts-Gebäude jezo besezen, hat ohnehin so schlechte Vorsezen, daß sie nothwendig bald neu gemacht werden müßen. Nun käme es lediglich auf die Veränderung der Admiralitäts-Häuser an. Sie sind zu ihrem Endzweck schlecht gebauet, groß von Umfange, klein von Gelaß, lang, schmal, ohne gehörigen Verband, und kostbar zu unterhalten. Geneigte die Hochlöbl. Admiralität zu größerer Bequemlichkeit und Vorteil ihrer Gebäude, ihr Arsenal in einem Vierkant gegen die Haupt-Straße umzubauen, oder solches mit dem Admiralitäts-Thurm in Verbindung zusezen, so könnten auch diese ohnehin bald neuzuerbauenden Vorsezen ausgerückt, und auf dem in diesem Fleth zu gewinnenden Raum 800 000 Cubic Fuß angebracht werden. Die in dem angeführten Risse sub No. 42 bis 54 bemerkte kleine Pläze würden alsdann zu guten Kaufmanns-Erben angewandt, und wenn die neben dem Küterhauße über schon auf Sammer-Grunde angebauete Häuser stehen bleiben solten, diesen gegen über andere recht brauchbare Wohnhäuser angebauet werden können.

An der Teielfelds-Seite bleibt, wenn beschloßenermaßen von Schaakenburgs-Erbe bis an der Schaarthorsbrücke östliches Ende eine gerade Linie gezogen wird, der neue Canal hinter der Wittwe Prey Hauße 94 und an der Carpferstraße 104 Fuß breit. Gleichfalls bliebe alsdann der Canal von der Wittwe Prey Hauße bis an die Schaarthorsbrücke noch 120 Fuß breit. Gefiele es nun, die Breite des neuen Canals von der Schaarthorsbrücke bis an die Carpferstraße auf 90 Fuß zu bestimmen, so würde auch hier ein Raum für 288 000 Cubic Fuß, das ist mit dem vorigen zusammengenommen ein Raum für den ganzen muthmaßlichen Überschuß der Wallerde gewonnen.

Die Eigener der Vorsezen von der Schaarthorsbrücke an, würden ihre alten Vorsezen gern herausrücken, die vergrößerten Pläze, welche ihnen jezo wenig nüzen, bebauen, und entweder zur Wohnung, oder zum Gelaß der Waaren Raum schaffen, auch der Cammer gerne eine ordentliche Grundhauer davon entrichten.

ad 11mum. Der Punct an der Schleuße läßt sich aus einem vierfachen Gesichtspuncte, nemlich a.) in Absicht auf die Mühlen, b.) auf die Erben, welche nicht waßerfrei sind, c.) auf die Reinigung des Canals, welche durch diese Schleuße hauptsächlich erlangt werden kan, und d.) auf die Handlung erwägen.

a) in Absicht auf die Mühlen müßte man sie freilich in der Dudane anlegen, in welchem Fall die Müller den größten Waßerschaz, der ihnen nur erhalten werden kan, bekommen würden.

b) in Absicht auf die Erben, welche nicht waßerfrei sind, wird keine Nothwendigkeit sein, sie dem Haven näher, als bei der Ellernthorsbrücke anzulegen.

c) in Absicht auf die Reinigung des Havens wird sie nicht weit genug nordwärts gelegt werden können. Ja es würde sogar das vortheilhafteste sein, keine Schleuße in dem ganzen Canal, sondern bloß neue Freischütten an dem Jungfernstiege, und wenn man ja bei dieser Gelegenheit eine Durchfarth aus der Elbe in die Alster erhalten wolte, eine gute Schleuße anzulegen. Je größer der Teil des Canals unterhalb der Schleuße bleibt, je mehr wird durch das nach gewißen Vorschriften zu seiner Zeit zu verwendende Frei-Waßer aus der Alster, derselbe rein gehalten werden. Dagegen wird der Teil oberhalb der Schleuße der Verschlemmung immer etwas mehr ausgesezt bleiben.

d) in Absicht auf die Handlung müßen wir nach unserm wenigen Ermeßen ohne Umschweif sagen, daß es das beste sein würde, gar keine Schleuße in dem ganzen Canal anzulegen, sondern diesen von Anfang bis zum Ende gleich tief und fahrbar zu laßen.

Man wird von uns nicht den Beweis erwarten, daß die Rücksicht auf die Handlung das vornehmste Augenmerk sei. Die Herren Deputati des löbl. Commercii haben hierauf den Grund ihrer wiederholten Ansuchungen zur Ausführung des vorhabenden Zwecks gelegt. Wir wünschen wenigstens, daß dermaln fürs künftige der Anlegung einer so mehr zuwünschenden Schleuße im Jungfernstiege zur Vereinigung der Alster mit der Elbe, welche aus den vorwaltenden Berathschlagungen noch entfernt bleiben soll, nicht etwas in den Weg gelegt werden möchte.

Die Rücksicht auf die Mühlen und die dem Fluth-Waßer sonst ausgesezte längst der Bleichen-Gaße belegene Erben wird besorglich es zu einer Nothwendigkeit machen, jetzt eine Schleuße zu legen. Allein die durch die neue Schleuße abgeschloßene Erben werden dadurch in ihrem Werth in eben dem Verhältniße verringert bleiben, als die Erben an der kleinen Alster, an welcher gewiß unsere würdige Vorfahren weder die Mühle an der Mühlenbrücke noch die an dem Graskeller angelegt haben würden, wenn sie den Anwachs unserer Stadt hätten voraussehen können. Sie hatten in damaligen Zeiten Raum genug, die Mühlen an einem andern weit bequemern Ort und für den nachmaligen Haven viel vorteilhafter anzulegen. Nicht zugedenken, daß die Wolfarth großer Städte nicht bloß von Waßermühlen abhange, indem vor Alters alle große Städte ohne Waßermühlen bestandten sind, welche bekanntlich eine Erfindung der neuern Mechanik sind. Auf diesen Fall möchte am besten die Schleuße an der Ecke des Steinhöfts so angelegt werden, daß der nach der Fuhlentwiete aufgehende Pferdeborn unterhalb der Schleuße bliebe. Alsdann würden die Kosten nicht höher, als bei Anlegung der Schleuße unter der Ellernthorsbrücke, anlaufen, wo sonst freilich die vortheilhafteste und wolfeilste Anlage gemacht werden könnte. Wir nehmen uns indeßen die Ehre, der Vergleichung zwischen beiden Örtern eine besondere Anlage zuwidmen, und füren nur dieses an, daß in beiden Fällen die Erben hinter den Bleichen, und in dem Fall, da die Schleuße in der Ellernthorsbrücke ihren Plaz erhielte, auch die Erben zwischen denselben und dem Pferdeborn, dem Steinhöft und so weiter, wie jezo waserfrei bleiben. Man erlaube uns dabei, es für so gut, als entschieden anzusehen, daß an keine Haupt-Schleuße in der Dudane zudenken sei. Solte noch ein oder der andere Scheingrund für die Wahl dieses Ortes zustreiten scheinen, so geben wir folgendes zur weisen Erwägung an die Hand.

1. Zur Bestärkung des schon beigebrachten Grundes, wie sehr die Reinhaltung des Canals in diesem Falle leiden würde, darf man nur auf die kleine Alster und das unterhalb derselben befindliche Fleth am Küterhauße sehen. Jene, welche durch die Schleuße am Graskeller gestemmet wird, bekömmt ungeachtet des Mühlenschußes einen so todten Strom dadurch, daß sie sich so sehr, und so geschwinde als irgend ein anderer Canal verschlemmet. Dieses aber, durch welches der Mühlenstrom bei einer so großen Breite und durch eine so weite Öfnung frei durchschießt, erhält sich ohne Ausdüpung beständig rein und tief. Es ist wahr, vor dem Mühlenschuße häuft sich nach Art aller solcher Waßer der schwerere Sand auf, allein, man wird doch leichter, wenn es nötig ist, diesen von einer Stelle, wo er sich aufgeworfen hat, als aus dem ganzen Canal, wenn er sich mit dem leichten Schlamme vereint, über den Boden deßelben verbreitet hat, ausheben und fortschaffen können. Wolte man also ohne Hinsicht auf diesen Grund sich entschließen, die Schleuße in die Dudane zulegen, so würde man alles schon in der Anlage wieder verderben, was man iezo mit so schweren Kosten gut zumachen sucht. Man würde in wenig Jahren eine neue Verschlemmung entstehen sehen, welcher, wo nicht von uns, doch von den Nachkommen successive mit eben denen Kosten, die man iezo darauf zuverwenden vor hat, abgeholfen werden müßte.
2. Eine Haupt-Absicht des ganzen Geschäfts ist nächst der Handlungs-Bequemlichkeit die so oft nothwendige Erweiterung des Havens, wenn sie auch nur dienen solte, Plaz für diejenigen Schiffe zumachen, welche um zukalfatern und auszubeßern, auf die Seite gelegt werden, als die schon jezt oft den Haven beengen. Allein, eine Schleuße in der Dudane wird diesen großen Endzweck garnicht befördern, sondern vielmehr denen großen Schiffen, welche zwischen derselben und der Schaarthorsbrücke ihr Lager haben sollten, die Einfart sowol als die Arrangierung in diesem an sich nicht gar großen Raum äußerst schweer machen. Vielmehr wird so gar
3. ein großer Teil des Havens, der bisher den großen Schiffen Plaz gegeben, wenigstens der, welchen man nun durch Verlegung der Mastenschneiderei gewinnt, unbrauchbar werden. Denn man wird keine Schiffe vor der Schleuße, wenn das Waßer durch die so enge Öfnung in der Dudane durchschießt, legen können, und wenn man das Freiwaßer zur Reinerhaltung des Canals brauchen will, vorher viele Weitläuftigkeit mit Wegräumung der Schiffe in der Gegend der Schleuße auf beiden Seiten derselben haben.
4. Wird auch die Ein- und ausfarth kleiner Fahrzeuge und Ewer durch das Durchzapfen des Waßers ungemein erschwert, und da dieses ungemein oft geschehen würde, dem Müller der größte Teil des Waßers, welches man durch diese Anlage zuersparen vermeint, wieder entzogen werden.
5. Sollte dann endlich noch die Schleuse für größere Schiffe brauchbar eingerichtet werden, so würde sie nichts kleiner und wolfeiler als die Haarburger Schleuße, die bekanntlich nur kleine Schmackschiffe einläßt, werden, und zu solchen Kosten anlaufen, welche weder die Ersparung des Mühlenwaßers, noch andere davon gehofte Vorteile vergüten werden.

ad 12tum. Für die Nothwendigkeit einer Brücke an dem Orte der Dudane läßt sich überaus wenig, von ihrer Schädlichkeit aber sehr vieles sagen. Aller Nuzen, der sich davon erwarten läßt, ist die Communication der Vorsezen mit dem Baumwall, einer nur kurzen Straße, zu welcher der Umweg über die Schaarthorsbrücke nur sehr klein ausfällt. Sonst ist der Weg von den Vorsezen in das Mittel der Stadt eben so kurz über die Schaarthorsbrücke, als über den Baumwall. Ihre Schädlichkeit zeigt sich fürnemlich darin, da eine Haupt-Absicht dieser großen Anlage, die Erweiterung des Havens und freie Fahrt ungemein dadurch gestört werden würde. Die Einrichtung der Holländischen Klappbrücken ist für diesen Ort untauglich, und würde den großen Schiffen, wenn sie nicht ihre Wände vorher ablösen wollten, den Durchgang völlig versperren. Es würde also nothwendig eine Zugbrücke sein müßen, und da hier eine zwar kleine doch beschwerliche Geld-Ausgabe bei Öfnung derselben entstehen würde, so möchte es doch rathsamer sein, dieses Geld lieber von den Einwohnern der Vorsezen und des Baumwalls ausgeben zu laßen, wenn sie dem Umweg über die Schaarthorsbrücke zu weit finden, und sich überschiffen laßen wollen. Überhaupt würden sich mehr Gründe gegen diese Brücke beibringen laßen, als gegen die Anlegung der Brücke vom Kehrwieder nach dem Baumhauße, ehemalls mögen beigebracht worden sein, die zwar so oft in Vorschlag gebracht, aber, ungeachtet sie einer weit größeren Straße eine weit nöthigere Communication mit dem übrigen Teile der Stadt geben würde, niemals zu Stande gekommen ist.

Bei der aufgetragenen Untersuchung der Schaarthorsbrücke haben wir angemerkt
1. daß das mittelste und zugleich größere Joch nur 15½ Fuß im Lichten, mithin nicht größer, als zum Durchgang für mittelmäßige Ewer angelegt sei. Es wird aber
2. diese kleine Öfnung noch durch Vor- und Nebenpfähle so beengt, daß unten, wo eigentlich die Fahrzeuge durchgehen solten, nicht mehr als 12½ Fuß, das ist, nur Raum für den kleinsten Ewer übrig bleibt.
3. Geben einige Merckmale der Anlage die fast zuverläßige Vermuthung an die Hand, daß der Grund schwerlich so tief gelegt sei, als die ordentliche Reinigung des Havens und Canals es erfordert.

Das nähere und eigentliche hievon zu untersuchen, hat uns die Erde nicht gestattet, welche bei Verfertigung der Brücke zum Klopfdamm gebraucht wurde aber zur beträchtlichen Vermehrung der nun auszuführenden Erde zurückgelaßen ist. Es wird zuverläßiger untersucht, und alsdann auch die Mittel, wie diesem Mangel abzuhelfen sei, an die Hand gegeben werden können, wenn man bei der Austiefung an diesen Plaz der Brücke kömmt. Endlich ist auch dem geschehenen Auftrage zu Folge das nivellement des Bettes in dem Haven und das in dem Canal von uns wiederholt worden.

Bei einer Fluth, die so niedrig war, daß wir mit einem kleinen Fahrzeuge nur kümmerlich den Admiralitäts-Thurm vorbei kommen konnten, fanden wir das Bett im Canal

Zwischen der Schaarthorsbrücke und dem Admiralitäts-Thurm tief	12 Fuß	3 Zoll
Neben dem Admiralitäts-Thurm	11 F.	10 Z.
Zwischen dem Thurm und der Ellernthorsbrücke	11 F.	8 Z.
Neben der Ellernthorsbrücke	7 F.	5 Z.
Jenseits der Ellernthorsbrücke	9 F.	8 Z.
Hinter der Brücke dießeits der Neuen-Walls-Schleuße	12 F.	1 Z.
Jenseits derselben	14 F.	10 Z.
Neben dem Pferdeborn an der Bleichengaße	15 F.	5 Z.

Hingegen war nach der mit der vorigen abgeglichenen Waßerhöhe in dem Haven die Tiefe bei der Mastenschneiderei 3,4,5 Fuß.

Im Strom oder Fahrwaßer	11 Fuß	6 Zoll
eine andere	12 F.	9 Z.
eine dritte	13 F.	2 Z.
und an den Vorsezen, wo jüngstens ausgedüpet worden	14 F.	3 Z.

Hieraus ergiebt sich deutlich, daß beide Betten für gleich zu achten, und daß hinter der Neuenwalls-Schleuße das Bette noch um einen Fuß tiefer sei, als die tiefste Stelle im Haven, wobei jedoch anmercken müßen, daß seit unserem im Herbste des 1759 sten Jahres angestelltem nivellement das Bette an vielen Orten des Canals im Grunde sich weiter gelegt, und mercklich erhöhet hat.

In dem vorstehendem glauben Unterschriebene die Hochgeneigtest ihnen aufgegebene Untersuchungen und Anfragen nach vorwaltender Möglichkeit erfüllet und erörtert zuhaben, werden aber nie ermangeln nach Maßgabe der von Zeit zu Zeit vorseienden Umstände das nähere, das leichtere und das beßere pflichtmäßig an die Hand zu geben.

Hamburg, den 2. Octobr. 1765 HBüsch P.P. EGSonnin.

26.
HERRENGRABEN HAMBURG

Von Professor Büsch mitverfaßte Beilage zum Schreiben vom 2. Oktober 1765 mit Überlegungen zur Lage der Schleuse unter der Ellerntorsbrücke oder am Steinhöft.
Hamburg, 14.10.1765

Staatsarchiv Hamburg
Senat
Cl. VII, Lit. Cb, No. 8, P. 3, Vol. 2^c
Continuatio
Acta deputationis wegen Aufräumung des
Herrengrabens et annexarum – wobei das
Original-Protokoll
1765–1766, No. 12
Lect. in Dep. d. 22 Oct. 1765

Beilage, zum promemoria vom 2 t Octobr. 1765.
Der wichtige Punct, ob die Schleuße unter der Ellernthorsbrücke oder an dem sogenannten Steinhöft anzulegen sei, ist aus so vielen Gründen und Gegengründen zuerwägen, daß es rathsamer scheint, dieselben in dieser Beilage besonders auseinander zusezen.

Unterschriebene haben zwar in den ersten in dieses Geschäfte einschlagende Schriften die Ellersthorsbrücke zur Anlage einer Schleuße vorgeschlagen. Allein, dieses ist nur in Betrachtung der damaligen Lage der Sachen geschehen, in welcher man gar unbestimmt war, welcher Vorschlag bei dem so großen und nachgehends noch 7 Jahr fortdauernden Wiederspruche einigen Eingang finden möchte. Hingegen hat man, da teils iezo die Sache zur mehreren Reife gediehen, und teils das vortreflich abgefaßte votum Camerale in vielen Stüken dazu den Weg gebahnet, sich nicht entziehen dürfen, über alles seine Gedancken mit mehrerer Freiheit zu äußern, das man der Zeit nur mit einigen Worten berühren durfte. Für die Erwehlung des Orts in der Ellernthorsbrücke laßen sich folgende Gründe anführen:

1. Die Anlage scheint durch die Pfeiler der Brücke sehr erleichtert zu werden.
2. Wenn ja wieder Verhoffen bei Ausräumung des Canals sich fände, daß der Grund der Brücke eine Verstärkung brauchte, so würden die dazu nötige Kosten mit in die Anlage der Schleuse fließen, und mit einem Zweck der andere erreichet werden.
3. Das aus der Schleuse durchschießende Freiwaßer wird mit einem so viel freiern Strom in dem gerade Canal laufen, und so viel mächtiger zur Reinigung deßelben sein.
4. Man dekt damit alle Häuser, welche gegen die Hohen Fluthen Schuz nöthig haben.
5. Der Müller erhält so viel Waßer mehr, als bei einer Fluth zwischen der Ecke des Steinhöfts und der Ellernthorsbrücke eintreten kan, das ist, eins ins andere gerech-

net, ohngefehr 3500 Cubic Fuß, wovon ein Gang etwan täglich ½ Stunde mahlen kan.

Dagegen sind folgende Bedencklichkeiten zuüberlegen.
1. Die Brücke ist nicht breit genug eine Schleuse mit 3 Thüren, wie diese sein muß, darinnen anzulegen, daher wird
2. der Bau selbst einige Schwierigkeiten in der Ausführung finden, indem
    a) zu Erhaltung der Länge vorgebauet und
    b) zum Anschlag der Schleusenthüren, Mauer oder Brauwerck angebauet werden muß, welches schwerlich mit dem alten und besonders mit dem Felsen zuverbinden ist, wodurch dann
3. die Schleuse beinahe die Kosten einer steinernen Schleuse erfordert.
4. Man verlieret den Vorteil, den die Korn- und andere Schiffe bei der Börse daraus ziehen, daß sie bei naßem Wetter ihre Fahrzeuge unter die Brücke legen.
5. Man verlieret auch den schönen Plaz über dem Steinhöft, den in der Folge das Commercium um desto beßer zur Anlegung guter Pakräume nuzen könnte, weil er eine kostbare steinerne Vorsezen hat, und schon iezo weit über die Waßerfreie Höhe erhaben ist.
6. Es erfordert nicht wenig Kosten die 2 Nebenbogen entweder zu vermauern oder mit Freischützen oder mit Schleusen zu versehen.

Für die Anlegung der Schleuße am Steinhöft streiten folgende Gründe.
1. Man ist hier in der Anlage viel freier, und kan sie machen, wie man will.
2. Die Breite des Canals ist die kleinste, und die Kosten sind deswegen geringer als bei der Ellernthorsbrücke, weil alles von Holz werden kan.
3. Der Grund scheint hier, so viel er sich bis iezo hat untersuchen laßen, der festeste und stärkste in dem ganzen Canal zu sein.
4. Das ganze Werck wird hier die beste Standhaftigkeit zwischen den nahe anliegenden Vorsezen haben.
5. Die Cämmerey wird von den längst diesen Teil und insonderheit auf dem Steinhöft künftig neuzubauenden Erben, wenn solche ein freies Fleth erhalten, ungleich größere Einkünfte ziehen, als das wenige hier verlohren, und im Sommer, wenn es eben nötig wäre, nicht einmal zu statten kommende Mühlenwaßer ihr einbringen kan.
6. Es wird die Bequemlichkeit eines allezeit freien Pferdeborns bei der Fuhlentwiete gewonnen.

Dagegen ist freilich
1. Der Durchschuß des Waßers von der Schleuße her nicht so frei, der Strom stößt sich an den Vorsezen an der Fuhlentwiete, und bricht sich aufs neue an der Ellernthorsbrücke. Man wird also nicht völlig so viel Nuzen von demselben zur Reinhaltung des Canals erwarten können.
2. Die Erben an der Fuhlentwiete bleiben den Hohen Fluthen ausgesezt, da sie sonst durch die Schleuße an der Ellernthorsbrücke gedeckt werden würden.
3. Es wird oberwehntermaßen etwas Mühlenwaßer verlohren.

Unterschriebene überlaßen es schuldigst höherem Ermeßen in Ansehung der Bequemlichkeit und Vorteile, die sowol für den einen als für den andern Ort angefüret sind, zuentscheiden, welche für überwiegend geachtet werden könnten, können aber hingegen nicht umhin, in Ansehung der gegenseitig angefürten verschiedenen Bedencklichkeiten des einen oder des andern Orts soviel anzumercken, daß
    a) bei der Ellernthorsbrücke den Beschwerlichkeiten des Baues, sich schwerlich abhelfen laße, und bei den übrigen angeführten Bedencklichkeiten gar keine Änderung statt finde, dagegen aber
    b) wenn die Schleuße ihren Ort bei dem Steinhöft beköммt, das, was der Strom an seiner Kraft durch die zweifache Brechung an den Vorsetzen und der Ellernthorsbrücke verliert, gar leicht durch andere Mittel demselben wieder zugeben und seine

Kraft zuverstärcken sein möchte; In Ansehung der Erben an der Fuhlentwiete aber sich vielleicht bald zeigen werde, daß sie die sich hier anbietende Gelegenheit, ihren Grund durch Aufschlagung des Schlammes hinter den selben zuvermehren, und folglich ihre Vorsezen zu verrücken, begierig annehmen werden. In diesem Falle aber können sie auch mit wenig gemehrten Kosten ihre Vorsetzen Waßerfrei machen, und sich gegen die Hohen Fluthen sichern.

Hamburg d 14 t October 1765   HBüsch. P.P.   EGSonnin.

27.

KIRCHE WILSTER

Stellungnahme zum Gutachten des Baumeisters Johann Gottfried Rosenberg. Von den Einzelheiten sind Sonnins Warnungen vor der Verwendung von Eisenankern von Interesse – »mein und meiner Neben-Menschen Leben nie dem Eisen anvertrauen wollen« –, die er auch bei anderer Gelegenheit wiederholt. Bei der Instandsetzung der Petrikirche in Buxtehude wendet er 1778 dann jedoch selbst eine Eisenverankerung in ganz ungewöhnlichen Dimensionen an, ohne daß Materialfehler auftreten. Dagegen entstehen 1782 bei der Anfertigung der Eisenteile des Feldgestänges in der Saline Lüneburg Schwierigkeiten: »Bey der Untersuchung fand sich, daß es am Eisen läge, welches bey denen Kriegsläuften so falsch, betrüglich und brüchig war, daß kein Schmidt für seine Arbeit einstehen konnte.« (Stadtarchiv Lüneburg-S 1a, Nr. 631, Bl. 23, vom 25.2.1785) Hamburg, 12.11.1765

Stadtarchiv Wilster
III, G. 3, No. 1227c
Bau der neuen Kirche 1765/1780
Bl. 5

Des Herrn Sonnins Gutachten über das Rosenbergische Bedencken sub Dato Hamburg d 12ᵗ Novembris 1765
   Copia

Mein Herr,
Dero Wunsch ist mir ein Befehl, und ich erfülle ihn vergnügt, indem ich über das mir zugesante Gutachten vom 4ᵗ Julii, betreffend die Verbeßerung der Wilsterischen Kirche und Thurms, hiemit meine etwanige Gedancken geb. Sie haben nicht unrecht gedacht, wenn Sie mir den Nahmen des Verfaßers nicht genannt, damit ich desto freymüthiger seyn könnte, wiewohl ich auch im gegenseitigen Falle nicht ermangeln würde, offenhertzig zu seyn.

Der 1.

des Gutachtens betrifft eine Verbeßerung des Thurms. Er soll mit Spähnen neu gedeckt, der Haupt-Stuhl mit einigen neuen Schwellen und Streben versehen, und die Riße der Mauer aus- und inwendig verkeilet werden. Dieses alles läßt sich thun, und es könnte so viel nutzen, als es nutzen kan, allein hat denn der Thurm nicht mehreres, hat er nicht wichtigere Fehler, und wird man dann durch diesen Aufwand seines Bestandes versichert? Keinesweges, sondern man hat vielmehr zu besorgen, daß diese gewiß nicht kleinen Kosten vergeblich angewandt werden.

Zu 2.

wird betrachtet, daß die Mauern sowohl als die Pfeiler übergewichen, und dieselben an theils Stellen nebst den Gewölbern sehr geborsten sind. Um nun die Kirche in Sicherheit zu setzen (himit wird eingestanden, daß sie unsicher sey) wird eine Veranckerung von 18 Anckern vorgeschlagen, welche 2 ½ Zoll dick seyn sollen. Ich will hier nicht eine Berechnung ausführen, wie viel ein Ancker von 2 ½ Zoll vermöge seiner Bestandheit halten könne, und wie groß hingegen in unserem Falle die Last und das Schieben der Gewölber sey, wenn es zum Übergewichte kommt, weil doch die wenigsten im Stande sind, eine solche Berechnung nachzusehen; sondern ich wil nur aus der Natur und Erfahrung nachstehendes zu erwegen geben.

1. Man kan zu geben, daß man, wie die Alten auch thaten, eiserne Ancker in neue Mauern lege, um die frischen Mauern so lange für die erste Ausweichung zu bewahren, bis sie sich gesetzet haben; Allein, zur Verbindung aller Mauern, die schon ausgewichen, und beständig mehr ausweichen, sind eiserne Ancker sehr unsicher, und desto mißlicher, je größer die Lasten sind, die sie abhalten sollen. Denn
2. es weiß ein jeder, daß alles Eisen falsche Adern hat, welche auch der beste Könner oder Schmidt, vorhersehen zu können, nicht behaupten wird, so lange er aufrichtig spricht. Hiezu kömmt,
3. daß in denen Stellen, wo die Ancker Stangen zusammen geschweißet werden, ingleichen bey den aufgeschweißten Balcken Schottlöchern und Keillöchern eine beträchtliche Schwäche und Unsicherheit entstehet, wofür abermals niemand mit Grund einstehen kan, wenn die Ancker gleich von außen noch so gut aussehen. Über dieses
4. ist einem jeden bekannt, daß das Eisen offtmals bey einer großen Kälte von selbsten springet, wenn es gleich nichts zu halten hat, als seine eigene Schwere. Es sollen aber
5. in unserm Falle von Rechtswegen die Kirchen-Mauern vermittelst der vorgeschlagenen Ancker so starck zusammengezogen werden, daß sie auch keinen eintzigen Zoll mehr weichen könten,

Denn woferne die Mauern noch um einen Zoll ausweichen, mithin die Borsten im Gewölbe noch um einen Zoll größer werden, so wäre man vor einem schnellen Einsturtz der Gewölbe nicht sicher. Ich wil hiebey nicht berühren, daß man schon ein sehr gutes Mauerwerck, sehr geschickte Arbeiter und sehr gute Aufsicht haben müßte, wenn solange Ancker so gut angezogen werden sollte. Gesetzt aber, dieses geschähe würcklich nach der hier erforderlichen Genauigkeit, so weiß doch

6. ein jeder, der seine materialien kennet, daß das Eisen im Sommer länger, im Winter aber kürtzer wird, das ist, von der Wärme ausgedehnet, und von der Kälte zusammengezogen wird, dieses Verkürtzung ist auf eine Länge unseres Falles schon sehr beträchtlich, und also entstehet billig
7. die Frage, sollen die Ancker so angezogen werden, daß sie im Sommer, oder daß sie im Winter passen? Werden sie für den Winter angezogen, so liegen sie gantz gewiß im Sommer lose, und halten also nichts. Werden sie aber für den Sommer angezogen, so müßen sie, weil sie sich im Winter zusammenziehen, entweder das gantze Gebäude mit sich zusammenziehen oder zerspringen. Daß die Ancker das gantze Gebäude, das ist, die Mauern und Gewölbe mit sich zusammenziehen würden, wird kein Verständiger glauben, hingegen auch einsehen, wie sehr man Ursache habe, des Springens wegen besorgt zu seyn.

Ich wil hier nicht anführen, wie leicht ein Eisen im Winter springe, doch kan nicht unterlaßen zu bemercken, wann die Mauer nach und nach mehr ausweichen sollte, wie solches wegen Beschaffenheit der Mauern und ihres Grundes für gewiß anzunehmen seyn mögte, daß alsdenn die Ancker von der gegen liegenden Last aufs stärkste angestrenget werden, und die Gefahr nicht gehoben, sondern alsdenn besorglich erst recht groß wird, wenn man sich am sichersten zu seyn glaubet.

8. Die vorbemerckten Bedencklichkeiten bey dem Gebrauch des Eisens habe ich auch in Beyspielen wahr, und auch öfters betrübt wahr befunden. Ich habe sehr viele zu dergleichen Endzweck in Gebäuden eingelegte Ancker mit großer Aufmercksamkeit betrachtet, ich habe über 100 000 Pfund Ancker, aus alten Gebäuden mit Untersuchung ausgenommen, und habe über 200 000 Pf. neue Ancker von verschiedener Größe, unter denen auch 16 Stück von 60 Fuß lang und 7 Zoll dick, selbst schmieden laßen, bey allen aber die angeregten Mängel wahrgenommen, auch aus diesen Ursachen mein und meiner Neben-Menschen Leben nie dem Eisen anvertrauen wollen, wo nicht eine in der Natur und der Construction der Sache gegründet anbey sehr überwiegende Zuverläßigkeit mich deswegen außer alle Zweifel setzte, daß ich es auf Ein: Es hält wohl, nicht ankommen laßen dürfte. Übrigens übergehen wir
9. die Frage: Wie die Ancker in den sechs Ecken zu gehörigen Bestande angebracht werden mögten, und bemercken nur noch
10. Daß zur Ausführung des Vorschlages 25 bis 30000 Pfd. Eisen erfordert werden, wann die Balcken Schotten, Schott-Löcher eine den Anckern gemäße Stärcke erhalten sollen.
11. Daß es nicht wenige Kosten sind, so viele Löcher durch die Mauer zu brechen.
12. Daß die für sich schon unhaltbare Mauern sehr dadurch geschwächet werden, und
13. Daß die Ancker in der Kirche entweder sehr niedrig zu liegen kommen müßen, oder gegentheils fast gar keine Dienste leisten werden.

Der 3.

Enthält den Vorschlag zu einem neuen Dache, auch zu einem von Mauerwerck und den andern von Bindwerck neu aufzuführenden Giebel. Zugleich wird am Schluße versichert, wie der Kirche durch diese Haupt-Reparation eine vollkommene Befestigung erhalte, daß sie 50 Jahre, und darüber, ohne alle Gefahr stehen könne.

Von dem neuen Dache wird ein jeder glauben, daß es bey gehöriger Unterhaltung wohl 300 Jahre stehen könne. Wie indeßen die Kirche von dem neuen Dache keine Befestigung erhält, sonsten aber auch in dem Vorschlage keine andere Befestigung angegeben ist, als diejenige, die aus den durchgezogenen Anckern entstehet, so ist klar, daß die vollkommenste Befestigung lediglich in der Veranckerung liegen soll.
Will man aber diese Sicherheit gäntzlich denen Anckern zu trauen, so kann eben so leicht, und mit eben der Gewisheit sagen, die Kirche könne noch 300 Jahre, und darüber, ohne Gefahr stehen, angesehen es eine kleine Kunst wäre, die Ancker so zu legen, und zu unterhalten, daß sie in 300 und mehr Jahren vom Roste nicht angegriffen würden, und dahero nicht abzusehen ist, warum nur 50 Jahre angesetzet werden. Vielleicht ist es aus der Betracht geschehen, wie etwann in 50 und mehr Jahren das Mauerwerck so schlecht werden könte, daß die Ancker solches nicht mehr zusammen halten könnte. Alsdann aber ist der Zeit Punct, wenn diese Gefahr eintreten mögte, gar sehr ungewiß. Könnte ein solcher fürchterlicher Zeit Punct nicht eben so leicht in 10 oder 20 als in 50 Jahren ein treffen, und wo sind die ungezweifelten Gründe, die uns des Gegentheils mit Glaubwürdigkeit versichern.
In Ansehung der Kosten wird einem jedem leicht in die augen fallen
a) daß die sämtliche Kosten des Vorschlages, wenn alles gut gemacht werden soll, leichtlich auf 200 000 anlaufen werden.
b) ohne Zweifel wendet man zum Ausbau und Verzierung derselben noch ein mehreres an, weil man sich überredet, ein sicheres Gebäude zu haben, und wann man
c) hiezu die nicht außen bleibende schwere Reparation von 50 Jahren an...,

So wird die Gemeine in fine ein Capital von 500 000 verlohren haben, und eine neue Kirche bauen.

Aus diesen allen aber, und aus meinem vorigen, wird leicht abzunehmen seyn, daß ich Ursache gehabt habe den sichersten Weg vorzuschlagen.
Ich habe die Ehre zu seyn,
Mein Herr dero gehorsamster Diener
Hamburg d. 12ᵗ Novembris 1765.   Ernst Georg Sonnin.

28.
ELBREGULIERUNG

Gutachten mit Professor Büsch im Auftrag des Commerziums über den Zustand der Norderelbe mit Verbesserungsvorschlägen. Es ist eines der gründlichsten Gutachten Sonnins und basiert auf umfangreichen Untersuchungen, für die er sich in Kiel eigens zwei Boote gekauft hat. Es mündet in der Feststellung, daß dauerhafte Verbesserungen nur zu erreichen sind, wenn die Elbe in ihrem Verlauf von Geesthacht bis weit unterhalb von Hamburg untersucht und saniert wird. Wie so oft in den Gutachten Sonnins, sind auch in diesem Aussagen von grundsätzlicher Bedeutung enthalten. So kann mit dem Satz »Wir leben zu einer Zeit, da rechtschaffene Männer sich Pflicht und Ehre daraus machen, gemeinnützig zu seyn« das Anliegen der Aufklärung nicht besser charakterisiert werden. Ganz typisch für seine Auffassung ist die Aussage über bautechnische Erfolge: »Man erreicht sie immer, wenn man mit der Natur würcket…«. Die Weitläufigkeit der Vergleiche und die Abschweifungen im ersten Teil des Gutachtens – insonderheit die politischen und volkswirtschaftlichen Hinweise – dürften auf Professor Büsch zurückgehen. Zu ähnlichen Weitschweifigkeiten neigt Sonnin erst im Alter.
Hamburg, 28.11.1766

Staatsarchiv Hamburg
Stadtarchiv
Cl. VII, Litt. Cb, No. 8, Pars 2, Vol. 4ᵇ
Protocollum der Elb-Deputation 1766–1773
Bl. 61, No. 5

Da die Wohlverordneten Herren des Commercii uns aufgetragen:
    Den mißlichen Zustand der Norder-Elbe überhaupt zu untersuchen, und darüber sowohl, als auch über die bey dem Bunthause vorgenommene Ausbaggerung eines Canals durch den daselbst angewachsenen Sand unsere respective Gedancken und Vorschläge zu geben.
So haben wir, um in einer für die Wohlfahrt unserer Stadt so überaus wichtigen Sache an unsern Pflichten nicht zu ermangeln, unter fleißiger Vergleichung der zu diesem Endzweck uns mitgetheilten sämmtlichen Elb-Riße, vornehmlich auch zwey hauptbedenckliche Umstände der Norder-Elbe, nemlich eines Theils auf den Zustand derselben bey dem Buntenhause, und andern Theils auf den Zustand derselben in der Gegend von unserer Stadt unsere gefließenste Aufmercksamkeit gerichtet, beides an Ort und Stelle besichtiget, und endlich auch die Quelle unseres Uebels in der Abweisung des sandigten Ufers bey Geesthacht in sorgfältigen Augenschein genommen.

Die Elb-Riße sind ein Beweis der rühmlichsten Vorsorge, welche die Hochlöbliche Elb-Deputation für den Zustand der Elbe mit unausgesetztem Eifer in neueren Zeiten angewendet hat. Sie unterrichten uns so weit, als sie zurückgehen, das ist von dem Jahre 1723 an, über die Geschichte der almähligen, theils durch die Natur, theils durch die Kunst bewürckten Veränderungen des Elbstrohms so, daß wir daraus nicht wenig data zur reifern Beurtheilung der ganzen Sache hernehmen können, und sie würden für uns noch lehrreicher gewesen seyn, wann unsere entferntere Vorfahren schon auf diese gute Gedancken gekommen wären. Nur können wir nicht umhin, bey dieser Verdienstvollen Sammlung zu bemercken, daß diejenigen, welche die Riße gemacht, nicht allemahl die gehörige Genauigkeit beobachtet haben. Daher stimmen die älteren Riße nicht allerdings unter sich und auch nicht unter den neuern überein, ja selbst die neueren haben hie und da nicht die genaue Richtigkeit, die sie in einer Angelegenheit von so hohem Belange, wo auf eine richtige Kenntniß der Lage, der Richtungen und der hievon abhängenden Veränderungen des Stroms alles ankommt, unumgänglich haben müßen. Besonders vermißen wir einen zusammenhängenden Riß, der den Zustand der ganzen Elbe von Geesthacht bis Neuenstädten in einer solchen Genauigkeit darstellete, als solche erfordert wird, um ein gesundes Urtheil nicht allein über den dermaligen Zustand, sondern auch über die künftigen Veränderungen des Stroms zu fällen.

Wir leben zu einer Zeit, da rechtschaffene Männer sich Pflicht und Ehre daraus machen, gemeinnützig zu seyn. Man handelt nicht mehr so viel, als vormahls mit Geheimnißen der Kunst und der Wißenschaften, hinter welchen sich öfters eine stoltze Unwißenheit sich verstecket, die zwar zuletzt immer, aber auch allemahl mit dem empfindlichsten Schaden des gemeinen Wesens offenbar wird. Man suchet vielmehr zu unseren Zeiten durch uneigennützige Verbreitung der Wißenschaften Nutzen zu stiften und Schaden abzuwenden. Die Italiäner, welche in den Waßerbau und in der Kunst, Ströme zu lencken, von je her sich hervorgethan haben, die Holländer, welche ihnen wenig nachgeben, die Engländer, welche zu ihrer Ehre und Nutzen keine Kosten scheuen, und die Frantzosen, welche immer zu erfinden suchen, beschreiben uns ihre Unternehmungen beym Waßerbau mit vieler Aufrichtigkeit. Sie nehmen keinen Anstand, es zu bekennen, wo sie mit Verwendung vieler Kosten, geirret haben. Sie zeigen offenhertzig, wie sie mit behutsamer Anwendung der Wißenschaften dem Schaden hätten ausweichen können, und erhöhen den Werth der unwandelbahren Theorie durch Erfahrung, die sie theils mit Vortheil, theils mit Schaden gemachet haben. Sie bewähren aus ihren eigenen Fehlern, wie schlüpfrig der Weg der gemeinen Routine sey, und wie sicher man hingegen nach richtigen, auf jeden Vorfall besonders zu applicirenden Grundsätzen arbeiten könne. Um einiges zum Beyspiel anzuführen: so erweisen sie, daß man mit dem Waßer, unerachtet es erstaunende Gewalt ausübet, dennoch sehr gelinde verfahren solle. Sie entdecken uns, wie nöthig es sey, mit Strömen, die zur Versandung geneigt sind, ganz anders umzugehen, als man es nach der bisherigen praxi gethan. Sie machen es deutlich, wie die Anlegung der Stackwercke auf eine ganz andere Art geschehen müße, als die bisherige ist, worauf mancher practicus so groß gethan. Sie belehren uns nicht allein aus den unveränderlichen reguln der Natur, sondern auch aus der Erfahrung, daß die gewöhnlich in praxi befolgten Sätze von den Richtungen, Würckungen und Zurückdrengen eines Stroms, welche einer von dem andern ohne Erweis auf guten Glauben getreulich angenommen hat, gänzlich unrichtig, und so wenig in der Natur, als in der Vorstellung richtig sind.

Wären diese von so geschickten als aufrichtigen Männern beschriebene Wahrheiten nicht schon a priori evident, so würden wir uns ein angenehmes Geschäfte daraus machen, solche mit Exempeln von unserm Elbestrohm zu erläutern. Die oben belobte Sammlung der Elbe-Charten gäbe uns überreichen Stoff dazu. Ohne Mühe würden wir die nach und nach, theils durch Natur, theils durch die angelegten Stackwercke entstandene Veränderungen des Stroms daraus erklären können, welches wir doch vorjetzo aussetzen und lieber einiges von der bisherigen praxi auf dem Elbstrom bemercken wollen.

Auf dem gantzen Elbstrom, wo sowohl unsere, als die benachbarten Wercke uns fast alle bekannt sind, finden wir unter den benachbarten sehr wenige, die nach den Grund- und Naturlehren angeleget sind. Sie sind fast alle nach einer routine, und nur selten nach seinen besonderen aus seiner und von der Natur der Umstände zu ermeßenden Bedürfnißen eingerichtet. Daher würcken einige das Gegentheil von dem, wozu sie angeordnet waren, andere sind zu schwach, andere zu starck in Absicht auf ihren Endzweck, andere durch einen Zufall wohlgerathen, andere haben durch unerwartete Mitwürckungen der Natur und, ohne daß ihr Urheber Schuld daran war, die erwünschtesten Vortheile geschaffet. Auch abseiten unserer Stadt sind nach der mit unseren Nachbarn, gemeinen praxi Wercke von zu reden unüberwindlicher Stärcke angeleget, welche der wütende Strom wie nichts verspület hat, wohingegen leichtere der theorie gemäßere Wercke gegen die schweresten Anfälle sich unwandelbar erhalten, wie wir zum Beyspiel solches von den am Munde der Elbe angelegten Wercken aus den öffentlichen Blättern ersehen haben.

Gesetzt aber auch, daß die praxis unserer Nachbarn in Betracht ihrer auf die Lenkung des Stroms sich beziehenden Anlagen gründlich und per ße zu befolgen wäre. So wird es uns doch leichte seyn, zu zeigen, daß sie nicht allemahl auf unsern Zustand angewendet werden könne. Denn, wenn Fürsten, nach ihrer, auf die Erwerbung vieler, aufs äußerste contribuirenden, und die Kriegs-Macht vermehrenden, Unterthanen hauptsächlich gerichteten, Absicht, es immer für einen Gewinn achten müßen, einige Morgen Landes mehr erlanget zu haben; So kann hingegen bey unserem Staat es in keine Achtung kommen, ob wir 50 oder 100 oder 200 Morgen Landes mehr oder weniger besitzen, sintemalen iedermann weiß, daß unsere Wohlfahrt lediglich in der blühenden Handlung bestehet, unsere Land-Unterthanen zu den Lasten des Staats wenig beytragen, unsere Stärcke nicht nach der Mann-Zahl abgemeßen wird, und unsere Landes-producten der geringste Theil unseres Vermögens sind. So gewiß aber die Schiffahrt die größeste Stufe unseres Commercii ist; So deutlich fället es auch in die Augen, wie unsere, den Elbstrom betreffende praxis ohne alle Rücksicht auf Gewinst und Verlust von Ländereien lediglich die Verbeßerung oder Erhaltung des Stroms zum Behuf der Schiffahrt zu ihrem Augenmerck haben müßte. Hieneben aber ist die Lage und die Verbindung, welche wir unter und mit unsern Nachbarn haben, nicht aus den Augen zu laßen. Daher verdienet eine jede auf demselben entstehende Sandbank immer eine gedoppelte Aufmercksamkeit, nemlich einmal in Absicht auf das Fahr-Waßer, und dann in Absicht auf das künftige dominium. Der stärckeren Nachbarn wegen ist das letztere uns jederzeit bedencklich, und gereichet unserem Staat öffters zu äußerste Beschwerde. Dieserhalben ist es uns ein Haupttheil unserer praxis zu sorgen, daß eine uns nahe liegende Sandbank entweder nie zu festem Lande werde, oder, wo solches dem Fahrwaßer nicht hinderte, wir unstreitig das dominium darüber haben mögen. Die Mittel hiezu sind bey dem Anfange gemeiniglich leichter, werden bey mehrerem Anwachs immer schwehrer, endlich aber leider! oftmals unzureichend. Wie jedoch es immer möglich ist, aus einer gegenwärtigen Lage des Stroms, vermittelst gründlicher Wißenschaften, die künftigen Folgen zu beurtheilen; So beruhet alles nur in dem Fleiß und der Klugheit, zu rechter Zeit solche Maasregeln zu nehmen, die den künftigen Erfolg zu unserer Absicht lencken. Man erreichet sie immer, wenn man mit der Natur würcket, und man ist gegentheils immer unerwünschten Folgen ausgesetzet, wenn unbegründete Begriffe uns veranlaßen, gegen die Natur zu arbeiten.

Um in der Folge der demonstrationen überhoben zu seyn, die uns leichte zuführen, aber nicht jedermann angenehm zu lesen sind, haben wir vorstehende Bemerckungen voran gehen laßen, und berichten nun, wie wir bey verschiedenen, unter Begünstigung des diesjährigen niedrigen Waßers, vorgenommene Besichtigungen, den Elbstrom befunden haben.

I. Zu Geesthacht.

Von diesem so bekannten Ursprunge unseres Übels in der Ober-Elbe können wir zu einiger Beruhigung des publici berichten, wie sich die dortige Umstände zur Beßerung anlaßen. Seit einigen Jahren, da wir den Ort nicht gesehen, hat der Strom fast nichts von dem Berge abgespület. Es ist aber dieser Erfolg nicht sowohl den daselbst angesetzten Wercken, die fast alle unhaltbar und größesten Theils der Natur entgegen sind, zuzuschreiben, als der Richtung des Stroms, die ihren Wende-Punct erreichet, und nun nunmehr eine Sandbanck an unserer Seite angeleget hat. Wie leichte könnte diese Veränderung zu unserem beträchtlichen Vortheile ausschlagen, wann dieser günstige Zeit-Punct wahrgenommen, und die zu unserm Besten sich neigende Würckungen der Natur mit einer anderen Anlage befördert würden. Auf was Art dies geschehen müßte, um der Natur und dem Endzweck angemeßen zu seyn, würden wir hier zu bemercken nicht ermangeln, wann wir entweder mehrere Zeit zur Besichtigung verwendet, oder eine richtige Charte von diesem Theil der Elbe zur Hand gehabt hätten. Doch verfehlen wir nicht, hiemit recht dringend anzurathen, daß man doch ja die Gelegenheit, welche die Natur selbst uns darbietet, auf das beste nutzen möge.

II. Bey dem Ochsenwärder, ober und unterhalb dem Buntenhause.

a) In dem uns beygegebenen neuen Riße ist gewiß die Lüneburgische Seite nicht richtig gezeichnet, obgleich die Hamburgische ziemlich genau zu seyn scheinet, so viel man nemlich mit bloßen Augen übersehen kann. Jedennoch haben auch einige zu unserem Endzweck genommene Gesichts-Puncte und einige nachgemeßene Theile uns überführet, daß selbst an unserem Ufer nicht durchgehends eine exacte Genauigkeit beobachtet ist.

Wir wollen indeß supponiren, daß die Haupt-Lagen und besonders die darinn angezeichneten Tiefen richtig sind, zumalen bey unserer letzten Besichtigung die Elbe so niedrig war, daß viele von uns nachgemeßene Tiefen beynahe übereinstimmten.

Ohne Rücksicht auf diesen Riß wünscheten wir überhaupt gewiß zu seyn, ob hier oder bey unserer ganzen Stadt jetzt oder jemals ein beständiges punctum a quo in Ansehung der Waßer-Höhe, nach welchem man die Veränderungen des Stroms mit gehöriger Sicherheit beurtheilen können, verordnet worden sey.

b) Der Zustand des Stroms bey der Mündung der Norder-Elbe ist traurig genug für unsere gute Stadt. Es würde überflüßig seyn, wenn wir weitläuftig beschreiben wollten;

 daß sich, von dem Hannöverischen Hagelt an, ein langgestreckter zu 7 bis 1200 Fuß breiter Sand vor der ganzen Mündung unserer Norder-Elbe hergeleget,

 daß derselbe großen theils schon zum festen Lande geworden, auch großen theils schon über dem Waßer hervorrage,

 daß bey niedrigeren Waßer die größeste Tiefe der Mündung der Norder-Elbe nicht einmal 3 Fuß sey,

 daß bey täglicher Zunahme des Sandes diese Tiefe noch täglich abnehme etc etc.

Weil dieses alles schon mehr als bekannt, und auch zum Theil aus dem Riße genugsam zu ersehen ist. Wir bemercken nur, mit einer an der Wohlfahrt unserer Stadt billig theilnehmenden Gemüths-Bewegung, daß der Haupt-Strom gänzlich in die Lüneburgische Süder-Elbe und nur noch ein kriechender Strom in unsere Norder-Elbe übergehet.

Die bekannten Versuche mit einer ausgeworfenen Tonne werden einen jeden überführen, daß, wie wir es einige Mal nach einander befunden, eine Tonne, sobald sie den Haupt-Strom erreichet, allemal nach der Süder-Elbe, und nur als dann mit einer gar schwachen Bewegung nach der Norder-Elbe zufließen wird, wenn man sie unterwärts des Hannöverischen Hagelts auswirft, auch dabey viel Oberwaßer hat. Der Strom dorthin ist so starck, daß die herunter kommende Schiffe alle nur möglich Arbeit und Vorsicht anwenden müßen, um nicht von ihm nach der Süder-Elbe fortgerißen zu werden, und nach aller Bemühung bleiben sie doch noch ofte auf dem Sande sitzen, indem sie die größeste Tiefe in der Mündung verfehlen. So war es zum Beyspiel kein Wunder, wenn bey unserm Daseyn ein mit Holtz beladenes Lauenburgisches Fahrzeug über den Sand nicht hinkommen konnte. Es mußte, nach vieler vergeblich angewandten Mühe die Fluth erwarten, unerachtet es, nach Außage der Schiffleute, nur 2 ½ Fuß tief ging.

Die Ursache dieses uns mit dem Verlust der Schiffahrt in der Norder-Elbe bedrohenden Übels sind leichtlich anzugeben. Eine, der Zeit nach, entferntere Ursache ist diese, daß man vor alten Zeiten, die Erlaubnis gegeben hat, den Ochsenwärder Deich, sowohl bey der Ortkate, als neben dem Buntenhause über, so weit, als er jetzt ist, hinaus zu legen, da derselbe nach einer geraden Linie oder nach einer mäßigen Krümme in einiger Entfernung hinter der Ortkate weg bis zur Gegend vom Neuendorfer Sand hätte gezogen werden müßen. Aber um eine Kleinigkeit Landes zu gewinnen, welche gleichwohl, wann sie auch außerhalb Deiches lag, noch nicht verlohren war, benahm man sich für die Zukunft die Freiheit, von dem Strom den nöthigen Gebrauch zu machen, und ihn von Zeit zu Zeit eine den Umständen gemäße Lenckung zu geben. Hieraus floß natürlich eine nähere Ursache unsers Übels. Man mußte nemlich, um den einmal angelegten Deich zu sichern, allerhand Anstalten vorkehren, welche leider! mit einem andern Übel vergesellschaftet waren, daß sie nemlich den Strom unseren Nachbarn zukehreten. Die nächste Ursache aber, welche den Strom gänzlich von unserer Seite entfernet hat, sind die an dem Ochsenwärder Deiche angelegte Stackwercke, welche denselben völlig in die Süder-Elbe hinein gerißen haben.

Die Elb-Riße unterrichten uns nicht von der ersten Anlegung dieser Stackwercke. So viel ersehen wir aus ihnen, daß sie bis 1723 eine andere sehr schädliche Figur gehabt haben. Damals aber rieth der Capitän Soth an, sie in eine andere Figur umzubauen, um eine Sand-Insul, welche sich vor der Buntenhäuser Spitze vorlegete, wegzuschaffen. Sein Rath ward befolgt, die Absicht jenen Sand zu zerstören, ward nicht erreicht; Allein bey dem Zurückschlagen des Waßers, welches diese Stackwercke veranlaßeten, schwächte sich der Strom oberhalb dieser Wercke so, daß sich der von oben her zufließende Sand von dem Hagelt her gewaltig anhäufete, und nun daselbst die Stelle eines natürlichen Stackwerckes vertritt, welches die Kunst schwehrlich mit so gutem Erfolg anzulegen, vermögend wäre, wann sie die Absicht hätte, den Einfall des ganzen Stroms in die Süder-Elbe zu befördern und seinen Einfall in die Norder-Elbe zu erschweren. Denn eben dieses that man würcklich, als man sich entschloß, ihn auf die Spitze des Buntenhäuser Sandes zu werfen. Wir bemercken dieses um so ernstlicher, da hieraus von selbst klar seyn wird, daß diese Stackwercke ihre damalige Figur nicht behalten müßen, woferne man will, daß sich Süder- und Norder-Elbe hier zu unserm Vortheil scheiden sollen.

Es ward aber der unglückselige Verlust des Stroms in natürlicher Folge noch von einem zweiten Übel begleitet. Der Sand, welcher bey stillem Wetter und niedrigen Gewäßer an unserer Seite ungestört anwächset, wird bey starckem Oben-Waßer wieder losgerißen, und wird von dem Strom, welcher nun stärcker als sonsten in die Norder-Elbe fällt, in dieselbe mit hineingespület. Er findet eine bequeme Lagerstäte beym Neuendorffer Sande, welcher seit einigen Jahren beträchtlich breit, das Fahrwaßer hingegen ungemein schmal, auch so untief geworden ist, daß, dem neuen Riße zufolge, die größte Tiefe neben dem Neuendorfer Sande sich nur auf 8 Fuß erstrecket.

Nichts ist leichter, als aus diesen so deutlich in die Augen fallenden Ursachen den künftigen Erfolg abzuzeichnen. Woferne man jene nicht abändert, wird es diese seyn:

Der Neuendorfer Sand wird sich häufen, bis die Untiefe neben demselben mit der Untiefe vor dem Buntenhause gleich wird. Der Zwischen-Platz zwischen beyden

Sanden wird sich algemach ausfüllen, und uns vor der Hand eine schwache, mit der Zeit aber gar keine Fahrt in der Norder-Elbe übrig bleyben.

Beyspiele von gleichem, aus gleichen Ursachen bewürckten, Erfolg, wird man aus der nur 64 Jahre alten Schadischen Charte bemercken können. Man wird auf derselben Arme der Elbe finden, die damals völlig so breit und so starck waren, als jetzt die Norder-Elbe vom Buntenhause an bis an Billwärder ist, die aber seitdem theils unfahrbar geworden, theils ganz und gar verschlämmet sind.

c) Aufgetragenermaßen haben wir auch den nach den abgesteckten Pfählen durch den Sand am Ochsenwärder Deich auszubaggernden Canal mit Aufmercksamkeit angesehen.

Ob wir gleich nicht von dem Quanto des bis dahin ausgebaggerten Sandes unterrichtet waren, so konnten wir doch aus der Zahl der Ever und der Zeit, wie lange sie gebraucht waren, den Überschlag machen, daß, wenn der Sand unter dem Waßer so bestehen geblieben wäre, wie er mit dem Bagger-Ketscher abgestochen worden, wenigstens die Tiefe von 5 Fuß auf die uns in dem Riße angegebene Länge und Breite des Canals schon damals am 5 ten October hätte betragen müßen. Allein wir fanden sie bey dreymal wiederholten Nachmeßung drey, ja an vielen Stellen nur dritte halb Fuß tief.

Dem Vernehmen nach soll dann der neue Canal bis auf 8 Fuß tief ausgebaggert werden, und in der Inschrift des oft bemeldeten neuen Rißes wird die Hofnung gegeben:

es werde der Strom wieder seinen Weg durch den neuen Canal nehmen, um sich greifen und die Fahrt vergrößern.

Es ist uns äußerst unangenehm, daß wir mit dieser Hofnung nicht einstimmig dencken können, so erwünscht es auch für uns seyn würde, wenn mit den bisher auf diese Unternehmung gewandten Kosten ein so guter Erfolg bewürckt, und die unserer Norder-Elbe drohende Gefahr so leicht abgewendet werden könnte.

Die schon angemerckte Erfahrung, daß der Canal zwey Fuß weniger Tiefe hatte, als er nach so lange fortgesetzter Arbeit hätte haben müßen, hatte in der That nichts unerwartetes für uns. Wir konnten nach der Theorie, das ist nach den unwandelbahren Gesetzen der Natur, nicht nur dieses voraus sagen, sondern wir können mit eben so hinreichenden Gründen noch jetzo mit Gewißheit behaupten, daß nach den jetzigen Umständen der Norder-Elbe man die gegebene Hofnung gar nicht, die vorgesetzte Tiefe aber nur unter gewißer Bedingung erreichen werden. Denn was

1. die Tiefe in dem neuen Canal betrifft, so erörtert man billig zuerst die Frage: Wie tief ein in einem lautern treibenden Sande zu 80 Fuß breit ausgebaggerter, Canal sich von selbst erhalten könne?

A priori ist hier aus der Natur des Sandes und des Waßers, welche wir Menschen nicht verändern können, erweislich, daß wenn man die Breite des Canals zu 80 Fuß, und dabey nur die allerschwächste Bewegung des Waßers annimmt, als dann die Tiefe eines solchen im Sande gegrabenen Canals nicht mehr als 5 Fuß seyn könne. Das ist die Sand-Ufer eines solchen Canals halten unter Waßer keinen Stand und schließen so lange zusammen, bis der Canal in der Mitte nur 5 Fuß tief verbleibet. Supponiret man dabey auch nur eine ordentlich fließende, von Wind nicht beunruhigte, Bewegung eines niedrigen Waßers, so wird per naturam rei ein solcher 80 Fuß breiter Canal sich nicht tiefer, als 2½ Fuß, und zwar nur eine kurze Zeit erhalten können. Was nun erfolge, wenn man ein hohes Waßer und eine starcke Bewegung deßelben bey starcken Winden annimmt, ist leichtlich zu ermeßen. Denn es ist a posteriori aus der einem jeden vor Augen liegenden situation des Stroms durch eine nicht schwere Berechnung darzuthun, daß die Ufer dieses 80 Fuß breiten Canals nur bey ordinairem Oben Waßer sich nicht höher als 1½ Fuß über seinem Bette erhalten können. Eben so unläugbar kann man erweisen, daß bey einem hohen Winter-Waßer und ungestümer Witterung der Canal endlich nur $^{15}/_{32}$ oder bey nahe ½ Fuß tief verbleiben werde, wenn auch vors erste einige dem Sande untermischte Lagen von Kley-Erde, das Nachschießen des Sandes auf einige Zeit verhindern mögten.

Vorhin ist angeführet worden, daß man eine 8 füßige Tiefe des Canals nur unter einer gewißen Bedingung erhalten werde. Die Bedingung ist diese. Will man in einem unter einem beweglichen Waßer liegenden Sande einen Canal von 8 Fuß tief machen, so muß man so lange baggern, bis der Sand nicht mehr zusammenschießt, das ist bis der Canal ein stehendes Sandbette erhält. Um aber dieses nur bey einer mittleren Bewegung, des Stroms bestehend, zu erhalten, wird man so viel Sand ausheben müßen, daß der Canal re ipsa 670 Fuß breit wird. Dennoch wird er nur kurze Zeit in der verlangten Tiefe sich zu erhalten vermögen. Es wird vielleicht so unbegreiflich scheinen, als leicht es uns zu erweisen ist, daß zu einer Tiefe von 8 Fuß eine Breite von 4500 Fuß erfordert werde, wenn diese Tiefe von 8 Fuß in dem Ochsenwärder Sande dauerhaft und gegen allen Sturm und starckes Ober-Waßer beständig seyn soll.

2. Was nun die gegebene Hofnung betrifft, daß der Strom seinen Weg durch den Canal nehmen, um sich greifen, und die Fahrt vergrößern werde;

So ist aus dem vorbesagten schon abzunehmen, daß der gebaggerte Canal, wie bey jedem Trieb-Sande geschieht, sich von selbst wieder ausebenen werde. Wenn wir aber auch voraus setzeten, es wäre hier kein Sand und der Boden so beschaffen, daß der Canal die vorhabende Tiefe, das ist, so hoch und fest stehende Ufer erhalten könnte; So sehen wir doch in der jetzigen Richtung des Stroms und in seiner ganzen Lage nicht ein einziges datum, welches den Strom bestimmen könnte, diesen Weg zu nehmen, der in aller Absicht für ihn ganz widernatürlich ist.

Wir wollen nicht noch ausführen, daß, wenn man auch so fest anstehende Ufer annimmt, als dann auch gewiß der Strom wegen der festen Ufer nicht um sich greifen könne, und daß selbst die Breite zu diesem Endzweck viel zu schwach sey, als daß ein großer Strom, der nach der Süder-Elbe seinen vollen ungehinderten Lauf hat, sich bestimmen sollte, durch einen engen Canal von 80 Fuß sich mit Gewalt hindurch zu drängen. Läge das Übel etwan daran, daß der Strom nach dieser Seite würcklich herdrängete, und etwan nur durch den vorliegenden Sand zurückgehalten würde, so mögte man von einem solchen Canal erwarten können, daß er ihn nicht nur Luft machen, sondern auch der Strom hinwieder offen erhalten würde. Allein so ist es nicht bewandt. Es ist vielmehr augenscheinlich, daß der Strom in eine ganz andere Richtung abschlägt, und, wenn er auch schon durch den Canal herein brechen wollte, selbst die am Ochsenwärder Deiche liegende Stackwercke ihn vor dem verhofften Wege zurücke weisen, und ihm nie zulaßen werden, seinen Weg in die Norder-Elbe zu nehmen:

Daher wird man hier zum zweitenmal den Erfolg haben, den die im Jahr 1755 an eben diesem Orte vorgenommene Ausbaggerung hatte, und man wird nicht mehr gewinnen, indem man den Strom unterhalb Rodenburgs Ort durch den sogenannten Hacken zu leiten versuchete, wo die Umstände mit denen, die an diesem Orte vorkommen, so genau übereinstimmen, daß man blos aus diesem vergebens abgelaufenen Versuche, die beste Belehrung nehmen kann, was sich von dem auszubaggernden Canal erwarten laße.

Billig sollten wir hie noch die Frage aufwerfen, wann dann auch ja, der in dem Riße gegebenen Hofnung nach, der Strom um sich greifen, und die Fahrt vergrößern, das ist, den Sand mit sich wegspülen mögte, wo alsdann der aus einer so langen Strecke gewiß zur Unzeit losgerißene ungeheure Sand bleiben solle? Nichtweniger sollten wir zu bedencken geben, ob man nicht durch dieses Baggern das Aufwerfen einer neuen Insul befördere, deren sich unser Nachbar unstreitig anmaßen wird. Allein wir übergehen auch dieses der Kürtze wegen, und kommen auf den Zustand der Norder-Elbe

III. bey unserer Stadt Hamburg.
A) Bey dem Ober-Baum haben wir die Beschaffenheit der Norder-Elbe ganz anders gefunden, als man bey ordinairem Waßer solche sich vorstellet. Die starcken Ost-Winde des Octobers haben uns bey so tief weggefallenem Waßer den traurigsten Anblick von den für uns so gefährlichen Versandungen gegeben. Denn unser Entenwerder und der Dänischer Seits schon in Besitz genommene so genannte Baak-Sand sind leider! sehr groß geworden. Der Sand, welcher sich an der Süder-Seite des Entenwärders sehr breit aufgehäufet hat, erstrecket sich auch so sehr weit gegen Westen, daß der Entenwärder mit dem Baak-Sande beynahe zusammen gewachsen ist. Zwischen beyden schleicht nur ein schwacher Strom hindurch, deßen klägliche Untiefe auch oft nicht einmal einem Kahne gestattet bey niedrigem Waßer überfahren zu können. An der uns zugekehrten Nord-Seite des Baak-Sandes lieget ein flacher 3 bis 400 Fuß breiter Sand, welcher von dem Waßer Ende der Insul ab mit einer langen Zunge ausläuft, und sich nahe an unsern Grasbrock erstrecket. Durch eben diesen ausgebreiteten Sand wird das Fahrwaßer zwischen uns und dem Baak-Sande so beenget, daß neben den Ducdalben, die unsern Hafen einschließen, der Strom nur noch 40 Fuß breit ist. In der neuesten Charte vom 3. Dec. 1764 erscheinet der Strom bey unserem Holtz-Hafen noch sehr ansehnlich, nemlich an der schmalesten Stelle 250 und an anderen 300, 400, 500 Fuß breit. Wir wollen uns nicht überreden, daß in weniger als 2 Jahren der Sand so fürchterlich angewachsen, sondern wollen lieber dencken, daß es ein Fehler in dem Riße sey, doch bemercken wir, daß das Fahrwaßer selbst da nur 40 Fuß breit, wo es in dem Riße als 400 erscheinet. Seine Tiefe ist bey dem Holtz-Hafen etwan 8 Fuß und zu Ende der Sand-Zunge fast noch geringer. Desto mehr empfindet man, wenn man hier entgegen wahrnehmen muß, daß an der Süd-Seite des Baak-Sandes aller Orten eine erwünschte Tiefe ist, und übrigens der volle Strom der Norder-Elbe an der Dänischen Seite neben der Hafen-Peute und Veddel lebhaft vorbey schießet. Die Ursache dieser Abweichung des Stroms ist so bekannt, daß wir nichts mehr nötig haben, als den bloßen Namen von Rodenburgs Ort hier aufzuführen.

Unterwärts der Veddel theilet sich der Strom in zweene Arme, von welchen zwar der Haupt-Arm an unserm kleinen Grasbrock vorbeygehet. Allein er verläßt uns bald wieder und schläget mit einer beträchtlichen Tiefe reißend nach dem Grevenhof hinüber. Diese lebhafte Entweichung des Stroms hat eine für uns sehr unangenehme Folge. Denn

B) Bey dem Niederbaum hat sich quer über vor unserm Hafen eine schwere Sandbanck gesetzet. Wir haben seit einigen Jahren sehr oft mit Mißvergnügen gesehen, wie nur mittelmäßige Schiffe auf diesem Sande sitzen bleiben mußten, große Schiffe aber immer Gefahr laufen mit dem Hintertheile auf demselben fest zu gerathen, wenn sie nicht bey ihrer Ankunft vor ihren Anckern werden. Die dadurch verursachte Unglücksfälle übergehen wir, als bekannt, hier mit Stillschweigen.

Daß man aber schon in vorigen Zeiten, wegen dieser beklagenswürdigen Abweichung des Stroms in Sorgen gestanden seyn müße, erhellet aus denen Stackwercken welche ehemals an dem kleinen Grasbusch angeleget, nunmehro aber fast gänzlich verfallen sind.

Es sind Umstände vorhanden, woraus man deren gute Würckung abnehmen kann, obgleich ihre Anlage der Natur und Kunst nicht völlig angemeßen ist. Indem sie aber bey ihrem jetzigen Verfall wenig Dienste thun; So würcket hingegen die vorliegende Ecke des großen Grasbrocks um desto kräftiger. Sie weiset den Strom vor unserm Hafen gänzlich weg, vermehret die jetzt bemeldete Versandung und giebet dem wenigen nach unserm Hafen zufallenden Strom abermals eine uns nachtheilige Richtung. Denn

C) neben dem Hamburger Berge nähert sich die Tiefe des Stroms immer mehr zu unserm Ufer, da gegentheils die gegen überliegende Werder zum Nachtheil der Schiffahrt immer mehr anwachsen. Dieses Übel wird noch auf eine verabscheuungswürdige Weise von denen vermehret, die den Schutt aus der Stadt dorthinüber fahren. Es ist ihnen ungelegen, den Schutt an die angewiesene Oerter zu bringen. Wenn demnach der Aufsichter nicht zur Hand ist, werfen sie mit zufriedener Bequemlichkeit den Schutt, wo es ihnen gefällt, auch wohl gar in den Strom nieder.

Wir begnügen uns hiemit, die mißliche Beschaffenheit der Norder-Elbe nach ihren Haupt-Umständen bemercket zu haben, und geben zu bedencken, wie es wohl um unsere Schiffahrt stehen mögte,

    wenn der Sand vom Buntenhause ab, bis Neuendorff sich mit der Zeit gänzlich zuleget,

    wenn der Entenwerder mit dem Baak-Sande zusammen wächst, wenn auch die Zunge des Baak-Sandes an den Großen Grasbrock sich anleget, mithin an beiden Enden das Dänische territorium an das Hamburgische sich anschließet,

    wenn von dem täglich sich verbreitenden Sande die Einfahrt nach dem Niederbaum zugeleget wird, und wenn wir neben dem Hamburger Berge zur Noth einen schwachen Canal übrig behalten werden.

Wie dann die dermaligen Richtungen des Stroms dieses alles unnachbleiblich in einer ganz natürlichen Folge bewürcken werden, woferne solche ihre unabläßige Würckung nicht durch ernsthafte der Natur der Sache angemeßene Mittel unterbrochen wird. Und welcher Rechtschaffener Verständiger Mann wird dann wohl den Zustand unserer Norder-Elbe flüchtig behertzigen können?

Da wir leider den äußerst unglücklichen Umstand wider uns haben, daß eben an denen dreien Orten, die für unsere Schiffahrt die aller wichtigsten sind, sich drey vorliegende Stücke Landes angesetzet haben, die an diesen dreien Orten den Strom gewaltsam von uns abweisen; Nemlich

a) den Einfluß in die Norder-Elbe sperret uns der Hagelt und der Ochsenwärder Deich mit seinen vorliegenden Stackwercken;

b) den Einfluß in den Obern-Baum versperret uns der Rodenburgs Ort mit dem anliegenden Entenwerder und Baak-Sande;

c) von dem Niedernbaum weiset der Große Grasbrock den Strom beständig ab.

Es ist noch übrig, daß wir, unserm Auftrag zufolge, Vorschläge geben, wie die uns so nothwendige Norder-Elbe in schiffbaren Zustand erhalten werden könne.

Wir bemercken zuförderst, daß es durchaus nothwendig sey, immer den Strom nach seinem gantzen Umfange zu betrachten. Die Gewohnheit, sein Augenmerck nur auf diesen oder jenen Theil deßelben zu richten, kann uns gar zu leicht verleiten, Mittel zu erwählen, die zwar auf der einen Seite nützlich, aber auf der andern Seite um desto schädlicher werden. Sollen wir aber den Strom im gantzen betrachten. So fließet hieraus von selbst, daß es uns eben so nöthig sey, den Strom an unserer Nachbaren Seite genau zu kennen, als es uns nöthig ist, eine richtige Kenntniß von ihm an unserer Seite zu haben. Beides kann ohne einen accuraten Riß nicht geschehen. Er ist den oberen nöthig, um durch dieses Hülfs-Mittel sich zu einer richtigen Beurtheilung die erforderlichen Begriffe machen zu können. Er ist aber auch den Officialibus unentbehrlich, theils um ihre Vorstellungen deutlich zu machen, theils um durch ihr Augenmaas nicht verleithet zu werden, welches bekanntlich auch selbst diejenigen betrieget, die sich mit einer Sache täglich beschäftigen.

Aus diesem Gesichts-Punct würden wir vorläuffig quoad generalia vorschlagen

1. daß man sich von den Officialibus, welchen die Aufsicht über die Elbe anvertrauet ist, einen richtigen, und zu einer jeden Untersuchung bestehenden Riß über den gantzen Elbstrom von Geesthacht bis Neuenstädten nach einem hinlänglich großen

Maasstabe geben ließe, in welchem sowohl die situation exact, als auch die Tiefen nach einem beständigen puncto a quo ausgedruckt wären. Einem möglichen Einwurfe, ob unsere Nachbaren, uns erlauben würden, an ihrer Seite aufzumeßen, können wir die von hoher benachbarter Hand uns gegebene Versicherung entgegen setzen.

2. Daß man sich von ihnen hierüber einen ordentlichen operations plan formiren ließe, in welchem aus der dermaligen Beschaffenheit und den hieraus folgenden künftigen Veränderungen gründlich hergeleitet würde, wie mit dem Strom im Gantzen und im Besonderen von Zeit zu Zeit zu verfahren sey, um schädlichen Erfolgen vorzubeugen und uns diesen Theil der Wohlfahrt unserer Stadt auf immer brauchbar zu erhalten.

3. Daß man sich die Freyheit erwerben, an der benachbarten Seite die nöthigen Stackwercke anlegen zu mögen, welches uns nach den vorbemeldeten hohen Versicherungen eben so wenig, als die Aufmeßung zugestanden wird.

Bevor dieses vorhergegangen, tragen wir Bedencken, unsere Gedancken quoad specialia ausführlich herzugeben, weil wir garnicht unter der Zahl derjenigen seyn wollen, die durch unbedachtsame unbegründete Vorschläge Ursache geben, daß viel Geld umsonst verspildert und am Ende mehr Strom verlohren, als genommen wird; können aber dennoch nicht umhin, in besonderer Rücksicht auf die von uns benannte, vier böse Oerter vorläufig anzurathen:

1. Daß man zu Geesthacht den günstigen Würckungen der Natur mit dienlichen Wercken zu Hülffe komme, den aufgeworfenen Sand auf alle Weise zu befestigen suche, und vor allem das jetzt darüber habende dominium nicht aus den Händen laße, um von dieser künftig uns brauchbaren Vormauer sich durch die Besenhorster Dorfschaft, welche schon Anschläge darauf machet, nicht verdrängen zu laßen.

Man berichtete uns zu Geesthacht, daß von den Herren Oberen Befehl ergangen, die Sandbanck zu bepflanzen, daß auch damit der Anfang gemachet, nachher aber aus Nachläßigkeit alles unterblieben sey.

2. Daß man beym Buntenhause die Ausbaggerung an dem rechten Orte, das ist in dem ordentlichen Fahrwaßer vornehme, und vor der Hand diese Mündung der Norder-Elbe zwar so breit, als immer möglich, aber nicht tiefer als die oberländische Schifffahrt es erfordert, erhalte,

3. daß man das Stackwerck an der Veddel, welches uns ehedem erlaubt war, zu recuperiren suche.

4. Daß man die Stackwercke an dem kleinen Grasbrock in den Stand setze, die heftige Abschlagung des Stroms vom großen Grasbrock zu mildern und die Fahrt nach dem Niederbaum zu verbeßern.

Nach untrieglichen Gründen sind wir überzeugt und können daher mit vieler Freymüthigkeit versichern, daß woferne nach vorstehenden Spezial Vorschlägen die Natur und Kunstmäßige Maas-Reguln gegen die nachtheiligen Würckungen an diesen 4 bedencklichen Oertern genommen werden, als dann man im Stande seyn wird, ferneren üblen Folgen so lange auszuweichen, bis ein ordentlicher Operations-Plan entworfen, reiflich erwogen und zum Besten unserer Stadt ins Werck gerichtet werden kann.

Hamburg, den 28. Novemb. 1766   J. G. Büsch. P. P.   EGSonnin.

29.
HANFMAGAZIN AN DER ELBE

Sonnin nimmt zu einer Kritik an seinem Entwurf für das Hanfmagazin Stellung, das auf Grund von bis ins Jahr 1730 zurückreichenden Bemühungen des Commerziums an der Elbe gebaut werden soll, was in etwas abgeänderter Form 1768 auch erfolgt.
(Zitiert nach Gerber, William: Leben und Wirken des Hamburgischen Baukünstlers Ernst Georg Sonnin (unter besonderer Berücksichtigung seines Verhältnisses zu den Bauzünften seiner Zeit). Manuskript 1940, S. 6, in der Bibliothek der Fachbereiche City Nord der Fachhochschule Hamburg. Von acht nicht mehr vorhandenen Zeichnungen ist eine veröffentlicht von Heckmann, a. a. O., Abb. 30.)

Commerzbibliothek Hamburg (Kriegsverlust)

In den Rissen zum Hanf-Hause sub sign * :

In Betreff eines anzulegenden Hanfhauses sind einige Besorglichkeiten geäussert worden, nemlich

I.

In dem unteren Raume würde der Hanf nicht trocken genug liegen, sondern es wäre zu besorgen, daß er von unten wegen der aus der Erde aufsteigenden Feuchtigkeiten stocken würde, wenn gleich der Fußboden zu ebener Erde mit Brettern beleget wäre.

Diese Anmerkung ist garnicht ungegründet, da jedem bekannt ist, wie auf der freyen Erde liegenden Bretter in kurzen Jahren verfaulen, mithin der auf den beständig feuchten Brettern liegende Hanf leichtlich angestecket werden könnte, besonders wenn er einige Jahre liegen müsste. Wollte man gleich so weit der Hanf liegt doppelte Bretter, oder gar unter ihnen Lager legen, damit noch ein Zwischen Platz zwischen dem Fußboden und den Lagerbrettern bleibe, so wird dennoch der Fussboden immer mit der Zeit verfaulen. Gegen diese Unbequemlichkeit können 2 Mittel vorgeschlagen werden.

a) Wüsste man einen Keller unter dem Hanfhause mit Nutzen zu belegen, so wäre nichts vorzüglicher und dabey alles um so viel bequemer, wenn es nicht absolut nöthig wäre, daß er wasserfrey seyn müsste.

b) das zweite Mittel kommt mit dem ersten in vielen überein. Man legt den Fussboden auf guten Lagerhölzern und untermauret diese mit niedrigen etwan 1 Fuss hohen schwachen Pfeilern zwischen welchen durch kleine Seiten Öfnungen die Luft durchstreichen kann.

In dem Risse A ist der Keller, und in dem Risse B der Luftzug angedeutet, die Kosten des ersteren werden sich auf 3500 und der zweite auf 1400 belaufen.

II.

Die Böden unter Dache wären zu gross und es würde unter demselben so heiß seyn, daß man auf selben nichts oder wenigstens keinen Hanf umarbeiten könne.

Diese Beysorge ist weniger erheblich und in Absicht auf die Grösse könnte man aus der Erfahrung das Gegentheil behaupten. Je kleiner der Boden ist und je weniger er Luft hat, desto heisser ists auf demselben. So wird z. B. auf dem Boden des jetzigen alten Hanfhauses im heissen Sommer nicht zu dauern, hingegen wird auf den vier unteren Boden meines angegebenen grossen Hanfhauses es eben so kühle seyn, als in beiden unteren etagen. Überhaupt sind grosse Gebäude auch in den heissen Tagen kühle, kleine hingegen schon unleidlich bey mässiger Wärme.

Auf den Fall aber, daß die angezogenen Beysorgen erheblich schienn, oder sonst Ursachen vorhanden wären, warum man lieber weniger Bodenraum haben wollte, habe in anliegenden Rissen das Dach verkleinert. Bey Beyden Dächern wird erspart, allein man hat auch die Unbequemlichkeit einer zwischen beiden Dächern liegenden Rönne, welche sonst sicher genug seyn kann, nur daß im Winter nicht versäumet werde, sie des Schnees wegen mit Brettern auszudecken.

III.

Es wäre nicht möglich, die Hanfbunde über Erde zu stellen, sondern sie müssten gelegt werden, und daher würde man so viel nicht lassen können als berechnet worden.

In Rußland, Liefland und zum Theil auch in Lübeck stellet man sie in die Höhe, und dennoch würde es hier auch nicht unmöglich sein. In unserem alten Hansehause leget man 2 übereinander. Geschiehet dieses mit Fleiß, so kann man beinahe so viel legen, als wenn sie stehen, doch wird der Unterschied mehr als 10 pro Zent seyn.

30.

NIEDERHAFEN HAMBURG

Vorschlag im Auftrag der Commerzdeputation zur Vergrößerung durch zwei Reihen von Duckdalben. Sie wird in ähnlicher Form mit mehr Liegeplätzen nach Entwürfen des Ing.-Majors Kohlhard und des Hafenmeisters Busch vorgenommen.
  Dazu Lageplan als farbig getönte Federzeichnung. (Veröffentlicht von Heckmann, a.a.O., Abb. 99.)
Hamburg, 28.1.1767

Staatsarchiv Hamburg
Stadtarchiv
Cl. VII, Lit. Cb, No. 8, Pars 2, Vol. 4^b
Protocollum der Elbe Deputation 1766–1773
Bl. 155, No. 14

Gedancken über die Vergrößerung unseres Hafens nebst einem Riß sub Signo 4.
  Der so genannte Schiffs-Hafen außerhalb unseren Wercken, und unser Hafen innerhalb der Stadt sind überaus enge für die jetzige Beschaffenheit unserer Schiffahrt.
  Die Ursache mag vielleicht nicht sowohl in der vermehrenden Anzahl der Schiffe, als darinn zu suchen seyn, daß zu unserer Zeit die Kauffardey-Schiffe fast noch einmal so groß sind, als sie vor Alters waren. Es kann auch seyn, daß jetzt mehrere fremde Schiffe hier Winterlager halten, als vorzeiten.
  Wie dem auch sey, so sehen wir die mehrete Zeit unseren Hafen so dichte mit Schiffen beleget, daß die täglich aus und einfahrenden kleineren und größeren Fahrzeuge und Schiffe öfters Stunden lang aufgehalten werden, ehe sie durchkommen können. Sollte eine Feuersbrunst, die Gott verhüte, unter den Schiffen entstehen, so würde keines dem andern weichen können, alle Schiffe würden, menschlichem Ansehen nach, ohne Rettung, und die Stadt selbst in äußerster Gefahr seyn.
  Diese Umstände erfordern nachdrücklichst, daß für mehreren Raum gesorget werde. Aber es würde gänzlich ungerathen seyn, wenn man die ganze Linie der, den Schiffs-Hafen einschließenden Ducdalben auf ein paar hundert Fuß in den Strom hinein rücken wollte. Die ohnehin sehr mißlichen Umstände des Elbstroms gestatten solches nicht, und auch dieser Platz würde den Lager-Schiffen nicht erwünscht genug

seyn. Vor der Hand und bis unsere Schiffahrt außerordentlich anwüchse, würde hinlänglicher Raum und unbehinderte Fahrt durch folgende Mittel erhalten:
1. Ein Theil der jetzigen Ducdalben a.a.a.a. könnte nach der Linie b.b.b.b. gerichtet werden, damit dieser, wegen seiner Enge wenig brauchbarer Platz nützlich würde. Es bliebe bey c noch eine Öfnung, welche nebst der oberen und unteren zur freien Aus- und Einfahrt hinreichend wäre.
2. Der sogenannte Binnenhafen an der östlichen Seite von Johannis Bollwerck würde ausgetiefet, und ergäbe alsdann noch einmal so viel Gelaß für allerhand liegende Schiffe, als er bey seiner dermaligen Untiefe gewähret.
3. An der westlichen Seite von Johannis Bollwerck lieget der Raum d hinter denen so genannten neuen Pfählen gänzlich ungenutzt. Er könnte, wie man in Holland dergleichen hat, und sie Wehlen nennet, eingerichtet werden, daß durch eine oder zwo zu verschließende Einfahrten Schiffe eingelaßen würden, welche eine zeitlang ungestöhrt liegen sollten. Voritzo ist zwar dieser Platz ziemlich verschlämmet, er läßt sich aber austiefen, und man erhält eine sichere Lagerstätte für eine ansehnliche Parthie Schiffe. Es ist eben nicht zu glauben, daß iemand die Beysorge hätte, ob auch dieser Vorschlag unsern Vestungswercken oder unserer Vertheidigung nachtheilig seyn könne. Würde sie würcklich geäußert, und würden die desfalls angeführten Gründe reiflich nach unsern Umständen erwogen, so wird sich zeigen, daß sie unerheblich sind.
4. Verschiedene kleine Ungeschicklichkeiten, die unsern Hafen ohne Not beengen, können leichte angezeiget und auch gehoben werden.

Solchemnach würde auf eine sichere beständige und dem Strom unnachtheilige Weise, sowohl den ab- und zufahrenden, als Lager-Schiffen geräumige Bequemlichkeit verschaffet, und zugleich die tägliche Aus- und Einfarth nach Wunsch erleichtert. Sollte mit der Zeit die Schiffarth sich mehren, mithin mehr Raum erfordert werden; So ist derselbe annoch vorhanden, ohne daß man nöthig hätte in den Elbstrohm hineinzurücken.

Hamburg d. 28. Januar 1767. EGSonnin.

31.

HERRENGRABEN HAMBURG

Stellungnahme mit Professor Büsch zum Honorar- und Beschäftigungsangebot der Kanalbaudeputation mit wesentlich höheren Forderungen. Die bis ins Detail gehenden Ausführungsfragen sollen die unvorhersehbaren Schwierigkeiten des Unternehmens aufzeigen, für das noch keine Erfahrungen vorliegen, um das geforderte Honorar von je 1000 Mark für die bisherige und von je 1600 Mark für die zukünftigen Leistungen während drei Jahren zu rechtfertigen. Sonnins Bemerkungen über seinen fast ständigen Aufenthalt während der ersten zehn Jahre der Bauzeit der Großen Michaeliskirche (wogegen Prey sehr oft abwesend gewesen sei) sind für die schwierige Antwort auf seinen Anteil an der Planung und Bauleitung der Kirche wichtig.

Für die Erfüllung der Honorarforderungen danken Sonnin und Professor Büsch am 3. März 1767 (gleiche Akte, Nr. 47). Der Vertrag wird nach Änderungswünschen vom 19. März 1767 (Nr. 50) am 24. März 1767 geschlossen (Cl. VII, Lit. Cb, No. 8, P. 3, Vol. 2^y).

Hamburg, Ende Januar oder Anfang Februar 1767

Staatsarchiv Hamburg
Senat
Cl. VII, Lit. Cb, No. 8, P. 3, Vol. 2ᵉ
Acta in Deputatione zur Aufräumung des
Herrengrabens nach fernerer
Bevollmächtigung durch Rat und Bürgerschluß
vom 4. Dec. 1766 bis Oktober 1767
Nr. 45, prod. d. 3. Febr. 1767

Pro memoria.

Da Hochlöbl. Deputation S. Magnificence d. H. Syndico Klefeker und H. Maak Hoch Edelgeb. aufgetragen, Dero jüngsten Entschluß vom 3 ten Januarii so weit derselbe uns angehet, uns bekannt zu machen; So haben Sr. Magnificence geruhet durch Hn. Maak am 5 ten Januarii uns zu unterrichten, wie dieses Conclusum dahin ausgefallen:

1. daß für die in der Canal-Sache bisher geleistete Arbeit und Bemühungen einem ieden von uns 600 Mk Courant zu offeriren seyn.
2. daß Hochlöbl. Deputation gewillet wären uns noch auf Ein Jahr bey dem Canal Geschäfte zu engagiren.
3. daß uns aufzugeben wäre, hierüber einen Contract, worin die Bedingung, beide nicht zugleich aus der Stadt zu seyn, enthalten, zu entwerfen, und daneben zu fordern, was wir für solches Jahres Bemühung zu haben verlangeten.

Billig haben wir es mit schuldigstem Dancke erkannt, daß Hochlöbl. Deputation es zu einem Ihrer ersten Geschäfte gemacht, mit uns de praeterito et futuro Richtigkeit treffen zu wollen. Wir würden dann

ad primum

die angetragene 600 Mk ohne alle Umstände annehmen, wann wir eine kurtze leichte Bemühung in einem leichten Geschäfte gehabt hätten, und nicht gegentheils die so wichtige Sache seit 12 und 8 Jahren ein großer Gegenstand nicht allein unserer Überlegung sondern auch thätlichen Bemühungen gewesen wäre, wobey außer denen oftmaligen Berechnungen und wiederholten Schreibereyen, gewiß viele Riße von Belange, sehr wichtige Untersuchungen, Aufmeßungen, nivellements etc. vorgefallen, diese an sich mühsame Arbeit aber noch darzu dergestalt mit Unkosten verknüpfet gewesen, daß einer von uns beynahe die Hälfte der angetragenen Summa verunkostet hat. Wir geschweigen hier der täglichen Versäumnisse denen man dieser die Wohlfahrt der Stadt betreffende Sache ausgesetzt seyn müssen, und hoffen, es wird uns erlaubt seyn, mit ehrerbietigster Bescheidenheit zu äußern wie wir in dem reellen Bewußtseyn unserer gehabten Bemühungen uns kein oblatum unter 1000 Mk vorgestellet hätten.

ad secundum

der Antrag, daß wir auf Ein Jahr bey dem Canal Geschäfte zu engagiren wären, hat uns in nicht geringe Verlegenheit gesetzt, indem wir nicht erraten können, wohin hiebey E. Hochlöbl. Deputation Absicht abzielen mögte, und wir waren deswegen sowohl, als

ad tertium

wegen eines darüber zu entwerfenden Contractes gäntzlich unschlüßig. Denn da wir gewiß wißen, wie es auch ein ieder einsiehet, daß das vorhabende Canal Geschäfte in Eines Jahres Frist nicht vollendet werden kann, hieneben aber auch erwogen, wie leichte so viele Hinderniße in den Weg geleget werden könnten, daß in einem Jahre nicht einmal der Anfang zum Werck gemachet würde; So schiene es uns, daß wir in dem letzten Falle entweder auf Nichts oder höchstens auf einige Schreiberey uns engagiren würden. Diese Vorstellungen hatten einen um so viel lebhafteren Eindruck auf uns, als in dem Antrage gar nicht bestimmt war, was für Vorrichtungen in dem Laufe solchen Jahres von uns verlanget würden.

Bey dieser Lage der Sachen, da wir ad secundum et tertium eine bestimmte Erklärung zu geben eigentlich nicht vermögend waren, giengen anfänglich unsere Gedanken dahin, daß wir von Hochlöbl. Deputation uns vorgängig einen Entschluß erbitten wollten, auf welche Art und auf welche Pflichten wir uns zu verbinden hätten. Der Entwurf hiezu war schon fertig, als wir nach näherer Überlegung und in dem reinen Vorsatze, die Einer Hochlöbl. Deputation so sehr am Hertzen liegende Beschleunigung der allgemeinen Nothdurft durch eine abermalige Rückfrage nicht zu verzögern, uns entschloßen, zu versuchen, ob wir in Gegenwärtigem so viel data an die Hand geben möchten, daß Hochlöbl. Deputation unschwer selbst das nähere, theils in Absicht auf das Werck selbst, teils in Absicht auf dasjenige, was uns aufgetragen werden sollte, bestimmen könnte.

Es würde dann unseres Ermeßens vorgängig zu entscheiden seyn:
1. Auf welche Art die Arbeit überhaupt betrieben werden sollte? So viel uns bis daher wißend, soll dieselbe an den Mindestnehmenden überlaßen werden. Allein auch dieses kann auf verschiedene Art geschehen. Man kann die gantze Arbeit an einen eintzigen Mann verdingen, oder man kann sie in mehreren Theilen an verschiedene Uebernehmer überlaßen, oder man kann einiges selbst z. E. die Austrocknung, die Klopfdämme, die Ableitung vorher machen, und dann zur licitation schreiten. Daß nun diese Verschiedenheiten in der Arbeit desjenigen, dem die Direction anvertrauet wird, einen sehr großen Unterschied machen, ist deutlich genug, aber auch zugleich klar, wie es nicht lediglich von einseitiger Willkühr abhange, das beliebige zum voraus fest zu setzen, sondern daß es auch andererseits von den Uebernehmern, oder ob nur einzelne sich darzu angeben mögten, wird auch noch die Zeit lehren müßen. Gesetzt, es fünde sich nur Einer, würde der nicht einen übermäßigen Preis verlangen? Und fünden sich auch einige mehrere, könnten diese nicht mit einander überein gekommen seyn, den Preis so hoch zu halten, daß Hochlöbl. Deputation nicht zuschlagen könnten, sondern sich gemüßiget sähen, alles auf Rechnung des Publici selbst auszuführen. Dieser Fall bleibet immer möglich, und alsdann wird der Unterschied in der Arbeit des directerus noch viel größer, besonders wenn er die Fähigkeit und dabey einen rechtschaffenen Willen hat, alles zum Besten des publici auszuführen.

Es würde hienächst
2. die Frage seyn: ob Eine Hochlöbl. Deputation geruheten, uns die Aufsicht und Ausführung des Wercks so anzuvertrauen, daß wir solches von Anfang bis zu deßen gäntzlicher Vollendung zu besorgen hätten?

Dieser Entschluß beruhet lediglich in dem hohen und unumschränkten Ermeßen Einer Hochlöbl. Deputation. Wir wißen gar zu wohl, daß es eine der angelegensten Sorgen für dieselbe ist, die Direction des Werckes in die zuverläßigste und getreueste Hände zu geben, und in dieser Betrachtung würde es die schuldigste Hochachtung bey uns nicht vermindern, wenn es gerathener gefunden würde, diese Angelegenheit anderen Personen anzuvertrauen. Gönnten aber Eine Hochlöbl. Deputation uns hierin Dero Vertrauen und hielten Dieselben uns fähig, diesem Geschäfte, wie es auch beliebet werden mögte, gehörig vorstehen zu können, so würden wir auch gewiß das unsere thun, und würden nicht allein in beständiger Rücksicht auf das in uns gesetzte Vertrauen, das intereße der Stadt und die Ehre unserer Oberen pflichtmäßig nach allen Kräften wahrnehmen, sondern auch unsere eigene Ehre in Ausführung eines Wercks nicht hindan setzen, das gewiß nicht eines der kleinsten in unserer Stadt ist.

Es ist uns zwar nicht unbekannt, daß einige aus unvollkommener Kenntniß der bey dem Wercke noch bevorstehenden Schwürigkeiten, die Ausführung deßelben als etwas leichtes und unerhebliches ansehen; Allein, da wir deßen Beschaffenheit vom Anfang bis zum Ende durchsehen können; So können wir mit Zuverläßigkeit zum voraus sagen, daß Hochlöbl. Deputation noch Last und Beschwehrden genung dabey haben werden, wenn gleich derjenige, dem Dieselben die Ausführung anvertrauen, auch alle erforderliche Wißenschaft hat, wenn er auch von dem treuesten Dienst Eifer belebet wird, und wenn er auch die Geschicklichkeit hat, Deroselben Dero Mühe zu erleichtern. Mann kann eingestehen, daß es ein leichtes Geschäfte sey, wenn es nicht darauf ankömmt, ob die Stadt, wie hiebey leichte geschehen kann, zwantzig, dreißig, viertzig tausend Marck umsonst ausgiebt, wenn es nicht darauf ankömmt, ob ein Fehler neben dem andern gemacht wird, wenn es nicht darauf ankömmt, daß unsere Nachkommen mit Seufzen die Last der Fehler tragen müßen, die wir mit eben der Mühe und mit eben den Kosten zu vermeiden in unserer Macht hatten. Soll gegentheils nichts auf ein Gerathewohl, und alles mit Ordnung, solidité, Treue und Ersparhung betrieben werden; So ist die Mühe des oder derjenigen, die die Anordnung auf sich haben, nicht so leichte als man es gedencket.

Wir wollen uns einmal den leichtesten Fall vorstellen, welcher dieser ist, wenn das gantze Werck an einen eintzigen Entrepeneur verlaßen würde. Alsdann wird jeder, der die Sache entweder nicht einsiehet, oder nur oben hin betrachtet, sagen: Es kömmt ja alles auf den Entrepeneur an und der Directeur hat nichts, als diese Aufsicht nöthig. Es ist wahr, er hat nur Aufsicht nöthig. Aber er muß auch Verstand vom Wercke haben, er muß auch getreu seyn, er muß auch unabläßig aufmercken. Jedoch er hat auch nicht nöthig diese Eigenschaften zu besitzen, wann er mit dem Entrepeneur unter einer Decke spielen will, und wo etwann der Entrepeneur mehr verstünde, als der Aufseher, so darf dieser nur gehorsam seyn. Unstreitig würde das publicum in aller Absicht glücklich seyn, wenn es einen Übernehmer erhielte, der Verstand genung vom Werck und ein intereßirtes Hertze hätte. Aber wird man den wohl finden? und wo man ihn fünde, wird derselbe nicht mit Recht verlangen, und wird er es nicht so einzurichten wißen, daß ihm beides, seine Bemühung und auch seine Wißenschaft bezahlet werde. Hierzu kömmt, daß man den Übernehmer nicht wählen wird, sondern der indeste Bot wird ihn bestimmen. Ist der Mindestnehmende einfältig, so fällt alle Last auf den Directeur. Ist er verschmitzt, so muß der Directeur in gewißen Schuhen gehen und hat alle Vorsicht anzuwenden, Es sey endlich der Uebernehmer, wie er wolle, so müßen seine Gräntzen wohl bestimmt, die Aufgaben practicables, seine Verpflichtungen nicht löchricht, daneben aber alles sowohl detaillirt seyn, daß er sich einlaßen könne. Irret man auf der einen Seite so muß das Publicum schwehr bezahlen, irret man auf der andern, so wird ein schlauer Uebernehmer hundert Ursachen zur schaden-Klage finden, und auch alsdann muß das Publicum schwer bezahlen. Unter einer Menge Dingen, die noch zu besichtigen sind, wo man nicht irren will, bemercken wir nur dieses eintzige, daß noch bisher nicht einmahl der Grund des Canals zu diesem Endzweck entscheidend untersuchet ist. Einer von uns hat ohne Erfolg verschiedentlich darauf angetragen. Vorgreiffen hat man nicht mögen, und wäre es geschehen; so besorgeten wir, die Kosten vielleicht nicht gebilligt zu sehen. Indeßen wird dieses, nebst mehreren bisher noch niemahls erwehneten Stücken, welche die Haupt data zur Uebernehmung hergeben, künftig noch die ansehnliche Bemühung für den Directeur abgeben, welchenob sie gleich dem Wercke keinen Aufschub machet, dennoch gethan seyn will.

Wir haben von den Beschwehrlichkeiten, die den Directeur in Absicht auf den Uebernehmer betreffen, nur das allerwenigste angeführet, und wollen, um kurtz zu seyn, auch nur wenig davon in Absicht auf das Werck selbst berühren. Viele möchten sich vorstellen, es sey nur eine Kleinigkeit zu besorgen:

daß ein Sumpf, der 18 Fuß unter dem Waßer tief ist, ausgetrocknet, daß er von der halben Stadt dahin einfließende Unrath und Regenwaßer abgeleitet, daß die Wallerde oder der Schlamm außerhalb der Stadt transportiret, daß eine Vorsetzen von 2300 Fuß gezogen, und daß eine Schleuse angeleget würde, etc. etc.

Wir laßen hierüber einem jeden gerne seine Gedancken; Allein, wir können nicht umhin, anzumercken, daß hier nur die Frage sey, wie gut und wie vorteilhaft solches geschehe. Nach dem öffentlichen Wunsche soll solches alles geschwinde, ohne Nachtheil der Gesundheit unserer Mitbürger, und aufs dauerhafteste gemachet werden. Die intendirte Geschwindigkeit wird man bey diesem Wercke, da vielerley auf einmahl betrieben werden und nichts einander hindern soll, gewiß ohne eine wohlüberlegte disposition, ohne eine unabläßige Unterhaltung der Ordnung, und ohne entscheidende schnelle Entschlüße bey unvorhergesehenen widrigen Zufällen nimmermehr erreichen. Ebensowenig wird etwas dauerhaftes zu Stande gebracht werden, woferne die Aufsicht nicht mit einer einstimmigen Einrichtung aufs gantze, mit einer sorgfältigen Prüfung der Umstände, die sich nach und nach entdecken, und mit einer anhaltenden Aufmercksamkeit, sowohl auf den Zeug als auf die Arbeiter aufrichtig, unparteyisch und uneigennützig geführet wird. Zum Beyspiel geben wir zu erwegen, wie wenige Belohnung, wie wenigen Danck und wie schwere Ahndung derjenige Directeur wohl verdienen möchte, welcher mit Verletzung der Ehre Einer Hochlöbl. Deputation unseren guten Mitbürgern für ihm anvertrautes Geld solche Plätze lieferte, wie verschiedene auf dem neuen Walle sind, auf welchen die kostbahren Häuser so schief versunken sind, daß der Schade unersetzlich ist, solche auch nicht gut werden können, bis man sie neu umbauet. Daß in unserm Falle, wo wir schwehre und die mehresten Gebäude recht am Waßer setzen wollen, dieser Fehler noch viel leichter gemachet werden könne, als vormals auf dem Neuen Walle, wo man gar nichts am Waßer gebauet hat, werden wir nicht nöthig haben zu erweisen.

Gefließenst vermeiden wir es hier mehrere Beyspiele von Wercken anzuführen, welche wegen des Aufsehers Fahrläßigkeit oder Unkunde oder unreinen Absichten unserer Stadt so kostbar und so betrübt geworden sind, weil unser endzweck nur ist, die Gründe und Bedencklichkeiten kenntlich zu machen, warum wir die Ausführung des Wercks nicht so auf die leichte Schulter nehmen können. Die Pflicht gegen Hochdieselben hat es uns aufgeleget, solche kürtzlich zu erörtern, aber auch die Pflicht gegen uns selbst wolte, daß wir uns die Beruhigung verschaffen mögten, sie nicht verschwiegen zu haben. Zugleich werden auch Hochlöbl. Deputation hieraus die Ursachen genauer ermeßen können, warum wir ad secundum et tertium so unschlüßig gewesen sind.

Denn ad secundum konnten wir unmöglich glauben, daß Hochlöbl. Deputation uns etwan ein Jahr auf die Probe nehmen wollten, da wir bekannt genug sind, und hatten demnach alle Wahrscheinlichkeit vor uns zu schließen, daß wir nach Verlauf Eines Jahres von dem Wercke zurück treten müßten. Gienge dahin die Meynung, so würden Hochdieselben geruhen, es als eine Aufrichtigkeit von uns zu bemercken, wenn wir hier ohne Zurückhaltung gestehen, daß wir ietzo, da noch gantz keine Verantwortung der Ausführung auf uns fallen kann, lieber von der Sache zurücktreten, als uns aller der Verantwortung aussetzen mögten, welche für uns daraus entstehen könnte, wenn wir einmal Hand ans Werck geleget und nicht über die gantze Ausführung das Auge gehabt hätten.

Wir würden zwar während eines solchen Jahres alle Fehler sorgfältig zu verhüten suchen; Allein wenn nach uns Fehler gemacht würden, so würde man sie doch auf uns zu schieben wißen, und das nach dem Gerücht urtheilende publicum würde uns auch die offenbaresten Fehler derjenigen zur Last legen, die nach uns die Aufsicht gehabt hätten.

Auf den Fall aber, wenn Hochlöbl. Deputation uns zur Ausführung des gantzen Wercks zu bestellen etwan geneigen möchten, so beruhet zwar quod tertium der Entwurf eines Contracts vorbesagter maßen auf die annoch zu entscheidende Art der

Arbeit, wir haben aber, um auch hierin Hochderselben eine Erfahrung der Zeit zu machen nicht entstehen wollen zu äußern, wie wir den Mittel Preis für unsere bey dem Wercke zu übernehmende Bemühungen jährlich zu 1600 Mk für einen jeden von uns schätzen müßen.

Wir hoffen, daß dieses quantum einem jeden billig scheinen werde, der nur erwegen will, daß ein Buchhalter, ein contorist, ein Mäckler für leichtere Arbeit, wovon er noch darzu gar keine Verantwortung auf sich hat, weit wichtiger bezahlet wird. Es sind uns so wohl hier als anderer Orten Fälle genung bekannt geworden, da directeurs, um sich beliebt zu machen, für ihre Bemühung nur sehr wenig gefordert haben. Allein das Ausgang hat immer gewiesen, daß sie sich schon gewußt bezahlt zu machen, und das publicum blind doppelt bezahlen mußte, was ihm sehend einfach zu viel deuchte. Unsere Gesinnung soll nie dahingehen, unter einem leichten Anschein das publicum zu einer so schweren Bezahlung zu verleiten.

Die Bedingung, daß wir nicht beide zugleich aus der Stadt verreisen sollen, ist so billig, daß wir sie uneinnert auszuüben nicht vergeßen könnten, und zu mehrerer Beruhigung noch anfügen: Was mich, den Prof. Büsch betrift so ist es bey meiner fixen Station schon von selbst eine Nothwendigkeit, daß ich wenig abwesend seyn kann und die Erfahrung hat davon nicht das Gegentheil gewiesen. Hingegen kann ich, der Baumeister Sonnin, mich frey darauf berufen, daß ich in den ersten Zehen Jahren des Kirchenbaues fast gar nicht aus der Stadt gewesen bin, unerachtet mein seel. Hr. College seiner vielen auswärtigen Geschäfte wegen sehr öfters abwesend war. Als aber in den beiden letzten Jahre die Kirchengeschäfte zu Ende giengen, und es anschien, wie es auch der Erfolg bestätigt hat, daß das publicum mir kein Geschäfte geben würde, so durfte ich die auswärtig angebotene Vortheile um so weniger versäumen, als noch bis jetzo kein anhaltendes Geschäfte für mich vorgefallen. Indeßen ist bey der Kirche vor einer ieden Abwesenheit denen derzeitigen verwaltenden Herren die gebührende Anzeige geschehen, welches auch in unserm Falle allemahl beobachtet werden würde, woferne dieses oder mehrere zusammen kommende Geschäfte nicht so viel betragen möchten, daß ich in Hamburg mich beständig aufhalten könnte, und alsdann ich veranlaßet würde, Auswärtigen in ihren Angelegenheiten zu helfen.

Wir schließen diesen unsern Aufsatz mit dem hertzlichen Wunsche, daß Eine Hochlöbl. Deputation unzertrennet diese wichtige lediglich in Dero Hände übergebene Unternehmung zu Dero unsterblichem Ruhm, und der Stadt besten Vortheilen glücklich anfangen auch vergnügt vollenden mögen, und bitten quod primum uns noch gehorsamst aus, daß Hochlöbl. Deputation unsere bisher angewandte Bemühung in Hochgeneigteste Erwegung nochmahls ziehen, und falls Dieselben uns mit Ausführung des gantzen Geschäftes, welches innerhalb dreyen Jahren völlig geschehen kann, zu beehren entschloßen wären, die für uns der praeterito ausgesetzte Summe bis zu einem billigen Anstande vermehren, woferne aber Hochdieselbe uns deßen zu entschlagen gut fünden, geruhen wollten, uns wegen der vergangenen so viel auszusetzen, daß wir neben Männern, denen sonst unsere gute Stadt ihre zum Besten des publici gegebene Consilia und verwandte Mühe reichlichst belohnet hat, ebenfalls Einer Hochlöbl. Deputation genereusité rühmen und bey deren jedesmaligen Angedencken uns erfreuen könnten, zu einem für der Stadt Wohlfarth so beträchtlichen Geschäfte Anlaß und Entwürfe gegeben, auch solches directe et indirecte bis zum gedeihlichen Entschluße unermüdet betrieben zu haben.

H Büsch. P.P.   EGSonnin.

32.
HERRENGRABEN HAMBURG

Stellungnahme mit Professor Büsch zu Bedenken der Kanalbaudeputation gegen die beabsichtigte Konstruktion der Vorsetzen. Aus ihr gehen u. a. die bis ins Detail von Holzabmessungen reichenden konstruktiven Kenntnisse hervor. Dieselbe Akte enthält noch weiteren Schriftwechsel seit dem Vertragsabschluß am 24. März 1767.
Hamburg, 18. 8. 1767

Staatsarchiv Hamburg
Senat
Cl. VII, Lit. Cb, No. 8, P. 3, Vol. 2ᵉ
Acta in Deputatione zur Aufräumung des
Herrengrabens nach fernerer
Bevollmächtigung durch Rat und Bürgerschluß
vom 4. Dec. 1766 bis Oktober 1767. Nr. 68
Lect. in Dep. d. 26. Aug. 1767

Pro memoria

Hochverordnete engere Deputation haben in Conventu vom 30 ten Junii über die in unseren Entwurf enthaltene Verlorne Vorsetzen Bedencklichkeiten geäußert, woraus Hochverordneter Großen Deputation Conclusum vom 22 ten Julii erfolgt.
»Keine verlorne Vorsetze ziehen zu laßen, sondern die Grundlegden mit Verrammung von Pfählen, die nach Beschaffenheit des Grundes länger oder kürtzer seyn mögten, zu befestigen und Peritis aufzutragen, nach vorgängiger Conferirung mit dem Raths Zimmermeister und Megerholtz über diesen Punct in Specie auch über die Distanz der Pfäle, hienächst diesen Paragraphum zu ändern.«
Was eine Verrammung von Pfälen vor der Grundlegde betrifft, so ist uns dieselbe ganz wohl bekannt, und wir haben auch solche in unserem Entwurfe unter ihrem Namen von Vorpfälen eingeführet.
Die Conferirung mit dem Raths-Zimmermeister und Megerholtz ist in Abwesenheit des Baumeisters Sonnin von mir dem Professor Büsch geschehen. Sie haben von ihrer Meinung einen Riß in Bley Linien gegeben, welcher keine Vorpfäle, sondern Hinter Pfäle hat, und auf unserem Vorfall nicht applicable ist, wie aus nachstehenden abzunehmen seyn wird.
Gewöhnlich leget man so wohl anderer Orten als in unseren Flethen die Grundschwelle nahe auf den festen Grund, aber auch wohl etwas tiefer, damit die Schwellen immer bedeckt bleiben. Hierin besteht die Sicherheit der Vorsetzen und dis ist das wahre Gute in dem Gewöhnlichen. Alsdann ist auch eine gewöhnliche Verrammung von Pfälen, welche eigentlich das Abweichen der Schwelle von ihren Grund Pfählen verwehren sollen, hinreichend, weil diese entweder dicht auf oder gar unter dem Grunde liegt.
Wollten wir das Gewöhnliche befolgen, und unsere Schwelle auf den Grund, das ist so tief legen, bis wir grundfestes Erdreich haben, so könnten wir auf eine Verrammung selbst von schwachen Vorpfälen uns verlaßen. Aber bey uns treten andere Umstände ein. Weil wir nicht am Rande des Canals bleiben, sondern zu 20 bis 50 Fuß in denselben hineingehen, so liegt vermöge der gegebenen Liste von unseren Bohrungen der feste Grund 12 bis 15 tief. Demnach würden solchenfalls unsere Vorsetzen Ständer theils 22 theils 25, das ist im Durchschnitt 23 ½ Fuß lang, 16/17 Zoll dick, auch billig 2 mal veranckert seyn müßen. Wenn aber auch dieses alles gefiele, so bliebe noch die große

Unbequemlichkeit über, daß man bey künftiger Verneuung der Vorsetzen nicht zur Grundlegde kommen kann, ohne mit großen Kosten abzudämmen.

Letzteres ist die gültige Ursache, warum in unserem Entwurfe die Höhe der Grundschwelle so angegeben ist, daß man mit ordentlicher Ebbe immer dazu kommen kann, nemlich die Grundschwelle kommt an den allermeisten Orten mehr als 6 Fuß über dem festen Grund zu liegen, oder, welches einerley ist, die Grundpfäle stehen über dem Grundfesten Erdreich noch 6 Fuß hervor.

Daß Grundpfäle, die so hoch frey stehen sollen, sehr leichte ausweichen können, und daß sie keine Sicherheit, weder für schwere darauf zu errichtende Gebäude noch für die dahinter kommende Erde von 25 Fuß hoch gewähren, ist wohl in die Augen gefallen und daher vielleicht vorgeschlagen, durch Vorrammungen von Pfälen so lang sie auch seyn müßten, solche zu sichern. Gewiß die Pfäle müssen sehr starck, sehr lang auch wenigstens von gedoppelter Anzahl seyn, wenn sie ohne ein Gegengewicht vor sich zu haben, der Last wiederstehen sollen, und da, wo wir Sandgrund haben, nemlich von Admiralitäts Thurm bis an die Dudane, werden sie dennoch nicht sicher seyn. Wenn iemand behauptete, es sey nöthig, diese 6 Fuß frey stehen sollende Pfäle ordentlich wie die obere Vorsetze zu veranckern, könnten wir mit Bestand wenig genug dagegen einwenden, nemlich solchenfalls hätten wir zwo Vorsetzen übereinander, eine obere, die veränderlich wäre, eine untere aber die unveränderlich bliebe.

Diese Erwägungen, denen wir noch zufügen, daß bey einer verlornen Vorsetzen die Grundlegden und Grundpfäle sich weit länger gut erhalten, haben uns zur Angabe einer verlornen Vorsetzen bewogen, welche allen vorbemeldeten Unbequemlichkeiten abhilft, weit sicherer und weit wohlfeiler ist. Die Beysorge, es mögten die Fahrzeuge darauf zu sitzen kommen, oder umschlagen, wird sich aufheben, wenn man bedencket, daß diese verlorne Vorsetze mit dem Bette egalisiret.

Wolte man aber auch hierin über allen Kummer sich hinaussetzen, so könnte man die Grundschwelle so tief legen, daß sie nur bey der allerniedrigsten Ebbe frey würde. Alsdann bliebe über der verlornen Vorsetze immer Waßer genug und die Vorsetzen Ständer würden 18 Fuß lang, wie wir sie in dem ersten Anschlage angesetzet.

Die Distanz der Vorsetzen Ständer haben wir auf 5 Fuß von Mittel zu Mittel angegeben. Sie hat so wohl zu der Stärcke der Bolen und Ständer, als auch zu den künftig darauf zu gründenden Gebäuden ein gut gewähltes Verhältniß. Verlanget man sie enger zu setzen, so können die Ständer um einen Zoll schwächer werden. Will man sie gegentheils mehr von einander entfernen, so müßen zum wenigsten die Bolen stärcker seyn, wo man anders die künftigen Käufer wohl belanden will. Mögte jemand Beyspiele von größerer Entfernung mit dreyzolligen Bolen anführen, so kann man antworten, daß es Beyspiele von schlechten Vorsetzen sind.

Jedoch wir werden in der that zwo Vorsetzen übereinander machen, woferne es bey der Verrammung von Pfälen bleiben soll. Denn in dem wir nach dem gefaßten Entschluß allen unfesten Schlamm wegnehmen, und vorbesagtermaßen die Pfäle 6 Fuß frey zu stehen kommen, so können wir die Wall Erde nicht hinterbringen, ohne die Grund Pfäle hinterwärts wie eine Vorsetze zu verkleiden. Es müßen Bolen dazu genommen und selbe mit äußerstem Fleiße dicht gemacht werden, damit sich die dahinter liegende Erde nicht ausspüle und eine Versinckung der darauf geführten Gebäude entstehen möge. Würde nicht vielleicht das aufmercksame publicum auch eichene Grund Pfäle erwarten, oder wo es sähe, daß wir ein führnes Werck macheten, würde es uns nicht sein Zutrauen entziehen, und würde nicht dieser Mißcredit der Cammer in künftigen Verkaufe nachtheilig seyn?

Unserem Auftrage zu Folge sollten wir nun noch den paragraphum ändern. Ratione der Distanz der Pfäle beruhet nach jetztbemeldeten es solche in Hochverordneter Deputation gefälligen Wahl welcher wir es auch anheim stellen unter nachstehenden das beliebige zu erkiesen.

1 ster Fall,

Wenn die Verlornen Vorsetze weg und die beschloßene Vorrammung von Pfälen simpliciter bleiben sollte.

»Alles was in § 3 von der verlornen Vorsetze gesagt ist, fiele weg und es hieße
§ 3 Legden Pfäle, welche in Diameter 14 Zoll seyn müßen – Vorpfäle, welche in Diameter auf 16 und diese auf 14 Fuß Länge rechnen.
§ 5 fiele weg: Verlorne Pfäle Stück – 833 – dick 11 –
ingleichen: Bolen laufende Fuß 12 495 – 2½/12 und es hieße
§ 5 Grund oder Legden Pfäle Stück 1 666 – 20
Vorpfäle   Stück 1 666 – 14
Bolen laufende Fuß   20 400 – 4«

2 ter Fall,

Wenn die untere Vorsetze ordentlich geändert würde, solchenfalls nur so viel Vorpfäle wie vorhin kämen.

alsdann fiele, wie vorhin, alles was von der verlornen Vorsetze gesaget ist, weg, und es hieße

»§ 3 Vorpfäle, welche im Diameter 14 Zoll seyn etc wie vorhin.
§ 4 würde, was von der obern Vorsetze stehet, auch zupaßend von dieser gesagt.
§ 5 käme von Querhöltzern, Anckern, Ancker-Pfäle, das Duplum und fürne Bolen laufend Fuß – 20 400 – 4«

3 ter Fall,

Wenn die Grundschwelle mithin die verlorne Vorsetzen niedriger zu liegen kämen und die Vorsetzen Ständer 10 Fuß lang würden, wie wir sie im ersten Anschlage angesetzt.

alsdann hieße es von den verlornen Pfälen
»§ 3 welche im Durchschnitt auf 8 Fuß – im Diameter 9 Zoll
Vorpfäle im Diameter – 10 Zoll – 10 Fuß
§ 5 Bolen laufende Fuß 62 475 – 3/15 Zoll
§ 5 Vorpfäle Stück –   833 – 10 –
Verlorne Pfäle   833 – 9 –
Bolen laufende Fuß   8 330 – 3/15 –
Dielen   8 330 – 2«

und dieses wäre noch die bequemste Einrichtung woferne nicht der

4 ter Fall,

nemlich der von uns gegebene Entwurf verbleiben sollte wovon wir in vorher gehender das nähere bemercket haben.

Hamburg d 18 t August 1767   EGSonnin. HBüsch.

33.

DREIFALTIGKEITSKIRCHE HARBURG

Gutachten im Auftrag des Rates über den Bauzustand des Turmes mit Instandsetzungsvorschlag. Dem Gutachten sind dreijährige Schadensfeststellungen von Handwerksmeistern vorausgegangen. Sonnin macht vor allem die einseitige Unterkonstruktion des Turmes aus Holz für die Schäden verantwortlich und verweist auf die ähnliche, seiner Ansicht nach ebenso falsche Konstruktion des Baumeisters Joachim Heinrich Nicolassen für die Kleine Michaliskirche im

Jahre 1754 hin. Obwohl der Oberhofbaumeister Johann Paul Heumann den billigsten Vorschlag Sonnins empfiehlt, gelangt im Jahre 1770 der kostspieligste zur Ausführung. Entgegen seinem Angebot übernimmt Sonnin weder die Ausführung als Unternehmer noch die Bauleitung selbst.

Dazu farbig getönte Federzeichnung mit dem Aufmaß der Turmkonstruktion im Längsschnitt. (Veröffentlicht von Heckmann, a. a. O., Abb. 22.)
Hamburg, 30.5.1769

Staatsarchiv Hamburg
Dienststelle Harburg
4 Magistrat
IX, A. 8–4
Bauten und Reparaturen an der Stadtkirche,
dem Turme, den Glocken usw.
1718–1884

Eines Wohl- und Hoch Edelgebohrnen Magistrats der Stadt Harburg Geneigtesten Auftrage zufolge habe ich am 1 ten und 2 ten hujus den Kirchen Thurm besagter Stadt mit Aufmercksamstem Fleiße besichtiget, gelöthet und untersuchet, und ermangele nicht über den Zustand deßelben mein wohlüberlegtes Bedencken hiemit vorzulegen.

Von Außen hat der Thurm das Ansehen, als ob seine Spitze über einem vierecktem Mauerwercke aufgeführet wäre, inwendig aber befindet man, daß das aus dem Kirchen Dache hervorragende Mauerwerck nebst der ganzen Spitze innerhalb der Kirche nur auf einem bloßen Ständerwercke gelagert sey.

Man hat ohne Zweifel, eines Theils um den Platz in der Kirche zugewinnen, andern Theils um ansehnliche Kosten zu ersparen, ein Ständerwerck erwählet, wie denn aus gleichen Ursachen die kleine neue Kirche in Hamburg ebenso gebauet ist. Ob nun wohl ein Ständerwerck für sich suffisance genung hat, eine solche und noch größere Last zu tragen, so ist es doch zufälligen Fehlern mehr ausgesetzt, dergleichen dann in unserem Falle seit Verlauf von 119 Jahren, zumalen bey versäumter zeitigen reparation, sich wol ganz natürlich ergeben haben. Hauptsächlich fällt es in die Augen, daß die Kirchen Mauer zu Westen ausgewichen ist; daß verschiedene Theile des die Last-tragenden Ständerwercks angefaulet sind; und daß die Spitze gegen Osten etwan 3 Fuß überhänget. Ein jeder dieser Baumängel verdienet ausführlicher beleuchtet zu werden und, um hierin deutlicher zu seyn, ist ein hinlänglicher profil Riß angefüget.

I.

Die westliche Kirch Mauer ist von ungleicher Dicke angeleget. Mit ebener Erden sind die Abseiten zu Süden und Norden 3 Fuß starck; aber die Thurm Mauer aa, welche auswendig um 10 Zoll verspringet, ist 3 Fuß 10 Zoll dick, und inwendig sind noch 2 starcke Pfeiler ab zu 5 Fuß breit 2 ½ Fuß dick und 23 Fuß hoch vorgeleget, auf welchen letzteren die Haupt Balcken des Ständerwercks bc ihre Auflage haben. Ueber diesen Balcken in d ist die Mauer inwendig um 16 Zoll abgesetzet und behält allso von d bis e die Dicke von 2 Fuß 6 Zoll. Hingegen bey e ist sie wiederum auswendig um 2 Fuß 2 Zoll abgesetzet, und nun folgt von e bis f die obere Verkleidungs Mauer, welche nur 15 Zoll dick ist und dies sonderbare hat, daß sie nur 4 Zoll auf der untern Mauer aufsitzet übrigens aber zugleich auf den Balcken g mit aufgeführet ist. Eben diese Dicke von 15 Zoll, in welche noch die Ständer 4 à 5 Zoll hineintreten oder eingelaßen sind, haben auch die übrigen 3 Verkleidungs Mauren, welche gegen Süden gegen Osten und gegen Norden über dem Dache hervor ragen, wie davon ein Theil bey hi angedeutet ist.

Die Materialien der westlichen Kirchen Mauer sind in so ferne gut genung. Man hat aber wohl von Zeit zu Zeit versäumet die Fugen auszustreichen, wodurch denn die dem Regen am meisten ausgesetzte West Seite mercklich gelitten hat.

Das Ueberweichen der Mauer ist zum Theil eben hiedurch, und dann auch dadurch verursachet worden, daß sie gleich anfangs nicht nach den Gesetzen der Schwere angeleget worden ist. Dem Augenmaße nach sollte man urtheilen, als wenn die Mauer nach Osten hin überhinge; Allein das Senkbley lehret, daß solche würcklich nach Westen über hange und jenes nur eine fallacia optica sey. Dennoch ist der Abhang eben von keinem Belange, indem, wie die Lothlinie af anweiset, der Theil unter dem Gurt oder die erste etage von a bis d nur um 2 Zoll außer Loth gewichen und zwar vornemlich an den Ecken des Thurms, da übrigens die beyden Abseiten ziemlich gerade stehen und nur ihre Ecken wegen der nicht vorsichtig genung eingebundenen Felsen gegen Süden und Norden um 3 Zoll abhängen. Ueber dem Gurt oder in der zwoten etage von d bis e befindet sie die Mauer ziemlich lothrecht, nur ist über dem portal eine kleine Ausbauchung entstanden, die etwan 3 Zoll beträgt. Die dritte etage ef hingegen, welche vorbemeldetermaßen nur vorgekleidet ist, hanget um ein paar Zoll gegen Osten über, weil sie nebst den übrigen dreyen Verkleidungs Mauren der dritten etage sich mit dem Ständerwercke, worinnen sie verbunden sind, parallel gehalten. So unregelmäßig und bedencklich es sonst in der Baukunst ist, Mauerwerck auf Holtz zu gründen; So gut haben sich doch bis daher diese Verkleidungs Mauren gehalten, so daß bey einer vorzunehmenden reparation ein verständiger Mann ihnen leichtlich eine zu fernerer guten Dauer hinreichende Beyhülfe geben kann.

II.

Das Ständerwerck, worauf die Thurm Spitze gesetzet ist, wird halb von den Pfeilern der westlichen Kirchen Mauer ab, halb von zweyen freystehenden 22 Zoll starcken eichenen Hauptständern ck getragen. Die Ständer haben zu ihrem Grundsteine ein 2½ füßiges Quaderstück 1, welches, nach den bey der Kirche vorhandenen Nachrichten, auf einem über 50 Pfählen gegründeten Felsen und Mauerwercke aufgedecket ist. Die Oberflächen beyder Quaderstücke sind mit einander nicht wagerecht, sondern das südliche liegt um 2½ Zoll höher als das nördliche. Die Haupt-Ständer oder Stützen ck hingegen sind beyde gleich lang, mithin verstehet es sich, daß auf ihnen auch der südliche Haupt Balcken bc in c um 2½ Zoll höher als der nördliche aufliege. Jedoch liegen diese Haupt Balcken mit ihren andern Ende b auf ihren wagerechten Mauer-Pfeilern wagerecht auf, sind aber in Ansehung ihrer Länge, das ist von Westen zu Osten, wiederum nicht in der Wage, sondern der südliche weicht um 2 Zoll und der nördliche um 4¾ Zoll ab, woraus den abzunehmen ist, daß der südliche Grundstein um 2 Zoll wie der nördliche um 4¾ Zoll gesuncken seyn müße. Eine Sinckung welche bey ihrer von runden Felsen bestehenden Grund Mauer, leichtlich gleich anfangs entstanden seyn kann, nun aber, weder in Ansehung der wenigen Last, die darauf ruhet, noch auch in Ansehung der künftigen Folgen irgend für erheblich anzusehen ist.

Außer vorbenannten Haupt-Ständern, bestehet fast alles übrige Ständerwerck aus fürenen Holze, wovon jedoch alles eine genugsame Stärcke für die ihm obliegende Lasten hat.

Die Mängel des Ständerwercks zeigen sich hauptsächlich an der West Seite, wo unter denen an der westlichen Mauer anliegenden Legden, Ständern, Balcken, und Balcken Köpfen die meisten Stücke schadhaft befunden werden inmaßen wegen der vom Regen durchgenetzten Mauer an einigen der Spint angegangen, andere unten angefaulet, andere fast gar vermodert sind. Das übrige freistehende oder freiliegende Holzwerk, ja selbst das was an den andern dreyen Seiten des obern Stockwercks mit Mauerwerck verkleidet ist, hat sehr wenig gelitten, wenn gleich hie und da der Spint unansehnlich geworden ist.

III.

Der Ueberhang der Spitze fällt mehr in die Augen als er vor der Hand gefährlich ist. Sie für sich ist gerade und in guten Umständen, nur das Gebälcke, worauf sie zunächst ruhet, weichet zu Süd Ost um 8 und zu Nord Ost um 10 Zoll von der horizontal Linie ab. Die Ursache kann leicht angegeben werden. In dem Ständerwercke liegen starcke Balcken, Sohlen und Pfetten zu rechten Winckeln achtfach übereinander und jedermann weiß, daß alles Holz mit den Jahren starck eintrocknet. Wenn denn jedes Stück nur um dreyviertel Zoll (welches bey so dicken füren Holze nicht viel sagen will) eingetrocknet ist, so machten 8 Lagen 6 Zoll aus. Nimmt man diese mit der vorhin bemerckten Senckung der Grundsteine von 2 und 4 ¾ Zoll zusammen, so findet man, wie die südöstliche Abweichung von 8 und die nordöstliche von 10 Zoll entstanden sey.

In den vorangegangenen Urkunden wird die Höhe der Spitze zu 115 Fuß angegeben. Ihr mittlerer horizontal Hang ist 9 Zoll und die Seite der Grundfläche 27 Fuß. Demnach würde der Ueberhang der Spitze 3 Fuß 2 Zoll, folglich ihr Schwer-Punct mehr als 12 Fuß innerhalb der Grundfläche und ihr Einsturtz auch bey schweren Stürmen nicht besorglich seyn, obwol es übrigens in allem Betracht weit zuträglicher wäre, wenn die Last der Spitze mehr auf der Mauer als auf den beyden Haupt Ständern ruhete.

Aus dem, was bisher von dem Zustande und Beschaffenheiten des Thurms umständlich und zuverläßig gemeldet worden ist, wird nun von selbst erhellen, wie die reparation des Thurms nicht sowohl wegen einer von dem Ueberhang der Spitze zu besorgenden Gefahr, als wegen des an der West Seite befindlichen äußerst schadhaften Ständerwercks, ganz unumgänglich nöthig und auch nicht länger aufzuschieben sey.

Ein bequemer, mit Sicherheit auszuführender und dabey gar nicht kostbarer Vorschlag, zu einer dauerhaften Verbeßerung des Thurms mögte dieser seyn: wenn man

a) den inwendig vorliegenden Thurm Pfeiler ab zu verhältnißmäßiger Stärcke in der zwoten und dritten etage continuirte,

b) auf dem Absatze der Mauer ebenfalls zwey Zwischen-Pfeiler auführete, auch solche 4 Pfeiler mit Bogen unter sich schlöße, und

c) auf diesen die ganze Verkleidungs Mauer der dritten etage ordentlich aufsitzen ließe. Bey dieser Einrichtung könnte man

d) des Ständerwercks an der West Seite fürs künftige gänzlich entbehren, oder auch

e) zum Ueberfluße, des Kirchen Stuhls wegen ein Strebewerck in gemeßener Entfernung von der Mauer der zwoten etage unterziehen; Hätte aber

f) zu dieser ganzen Arbeit, wie auch zur Ausbeßerung des übrigen Ständerwercks kein Gerüste nöthig, und auch

g) die Spitze würde ohne Gerüste mit vieler Sicherheit leichtlich gerade zu richten seyn.

Indem denn die westliche Kirchen Mauer, durch die an und eingefügten Pfeiler eine mehrere und regelmäßige Stärcke überhaupt erhält, insonderheit aber in der dritten etage ihre Verkleidungs Mauer in eine grundfeste verwandelt wird; So fällt nunmehro auch die sonstige reparation des gesamten Mauerwercks desto leichter, da nun

h) deßen zweyzölliger Ueberhang der beyden untern etagen, entweder gar nicht in Betrachtung zuziehen, oder nebst der Ausbauchung über dem portal wegzuhauen, hingegen

i) die Ecken der Abseiten zu Süden und Norden auf den zweifelsohne noch vorliegenden Felsen Grunde bequemlich einen Untersatz zu geben, und

k) die drey oberhalb dem Kirchen Dache vorragende Verkleidungs Mauren zu Süden, Norden und Osten nach angemeßener Befestigung ihrer Grundschwellen tüchtig aus zu beßern wären.

Würde dieser Vorschlag mit gehöriger Einsicht und Treue ins Werck gerichtet; So hat man eben die Dienste davon, als wenn man ein neues Ständerwerck, wobey man von der Güte des neuen Holzes nicht allemahl versichert ist, einbringen wollte, und der Thurm wird unter ordentlicher Jährlicher Ausbeßerung gewiß noch ein Jahrhundert ohne Haupt reparation stehen, auch falls nach der Hand ein oder ander Stück Holz abgängig werden mögte, wird es mit gleicher Bequemlichkeit wieder einzubringen seyn.

»Wollte man aber den Thurm zu noch weit längerer Dauer, zur Erspahrung eines ansehnlichen Theils der jährlichen reparations Kosten, wie auch zu völliger Sicherheit des ganzen Ständerwercks ein vor allemal verbeßern; So wäre anzurathen, daß man die drey Verkleidungs Mauren zu Süden Osten und Norden abträge und das Ständerwerck an diesen dreyen Orten mit Kupfer deckte. Daß hiebey nur die Erste Auslage zur Erwägung komme; daß hingegen das angewandte Capital in dem Werth des Kupfers unverloren sey; und daß man die Zinsen in den Unterhaltungs Kosten erspare, ist vielleicht überflüßig anzumercken.«

Die materialien zu diesen beyderseitigen reparations Vorschlägen sind alle täglich zu haben und die Ausführung wäre mit Bequemlichkeit in einem viertel Jahre zu vollenden.

Nun wären noch die Baukosten anzugeben. Sie würden, wenn der erste Vorschlag genehmiget ist, auf Zwölf Hundert Reichsthaler und, wenn mit Kupfer gedecket werden soll, auf Achtzehen Hundert Reichsthaler belaufen.

Statt eines Bau Anschlages, welchen bey Flick Arbeiten niemand auf alle Genauigkeiten zutreffend geben, aber doch so, daß man, mit Abnehmen an einem Orte, und Zugeben am andern Orte, ohngefähr mit den angeschlagenen Kosten auskommen möge, ihn gar leicht einrichten kann, will ich lieber mich hiemit anheischig machen, die Ausführung um die Benannten Summen zu übernehmen, und zum Beifall von Kennern tüchtig zu leisten.

Wäre es gefälliger das Werck für der Stadt-Rechnung machen zu laßen und mir die Führung deßelben anzuvertrauen, so würden mir für Aufsicht und Bemühung eines für alles Ein Hundert und 30 Reichsthaler bezahlet.

Sollte übrigens in meinen Vorschlägen etwas nicht deutlich oder einem Zweifel ausgesetzet zu seyn scheinen, so bin bereit, darüber mich des mehrern zu erklären.

Hamburg d 30 st Maii 1769   Erst George Sonnin.

34.

NIKOLAIKIRCHE HAMBURG

Bericht mit dem Kirchenzimmermeister Erich Jacob Westphalen im Auftrag der Kirchenjuraten über die Neigung der Turmspitze.
Hamburg, 22.6.1769

Staatsarchiv Hamburg
Archiv der Kirche zu St. Nikolai
III, 4a, Lit. B. Protokoll 1751–1780
Bl. 380

(Abschrift)

Auf des Herrn Garlieb Amsinck Hoch Edelgebohrnen als p.t. Juraten der Kirche zu St. Nicolai haben wir Endes unterschriebene den Stand der Nicolaitischen Thurm Spitze zu zweien verschiedenen mahlen gelötet und untersucht und befinden nicht allein:

1. den Untertheil der Thurm Spitze, welche bey der vormaligen Richtung auf das dauerhafteste ausgebunden ward in den besten Umbständen, sondern es hat auch
2. die obere Spitze über den Glocken Spiehl sich in unwandelbaren und genau in eben dem Loth Stande, worin sie bey ihrer vormaligen Richtung gesetzet ward, erhalten, nemlich ihr Mäckeler, der wie bey jungen eichenen Holtz gewöhnlich, sich etwas gewunden hatte, hänget ein wenig gegen Süd Osten, das ist zu Süden und Osten Vier Zoll über, einen Hanck, der fürs erste in keiner Betrachtung zu ziehen und zweytens mit Fleiß gegen Osten zugelaßen ist, weil alle unsere Thürme aus einer natürlichen Ursache sich beständig gegen Westen neigen, damit man für das künftige diesen Hanck bequem beobachten und wegen des mit Grund zu hoffenden Bestandes der Spitze sich von Zeit zu Zeit überzeugen könne, so ist derselbe auf den Boden über den Knöpfen auf einen deswegen aufgenagelten Brettes aufgerißen worden.

Wie übrigens die gantze Spitze so wol in Betracht des Holtzes als der Deckung in recht guten Umbständen ist, so scheinen doch die 4 inwendigen Stender in der Laternen, welche die Spiehl Glocken tragen des wegen einer Aufmercksamkeit würdig, weil das Kupfer, womit sie bedecket sind, undicht und schon sehr geküttet sind, mithin diese Rheeder unter dem Kupfer leichtlich unbemercket anfaulen und eine Reparation von mehreren Kosten nach sich ziehen könnten.

Hamburg den 22 Juny 1769   Erick Jacob Westphaelen Zimmermeister   E.G.Sonnin

35.
KATHARINENKIRCHE HAMBURG

Gutachten im Auftrag der Kirchenjuraten über den Bauzustand der Turmspitze mit Vorschlag für die Instandsetzung. Nachdem die Neigung der Turmspitze von den Kirchenzimmer- und maurermeistern und dem Bauhofsinspektor Johannes Kopp begutachtet und für ungefährlich angesehen worden war, entdeckt erst Sonnin aufgrund von Erfahrungen bei der Instandsetzung der Nikolaikirchturmspitze nach der Abnahme der Kupferverkleidung von den Ständern der oberen Laterne die eigentliche Ursache und zukünftige Gefahrenquelle durch Fäulnis. Das Gutachten stellt daher eines der wichtigsten Beispiele für seine gründliche Arbeitsweise dar. Die Geraderichtung wird nach Sonnins Angaben im Sommer 1770 durchgeführt.
Hamburg, 3.9.1769

Staatsarchiv Hamburg
Archiv der St. Katharinenkirche Hamburg
A. XII, a. 8 Kirch-Geschw. Prot. B. 1764–1780
S. 118

(Abschrift)
Pro memoria

Als derzeitige H. Juratus zu St. Catharinen Herr Capit. Sivers mir geneigtest eröfnet: Wie Ein Hoch Weiser Senat Hochlöbl. Kirchen Collegio zu St. Catharinen über den augenscheinlichen Hang der Catharinitischen Thurm Spitze seine Besorgniße zu erkennen gegeben, und deswegen er mir aufgetragen haben wolle, nach einer genauen und aufmerksahmen Untersuchung von dem Zustande des Thurms mein gewißenhaftes Bedencken zu geben; so nehme ich die Freyheit zum voraus zu erwehnen: »daß der nach dem Augenmaaße etwa 4 Fuß betragende Überhang dieser Spitze in Vergleich der

Grundfläche und der Höhe nicht sehr groß sey, und demnach an und für sich selbst betrachtet, keine Gefahr verursachen könne. Daß aber doch außer beregten Überhange der Pyramide vielleicht weit beträchtlichere Mängel vorhanden seyn könnten, wenn nemlich:

1. entweder das nur auf Bogen ruhende 8 kantige Mauerwerck schadhaft
2. oder die Ständer der Laternen nach dem Umkreise außer Loth gewichen
3. oder diese Ständer unter dem Kupfer verfaulet wären.

Welches letztere um so viel gefährlicher seyn könnte, da der mit Kupfer bedeckte Schade nicht sichtbahr wäre, und dahero bey denen jährlichen Visitationen nicht in Betrachtung gezogen würde.

Der Herr Juratus waren zu der Untersuchung der Jetzt angezeigten Mängel ohne Anstand geneigt, erlaubeten das Kupfer an den Ständern bey der Laternen zu lösen, und setzten mich in den Stand von einem jeden dieser Umstände nachstehenden zuverläßigen Bericht abzustatten.

I.

Die Spitze sowohl, als das ganze Mauer Werck, hänget wie alle unsere Thürmer gegen Westen über. Die Ursache ist eines Theils der aus Westen anschlagende Regen, andern Theils die Gothische unregelmäßige Bau Art, nach welcher unsere Thurm Mauren nothwendig bersten und auch gegen Westen übersincken müßen.

Der Hang der Catharinitischen Spitze ist sich in allen Theilen ziemlich gleich, und beträgt auf jedes 100 Fuß, 2 Fuß. Solchergestalt finde ich, so wohl nach den würcklichen Ablöthungen, als auch in den Vergleichungen, daß die Spitze oder Pyramide, welche von dem 8 eckigten Mauer Werck an, bis zum Knopf 198 Fuß hoch ist, um 4 Fuß 1 Zoll gegen Westen über gesuncken sey.

Das gesamte Mauer Werck ist nach eben dem Verhältniß übergewichen, allein, da die West Seite deßelben neu zu Loht aufgeführet, und ansehnlich verstärcket ist, so hat man nun daßelbe billig für gerade und so anzusehen, als wenn es gar nicht gewichen wäre.

Da aber das gesamte Mauer Werck circa 200 Fuß hoch, folglich für sich gleichfalls um 4 Fuß übergewichen, so machet der Überhang der Pyramide und des Mauer Wercks zusammen genommen 8 Fuß aus, das ist, der Knopf der Spitze ist 8 Fuß aus seinem Stande gewichen, und eben daher kommt es dann, daß, da der ganze Hang des Thurmes uns ins Gesichte fält, er die Betrachtung der Aufmercksahmen auf sich gezogen, und zu billigen Besorgnüßen Anlaß gegeben hat.

II.

Das 8 kantige Mauerwerck hat so wol, als die unteren Bogen, worauf die abgeschnittenen Seiten ruhen, als auch in seinen oberen Bogen verschiedene Riße. Sie sind vor jetzt noch nicht gefährlich, aber sie verdienen bey Visitationen genauest beobachtet zu werden, besonders deswegen, weil die Festigkeit der schadhaften Bogen großen Theils auf den Bestand der eingelegten eisernen Ancker ankomt, die unerachtet ihrer beträchtlichen Dicke, dennoch nie so zuverläßig sind, daß nicht die bekannt unsichere Natur des Eisens unsere besorgte Aufmercksamkeit erforderte.

III.

Die Ständer der beyden Laternen hängen nicht allein mit dem ganzen Wercke gegen Westen über, sondern sie sind auch nach dem Umkreise außer Loht gewichen, oder wie man saget, sie haben sich gedrehet, das ist, verschoben. Die Ursache lieget in dem gewöhnlichen Verbande der Alten, welche überflüßige Bindwerck übers Creutz machten, und dabey gäntzlich vergaßen, auch die Seiten zu verbinden. Es kommt dazu, daß die Ständer nicht aus einem Stück bestehen, sondern mit einer Zange zusammen geschlitzet sind, mithin von einer leichten Ursache zum Weichen gebracht werden können. Noch mehr, diese Ständer oder Pfeiler, welche von außen als 5 Fuß dick erscheinen, sind in der That nicht mehr als 1 ¼ Fuß dick, das übrige, was stärcker ins Auge fällt, bestehet nur aus vorgekleideten Bohlen. Indeßen ist unsere kreysförmige Abweichung oder Verschiebung nicht sehr groß. An einem Ständer beträgt sie 5 ½ Zoll, am andern 4 ½, 3, 2 Zoll, weil aus dem Westlichen Abhange ein vermischte Abweichung entstehet. Beyde Laternen haben auch nicht gleiche Abweichung. In der oberen ist sie weniger, auch nach entgegen gesetzter Richtung, und die größeste machet 2 Zoll aus. Ich muß aber hiebey unumgänglich nothwendig erinnern, daß die kreysförmige Abweichung einer Laterne von weit größerer Erheblichkeit sey, und daß, wenn in unserm Fall die Laterne sich um 11 Zoll gedrehet oder verschoben hätte, als denn die Spitze schon in Gefahr stehe.

IV.

Ob die Ständer der Catharinitischen Laternen unter dem Kupfer verfaulet wären oder nicht, konnte ohne vorgangige Untersuchung niemand mit Gewißheit weder bejahen noch verneinen, weil sie ganz mit Kupfer verdecket sind. Mir schien also diese Untersuchung die nothwendigste zu seyn, nachdem ich an den Thurm zu Nicolai bey dem Abnehmen des Kupfers nicht ohne Rührung, 2 sehr vermoderte Ständer vorgefunden, wovon der eine bis auf 2 Zoll ganz weggefaulet, und der zweyte nicht mehr als 4 ½ Zoll gesundes Holz hatte, so daß die obere Spitze ohnfehlbar eingestürzet wäre, wenn es die Vorsicht nicht so gnädig zu rechter Zeit abgewendet hätte. Als denn nun auch bey dem Catharinen Thurm das Kupfer von denen Ständern bey der Laternen gelöset war; so fand sich, daß ein Ständer in der obern Laterne durch und durch verfaulet ist, und in der untern 2 Ständer etwas angegangen sind. Der gänzlich vermoderte Ständer stehet just an der schwachen Seite, wo der Thurm seinen Hang hat.

Es entstehen aber dergleichen Vermoderungen sehr leichte wenn das Kupfer eine kleine undichte Stelle hat, wodurch nur so wenig Regen Waßer eindringet, daß man die Lecke nicht gewahr wird, da inmittelst diese wenige Feuchtigkeit, nebst dem Mangel an Luft, und noch die dazu kommende Sonnen Wärme ganz natürlich eine von Tage zu Tage zunehmende Fäulniß hervorbringen.

V.

Nach vorstehender Anzeige der von mir wahrgenommenen Gebrechen, hätte ich nun wegen der theils unumgänglichen, theils anzurathenden Verbeßerung derselben meine unvorgreifliche Meynung darzulegen.
1. Die späte Jahres Zeit und die bevorstehende unruhige Witterung erlauben nicht in diesem Jahr etwas von Belang vorzunehmen. Indem aber
2. der vermoderte Ständer den Bestand der Spitze gegen einen starcken Wind aus Osten unsicher machet, so wäre es rahtsam diese Seite fordersamst zu stützen, welche mit zwey Rund Hölzern und einem Lager Stücke auf dem Boden zu gänzlich unbesorgter Sicherheit geschehen und hiernechst mit dem Frühlinge die gefällige wesentlichere reparation vorgenommen werden kann. Dahin gehören vor allen Dingen
3. die Ständer der untern Laterne, welche starck gestücket, oft verlochet, und ohne Seiten Verband sind, und deswegen im Kreyse gewichen. Ihre Weichung ist nicht so groß, fällt auch nicht so sehr ins Auge, daß es nothwendig wäre, sie zurück zu drehen. Allein ihrer großen Schwäche müßte man doch der künftigen Dauer wegen zu Hülfe kommen. Dieses geschiehet am bequemsten, wenn man anstatt der vorbemerckten Bohlen Verkleidung ihnen zu jeder Seite einen Ständer beysetzet und als denn wäre es leichte, einen Seiten Verband mit anzubringen. Wünsche man, das Ansehen der Gallerie lieber bey zu behalten, als eine volle Brüstung, wie solches zu

Nicolai geschahe, zu machen, so wäre auch diese Einrichtung ohne Nachtheile der Sicherheit zu machen.

4. Die obere Laterne, welche wenigere Abweichung und auch nur eine kleine Spitze, das ist, wenigere Last über sich hat, könte, außer den neu anzusetzenden Ständer in ihrem Zustande verbleiben, wenn nur der Verschiebung wegen ein Seiten Verband angebracht würde, wozu ein Mittel von wenigen Kosten angegeben werden kann.

5. Was endlich den Überhang der ganzen Pyramide betrift, so habe gleich anfangs geäußert, daß wenn derselbe gleich 4 Fuß betrüge, derselbe dennoch nicht gefährl. sey, wozu nun beyfüge, daß der Gefahr wegen es hier keine Nohtwendigkeit sey, die Pyramide zu richten, oder wieder ins Loht zu stellen. Indeßen verdienen doch nachstehende Umstände wohl erwogen zu werden:

A) Die Thurm Mauer hat sich gegen Westen gesencket, und obgleich ein neues Mauerwerck an der West Seite aufgeführet, bleibet dieses dennoch die schwächere Seite.
B) Dieser an sich schwächeren Seite komt nun noch der Überhang der ganzen Pyramide zur Last, welche, wenn ein Gleichgewigt seyn solte, viel mehr zum Gegengewigt nach Osten seyn müßte.
C) Das Bindwerck einer Spitze oder Pyramide, worin von rechts wegen alles zu Wage und Loth seyn sollte, kann einen Stand in die Länge nicht ertragen, sondern es ergeben sich mit den Jahren allerhand Gebrechen von größerem Belange.
D) Die Catharinitische Spitze hat für sich noch 2 schwache Stellen, nemlich ihre beyde Durchsichten oder Laternen, welche in der Zukunft beständig leiden, so lange sie schief bleibet, und hingegen auf Bestand sicher sind, wenn sie gerade stehet.
E) Auch selbst die Abweichung der Laternen werden größten theils von selbst ceßiren, wenn die ganze Pyramide zu Loht gestellet wird.

Ob diese Erwegungen Gründe genug an die Hand geben, einen Entschluß zur Richtung der ganzen Pyramide zu nehmen, überlaße ich höhern Ermeßen. Es konten aber doch dabey noch 2 Fragen vorkommen, nemlich: Ob die Richtung der Pyramide ohne Gefahr geschehen könne, und denn wie hoch die Kosten der Richtung gehen würden?

Was das erste betrift, so vermeyne ich, es sey außer Zweifel gesetzet, daß sie mit der größesten Sicherheit gerichtet werden könne, und in Ansehung der Kosten sind in unserm Falle Umstände vorhanden, welche die Richtung also erleichtern, daß sie unter 3000 Mk geleistet werden kann, wofür ich sie auch immer übernehme.

Sollte auch über die übrigen reparationes ein Kosten Vorschlag verlanget werden, so bin bereit, denselben also zu geben, daß ich die Ausführung deßelben übernehmen kann.

Hamburg den 3 Septembris 1769.   EGSonnin.

36.

FEUERSPRITZEN

Stellungnahme zu den Erfahrungen des »Stadtbau Herrn« F. L. Kampe mit Feuerspritzen in Göttingen mit Begründung für die bessere Eignung kleiner als großer Feuerspritzen in Hamburg und damit Rechtfertigung der von der Patriotischen Gesellschaft ausgeschriebenen Preisaufgabe. Sonnin benutzt die Gelegenheit, sich über den Nutzen von technischen Neuerungen und deren Publikation im Sinne der Aufklärung auszulassen.

Hamburg, 5. und 8.2.1770

Hamburgische Addreß-Comtoir-Nachrichten
11. Stück, Montag, den 5. Febr. 1770

Von Sprützen.

Das 5. 6. und 7. Stück der Hamburgischen Addreß-Comtoir-Nachrichten hat uns aus den Göttingischen Unterhaltungen, ein in der That unterhaltendes Etwas von Feuersprützen mitgetheilet, das den Herrn Stadtbau-Herrn Kampe in Göttingen, einen Mann, der seinem Ammte würcklich Ehre macht, und dessen schon im 93. Stück der Addreß-Comtoir-Nachrichten mit schuldigstem Ruhme gedacht worden ist, zum Verfasser hat. Die Vorerinnerungen, welche er machet von deren nach und nach erfolgter großen Verbesserung von deren bisheriger Bearbeitung durch Personen, die sich zwar gut mit der Hand Arbeit, aber viel zu wenig mit den dazu nothwendigen Grundwissenschaften bekannt gemachet haben, u. s. f. sind Wahrheiten, und liebenswürdige Merkmale gemeinnütziger Beherzigungen, welche allerdings die thätigste Aufmerksamkeit derjenigen verdienen, denen das Glück Gelegenheit und Vermögen geschenket hat, zur Verbesserung und Ergäntzung der dabey entdeckten Defecte beyhülfliche Hand leisten zu können.

Sein Vorschlag, daß man denen mit Verfertigung gantzer Sprützen beschäftigten Handwerkern berechnete Tabellen in die Hände geben möge, würde ohne Zweifel den von ihm bemerkten Vortheil haben, daß die Künstler nach abgelegtem Vorurtheile ihre Arbeit mit mehrerer Gewißheit verfertigen würden.

Es würde aber auch noch ein zweiter Nutzen daraus entstehen. Wir wissen, daß der Mensch gerne erfinden will, und es auch nicht unbekannt, daß unter den Handwerkern mancher feine Kopf gefunden wird, der Lust genug hat, seine Arbeiten vollkommener zu machen. Er wendet Zeit und Unkosten auf Versuche, sie schlagen fehl, weil er blind und oft gerade gegen die Natur arbeitet. Was ist ihnen dann natürlicher, als die Versuche aufzugeben, und beym Alten zu bleiben? Hätte er aber eine solche Richtschnur, so würde er nicht allein die Abweichungen in seinen Versuchen leicht erkennen, sondern auch so gar das genaueste, was bey den verschiedenen Bearbeitungen die Rechnung nicht allemal ausführlich genug vorschreibet, bestimmen können. Ihm bliebe dennoch immer der Ruhm eines geschickten Künstlers und wahren Practici.

Kenner sehen freylich einem solchen schätzbaren Geschenke mit Verlangen entgegen, und vielleicht schläget ihre Hofnung nicht fehl, wann sie sich solches von den soliden Bemühungen des Herrn Aedilis versprechen.

Was in dem Verfolge aus hydrostatischen Grund-Sätzen von der zum Triebe eines Strahls erforderlichen Kraft und dem Verluste eines Strahls in freyer Luft angemerket worden, ist so faßlich vorgetragen, daß es auch Künstlern von niederer Wissenschaft begreiflich wird, und es wird bey ihnen so viel mehreren Eindruck machen da die angefügte Sprützenproben dasselbige bestätigen.

Außerdem aber ist es den Wissenschaften immer ersprießlich, wenn gemachte Versuche der Welt bekannt gemachet werden. Sie geben Gelegenheit zum Nachdenken, zu Bemerkungen, zu ferneren Versuchen, worauf man sonst nicht gefallen wäre. So hat vielleicht meine beyläufige Anmerkung nechst der richtigen Abmessung des Kauf-Hauses die genaue Bestimmung des Strahls der alten Göttingischen Sprütze veranlaßet, und hingegen haben die Erinnerungen des Herrn Aedilis über die Neubertische Sprütze gleichfals zu neueren Versuchen Anlaß gegeben.

Ich will davon für diesesmal nur einen bekannt machen, welcher zur Absicht hatte, zu erfahren, wie hoch der Strahl mit der Neubertischen Sprütze beynahe perpendiculair sprützete. Das Leit-Rohr ward zu einem Winckel von 75 Grad geneigt, und man erreichete die Höhe von 93 hamburgischen Füßen, welche beynahe 85 Rheinländische Füße ausmachen. Ich führe wohlbedächtig hiebey an, daß an der Sprütze selbst nicht das allergeringste verändert worden ist. Damit jedoch dieser, von der vorhin bekannt gemachten Sprützen-Probe so sehr abweichende Umstand nicht fremde scheine, will ich die Ursache davon angeben, und zugleich eine gegründete Anmerkung, die der Herr Aedilis beym Schlusse machet, dadurch bestätigen.

Die Vorsteher der Gesellschaft wollten ihrer eigenen Satisfaction und Ehre wegen, zu der Sprützen-Probe vom 19. Sept. mit Vorbedacht keine Leute von ausgesuchter Größe und raschen Kräften anstellen, sondern sie wollten lieber die Neubertischen Leute, ihrer achte an der Zahl, beybehalten. Unter diesen war nur ein einziger 6 Fuß, und ein paar Zoll Hamburger Maß groß, die übrigen alle waren nicht größer als 5 Fuß 9 Zoll, ja ihrer zween waren nicht einmal 5 Fuß 6 Zoll groß, so daß man schon ein reichliches zugiebt, wenn man saget, die Mannschaft sey im Durchschnitt 5 Fuß 9 Zoll groß gewesen. Ihr Gewicht betrug im Durchschnitt nicht 132 Pfund. Ein jeder wird gestehen müssen, daß diese Mannschaft noch weniger als mittelmäßig gewesen ist.

Zu den nachmaligen neueren Versuchen hingegen sind Leute von mittelmäßiger Grösse, welche durch die Bank 6 Fuß groß, und 154 Pfund schwehr waren, gewählet, und mit ihnen der vorgemeldete Effect bequemlich erhalten worden. Mit der Zeit sollen auch Leute von ausgesuchter Grösse und raschen Kräften zum Versuche gebraucht, und die alsdann sich ergebende Würkung nebst anderen in die Berechnung einschlagenden nützlichen Dingen dem Publico mitgetheilet werden.

Den Kunstverständigen können die Nachrichten, welche der Herr Stadtbauherr von der alten Göttingischen Sprütze einfliessen lässet, nicht anders als angenehm seyn, und ein jeder wird für die Höhe ihres ausgeworfenen Strahls Respect haben. Nicht weniger werden sie die Beschreibung der Dänzerischen-Sprütze und die darüber ergangene Critick mit Vergnügen lesen, auch ihren guten Ausfall nicht verkennen können, obgleich sowohl bey dieser als bey jener einige Data zu deren näheren Kenntniß vermisset werden. Hingegen mögte bey der Vergleichung, die zwischen der Dänzerischen und Neubertschen Sprütze angestellet worden ist, sich noch wohl mit Fug etwas erinnern laßen.

Es ist von meinem Zwecke nicht weit entfernt, wenn ich die Dänzerische Feuersprütze zuerst mit den bisher in Hamburg gewöhnlichen Feuersprützen vergleiche. Die Dänzerische gab in 58 Secunden 16 Cubic-Fuß Wasser, folglich in 197 Secunden 54 1/3 Cubic-Fuß. Der Admiralitätszubringer, als Sprütze gebraucht, gab (nach No 153 des Correspondenten in 2 Minuten 17 Secunden, oder in 197 Secunden) nur 25 Cubicfuß, das ist noch nicht einmal halb so viel Wasser. Die Dänzerische Sprütze hat 108 Schläge in 58 Secunden gemacht. Die Geschwindigkeit ist ausserordentlich, und da ein jeder Schlag circa eine halbe Secunde dauret, läßt sich leicht ermessen, daß eine Mannschaft dergleichen überschnelle Bewegung beym Sprützen nicht lange aushalten könne. Die Admiralitätssprütze machte in 197 Secunden 235 Schläge, das ist, ihr Schlag, der circa 5/6 Secunden dauret, war etwan eine ordentliche Bewegung, wie der Herr Aedilis vormals angemerket. Indem aber die Dänzerische Sprütze in 108 Schlägen 16 Cubicfuß ausgiesset, so giebt sie in 235 Schlägen nur 35 Cubicfuß. Solchemnach verhalten sich die Zeiten wie 54 zu 25, und die Schläge nur wie 35 zu 25. Dieser Unterschied ist sehr beträchtlich. Ich achte dann nach den zum Grunde gelegten Sätzen des Herrn Aedilis mich mehrfals wohl befugt, den Vorzug, den die Dänzerische Sprütze in Ansehung des höheren Strahls hat, gegen diesen Unterschied abzurechnen, und will, um leichtere Rechnung zu haben, rund weg annehmen, daß die Dänzerische Sprütze in gleicher Zeit zweymal so viel Wasser als der Admiralitätszubringer ergeben habe.

12. Stück. Donnerstag, den 8. Febr. 1770.

Wenn ich hieraus schliessen wollte, daß der Effect der Dänzerischen Sprütze noch einmal so groß als der des Admiralitätszubringers sey; so ist mein Schluß in Ansehung der Wassermenge ganz richtig. Betrachte ich aber dabey die Anzahl der Mannschaft, so gewinnet er ein ganz anderes Ansehn. Er leidet einen starken Abfall und lautet nun also: Sechzehn Mannschafften mit der Däntzerischen Sprütze zweymal so viel Wasser, als, 8 Mann mit der Hamburgischen und folglich thut 1 Mann mit der Däntzerischen Sprütze just so viel als 1 Mann mit den Hamburgischen Sprützen das ist, der Effect der Däntzerischen und der längst gewöhnlichen hamburgischen Sprützen ist gleich, oder Kaufmännisch zu reden, die Würkung der Däntzerischen und Hamburgischen Sprützen ist netto pari.

Wie demnach die Däntzerische Sprütze mit 16 Mann nicht mehr Würkung thut als 2 Hamburger Sprützen (jede zu acht Mann, oder zusammen mit sechzehn Mann); So kommt es nur auf die Liebhaberey an, ob man lieber Eine, wie es aus der Beschreibung anscheinet, große Däntzerische oder zwey Hamburgische kleinere wählen wolle. An Orten, wo grosser Raum, grosse Strassen und viel Volk sogleich zu Gebote ist, würde vielleicht eine Däntzerische gewählet werden. Aber bey uns in Hamburg könnten wir wohl nicht anders als die unseren wählen. Denn bey uns sind die Strassen eng und der Ort weitläufig. Mit kleineren Sprützen können wir besser beykommen, als mit grossen. Denn es giebt nicht viel Oerter, die so geräumig wären, daß man mit 16 Mann zu arbeiten ankommen könnte. Es eilet auch aber die Mannschaft zu zwoo kleineren als zu einer großen herbey, und da wir von 2 kleineren eben den Effect haben, als von einer grossen, so können wir mit zweyen entweder auf eine Stelle, oder wenns die Umstände erfordern, auch damit auf 2 verschiedenen Stellen sprützen. Mit Grunde würde man hier einwenden, daß zwey Sprützen mehr kosten als eine, und daß auch bey zweyen doppelte Schläuche erfordert werden. So wahr dieses ist, so groß sind hingegen die vorbemerketen Bequemlichkeiten, zu welchen ich noch eine hinzusetzen will. Wenn wir hieselbst nur 15 hätten, anstatt wir über 40 Sprützen haben, so würden die Sprützen-Häuser dieser 15 Sprützen ziemlich weitläufig von einander stehen, wohingegen nun unsere 40 Sprützen sowohl ausgetheilet sind, daß aller Orten eine Sprütze ganz nahe zur Hand ist, wo auch nur ein Unfall entstehen mögte.

Daß unsere Wahl würcklich und schon längst auf kleinere gefallen sey, werde ich mit der Erfahrung bestätigen. Es stehet hier in Hamburg eine noch nicht gar alte Sprütze, welche überaus gut und stark, ohngefähr in den Däntzerischen Verhältnissen gemacht ist. Sie hat keinen Fehler, als daß sie uns zu groß ist, der Besitzer will sie gern um einen Preiß abstehen, den sie beynahe an alten Eisen und Messing werth ist, und ich kann versichern, daß sie etwan auf einem Schloßhofe vortreffliche Dienste leisten würde.

Aus diesen Umständen wird es sich mehr aufklären, warum die Vorsteher der Hamburgischen Gesellschaft auf kleinere Sprützen von grösserem Effect ihren Preis gesetzet haben.

Ich kann nun die Vergleichung zwischen der Däntzerischen und Neubertschen Sprütze bequem und kürzer behandeln. Wegen eines kleinen Erreurs in den Zahlen 16 und 23, die jedoch nachher mit 10 und 25 richtig ausgedrückt sind, wird sie von den Zahlen, die der Herr Aedilis herausgebracht haben, um eine unbeträchtliche Kleinigkeit abgehen, und sie wird nunmehro diese seyn. Die Däntzerische mit 16 Mann bearbeitete Sprütze giebt in 58 Secunden 16 Cubic Fuß, mithin (in 2 Minuten 10 Secunden das ist) in 130 Secunden 36 Cubic Fuß. In eben dieser Zeit giebt eine mit 8 Mann bearbeitete Neubertsche Sprütze 25 Cubic Fuß, folglich 2 solcher Sprützen 50 Cubic Fuß. Oder umgekehrt, zwo Neubertische Sprützen ergießen in 130 Secunden 50 Cubic Fuß, mithin in 58 Secunden 22 Cubic Fuß, als in solcher Zeit die Däntzerische nur 16 Cubic Fuß ergiesset. Es verhält sich also die Wassermenge beyder Sprützen, wie 18 zu 25, das ist, wenn man es Kaufmännisch ausdrückt, die Neubertische Sprütze giebt 39 pro Cent Wasser mehr als die Däntzerische.

Zufälliger Weise haben beyde Sprützen gleichviel Schläge gemacht. Aber die Däntzerische that 108 Schläge in 58 Secunden, wohingegen die Neubertische ihre 108 Schläge in 130 Secunden verrichtete. Jene daureten dann ½ Secunde, diese aber 1 ⅕

Secunde, und es wäre wohl kaum nöthig auch hier anzumerken, daß die Arbeiter bey der Neubertischen ungemein viel länger als bey der Däntzerischen aushalten können.

Ich sollte billig noch aus der Verbindung der beyderseits bewürkten Wassermenge mit der beiderseitigen strahltreibenden Kraft den gesammten Effect beyder Sprützen bestimmen, welchen fals, woferne die Fußmaßen einerley wären, der Neubertische (nach den neuern Versuchen) 30 seyn würde, wenn der Däntzerische 13 ist; Allein ich will lieber das genauere der Rechnungen versparen, bis nach dem gerechten Wunsche des Herrn Aedilis alle und jede Theile der Neubertischen Sprütze nebst den damit gemachten widerhohlten Versuchen öffentlich angezeiget werden können.

Hamburg, d. 3. Februar 1770.   Ernst George Sonnin.
                                      Baumeister.

37.
KATHARINENKIRCHE HAMBURG

Ergänzung des Gutachtens vom 3. September 1769. Da einzelne Details angesprochen werden, dürften Ausführungsgespräche mit den Handwerksmeistern vorausgegangen sein.
Hamburg, 1.3.1770

Staatsarchiv Hamburg
Archiv der St. Katharinenkirche Hamburg
A.XII, a.8 Kirch-Geschw. Prot. B. 1764–1780
S. 128

(Abschrift)
Zweytes Bedencken wegen der Beschaffenheit des Thurms und wie solchem zu helfen, nebst Überschlag der Kosten.

Pro Memoria.
Der Herr Capitain Sivers, p. t. Juratus der Kirche St. Catharinae haben mir aufgetragen, über ein und andern Punct meines pro memoria vom 3.7. br. abgewichenen Jahres mich etwas näher zu erklären. Demzufolge habe ich den Thurm noch zweymahl aufmercksamst untersucht, und finde

ad II
noch anzufügen, daß ohne Zweifel wegen der schon unsern Vorfahren in die Augen gefallene Gefahr, oder in der Absicht um der mehreren Weichung der Spitze vorzubeugen, in dem Achteck bereits 4 große feurene Streben zur Unterstützung der Pyramide angebracht worden sind. Es ruhen aber diese Stützen auf der schwächeren westlichen Mauer, sie streben denn zwar dem Hange der Pyramide entgegen, allein es bleibet doch eben hiedurch der Pyramide immer dem Westlichen Mauer Wercke zur Last, und doch folglich diese Streben weder zur Wiederherstellung des Gleichgewigtes etwas beytragen, noch auch gegen die Abweichung des ganzen etwas ausrichten können, so ist es gewiß, daß man von ihnen eigentlich nicht diejenige Beyhülfe zu gewarten habe, die man sich derzeit, als man sie setzte vorgestellet hat, oder die sich noch jetzt mancher davon vorstellen mögte.

ad III

habe bemercket, daß die mittelst einer Zange geschehene Zusammenfügung der Catharinitischen Ständer etwas vorteilhafter sind, als die in dem Nicolaitischen Thurm, angesehen hier der untere Theil kürzer und deswegen ihre kreißförmige Abweichung nicht so groß geworden ist. Dieser Umstand gibt in Ansehung des Seiten Verbandes eine beträchtliche Erleichterung nicht allein an Arbeits Lohn, sondern auch an Holz und anderm Zubehör.

ad V. No. 2.

nachdem auch der Herr Juratus schon die Verfügung gemacht hat, daß die Abstützung des vermoderten Ständers würcklich und recht gut geschehen ist; so könnte mit der ohnmaßgeblich vorgeschlagenen Verbeßerung der Anfang so gleich gemachet werden, als man nur das im Frühling gewöhnlich einfallende Regen Wetter vorbey zu seyn erachten mögte.

ad No. 3.

Und zwar dürften die den schwachen Ständern zuzufügende Beyständer wie auch der anzufügende Seiten Verband nur von feuren Holze seyn, welches man täglich nach Gefallen haben kann. Die Gallerien und Docken Geländer könten, wie in meinem vorigen promemoria angeführet worden, immer bleiben, nur würden sie wegen des Seiten Verbandes etwas enger werden, ohne daß jedoch die Zierde etwas litte.

ad No. 4.

Der neu einzusetzende Ständer würde notwendig von eichenem Holze seyn müßen, und hiezu ein recht kern gesundes und dauerhaftes Stück genommen werden müßen. Ein solches wäre wol bey Zeiten anzuschaffen, theils damit man nicht verlegen sey, wenn es etwa nicht gut genug ausfiele, und theils daß es noch etwas austrucknen könne.

ad No. 5.

Scheinet es nötig zu seyn, was ich von der Richtung der Spitze gesaget habe, Hochgeneigter Erwägung angelegenst zu empfehlen. Ich habe alles nochmahls nachgesehen, auch die Kosten überschlagen, und finde, daß sie gewiß nicht 3000 Mk betragen werden, zumahlen diese auf eine ganz besondere Weise einer ausnehmend großen Sicherheit und sehr leidlichen Kosten aufs genaueste zu Loht gestellet werden könnte.

Es ist noch übrig, einen Überschlag von den Kosten der übrigen Verbeßerung der Pyramide beyzufügen. Ich will ihn gleichfals so geben, daß ich sie (Gleichfals) vor die angeschlagene Summa in untadelhafter Güte zu leisten, allemahl übernehmen kann.

Wenn einem jeglichen Ständer der unteren Laterne 2 neue Beyständer von führen Holze beygesetzet, auch dieselbe mit einem standhaften Seiten Verbande gleichfals von führen Holze versehen werden, hiernechst die untere Galerie nach Belieben ganz verkleidet oder anständig verändert wird, ferner an statt des schadhaften Ständers in der obern Laterne ein neuer eingesetzet und nebst den übrigen einen zuverläßigen Seiten Verband erhält, so kostet diese ganze Verbeßerung an Holz, Zimmerlohn, Arbeitslohn, Kupferdecker Lohn, neuen Kupfer, Eisen, Gerüsten, Gerüste und übrigen Materialien, nichts ausgenommen, nicht mehr als 8 bis 9000 Mk Courant.

Gefiel es höhern Orts, die Spitze in ihr Gleichgewigt herstellen zu laßen, so würden so dann alle Baukosten zusammen genommen, sich nicht höher als 11 bis 12 000 Mk erstrecken.

Geruheten Hochlöbl. Collegium diese Arbeit Hochgeneigtest mir aufzutragen, so würde mit besonderem Fleiße bemühet seyn, Hochderselben vollkommenste Zufriedenheit in allen Stücken zu verdienen, und so wol in Absicht auf die angeschlagene Summa, als in Betracht der anzugebenden Vortheile und Ausführung mir alle mögliche Ehre zu erwerben.

Hamburg, den 1. Martii 1770. EGSonnin.

38.
DREIFALTIGKEITSKIRCHE HARBURG

Ergänzung des Gutachtens vom 30. Mai 1769 über den Bauzustand des Turmes mit weitergehenden Instandsetzungsvorschlägen.
Harburg, 9.4.1770

Staatsarchiv Hamburg
Dienststelle Harburg
4 Magistrat
IX, A.8–4
Bauten und Reparaturen an der Stadtkirche,
dem Turme, den Glocken usw.
1718–1884

Pro memoria.

Nachdem die resp. Hochwürdige, Wohl Gebohrne und Hoch Edle Herren General Superintendens Bürgermeister und Rath der Stadt Haarburg mir zu erkennen gegeben, wie dieselbe mit Königlicher Allergnädigsten Genehmigung die reparation des Thurmes für Stadt Rechnung vornehmen und zu diesem End Zwecke von mir speziellere Vorschläge erwarten wollten; So hoffe Hochgeneigtesten Beyfall zu erhalten, wenn die Freyheit nehme, zum wahren Besten der Stadt nunmehro anzurathen:

»Daß alle Vier Verkleidungs Mauren der obern Stenderwercks Etage abgetragen und statt der Mauer alle Vier Seiten mit Kupfer gedecket würden, übrigens aber die Richtung der Spitze und die Verbeßerung der Mauren nach dem im pro memoria vom 30 ten Maij a. p. enthaltenen Vorschlägen bewerckstelliget werden möge.«

Außer den in gedachtem pro memoria für die Deckung mit Kupfer schon angezogenen allgemeinen Gründen, daß nemlich

1. diese Verbeßerung die dauerhafteste und sicherste sey;
2. daß man auf lange Zeiten gar keine, und wo mit der Zeit sich kleine Mängel ergäben, nur sehr wenige reparations Kosten anzuwenden habe;
3. daß Kupfer seinen Werth behalte und man nach Verlauf von Jahrhunderten nicht mehr als ⅓ des darin angelegten Capitals verlieren könne pp

will ich zur näheren Erwegung unseres Falles nachfolgende besondere Gründe anführen.

4. Durch die Abnahme der Verkleidungs Mauren wird so wohl die Thurm Mauer als das Stenderwerck einer sehr großen Last entlediget. Denn die Verkleidungs Mauren machen an Gewichte aus

wenigstens	180 000 Pfd
dahingegen wiegt das Kupfer mit den Schaalbrettern nur	12 000 ”
folglich wird das Stenderwerck und die westliche Mauer erleichtert um	168 000 Pfd

5. Es fället in die Sinne, daß eine solche ansehnliche Last, welche ohne Aufhören drükket, mit Verlauf von Jahren, theils die schon vorhandene Weichungen und Drükkungen vermehren, theils auch vielleicht nach und nach neue verursachen werde.

6. Aber es ist auch nicht schwerer einzusehen, wenn diese Last weggenommen wird, daß eben der Grund, eben die Mauer, eben das Stenderwerck, welche diese beträchtliche Schwere seit 119 Jahren noch gut genug getragen haben, alsdann ihrer so sehr verminderten Last auf immerdar gewachsen seyn müßen, und man daher um so weniger nöthig habe, eine Verstärckung des Grundes und Stenderwercks und der Mauren vorzunehmen.

7. Zugleich ist klar, daß das Stenderwerck fürs künftige gegen alle Fäulnis gesichert sey, wann solches mit einer Decke, die weder auswittert, noch Feuchtigkeit durchläßet, verwahret ist, hieneben zwischen dem Kupfer einen ungehinderten Zutritt der Luft zum beständigen Austrocknen hat, und aller Orten so frey stehet, daß ein jeder Fehler ohne Mühe so wohl beobachtet als mit wenig Kosten gebeßert werden kann.

8. Endlich, wenn man sich zu dieser Verbeßerung entschließet, so werden die übrigen Reparations Kosten unseres Falles desto kleiner ausfallen, wie der Kosten Vorschlag ergiebet, den nun anzufügen die Ehre habe.

Zuvor bemercke noch, daß im pro memoria vom 30 ten Maj vorgeschlagen worden, daß nur drey Seiten der oberen Etage mit Kupfer gedecket und an der vierten die Mauer zu Westen bleiben mögte; Allein da ich erwogen, daß die Ausbeßerung dieses Theils der westlichen Mauer auch ihre Kosten erfordern, daß die mit Kosten gebeßerte Mauer theils nie so sicher, theils der Verwitterung ausgesetzet, und dabey künftig immer einer oftmaligen Ausbeßerung benöthiget sey; So habe mich verbunden erachtet, ietzt das beßere anzurathen, zumalen ich die Summe von 1800 Reichsthaler so reichlich angeschlagen, daß nicht allein die Deckung der vierten Seite zugleich geleistet, sondern auch, wie der Erfolg lehren wird, noch etwas zur Verbeßerung des sehr beschädigten Kirchen Daches übrig bleiben wird.

(Es folgt Kostenanschlag über 5400 Mk.)

In vorstehendem ist alles reichlich gegeben, und ich werde eine Ehre darin suchen, dies Werck um einige Hundert Rthlr. weniger zu liefern, als es hier angeschlagen ist, um meiner dirigirenden Herren beharrliche Gewogenheit zu verdienen.

Haarburg d 9 ten April 1770. EGSonnin.

39.

DREIFALTIGKEITSKIRCHE HARBURG

Bericht an den Rat vom Bauzustand des Daches über dem Kirchenschiff mit Kostenanschlag für die Instandsetzung.
Hamburg, 13. 4. 1770

Staatsarchiv Hamburg
Dienststelle Harburg
4 Magistrat
IX, A. 8–4
Bauten und Reparaturen an der Stadtkirche,
dem Turme, den Glocken usw.
1718–1884

Copia
P. M.
Denen resp. Hochwürdigen Wohlgebohrnen und Hoch Edl. Herren General Superint. Bürgermeistern und Rath der Stadt Harburg habe, in betreff des Kirchendaches mündlich anzuzeigen, die Ehre gehabt

»daß solches an überaus vielen Stellen zum Schaden des Dachstuhls Lecen habe;
daß der Hauptfehler in der weiten Entfernung der Sparren und der auf ihnen liegenden sehr schwachen Latten bestehe;
daß eine gewöhnliche Verstreichung von sehr weniger Dauer und beynahe umsonst angewendet sey;
daß demnach es nöthig wäre, so bald die Umstände es litten, das mit neuen stärckeren Latten versehene Dach mit guten Kalcke neu einzudecken«
und überreiche nunmehro anbefohlenermaßen den Ueberschlag der zu einer neuen Verlattung und Eindeckung erforderlichen Kosten.
(Es folgt Kostenanschlag über 1400 Mk.)
Hamburg d 13 t April 1770   Sonnin

40.
RATHAUS HAMBURG

Gutachten im Auftrag der Kämmerei über den Bauzustand der Gewölbe, Außen- und Innenwände mit Instandsetzungsvorschlag, jedoch auch dem Hinweis, nicht mehr allzu hohe Kosten aufzuwenden. Vorausgegangen sind Schadensberichte der Bauhofsmaurermeister Claus Hermann Rehlender und Johann Georg Tiltzig und des Bauhofsinspektors Johannes Kopp. Sonnins Beurteilung wird von den Genannten am 22. November 1770 bestätigt.
Hamburg, 9.5.1770

Staatsarchiv Hamburg
Cl. VII, Lit. Fc, No. 11, Vol. 5ª.
Berichte u. Vorschläge, die Baufälligkeit und
Reparation des sogenannten alten Rathhauses
betreffend 1770 sq.
Bl. 47

Pro memoria

Ueber den von Hoch Verordneten Herren der Cämmerey mir gewordenen geneigten Auftrag:
Sorgfältig zu untersuchen, ob die in dem Zimmer der Cammer befindlichen Gewölber so baufällig seyn, daß man ihren baldigen Einsturz befahren müße, und des Endes so wohl die unter dem Cammer Zimmer befindlichen Gewölber, als auch die über demselben vorhandene Zoll- und Accise Zimmer nachzusehen ingleichen die auswendigen Mauren des alten Rath Hauses nebst der inwendigen in Augenschein zu nehmen, von allen diesen Stücken einen gewißenhaften Bericht zu ertheilen auch, wo es möglich wäre, Mittel vorzuschlagen, wie die Cameral Zimmer dergestalt außer Gefahr gesetzet werden könnten, daß solche noch eine Anzahl von Jahren mit Sicherheit gebrauchet werden könnten
nehme die Ehre hiemit mein unvorgreifliches Dafürhalten nach meinem besten Wißen vorzulegen.
Die Gewölber in der Cammer haben an den dreyen Wänden, wogegen sie sich lehnen, ein hinlängliches Wiederlager und haben dieserwegen keine Mängel. Allein die beiden Fenster Pfeiler sind zu schwach angeleget. Daher haben die dagegen gespannete Gurt und Gradbogen eine sehr sichtbare Ausweichung verursachet, wovon die häufige Borsten in den Gewölbern eine natürliche Folge sind. Ob nun zwar theils der Augenschein ergiebet, theils verschiedene die mit Fleiß darauf gemercket haben, es

bezeugen, daß die vorhandene Borsten seit einigen Jahren sich nicht vergrößert haben, auch der eine Gurtbogen mit einer eisernen Stange unterstützet ist. So kann dennoch, weil weichenden Gewölbern nie zu trauen ist, gründlich nicht versichert werden, daß man bey ihrem ietzigen Zustande auf einige Jahre sicher sey.

Die Gewölbe im Keller, so ich sehen können, stehen gut, ein einziges ausgenommen, welches unter der großen Rath Haus Thüre sehr flach, sehr gesunken und dem Anschein nach schon einmal mit einem Bogen untermauret ist. Das eine Gewölbe unter dem letzten Pfeiler der Cammer, der eben der schlechteste ist, hat mir nicht gezeiget werden können, mithin kann von deßen Zustande nicht urtheilen.

Die Flur der Zoll und Accis Zimmer lieget überall sehr gut und man kann fast gar keine Weichung daran bemercken. Allein man kann auch hieraus keinen gültigen Schluß auf den guten Zustand der darunter seyenden Gewölber machen, weil eben unter der Flur nach alter Weise Ancker durchgezogen sind, die zwar oben alles zusammen halten, aber keineswegs hindern könnten, daß die Gewölber unter ihnen nicht einfielen.

Die auswendige vordere Mauer des alten Rathhauses hänget einwärts mehr als einen Fuß über, und hat, wie die eingehauenen Löcher ausweisen, sich schon abgeblättert. Am meisten ist die obere freystehende Gallerie übergewichen, welche, als eine unnütze Last von mehr als 300 000 Pfund sowohl zur Ausweichung als Abblätterung das ihre beygetragen hat.

Die auswendige Hinter Mauer hänget auswärts nach dem Waßer, doch weniger als erstere über. Man kann an derselben sonst keine sonderliche Fehler bemercken, es könnte aber wohl seyn, daß sie nach Art der alten Mauern inwendig gleichfalls undichte wäre, wovon eine nähere Untersuchung das Gewiße lehren müßte.

Die inwendige Mittel Mauer stehet sehr gut. Nur hat sie sich mit den beiden auswendigen beynahe parallel übergelehnet.

Nach diesen Umständen ist überhaupt das Alte Rathhaus als ein gantz abgängiges Gebäude zu betrachten, das zwar noch etliche Jahre hingehalten werden kann, aber doch keineswegs werth ist, daß man Reparations Kosten von Belange daran verwende, als welche man in aller Absicht als weggeworfen zu betrachten hätte.

Was nun die Vorschläge in Hinsicht auf das Cameral Zimmer insbesondere betrifft; So kann solches dahin gebeßert werden, daß es mit dem alten Rath Hause aushalte, und hiezu wären zweene Wege möglich.

Der erste: Daß man die Gewölber ausnähme, und eine Balckenlage streckete, wie solches schon in dem Vorzimmer geschehen ist. Das Werck könnte in drey Wochen fertig werden und wäre das sicherste, zierlichste und dauerhafteste.

Der zweite: Daß man behufige Ancker durchzöge, welche aber in dem Cammer-Zimmer zu Gesichte kämen und eben nicht schön aussehen würden.

Bey diesen Vorschlägen würde iedoch der Zustand der neben dem Kammer Zimmer befindlichen Gewölber nachgesehen werden müßen, damit diese nicht etwan ein unvermuthetes Uebel verursachen mögten.

Das schadhafte Gewölbe unter der Großen Rath Haus Thüre könnte mit einer schwachen Mauer unterzogen werden und würde, weil es flach ist, mithin sodann wenig schiebet, außer alle besorgliche Folgen gesetzet seyn.

Hamburg den 9 t Maii 1770.   EGSonnin.

41.
RATHAUS HAMBURG

Zusatz zum Gutachten vom 9. Mai 1770 mit dem erneuten Vorschlag, keine hohen Instandsetzungskosten mehr aufzuwenden, weil das Rathaus auch ohne diese noch einige Jahrzehnte lang erhalten werden könne.
Hamburg, 25. 8.1770

Staatsarchiv Hamburg
Cl. VII, Lit. Fc, No. 11, Vol. 5ᵃ
Berichte u. Vorschläge, die Baufälligkeit und
Reparation des sogenannten alten Rathhauses
betreffend 1770 sq.
Bl. 45

Hoch Verordneter Cammer erstatte hiemit gehorsamst über den Zustand des alten Rath Hauses den Verfolg meines am 9 t May übergebenen Berichts nachdem mir die in demselben bemerckete respective Zimmer und Gewölber gezeiget worden sind.

Amplißimus Senatus geruheten schon am 16 t May mir die an der Cämmerey stoßende Thresorie eröfnen zu laßen, in welcher ich das Gewölbe viel beßer als wie in der Cämmerey befunden. Die Wand, welche die Thresorie und Cämmerey entscheidet, und als eine Scheibe unter dem Gurt-Bogen untergemauret ist, hat sich niedergesetzt und ist etwan einen halben Zoll unter dem Gurt Bogen abgesuncken, ohne daß der Gurt Bogen der abgesunckenen Wand gefolgt wäre.

Die der Hochlöblichen Admiralität zuständige Keller-Gewölbe unter der Thresorie und Cämmerey sind mir erst am 31 st Julius gezeiget worden. Hier finde ich das Gewölbe unter der Thresorie ohne allen erheblichen Mangel, auch selbst den Bogen, worauf die vorbemerckete abgesunckene Scheidewand ruhet in ordentlicher Figur und zwar ohne Riße. Es folgen zwey Gewölbe, welche von der Erde auf etwan drey Fuß hoch mit harten Mauersteinen und Tarras verkleidet sind. Diese Verkleidung hat sich fast aller Orten und besonders an der äußern Haupt Mauer, am meisten aber an dem zwischen beiden Gewölben stehenden Pfeiler des Gurt Bogens abgeblättert. Der Gurt Bogen selbst hat verschiedene kleine Riße. Die Wand, womit sich diese Gewölber endigen, schließet an den Wohnkeller unter dem Rath Hause und stehet entweder gar nicht oder nur wenig unter dem Gurt Bogen. Dieser, welcher in den Keller frey zu Gesichte lieget, hat keinen beträchtlichen Mangel, ist veranckert und befindet sich gerade unter dem Bogen welcher in der Cämmerey mit einer eisernen Stange unterstützet ist.

Indem dann diese Gewölber sich noch gut genung gehalten haben und von der Beschaffenheit sind, daß die in der Cämmerey vorhandene Ausweichungen nicht von ihnen herrühren; So beziehe mich um desto mehr auf meinen Bericht und Gutachten vom 9 t May, wovon ich das wesentliche hiemit wiederhole.

Meines unvorgreiflichen Ermeßens

a) waren an das alte Rath Haus überhaupt keine Reparations-Kosten von Belang zu verwenden, da die Haupt-Mauren keinen regulmäßigen Verband haben und theils gesuncken theils übergewichen, theils abgeblättert sind.

b) das Cämmerey Zimmer wäre nach einem von den gegebenen Vorschlägen in Sicherheit zu stellen, weil dergleichen Schäden mit einem ieden Jahre zunehmen und endlich doch gefährlich werden.

c) die freystehende Gallerie Mauer, welche eine unnütze, ja bey der nunmehrigen Ausweichung schon eine gefährliche Last ist, immer einige Unterhaltung erfordert und

keine Zierde giebt, wäre zur Erleichterung der ausgewichenen Pfeiler nothwendig abzunehmen.
Solchergestalt könnte das alte Rath Haus noch einige Zehener von Jahren mit Sicherheit genutzet werden.
Hamburg d 25 st August 1770. EGSonnin.

42.

DREIFALTIGKEITSKIRCHE HARBURG

Vorschlag an Rat und Kirchengemeinde für restliche Instandsetzungsarbeiten. Harburg, 22.9.1770

Staatsarchiv Hamburg
Dienststelle Harburg
4 Magistrat
IX, A.8–4
Bauten und Reparaturen an der Stadtkirche,
dem Turme, den Glocken usw.
1718–1884

Pro memoria

Denen Hoch Würdigen, Wohl Gebohrenen, Hoch Edlen Herren General Superintendenten, Bürgermeistern und Rath ist bekannt, daß der Thurm zu zuverläßigem Bestande ausgebauet, seine Spitze zu Loth gerichtet und zum Behuf des Kupferdeckens schon die Schalung angefangen ist. Es wäre übrig, daß die respective Thurm und Kirchen Mauer ausgebeßert würde. Nach dem Vorschlage vom 30 st May a. p. würde diese theils in einer inwendigen Vermaurung von 5, mit Bogen zu schließenden, Pfeilern, theils in der nothwendigen äußeren Ausbeßerung bestehen. Das erstere muß ich nunmehro für gantz überflußig erklären, da die westliche Seite der Thurm Spitze reichlich so starck als die östliche mit Holtz unterbauet worden und diesemnach einer Beyhülfe von den bemeldeten Pfeilern um so viel weniger bedarf, da sie auf den 5 Fuß dicken Thurm-Mauer-Pfeilern ruhet. Um so mehr aber können auch diese Kosten erspart und weit nützlicher zur auswendigen Verbeßerung angewendet werden. Sie hat nach dem geschehen Abtrage der Verkleidungs Mauren anietzo nur zwo Etagen, iede zu 22 Fuß, wovon die obere theils etwas überhänget, theils ein und ausgebogen ist. Der Vorschlag war, die Unebenheiten wegzuhauen und sie dann bestmöglichst zu versehen. Allein da sich bey dem Abnehmen iener Verkleidungs Mauren gezeiget, daß aus Mangel der erforderlichen zeitigen Ausfugungen der Kalck sehr ausgewittert und alles lose sey; so würde es verträglicher seyn, diese obere gleichfalls etwas lose Etage abzutragen, und sie neu wieder aufzumauren. Steine sind genung vorhanden, der Arbeitslohn wird nicht mehr als der zur Ausbeßerung betragen, folglich kommt nichts mehr als der Kalck in Rechnung, der sich nicht höher als 40 Rthlr belaufen kann, weil diese Mauer die nichts zu tragen hat, und künftig nur eine ledige Verkleidung wird, eine sattsame Stärcke mit einer Dicke von zweyen Steinen erhält.
Fünde dieser aus den Gründen der Dauer und des Ansehens für sich selbst redende Vorschlag Hoch Geneigten Beyfall; So könnte schon in der nächsten Woche die Arbeit angefangen und mit dem Kupferdecken zugleich vollendet werden.
Haarburg d 22 t Sept. 1770. EGSonnin.

43.
KATHARINENKIRCHE HAMBURG

Bericht in chronologischer Folge über die Instandsetzung und die beteiligten Handwerker für die Einlage in den neu vergoldeten Kirchturmknopf.
Hamburg, 2.11.1770

Staatsarchiv Hamburg
Cl. VII, Lit. Hc, Nr. 5, Vol. 5^b
Acta, betr. Turm und Glocken der Kirche zu
St. Katharinen
Nr. 8
Staatsarchiv Hamburg
Archiv der St. Katharinenkirche Hamburg
1701–1800, B. IV, b 1. Bauwesen
Bericht betr. die Turmknopfdenkschrift von
1657 nebst Bericht über die Neuaufsetzung des
Knopfes 1770

Bey Gelegenheit der in diesem 1770 sten Jahr von einem Hochlöblichen Großen Kirchen Collegio zu St. Cathrinen veranstalteten ansehnlichen Verbeßerung der Cathrinitischen Thurm-Spitze wurden auch Knopf und Flügel, um neu verguldet zu werden, abgenommen. Man glaubte in dem Knopf einige Urkunden oder Nachrichten, dergleichen man von alten Zeiten hier ein zu legen pflegte, anzutreffen und fand auch würcklich zwey ziemlich große und eine kleine Zinnerne Büchse, die sie in demselben aufgehänget hatte. Der diesjährige Herr Juratus Pandt hielte es für rathsam, dieselben nicht anders als in Gegenwart des Hochlöblichen Collegii der Herren Juraten zu eröfnen, welches dann in deren am 18 ten Sptbr. veranlaßeten Versammlung geschahe. Mit Leidwesen fand man in den zweyen großen Büchsen Waßer und überhaupt so viele Feuchtigkeiten, daß die darin befindliche Schriften gänzlich vermodert und nur aus den mittelsten Blättern die Bibel und Symbolische Bücher zu erkennen waren. Hingegen konnte man in der kleinen Büchse auch nicht eine Spur von Feuchtigkeit wahrnehmen, und ein darin eingeschloßener Bogen Papier der die Namen aller Werckleute, die an der Spitze gearbeitet hatten, enthielt, schien noch so neu, als wenn er nur erst eingeleget worden wäre. Die Ursache, warum in einen so viele Näße und diese ganz trocken war, erkannte man leicht, als man beobachtete, daß die kleine Büchse vollkommen dicht, die große aber sehr mangelhaft verlöthet, mithin dem beständigen Eindringen und Anschlagen der feuchten Luft ausgesetzet gewesen.

Das Hochlöbliche Collegium faßete den Entschluß in dem neu verguldeten Knopfe die alten Büchsen wieder aufzuhängen. Damit aber dasjenige, was sie der guten Gewohnheit nach wieder einlegen wollten, unversehret bliebe, verfügten Sie, daß innerhalb den alten Büchsen noch die zwote neue eingeschloßen, beide aufs beste verlöthet und gegenwärtige Bau-Nachrichten angefüget werden sollten.

Die merckwürdigsten Bau-Veränderungen, welche von Zeit zu Zeit bey der Kirche zu St. Cathrinen vorgenommen worden, findet man in dem Anhange einer Danck- und Gedächtniß-Rede, welche der Hoch-Ehrwürdige Herr Pastor dieser Kirchen Herr Johann Melchior Götze im Jahr 1759 gehalten hat, und welche auch deswegen mit hiebey geleget ist. Sie reichen bis auf den Bau vom Jahr 1735, wovon, weil er auf den ietzigen einige Beziehung hat, noch nachstehendes zu bemerken ist.

Dieser im Jahr 1729 angefangene und im Jahr 1735 vollendete Bau ward durch eine Versinckung der ganzen Thurm Mauer veranlaßet, welche an der West Seite über 4 Fuß betrug. Diese Versinckung war nicht allein für sich bedencklich genung, sondern sie war auch dem an dieser Seite befindlichen, sowohl Gothischen dennoch sehr schönen und reichen Bild- und Steinhauer-Wercke so nachtheilig, daß man seines getrenneten Zusammenhanges wegen stündliche Gefahr besorgen mußte. Die Zeit, wann diese Abweichung entstanden, läßt sich wohl nicht bestimmen, wohl aber aus der Lage der Mauer Schichten, die man in dieser Absicht genau nachgesehen, abnehmen, daß sie im Jahre 1648 als das neue achteckigte Mauerwerck über dem alten aufgeführt ward, noch nicht sehr beträchtlich gewesen ist, angesehen die Schichten des alten Mauerwercks mit dem neuen von 1648 und um 1½ Zoll verschieden oder nicht parallel sind. Dieser Umstand giebt Grund zu muthmaßen, daß eines Theils das 30 Fuß hohe neue Mauerwerck, und andern Theils die darauf gegründete hohe und sehr schwere Pyramide solche bewürcket haben müssen, als wodurch die alte Thurm Mauer welche bisher eine ungefähr der Dohm Spitze gleichende das ist nur leichte Spitze getragen hatte, mit einer dreyfachen Last beschweret, und nunmehro auch an diesem Thurm der Fehler sichtlich ward, den fast alle alten Thürme haben, daß sie nemlich weder nach dem Gleichgewichte noch in gehöriger Vorsicht angeleget sind und deswegen nothwendig gegen Westen sinken müssen.

Um dann einer mehreren Sinckung vorzubeugen und die gegenwärtige Gefahr abzuwenden, ließ sich das Hochlöbliche Große Kirchen Collegium verschiedene Vorschläge vorlegen. Nach reifen Erwägungen genehmigte es den Vorschlag des Baumeister Kuhn und trug ihm die Führung des Baues auf. Er nahm das schadhafte der westlichen Thurm Mauer bis auf das Fundament hinweg, bereitete einen neuen Grund mit einem reichen standhaften Pfahl und Rostwerck, verbreitete denselben bis auf 7 Fuß und zog noch gehörigen Anlauf hierüber die ietzige westliche Mauer lothrecht auf. Das Werck macht seinem Meister Ehre, nicht allein in Betracht des schönen Ansehens, welches er dem Thurm theils mit den beiden regelmäßig übereinander gestellten Dorischen und Jonischen Ordnungen, theils mit dem prächtigen Thür Gerüste von Sand Stein Arbeit gegeben hat, sondern auch in Absicht auf den Verband des alten und neuen Mauerwerckes, den er hier so gut getroffen, daß man noch bis jetzt keine Spur einiger Ablösung bemercken kann.

In dem Jahr 1768 und 1769 waren verschiedene auf den Hang der Cathrinitischen Spitze aufmercksam und es verbreitete sich ein Gerüchte, als ob derselbe gefährlich sey. Man kann wohl nicht behaupten, daß er eben in der Zeit merclicher oder größer geworden, als er seit 10 oder mehreren Jahren gewesen; Allein aus dem Erfolge ist klar, daß die Vorsicht, welche für das Wohl der Menschen wachet, dieser selbst also gelencket habe. Das Hochlöbliche Kirchen Collegium ließ den Zustand der ganzen Pyramide zuförderst durch den Kirchen beeidigten Zimmerer- und Kupfer-Decker-Meister und auch durch die Bauhofs-Inspektores den Zimmermeister Kopp und den Mauermeister Tiltzig untersuchen. Diese sämtlich kamen darin überein, daß der Hang der Pyramide etwan 4 Fuß betrage und man, weil dieser gegen ihre Höhe nur sehr geringe sey, seinetwegen um desto weniger einige Gefahr zu besorgen habe, da übrigens Holz und Verband ohne allen Mangel sich befänden.

Hiernächst ward auch dem Baumeister Sonnin die Untersuchung aufgetragen. Derselbe trat in Ansehung des Hanges denen vorbemeldeten Meinungen bey, hielte aber dafür, daß die noch nicht untersucheten Hauptständer der Laterne genauest nachgesehen werden müßten, ob auch dieselben etwan unter dem Kupfer, womit sie bekleidet sind, verborgene Fehler hätten. Es ward dann, von dem derzeitigen Herrn Jurato Sievers befüget, das Kupfer abzulösen, und fand, daß ein Haupt Ständer in der oberen Laterne gänzlich verfaulet, noch zweene nicht wenig angegangen wären, übrigens aber das Kupfer an allen Ständern beider Laternen sehr viele undichte Stellen habe.

In seinen hierüber abgestatteten Berichten rieth er, die gefährliche Stelle der Pyramide noch vor dem schon eintretenden Winter zu stützen, um im nächsten Frühjahr einen neuen Ständer bei bequemer Witterung einbringen zu können. Was den Hang betrift äußerte er, daß zwar die Pyramide für den Fall auch gegen alle Sturm-Winde sicher genung stehe, weil ihr Schweer-Punct noch sehr weit innerhalb ihrer Grundfläche fiele, daß aber dennoch eben des Hanges wegen die ohnehin schon schwächere West-Seite der Thurm Mauer eine weit schwerere Last zu tragen habe, und daß diese ungleiche Last mit der Zeit unangenehme Würckungen hervorbringen mögte. Er gab demnach hohem Ermeßen anheim, ob es nicht gerathen sey, bey der jetzigen ansehnlichen Verbeßerung auch zugleich die Spitze wiederum ins Loth richten zu laßen.

Das Hochlöbliche Kirchen-Collegium entschloß sich hie zu und vertrauete ihm die Ausführung seiner Vorschläge an. Solchemnach ward die bemerckte schwache Stelle der Pyramide ungesäumt gestützet. Mit dem Anfange des 1770sten Jahres ließ er den vermoderten Ständer ausnehmen, und setzte den 6sten Julii einen neuen von 53 Fuß in Einem Stücke lang und 18 Zoll dick, welchen bey dermaligen holzarmen Zeiten besund zu finden, der Zimmermeister sich für ein Glück erachtete, glücklich wieder in die Laterne ein. Inmittelst wurden die Werckzeuge zur Richtung der Spitze vorbereitet. Er gebrauchte dazu eben diejenigen, die er zur ehemaligen Richtung der Hamburgischen Dohms Pyramide angewendet hatte, nur mit dem Unterschiede, daß er sich hier viel stärcker und ihrer mehr als sechsmal so viel das ist 68 Streben mit den zugehörigen Laschen und Walzen nehmen mußte. Denn eines theils war hier die Last der Spitze viel größer, da deren Gewicht nach einer ziemlich nahen Berechnung Sieben Hundert und Vierzig Tausend Pfund beträgt und andern Theils erforderte ihre Verbindung nebst anderen Umständen, daß die gantze Pyramide würcklich gehoben werden mußte. Es ward denn diese Operation de 3ten Sept. angefangen, und unter Gottes Seegen den 5ten September so glücklich geendigt, daß kein eintziger von denen die daran arbeiteten einiges Ungemach erlitten oder einiger Gefahr ausgesetzet gewesen. Für letzteres war auch nach der Obliegenheit, da uns das Leben und die Gesundheit der Arbeiter besonders werth seyn muß, mit äußersten Fleiße und Vorsichtigkeit gesorget, nicht weniger alle Anstalt so regelmäßig und standhaft vorgekehret, daß bey dieser freylich wichtigen Unternehmung nicht mehr Gefährlichkeit vorhanden war, als bey der Errichtung eines bürgerlichen Gebäudes.

Wie viel aber die Spitze würcklich aufgehoben sey, ersiehet man aus den Lagern, welche unter den Balcken, die vorhin sämtlich auf den achteckigten Mauerwerck dichte auflagen, nunmehro von gutem trockenen Holze untergeleget sind. Nemlich zu Nordwesten, wo die Mauer am starckesten gesuncken, hat man die Pyramide um 14 Zoll und zu Süd-Osten nur um Einen Zoll in die Höhe gebracht. Billig ward der Mittel-Punct der Oberfläche des Achtecks zum Richt Punct angenommen, über welchen der Knopf der Spitze senckrecht zu stehen kommen sollte; allein mit Genehmigung Eines Hochlöblichen Kirchen Collegii ist die Richtung also geschehen, daß der Kopf um 10 Zoll zu viel nach Osten hänget. Der Endzweck war, um eines theils die schwächere westliche Mauer destomehr zu erleichtern, andern theils aber Raum zu geben, so etwan wieder Vermuthen die westliche Mauer sich noch etwas setzen könnte. Unsere Nachkommen werden aus diesem Merckmale und aus anderen Zeichen, welche mit äußerster Genauigkeit inwendig feste gemacht worden sind, künftig auch die geringste Abweichung ohne Mühe wahrnehmen können.

Außer der Herstellung des lothrechten Standes der Pyramide ward dieselbe auch jetzt mit einem Seiten-Verbande versehen, welchen die Alten aus Mangel der Kenntniß seiner Nothwendigkeit, in dieser Art Pyramiden nicht angebracht, und, unerachtet sie eine Menge Holz in der Mitten überflüssig angewendet haben, dennoch nicht erwehren mögen, daß sich ihr Bau nicht verschiebet oder drehet, wie dann die Stender beider Laternen sich in der That 6 Zoll verschoben hatten, welche wieder gerade zu stellen und zu verbinden, auch die dadurch von Kupfer entblößeten Stellen wieder neu einzudecken, unsere Werckleute noch bis ietzo fleißigst beschäftiget sind.

Diese von dem Beyspiel ihrer Vorfahren eingenommen, haben sich erbeten, daß auch ihre Namen zum Angedencken beygeleget werden mögten, und demnach folget hier, das

1. Verzeichniß der Werckleute welche im Jahr 1657 an der Cathrinitischen Thurm Spitze gearbeitet haben in copia.

   Im Jahre Christi 1657 hat Meister Peter Marckert zu Blauwen in Vodtlandt bürtig, diesen Thurm Sanck Cathrinen gebauet und durch Gottes Hülfe glücklichen aufgerichtet, und haben diese unten genandte Zimmer-Gesellen daran gearbeitet, wie folget.

   Jochim Marckert.
   Claus Selmer.
   Marten Minte.
   Casten Krochmann.
   Christoffer Kirberg.
   Casper Frantz.
   Urban Fischer.
   Christoffer am Ende.
   Ties Hennings.
   Lütje Detz.
   Adam Schößing.
   Didrich Heinsohn.
   Elias Nelßen.
   Niclaus Hiebner.
   Peter Röhrup.
   Leuert Matthießen.
   Thies Jenßen.
   Jürg Knorre.
   Adam Hering.
   Johann Voß.
   Andreas Reichart.
   Panck Kack.
   Claus Schildt.
   Tönnies Röhrup.

   Meister Bastian Koch ist Kupfer-Decker daran gewesen und sein Gesell Michel Bleyel von Zwick von Trier Kupfer und Schieferdecker. Anno Domini 1657 den 9. Octobris.

   Meister Hans Köster ist Schmidt, nemlich der Grobschmidt an diesen Thurm Sanck Cathrien gewesen.

   Meister Christoffer Schrader ist Kleinschmidt an diesem Thurm St. Cathrinen gewesen.

   Meister Jochim Brandenborg mit seinen 3 Söhnen hat das 8 kantig Mauerwerck gemacht.

2. Verzeichniß der Werckleute welche im Jahr 1779 an der Cathrinitischen Thurm Spitze gearbeitet haben.

   Als beeidigter Zimmer-Meister war bey der Kirche angenommen, Joh. Casper Pültz aus Kemlas im Voigtlande. Seine Gehilfen waren Justus Hinrich Bartel aus Hallersgrund im Hannöverschen.

   Gabriel Findeißen aus Chemnitz.
   Johann Christoffer Zeiblich aus Dresden.
   Joh. Siegmund Hornberger aus Gingen in Schwaben.
   Christoffer Buchter aus Asch im Voigtlande.
   Joh. Georg Weber aus Transtein in Bayern.

Joh. Ernst Weyl aus Dantzig.
Joh. Georg Treu aus Schwandorf bey Nürnberg.
Peter Hinrich Schröder aus Neuhauß in Sachslauenburgischen.
Nicolaus Heidenreich Kroon aus Neuenbrock bey Glückstadt.
Gottfrid Odeler aus Dantzig.
Joh. Christoffer Knepel aus Markau in Mecklenburgischen.
Joh. Nicol. Senger aus Zoppeten in Vogtlande.
Joh. Georg Schultz aus Damme in Sachsen.
Hinrich Holtz aus Hamburg.
Als beeidigter Bley- und Kupferdecker Meister war bey der Kirche angenommen Moyens Holm gebürtig von der dänischen Insul Bornholm. Seine Gehülfen waren Joh. Pet. Schlenter und Peter Marselius Duckstein beide Bley- und Kupferdecker Meister, und Beyde aus Hamburg.
Als beeidigter Schloßer Meister war bey der Kirchen angenommen Heinrich Holm gebürtig aus Reval in Lievland.
Als beeidigter Mahler war bey der Kirchen angenommen Frantz Octavius Geermann Amts Meister gebürtig aus Hamburg.
Seine Gesellen waren Frantz Pet. Tewes und Joh. Christoffer Hutmann, beide aus Hamburg.
Es versammelte sich dann am 1ten November das Hochlöbliche Juraten Collegium und beschloßen, daß am 3ten November Knopf und Flügel wieder aufgesetzet werden sollten, und Endes Tages vorher die von Ihnen beliebten Schriften in Gegenwart der p.t. beiden Juraten Herrn Pandt und Herrn Matsen in die Büchsen einzulegen und diese best zu verlöthen wären, wie solche heute mit aller Vorsicht unter herzlichen Wünschen geschehen ist, daß Gott die Arbeiter behüten, übrigens aber unsere gute Stadt und in derselben diese Kirche mit vielem Seegen becrönen wolle.
Hamburg d 2ten Nov. 1770.
Ernst George Sonnin.
Baumeister.

44.

RATHAUS HAMBURG

Erläuterung von drei Aufrissen vom Aufmaß und für die Umgestaltung der Fassade. Von Interesse sind der Hinweis auf den schlechten Bauzustand des erst 1756–1759 vom kommunalen Bauhof errichteten Niedergerichts und die Vermutung, daß der wenig repräsentative Eindruck von Rathaus und Niedergericht wohl nicht mehr lange hingenommen werden könnte.
   Die Zeichnungen sind nicht mehr vorhanden.
Hamburg, 15.3.1771

Staatsarchiv Hamburg
Cl. VII, Lit. Fc, No. 11, Vol 5^a
Berichte u. Vorschläge, die Baufälligkeit und
Reparation des sogenannten alten Rathhauses
betreffend 1770 sq.
Bl. 57

Pro memoria
Hochverordneter Cammer überreiche hiemit gehorsamst die Riße nebst Kosten Vorschlage, welche in meinem pro memoria vom 2 ten hujus versprochen. In demselben

ist es als eine Nothwendigkeit bemercket, daß die freistehende zwey und einen halben Fuß dicke Gallerie welche die untere Mauer über ihr Vermögen beschweret abgetragen werden müße. Diese Gallerie scheinet lediglich zur Zierde und wie theils an der Bauart theils an den Materialien abzunehmen, erst in spätern Jahren aufgesetzet worden zu seyn. Die unzierliche Structur des Daches, welches gegen die Mauer von zwo niedrigen Etagen unförmlich hoch war, ist ohne Zweifel der Bewegungsgrund gewesen, welcher unsere Vorfahren veranlaßet, diese Zierde aufzusetzen um dadurch den Mißstand des Daches zu verdecken, wie solches an den prächtigsten Schlößern auch noch zu geschehen pfleget. Sie erreichten nun zwar ihren Zweck in Betracht der Zierde; allein, indem die Mauer frey stehen sollte mußte sie sehr dick angeleget werden, ward ihrer Unter Mauer zu lastig und könnte dennoch gegen den an ihren gegen Nord Westen gekehrten Rücken anschlagenden Regen nicht bestehen weil sie frey stand und 90 Fuß lang war.

Da ich hier zur bequemeren Vorstellung

sub litt.A.

Die Facade des alten Rath Hauses, so wie es jetzo sich presentiret, an lege; So zeiget der Riß

sub litt.B.

Die Aussicht deßelben, wie es ins Auge fallen würde wen die freistehende Gallerie bis auf die accise Zimmer abgenommen und das Dach nach Behörde abgedecket würde.

Es ist zuverläßig, daß alsden das alte Rath Haus, welches noch ein standhaftes mit Kupfer belegtes Dach hat mehr als 50 Jahre mit Sicherheit und ohne sonderliche Reparation stehen kann, auch wahrscheinlich länger dauren wird, als das neue Niedergerichte, welches schon sehr erhebliche Mängel hat.

Wenn jemand dabey anmercket, daß das facon für ein öffentliches Gebäude keine Staats figur machen würde, so kan man solches gerne, und noch dazu dieses eingestehen, daß gleichfals das sogenannte neue Rath Haus nebst dem Nieder Gerichte nicht den Anstand haben, den sie haben müßten, wenn unser Rath Haus der Stadt Ehre machen sollte, mehrere Umstände zu geschweigen, die erwogen und eingerichtet zu werden verdienten, um ein solches zu erhalten, daß bey aufgeklärtern und bey der vielleicht noch feinern Nachwelt Beyfall fünde.

Würde indeßen verlanget, daß das facon wenigstens nicht schlechter als es bisher gewesen ins Gesichte fallen sollte, so ist in dem Riße

sub litt.C.

eines vorgestellet, welches etwas beßer als das alte aussiehet, weniger kostet, standhaft ist und wie ich meine, seinen sehr guten Nutzen hat.

Der Vorschlag bestehet darin, daß nach Abnahme der alten schweren Gallerie ein neues ganz leichtes Stück bey nahe von eben der Höhe aufgeführt, mit einem ordentlichen Obdache versehen und der dadurch entstehende Platz zu Zimmern eingerichtet werde. Deren könnten hier Viere von ziemlicher Größe seyn, die ihren Zugang theils vom neuen Rath Hause theils von dem Niedern Gerichte hätten. Indem die jetzt beregte neue gegen Süd Osten liegende Mauer in den Pfeilern höchstens zu ihrer Dicke nur 16 Zoll erforderte und mit vielen Fenstern unterbrochen wird, so ist ihre Last gegen die alte jetzt dastehende so geringe, daß sie nicht den 5 ten Theil ihrer Schwere hat, mithin die untere so sehr erleichterte Mauer immer im Stande ist, sie noch über ein halbes Seculum zu tragen.

Was die Kosten betrift, so würde dieser neue Aufsatz nebst Einrichtung der Zimmer auf 8000 Mk sich erstrecken und hingegen die Abnahme der Gallerie, die Wegräumung der Cammer-Gewölber, die Einrichtung der Zimmer und die Veränderung des Dachs gegen sechstausend Marck zu stehen kommen.

In meinem jüngsten pro memoria habe ich der Abnahme der Gewölber der Tresorie nicht ausdrücklich gedacht. Ich begreife aber unter den auszunehmenden Gewölbern auch zugleich die der Tresorie mit, welche nicht bleiben können, wen man ein Werck von gleichen Bestande zu haben verlanget.

Ich nehme die Freiheit noch einen Vorschlag anzutragen, der den engen Raum des Cammer Zimmers betrift, ob nehmlich die Tresorie nicht an einen beßern Ort verleget und der Platz zur Cammer gezogen werden könne, und hoffe Vergebung, wen derselbe nicht thunlich wäre.

Hamburg d 15 t Martii 1771   EGSonnin.

45.

KATHARINENKIRCHE HAMBURG

Bitte an die Behde um ein zum Bauleitungshonorar zusätzliches Geschenk in Höhe von 400 Mark wegen der schwierigen Turmspitzengeraderichtung. Der zur Begründung herangezogene Vergleich mit Domenico Fontanas Aufrichtung des Obelisken auf dem Petersplatz in Rom (der schon 1750 im Zusammenhang mit dem Spindel-Gerüst zum Umsturz der Außenmauern der Michaeliskirchenruine gebraucht wurde) geht wohl zu weit und stellt dem Selbstbewußtsein Sonnins ein noch deutlicheres Zeugnis aus als der Satz: »Ich denke auch nicht, daß ich allemahl der Mann seyn müße, der außerordentliche Unternehmungen mit gutem Erfolge ausgeführet und dabey nur schwach belohnet wird.«
Hamburg, 4.4.1771

Staatsarchiv Hamburg
Archiv der St. Katharinenkirche Hamburg
A.XII, a.8 Kirch-Geschw. Prot. B. 1764–1780
S. 153

Hoch Edelgebohrne, Hochachtbare Herren der Behde,
Hochgeneigteste Herren!

Es haben der p.t. Herr Juratus Pandt mir zu eröfnen die Güte gehabt, welchergestalt das Hochlöbl. kleine Kirchen Collegium zu St. Catharinen in Ansehung der mir aufgetragenen Direction zur Herstellung der beschädigten auch versunckenen Thurm Spitze nebst der übrigen Neben Arbeit, den Entschluß gefaßet hätten, daß mir deswegen überhaupt 1500 Marck Courant ausgekehret werden sollten. So sehr dieser Bot bey mir allerschuldigen Ehren werth ist, so ist er doch auch von der Art, daß ich mich gemüßiget sehe, bey der Hochlöblichen Behde deswegen nähere Vorstellungen einzulegen.

Dieselben werden ohne Zweifel überzeuget seyn, daß die an dem Thurm geleistete Operation ein Stück von recht großer Wichtigkeit sey, und wenn ich nach der Wahrheit anfüge, daß sie von nicht wenigerem Belange sey, als die Errichtung des großen Obeliskus zu Rom, welche Fontana mit kostbarer Erbauung eines Gerüstes von 80000 Scudi bewerckstelligte und dafür von Papst Sixtus dem fünften in den Ritter Stand erhoben, nach damaliger Weise mit einer goldenen Kette beschencket und mit einem jährlichen sehr reichen Gehalt versehen wurde; So soll dieses nur dienen, um anzumercken, daß dergleichen Haupt Verrichtungen nicht einer andern ordinairen Arbeit gleich geschätzet werden, und daß es selbst der Ehre eines Hochlöblichen Kirchen Collegii nachtheilig seyn würde, wenn Sie darauf bestünden, mich nach einer so importanten Verrichtung, gar zu sparsam zu belohnen.

Hätte ich meine renumeration nach derjenigen, welche ich nach Herstellung des Thurms zu Nicolai erhalten habe, abmeßen wollen, wie es dann bey einem so überaus viel schwereren Verfalle nicht für unbillig hätte aufgenommen werden können; So würde, da jenes Werck notorie nicht den fünften Theil so wichtig war, ich eine weit größere Forderung gemachet und gewiß auch einen ansehnlicheren Bot erhalten haben.

Ich verhoffe dann nicht, da ich mit meiner Forderung so sehr innerhalb den Grentzen der Billigkeit geblieben, da ich gar nicht einmal das honorable verlanget und da auch hier, wie ich bey allen Gelegenheiten bewiesen, mich gar nicht intereßiret gezeiget habe, daß eben diese meine Mäßigung mir so nachtheilig werden solle, daß ich nicht einmahl das Billige erhielte. Ich denke auch nicht, daß ich allemahl der Mann seyn müße, der außerordentliche Unternehmungen mit gutem Erfolge ausgeführet und dabey nur schwach belohnet wird.

Vielmehr habe das gegründete Vertrauen, Hochlöbl. Behde werden geneigen, mit mir so zu verfahren, daß ich Ursache habe, dero equanimité zu rühmen, welchem Endzwecke ich meinerseits mich mit zweyen Vorschlägen nähere. Ich will den Bot Eines Hochlöbl. Kirchen Collegii honoriren, wenn es 1500 Mk banco sind, oder wenn Hochlöbl. Behde die 1500 Mk Courant für eine ordinaire Bezahlung meiner Aufsicht ansehen, über dieses aber für meine wahre Anzeige des mißlichen Zustandes der Thurm Spitze, für die angegebene Anschläge und für die gute Ausführung eines so wichtigen, der Kirche so nützlichen und der Nachwelt so aestimablen Wercks mir ein Ehren Geschenke von circa 400 Mk Courant zu machen belieben wollen, so soll mir dieses auch genügen.

Hochlöbl. Behde können mir dieses um desto freyer und ohne alle Beysorge eines Vorwurfs von Verschwendung einwilligen, da es gewiß nichts großes ist, wenn ein Baumeister für die Führung eines Baues von Belange täglich einen Species Ducaten erhält und darüber mit einem der Sache angemeßenen recompense beehret wird, in welcher Hofnung mit schuldigster Hochachtung beharre

Meiner Hoch Edelgebohrnen und Hochgeneigtesten Herren gehorsamster Diener
Hamburg d. 4 ten April. 1771. EGSonnin.

46.

RATHAUS HAMBURG

Stellungnahme für die Kämmerei zum Instandsetzungsvorschlag des Bauhofsinspektors Johannes Kopp. Dazu Vorschlag für Abbruch oder Verzicht auf umfangreiche Instandsetzungen und für die rechtzeitige Ansparung von Mitteln für einen Neubau. Eingangs drückt Sonnin zum wiederholten Male die vom Geist der Aufklärung getragene Auffassung aus, eigene Erkenntnisse zu publizieren und darüber einen öffentlichen Meinungsaustausch zu pflegen. Insgesamt pflichtet er der Auffassung seines ehemaligen Schülers Kopp bei. Abschließend empfiehlt er zum dritten Mal, auch aus wirtschaftlichen Gründen, einen Neubau anstelle kostspieliger Instandsetzungen.

Weitere, die Instandsetzung des Rathauses betreffende Schriftstücke Sonnins in derselben Akte.
Hamburg, 2.5.1771

Staatsarchiv Hamburg
Cl. VII, Lit. Fc, No. 11, Vol. 5ᵃ
Berichte u. Vorschläge, die Baufälligkeit und
Reparation des sogenannten alten Rathhauses
betreffend 1770 sq.
Bl. 53

Pro memoria

Daß Hoch Verordnete Cammer geneiget haben, den H. Bauinspector Kopp meine über die Reparation des alten Rathhauses eingereichte Vorschläge zu communiciren, ist mir überaus angenehm, und noch angenehmer ist es mir, daß mir sein Bedencken über meine Vorschläge gleichfalls mitgetheilet werden. Ein Publicum, welches von Vorurtheilen nicht eingenommen ist, kann immer dabey gewinnen, wenn es mehrere Gedancken höret, da wir Menschen sind, mithin uns sowohl in unsern eigenen Meinungen als in Betreff anderer Gedancken gar zu leicht irren können.

In den Maßen des Abhanges finde ich keinen sonderlichen Unterschied von den meinigen. Er kann es aber natürlich seyn, da ein profil nur die Maße des Abhanges von dem durchschnittene Orte angiebt, ich hingegen allemahl die schlechteste Stelle anzeige. Nur habe ich zubemercken, daß ich weder an der Vorsetze noch an der Straße so starcken Ueberhang am Fuße der Mauer gefunden habe, als er im profil angegeben wird.

Wenn sub No. 1 von dem Herrn Bauinspector Kopp bemercket wird, es sey unter meinen letzten Vorschlägen der erste dahin gegangen, daß man die obere Mauer bis b herunter nehmen und von b bis c eine neue leichte Mauer aufführen solle; so findet sich solcher Vorschlag weder in meinen Worten noch in meinen Rißen auf irgend eine Weise ausgedrückt angesehen ich bey dem Riße B ausdrücklich vorgeschlagen, daß die Mauer nur bis auf die Accise Zimmer abgenommen werden mögte, welches die Stelle ist, die ich jetzt in seinem profile mit dem Buchstaben m zuzeichnen, die Freiheit genommen habe. Mögte es etwan höheren Ortes festgesetzet werden, die obere Mauer um soviel, das ist um 7 Fuß tieffer abzunehmen, so schadet solches nicht, sondern die untere Mauer würde um soviel mehr erleichtert. Allein die Kosten vergrößern sich gegentheils hiedurch ansehnlich, da außer der neuzuziehenden Mauer, lauter neue Fenster Zargen erfordert werden und auch die Balcken über den Accise Zimmer entweder neu gelegt, oder angeschärfet werden müßen.

Eben so wenig findet sich in meinem zweiten Vorschlage weder in Worten noch in dem Riße ausgedrückt, daß ich vorschlüge, die Mauer bis b abzunehmen und eine neue Mauer von zwey Etagen aufzuführen, sondern es wird darin deutlich gesaget, daß nach Abnahme der schweren Gallerie ein neues ganz leichtes Stück <u>(nicht zwo etagen)</u> aufgeführet werde. Ich finde in meinem ganzen Berichte kein Wort, welches zu den Gedancken von zweien etagen nur hätte den geringsten Anlaß geben mögen. Wenn ich wie es sich von selbst verstehet, eines Obdachs gedencke, so folget daraus gar nicht, daß dazu ein Sparrwerck erfordert werde. Es ist auch keine absolute Nothwendigkeit, daß man das Dach bis auf ⅔ abdecken müße, und noch weniger es eine Regul ohne Ausnahme daß der rothpunctirte Sparren d angeleget werden müße. Ein Mann der sich zu wenden weiß und daneben die Treue hat, dem Publico nach vorwaltenden Umständen die Kosten aufs beste zu erleichtern, wird diesen Schwürigkeiten auf eine überaus leichte Weise entgehen können. Es ist ferner keine Ursache abzusehen, warum hier eine schwerere Veranckerung nothwendig wäre, als die alte ist, welche dem Drucke der Gewölber so lange Jahre gewachsen gewesen mithin es um desto mehr seyn wird, da sie von dieser Last fürs künftige befreiet werden sollen, auch ohne Zweifel der großen zwischen Weite wegen, bey verdoppelten Balcken doppelte Veranckerung gewählet werden mögte. Daß aber ein Theil der alten Sparren weggeschnitten werden müße, verstehet sich von selbst, es verstehet sich aber auch, daß das wegzuschneidende gar wohl entbehrlich ist und daß alsdann die vordere Mauer um die halbe Last der Sparren erleichtert wird.

Ueberhaupt kommt bey diesem zweiten Vorschlage, der doch unläugbar zirlicher als ein anderer ausfällt, es nur lediglich auf die Frage an, ob das Publicum die dabey zu erhaltende Zimmer nöthig habe, oder gebrauchen könne. Ist dieses, so sind alle dagegen erhobene Schwürigkeiten von überaus wenigem Belange, und die Kostbarkeit kann man leicht übersehen, da ich im pro memoria vom 15 Martii solche für 8000 Mk anschlage, sie auch recht gerne dafür liefern will. Große besorgliche Umstände und große Dachreparationes laßen sich bey dieser geringen Flickarbeit mit Grund nicht angeben. Sie kostet nur mehr Mühe und weniger Geld, macht aber freilich nicht so viel Ruhm als wenn man neu bauet.

In dem Punct, daß an dem Rath Hause keine große Kosten zu verwenden, welches ich schon in meinen allerersten Berichte geäußert, kommen wir überein und hoffentlich auch darinnen, daß unter den Begriff einer kurzen Unterhaltung 50 und mehrere Jahre zu verstehen seyn. Wir sind auch darin einerley Meinung, daß wie ich schon längst gesagt, diese Reparation keine Staatsfigur machen werde. Dieses würde man auch alsdan nicht einmahl erhalten, wenn man gleich die Mauer von der Erden an neu aufführte, da das Dach und die anliegenden Gebäude immer unförmlich bleiben und der Kenner eben so gern ein gantz altes als die neuen Gebäude sonder Geschmack siehet. Imgleichen stimmen wir zusammen, daß die Mauer abgeblättert ist. Ich habe dergleichen geblätterte Mauren verschiedene unter Händen gehabt, und unter andern eine, die auf 46 Fuß von oben bis unten rein abgeblättert war und dennoch mit einer kostbaren Verbeßerung in einen auf lange Jahren dauerhaften Stand gesetzet worden ist. Die unsrige halte ich standhaft genung, dasjenige, was ich davon gesaget habe, zu leisten, und besorge gar nicht, daß wir sie schlechter finden werden, als wir sie jetzt schon sehen können.

Ich muß nun noch über dem Vorschlage, eine ganz neue Mauer zuziehen, mich in etwas äußern. Es ist leicht gesagt; Die Kosten werden nicht viel größer seyn, allein wenn der Entschluß genommen, soll es doch auch gut werden, es soll doch auch einen Anstand haben, es soll doch auch nach der mode seyn, und mit dem allen steigen die Kosten. Vielleicht ließen sich, wenn man erst bey der Arbeit ist, auch Gründe anführen, warum die Keller Gewölber und ihre Mauern weggenommen werden müßten, welches alles zu thun möglich, aber nur um so viel kostbarer ist.

Es sey mir erlaubt meine ganze Meinung von dem Rath Hause zu sagen. Wäre es mein Eigenthum und ich hätte Geld genung vorräthig, so würde ich das ganze Rath Haus mit dem neuen Niedergerichte abtragen und zu meiner Ehre ein neues bauen, das wo nicht an Größe, doch an Geschmack dem besten in der Welt gleich käme. Fehlte mir der Fond neu zu bauen, so würde ich mit der Sorgfalt, wie unsere Bürger, die von alten Häusern leben, das Rath Haus unterhalten, und derweile ein gehöriges Capital sammlen oder besorgen. Hätte ich hingegen die Pflicht auf mir, für die Reparation des Rath Hauses zu sorgen, so würde ich aus der iedermann vor Augen liegenden Wahrheit:

> daß so wohl das sogenannte neue Rath Haus als das neue Nieder Gerichte weder die Anlage noch das Ansehen haben, iemals unter gute Stücke gerechnet werden zu können, insbesondere aber letzteres von weniger Dauer ist,

mir es zur Schuldigkeit und zu einer obwohl nicht in die Augen fallenden doch wesentlichen Ehre machen, das alte Rath Haus unter anhaltender Aufmercksamkeit mit wenigst möglichen Kosten so lange, bis alle 3 Stücke zusammen ausgedienet hätten, zu unterhalten, und ich würde das Vergnügen haben, auf diese Art, durch Ersparung eines lediglich aus den Zinsen auflaufenden Capitals von vielen Hundert Tausend Marcken, dem Publico ein recht nützlicher ehrenwerther Mann gewesen zu seyn.

Hamburg d 2 Maii 1771.   EGSonnin.

47.
VICELINKIRCHE NEUMÜNSTER

Gutachten über den Bauzustand der aus dem 12. Jahrhundert stammenden Kirche. Vorschlag mit Kostenanschlag für eine Behelfsinstandsetzung und die Finazierung eines Umbaues. Die Behelfsinstandsetzung wird umgehend durchgeführt, 1828–1834 erfolgt nach dem Entwurf von Christian Frederik Hansen ein Neubau.
Neumünster, 28.2.1774

Landesarchiv Schleswig-Holstein
Schleswig Schloß Gottorf
Abtlg. 105, Nr. 901
Acta betr. den Kirchen und Pastorathaus Bau
1772 segg. ingleichen die nachher des neuen
Kirchenbaues wegen entstandenen Criten
Bl. 53

Pro memoria
Nahmens der S. H. I. Neumünsterschen Herren Kirchen-Visitatorum bin ich bey Gelegenheit meiner Durchreise requiriret worden, die Beschaffenheit der hiesigen Kirche zu untersuchen, und hierüber sowol, als über die Fragen, ob es vorträglicher sey, eine auf die Dauer einer Anzahl von Jahren abzielenden Hauptreparation vorzunehmen, oder die Kirche von Grund aus, neu zu erbauen? ein gegründetes Gutachten zu erstatten, welches nach vorgenommener viel- und sorgfältigen Untersuchung, hiemit gehorsamst einlegen soll.

Ad 1mum.
Die Kirche welche nach vielen daran befindlichen Merckmalen anfänglich ein langes, großen theils von runden Feldsteinen aufgeführtes mit einem nach damaliger Art sehr gut verbundenen Dachstuhle belegtes einfaches Gebäude gewesen, nach der Hand aber sowohl südlich als nördlich mit Abseiten und noch später mit einem Creutz-Ausbau vergrößert worden ist, hat durch diese successive Veränderungen, eines theils eine sehr irregulaire Figur, und andern theils große Unbequemlichkeiten des Daches erhalten.
Der ursprüngliche über der Mitten der Kirche ruhende Dachstuhl, findet sich seit so geraumer Zeit, fast noch gänzlich unbeschädiget. Unmittelbar träget er auch nur einen kleinen Theil der Dachziegel, wohingegen die mehrere auf den ohne Noth übermäßig hoch aufgeschifteten und deswegen aufgestückten Sparren der Abseiten aufgehänget sind. Solchergestalt hat die mehreste Last des Dachs, auf die Abseiten Mauern gedrükket und hat bey dem wenigen Verbande der Abseiten Sparren, eine in die Augen fallende Überweichung der äußern Mauern verursachet, zumalen das Dach vormals mit antiquen Hohlziegeln, wie noch itzt die Nordseite es ist, beschweret war. Man hat in neuern Zeiten die Südseite mit itzt gewöhnlichen Pfannen behänget, aber dabey etwas weit gelattet, woher bey unterlaßenen zeitigen Ausbeßerungen an dieser neu belegten Seite viele Lecken angetroffen werden.
   Noch mehrere zeigen sich an der Nordseite, wo sie, vornemlich über dem Risalit und sonst hie und da Fäulniße an Sparren und Balken angerichtet, und die Oberfläche an den Enden verschiedener Risalit-Balken sehr angegriffen haben, wie wohl jedoch keiner derselben so tief beschädiget ist, daß er brechen oder sinken könnte. Die schwersten Lecken äußern sich an der nördlichen Kehlrinne, welche man zwar mit

Bley, aber elend genug ausgeleget hat. Durch die angezogenen häufigen Dachlecken sind auch verschiedene Bretter der Bodendecke angegriffen, welches in Betracht ihrer leichten Herstellung, hier nur obenhin angeinnrt wird.

Eine desto ernsthaftere Bemerckung verdienen die auswendigen und inwendigen Kirchen-Mauern, als welche ihres hohen Alters und ihrer ungleichen Bestand-Theile wegen, sehr hinfällig geworden. Dem offenen Augenscheine nach, sind ansehnliche Stücke derselben von rauhen Felsen aufgeführt, welche auch überhaupt an ihren Untertheilen aller Orten hervorragen. Wo der Thurm abgebrochen ist, siehet man ihren Kern mit kleinen Felsen und Graus vergossen, woraus und aus einigen der Länge nach sich erstreckenden Borsten wahrscheinlich wird, daß sämtliche Mauren aus so ungleichförmigen, keines dauerhaften Verbandes fähigen Theilen bestehen. Diese innerliche Beschaffenheit derselben, nimmt alle Hoffnung ihres zu wünschenden Bestandes hinweg. Es kommen hinzu die vielfältigen Überweichungen wovon nur wenige Theile ganz frey geblieben, andere hingegen mercklich überhangen und an ihren Strebe-Pfeilern, die zwar stark, aber auch unkundig genug angebracht sind, eine nur gar zu schwache Stütze finden. Der nachtheiligste Überhang wird an der Nord-West Ecke wahrgenommen. Er machet gegen 1½ Fuß, und die Strebe-Pfeilern sind mit den Mauren, die sie stützen solten, übergewichen. Die Süd-Seite, die beiden Creutz-Vorsprünge, die östlichen Theile stehen beßer und an den inwendigen Theilen ist der Überhang von keinem sonderlichen Belange.

Dem ohngeachtet, und ungeachtet des guten Ansehens daß die inwendigen Kirchen Mauren noch haben, kann man keinen Theil derselben noch für standhaft ansehen, sondern man muß sie ihres inneren Gehalts wegen, als einen total ungesunden Cörper betrachten, der sich seinem Hinfallen unabläßig nähert und keiner gründlichen Beßerung mehr fähig ist.

Aus diesem Grund läßet sich
Ad 2dum

die Frage, ob es rathsam seyn mögte, eine Hauptreparation der Kirche vorzunehmen, nicht anders als schlechthin verneinend beantworten. Denn ein jedes dazu verwandte Capital wird auf einen losen Grund angeleget, und gehet, da eine Verbeßerung auf die Dauer nicht statt findet, in kurzer Zeit verloren.

Um desto natürlicher muß
Ad 3tium

hieraus von selbst folgen, daß es in aller Betrachtung vorträglicher sey, eine neue Kirche von Grund aus, zu erbauen. In diesem algemeinen Ausdrucke wird voraus gesetzet, daß das Capital, wovon man eine neue Kirche aufführen wolte, schon würcklich in Bereitschaft sey. Fehlete aber das Capital und müßte es aufgenommen, mithin verzinset werden, so würde der Verlust an Zinsen leicht so hoch steigen, daß es erträglicher wäre, zu einer abgemeßenen reparation ein kleineres Capital mit offenen Augen wegzuwerfen, als die Zinsen eines Capitals zu erschwingen, daß bey freyen Hand- und Spann-Diensten auf 700 000 Mk gehen würde, woferne man Kirche und Thurm, auf einem durchaus neu zu legenden Grunde, standhaft, der zahlreichen Gemeinde angemeßen, von ungekünstelter Zierde erbauen wolte.

Wie ich indeßen auf keine Weise rathen mögte, daß man zur reparation eine auf die Tausende sich erstreckende Summe verschwendete, und in Ansehung des Capitals vernehme, daß keines vorhanden sey, auch solches nicht anders als mit Verlauf von Jahren aufgebracht werden möge; Inmittelst aber, doch die Kirche durch unumgängliche Verbeßerungen nicht allein voritzt, sondern auch fürs künftige gegen nachtheilige Vorfälle und gegen ihren frühern Untergang gesichert werden muß; So will uhnvorgreiflich ein Verfahren vorschlagen, nach welchem man die verfallene Kirche, wie einen aufgegebenen Patienten, so lange hinhalten mögte, bis zu dem erforderlichen Capital Raht geschaffet würde.

So gewiß es denn ist, daß die schiefen geblätterten Mauren, auf die Länge nicht haltbar sind, so gewiß ist es doch auch, daß sie ohne Beysorge eines unversehenen Einsturzes, noch eine Zwanzig Jahre hinhängen können, wenn die Kirche nur Dach dicht ist. Aber eben dieses scheinet die schwerste Forderung zu seyn, da vorbesagter maßen, das Dach einige schwache Sparren, viele abgängige Pfannen, löchrichte Kehlrinnen pp hat, und an einer Seite etwas weit gelattet, an der andern Seite aber mit mürben Hohlziegeln beschweret ist. Alle diese Schwierigkeiten könnte eine neue Umlattung, Eindeckung und Verschwebung zuverläßig heben; Allein daß wird gegen 3000 Mk kosten. Die Summe ist zu groß, zumalen andere, nicht weniger nöthige Ausbeßerungen auch noch Geld erfordern. Näher würde man zum Ziele kommen, wenn man die südliche Seite mit den fehlenden Pfannen und Ausfugen versähe; ferner an die Nordseite die westliche Hälfte ganz über der Sacristey unterwerts ein Stück, neu eindeckete; sodann mit den abgenommenen Hohlziegeln den Rest außbeßerte, und fürs künftige die Dichthaltung des nun einmal in Stand gesetzten Daches an einen Mauermeister verdünge, der inclusive der Zuthat von Kalck, solches gemächlich für 40 Mk im Jahre dicht erhalten könte.

Die Mängel der Sparren sind unter dieser Aussicht gar nicht erheblich und laßen sich mit leichten Verstrebungen, so wie die angegangenen Balken mit Auffütterungen oder Beylagen, mehr als genugsam sicher stellen.

An die Mauren müßte man sehr wenig und nur dieses unterhaltlich anwenden, daß man diejenigen Fugen, welche sich zum Nachtheil öfnen oder ausweitern, ausstreiche. Dieses erfordern zum Theil die nördlichen Strebepfeiler, unter welchen der westliche gänzlich abgenommen und schwächer, jedoch vernünftiger wieder aufgeführt werden muß. Neben demselben ist die weggebrochene Kirchen Wand wieder mit einer Fach-Wand zu ersetzen, und die über der Thurm Mauer entstandene Dachöfnung mit einem genugsam überhangenden Walm zu schließen. Dem nördlichen Risalit Giebel wird die daselbst aufgehängte Uhren Glocke zur Last. Unnachtheiliger, auch beßer fürs Gehör, würde die kleine vormalige Stunden-Glocke mitten auf der Kirche gehänget, und für die beiden übrigen Glocken ein gewöhnlich hölzerner Glockenstuhl, auf dem Kirchhofe errichtet werden können.

Unter diesen Voraussetzungen, könte es gar nicht schwer fallen, die vorgeschlagenen palliativ Unterhaltungen, jährlich mit 150 Mk bestreiten, und derweile die Mittel zur Sammlung eines Capitals auszufinden. Wäre, auf eine höherm Ermeßen zu überlaßende Weise, es thunlich, zu diesem Endzwecke jährlich 2400 Mk aufzubringen; so würden, wenn man davon 150 Mk zur Unterhaltung abnehme, und die übrigen 2250 Mk nebst denen erwachsenen Zinsen jedesmal sorgfältig belegete, in zwanzig Jahren 70 000 Mk gesamelt seyn.

Anschlag
von den Kosten der itzigen Reparationen.

Eichenes Holz zum Glockenstuhl zur Fachwand, wird von dem vorräthigen alten genommen.

Feuernes, 4 Balken a 6 Mk	24 Mk
Latten 400 Stck a 24 Fß a 30 Mk	120 Mk
Bretter zur Außbeßerung des Kirchenbodens sind alt vorhanden.	

Nägel	1 800 Dreilings	28 Mk
	500 Sechslings	15 Mk
	200 Schillings	12 Mk
Mauersteine sind vorhanden.		
Dachpfannen Holländische 10 000 a 38 Mk		380 Mk
Kalk Segeberger, 40 t a 4½ Mk		180 Mk
Löschkalk 45 El a 5 Mk		225 Mk
Kupfer zur Kehlrinne 18 Platten a 10 Mk		180 Mk
Eisen ist vorräthig.		
Mauerlohn das Dach umzudecken, den Pfeiler aufzumauern, die Fachwand auszumauern, und sie nebst dem übrigen auszufugen.		190 Mk
Zimmer Lohn, den Glockenstuhl und die Fachwand zu verbinden und zu richten, das Dach zu latten und zu beßern		180 Mk
Tischler Lohn, Schmiede Lohn und andere unversehene Ausgaben		316 Mk
	Summa	1 850 Mk

Diese Summe könnte größten Theils aus dem Verkauf der geborstenen Glocke genommen werden, welche ich auf 2000 Pfd a 10 Schl schätze.

Es mögten auch die aus dem Thurm geborgene Felsen nur immer so gut man könnte verkauft werden, weil sie zu einem standhaften Bau doch nicht brauchbar sind, auch nur der Zeit im Wege liegen, und vielleicht sich gar verlieren. Wolte man ihn dereinst bey einen neuen Bau die Grundlage von Felsen machen, werden deren aus der abzubrechenden Kirche ohnehin viel mehrere erhalten werden, als man dazu mit Sicherheit anbringen kann

Neumünster den 28ten Febr. 1774.   EGSonnin.

48.

VICELINKIRCHE NEUMÜNSTER

Gutachten über den Bauzustand des aus einer Holzfachwerkkonstruktion bestehenden Pastorenhauses mit Vorschlag und Kostenanschlag für Instandsetzung und Umbau. Die Arbeiten werden bis 1775 durchgeführt.
Neumünster 28.2.1774

Landesarchiv Schleswig-Holstein
Schleswig, Schloß Gottorf
Abtlg. 105, Nr. 901
Acta betr. den Kirchen und Pastorats Bau
1772 segg.
ingleichen die nachher des neuen Kirchenbaues
wegen entstandenen Criten
Bl. 60

Pro memoria

Namens der S. I. Neumünsterschen Herren Kirchen Visitatorum, ist von mir ein Gutachten gefordert worden, ob das äußerst unbequem eingerichtete und bey zeitheriger Anschlüßigkeit in Verfall gerathene Pastorats Haus annoch in dem Wehrt sey, wiederum in den baulichen Stand gesetzet, auch allenfals mit Vergrößerung der gar nicht traagbaren kleinen Zimmer zu einer bequemen Wohnung eingerichtet zu werden?

Dem zur gehorsamsten Folge, habe ich solches fleißig nach gesehen, und zwar an der Süd- und westlichen Seite einige verfaulte Legden, wie auch anderer Arten einige mangelhafte Stücke, hingegen das übrige in- und auswendige Holz von der Güte befunden, daß ich nicht allein zu einer baulichen Ausbeßerung des ganzen Hauses, sondern auch zu der intendirten Vergrößerung und ansehnlichen Vermehrung der Bequemlichkeit mittelst einer leichten und unkostbaren Veränderung anrathen kann.

Letztere würde darin bestehen, daß man die ganze ohnehin verfallene aus lauter unbrauchbaren Zimmern, zusammen geflickte südwestliche Abseite hinweg nehme, und statt deren eine etwas breitere mit den Dielen beynahe gleich hohe Abseite anbrächte, in welcher sodann vier geräumige ansehnliche Zimmer nach Maaßgabe des angefügten Rißes entstünden.

Bey demselben mögte es nöthig seyn, eine oder andere Umstände, welche bey dieser Veränderung vorfallen, zum Unterrichte der Werkleute und zur Erwegung des Anschlages zu bemerken.

a) der Saal (Nr. 1) wird um 6 Fuß schmaler, und nach dieser Linie werden die itzigen Hauptstender sämtlich eingerückt.

b) der Fußboden des Schlaf-Zimmers neben demselben (No. 2) wird mit dem Fußboden, des Saales gleich.

c) da die Scheerwand, welche den Saal von dem Schlafzimmer entscheiden wird, nicht bloß auf den Balken zu setzen ist, würde entweder die Keller-Mauer auch bis so weit eingezogen, oder auch ein Unterschlag mit einem Paar guter Stender angebracht.

d) die Fußböden der Zimmer (No. 3, 4 et 5) werden mit der Diele gleich.

e) die itzige kleine Hofthüre fält weg und wird in die Küche verlegt.

f) das Zimmer (No. 6) wird beybehalten und kann ein sehr bequemes Mädgen Zimmer abgeben.

g) die Treppe wird beybehalten und nebst den Hauptstendern nur um 6 Fuß verrückt.

i) Hiebey entstehet ein weit bequemerer Eingang unmittelbar vom Treppen-Stuhl in die Studier Stube (No. 7) als welche auch die Veränderung ein Fach größer, das ist, bey nahe so groß, als der Saal wird.

k) Hingegen fält das itzige Nebenzimmer, wegen ungleicher Boden-Höhe halb weg, jedoch kann der Rest nebst dem Raum unter der Abseiten, ein sehr gelegenes Bedienten Zimmer (No. 8) abgeben.

l) Neben der Studierstube über, werden noch 2 Zimmer (No. 9 et 10) angeleget, welche zwar nur niedrig sind, aber in Betracht ihrer Größe und Wohlgelegenheit, sehr gut genutzet werden dürften.

m) an der itzigen Wohnstube (No. 11) und an dem anliegenden Cabinet (No. 12)

n) ingleichen an der Küche und Speisekammer wird keine Veränderung begehret. Hingegen ist die Veränderung der Schornsteine um desto angelegener, da bey mehr als einem Winde, das ganze Haus unerträglich mit Rauch beschweret ist. Dem abzuhelfen wird,

o) der Küchen-Schornstein, bis aufs Dach weggenommen, und unter demselben auf einer gewöhnlichen Brücke bis zum Forst hinaus geführt, nachdem er

p) vorher mit dem auf dem Bedienten Zimmer anzulegenden Schornstein zusammen geleitet worden, in welchen letztern die Ofen-Röhren aus dem Zimmer No. 4 et 5 mit eingestecket werden.

q) Die Ofen Röhre aus der Mägden Stube müßte bleiben, wo sie ist, zumalen darüber keine Klage geführt wird.

r) der Camin des Saals, wird mit seinem Schornsteine gänzlich hinweg genommen, und an seiner Stelle unten im Saal eine Nische über derselben aber in dem Zimmer

(No. 10) eine Schornstein-Röhre und eine gleiche in dem Zimmer (No. 9) angeleget, in welchen die Ofen-Röhren aus No. 2, 3 et 9 eingestecket werden.
Nächst diesen Veränderungen wird zum baulichen Stande erfordert
s) daß die alten Fach-Wände nach gehöriger Verkeilung mit gutem Kalk ohne Sand ausgefuget und
t) das ganze Dach in guten Kalk geleget werde, nachdem
u) vorher der westliche Giebel (so mit nunmehr vermorschten Brettern verkleidet ist) in einen Walm verwandelt worden, der den Schlag-Regen beßer abhält.
w) Einige schadhafte Stellen an Leden und Stender mögten vor der Hand nur ausgeflicket werden, bis mit der Zeit eine neue höher zu bringende Lede, unumgänglich nöthig seyn wird.
Nach dieser Einrichtung und Verbeßerung, welche zugleich nicht geringe Bequemlichkeiten gewähret, kann, bey einer kleinen, aber nur zeitigen Unterhaltung, man sich von dem Pastorat Hause noch lange Dauer zuversichtlich versprechen.
(es folgt Kostenanschlag über 1340 Mark).
Fals vorbemeldeter Bau würcklich vorgenommen und auch gegen den Sommer da man der weg zu nehmenden Abseiten am leichtesten entbehren kann, geführet würde, so blieben außer Küche und Speisekammer, doch nicht mehr als 4 Zimmer für die ganze Haushaltung übrig. Deswegen solte es nicht undienlich seyn, daß die besten Zimmer (No. 9 und 10) zuvor fertig gemacht würden, ehe man die Abseite wegnehme, in welchen man noch sehr vieles von Wehrt und Nothwendigkeit bergen pp könte.
Neumünster d 28 t Febr. 1774   EGSonnin.

49.

KIRCHE WILSTER

Beischreiben zum Entwurf für den Neubau mit Bericht über Baugrunduntersuchungen und einer Stellungnahme zu den Vorschlägen des Baukommissars Findorff und des Professors Caspar Frederik Harsdorff. Dem Auftrag zum Entwurf sind seit Sonnins Gutachten vom 14. März 1764 intensive Bemühungen der Gemeinde um die Erhaltung der baufälligen Kirche vorausgegangen. Doch weder der Bauinspektor Wilhelm Bardewiek aus Glückstadt und der Landbaumeister Johann Gottfried Rosenberg noch Findorff und Harsdorff vermögen der Gemeinde eine kostenmäßig vertretbare Möglichkeit anzubieten. Die Länge des Schreibens läßt Sonnins Interesse am Bauvorhaben erkennen. Es enthält wichtige Aussagen zu seiner Auffassung von der Gestaltung des protestantischen Kirchenraumes (optische und akustische Erfordernisse), zur Fassadengestaltung (Risalit, Fronton, gequaderte Lisenen) und zur Durchführung der Bauarbeiten (Materialeinkauf, Bauaufsicht). Von den erwähnten Entwurfszeichnungen haben sich nur Litt. F (Aufriß) und Litt. G (Querschnitt) im Stadtarchiv Wilster erhalten. (Veröffentlicht von Heckmann, a. a. O., Abb. 57, 58.)
Wilster, 1.5.1775

Stadtarchiv Wilster
III, G. 3, No. 1227d
Bau der neuen Kirche 1765/1780
Bl. 115–148

Mit angelegten Rißen und Anschlage sub litt. A bis K inclusive.

<u>Pro Memoria.</u>

Nachdem Amplissimus Patronus et Mandatarii der Wilsterischen Gemeinde mich requiriret, zur Erbauung einer neuen Kirche Ihnen Riße, nebst An- und Vorschlägen zu geben, auch zugleich die Geneigtheit gehabt, mir die bisherigen Riße cum adjunctis unter der angelegensten Empfehlung mitzutheilen, daß ich die von der Allerhöchst verordneten Bau-Commißion eröfnete desideria im Auge behalten mögte. So vermeine, dieser meiner Pflicht, und den Umständen der Gemeinde, die hiemit gehorsamst erfolgende Riße und Anschläge aufmercksamst angemeßen zu haben.

Gleichwie nun, nach Anleitung des von dem Herrn Profeßor Harsdorff mit vieler Gründlichkeit, mithin zum verdienten gantzen Beyfall der Allerhöchstverordneten Bau-Commißion abgefaßten Bedenckens, die Haupt-Frage von Allerhöchstverordneter deutschen Cantzeley, dahin entschieden worden ist, daß die alte Kirche und Thurm abgebrochen, und eine neue erbauet werden solle; Also ist die quaestion von der Beschaffenheit der Fundamente und des Grundes, worüber die Rosenbergische und Findorffische Berichte mißhellig sind, in dem vorbelobten Bedencken, solcher Gestalt zum Augenmerck vorbehalten worden, daß, da man bey Abbrechung der Kirche den Zustand des Grundes zeitig wahrnehmen könne, darnach alsdann die Riße zum neuen Bau bestimmet und approbiret werden könnten.

Um so weniger habe ich verfehlen dürfen, auf eine genaue Untersuchung, sowohl des Erd-Grundes als der Fundamente, meine Sorge mit äußerstem Fleiße zu richten. In Ansehung des Erd-Grundes war es mir dann zwar angenehm, aus dem Findorffischen Berichte zu ersehen, wie das terrain aus einer schwartzen Thonlage von 33 Fuß tief bestehe. Allein ich konnte daneben auf keine Weise begreifen, wie der Mann eine Pilotage vorschlüge, zu einer Erdschichte von solcher beträchtlichen Dicke, die meines Ermeßens rein für sich, und zwar ohne alle Pilotage, vermögend ist, die schweresten Schlößer und Thürme zu tragen, als wovon ich bey vielfältigen Aufräumungen von alten auf Thon gegründeten Fundamenten die unwiedersprechlichsten Beweise, und insbesondere Einen unter dem Cosmae und Damiani Thurm in Stade gefunden habe, der beynahe allen Glauben übertrifft. Denn daß etwann die unter der 33füßigen Thondecke sich befindende Mohrschichte von 3 Fuß, die gewiß nicht anders als im Gantzen einer Weichung fähig ist, ihn, der doch sonst Fähigkeit und Urtheil hat, zu einem solchen Vorschlage veranlaßet haben solte, das konnte ich mir keinesweges vorstellen. Endlich überredete ich mich, die Ursache seines Verfahrens darinn entdecket zu haben, daß er den Grund als Waßersüchtig, das ist: aus ungleichartigen Theilen bestehend, angemercket hat, oder, wo mir ja diese meine Muthmaßung auch fehl schlüge, müßte er sich verpflichtet geachtet haben, seinen neuen Grund dem alten gleich zu machen, welcher der allgemeinen Sage nach, auf einer schweren Pilotage angeleget seyn sollte. Beide Betrachtungen rieten mir an, den Grund nicht allein vorsichtigt zu bohren, sondern auch ihn bis zur Pilotage aufzugraben, wozu mir die im Anfange dieses Jahrs aufgetretene unvergleichliche Witterung überaus bequem war.

Zum Bohren gebrauchte ich eben den Erd-Bohrer, auch eben die Arbeiter, welche Findorff dazu angewendet hatte. Ich fand die Erdschichten, wie er sie bemeldet, nemlich bis zur Tiefe von 33 a 34 Fuß einen graulichten unterwärts mehr schwartzlichten Thon, und unter demselben, eine dünne, kaum 3 füßige, gar nicht lose, Mohrschichte, die einiger Orten nicht 2 Fuß ist, und dem Holtze gleich siehet, das man in den Elbmarsch-Gegenden in mehr oder weniger beträchtlicher Tiefe etwas vermodert antrifft, als wovon auch selbst mitten in dem Thon, hie und da schwärtzliche Adern von einer halbzolligen Dicke zum Vorschein kamen. Der Thon selbst ist durchgehends homogen, nur mit dem Unterschiede, daß sein oberer Theil bis zur Tiefe von etwann 4,5 bis 6 Fuß mit einem feinen Sande gemischet, in zunehmender Tiefe aber, mehr und mehr steif und gesättiget ist, wie die gleichartigen festen Thondecken es zu seyn pflegen. Da es mir nicht einfiel, mein Absehen auf die angegebene Wassersüchtigkeit zu richten, so entdeckte ich nun dieselbe bald in der, mit Sand gemischten, Oberfläche, in welcher sich würcklich Waßer enthielt, so zwar das Bohrloch sogleich anfüllte, jedoch nicht hinderte, in dem Löffel, jedesmahl einen reinen festen Kern vom Thon einer jeden erreichten Tiefe auszuheben. Durch wiederholte Bohrungen ward ich von der durchaus gleichen Festigkeit der unteren Thonlage bald genugsam überzeuget. Allein, es lag mir an, genau zu wißen, eines theils ob die gemischte Oberlage auch in sich gleichartig sey, und andern theils, ob sie sich vom Horizont zu einer gleichen Tiefe erstrecke. Zu welchem Ende eine recht große Menge von Bohrungen zur Tiefe von 12 Fuß, das ist: bis auf den schön gäntzlich festen Thon vorgenommen wurden, in welchem allen sich keine Ungleichheit von einiger Erheblichkeit hervor gethan; aller Orten aber nur die obere, je höher je mehr mit Sand gemischete, Erde sich voller Waßer befand. Dieser Umstand kann dem Bau-Commißaire Findorff um so leichter verborgen geblieben seyn, als nach dem Bericht des damals gewesenen Kirchenhauptmanns und der Arbeiter, derselbe, von einer Catarrhe beschweret, denen, bey einer rauhen Witterung unternommenen, Bohrungen in Persohn nicht beywohnen konnte, sondern die ausgehobenen Erd-Proben sich auf sein Zimmer bringen laßen mußte, und daher selbst nichts weiter als den bey der naßen Jahres-Zeit unter Waßer gesetzten Boden der Kirche gesehen hatte.

Nach vollendeten Bohrungen, ließ ich den Grund der Mauer bey No. 1 Litt A aufgraben. Die Mauer ruhet auf runden oder rauhen Feld-Steinen, die an einigen Orten nicht völlig bis zur Höhe der Erden, an einigen aber auch noch höher geführt sind. Zu ebener Erden ist auf den Felsen eine lose trockene Grüsung von Mauersteinen gemacht, und darüber die Mauer mit recht guten Kalcke nach der Gewohnheit älterer Zeiten aufgezogen. Unter der Oberfläche der Erden, wird hier jedermann ein sehr ausgebreitetes Fundamendt von Felsen, und die Felsen in dem besten Kalck, oder gar in Caement vermauret vermuthen. Allein hier ist geradezu das Gegentheil, und gewißes befremdete mich nicht wenig, als ich zuvörderst ersahe, daß diese Felsen-Grund-Mauer keinesweges in Kalck geleget, auch nicht einmal ausgezwicket sey, und als ich hiernächst bey tieferem Ausgraben so gar gewahr ward, daß gegen alle Bau-Gewohnheit die oberen Felsen überhingen, und dem zufolge die Sohle des Felsen-Grundwercks schmaler ausfallen würde, als seine Oberfläche. Nachdem man kaum 3 Fuß gegraben, zog sich schon Waßer zusammen, und in mehrerer Tiefe floß es reichlicher zwischen dem Felsen herdurch aus der Kirche herzu. In der Tiefe von 7 Fuß kam man auf Särger, welche zu 2 auch weiter abwärts zu 3 Schichten hoch, dicht an den Felsen eingesencket waren, und einen Deckel von 3 zolligter Dicke hatten. Aus denen Särgern und ihren Zwischen-Räumen ergoß sich auch mehreres Waßer, doch ward der Zufluß nicht stärcker, als daß ein Gräber seine halbe Zeit anwenden müße, um das Waßer mit einer Hand-Schauffel auszuwerffen. In der Tiefe von 13 Fuß erschienen endlich die Grund-Pfähle, jedoch ohne alles Rost-Werck, und so gar ohne Grüsung. Sie wurden auf 3 bis 4 Fuß frey gegraben, und da erschienen schon die Spitzen der Pfäle. Solcher Gestalt bestehet denn nach Manier der Alten, die gantze pilotage aus meistens fürenen und einigen erlenen kleinen nur 4 a 5 Fuß langen und 5,6,7,8 Zoll dicken Pfählen, die etwann in der Entfernung ihrer Dicke nebeneinander eingeschlagen sind. Dies wunderte mich nicht, da ich dergleichen unter allen Gebäuden zu mehreren Mahlen, und noch vor 4 Jahren eine solche unter einer 24 Fuß dicken, und 130 Fuß langen Waßer Wehre ausgenommen habe.

Der Splint der Pfähle war theils gar aufgelöset, theils schon ein Schleim, der sich verdrücken und auch ziehen ließ. Getrocknet nahm er die Gestalt der Fasern wieder an, doch lagen dieselben lose bey einander, und ließen sich wie Fäden von einander abnehmen, weil sie ihre Quer-Verbindung oder textur verlohren hatten. Ihr Kern schien frisch, ward getrocknet, auch hart, allein er hatte doch keineswegs die Festigkeit eines gesunden Holtzes, und schien mir schon einen Ansatz zur Auflösung gemacht zu haben.

Es ward zu gleicher Zeit bey No 2 am Thurm aufgegraben. Der Zufluß des Waßers war wie dort, die Felsen lagen ohne Kalck, und waren 1 a 2 Fuß breiter außerhalb der Mauer, jedoch ohne Böschung vorgeleget. Die Felsen unter dem Thurm waren viel breiter, nemlich zu 3 bis 4 Fuß, außer dem Thurm hervorgeleget; Der mißliche Zustand der mit einem hohen überhängenden Giebel beschwereten Kirchen-Mauer, und des überhängenden Thurms, erlaubete mir hier nicht, tiefer als bis auf die Särger zu graben.

Das gemeine Gerüchte, und auch die Arbeiter, hatten mir gesagt, der Königl. Baumeister Rosenberg habe an der südlichen Seite bey No. 3 et 4 aufgraben laßen, und daselbst wären in einer Tiefe, die sie nicht zu bestimmen wüßten, über den Grund-Pfählen 4 zollige Bohlen gestrecket gefunden worden. Es war dann nun meine Pflicht, die Stelle wieder aufzugraben, um zu sehen, wie daselbst das Fundament geleget sey. Es wurden dazu eben die Arbeiter angestellet, die damals das Graben verrichtet hatten. Felsen und Waßer fanden sich in eben den Umständen, wie an der Norder-Seite, nur konnte man an der Erde gantz deutlich sehen, daß sie unlängst aufgegraben worden sey. Mit der Tiefe von 6 a 7 Fuß kamen auch die Särger, aber keine vierzollige Grund-Bohlen, und noch weniger Grundpfähle zu Gesicht, wie doch die Arbeiter vorher hoch behauptet hatten, nun aber gestunden, sie hätten nicht tiefer als jetzt gegraben, und als man auf Holtz gekommen, hätten sie, und der ihnen zugegebene Zimmermann, den Baumeister auf seinem Zimmer den Bericht erstattet, daß sie Grund-Bohlen gefunden, worauf derselbe ihnen Befehl ertheilet, die Erde wieder zuzuwerfen. Mit Vorbedacht grub ich dann auch nicht weiter, sondern ließ die Särger in Ruhe, um nöthigen Falles ad oculum erweisen zu können, daß hier seit langen Jahren kein Sarg gerühret worden ist. Nur machte ich Versuche mit der Fühlstange, womit ich noch zuverläßig bis zu 5 Fuß auf Felsen stieß. Für mich hielt ich mich versichert, daß der Grund hier, wie an der andern Seite beschaffen sey, und daß das Fundament unter dem älteren Theil der Kirche, folgender maßen geleget worden: Man hat einen Graben, der oben etwan 6, unten 3½ Fuß weit, und 13 Fuß tief war, ausgegraben, in der Grundsohle deßelben 3,4,5 füßige Pfähle, wie es paßte, eingeschlagen, so dann die Felsen, wie sie fallen wollten, hinein geworffen, ohne Verzweckung den Thon wieder dazwischen gestopffet, ferner auf der aus Thon und Felsen bestehenden Oberfläche gegräuset, und endlich unmittelbar, auf der nicht einmahl mit Kalck ausgegoßenen Gräusung die rechte Grundschichte der Mauer angeleget.

So sehr diese Anlage mich anfänglich befremdet hatte, so sehr ergetzete es mich bey näherer Ueberlegung, daß der Anleger dieses Grundwercks seinen Erdgrund so gut gekannt, und gantz wohl gewußt habe, daß ein dichter Thon fast unüberwindlich tragbar ist, aus welcher Ursache er es auch wohl nicht nöthig erachtet hat, die Grundfelsen in Kalck zu legen. Gantz gewiß würde dieser Ehrwürdige des Alterthums, zur Ausfüllung seiner Felsen, keinen Muschel-Kalck vorgeschlagen haben, wenn er gewußt hätte, daß der Muschel-Kalck vermöge seiner, unserm Zeit-Alter nicht unbekannten, Bestand-Theile, überhaupt nur eine schwache Bindung annimmt; unter der Erden aber gar nicht zur Bindung kömmt, sondern immerdar ein weicher, endlich ermatteter Brey verbleibet.

Nun trieb mich die Begierde, auch das Fundament unter dem neuen Theil der Kirche zu sehen. Es ward bey No. 5 et 6 aufgegraben. Das Waßer zeigete sich bald unter der Oberfläche, aber keine Felsen. Alles war rein Mauerwerck bis zur Tiefe von 2½

Fuß, wo sich unter demselben eine lose Grüsung hervorthat. Als die Mauer von dem anklebenden Thon gereiniget, und der Graus gelöset ward, erblickte man über dem Grause einen ordentlichen Erdbogen eines 4 füßigen Halbmeßers, unter welchem man ohne Bedencken den Graus wegräumete. Das Widerlager des Bogens gründete sich auf eichenen Balcken, die ohne alles Rostwerck oder Querholtz auf den Köpffen der fürenen Pfähle von 8 bis 10 zolliger Dicke, gestrecket waren. Unter den Balcken aber befand sich eine Felsenlage. Eben so befand sich alles bey No. 6, wo der wenigere Zufluß des Waßers es gestattete, die Pfähle 4 bis 5 Fuß frey zu graben. Es sind dann zwar zum Fundament des neuern Gebäudes, dickere Pfähle, längere Pfähle, gestreckte Lagerbalcken, Erdbogen und überhaupt mehr Kunst angewandt, jedoch ist dieses fundament nicht standhafter sondern wohl vielmehr schwächer, als unter dem ältern Theile.

Nach dieser hinlänglich geschehenen Untersuchung der fundamente war ich bemühet, zu erforschen, ob die Mauren auch hie und da gesunden oder von der Horizontal Lienie abgewichen wären. Allein obgleich die außen angebrachten Strebe-Pfeiler die Untersuchung etwas erschwereten, so ließ sich dennoch mit einiger Gewißheit schließen, daß keine Sünckung von Erheblichkeit vorhanden sey. Jetzt, da seit dem Verlauf von 8 Wochen ich das Dach, die Gewölber, auch die in- und auswendigen Pfeiler schon abgebrochen finde, mithin alle Mauren frey stehen, hat eine abermals vorgenommene Untersuchung der zunächst über der Erden liegenden Mauerschichten bestätiget, daß die Mauren horizontal nicht gesuncken sind. Ob eine an der Südöstlichen Ecke des neuern Theils im Jahr 1660 vorgenommene reparation der gantzen Eck-Mauer eine Ausweichung oder Versinckung zur Ursache gehabt habe, kann man nicht wißen, und hier eben ist der Ort, wo man, weil kleinere Steine gebraucht worden sind, über den waagerechten Stand ungewiß ist. Doch ist das Gegentheil wahrscheinlich, und es leuchtet eben allhier die Zuverläßigkeit des Erdgrundes daraus hervor, daß an dem Mauerwerck Altes und Neues im allermindesten sich nicht getrennet haben, welches sonst bey der allergeringsten Senckung sichtbar wird. Eben so wenig ist da, wo der ältere und der neuere Theil der Kirche zusammen gebauet sind, nur eine Spur einer Trennung zu entdecken. Noch mehr, der ältere Theil der Kirche ist an den noch ältern Thurm angebauet und auch daselbst zeigt sich kein Merckmahl einiger Abweichung.

Hiernächst habe ich dann mit Fleiß nachgesehen, wie die Mauren zu Lothe stünden. Sie wichen in sehr ungleicher Maße, und an der Nordwestlichen Ecke, bey 15 Zoll davon ab, welches nach den bekannten Bruch der Gewölber, bey so dünnen Mauren eben nicht zu verwundern wäre, nun aber einem ieden begreiflich genug seyn wird, da bey der jetzt vorgenommenen Abbrechung der Mauren, der wichtige Umstand offenbar wird, daß die Mauren des ältern Theils nicht voll ausgemauret, sondern nach der alten Gewohnheit, mit Stein-Graus und Kalck gefüllet und vergoßen sind. Es besteht dann die ältere Mauer ihrer Dicke nach aus dreyen Theilen. Der auswendige Theil ist 2 Steine oder 2 Fuß dick im Creutz-Verband gemauret. Der mittlere Theil ist 1½ Fuß dick, Schutt mit Kalck vergoßen. Der inwendige Theil ist 1½ Fuß, auch, wo die 2 Wand Pfeiler die Bogen tragen, 1 Fuß auch 2 Fuß dick, und hat keinen andern als den alten Blockverband, von welchem Kenner wohl wißen, daß er sich gantz aus einander blättert, wie man denn beym Abbrechen nichts anders als lauter Blätter findet. Demnach erkennet man leicht die Ursache, warum die Mauren nach der Länge und Quere vielfältig gerißen oder gequetscht, die Wand Pfeiler von der Mauer abgeborsten, und die Gurtbogen aus ihren Circuln gegangen sind, welche anomalien zusammen genommen, in der That eine recht fürchterliche Mine macheten, eigentlich aber ihren Sitz nur in dem Oberbaue hatten, ohne das das Fundament unter der Erden versuncken, oder von seiner ursprünglichen Lage abgewichen wäre.

Der neuere Theil der Kirche hat volle Mauren, und diese stehen in der That auch viel beßer zu Lothe, ob sie gleich Riße genug und zwar gleichfalls nicht ohne Ursache haben. Denn zu 4 bis 5 Fuß hoch über der Erde, auch hier und da höher, und einiger

Orten gantz oben findet man runde Felsen eingemauret, welches vorhin auch niemand sehen konnte, nun aber sich entdecket, da die umgeworfene Mauren aus einander platzen und ihr innerer Zustand zu Gesichte kommt. Ueberdem haben zwar sowohl die ältere, als die neuere Mauer auswendig schon den Creutz-Verband, inwendig aber beyde noch den alten Block-Verband, der nur hie und da sparsam genung mit Kopfsteinen durch gebunden ist, von welchen auch die mehresten abgebrochen sind.

Oben habe ich mit Vorbedacht gesagt, wie ich den waagerechten Zustand der Kirchen-Mauer an den zu ebener Erde liegenden Mauer-Schichten untersuchet habe. In der Höhe von 5 bis 6 Fuß über der Erden, sind sie keinesweges wagerecht, sondern sie haben ansehnliche Horizontal-Krümmungen, aus welchen ein flüchtig, unbedachtsames oder unkundiges Auge vielleicht folgern könnte, daß die Mauren versuncken wären. Allein diese Krümmungen sind nur solche, welche in den Fenstern und Thür-Oeffnungen gewöhnlich angetroffen werden, und hier haben sich die Brüstungen in den größeren Fenster-Oefnungen gegen 5 Zoll aufgebrücket.

Die Beschaffenheit des Thurms muß noch vor allen Dingen angezeiget werden. Sein Fundament unter der Erden bestehet aus rauhen rundlichten Felsen, die nicht mit Kalck vermauret, nicht verzwicket, sondern nur mit dem Grund-Thon ausgestopffet, und obbesagter maßen breiter als der Thurm ausgeleget sind.

Ueber dem Fundament bestehet sein Untertheil bis zur Höhe von 19 Fuß, aus rauhen oder unbehauenen in Kalck vermaureten Felsen, die nach der Kirchen-Seite noch etwas höher aufgeführt sind. Die Figur der Felsen-Mauer ist rund, ihre Dicke 7 Fuß, und sie hat gegen Nordwesten eine Borste, die 2 bis 2½ Zoll weit ist. Zu beyden Seiten der Borste hänget die Felsen Mauer recht fürchterlich, nemlich auf ihre kleine Höhe von 19 Fuß beynahe 2 Fuß über. Wasmaßen ein so schwerer Ueberhang von einer zwey bis drey zolligen Borste nicht entstanden sey, die solchen Falles gegen 1 Fuß weit seyn müßte, wird der Vernünftige leichtlich schließen, und gegentheils mit Grund schließen, daß die Felsen an dem Orte inwendig aus einander geblättert sind. Ueber der Felsen-Mauer ist eine achteckigte 34 Fuß hohe Backstein-Mauer, in wendig mit verschiedenen Absätzen also aufgeführt, daß sie oben die Dicke von 4 Fuß behalten hat. Gegen Norden und Osten stehet sie noch gut genug, aber gegen Süden und hauptsächlich gegen Westen ist sie sehr geflicket und veranckert. Es ist leicht zu gedencken, daß eine solche Flickerey, besonders mit dem schlechten Kalck, nicht haltbar war, wie denn alles Angeflickte wieder lang und quer geborsten, übergewichen und dem Einsturtz nahe ist. Zur Waage stehet das Mauerwerck völlig gut, und die Spitze, welche in sich eine kleine Krümme hat, sitzet oben waagrecht auf der Mauer aus. In dem die obere Fläche der Mauer der Ort wäre, wo eine Abweichung von der Waage am meisten kenntlich seyn würde, so bewähret dies desto überzeugender, daß keine Versinckung vorhanden, sondern die Ausbauchungen und Borsten der Thurm-Mauer aus einer dem Kenner mehr als deutlich ins Auge fällt. Nemlich sie ist diese: Daß die gantze Thurm-Mauer nicht zum Gleichgewichte gebauet ist, und daher, durch ihre eigene und der Spitze Last, an der schwächern Stelle sich ohnfehlbar verdrücken mußte. Eben dieses Fehlers wegen sind alle, seit den Gothischen Zeiten aufgeführte Thürmer gegen Westen schief geworden, weil die Gothischen Mauermeister das den Griechen und Römern so werthe Gleichgewichte eben so wenig gekannt, als unsere itzige Mauermeister, von welchen unter Hundert kaum einer gehöret haben mag, daß das Gleichgewichte bey einem Baue in Betrachtung komme.

Aus diesem Gesichts-Puncte ist es dem Kenner ein empfindlichst betrübter Anblick, wenn man Entwürffe von Mauermeistern zu Thürmern, womit unschuldige Gemeinden beladen werden sollen, siehet, die so widersinnig angeordnet sind, daß sie absolut sich zerquetschen müssen, auch gegen diesen so kläglichen als unumgänglichen Erfolg, mit einer Menge von starcken eisernen Anckern, die der Unwißende gewöhnlich gerne in die Thürmer vermauret, keinesweges versichert werden können. Unweit der Stadt Wilster, nemlich Itzehoe, findet sich ietzt ein solcher, etwan funfzig jähriger Thurm, welcher lediglich wegen Mangel des Gleichgewichts unzählige große und kleine Ritzen hat, und, ohne abgetragen zu werden, zur Dauer nicht gebeßert werden kann.

Um nunmehro auf das vorige wieder zurück zu kommen, so glaube ich gewiß, daß der Findorffische Vorschlag zu einem Rammwerck von 45 füßigen Pfählen lediglich aus der Besorgnis von der Wassersucht und Ungleichartigkeit des Erdgrundes gefloßen sey, und noch wahrscheinlicher ist es mir, woferne er selbst den Grund aufgegraben, selbst die kleinen wenigen Pfähle, die verkehrte, ungeordnete, unverzwickte, unvermaurete Felsen-Lage, die über Thon und Felsen gemachete lose unausgegoßene Grüsung, pp in eigenen Augenschein genommen, und daneben den unversunckenen, waagerechten Bestand, so wie er itzt bey frey gemachten und umgeworfenen Mauren, vor jedermanns Augen da lieget, in reifere Betrachtung gezogen hätte, daß er als dann sich entraten haben würde, eine pilotage in Vorschlag zu bringen.

Jene seine Besorgnis vorausgesetzt, ist es nicht unrecht, daß er die Pfähle so lang angesetzt hat, inmaßen wo er den Grund für waßersüchtig, das ist unzuverläßig hielt, die Pfähle notwendig so lang, daß sie auf den festen Boden reicheten, seyn mußten; Kürtzere Pfähle hingegen nicht hinlänglich waren, den vermeintlich unhaltbaren Grund genugsam sicher zu stellen.

Es ließen sich noch einige gegründete Anmerckungen, über seine auch zu wohlfeil vorgeschlagene pilotage machen, wenn solches zum Zwecke dienete, und gegentheils der von ihm zu wenig untersuchte Erdgrund nicht so beschaffen wäre, daß es gantz und gar nicht nöthig ist, ihn zu pilotiren.

Denn da die unter den alten Fundamenten angebrachten kleinen Pfähle zur Verstärckung des Grundes eigentlich gar nichts beytragen; da eben diese pilotage so schmal angeordnet, daß zur Sohle sie nicht einmahl die Breite der darüber aufgeführten Mauer hat; da hieneben die darüber zusammen geworfene nicht einmahl ausgezwickte Felsen keine andere Verbindung, als die dazwischen wieder eingefüllete Grund Erde haben; da ferner die Oberfläche der mit dem Grund-Thon ausgeglichenen Felsen zum rechten Mauer-Grunde nichts als eine lose Gräusung hat; da über dieses noch der sehr bedenckliche Umstand hinzutritt, daß neben den in Thon angelegten Felsen und zwar hart an denselben eine Menge von Leichen, zu drey und mehreren Schichten, bis auf die Tiefe von 12 Fuß eingesencket, mithin die Fundamente mehr als einmahl frey gegraben, und einer jeden Ausweichung blos gestellet sind, da gleichfalls das unter der Oberfläche sich sammelnde Waßer, welches ohnfehlbar den Thon zwischen den Felsen erweichet hat, den Fundamenten nachtheilig genug gewesen ist; und da endlich aller dieser bedencklichen Umstände unerachtet, die Fundamente weder ausgewichen oder abgesuncken sind, auch an allen den Orten, wo altes und neueres Mauerwerck mit einander verbunden worden, nirgends die bey unsichern Erdgründen unausbleibliche Trennung erfolget ist. So ist meines unvorgreiflichen Dafürhaltens ipso facto klar, daß der Erdgrund der Wilsterischen Kirche vortreflich und so tragbar sey, daß er allgantz keiner pilotage bedürfe.

Wäre diese seine standhafte Eigenschaft nicht schon hierdurch a posteriori unläugbar, so würde doch nicht nur ein jeder Naturkundiger, der den Widerstand einer gleichartigen Thondecke kennet, der die hiesige mit eigenen Augen sähe, der ihre sehr beträchtliche Dicke in Erwegung zöge, dieselbe schon a priori für standhaft genug erkennen, um das schwereste Gebäude ohne Rammwerck tragen zu können, sondern auch ein jeder anderer, der aus Erfahrung richtige Begriffe gesammelt hat, würde als Kenner, ihr eben das zutrauen, wessen er auch gleich gar nicht wüßte, daß sie mit ihrer, in dem Verlauf vieler Jahrhunderte bewiesenen, Unwandelbarkeit sich über allen Widerspruch erhaben.

Eine etwanige Einwendung: es habe zwar unser Erdgrund eine nur niedrige Mauer unverrückt getragen, aber es folge daraus nicht, daß er einer höhern ohne pilotage gewachsen sey, wird unser Thurm mit einem Schluß aus dem Erfolge, wie nemlich derselbe, mit seiner höheren noch dazu durch eine Spitze belasteten Mauer, den Erdgrund eben so wenig verdrücket habe, hinlänglich und gültig beantworten. Auf eine andere Weise erwiedert dagegen die Wißenschaft, daß zu höheren Mauren ein breiteres Fundament geleget, das ist, die Grundsohle zur Last proportionirt werden müße, und daß, wenn dieses geschähe, unserer Thondecke keine Last aufgeleget werden möge, die ihr zu schwer werden könnte.

Es mögte hier der Ort seyn, sehr viele Beyspiele von den schweresten Gebäuden, die ohne Pfahlwerck erbauet sind, anzuführen. Allein ich will nur der eintzigen Altonaischen Kirche gedencken, welche keinen Splitter Holtz zum Grunde hat, auch mit der conservirten alten Thurm-Mauer verbunden ist, und dennoch bis hiezu nicht den allergeringsten Wandel zeiget. Sie ward im Jahr 1736 von dem Baumeister Dose angeordnet, der zu viel Urtheil hatte, als daß er daselbst unnöthige Kosten zum Rammen verwenden sollte, wie andere zu thun pflegen, die, wenn sie einmahl gerammet haben, nun indistincte zu einem jeden Baue, Rammungen vorschlagen, ohne den Grund zu kennen, ohne seine Beschaffenheit von andern zu unterscheiden, oder ohne zu wißen, daß es auch Erdgründe gibt, wo Pfahlwercke so gar höchst schädlich sind.

Amplißimus Patronus Mandatarii geneigen nunmehr die Ursache zu ermeßen, warum ich etwas längern Anstand, als man wohl wünschete, genommen, meine Berichte zu erstatten. Es war mir eines Theils um eine genaue und richtige Kenntniß des Erdgrundes, der Fundamente und des Oberbaues zu thun, welche der Herr Profeßor Harsdorff gewiß aus wahrer Einsicht zur approbation des künftigen Baues ausdrücklich erfordert hat, und sie hier zu finden hoffentlich mit einer Geneigten Zufriedenheit bemercken wird.

Anderntheils wollte ich nicht gern aus Unkunde des Erdgrundes eine pilotage in Anschlag bringen, welche, wenn sie von Findorffischer Tiefe und Rosenbergischer zahlreicher Anordnung gemachet würde, der Gemeinde einen unnöthigen Aufwand von zwantzig tausend Marck Kosten zur Last bringen dürfte. In beiden Hinsichten bin ich bey der itzigen Abbrechung der Mauren zu mehrerer Gewißheit gelanget, da ich vieles dabey entdecket, was, als noch alles zusammen stund, ein aufmercksames Auge wohl vermuthen, aber mit entscheidender Gewißheit nicht vorlegen konnte.

Um desto ruhiger kann ich mich nun zu den übrigen Wünschen des Herrn Professor Harsdorff wenden. Nach Art wahrer Kenner, setzet derselbe die 3 Grundsätze einer guten Baukunst, nemlich die zweckmäßige Bequemlichkeit, die Dauer und die einfach natürliche Schönheit zum voraus, will auch, wie billig, alles diesen zu den wenigsten Kosten angewendet wißen. Mit allen Freunden der Dauer beklaget er den Leichtsinn unserer Zeiten, in welchem die standhafteren Gewölber, von denen oft bis zur Todesgefahr wandelbaren Gips Decken verdränget worden sind. Aus dem Grunde einer reinern Menschen-Liebe räth er an, daß wir unsern Nachkommen etwas mehr aufopfern sollten, an statt wir itzt im Gebrauch haben, durch elende Gebäude, welche schon kranck zur Welt kommen, sie mit ewigen reparation bis aufs Blut auszusaugen. Ihm sind die edleren Gesinnungen der Alten preiswürdig, die das ihren Dorf-Kirchen schenckten, was wir unsern Stadt-Kirchen versagen. Alles Aeußerungen, die mich rühreten, weil Gründe mir nicht erlaubt haben, jemals anders zu dencken, und ich selbst in dem Falle gewesen bin, mit dem aufrichtigsten Eifer dafür zu kämpfen, daß eine zu Gewölbern schon angelegte 11 Fuß dicke, bestens bearbeitete und begründete Mauer der großen Michaelis Kirche zu Hamburg mit einem Gewölbe beleget werden sollte. Und würcklich stund diesem Vorschlage auch nicht der Kosten Aufwand, sondern nur dieses entgegen, daß Judex nicht competens war, und jedermann sich in das Flitterwerck einer Gips-Decke verliebet hatte, womit man eine kleine neue, nunmehro aber schon ganz baufällige Kirche aufgeputzet hatte. Erheblicher waren die Gründe nicht, aus welchen nach langem Streite ein Gips-Gewölbe zu meinem Leidwesen gewählet ward.

Der Herr Profeßor giebet hieneben ein Ideal zur Kirche her, das würcklich schön, ansehnlich und in dem einnehmenden Geschmacke der Alten gebildet ist. Der Allerhöchst Verordneten Bau-Commißion wörtlichen Aeußerung zufolge, daß nach dem Ideal-Riße, die nöthige, und in großen gezeichnete Riße, nebst den Kosten-Anschlägen auszufertigen wären, ingleichen nach dem Hange, den wohl ein jeder hat, ein Werck, das beides dem Erfinder als dem Ausführer Ehre machet, entweder selbst auszuführen, oder doch allenfalls dazu beyräthig zu seyn, habe mich mit Vergnügen an die Ausfertigung größerer Riße gemacht, zu welchem ich, um bey nahe den Rosenbergischen Quadrat-Innhalt zu erhalten, die inwendige längere Weite auf 120 Fuß, folglich im Verhältniß die kleinere zu 48 Fuß, und die Höhe zu 40 Fuß angenommen. Die Gewölber richtete ich, um mit dem Widerlager nicht gar zu tief herunter zu kommen, nur zum halben Circul-Bogen ein, obgleich die bekannte Schwäche des Halbcirculs, welche der Aepinische Vorschlag nicht aufhebet, sondern sie dem Widerlager wieder zur Last bringet, mich zur Catenaria, oder noch lieber zu einer auf die Aepinische Art verbeßerten Ellipse, bestimmet haben würde, wenn ich höhere Mauren zum Vor- und Kosten-Anschlag bringen mögte. Zur Pfeiler- und Mauer-Dicke der 4 innern und 8 äußern Ecken, habe nichts überflüßiges, auch zum Dachwerck, welches um in seiner Kuppel, die 3 Wilsterischen zusammen 10 Tausend Pfund schweren Glocken ohne Sinckung und ohne Erschütterung der Mauren zu tragen, in sich selbst sehr wohl terminirt seyn soll, nur das allernothwendigste angeschlagen. Zu den materialien ist, weil der Haupt-Endzweck eine lange Dauer seyn soll, das Beste, zur pilotage, weil sie unnöthig, gar Nichts, und zur Belegung des Dachs nur rothe Ziegel angesetzet worden, obgleich dazu von Rechts wegen Kupffer genommen werden sollte. Denn eines Theils bleiben die Dachziegel, unter einer flächeren Neigung als 45 Grad, auf Bestand nicht dichte, und andern Theils werden dieselben von der geringsten Erschütterung, welche das Geläute nur verursachen mögte, sogleich im Kalck gelöset, wie solches die neue Achteckigte Kirche zu Großen-Aspe bewähret, als welche nach einem Allerhöchsten Orts vorgeschriebenen Riße, in einer, auf einem flächeren Ziegeldache angebrachten Laterne nur kleine Glocken träget, und aus beiden Ursachen nie dichte geworden ist, auch nie werden wird, bis man sie mit Kupffer decket. Endlich habe sowohl den inwendigen Ausbau, als auch den Unterbau der Gewölber, welcher mir, weil ich ehedeßen schon 53 füßige Gurtbogen geschlagen habe, gar nicht fremde ist, mit allersparsamste Ueberlegung berechnet, und nun betrug die gezogene Summa = Zweyhundert und Siebenzehen tausend Marck.

Das fället vielleicht in die Augen. Der Kenner wird mit Recht sagen: Das Gebäude sey es werth, denn es daure und praesentire sich dafür. Der Unkundige wird sich über die Summa wundern, und Projecte zur Besparung machen. Der Pfuscher wird es wohlfeiler liefern, am Ende aber die Gemeine mit einem Gebäude beladen wollen, das von Grund aus bis zum Gipfel, fehlerhaft, gebrechlich und armselig ist, das den Erfinder und unsere Zeiten entehrt, das schon baufällig ist, ehe man es eingeweihet. Leider sind mir viele neue Kirchen bekannt, die so nichts würdig entworffen, so schlecht vom Zeuge, so liederlich von Arbeit ausgeführet, daß sie schon im ersten Jahre Riße zeigen, im zweiten Jahre von einander bersten, und im dritten Jahre mit Strebe-Pfeilern gestützet werden müßen. Hamburg hat deren auch zwoe dieses Gelichters, davon die eine zu St. Georg seit zwantzig Jahren, jährlich rechte Summen zur Reparation wegfrißt, die andere im Verding erbauete kleine Michaelis Kirche schon im fünften Jahr der Gefahr wegen mit Anckern durchzogen, und mit Stützen gesichert werden mußte.

Aber dieses war der Allerhöchstverordneten Bau-Commißion Absicht nicht, welche mit einem anständigeren Wercke der jetzigen Wilstrischen Gemeinde Ruhm, und der späteren Nachkommenschaft ein dauerhaftes Geschencke, von zierlicherer Anordnung machen will. Was die Gemeinde betrift, so wünschet sie durchgängig mit einem solchen Gebäude beglücket zu werden, und gewiß viele in derselben sind von dem Muthe unserer Vorfahren so sehr belebet, daß sie gerne alles was ihnen lieb ist, zu einem so edlen Endzweck beytragen wollen. Jedoch das sind nur diejenigen, deren Vermögen etwan zu einer geringern Beysteuer hinreichet. Wohingegen andere, deren Schultern am Ende die Last tragen müssen, und die den inneren Zustand der Gemeinde kennen, beweglich klagen; wie hoch die Stadt und Landschafft mit Schulden beschweret sey; wie sehr sie durch die schwere Waßerfluth geschwächet worden; wie vieles sie von Jahr zu Jahr durch die Vieh-Seuche erlitten; wie allgemein ein dreyjähriger Mißwachs ihre letzten Kräfte hingenommen, wie wenig die nahrlosen Zeiten solche zu ersetzen fähig wären; und wie häufig eben daher in ihrem Lande die betrübten concurse geworden seyn.

Nicht wenige der vernünftigen Wohlgesinnten, haben sich geflißentlichst Gelegenheit gemachet, mich bitten zu können, ich mögte nicht beyräthig seyn, daß ihre bedrückte Landschafft, durch einen kostbaren Bau, noch tiefer bedrücket würde.

Amplißimus Patronus et Mandatarii werden den Grund oder Ungrund dieser Klagen am besten einsehen, eventualiter aber mir es Großgünstigst verzeihen, daß sie mich geleitet haben, Riße und Anschläge von wohlfeilerer Einrichtung vorzulegen. Die drey Haupt-Absichten der Allerhöchstverordneten Bau-Commißion, die ohnehin auf meine Neigung zutreffen, habe ich dabey nicht aus den Augen gesetzet, und hoffe nicht beschwerlich zu seyn, wenn ich davon einige Rechenschafft gebe.

Das erste, was der Herr Profeßor Harsdorff fordert, ist die Bequemlichkeit, und zwar zuvorderst der benöthigte Raum für die zahlreiche Gemeinde, wovon er bey der Rosenbergischen Einrichtung rühmet, daß sie 400 Plätze mehr enthalte, als die Findorffische. Da es etwas unbestimmtes ist, eine Zahl der Plätze anzugeben, ohne zugleich auszudrücken, wie groß der Flächen-Inhalt eines Platzes angenommen sey, so will ich lieber bemercken, daß die Rosenbergische Fläche sowohl unten als auf beiden Empor-Kirchen, wo nur Gesicht zur Cantzel ist, zusammen genommen circa 13 500, die Meinige aber 14 000 Flachfüße enthalte. Es kommt dann, wann die Quadrat-Fläche gegeben ist, nur darauf an, ob man die Sitze geräumlich oder enge machen will, da man einmahl mehrere, das andere mahl wenigere Stelle erhält. Diese Wahl sollte man billig der Gemeinde überlaßen, die ihre Haushaltung am besten kennt. Vielleicht wäre es aber Consilii, geräumigere Stellen zu machen, weil nur bey guten Wegen, und angenehmer Witterung, oder sonst zufällig, das ist, überhaupt nur selten 2000 Menschen zur Wilstrischen Kirche kommen, folglich es gerathen seyn mögte, daß die Gemeine die mehrere Zeit gantz bequem sitze, und nur bey außerordentlichen Zufällen genöthiget würde, sich etwas enger zusammen zu setzen. In dieser Rücksicht ist in meinen Entwürfen alles geräumig gezeichnet, und überhaupt vieler Platz leer gelaßen, der bey einer schwachen Versammlung ohnehin leer, und bey einer zahlreicheren schon genützet werden wird. Auch beym Verkauff werden wenigere Stellen mehr Geld einbringen, da ein augenfälliger Ueberfluß ihren Preis erniedriget, und gegentheils ein angemeßener Mangel für itzt und künftig sie im Werth erhält.

Zum einträglichen Verkauf sind auch an den Wänden unten und auf der ersten Prieche, lauter Logen für Liebhaber angeleget, deren Eintheilung zu einer mehreren oder minderen Zahl der Gemeinde gleichfalls überlaßen wird.

Zur Bequemlichkeit wird ferner erfordert, daß der Lehrer von allen gesehen, und von allen gehöret werden könne. Aus der idee vom amphitheatro haben einige diejenigen Kirchen, welche so lang als breit, oder wie man Beyspiele hat, die gar noch einmahl so breit als lang sind, für diesen gedoppelten Endzweck am vortheilhaftesten erachtet. Sie sind es freylich, was das Gesicht betrifft, allein für das gehör, welches doch bey Protestanten das Vornehmste ist, sind sie es keinesswegs, angesehen nach der Lehre vom Schalle, und der ihr beytretenden Erfahrung, der Laut eines Redenden sich ungleich mehr gerade aus, als zu beyden Seiten verbreitet. Dieses erwogen, haben die längeren Kirchen den Vorzug, und nur diese Erwegung hat bey mir den Vorschlag einer längeren Kirche bewürcket.

Zu denen Bequemlichkeiten einer Kirche wird auch das Licht billig gezehlet, deßen in meinen Entwürffen recht vieles angebracht ist. Unser dermaliger Gebrauch in Wohnhäusern, wenigere Fenster anzuordnen, um sie nicht, wie das mittlere Alter, den Laternen gleich zu machen, ist vernünftig, aber er paßet weniger auf die Kirchen, weil in den Innern man nöthigen Falles an das Fenster treten kann, in der Kirche aber auf seiner Stelle bleiben muß. Ein großer unbeschickter Klumpen Mauerwercks, der auch Geld kostet, machet gleichfalls nicht die beste Mine. Die kleinen Fenster sind in dem Ideal Riße gar recht oben gezeichnet, und ich würde sie daselbst auch haben, wenn nicht die, den Griechen und den Römern unbekannte, nachtheilige Eigenschaft unseres Backstein-Mauerwercks mich gedrungen hätte, diese antique Schönheit, und so gar den so anständigen architrab zu verlaßen.

Die Schönheit, nemlich die Wahre in den simplen proportionen, ist die zweyte Forderung des Herrn Profeßors Harsdorff. Sie fället etwas schwer, in dem Backstein-Mauerwerck zu bewerckstelligen. Nicht darum, daß sie nicht nach Wunsche anordnen könnte, aber sie fällt armselig ins Auge, wenn man die Mauren nicht übertüncht oder mit Kalck überziehet. Hier zu Lande haben wir nur das inconveniens, daß unsern Gegenden keine Tünche, wenn man sie auch von Holländischen, oder Italiänischen Caement bereitete, länger als 2,3,4 Jahre bestehet, da doch in Schweden, Norwegen, Rußland, Teutschland pp, ein Anwurf von Kalcke mehrerer Mannes Leben ausdauret. Gegen diese Unart ist mir nur ein einziges aber auch recht kostbares Mittel bekannt. Wenn denn gleich neue gut faconnirte Mauren anfangs zwar das Auge vergnügen, so leisten sie es doch nicht mehr, wenn das Neue davon und das Unscheinbare des Alters eingetreten ist. Am wenigsten leisten es die Mauren, die viel Glattes haben, welche man mit dem Anfange des vorigen Jahrhunderts zu machen anfing, und wovon ich in den Aelteren Reichs-Städten nur einige wenige Stücke, die ihr Ansehen behalten, gefunden, sonst aber bemercket habe, daß gut gemachte Quader-Arbeit sich noch immer gut ausnimmt, wenn gleich das Gemäure sonst alle Merckmale des Alters an sich hat. Dieses war es, warum ich mich zu dieser Bauzierde entschloß, welche wir mit hiesigen Materialien recht gut machen können. Sie kostet etwas Arbeit, aber wie ich es überhaupt haße, wenn unsere nachläßige oder eigen nützige Mauermeister zum wahren Schaden des Baues und zur Schande unserer Jahre ihre Arbeit so liederlich von der Hand schlagen; So mindern sich diese Kosten, wenn man überall auf gute Arbeiter, und auf gute Arbeit hält. Als einen Mangel der Schönheit an meinen Entwürfen, möchte man es mit Grund anmercken, das das Dach so lang gestreckt, so ungeziert, so einförmig sich darstelle.

Nur die Dauer, das dritte und am allerwenigsten zu übergehende Moment des Herrn Profeßoris Harsdorff, hat mir dieses vorgeschrieben. Sehr leicht war es mir, ein risalit vorzulegen, und noch leichter nur ein paar Lienien zum frontispice, jenem allgemeinen Schmucke der antiquen Gebäude vorzuziehen, das dem mittleren Theile so wohl als dem gantzen Ansehen genug geben konnte. Allein die Folgen dieser Dachzierde gefallen mir nicht. Denn sie verursachen Dachkehlen, welche man an Ziegel-Dächern ohne Noht gar nicht machen sollte, weil sie in Kalck geleget, nicht länger als ein Jahr dichte halten, und auch dann, wenn sie mit reichlichen Kupfer ausgeleget worden, dennoch oft gar zu viele auch wohl verborgene Lecken haben, die nicht selten gefährliche Fäulniße im Sparrwerck verursachen. In einem Privat-Hause entdecket ein guter Wirth die Lecken frühe genug, an öffentlichen Gebäuden hingen, und besonders an Kirchen, werden so oft eine Reihe von Jahren versäumet, weil die Aufsicht Männern anvertrauet wird, die eines theils ihr Amt gratis führen müßen, andern theils von Bau-Angelegenheiten öfters weniger wißen, als man sich vorstellen sollte. Sol-

145

chemnach mag meines Erachtens, das Dach lieber ungeziert und gar unförmig erscheinen, als daß der Gemeinde durch Dachkehlen schwere, und mit den Jahren sich mehrende reparations-Kosten aufgebürdet würden. Ein anderes wäre es, wenn ein milder Geber der entkräfteten Gemeinde ein Kupffer-Dach schencken wollte, welchenfalls das Dach Kehlen litte, auch eine viel geringere, dem Frontispice gleiche Höhe, und eben damit eine eigenthümliche Zierde erhielte.

Zur Dauer im Gantzen erfordert man einen unbeweglichen Grund, eine regelmäßige Anordnung aller Theile, gute materialien, eine gehörige Verbindung derselben, oder überhaupt tüchtige Arbeit, welches alles bey meinen Entwürfen meine einzige Aussicht gewesen ist. Da obenberegtermaßen das terrain von Natur unwandelbar, auch aller Orten gleich, mithin es nicht nöthig ist, auf den alten Grund Betracht zu nehmen; So habe, wie auch der Königliche Baumeister Rosenberg gethan, der Kirche eine andere Lage, wie sie der Situations-Riß Litt. B andeutet, gegeben. Sie ist nach der Lage des alten Thurms eingerichtet, deßen Beybehaltung der Gemeinde zu einer beträchtlichen Ersparung gereichen würde. Denn weil die Spitze und der Glockenstuhl auf Anordnung des Köngl. Baumeisters Rosenberg mit einem Aufwande von etwan 5000 Mk in einen dauerhaften Stand gesetzet worden, und deswegen es empfindlich wäre, so ansehnliche Kosten in 5 Jahren weggeworfen zu sehen, so kann die obberegtermaßen hinfällige Mauer, unter der jetzt schon abgestützten Spitze weggenommen, und demnächst eine neue Thurm-Mauer, zugleich mit der Kirch-Mauer zu viel geringeren Kosten aufgeführet werden. Die Abstützung der Spitze hat an Arbeitslohn etwas über 500 Mk gekostet, das Holtz ist zum Bau wieder brauchbar, und so wird wohl niemand behaupten, daß man für 500 Mk eine neue Spitze und Glockenstuhl errichten könne.

Es sey mir erlaubet gelegentlich eines die Thurmspitzen betreffenden Umstandes zu gedencken. Mir ist nicht unbekannt, daß seit einiger Zeit viele, gegen die hohen Thurmspitzen eingenommen sind, und sie abgeschafft wißen wollen, weil einmahl sie nur Gothischen Geschmacks wären, und zweytens sie von dem Blitz so leicht gerühret würden. Beydes mag in gewißer Betrachtung wahr seyn. Allein es scheinet, als wenn die unserm Zeitlauf vorbehaltene Kenntniß der Electricitet in der Zukunft die recht hohen Thürmer unentbehrlich, und weil die Spitzen viel wohlfeiler zu einer großen Höhe aufgeführet werden können, selbst die hohen Spitzen wiederum nothwendig machen werde. Die folgende Welt wird den Gothischen Geschmack gerne ertragen, oder allenfalls sich modische Zierrathen für die Spitzen erdencken, wenn sie nur erst gelernet haben wird, daß es für einen Ort eine wahre Wohlthat sey, wenn man ihn mit einer je höheren je beßeren Spitze versiehet. Welchem Freunde der Naturkund ist wohl unbekannt, daß in America der Bürger und Bauer sein Haus gegen das Ungewitter mit einer Stange verwahret; daß die Stadt London sich nicht schämet, von ihren Colonien die Beschützung ihrer Stadt zu erlernen; daß man in den berühmtesten Städten Italiens an Kirchen und Thürmen, Gewitter-Stangen angebracht; und daß man an vielen Orten unseres Teutschen Vaterlandes eben dergleichen veranstaltet hat. Auch in Hamburg sind seit 5 Jahren zweene der höchsten Thürmer damit versorget worden, und man hat angemercket, daß in solchen 5 Jahren in Hamburg kein schwerer Donnerschlag erfolget ist, obgleich rund umher, häufige Gewitter, fürchterliche Schläge, und so gar Entzündungen entstanden sind. Eine solche Gewitter-Ableitung von 70–80 Pfund Eisen, wird die Wilsterische Spitze noch lange tragen, und der Stadt einen Dienst leisten können, der weit größer ist, als daß die Unzierde der bey zubehaltenden Spitze dagegen in einige Betrachtung käme.

Die neue Thurm-Mauer, solche man unter demselben wieder aufziehet, wird in der That leichter, als die jetzige alte. Das fundament in der Erden, welches breit genug ist, könnte unverändert liegen bleiben, denn es mögte wohl ein richtiger Schluß seyn, daß es fernerhin eine größere so viele Jahrhunderte unverrückt getragen hat, und man sich keinen Zufall gedencken kann, wodurch das Felsen-Fundament jemals eine Veränderung erleiden sollte.

Das Fundament der neuen Kirchen-Mauer wird gleichfalls keine schwere Last zu tragen haben, wenn auch gleich die neuen Kirchen-Mauren höher werden, als die alten waren. Denn die alten bestanden aus sehr breiten Klumpen von Mauerwerck, und waren nicht allein mit der sehr beträchtlichen Last der Gewölber, sondern auch noch dazu mit der noch viel größeren Last eines recht hohen mit dicken Sollinger Fliesen belegten Daches beschweret, welches Gewichte zusammen genommen, die Schwere der von mir entworfenen Mauren sehr weit übertrifft. In dieser Rücksicht bedürfen diese dann eigentlich keines stärckeren Fundaments, als das alte, welches nur 3 Fuß zur Grundsohle hat; Allein, eben daher wird das neue um so viel zuverläßiger und unwandelbarer erachtet werden, wenn es eine dreyfach breitere Grundsohle erhält, und über derselben eine regulaire Grundmauer von den besten materialien aufgeführt wird. Bey künftiger Legung des Fundaments wird man nicht Umgang nehmen können, das von der Oberfläche sich zusammen ziehende Waßer abzuleiten, und als denn Gelegenheit haben, die Siele wieder zu eröfnen, welche in ältern Zeiten solches Waßer abführeten, in den neuern aber vernachläßiget, und statt deren kleine Grüppen auf dem Kirchhofe nur kaum so tief gegraben sind, als es nöthig war, um den Fußboden in der Kirche Waßerfrey zu halten. Wird alsdann die Fundament-Mauer mit Vitruvischen oder Rivischen caement, das man hier nicht nur hohen Kosten, sondern so gar zu einer Ersparung machen kann, ausgemauret, so wird die waßerfreye Grundmauer eine gehörige Bindung annehmen, und der Wilsterischen Gemeinde bey der spätern Nachwelt keine Unehre machen. Die Felsen des alten Kirchen-Fundaments, und des Untertheils der Thurm-Mauer würde man zu den neuen Grunde nicht wieder gebrauchen, sondern sie lieber, vielleicht noch mit Vortheil verkaufen, da sie in hiesige Gegenden zur Deich-Arbeit gesuchet, und recht gut bezahlet werden. Ein regulair-Mauerwerck hat doch immer Vorzüge für rauhe Felsen-Arbeit, die in guten Kalck vermauret viel zu theuer, und in schlechten Kalck geleget, dem Bauherrn so gut wie ein Krebs-Schaden ist.

Zur ebener Erden leiden die Mauren am meisten, und müßen daher theils gegen den Tropfenfall, theils gegen die Feuchtigkeit der Oberfläche der Erden, vor allen Dingen sorgsamst beschützet werden. Zu dem Ende sind in den Entwürfen 2 Schichten gehauene Felsen verzeichnet, und auch im Anschlage aufgeführt. Ihr Preis ist hier so leidlich, daß sie Cörperlich betrachtet, nicht viel theurer als gutes Mauerwerck zu stehen kommen, und um desto gerathener wäre es, daß man zu dem Untertheil der Mauren deren so viele, als man der Zeit und Umstände wegen nur immer habhaft werden kann, verwenden möge.

Der innere Bestand der Mauren hängt von ihrem Verhältniß und dann von der Güte der materialien ab. Wie ersteres in den Entwürfen beobachtet ist, so habe zu guten Mauersteinen das gewöhnliche, zum Mauer-Lohn nicht sparsam, und zum Kalck lauter Steinkalck angeschlagen. Dieser machet zwar in dem Anschlage eine sehr viel größere Summe aus, als sie seyn würde, wenn man lauter Muschelkalck gebrauchen wollte; Allein zu Mauren, die in unsern Gegenden dauerhaft seyn sollen, wird absolut Steinkalck erfordert. Denn der Muschelkalck, welcher seine ohnehin nur schwache Bindung in Mauren, die der Witterung ausgesetzt sind, mit der Zeit gäntzlich wieder verlieret, ist für den Bestand eigentlich ein untaugliches material, auch nicht einmahl zum Dache, sondern nur lediglich zu der inwendigen Tünch- und Gips-Arbeit brauchbar. Hiemit glaube für die Mauren, also für das Hauptstück auf die Dauer gesorget zu haben, und ein gleiches ist bey dem Dachwerck geschehen. Zur Höhe deßelben ist die mittlere entworfen, weil bekanntlich ein höheres von Sturmwinden zu viel leidet, ein niedriges aber Schnee und Regen durchläßt. Die Verbindung ist einfach oder ungekünstelt, aber alle Theile starck, um bey Stürmen der Erschütterung zu widerstehen, welches das Hauptsächlichste zur Dichthaltung der Dachziegel ist. Alle Gebinde sind voll, und keine leere darunter. Ihre Zwischenweite kann solchenfalls etwas größer seyn, wann nur die Latten stärcker sind. Wollte man lieber ein oder zwey Gebinde mehr haben, das machet keinen sonderlichen Unterschied in den Kosten. In einigen Stücken bin von der Zimmermanns-Gewohnheit abgegangen, aber die Natur, welche älter, und der Bestand, welcher vorzüglicher ist als die Kunst, hat mir dazu Erlaubniß gegeben.

Der Herr Profeßor Harsdorff will sogleich mit der Dauer die möglichste Kosten-Ersparung verbunden wißen. Er läßet also keinen Ausweg über die Ersparung anderswo, als etwa in dem inwendigen Bau, im besten Ankauf der Bau-Materialien, und in fleißiger Arbeit zu suchen. Zum Innbau habe dann alles von fürenem Holtz, zu glatter, ungeschweifter Arbeit mit behörigem Anstrich berechnet, die Festigkeit aber an nöthigen Orten nicht verabsäumet. Zu der Gips-Decke sind Gips-Latten angesetzet, die dem oft im 10 ten Jahre, schon niederfälligen, mithin in hohen Gebäuden höchstgefährlichen Draht und Rohr weit vorzuziehen, inmaßen die Latten auf welchen man im Jahr 1560, die obere Etage des Schloßes zu Kiel gegipset, noch 202 Jahren, nemlich im Jahr 1762, als ich sie abnahm, noch so frisch waren, als wenn sie eben erst eingeleget wären.

Zum vortheilhaftesten Ankauf der Materialien gelanget die Gemeine, wenn sie selbst durch tüchtige Männer alles aus der ersten Hand ankaufet, ohne die Lieferung zur licitation zu bringen, wodurch man gar zu oft untüchtige materialien erhält, und sich selbst die Hände bindet, beßere im beßerem Preise zu erstehen. Sie hat Vortheil, wenn sie selbst Holtz ankauffet, das Bau-Holtz nebst den Brettern selbst schneiden läßet, und den Abfall zu Rüstdiehlen nützet; wenn sie Eisen im Großen kaufet, um dem Arbeiter der den Verlag nicht hat, welches in die Hand zu geben; wenn sie Glas in quantitaeten nimmt, mithin das Beste wohlfeiler hat, als ein privatus das schlechtere liefern kann pp. Ja sie stiftet eben hiedurch ihrer Gemeinde, die doch in fine alles bezahlen muß, den beträchtlichen Nutzen, daß sie, so viel möglich ist, die Hände ihrer eigenen Einwohner beschäftiget, ohne andere der besten Preise wegen herzurufen.

Der Vortheil von fleißiger Arbeit ist gewiß ansehnlich, und er bestehet vornehmlich darinn, daß einmal alles zu rechter Zeit angeschaffet, und dann gute Aufsicht über den Arbeiter gehalten werde. Beides kommt hauptsächlich auf fähige, brave Männer aus der Gemeine an, und nur der Unwißende glaubet, daß dieses dem Baumeister obliege. Ist derselbe eigennützig, so wird er beides gerne übernehmen, ist er es nicht, so wird er gestehen, daß er nur Ein Mann sey, und im Grunde genug zu thun habe, aufzusehen, daß die Arbeit im Allgemeinen regulmäßig und tüchtig werde. Zur Neben-Aufsicht auf den Haushalt des Baues, auf den Fleiß der Arbeiter, auf den Transport, auf den Ankauf und Ablieferung der materialien, auf die Ablieferung der kleinen Bau-Stücke pp. muß er nothwendig Beystände aus der Gemeine haben, oder befugt werden, Leute dazu anzustellen, welches jedoch, wenn er eigennützig wäre, für die Gemeine nicht vortheilhaft, in aller Absicht aber es das Beste wäre, wenn Leute aus der Gemeine dieses besorgeten, die Eifer, Muth und Geschicklichkeit hätten, das gemeine Beste wahrzunehmen. Würden andere, denen diese Eigenschafften ermangeln, dazu erwählet, so wird der uneigennützige Baumeister der Last allein nicht gewachsen seyn, der eigennützige aber, auf Kosten der Gemeine einen erwünschten Posten haben.

Ich weiß, daß viele in dem Vorurtheile stehen, als wenn man den nächsten und größesten Vortheil darin fünde, wenn alles öffentlich licitiret würde, allein ich glaube das Gegentheil mit Gründen behaupten zu können. Denn es ist zwar wohl nicht unmöglich, doch auch wohl noch kein Exempel vorhanden, daß jemand bey einer Unternehmung die Absicht hätte, dem Bauherrn etwas zu schencken; sondern es ist wohl gegentheils gewiß, daß er Vortheil davon haben wolle. Ist etwann derjenige, der der Mindestnehmende wird, eben deswegen, weil er der Mindestnehmende wird, der ehrliche Mann? hat er größere Wißenschaft von Bau? besitzet er mehrere Würcksamkeit zum Betriebe? wohnet ihm eine höhere Fähigkeit des Geistes bey? weiß er das materiale wohlfeiler anzuschaffen? wird er das beste kauffen? sind ihm die Arbeiter mehr unterthan? werden sie ihm fleißiger arbeiten? Das wird wohl niemand glauben. Nur gar zu oft befindet man, daß Leute die von entrepreniren profeßion machen, wilde, unwißende, gewißenlose, ehrvergeßene Leute sind, die mit ihrer Bande von Helfershelfern alle möglichen Schliche, den Bauherrn zu übervortheilen, wißen, und die chicane aus dem Grunde studiret haben. Wenn man auch würcklich weiß, daß ein entrepreneur von der Art ist, so darf man ihn doch bey der licitation nicht abweisen. Der Verständige, der Gewißenhafte, der Ehrliebende tritt mit solchen licitanten nicht auf den Platz, weil er jene Künste nicht kennet, noch kennen will. Es kommen noch andere Umstände bey licitationen in Betrachtung: Wer kann wohl die Conditiones so bestimmt aufsetzen, daß keine Ausflucht statt fünde? Wer soll darauf Acht haben, wer entscheidet darüber, oder wer soll zuletzt den gefertigten Bau entgegen nehmen? Der Mann oder die Männer, die dazu gesetzet werden, sollten ja wohl Bauverständig, uneigennützig, aufmercksam, unlenckbar seyn. Sind sie das, so wird ihnen eine Last aufgeleget, die zehnmal schwerer ist, als wenn sie den Bau selbst betreiben sollten, und sie haben über das alles noch das Mißvergnügen, daß sie sich, ihren mandanten, und die Nachwelt benachtheiliget sehen, und der chicane, die immer ihren Beschützer findet, und noch wohl Hohn spricht, weichen müßen. Haben hingegen die dazu angestellete Männer nicht die vorbemeldeten Eigenschafften, so sind die Folgen noch viel schädlicher und betrübter. Alles dieses bekräftiget leider die traurige Erfahrung, so vielfältig und so gewiß, daß man auch kein eintziges von einem mindestnehmenden licitanten geliefertes Gebäude aufweisen kann, welches dauerhaft und wohl gebauet sey.

Nach der höchsten Wahrscheinlichkeit ist dann von mir supponiret worden, daß bey dem Wilsterischen Kirchenbau der schlüpferige Weg der licitation um so weniger erwählet werden würde, als er der von Allerhöchst Verordneten Bau-Commißion so wohl beaugten Dauer schnurstracks entgegen ist, und nach dieser Voraussetzung habe den sub litt J. angefügten Bau-Anschlag eingerichtet. Die materialien sind um den angesetzten Preis in der besten Güte zu haben, und die Arbeit kann für den ausgeworfenen Lohn durchgehends tüchtig geleistet werden. Wird dann der Einkauf und die Aufsicht so wie ich vorhin anregete, besorget, so kann ich frey mein Wort geben, daß das Werck für die angeschlagene Summe dauerhaft und gut ausgeführet werden könne.

Und hiemit beschließe meinen etwas weitläufig gewordenen respective Bericht und Bedencken. Jener konnte, weil die in lite gebliebene Beschaffenheit des Grundes und der alten Mauren zu genauerer Kenntiß gebracht werden sollten, nicht wohl kürtzer gefaßet werden, und dieses mögte, da es noch unbestimmt ist, wem künftig die Führung des Baues anvertrauet wird, auf einen jeden Fall seinen recht sehr guten Nutzen haben.

Willster, den 1ten Maii 1775   EGSonnin.

50.
KIRCHE WILSTER

Nachschrift zum Schreiben vom 1. Mai 1775 mit Hinweis auf die erforderliche Ausgrabung der alten Fundamente und die Wasserhaltung sowie rechtzeitige Bestellung des Baumaterials. Beim eingangs erwähnten Abbruch der alten Kirche durch Umwerfung ganzer Mauern kann Sonnin auf Erfahrungen beim Abbruch der Michaeliskirchenruine im März 1751 zurückgreifen, um Arbeitszeit zu sparen und möglichst viele wiederverwendbare Steine zu gewinnen. Er setzt dazu außer Zugseilen wiederum ein druckausübendes Gestänge ein. Derartige Erfahrungen liegen in Wilster nicht vor, wie aus Sonnins Schreiben vom 27. September 1775 hervorgeht.

In einer zweiten Nachschrift berichtet Sonnin am 20. Mai 1775 über den beim Abbruch des Turmes vorgefundenen Zustand des Mauerwerks.
Wilster, 8.5.1775

Stadtarchiv Wilster
III, G. 3, No. 1227 d
Bau der neuen Kirche 1765/1780

Nachschrift.
Am abgewichenen Sonnabend ist der Umsturtz der Mauren glücklich geendigt worden. Dasjenige, was ich von der Beschaffenheit des Oberbaues oder der Mauer bemeldet, hat sich auch in den zuletzt umgestürzten Theilen bestättiget. Das nordwestliche Stück am Thurm hat man stehen laßen müßen, weil es nicht umgeworffen werden konnte, ohne die Streben des Thurms in Gefahr zu setzen. Es muß denn von oben herunter abgehauen werden, und wird nicht allein dreymal so viel Arbeitslohn kosten, als wenn man es hätte niederlegen können, sondern es werden auch nur wenige gantze Steine daraus geborgen werden. Hieran wird man den großen Vortheil von dem Umsturtze der Mauren betrachten können, welcher darin bestehet, daß man ohne Gefahr arbeitet, daß die Arbeit wenig kostet, und daß bey dem Fall der Mauren die mehresten Steine sich lösen und gantz bleiben. Durch die gantzen Steine werden die Anstalten und der Arbeitslohn gewiß fünffach bezahlet. Dieses bewähret die große Menge von den erhaltenen vortreflichen Steinen, welche nach alter Art so groß sind, daß ein jedes Tausend von dieser Größe zu unsern Zeiten nicht für 10 Rthlr. geliefert werden könnte. Es ist viel zu wenig, wenn ich sage, daß durch den Umsturtz Vierzig Tausend mehr gewonnen worden, als beym gewöhnlichen Abhauen geschehen seyn würde. Wie gut überhaupt die Gemeine bey dem Abnehmen der alten Kirche sich stehe, wird aus folgenden erhellen. Die alte Kirche auszuräumen, das Dach abzunehmen, und die materialien zur Stelle zu bringen, die Steine von den umgeworfenen Giebeln, Pfeilern, Gewölbern, Mauern rein zu machen, auf einen Haufen zu setzen und den Schutt zusammen zu schieben, ist bedungen zu 780 Mk; die Abstützung der Thurmspitze kostet an Arbeitslohn = 570 Mk, an Holtz und Eisenwerck etwan 300 Mk, wie solches die Rechnungen ergeben. Indem nun allein die geborgenen Steine mehr, als diese Summe betragen, werth sind, so hat die Gemeine nicht allein das Abbrechen gantz umsonst, sondern sie hat auch über dieses noch die Abstützung der Spitze mit dem wieder brauchbaren Holtz in den Kauf erhalten. Wird die oeconomie des Baues künftighin so fort geführt, so wird der Redliche in der Gemeine sich freuen und der Arme nicht seufzen.

Ich komme nun wieder zum Hauptzweck dieser Nachschrift. Vorbesagtermaßen ist die Mauer der alten Kirchen dem Allerhöchstem Befehl zufolge abgebrochen. Es muß auch nun das alte Fundament ausgenommen werden, solches zum neuen Bau untauglich ist. Dieses kann nicht geschehen, ohne daß das von der Oberfläche sich sammelnde Waßer entweder ausgepumpet oder abgeleitet werde. Ersteres würde sehr kostbar werden, da man nicht allein beym Ausnehmen des alten Fundamentes sondern auch bey Legung des neuen beständig pumpen müßte. Demnach wird es gerathener seyn, ihn durch ein Siel abzuleiten, wozu man mehr als Einen Platz in der Macht hat. Unmaßgeblich wäre denn dieses die allererst vorzunehmende Arbeit zumalen die Reinigung des Grundes auch noch ihre Zeit erfordert. Nächstdem mögte es unumgänglich nöthig seyn, Steine, Kalck und Holtz anzuschaffen, woferne es anders der Wunsch ist, den Kirchenbau möglichst zu beschleunigen. Es ist dieses jetzt vortheilhafter, weil man noch Zeit hat, bey dem Ankauf bedachtsam zu verfahren, welches oft nicht geschehen kann, wenn man von der Eile gedränget und dann vom Verkäufer geschroben wird. Endlich wird man bey der Anfuhr des Kalcks die Zeit, wenn die Landleute können, und beym Transport des Holtzes die dazu bequeme Witterung wahrzunehmen haben.

Willster den 8 ten Maii 1775   Ernst George Sonnin.
Baumeister aus Hamburg.

51.
KIRCHE WILSTER

Angaben für die Kirchenbaukommission zur Absteckung, Baustelleneinrichtung und Materialbeschaffung. Dazu Kostenanschlag für den Bau einer Kalkhütte sowie Lageplan der Kirche. Die ausführlichen Angaben für die Bauvorbereitung und -durchführung sind erforderlich, weil die Bauarbeiten nicht an einen Maurermeister vergeben werden: Die Handwerker führen sie ohne Zwischenschaltung eines Unternehmers unter Aufsicht der Baukommission durch, deren fachliche Kompetenz beschränkt ist.

Der Vertrag über die Bauleitung wird zwischen Sonnin und der Gemeinde am 15. Juni 1775 abgeschlossen. Sonnins seltene Anwesenheit in Wilster führt bald zur Kritik. Auch der von ihm zum Vertreter bestimmte 26jährige Johann Theodor Reinke kommt offenbar zu selten nach Wilster.

Wilster, 13.6.1775

Stadtarchiv Wilster
III, G. 3, No. 1227a
Bau der neuen Kirche 1765/1780
Bl. 169–175

Pro memoria, mit angelegtem Riße Litt. J.

Mein Hochverordneten Bau-Collegio
wünsche zuvorderst Glück zu dem anzutretenden Bau-Geschäfte, und von Gott allen Segen nebst verneuerten Kräften des Gemüthes und des Leibes, um zum wahren Wohl, und zur allgemeinen Zufriedenheit der Gemeine, solches so beglückt anfangen als vergnügt vollenden zu mögen; Mir aber gratuliere zu der Ehre, den Bau unter der Vorsorge eines so verehrungswürdigen Conseßus ausführen zu mögen, von dessen ausnehmenden Gewogenheit ich nicht allein bereits die sichersten Beweise habe, sondern mit deren erwünschten Fortdauer zum Voraus mir um so viel zuversichtlicher schmeicheln darf, als nach äußerstem Vermögen unausgesetzt angewandt seyn werde, durch Aufmercksamkeit, Fleiß und Treue selbe mehr und mehr zu verdienen.

Nachdem dann die Kirchen- und Thurm-Mauer bis zu ebener Erden Gottlob ohne allen Unfall abgetragen worden, So versäume nicht die näheren Entschlüße so wohl zur Anschaffung der materialien als zum Betreiben der den neuen Bau betreffenden Arbeit mir sehnlichst zu erbitten.

1. Die allererst vorzunehmende Arbeit wäre nun wohl die Ausgrabung des Grundes, welchen nach dem Stande der uns maßgebenden Thurm-Spitze bereits abgestecket habe. Glücklicherweise stehet ihre Richtung so zupaßend für uns, daß sich die Situation der neuen Kirche um ein vieles regulärer leget, als sie in meinem Situations Riße litt. B verzeichnet war. Nemlich sie kommt wie aus anliegenden Situations Rißße litt J zu ersehen, nunmehro beinahe parallel mit der Achter-Straße zu liegen, und wird daher von beiden Seiten viel beßer ins Auge fallen.

Noch darf ich nicht vergeßen zu bemercken, wie ich ihn nicht völlig abstecken können, weil an der nördlichen Seite der alte Kalck im Wege lieget. Dieser wird also in etwas, weit mehr aber wird uns das bekanntlich auf dem Kirchhoffe befindliche Sammel-Waßer an Grundgraben behindern, welches uns nicht tiefer als drey Fuß zu graben erlaubet, und dannenhero zuvor abgeleitet werden muß.
Zu dem Ende wäre

2. Der Canal oder Siel, deßen schon mehrmalen mündlich erwehnet worden, fordersamst zu legen. Zwar gehet der Hauptzweck von der Legung des Canals keineswegs nur dahin, um bey Ausgrabung des Grundes und bey der Aufziehung der neuen Fundament-Mauer waßerfrey arbeiten zu können. Sondern die wahre Uhrsache, weswegen man nicht umgehen kann, ihn zu legen ist diese, daß dadurch das von der Oberfläche des Kirchhof absinkende und zwischen den Särgern sich sammelnde Waßer auf immer abgeleitet werde, damit solches den Kalck nicht hindere, gehörig zu binden, und dadurch der neuen Fundament-Mauer einen unersetzlichen Schaden verursache. Inmittelst kömmt es uns ungemein gelegen, daß neben der Abwendung jenes gar zu schweren Nachtheils, zugleich auch der Neben Vortheil von der Waßerbefreyung uns zuwächset, da gegentheils, wenn wir durch Pumpen oder andere Maschinen dasselbe so lange bis die neue Grundmauer aus der Erde aufgezogen worden, beständig ausschöpfen wollten, diese Kosten weit höher als die Kosten des vorgeschlagenen Canals sich belauffen würden. Nicht geringer ist der dritte, durch den Canal uns erwachsende Vortheil, der darinnen bestehet, daß man durch eine unferne der Kirche zu setzende Pumpe, alles zur Mauer Arbeit nöthige Waßer unmittelbar aus der Aue auf den Kirchhoff an jeden beliebigen Ort, und so gar bis oben auf die Mauer bringen kann, und keiner Menschen Hände bedarf, um eine so große Waßermenge herbey zu tragen.
Die Kosten dieses Canals, welcher nach dem friedfertigen Anerbieten des Herrn Pastoris Kirchhoff durch seinen Garten gehen kann, und alsdann etwann 16 Ruthen lang ist, werden sich gegen 300 Marck belauffen, wenn er zur Grundlage und zum Deckel die ehemals auf der Kirche gelegenen Fliesen erhält, und zwischen denselben mit kleinen Steinen, die wir von der alten Kirche in großer Menge haben, ausgemauret würde. Alles darf nur in Leimen oder Thon vermauret werden, und das Werck wird dennoch von immerwährender Dauer seyn.

3. Die Mauersteine, die aus den alten Mauern gebrochen werden, machen einen schätzbaren Vorrath aus, um einen guten Theil der Fundament Mauer davon aufzuführen. Ueberdies sind von der Fehrsischen Closter Ziegelei 100000 angekauft, welche fertig stehen, und nach Verlangen abgeliefert werden. Da diese Steine keinen richtigen Verband halten sind sie nur zur Grundmauer brauchbar. Es ihm aber ein Modell vom mehrerem Verbande und Größe gegeben worden, nach welchem er noch in diesem Jahre 100000 zu liefern, sich anheischig gemachet hat. Von eben dieser Größe will auch die Besitzerin der Lübschen-Closter Ziegeley in diesem Jahre 40000 abliefern. Mit allen diesen brauchen wir indeßen noch 4 bis 500000 Stück, welche man so bald Endschluß genommen ist, von der Oost oder Wischhafen zu erhalten suchen muß.
Es sind auch, wie aus meinem ehemaligen mündlichen Anzeigen noch erinnerlich seyn wird,

4. die gehauenen Felsen schon contrahiret, jedoch nur vorerst diejenige, welche in dem Anschlage unter der rubric zum Sode und zum Gurte stehen, einmaßen diejenigen die zum Schlußsteinen und Sohlbäncken dienen sollen, länger Zeit haben, oder auch wenn der Felsen-Hauer sie nicht liefern könnte, allenfalls entbehrlich wären.
Ob wir nun wohl mit dem vorberegten Vorrath von Mauer-Steinen einen guten Anfang zur Mauer machen können, so gebricht uns doch

5. der Kalck, wannenhero vor der Hand 500 Tonnen Segeberger und 500 Tonnen Gothlander je eher je lieber angeschaffet werden mögten. Letzterer wird, so viel alle darüber mühsamst eingezogene Nachrichten ergeben, wohl am vortheilhaftesten aus Kiel zu haben seyn, wenigstens können wir ihn von daher frisch, und mithin ergiebiger erhalten.

Mittlerweile ließe sich auch der alte Kalck brennen, deßen Wegschaffung vom Kirchhofe ohnehin nothwendig ist, weil er obbenanntermaßen das Grundgraben behindert, hiernächst aber überall und auch beym Canal Graben im Wege lieget. Die Abfuhr des Kalcks würde ohne Zweifel durch einen öffentlichen Verding am wohlfeilesten erhalten, und am geschwindesten vor sich gehen, wenn viele ihre Pferde dazu verwenden könnten.

Nun aber kommt

6. tens der Platz in Erwegung, wo er gebrannt werden solle. Es sind deren viele in Vorschlag gekommen, deren Besitzer 50, 80, 100 Rthlr. nur lediglich zum Kalckbrennen gefordert haben, wo hingegen H. Schlüter den seinen anfangs dazu für 12 Rthlr., und nachgehends monatlich für 4 Reichsthaler überließ. Die Herrn Kirchen-Hauptleute, welche versichert wurden, daß das Kalckbrennen nicht drey Monate dauern würde, waren auch sehr geneigt, den accord zu treffen, machten aber noch die gegründete Bemerckung: da uns doch

7. Ein Zimmer Platz mangele, auf welchem das anzukaufende Bauholz aufzunehmen, dasselbe zu sägen, der Dachstuhl abzubinden, die Gesims- und andere große Tischler-Arbeiten zu verfertigen wäre, ob es denn nicht rathsamer sey, daß man den genannten Schlüterischen Holtz-Platz zu allen diesen Endzwecken auf einmahl ermiethete. Bey geschehener Rückfrage war der Besitzer bereit, ihn von damals an bis auf Ostern 1777 für 100 Reichsthaler abzustehen, doch daß die Abräumung des darauf liegenden Holtzes entweder für Kirchen-Rechnung geschähe, oder ihm mit 10 Reichtsthaler vergütet würde. Diese Sache ist nicht geschlossen, und nun zu erwegen: Ob man einen andern erstehen könne, der eben so wohlfeil auskomme, der nicht weit entfernt vom Kirchhofe sey, der zugleich am Waßer liege, der nicht erst bedürfe durch eine Einfriedigung gesichert zu werden.

Es werde nun dieser oder ein anderer Platz erkohren, so würde auf demselben zuvorderst ein Kalckofen, der von den kleinen alten zum Kirchenbau untauglichen Steinen in Leinen gemauret seyn kann, und dann

8. tens Eine Kalck-Hütte zustehen kommen, in welcher man den gebrannten und gemahlten Kalck sicher für den Regen aufbewahrete. Es ist leichtlich zu ermessen, daß sie geräumig für einen so großen Haufen seyn muß, und sie wird es jedoch auch ohne Uebermaß, wenn sie 200 Fuß lang, 25 Fuß breit und 10 Fuß hoch wird. Sie kann nicht schwach von Wänden seyn, weil der so hoch liegende Kalck sehr ausdränget, und erfordert in dieser Hinsicht auch starcke Legden. Würden diese von eichenen und alles übrige von fürenen Holtze genommen, so ergeben sich nachstehende Bau-Kosten:

(Es folgt Kostenanschlag)   Summa 2400 Mk.

Diese Neben-Bau-Kosten scheinen von großen Belauf zu seyn. Allein sie vermindern sich mit der Erwegung, daß alle materialien unversehrt bleiben, und, wo wir sie wieder gebrauchen können, nur der Arbeits-Lohn verlohren würde. Die Summe aber wird noch größer, indem

9. Zur Kalck-Mühle welche auch in dieser Hütte Platz haben muß, ein Mühlenstein erfordert wird, der gegen 300 Mk zu stehen kommt. Vom Mühlenstein wird gantz und gar nichts abgenützet, und daher wäre es nicht unmöglich ihn, da er Zollfrey ist, noch mit Vortheil an die umliegenden zahlreichen Mühlen wieder zu verkaufen.

So wie nun der Kalck nach und nach zum Bau abgeführet wird, soll eben die Kalck-Hütte wiederum

10. Eine Tischler-Hütte abgeben, um darinnen und auf sicheren Boden eines theils die trockenen, oder zu trocknenden Tischler-Dielen aufzulegen, andern theils die Gesims-Arbeit am Dachstuhl und sonstige größere Tischler Arbeit an Gestühlen, Empor-Kirchen, Orgel pp. zu verfertigen und aufzulgen, wozu wir doch ohnehin, eine eigene Hütte bauen müßten.

Nur Schade, daß die Tischler Arbeit die letzte am Bau ist, sonst könnten wir alle materialien der Hütte wieder beym Bau anwenden. Da dieses nicht seyn kann, muß sie nach vollendeten Bau bestmöglichst verkauft werden, und alsdann könnte es wohl seyn, daß 25 bis 30 Procent davon verlohren gingen, wo nicht etwann Liebhabere sich einfünden, die sie höher zu nutzen wüßten. Dieser Verlust muß auf das conto des alten Kalcks geschrieben werden, woferne das Tischler conto sich weigerte, ihn halb zu stehen.

Der alte Kalck wird uns pro Tonne circa 20 bis 22 Schl. zu brennen und zu mahlen kosten, und die Feuerung mögte wohl je eher je lieber besorget werden.

11. Der Holtz Ankauf leidet eben so wenig längeren Aufschub als die vorbemeldeten materialien. Das wenige eichene Holtz was zum Bau angeschlagen ist, wird wohl am wohlfeilesten aus hiesigen Gegenden genommen und kann mit Gelegenheit erhandelt werden.

Das füreüne muß man bekanntlich aus Hamburg ziehen. Man kauft es am wohlfeilesten und besten für baares Geld in größeren Parthien aus der ersten Hand. Man findet auch beßere Rechnung bey stärckeren Bäumen, und wählet sie vorzüglich, wo nicht etwann die Parthien so gebunden sind, daß die größeren Stücken die kleineren mit verkaufen sollen. Doch müßen wir beym Einkauff unser Augenmerck auf die langen Dachbalcken richten, und da würde es kränckend seyn, wenn bey den vorgewesen Zögerungen diese einem jeden Käufer angenehme Stücke weggefischet wären.

Man hätte indeßen vor der Hand anzukaufen:

Füreüne Bäume	150 Stück		
Böhmische Latten	100	oder	2 Schock
Weißhöltzer	150	oder	3 Schock
Marckische Dielen			25 Schock

12. Eine große Hütte auf dem Kirchhofe, worinnen der segeberger Kalck aufgeleget, und der Mauer Kalck bereitet würde, nebst einigen kleineren für die Baugeräthe der Kirche, der Maurer, der Zimmerleute wären anzulegen so bald der Kalck und was sonst im Wege ist, weggeschaffet wäre.

13. An Bau-Geräthen wären einige Hand-Karren, Hand-Speichen, Handrammen, Waßer Geschirre, Tau und Blöcke, ein Paar Domme-Kragten pp nach und nach anzuschaffen.

Indem nun Hochverordnetem Bau-Collegio über vorstehende Bau Bedürfniße die Hochgeneigtest gefällige Entschlüße zu nehmen gehorsamst überlaße; so werde nach deren Maßgabe die beste Beförderung aller und jeder den Bau betreffenden Umstände meine vorzüglichste Angelegenheit seyn laßen.

Willster d 13ten Junii 1775.   EGSonnin.

52.
SALINE LÜNEBURG

Gutachten für den Rat der Stadt zur Verbesserung der Solegewinnung. Es stellt das Resümee der vom 24. Juni bis zum 29. Juli 1775 durchgeführten Messungen und Untersuchungen dar. Nach der Kritik an den vom Fahrtmeister Neisse veranlaßten Maßnahmen enthält es Vorschläge zur Pflasterung des Trockenen Grabens, zum Abbruch von drei Siedehütten, zur Anlage eines offenen Solezuflusses, zum Ausbau der Gumma und zur Untersuchung der Zweckmäßigkeit stillgelegter Pumpen. Das Gutachten läßt das gespannte Verhältnis zum Fahrtmeister Neisse erkennen.

Dazu Beilage mit Tagebuchnotizen, aus denen die gründliche Arbeitsweise Sonnins hervorgeht.

Lüneburg, 31. 7. 1775

Stadtarchiv Lüneburg
Salinaria S 1a, Nr. 569
Acta betreffend die Schadhaftigkeit der Sültze-
Fahrt pp. 1774–78 Vol. III
Bl. 30

Hochwohlgebohrne, auch Wohlgebohrne und Hoch Edel Gebohrne Herren Bürgermeistern, Syndice, Sohtmeister, Camerarii und Senatores Hochgeneigteste Herren.

Ew. Hochwohl Gebohrnen, Wohl Gebohrnen und Hoch Edel Gebohrnen bin für die Hoch Geneigte Mittheilung der das Sültzwesen betreffenden sämtlichen Acten gantz gehorsamst verbunden. Schuldigst habe sie mit aller Aufmercksamkeit zu wiederholten malen durchgelesen, auch was darin, theils ermangelte, theils wegen der nicht vorhandenen Riße, nicht deutlich genung war, in re praesenti so ofte nachgesehen, bis ich mir einen hinlänglich distincten Begriff aller und jeder Umstände erworben. So weit auch das Feld ist, welches die acten, die Natur, die Lage und die succeßiven Veränderungen des Salinwesens mir zu intereßanten und gegründeten Bemerckungen öfnen; So geflißenst werde mich jetzt nur auf diese eintzige einschränken daß die verständigere Vorfahren von uralten Zeiten her ihr Hauptstudium seyn ließen, alles wilde Waßer von der Saale bestmöglichst zu entfernen, und übrigens die Saale rein nehmen wollten, wie sie der Schöpfer verliehen hat.

Da diese Ehrwürdige sich dabey so wohl gestanden; da sie davon in Verbindung mit anderweitigen günstigen Umbständen und Zeitläuften Königliche Wercke aufgeführet; da sie, wenn gleich zuweilen unangenehme Zuflüße ihren oft langwierigen Genuß gestöhret hatten, ihren Schaden durch dieses einfache Mittel geheilet; und da auch eben dieses nunmehro nur noch das einzige seyn mögte, wodurch dem verfallenen Sültz Geschäfte wieder aufgeholfen werden könnte: So glaube meiner Pflicht am nächsten genung zu thun, wenn ich lediglich hierauf mein Augenmerck richte, und aus diesem Gesichts-Puncte die, annuente Illustrißimo Regimine, per Conclusum Amplißimi Senatus sub 25. Aug. a. p. mir gewordene Aufgaben gutachtlich und gantz gehorsamst beantworte.

Quaest. 1.
Ob die Rinne in dem trockenen Graben aufs neue mit Bohlen oder Steinen ausgesetzet werden müße, zu dem Ende, daß daselbst sich kein Waßer in die Erde und nach der Sültze zu den Saltz-Quellen ziehen könne?

Acta belehren mich, daß es eine Streitfrage geworden, ob aus diesen undichten Rinnen Waßer nach der Sültze fließen könne, welches der Fahrt-Meister Neyße von der Einen Seite durch experimente bewiesen haben will, von der Gegenseite aber wichtige Gegengründe angeführt sind, die dieselben, wo nicht gantz entkräften, doch gewiß dem größten Zweifel unterwerfen.

Ich habe versuchet, ob ich diesen streitigen Punct durch experimente ausmachen könne, und lege meine Untersuchungen, wie sie täglich einander gefolget, zur gefälligen Einsicht an, sub signo O.

Ein recht merckwürdiger Vorfall scheinet mir die angetroffene Sand Ader zu seyn, welche, wo sie sich bis zur Sültze enstreckete, wildes Waßer genung hinführen, auch ihrer Lage nach ein fons intermittens seyn könnte, und, solchenfalls immer der Sültze nachtheilig bleiben würde, wenngleich die Rinnen noch so gut und dicht gemachet wären.

Es mag aber die Neyßische Angabe gegründet seyn, oder es trete die Sandader in ihre Stelle, oder es sey keines von beiden wahr, und so dann ein jedes drittes oder viertes, an diesem, oder einem andern Orte, die Ursache der Wildwaßerbeschwerungen; So muß doch allemahl das Waßer aus dem Karutschen Teiche durch den trockenen Graben abgeführet werden, und es ist daher unumgänglich nöthig, einen Abzug zu veranstalten, der vor allen Dingen recht sicher seyn sollte.

Ob die Rinnen von Holtz oder von gehauenen Steinen geleget würden, mögte, da von beiden Seiten einige Vorzüge anzugeben sind, wohl einerley seyn können; Allein beide haben dieses wieder sich, daß die Hand des Künstlers nicht vermag, sie so wohl zu fügen und zu legen, daß sie nicht so gleich oder wenigstens in kurtzer Zeit wieder Waßer durchlaßen sollten. Alsdann erfolget aufs neue eine Ausspülung unter der Rinne, man hat bald wieder eben das Ungemach, worüber jetzt so sehr geschrieen wird, und das schlimmste ist, daß man unter den Rinnen nicht zu kommen kann, um zu sehen, ob und wie und wo der Schaden liegt.

Gesetzt nun, man habe in den Rinnen einen Mangel bemercket, und gesetzt, man wende auch alle Mühe und Kosten an, ihn an seinem rechten Orte zu finden und zu beßern, so wird man dennoch bey einem Wercke, das aus mehreren Theilen bestehet, schwerlich dem Einen Fehler abhelfen können, ohne vielleicht 2, 3, 4 andere wieder zu verursachen, zumahlen die Rinnen von sehr hohen Ufern gedrücket werden, und bey den jetzigen Rinnen, die doch ohne Zweifel anfänglich auch gerade geleget wurden, der unläugbare Augenschein lehret, wie beträchtlich sehr sie, so wohl seitwerts als niederwerts verdrücket worden sind, mithin natürlicher Weise, nicht dichte bleiben konnten.

Der Künstler mögte sich vielleicht beleidiget finden, daß ich ihm nicht zutrauen will, eine solche Rinne dichten zu können. Er, er wird die Steine vortrefflich verkütten wollen; er hat eine ewige Kütte dazu; er will sie verspunden, vielfach veranckern und genau mit Bley vergießen pp. Ein anderer will das Holtz auf ein Haar fügen, faltzen, mit Talgschwede belegen, mit Bley benageln; er will die Rinne gegen den Seitendruck verspannen, gegen das Sincken mit vielen Unterlagen und wohl gar mit eingerammten Pfählen versehen; er und andere Künstler haben vorlängst und mehrmahlen Wercke von mehrerem Belange dichte gemacht pp.

Ich will es ihm unter sehr vielen und kostbaren Bedingungen zugestehen, aber er wird mir auch erlauben, daß ich ein Mittel von wenigerer Kunst, von minderen Kosten, von zuverläßigerer Sicherheit, von mehrerer Dauer vorschlage, welches darin bestünde: Der Rinnen Graben würde so viel breiter ausgegraben, daß der Boden deßelben Vier Fuß breit sey; die ausgegrabene Erde würde zu beyden Seiten aufgeworfen, und diese zum Bestande ordentlich doßiret; der Boden des Grabens, welcher schon Plüsleimen ist, würde mit einem concaven Steinpflaster von ausgesuchten gleichen Steinen zu gehörigem Abhange beleget; und überhaupt zu solcher Pflasterung der möglichste Fleiß angewendet.

Nun brauchet es gar keine Rinne mehr. Das Waßer aus dem Karutschen Teiche wird in dieser Goße so gut wie in der künstlichsten Rinne abfließen. Der Zufluß ist ohnehin nicht sehr starck, und nicht stärcker als der Fluß in den gewöhnlichen Goßen oder Rinnsteinen in allen Lüneburgischen Straßen ist.

Eine Ausspülung wird ebenso wenig hier statt haben, als in anderen Straßen Goßen. Es wird sich auch kein Waßer in die Erde ziehen, da der Plüsleimen zum Grunde lieget. Noch weniger werden Löcher entstehen, und wo sie wieder den Lauf der Natur entstünden, würden sie so gleich sichtbar seyn. Die Kosten dieses Vorschlages werden kaum so viel betragen, als die Gerüste und Hebezeuge ausmachen, welche man zur Legung einer höltzernen oder steinernen Rinne verwenden muß. Ich sehe auch nicht ab, ob sie jemahls wandelbar werden, jemahls vergehen, jemahls Unterhalt erfordern könne, und wo man ihre unterweilige Reinigungen hinzuzählen wollte, wird solche Reinhaltung viel leichter als in höltzernen oder steinernen Rinnen seyn.

Quaest. 2.
Was wegen der Schadhaftigkeiten in der Fahrt und der bey dem letzteren Bau vorgekommenen Umständen zu urtheilen und zu thun sey?

Die Schadhaftigkeiten in der Fahrt sind groß genug und gewiß viel größer und gefährlicher als sie der Fahrt Meister Neyße in seinen Berichten angiebet. Man kann den drohenden Zustand der drey über der Fahrt liegenden Sültzhäuser ohne Grausen nicht ansehen, da dieselben nicht etwan einige Zolle, sondern gar mehrere Füße niedergesunken sind, da der Erdboden in denselben sich von einander gethan, und die häufigen Erdborsten, deren die größere bey nahe 1 Fuß weit ist, eben so viele traurige Merckmale der in der Fahrt vorhandenen vielen und schweren Gebrechen sind.

So viel ich ex actis beurtheilen kann, ward der Grund zu diesem gegenwärtigen Uebel geleget, als man anfing, von der alten simplicite abzuweichen, und aus gut gemeinten Mißbegriffen Dinge unternahm, die eben so ungewiß als der Natur zu wieder waren. Es wird nöthig seyn deren Geschichte ex actis, worin ich das datum in margine bemercket habe, kurtz möglichst auszuzeichnen.

Bey einem 1748 vorhabenden Versuche, Saltz auf eine vortheilhaftere Art zu sieden, ward abseiten des Salinenwesens vorgestellet, wie der Saal Mangel so groß sey, daß man täglich von den sämtlichen Alten-Neuen- und Grahl-Quellen nicht mehr als 24 bis 29 Kümme gießen, mithin nicht einmahl einem jeden Intereßenten das festgesetzte quantum liefern könne, und es daher dermalen beschwerlich fallen würde, das verlangte quantum zu experimenten abzugeben. Diesen Einwurf zu heben, ward dem Herrn Machinen Director Hansen aufgetragen, den vorgeschützten Saal Mangel zu untersuchen und ihm abzuhelfen.

Nach deßen im Rescripto S. R. vom 13ten Oct. 1749 enthaltenen Berichte, sollte der Saal Mangel daher entstehen, daß die Saal Adern durch die Last des wilden Waßers gedrückt und durch solchen Druck der stärckere Zufluß behindert würde. Ein Ausdruck der wohl bey den mit beweglichen Häuten umgebenen Adern des regni animalis, nicht aber bey den Erd Adern statt hat, und sich aus der Naturlehre nicht erklären läßt. Er wolte das wilde Waßer und die arme Saale in Einen Abfalls Punct bringen, welches die Alten schon vorlängst gethan hatten, nur mit dem Unterschiede, daß sie eines von dem andern so viel möglich entfernet hielten und lieber jedes separat zur faulen Fahrt oder Abzugs-Graben brachten, als daß sie sich der Gefahr aussetzen wollten, den Saal-Quellen zu nahe zu kommen. Er wollte das terrain, aus welchem die Quellen entspringen, untersuchet, und des Endes des Plüsleimen weggeschaffet wißen, ohne vorher auszumachen, wie weit sich der Plüsleimen erstrecke, oder wie weit der Ursprung der Quellen entlegen sey, und ohne zu erwegen, wie beides wohl eine Anzahl Meilen betragen mögte. Er wollte noch mehreres, das ich mit Fleiß übergehe.

Vielleicht hat dH. Machinen Director nachgehends den Urgrund seiner Gedanken selbst erkannt, angesehen, da auf sein Verlangen die Quellen schnell gepumpet werden mußten, um sie zu reitzen, mehr Waßer, als sie hatten, zu geben, er keineswegs mehr Saale, wohl aber vielen Unrath der beim ordentlichen Zuflusse der Saale sonst ruhig gelegen hatte, zur Ausbeute erhielt, und just in der Zeit, als man über seinen Bericht disputirete, er mit eigenen Augen sehen mußte, wie die Saale am 25ten December von selbst ohne alle menschliche Kunst sich vermehrete.

Die Vermehrung kam aus dem Tisch und Winckelbrunnen stieg von 26 auf 31 ferner im Januar 1750 auf 34, kam im Martio auf 44 Kumme, und gab Anlaß, daß Verordnete der Saltz-Administration über die trübe geringhaltige Saale klageten. Ich halte es für nöthig hier zu bemercken, daß, obgleich die Hansenschen Vorschläge nunmehr hinfielen, dennoch ut semper aliquid haeret, seit dieser Zeit zwo Lieblingsideen in Ansehung des Sültzwesens Platz gegriffen, die Eine, daß man die Saale vermehren, und die zwote, daß man den Ursprung oder den Mund der Quelle suchen wollte. Denn als in den folgenden Jahren abermals die Saale auf 24 Kümme herunter fiel, entschloß man sich die Saale durch Aufräumung der Quellen zu vermehren. Man hielt es für möglich, weil wir gerne glauben, was wir wünschen.

Die Quelle Brackhusen, welche in 24 Stunden 6 Kümme der schweresten Saale gab, ward aufgeräumet, daß sie stärcker fließen sollte. Sie floß reichlicher aber vielleicht caßu, weil dieselbe schon von vielen Jahren her die ergiebigste unter den dreyen nebeneinander liegenden Quellen gewesen. Indeßen gab diese kleine Verbeßerung die Vermuthung, daß auch die andern sich beßern würden, mithin sollten auch der Winckel und Tischbrunnen weiter geöffnet werden.

Es geschahe auch bey dem ersteren mit Vorsicht, allein in Betreff des letzteren war man wegen der vom Fahrtmeister Häseler gründlich opponirten Gefahr anfänglich besorget. Man versuchte nach dem Hansenschen Vorschlage, ob ein starckes Pumpen helfen wollte, und da hiebey der Tisch und Winckel Brunnen gleich blieben, hingegen an der leer gepumpten Brockhusen 2 Ausflüße zu seyn schienen, griff man nun mit beyden Händen zur Verlängerung der Brockhusen Fahrt, obgleich jemand die Sache für gefährlich angab, weil er zu Daßels Zeiten daselbst einen wilden Waßerbruch gestopfet habe. Sie floß noch reichlicher, der Zufluß ward gepriesen, und nun machte man Projecte auch den Tisch und Winckelbrunnen anzugreifen. Man fand Dinge woraus man Verstopfungen argwöhnete, und indem man mit der Untersuchung beschäftiget war, floß abermahls ohne alles Zuthun menschlicher Kunst, die Saale so starck zu, daß die täglich geschlagene 50 Kümme von den 36 Häusern nicht verkochet werden konnten. Der Zufluß kam hauptsächlich vom Tischbrunnen. Sein Gehalt war 1 Grad weniger, als der der andern Quellen. Die Saale war sehr trübe.

Der p. t. Sodtmeister kam auf die rechte Spur. Er ließ die faulen oder wilden Zucken einige Tage recht anhaltend leer pumpen und fand, daß die Brockhusen Quelle dadurch bald wieder klar floß, auch die Tisch Quelle sich in qualitate beßerte, woraus deutlich erhellete, daß wildes Waßer zur Saale gefloßen.

Wie glücklich wäre die Saline gewesen! Wenn man diesen Weg der augenscheinlichen Hülfe verfolget hätte; Wenn man die treue Nachricht der Alten, daß wildes Waßer die Ursache eines trüben Saalflußes sey, nicht aus der Acht gelaßen. Wenn man die Klagen der Sültzer, daß jetzt die Saale sich starck auf die Pfanne lege, daß sie langsahm zu kochen sey, daß sie Zeit und Feurung koste, reiflich erwogen; wenn man das darüber gegebene Timmermannische Votum: wie nach seiner Erfahrung die Saale, wenn der Tischbrunnen starck sprudele, allemahl schlechten Gehalts gewesen, nicht unbemerckt übergangen; wenn man dem zufolge alle Sorge auf die Entfernung des wilden Waßers angewandt hätte pp.

Allein, andere Gedanken verhinderten es, man verfolgete lieber Lieblings Ideen und wollte den Mund der Quelle faßen, wozu unbedeutende Erscheinungen dienen mußten.

Denn von der Tisch Quelle floß es starck zwischen den Bohlen heraus. Aus Begierde sahe man dies verhaltene Waßer für eine neue Quelle an. Der Tischbrunnen hatte gezischt, er hatte einen Klumpen wie einen Propfen ausgeworfen. Man bauete eine wahrgenommene große Versinckung aus. Inmittelst nahm die Saale wieder auf 31 Kümme ab. Der Tischbrunnen sollte mit einem Kalckstein verstopft gewesen seyn. Es kam zum Vorschlag und zur Würcklichkeit, den kleinen Canal am Tischbrunnen zu verlängern in Hofnung, die Mündung der Quelle, wie bey der Graft Quelle, in einem Felsen zu finden. Da dieser nicht erscheinen wollte, da mitten in der Arbeit die Saale wiederum von selbst sich mehrete; da der milde gesegnete Zufluß gerühmt, aber auch daß die Saale unrein, hart, schwer zu verkochen sey, angemercket ward, da nach vollendeten und gerühmten Tisch Brunnen Bau, bey zugleich eingefallenen gesegneten Saalfluß, wieder alles schon ein Jahr lang dauerndes Vermuthen, der Tischbrunnen aufs neue unordentlich ward, starck sprudelte, 61 Kümme geringhaltiger leimigter Saale gab; und nun wohl eingesehen ward, wie der defectus und excessus der Saale nicht an der Mündung der Quelle liege: So kam man abermals auf den rechten Punct, nemlich auf die Abführung des wilden Waßers, welche man laut Bericht vom 24 ten Sept. 1758 durch fleißiges Schlagen der wilden Zucken bey regnigten Wetter ziemlich erhalten, auch nach Ableitung des aus der Stadt zufließenden Waßers durch Manncken Thurm das Aufwallen des Tischbrunnens nur selten und nicht so starck befunden hatte.

Es war auch die Ableitung eines bey der verlängerten Brockhusen Fahrt entstandenen wilden Zufußes schon längst ein freylich löbliches Augenmerck gewesen. Der Vorschlag, sie in einen Kummen zu faßen, ward, weil sie zu tief lag, nicht thunlich befunden, sie mit einem Zubringer wegzubringen, sie mit der Pumpe auszuschlagen, war zu kostbar, folglich ward, weil der gantze wilde und seine Zufluß zusammen genommen nur täglich 4 Kümme ausmachete, dies vor der Hand ausgesetzt.

Im folgenden Jahre, als die Saale gantz ungewöhnlich bis zu 71 Kümme leimigt und geringhaltig floß, fiel man des darüber laufenden Gerüchtes wegen, auf den Karutschen Teich, reinigte die Mündung seines Abflußes, es erfolgete sogleich eine Verminderung der Saale, und dies gab die Vermuthung, daß der Teich würcklich schädlich sey. Um aber davon gewiß zu seyn, ward er wieder eben so hoch gestaut, lange voll gehalten, und, da bey der Sültze nicht die geringste Veränderung erfolgete, hält man sich versichert, daß hier die Ursache nicht läge.

Desto wahrscheinlicher aber schien die Vermuthung, es komme ein wilder Zufluß zur Sültze durch. Die Gumma, einen in uralten Zeiten um den Sültzhof geführten trockenen Wallgraben, der im Jahr 1624 wegen des dadurch verursachten Waßer Schadens tiefer ausgegraben und zu Grunde mit hölzernen Abzugs Rinnen beleget ward. Man wollte wahrgenommen haben, daß das aus dem Stadt Graben in diese Gumma zufließende Waßer bey dem alten Gewölbe sich guten Theils verliere, die alten Hölungen nachsuche und bey der Tisch Quelle seinen Ausgang finde. Der Vorschlag war, die alten vergangenen Rinnen auszunehmen und neue einzulegen, und er ward, als nach dreyen Jahren der Saalfluß abermals sehr groß war, wiederholet, vorläufig aber beschloßen, die Ableitung durch Mannecken Thurm auf eine beßere standhaftere Art zu besorgen.

Darauf versicherte man, daß der Schade, den die Gumma gethan, durch die Ableitung nach Mannecken Thurm nun gäntzlich gehoben; daß die Graft und Winckel Quelle unverbeßerlich, daß der Tisch Brunnen beyde an Quantitet übertreffe, an Qualitet aber ihnen nichts nachgebe; daß dagegen Brockhusen wie durch eine fette therigte Gegend gehe, sie alle verderbe, dem Saltz Kochen schade, und die Pfannen ruinire: Nur ward bedauret, daß der Vorschlag, die Tischquelle bis auf den festen Grund zu verfolgen, nicht ausgeführt werden, daher sie nicht lange Stand haben und durch das einfallende Erdreich verstürtzet werden würde.

Inmittelst trat mit einer großen Dürre wieder solcher Saal Mangel ein, daß im Herbst die neue und Hütten Saale mit zugelaßen ward und nach deren Einstellung die Salinatores nicht so viel hatten, als sie versieden wollten. Mit recht antwortete man auf ihr Klagen, daß sie im abgewichenen Jahre bey der ergiebigen Saale 2853 Kümme wegschlagen laßen und nun da sie sich keinen Vorrath beschaffet, ihren Mangel sich selbst zu dancken hätten. Eben so vernünftig waren die Gedancken der mehresten, daß man mit der im vorigen Jahre wieder angeregten Verlängerung der Tischfahrt Anstand nehmen und eine vortheilhaftere Witterung erwarten wolle; Allein die vorgeschlagene Verlängerung ward für nothwendig, für thunlich und nützlich, und, da die einfallende weiche und naße Witterung nichts effectuiret, für das eintzige Mittel der Verbeßerung gehalten.

Demnach griff man mit Ernst zur Saale, obgleich die Saale nun schon reichlicher floß. Man öfnete die Wand, man fand eine große Hölung im Winckel des Tischbrunnens, die Quelle wollte sich an dem Orte, wo man es gedachte, nicht finden, man suchte sie an einem anderen Orte, sie fand sich, sie wendete sich, als man mit einer eisernen Stange visitirte, zur rechten Hand, die Bole lincker Hand sollte weggenommen, und sie, wann sie sich offen zeigete, in einen Kummen gefaßet werden.

Mitten in der Arbeit ward der Saalfluß so groß, daß man bey einem 14 tägigen kalt-Lager Tag und Nacht arbeiten mußte, die Saale wegzuschlagen.

Nun sahe man die Quelle mit dem größesten Vergnügen aus der Tiefe in einem Strange aufsteigen, sie ward in einem Kum so, daß sie weder in der Tiefe noch von der Seite durchbrechen konnte, gefaßet, und war nun in den längst erwünschten Zustand gesetzet, weswegen man gantz zufrieden war und nur noch einen Schaden in Brockhusen gefunden hatte.

Aber die Quelle brach wieder durch und führete nun so viel Sand herzu, daß alle Zucken verdorben wurden. Zwar ward jetzt behauptet, daß könne keinen Schaden thun, und man hätte nur zu verordnen, daß fleißig gepumpet würde. Allein nach einem halben Jahre berichtete man: sie wäre durch abermalige Verstürtzung in ihrem Lauf geändert, habe ihren Durchbruch schon ein halb Jahr unter der Treppe gehabt, könne Gefahr wegen in dem Zustande nicht bleiben, und es finde sich kein Bedencken, sie wieder wie im vorigen Jahre zu behandeln, nur müße man sich hüten, daß man der Peinecke nicht zu nahe käme, als wohin man nicht gehen müße, wenn auch die Saale dahin wiese.

Nach recht ernsthafter Überlegung, wo eine Oefnung in den Tischwänden ohne Gefahr gemachet werden könne, machete man die bestgefällige, wovon jedoch die Quelle bald so bald anders abwich. Zugleich drohete das Haus Brockhusen einzustürtzen, unter welchem die Quelle Brockhusen aus dem ihr angewiesenen Kumpfen in den Brockhuser Saltzbrunnen geschlichen, dem ungeachtet aber lediglich das im Grunde befindliche alte Holtz, die eintzige Ursache des nahen Schadens wäre, gegen welche man sich eilfertigst mit Stützen sichern müßte, um vorher die verschlagene und nun wieder zum Fange auslaufende Tisch-Quelle, deren Veränderung man für ein Räthsel halten müße, einzufaßen, wenn man sie vorher bis zum harten Fels verfolget hätte. Indem man nun ihren Mund perpendiculair aufsteigend gefunden, und quomodo ihr Qualm einzuschließen, überlegen wollte, fand man zwar ihren Mund einen Fuß auswerts des neuen Stollens heraus, allein man beschloß doch, innerhalb demselben den genehmigten Kummen vorsichtiglich zu setzen. Mitten in dieser Beschäftigung kam abermals ein Saalfluß, der die Arbeit 14 Tage störete.

Den Arbeitern wurden die gemeßensten Befehle gegeben, wie sie die täglich zufließende 76 bey Strafe auspumpen sollten, und nach beruhigter Saale ward der Ausbruch der starcken Quelle in ihrer Einfaßung betrachtet, auch hienächst der Entschluß gefaßet, Brockhusen Ader zu verstopfen, und die gefährliche Hölung mit Mollerde auszufüllen, ohne Zweifel deswegen weil sie locker ist. Aber die eigensinnige Tischquelle

schweifte abermals so unbeständig aus, daß die Arbeiter mehr Lohn fürs Ausschlagen forderten auch solchen erhielten und gestattet nur erst nach einem 3 wöchigen Kaltlager die Brockhusen Quelle vorzunehmen, diese gute Quelle, welche vorhin hoch gepriesen ward, weil sie täglich 6 Kumme der allerreichesten Saale gegeben, nun verwildert war, und nur 4 Kümme von 4 Grad Gehalt gab. Bey geschehener Wegräumung fand sie sich 2½ Fuß hinter der Wand, und zwar war die stärckere wilde Quelle von der minderen reinen um 9 Fuß entfernet. Die zu verstopfende wilde Quelle wiedersetzte sich gewaltig, mußte sich aber doch endlich den Arrest gefallen laßen; laut Bericht vom 4 Maii 1766, in welchem Berichte der Eingang so merckwürdig als sonderbar ist, indem gesaget wird, wie unter der Treppe der Ort gewesen, wo von jeher das Waßer in der Gumma so viele hundertmal durchgebrochen und seinen Ausgang gehabt, nach Ausweise der auf 2 Bohlen befindlichen Inscription
Viam hanc Dnn. CC. fere incognitam funditus resti

Die Tischbrunnen Quelle zeigete sich eines Tages wieder in ihrer Einfaßung, und diese gute Veränderung war accurat in der nemlichen Nacht geschehen, oder vielleicht gemacht, wie sie dann ohne Zweifel noch ietzt, und wenn der Kumm sich wieder verschlämmet, abermals, abermals, abermals, zu machen wäre. Denn ungeachtet ward innerhalb Jahresfrist, aufs neue vorgeschlagen, die Tischbrunnen Fahrt zu verlängern. Der Vorschlag mögte seinen Grund gehabt haben, da schon in 14 Tagen nach diesem Vorschlage derselbe gleichfalls in der Nacht sich verkürtzet hatte und zu allen Fugen so starck herausstrahlete, daß man nicht trocken in der Fahrt gehen konnte.

Nothwendig mußte ein Anschlag zur Verlängerung gemacht werden, da die Quelle mit Zuschub von wilden Tage Waßern gewühlet, gewaschen, den Kum verlaßen, sich gehoben, sich durch die Wangen geworfen, sich in Kumpfen verstopfet, das Haus Bernding ausgespület pppp.

und nun quasi selbst anforderte, daß man sie bis zum Felsen, wie die Graft Quelle nachsuche, zumalen gegen die bevorstehende Gefahr des schwebenden Bernding supra kein ander Mittel übrig, als daß man den Mund der Tischquelle abfange, sie au fond faße, ihr in der Tiefe bis auf den harten Stein nachgehe, zumalen sie unter Bernding supra ihre Herkunft habe, und durch Verlängerung einen freyen unschädlichen Auslauf daher erhalten solle.

Die Nothwendigkeit dieser einander recht ordentlich succendirenden Vorschläge, leitete man ferner aus den gantz neuen Vorfalle ab, da sogar der neuerbauete Fahrt Gang nicht wenig gesuncken, woran jedoch nun nicht der Tischbrunnen mehr, sondern das wilde Waßer Schuld seyn sollte, das aus dem warmen Bade käme. Billig brachte man nun in Vorschlag, daß der Stollen am warmen Bade gebauet, der alte Mann aus dem Grunde gehoben, eine Pumpe zur neuen Tischbrunnen Fahrt gesetzet würde, angesehen eines theils diese Quelle welche noch nicht tief genug gefaßet worden sey, noch Freyheit genung habe, zu wühlen und auszuwerfen, folglich das Sincken mit jenem conform bleiben würde, andern theils aber unter dem warmen Bade noch ein Schade sich befinde, der mit Recht besorgnüße verursache.

Diese an- und Vorschläge sind bis daher noch nicht zu Wercke gerichtet worden, jedoch anmercklich, gantz und gar nicht deswegen, daß man solte verzaget haben, den Mund der Quelle in der Tiefe bis auf den Felsen Boden zu faßen; nicht deswegen, daß man solte gezweifelt haben, daß man nicht schon gantz nahe dabey sey, inmaßen man ja den Kumm schon an einen würcklichen Felsen gesetzet hatte; nicht deswegen, daß man etwann den wichtigen Schluß: die Graft Quelle fließet aus einem Felsen, ergo auch die Tischquelle, sollte für lahm angesehen haben; nicht deswegen, daß man etwann darum, weil die Quelle allemahl wieder oben zum Vorschein kam, hätte wanckelmüthig werden sollen, die Quelle in der Tiefe zu suchen; nicht deswegen, daß man die Quelle die man schon sechsmal beim Munde gefaßet, ihr ihren Stand Ort feyerlich angewiesen, sie rein, klar, deutlich aus der Tiefe in dem Kumme aufsteigen gesehen hatte, und die dennoch sechsmal wieder entwischet war, für etwan ungelehrig, oder eigensinnig sollte angesehen haben; auch nicht deswegen, daß, da man selbst gestehet, man könne in die Erde nicht sehen, es sey unter der Erde alles räthselhaft, und das Sincken werde kein Ende nehmen, einen Mißschlag argwöhnen sollte; noch weniger deswegen weil die Arbeit so gefährlich, daß man es gut fand, den Arbeitern solches zu verbergen.

Nein, an diesem allen und an dem besten Willen zur Arbeit, zur gefährlichsten Arbeit, fehlete es nicht, sondern es fehlete nur lediglich an der Caße, welche nicht so viel in receßu hatte, als die Vorschläge, die jedoch fürs künftige angeblich gelinde und nicht mehr sehr hoch sondern (den Bau der drey äußerst versunckenen Häuser angenommen) nur auf 2000 Rthlr gehen, hineben aber die heilige Versicherung bey sich haben, daß alsdann die Quelle gefangen sey, und kein Unheil mehr stiften könne, es mögten denn die wilden Waßer thun, deren doch hie und da als einer Neben Sache nur mit einem verlornen Worte und zwar ausflüchtlich gedacht wird.

So getreu war man seiner Lieblings Idee, und ist es bis zu den jüngsten Vorschlägen unverrückt geblieben, unerachtet dH. Bürgermeister Nieper schon anmerckete, daß die Quelle in der Tiefe nicht gesuchet werden müße. Ueber dieses Spielwerck, das lediglich aus Speculationen oder ex mero posse, nullo modo aus irgend einigem physicalischen oder hydrostatischen Grunde, am wenigsten aber aus hinreichenden legitimen Untersuchungen gefloßen, und desto mehr der Natur entgegen lief, vergaß man nicht nur gantz und gar die schon von den Alten zugerichtete Absonderungen der wilden Gewäßer (welche, wenn sie uns auch offenbar entgegen stürtzeten, man nur verächtlich und unzulänglich verstopfete) sondern man bewürckte eben dadurch so viele Senckungen, so viele Auswühlungen, so viele so genannte Belästigungen der Quellen, so viele Erdfälle, so viele trübe Saalen, so viele theils vergangene theils noch bevorstehende gefährliche Bau Ungelegenheiten, ohne mit allen diesen zwanzigjährigen wichtigen Unternehmungen etwas anders ausgerichtet zu haben, als daß man Quellen versetzet, gute Quellen verlohren, gegentheils schlechte wieder erhalten, und daneben die gantze Fahrt so verändert, so verbauet, so verwirret hat, daß eigentlich keiner mehr mit Zuverläßigkeit angeben kann, wo man den vor Alters abgesonderten ruhigen Sitz der reinen Saal und der wilden Waßer Quelle suchen solle.

Dieses wären meine unverholene doch unvorgreifliche Gedancken über die Schadhafftigkeiten der Fahrt, und den succeßive vorgenommenen Bau. Ich komme nun zu dem zweyten Theil der Frage, was dabey zu thun sey?

Vielleicht flöße ein sicheres procedere aus nachstehenden kurtz gefaßeten datis:

a) alle Saltz Quellen und die Sültzfahrt liegen unter den dreyen Häusern Brockhusen Bernding supra und Bernding perversum.
b) Alle wilde Quellen haben vor Alters höher gelegen, als die Saal Quellen.
c) Die drey Häuser über der Sültze, sind jetzt so tief, als vorhin noch niemahlen geschehen, versuncken,
d) die Häuser als Häuser erfordern einen totalen Umbau, der von einem gantz neuen Bau wenig differiret.
e) Ihr Unterbau in der Fahrt kann ohne große Summen nicht veranstaltet werden.
f) Die unter ihnen neuangelegte Tischbrunnenfahrt erfordert an und für sich selbst schon wieder einen schweren Bau, denn
g) Sie ist versuncken, und wäre schon eingefallen, wenn man sie nicht gestützet hätte.
h) Der Ort, wo sie versuncken, ist grundlos, und als man die neue Fahrt bauete, mußte man eilen, daß nicht alles zusammen fiele.
i) Unter den Häusern hinter der neuen Fahrt ist eine starcke wilde Quelle hervorgebrochen, die man verstopfet hat, und nicht weiß, ob und wie sie jetzt ausfließe.
k) Das warme Bad ist verstopfet, und jetzt behauptet der Fahrt Meister, daß die Quelle starck wühle.

l) Brockhusen ist verstopfet, allein sie fließet würcklich noch, man weiß nicht wo, aus, äußert an ihrem Orte noch immer den vormahligen starcken Theer Geruch.
m) Woferne nach bisherigen Vorschlägen gebauet werden soll, so sind die Kosten nicht abzusehen, da wie bisher geschehen, immer neue Vorfälle kommen, und ohne hin die angeschlagene obgleich hohe Summen nicht hinreichen.
n) Man ist nicht gesichert, ob der Grund tragbar sey, da er versuncken, vielleicht weil die von den Alten ohne Zweifel mit großem Fleiße gemachte Verpfalungen weggenommen worden sind.
o) Noch weniger wäre man sicher, wenn auch ihr Rest der alte Mann ausgenommen würde.
p) Die vom Fahrtmeister vorgeschlagene Künsteleyen von Hängewercken sind für eine solche Last unzuverläßig, mithin nichts werth, müßen ohnehin unterhalten und oft erneuert werden.
q) Man ist der wilden Quelle nicht entlediget, mithin von Wühlungen, Ausspülungen, Erdfällen, Sinckungen pp nicht befreyet.
r) Man kann den Saal Quellen ihren freyen reinen natürlichen Abfluß nicht verschaffen, und
s) Wann man denn nun viele höchstwichtige consilia gepflogen, über confundirte Vorstellungen lange und oft unschlüßig gewesen, aufs Gerathe wohl resolutiones genommen, eine Menge Klagen über gefährliche Arbeit angehöret, großes Geld bis zur gäntzlichen Entkräftigung ausgezahlet, auch den letzten Pfennig zu renumerationen hergegeben hat; So behält man
t) Am Ende auf einem unsicheren Grunde für sich und seine Nachkommen, eine unnütze, versteckte, räthselhafte, stets geldfreßende Bergfahrt, in welcher man nie mit eigenen Augen sehen kann, sondern beständig durch die mißlichen Augen der Künstler sehen, und immer ein wie wohl unwilliger doch erbunterthäniger Knecht der Werckleute verbleiben muß.

Dies exactis in re constirende Umstände lencken mich vorzuschlagen:
1. Daß man die drey Häuser gantz abnehmen;
2. Sie mit Beybehaltung ihrer privilegien auf einen andern Platz verlegen, der bequemer und größer vorhanden ist; sodann
3. Die gantze Fahrt von oben bis unten nach dem Umfange der Quellen bis zur dermahligen Fahrt Tiefe aus nehme;
4. Währenden Ausnehmens auf die wilden Quellen vorsichtigste Acht habe;
5. Nicht weniger aufmercksamst beobachte, ob und wo etwan die reinen Quellen sich äußerten;
6. Jene von diesen sorgfältigst entsondere, wie solches, da nun Platz und Licht entstehet unschwer geschehen kann; und
7. Das Obdach und die Zugänge also verrichte, daß in Zukunft kein Licht fehle, alle etwanige Veränderungen genau bemercken zu können.

Das Werck wird der Verständige so viel leichter zum Bestande und ohne Gefahr zu führen wißen, da er in einem stehenden festen Plüsleimen zu bauen hat, und nun der untere Bau aller Last entlediget wird.

Es wird ihm auch nicht schwer seyn solche Vorkehrungen zu machen, daß bey dem neuen Bau der Zufluß der Quellen und das Pumpen, mithin das Saltzsieden niemahlen gestöret werde. Wie man nun solchergestalt einen freyeren, reineren, unverwinckelten Bau vor sich hätte; So ist es offenbar, daß die Kosten dieses Baues gantz gewiß viel geringer seyn werden, als wenn mann die vormahls hergegebene Vorschläge bis zu gleichen Zwecken, bis zu gleicher Gewißheit, und bis zu gleichem Bestande ausführen wollte.

Quaest. 3.

Was von der zugefahrenen Gumma zu halten, und ob solche wieder herzustellen sey?

Nach, dem eingangs von mir gepriesenen principio der Alten: alles um die Sültze herum liegende wilde Waßer möglichst abzuschneiden, würde ich nie angerathen haben, die Gumma, das ist diesen von den Alten Vorfahren so tief aufgegrabenen Abzugs Graben auszufüllen; Sondern würde vielmehr sehr dafür gewesen seyn, daß man ihn offen und beständig rein gehalten hätte, zumalen der so bekannte große Waßer Schaden von 1512 aus der Gumma entstanden, und zum zweyten male im Jahr 1623 eben daselbst wieder erfolget, folglich die besorgliche Möglichkeit vorhanden ist, daß, wenn die vormahligen Verstopfungen wandelbar würden, er an eben dem Orte aufs neue sich ergeben mögte.

Zum Glücke ist dies Vorhaben der Zufahrung nicht gantz ausgeführet, sondern der im Jahr 1623 wohlbedächtig gesetzte Warnungs Stein hinter des Ober Seggers Hause ist noch frey geblieben, so daß man zur Nacht, iedoch mit mehrerer Beschwerde und Kosten beykommen kann, wenn der Ort wieder schadhaft würde.

Der Untergrund des Neyßischen Vorhabens, als wenn nach geschehener Zufahrung der Gumma kein Schaden mehr entstehen könne, lieget zuvörderst ex actis zu Tage.

Diese sagen deutlich, daß die vorbenannten wilden Waßerquellen unter der Erde hergefloßen wären, mithin liegen sie noch unter der Erden und werden gewiß durch Auffüllung mehrerer Erde nicht weggenommen. Hienächst zeiget der offenbare Augenschein, wie aus dem zugefahrenen Theile der Gumma ein stinckendes Waßer ausfließet, in dem freyen Theile aber und in deßen verschlämmten Rinnen sich beständig einiges Waßer aufhält, welches man nicht verdecken, sondern mit vielem Fleiße abführen sollte, weil auch Kleinigkeiten von wilden Zuflüßen der Saline nicht gleichgültig seyn können, und bisher noch gar nicht untersuchet ist, von welcher Seite die stärckeren wilden Quellen zur Sültze kommen.

Wie indeßen bis jetzt noch nicht liquide ist, ob die Sültze von dem bereits ausgefüllten Theile benachtheiliget werde; So könnte meines Ermeßens derselbe bis dahin in statu quo bleiben. Desto ernstlicher aber würde ich die fernere Ausfüllung wiederrathen, und aus mehr als Einer Bedencklichkeit vorschlagen, daß man die verfauleten Rinnen aus nähme, und den Grund ebenso wie in dem trockenen Graben mit Steinen pflastere. Der Raum wird es hier schwer leiden das Pflaster 4 Fuß breit zu machen, welches auch eben nicht absolut so breit seyn müße.

Ingleichen verstelle es zur gefälligsten Ueberlegung, ob man nicht auch den unteren Stollen der Gumma bis an's Sültzthor ausnehmen und ihn pflastern wollte. Es wird wegen der Tiefe und des dieserwegen wegzuräumenden Erdreichs beschwerlich fallen; Allein man wäre auch der ewigen kostbaren Flickereyen ein für allemahl überhoben, und hätte einen versteckten unzugänglichen mißlichen Ort an das helle Tageslicht gebracht.

Nicht weniger mögte es auch gerathen seyn, den Stollen, der außerhalb des trockenen Grabens auf dem freyen Felde lieget und wegen seines nahen Einsturtzes bald neu gemachet werden muß, nun zugleich mit auszuheben und auch diesen gantzen Waßerlauf zu pflastern. Es fehlet da garnicht an Raum und alle jetzt benannte Abzugs Goßen zusammen genommen würden bey weitem nicht so viel kosten, als die zum trockenen Graben vorgeschlagene höltzerne Rinne.

Quaest. 4.

Ob die eingegangene so genannte faule Egberdings wie auch die eingegangene Wacht Zucke wiederherzustellen?

Ex actis ersehe, daß diese Zucken abgestellet worden, weil der Fahrtmeister Neyße berichtet, sie gäben kein Waßer mehr, und dabey vorgeschlagen hat, man mögte sie eingehen laßen, um künftighin die Kosten des Ausschlagens zu ersparhen.

Nach Anzeige des Fahrtmeisters Stägers vom 23. Jan. 1723 hat die Wacht Zucke so wol, als die Egberdings Zucke je um den andern Tag geschlagen werden müßen, und er füget hinzu, daß die Egberdings Zucke am allernothwendigsten sey.

War dieses, und gab sie nun kein Waßer mehr, so hatte man große Ursache zu untersuchen, wo das Waßer geblieben, ob etwann der Kumme undicht geworden? Ob der Zufluß versieget? Oder ob, wie es bey Brunnen nichts ungewöhnliches ist, sich das Waßer etwan tiefer gelagert habe?

Diese Untersuchung ist nicht geschehen, und daher war der Vorschlag sehr übereilt. Es wird unumgänglich nothwendig seyn, deswegen eine Untersuchung vorzunehmen, und nach reifermeßenem Befinden sie entweder herzustellen, oder wegzulaßen.

Quaest. 5.

Was sonsten zur Verbeßerung der zeitherigen schlechten Saale und in Ansehung der in der Fahrt sich hervorgethanen besorglichen Umstände am rathsamsten zu thun sey?

Ueber die besorglichen Umstände der Fahrt habe ad quaest. 2 meine wenige Gedancken eröfnet.

Die bisherige schlechte Saale ist meines Ermeßens lediglich denen dazu getretenen wilden Waßern zuzuschreiben, oben ist schon angeführt, daß die treflich Brockhusen Ader in eine wilde Quelle ausgeartet und gewiß nicht zuverläßig verstopfet sey; daß bey Erbauung der Fahrt eine starcke wilde Ader gefunden, und gleichfals wohl unzuverläßig verstopfet sey. und daß nach des Fahrtmeisters Angabe hinter dem warmen Bade auch eine wilde Ader starck wühle. Wann man diese drey Quellen zusammen nimmt und sich noch hinzu denkt, wie viel wahrscheinlich aus den verlaßenen Zucken beytreten mögte; So können freylich diese alle eine beträchtliche Waßermenge ausmachen.

Allein man könnte einwenden, wo diese und neue andere Ursache da wäre, müßte der Zufluß immer geichmäßig und nicht so variable seyn, als man ihn bisher zur äußersten Beschwerde der Salinatorum befunden hat.

Diese Einwendung ist nicht allein in der Vernunft gegründet, sondern sie kömmt auch in effectu mit den Kumbüchern überein. Denn da nach den seit 1694 vorhandenen Kumbüchern das gemittelte ordinarium der Saale etwan jährlich 15 000 Kümme betrug und bey dem groß beklagten Waßer Schaden im Jahre 1735 nur 21 500 Kümme sich ergoßen; So findet man hingegen daß seit 1764, da die meisten Fahrt Veränderungen zu Stande waren, ausgeschlagen sind: 21 500 / 23 600 / 27 400 / 23 900 / 20 500 / 24 400 / 27 900 / 28 300 / 26 900 / 27 200 / 24 600 Kümme, und ist also eine beständige in tantum gleichmäßige Vermehrung würcklich vorhanden.

Diese große und auf $1/3$ plus sich erstreckende Saal Vermehrung mögte auch alle Achtung verdienen, wenn nicht eines theils dieselbe geringhaltig, hart, und schwer zu versieden wäre, andern theils sie nicht halb umsonst weggeschlagen werden müße, und ob mit dem allen nicht Zeit, Arbeitslohn, Feurung, Bau und Unterhaltungskosten verloren gingen. Wie nachtheilig der Ueberschuß sey, ist daraus ermeßlich, daß, da nach der Erfahrung ein täglicher Zufluß von 35 bis 45 Kummen eine gute reiche Saale giebet, jetzt so gar in den Sommer Monaten der letzteren 5 Jahre ihr täglicher gemittelter Zufluß auf 78, in den Winter Monaten dieses Jahres ab der höchste auf 96 Kumme gegangen ist, bey welchem übermäßigen Anwachs die Saale natürlich überaus geringhaltig und trübe seyn, und sie demnach gäntzlich weggepumpet werden mußte.

Gantz richtig wird man hiebey abermals erinnern, daß, woferne ja die verlaßene Zucken und geöffneten wilden Quellen die regulaire Vermehrung verursachet hätten, sie dennoch nicht Schuld an dem gantz irregulairen Zudrange wären, und ich würde diese Anmerckung so wenig bestreiten, daß ich vielmehr einen anderen wilden Zulauf für wahrscheinlicher halte, den man aufzuspüren, allerdings sich äußerst zu bemühen hätte.

Es bestünde denn die wahre und eintzige Verbeßerung der Saale in dem artificio der älteren Vorfahren, welches war, alles wilde Gewäßer abzuschneiden und solches je weiter je lieber von der Sültze entfernt zu halten. Auch dieses Mittel haben sie so weit die Kummbücher es ergeben von 1694 bis 1746 einen bey nahe egalen Fluß von 40 bis 50 Kümmen gehabt, der sich dann nach dem damaligen Saalmangel von selbst auf diese Anzahl wieder einstellete, auch vielleicht also geblieben wäre, wenn ihm die Künsteley nichts verändert hätte.

Ob die uralten auch die Kunst gewußt haben, ihren Saalfluß zu moderiren, daß sie nach Bedürfniß viel oder wenig haben konnte, wie solches aus einigen alten Ausdrükken abzunehmen seyn mögte, das laße ich zwar an seinen Ort gestellet seyn, halte es aber nach der Lage der Sültzen nicht für gantz unmöglich.

Für das jetzige Salin Geschäfte, da der Absatz fehlet, wäre es zu wünschen, daß der Saal Fluß nicht höher als 30 Kümme gienge, und so reichhaltig wäre als zu jenen Zeiten, da er sich beym Kochen so schnell incrustirete, daß man die erste Cruste mit Ruthen zerschlagen mußte.

Mögte nun zuletzt noch die Frage seyn; wie man die Wegschaffung der wilden Gewäßer zu bewürken hätte, und sicher bewürcken könne? So glaube ich, daß, wenn nach meinem unmaßgeblichen Vorschlage die gantze Fahrt ausgenommen würde, als dann dem Verstande, der Aufmercksamkeit, dem Fleiße und der Thätigkeit es nicht schwerer wie den Alten fallen würde, allen unächten Zufluß abzusondern und der reinen Saale ihren natürlichen Lauf wieder zu geben.

Würde gegentheils der Entschluß genommen, die dermalige Fahrt beyzubehalten, so möge die Ableitung des wilden Waßers eine langwierige, schwere, gefährliche, kostbare Arbeit werden, und wobey ihren succeßive äußerst durcheinander verwirreten Umständen es ja noch möglich wäre, sothane Ableitung vollständig und dauerhaft zu beschaffen, würde man dennoch der zweifelsvollen Unruhe, ob es würcklich geschehen sey, sich um so viel schwerer entlegen können, da schon vorhin dergleichen theure Versicherungen mehrmals gegeben worden sind, die ein entgegengesetzter Erfolg allemal für bodenlos erkläret hat.

Sollte in vorstehenden meinem über eine an und für sich selbst wichtige, durch so viele Veränderungen in einer bedencklichen crisi stehenden und in Hinsicht auf künftiges Wohl oder Wehe der allerreichsten Erwegung bedürftigen Sache, kurtzmöglichst verfaßeten Gedancken etwas enthalten seyn, das nicht deutlich genung ausgedrücket wäre; So werde Hoch Geneigteste Aeußerungen mir Befehle zur schuldigsten Erläuterung seyn, welche mit der vollkomnesten Hochachtung prompt befolge, Ew. Hochwohl und Wohl auch Hoch Edelgebohrnen
Meiner Hoch Geneigtesten Herren gantz gehorsamster Diener
Lüneburg d 31 t Jul 1775.   Ernst George Sonnin.

Beylage zum Gutachten vom 31. Jul. 1775.
Ao 1775 d. 24 Juny

        Bey dem gehaltenen Fahrtgange zeigete der Fahrt Meister Neyße an, wie das bey der Saale oft befindliche wilde Waßer hauptsächlich von dem trokkenen Graben herrühre, woselbst die undichten höltzernen Rinnen das aus dem Karutschen Teiche abfließende Waßer durchließen, welches sich dann zur Sültze durchzöge, wie er solches bey mehrmaligen Versuchen allemahl befunden habe.

        Domus Consule Schütze begaben sich mit uns in rem praesentem wo der Fahrtmeister sich erbot, mir sein aßertum in wenig Stunden ad oculum zu erweisen, wann es ihm erlaubet würde, und Dmng. Consul geneigten, sol-
d. 26.   ches zu gestatten.

Demnach ward eine von dem Fahrtmeister angewiesene Stelle in der Rinne zugedämmet, und von ihm dabey versichert, daß man bald wahrnehmen würde, wie das gestauete Waßer mit einem Geräusche in die Erde fiele. Innerhalb einer Stunde stauete sich in dem nur engem Graben das Waßer auf 2 ½ Fuß, allein es zeigete sich nicht das geringste Merckmal einiges Durchzuges. Er erinnerte sich, daß der Durchzug bald hie bald da und besonders an einer tiefer hinunter belegenen Stelle so starck gewesen, daß er das Waßer hätte wie in einem Faß hinunter fallen hören können. Man dämmete auch diese Stelle ab und spürete daselbst keinen Durchzug. Auf seine Anzeige, daß er nebst seinen Fahrt-Knechten damals das Loch verstopfet habe, rieth ich an, alles wieder aufzugraben, wozu er sehr willig war, mit der Versicherung: Das Loch würde sich bald wieder zeigen.

Die Knechte gruben auf, bis sie gestunden, daß sie vormahls nie so tief gekommen wären. Oben war grauer Plüsleimen, der in mehrerer Tiefe immer weißlicher ward; Das Loch fand sich nicht wieder; ich schlug vor, es noch einige Fuß tiefer zu graben, und es ergab sich bis auf 3 Fuß unter der Oberfläche des Waßers in der Rinne ein weißlicher fester Plüsleimen, oder feine weißlichte Thon Erde.

Mit seiner Genehmigung ward das Loch voll Waßer gelaßen, um zu sehen, ob dieses sich selbst wieder einen Gang eröfnen wollte, weil er nochmahls versicherte, den Durchzug des Waßers bald hier bald da bemercket zu haben, und glaube, daß sich die Waßer Gänge unter der Erde zuweilen in den Klüften von selbst wieder verstopfeten. Auch dieses erfolgete nicht, weswegen ich vorschlug, weil die Rinne sehr lang und noch mehrere Stellen möglich wären, solche weiter unterwärts nahe in ihrem Ende zu verdämmen, welches er sehr gut befand.

Nachdem dann bey nahe die gantze Rinne recht hoch gestauet, betrachteten wir die gantze Oberfläche derselben, mit aller Aufmercksamkeit, in welcher wir kein Zeichen einiger Bewegung oder Abzuges bemercken konnten, vielmehr stand sie aller Orten gantz geruhig und bey der stillen Witterung wie ein ebener Spiegel, ja selbst die Grube, in welcher nun bey nahe 6 Fuß hoch Waßer stand, ließ keine Spur einiger Durchströmung sehen und viel weniger einen rauschenden Abfall des Gewäßers hören.

Dem ungeachtet wuchs doch die Saale in der alten Sültze, während dieser Stauung von Tage zu Tage mercklich an, ward weißlich trübe, und stieg in der alten Fahrt bey nahe bis unter den Boden. Es mußten in 24 Stunden 84 Kümme ausgepumpet werden, da vor dem Anfang unserer Stauung nur 63 ausgeschlagen worden waren, hie neben war die Saale schwach, sie schäumete mit großen Blasen und bey angestelleter Probe fand man, daß sie kaum zweene Grade halten könnte, da sie vor der Stauung ¾ Grad gehalten hatte.

d. 29. Auf des Fahrtmeisters anrathen blieb der Damm noch eine Nacht stehen und ward morgens wieder weggenommen, nachdem wir vorher noch das Stauwaßer aller Orten und abermals in der Grube bedächtlich nachgesehen hatten, ob wir etwann an irgendeinem Orte auf der Oberfläche einige Bewegung entdecken könnten, welche uns jedoch auf keine Weise sichtbar werden wolte.

Nach geschehener Eröfnung fiel das wenige in dem Graben gestauete Waßer innerhalb einer Stunde gäntzlich wieder weg, und obgleich der Karutschen-Teich auch etwan um einen Fuß hoch angeschwollen war, so verursachte doch sein nachmahliger Abfluß in der Rinne keine andere als die

d. 30. vormahlige Waßerhöhe. In der Sültze ward noch an diesem und dem folgenden Tage keine Verminderung der Saale bemercket, allein in den folgen-

167

den Tagen nahm sie beständig ab, so daß sie den 6. July wieder auf 63 Kümme und das Gehalt der Saale auf ¼ Grad kam.

Aus diesem Versuche behauptete der Fahrt Meister, so wie er es schon vorhin mehrmalen schriftlich und mündlich angezeiget hat, daß die Veränderung der Saale lediglich von den besagten undichten hölzernen Rinnen veruhrsachet werde, und der Anschein der so pünctlich erfolgten Zu- und Abnahme war würcklich auch groß genung, um mit ihm eben daßelbe schließen zu mögen. Wenn nicht andere Umstände beyträten, die den Versuch für noch nicht entscheidend gelten laßen wollen.

1. In dem Monath Maii war bekanntlich die Witterung überaus trocken ferner der Karutschen Teich überaus niedrig, mithin sein Abfluß schwach, daneben die Abzugs Rinne ungestaut und stieg die Saale auf 70 Kümme von 1 Grad Gehalt, die doch kurtz zuvor von 60 Kümme und ½ Grad gewesen war.

2. Der Einwurf, daß eine gewiße Ritze in der Rinne damals nicht mit Plüsleimen gedichtet gewesen, ist deswegen nicht gültig genung, weil die Rinne überhaupt so undicht ist, daß das Waßer allenthalben ungehindert darunter wegfließen kann.

3. Solten diesem nach die undichten Rinnen die vorbemerckten Veränderungen der Saale bewürcken, so würde zugleich das von dem Herrn Soodmeister von Töbing schon bemerckte starcke argument vollen Platz greifen, daß nemlich alsdann der Zufluß perpetuel und keinesweges intermittens seyn müße.

4. Da die Vermehrung der Saale so sehr groß ward, daß sie von 63 Kümmen bis auf 84 Kümme stieg, das ist, daß sie bey nahe um den dritten Theil größer ward, als sie vorhin war, so mußte der Durchzug einer solchen Waßer-Menge nothwendig an einem Orte sichtbar werden, welches aber nicht geschahe. Ich habe die Kümme gemeßen und ihren Inhalt gegen 420 Cubic Fuß gefunden, folglich machet eine Vermehrung von 21 Kümmen 8820 Cubic Fuß aus. Ob nun ein Abfluß von 8820 Cubic Fuß nicht eine Waßer Bewegung in einem so engen Canale verursachen würde, gebe ich einen jeden zu bedencken. Wie starck derselbe etwan sey, kann man sich sinnlicher Weise am besten vorstellen, wenn man sich den dritten Theil des Ausgußes von dem großen meßingenen Haanen vorstellet, durch welchen bekanntlich alle Saale weggepumpet wird.

5. Will man die Erinnerung des Fahrt Meisters, daß es sehr viele Löcher unter der Rinne geben könne, und demnach der Durchfluß des Waßers unmercklich werden würde, annehmen, so wird hinwiederum der Satz, daß derselbe perpetuirlich seyn müße um desto erheblicher, und

6. eine andere Erinnerung des Fahrtmeisters, daß die Gänge unter der Erde sich von den Erdtheilen, die sie abspühleten, wohl zuweilen wieder verstopfen könnten, wird hingegen wieder desto schwächer, da es nicht wohl begreiflich ist, wie so viele Löcher sich gleichsam so einig werden könnten, daß sie sich auf einmahl alle verstopfeten.

7. Wie leicht ist es aber nicht auch möglich, daß von dem nahe gelegenen Au-Fluße, oder von einem viel weiter entfernten Orte ein Waßer Gang unter der Erden bis zur Sültze streichet, und bey einer Stauung, die wir hier nicht wahrnehmen können, derselbe das wilde Waßer mit Abwechselung zu führet.

Diese Gründe ließen mir nun nicht zu, den gemacheten Versuch für gäntzlich decisiv zu halten, und es würden gewiß oft wiederholete Versuche mich dahin bestimmen müßen, welche viele Zeit und zur völligen Gewißheit auch mehrere Umstände erfordern dürften.

Bey meiner Hierkunft hatte ich mich schon erkundiget, wie überhaupt der Erd-Grund um die Sültze herum beschaffen wäre, konnte aber weder von dem Fahrtmeister noch von sonst jemand einige Nachricht erhalten, und äußerte, daß es eine angelegene Nothwendigkeit sey, sich deßen durch Erdbohrungen zu versichern. Der angestellte für mich unentscheidende Versuch veranlaßete mich, zuvörderst eine Bohrung in dem Karutschen-Teiche vorzunehmen. Ich fand eine mit Sand gemischete Modder-Erde, welche sich bis 3 Fuß tief von seiner Oberfläche erstreckete. Unter derselben kam ein hart gediegener reiner gelber Leimen, in welchem der Bohrer so schwer ging, daß er abbrach und für diesen Tag die Bohrung verhinderte. Ließ ich aus der vorbemeldeten Grube das Waßer, welches seither darinnen unbeweglich und ohne Durchzug gestanden hatte, ausschöpfen, und bohrete in derselben mit einem 4 zölligen Erdbohrer theils um die Erdlagen zu wißen, theils um zu sehen, ob eine Oefnung zum Durchzuge entstehen würde.

Die Grube ist von der Kernwand, welche ehedeßen den Karutschen Teich von dem trockenen Graben absonderte, um 110 Fuß entfernet. Obbesagtermaßen hatte ich beym Ausgraben der Grube einen feinen festen weißlichten Plüß Leimen gefunden, welcher noch bis 3 Fuß unter den Boden der Grube, das ist, 6 Fuß unter der Oberfläche des Waßers in der Rinne fast währete. So dann ging aber der Bohrer schnell durch einen weicheren Leimen hin, faßete wieder festeren mit Marien-Glassplittern gemischeten Plüsleimen, wollte er als er 10 Fuß tief war, nicht weiter gehen, und hatte beym Aufziehen in der Spitze des Löffels eine weiße Materie, die entweder ein mürber Kalck, oder ein Kreiden Stein zu seyn schien. Der Bohrer ward in der Grube auf 4 verschiedene Stellen versetzet, und brachte immer einerley zum Vorschein. Hiernach bohrete ich 14 Fuß näher zum Karutschen-Teich hart an der Waßer Rinne an einem Orte, den der Fahrt Meister gleichfals für mißlich angab und kam auf 18 Fuß tief wieder auf einen weißen harten Grund. Ich setzte die Bohrung mitten im Karutschen-Teiche auf einer zweyten Stelle, 76 Fuß von der Kernwand entlegen, fort. Der obere Sand war gröber und härter. Der ihm folgende gelbe Leimen war überaus fest und erstreckete sich auf 9 Fuß von der Oberfläche. Unter ihm lag eine weichere zweyfüßige Schichte von grauen Plüs Leimen, der jedoch in der Folge eben so fest, wie der gelbe, und mit wenigen weißen Kalckstippeln gemischet war. Die Schwäche des Bohrers erlaubete mir nicht tieffer als 19 Fuß von der Oberfläche zu gehen. So sehr man sich gegen die Reguln der Schluß-Kunst vergehen würde, wenn man auf gut Handwercksmännisch von diesen beiden gebohrten Stellen einen Schluß auf den gantzen Karutschen-Teich machen wolte; So sehr bin ich doch, da ich hier eine gedoppelte so tiefe und so undurchdringliche Leimen-Decke find, nunmehr geneigt, das von dem Seel. Herrn Bürgermeister Nieper mit so vieler circum spection gemachte Experiment für hinreichend anzunehmen, nun zu schließen, daß der Karutschen-Teich die Sültze mit wildem Waßer nicht beschwere.

Indeßen wollte ich doch wiederum das nicht so leichthin übergehen, daß ich den oberen Erd-Grund des Karutschen-Teiches aus einer gelben Leimen-Decke, gegentheils aber den oberen Erd-Grund des trockenen Grabens aus grauen Plüßleimen bestehend angetroffen hatte, und ward begierig die Grentzscheidung zwischen beiden zu kennen, oder zu wißen, ob der graue Plüßleimen des trockenen Grabens eine continuation des unter der gelben Leimenschichte liegenden grauen Plüsleimens wäre.

d. 1. Jul.

d. 3.

d. 3. et 4.

d. 5. Deswegen bohrete ich 56 Fuß von der Mündung oder Kernwand des Karutschen-Teiches hart an der Rinne, fand unter ihrer Waßerfläche einen 2 Fuß tiefen grauen Plüsleimen und unter diesem, da ich den knirschenden Bohrer aushob, einen braunen groben naßen Sand. Der war mir unerwartet. Ich bohrete tiefer bis zu 6 Fuß, der Bohrer ging hart, knirschete wie er im Sande pfleget, und wollte nichts gewinnen. Er ward beschwerlich aufgezogen und hatte nichts als den nemlichen Sand. Ich bohrete einige Füße davon mit einem dünneren Bohrer, der eben so beschwerlich ging, und das nemliche aufbrachte.

Ein Sand unter der grauen Decke das war mir bedencklich – Es kann ein unterirdisches baßin oder Kolck seyn, wohin sich Sand zusammen gespühlet hat, und dann ist eine solche geschloßene Vertiefung unschädlich – Aber denn würde der Sand modericht, nicht so sein, nicht so gleichartig seyn. – Wie, wenn es eine streichende Sandader wäre, in welcher gewöhnlich die meisten Quellen bis zu Tage fortfließen? – Solte sie wohl zur Sültze gehen? – Es ist der Untersuchung werth.

d. 6. Ich bohrete bis 13 Fuß, immer in dem bemerckten Sande, mit der sauersten Mühe. Der ausgehobene Sand ward immer feiner, wie ein Trieb-Sand, doch nicht weißer. Endlich drehete sich der Löffel des Bohrers rund um und gestattete mir nicht seine Tiefe zu erlangen.

Ob die Sand-Ader breit ist, ob sie zur Sültze gehet? – Ich muß ihre Breite und ihre direction erforschen. Auf 86 Fuß von der Kernwand fand ich keinen Sand, sondern oben grauen unten weißlichten Plüß Leimen zur Tiefe von 12 Fuß. Auf 63 Fuß von der Kernwand zeigte sich unter 5 Fuß Plüs Leimen eine kaum zweyzöllige Spur von Braunem Sande, hienächst aber bis zu 14 Fuß ein überaus feiner, etwas weicherer Braun grauer Plüs Leimen. Auf 60 Fuß war unter dem 2 füßigen grauen Plüßleimen der völlige Sand, den ich nur zu 7 Fuß bohrete, und daraus schloß, daß sich die Sand Lage ungefehr bis 60 oder 61 Fuß von der Kernwand erstreckte und ziemlich lothrecht nieder gehe. Auf 51 Fuß von der Kernwand war unter dem zweyfüßigen grauen Plüsleimen der gelbe Sand, den ich auch nur zu 8 Fuß bohrete.

Auf 46 Fuß von der Kernwand war unter dem 3 füßigen Plüsleimen Sand bis zur Tiefe von 5 Fuß und alsdann ein grauer fester Leimen mit weißen Kalck-Körngen wie der untere in Karutschen-Teiche.

Auf 38, 26, 12 Fuß von der Kernwand und bey der Kernwand selbst war der nemliche grauen Plüsleimen. Mit meinen Bohrungen hatte ich mir dann die unangenehme Erfahrung erworben, daß der Karutschen-Teich von dem trockenen Graben, mit einer waßerhaltigen Sandlage entschieden, und daß diese Sandlage etwann 20 Fuß breit, auch über 13 Fuß tief sey. Wer weis wie tief sie noch ist? – Wo sie ja zur Sültze ginge, wann sie nur nicht tiefer läge als die Quellen der Saale sind. – Wann sie nur nicht auf ihrem, wer weis wie langen, Wege einen Durchfluß zur Saale hätte! – Wie erfahre ich ihre Richtung? Das ist schwer. Denn an beiden Seiten der Rinne ist nur ein schmaler Platz zur Untersuchung. An der einen Seite liegt der Hohe Wall und hinter ihm der ehemalige Graben, die Gumma genannt, großentheils mit Schutt und Kummer ausgefüllet. An der andern Seite lieget hinter der 12 Fuß hohen Mauer ein noch viel höherer Berg und auf demselben die beyden sogenannte Tarter Schantzen. Von beiden Seiten zu bohren, aufs ungewiße zu bohren, so ungeheure Tiefe zu bohren, das wird eine ewige Arbeit von mißlichen Erfolge werden! Durchschnitte etwan unsere Sandlage den trokkenen Graben nach einem rechten oder bey nahe rechten Winckel, so ginge ihre Richtung gerade auf den Ort los, wo von Sievert Bergmann im Jahr

1515 redet, wo der vom ... Töbing und vom Bürgermeister Elvers beschriebene große Waßer-Schaden vom Jahr 1623 entstanden ist, und wo der 1624 errichtete Warnungs-Stein stehet. – Ginge sie nur dahin und hätte sie nur keinen anderen oder tieferen Abfluß! – Ich will vor der Hand was ich kann untersuchen.

Ich ließ zwischen der Rinne und dem Walle (nahe wo der Thurm stehet) bohren, Einige Fuß von der Oberfläche fand sich Schutt-Erde. Der oben weiße unten graue Plüsleimen lag so tief wie bey der Rinne, und unter ihm der vorbeschriebene Sand, deßen Tiefe ich auch nicht erreichen konnte.

Ich bohrete nun auch an der gegen über liegenden Seite zwischen der Mauer und der Rinne und fand gleichfals den Sand, woraus erhellete, daß der Sand den trockenen Graben bey nahe winckelhaft durchschneide. Allein der Sand lag an der Mauer gegen 4 Fuß höher. Eine Erscheinung, die angenehmen Gedancken Anlaß giebet, wenn sie nur eintreffen wollte! – Vielleicht hat die Sand Strecke einen Abhang, gleichlaufend mit dem Abhange der hinter der Mauer liegenden Anhöhe – Vielleicht erhält sie ihr Waßer von der abhangenden Fläche – oder gar aus dem Teiche, der oben in dem breiten Außen-Graben der Schantzen lieget –.

Ich hatte diesen Teich vor 12 Tagen voll Waßer gesehen, und in 8 Tagen war er so trocken, daß ich allerorten ungenätzten Fußes übergehen könnte – käme doch aus diesem Teiche nur allein der Zufluß von Regen und Schneeweichungen her, den wolten wir wohl abführen – wenn nur das Bette des Sandstriches nicht zu tief läge!

d. 8. Solte ich nicht ausmachen können ob mein naßer Sand-Kalck stehende sey oder ob er quellend überfließe? – Ich lies den Karutschen-Teich abdämmen und den Moder vor der Kernwand bis auf den festen Plüsleimen abräumen, so daß vom Karutschen-Teich gar kein Waßer mehr zur Rinne floß. Die hölzerne Rinne lief innerhalb einer Stunde gantz ab. Der Unrath, der in ihrer Mündung beym Karutschen-Teich sich angehäuffet hatte, ward bis aufs reine Holtz ausgesäubert, so daß keine Spuhr einer von dem Karutschen Teich zu fließenden Näße überblieb. Recht über der Sand-Lage aber quoll beständig ein kleines Wäßerchen hervor.

Man wird sehen ob es anhaltend seyn wird. – Ein Quellchen, das kaum eines halben Fingers dick zuläufft oder in profil nicht ½ quadrat Zoll hat, sollte das der Sültze nachtheylig seyn? – neu. Aber eine Sand Ader, die ein profil von (20 mahl 13) 260 Quadrat Füßen hat, mögte leichte eine Lage haben 5 quadrat Zolle durchseigern zu können, und diese wären hinreichend die Sültze zu überschwemmen – Nähere Untersuchungen werden es lehren.

Während der bemeldeten Bohrungen ließ ich auf dem Sültz-Hofe an seiner nordöstlichen Seite, das ist gegen der Lamberts-Kirche über, 3 Gruben einschlagen, um das dasige terrain zu erkennen.

Zu 2, 3, 4, 5 Fuß von der Oberfläche ward Holtz, Steingraus, Kummer pp. ausgegraben. Die Erde war bis 10 Fuß schwartz, von einem starcken faulenden Geruche. Es folgeten Schichten von mehrerer Festigkeit, unter derselben ein weißer Sand zur Tiefe von 12 Fuß, in der einen näher zur Sültze liegenden Grube aber guter fester Plüß-Leimen. In allen ziehet sich ein schwartzes stinckendes Waßer zusammen, das, wo es zur Sültze absincket, eine stinckende theerigte Ader, wie die quasi verstopfte Brockhusens ist, abgiebet, und zugleich der Stoff zum reichen Seer, Schürf oder Sediment in der Siedepfanne seyn kann.

d. 9. Das Wetter war seit gestern regnigt und unbeständig gewesen. Die Saale hatte sich vermehrt und es waren 75 Kümme geschlagen. Die Rinnen waren gantz trocken. Die Saale des Tischbrunnens hielte 1 Grad.

d. 10. In der Grube bey der Wache hatte sich das meiste Waßer zugezogen. Die beym neuen Wied Hause hatte wenig, und die nahe zur Sültze fast gar nichts. Die Sandader quoll wie vor gestern. In der Grube nahe an der Rinne in welcher ich so offt gebohret hatte, floß aus der Rinne gantz wenig Waßer zu, welches kaum den diameter eines Viertels Zolles ausmachen mögte, und floß wieder beständig in eines der Bohrlöcher ab. Ich muthmaßete, es würde nur die Bohrlöcher füllen. Die Saale hatte sich bis auf 72 Kümme gemindert, und der Tischbrunnen hielt ⅞ Grad. Die Graft Quelle habe, so offt sie auch gemeßen, immer klar und starck an Gehalt befunden, der nach dem hiesigen Sültz-termine durchgehends minus 1 ½ war.

d. 11. Das Wetter ward beständiger, die Saale hatte sich auf 60 gemindert, der Gehalt des Tischbrunnens war ½ Grad oder nach dem Sültz termino minus ½, daß ist 1 minus ½ Grad.

Die Sandader floß beständig, und auch das Loch in der Grube zog immer ab. Dies veranlaßete mich, eine andere Grube etwan 15 Schritt davon ausgraben zu laßen.

Gleich unter der Oberfläche erschien ein sehr weißlichter Plüsleimen mit weißen Kalck-Flecken, bisweilen mit glänzenden Flittern und auch hie und da mit mürben Kalck-Steinen gemischet. Zur Tiefe von 3 Fuß schien sie grauer zu werden. Die Grube an der Wacht hatte viel Waßer, die am neuen Siedhause beständig weißen Sand und die näher an der Sültze ohne Waßer festen Plüsleimen, wes wegen ich sie verlies.

Ich ließ noch drey andere einschlagen, zweene zu beyden des Oberseggers Hauses das ist gegen Südwesten der Sültze und das dritte gegen Osten. In allen fand sich ebenfals oben verfauletes Holtz, auch Stücke von Bau-Holtz, und mithin ein überaus stinckender Geruch. Um wahrzunehmen, wie sich die Sültze und die Sand Ader halten würden, ließ ich den Karutschen-Teich höher verdämmen.

d. 12. Die Grube an der Wacht hatte immermehr Waßer und die an der neuen Siederey immer weißen Sand weswegen ein Stück eingeschoßen war. Die Saale gab 58 Kümme. Der Gehalt des Tischbrunnens war 1 minus 1 oder 0 Grad, die Graftquelle 1 minus 2 oder minus 1 Grad. Die Grube an der Rinne zog kein Waßer mehr ab, und ich schloß, daß ein kleines unterirdisches vacuum sich wieder gefüllet habe.

Die neue Grube im trockenen Graben gab Plüsleimen mit sehr vielen großen weißen Kalck-Adern gemischet, welcher an der Luft noch weißer ward. Der Damm am Karutschen Deiche mußte mit Diehlen vorgesetzet werden, weil die obere Erde Waßer durchließ. Die Sand-Ader gab mehr Waßer als vorher.

13. 14. Der mit Kalck gemischte Plüsleimen continuirte bis auf die Tiefe von 9 Fuß, und ward immer weißer. Die Saale fiel zu 57 Kümmen, der Tischbrunnen war etwas beßer. Jetzt war der Saalfluß so mäßig, daß man zur Winckelquelle kommen konnte, welche noch beßer als die Graftquelle und bey nahe um einen halben Grad haltiger war.

Im vorigen Zeiten hat man schon bemercket, daß sich der Zufluß der Saale zuvörderst beym Tischbrunnen äußere, und dermahlen hat sich solches eben so verhalten. Es wäre gut, wenn man sich bemühet hätte, die Tischquelle von den übrigen abzusondern, so würde man doch immer diese rein behalten und für sich versieden können. Die repartition der Saale wäre dennoch wohl zu finden.

Die drey letzteren Gruben hatten noch immer schwartze mit Holtz gemischte Erde, woraus man schließen kann, wie die Oberfläche des Sültzhofes ehedeßen viel niedriger gewesen. Nach den Erdschichten scheinet er einen Abhang gegen Süd-Ost gehabt zu haben, wo er gegentheils jetzt am Höchsten ist.

15. Der Damm am Karutschen Deich ließ zu den Seiten durch, weswegen man diese aussetzen mußte. Es wurden tannen Rinnen zusammengeschlagen, um das überfließende Waßer des Teichs für sie abzuleiten, ohne daß solches in die alten Rinnen fließen dürfte, die man seither immer trocken gehalten hat.
Die Sandader floß stärcker. Nachmittags fiel bey Gewitterluft ein ziemlich starcker Regen, welcher dem Anschein nach in den umliegenden Gegenden schwerer war. Die Saale floß zu 57 Kümmen mehrentheils klar, in vorigen Gehalt.

16. Gewitterluft, zuweilen Regen, am Horizonte und unten schwere Wolken. Die Saale gab 61 Kümme.

17. In der einen Grube an des Oberseggers Hause kam eine Schichte von grauen Leimen Gemische, die andere hatte noch faul Holtz in festerer schwartzer Erde. Beyde zogen ein wenig schwartzes Waßer. Die Grube zu Osten war am meisten mit verfauleten Holtze vermischet und zog auch etwas schwartzes Waßer.
Die Saale gab 57 Kümme.

18. 19. Die Rinnen am Karutschen Teiche wurden vorgeleget, doch floß er noch nicht über.
Die Sandader floß überaus starck, doch schien es, als wann sich etwas Waßer aus dem Karutschen Deich durch die obere lockere Erde durchzöge. Es ward eine kleine Hand Pumpe gesetzet, womit man das, aus der Sand-Ader, aus die abgedämmten alten Rinne in die neugelegten tannen Rinnen schlug, damit die von dem Fahrtmeister Neyße angegebene gefährliche Stellen immer trocken bleiben mögten. Die Saale gab 56 Kümme von 0 Grad.

20. Die Stauung am Karutschen Teiche ward gewendet. Er floß noch nicht über, weil sein Zufluß überhaupt nicht starck ist. Die Stauung ist so hoch, als sie wohl nie gewesen seyn mag, nemlich sie ist 4 Fuß höher als ich seinen ordentlichen Ablauf forgefunden habe. Die Grube bey dem Sied-Hause hatte noch weißen trockenen Sand, die wieder einfiel, und die Verbreiterung der Grube forderte. Die eine an des Oberseggers Hause zu Osten zeigete lagen von eben dem Plüsleimen der sich in der weißen Grube des trockenen Grabens befindet. Diese schien graueren Plüsleimen geben zu wollen, und hat keine von Waßer. Die Tischbrunnen Saale beßerte sich. Es waren 58 Kümme geschlagen.

21. 22. Die linke Grube an des Oberseggers Hause gab nun beständigen Plüsleimen. Aus den schwartzen oberen Lagen rann immer eine Kleinigkeit Waßer, welche man mit einem untergehängten Eymer weg nahm. Ohne Zweifel kam sie von der nahe liegenden Spül-Sode her. Sie floß stärcker, und als in der Nacht der Eymer übergelauffen, nahm man wahr, daß das übergelauffene sich durch den Plüsleimen verzog. Auch die rechte Grube beym Ober-Seggers Hause, hatte den nemlichen Plüsleimen. Waßer war fast garnicht dabey. Die südöstliche Grube hatte noch immer Holtz, und dann und wann dünne lagen von Buschwerck. Endlich gab auch die Grube beim Siede-Hause Waßer in einem feinen oder Trieb-Sande, der nicht zugab, weiter zu graben. Es schmeckete schlecht, und hat einen unleidlichen Gestanck. Die Grube im trockenen Graben gab wieder gemischten Plüslei-

men, mit untermischten flitterigten Kalcksteinen, und zog nun auch Waßer zu sammen, das erdartig schmecket ohne Geruch und auf der Zunge weich ist, und starck zufließet. In der Sültze goß man 56 Kümmen.

24. 25. Um gewiß zu seyn, ob der Zufluß der Sand-Ader vom Karutschen-Teiche komme, ließ 10 Fuß von demselben an der Mauer aufgraben, und da unter der Mauer selbst alles trocken war, hingegen vom Karutschen Teich Waßer sich durchzog, ließ den Graben bis an die Rinne ziehen, ihn bis auf den festen Plüsleimen aufgraben und wieder mit Leimen füllen, daß er sehr dicht war.

Auf gleiche Art verfuhr ich an der andern Seite der Rinne, zog vom Thurm bis an die Rinne einen Graben, und ließ ihn dichten.

26. 27. Die weiße Grube im trockenen Graben zog nicht mehr Waßer. Ich ließ es schöpfen; Es sammelte sich eine Kleinigkeit. Der Karutschen Teich fließet über. Beyde Gruben am Ober-Seggers Hause haben oben graulichten Plüsleimen darunter weißlichten, der mit weißen Kalckflatschen durchmenget ist. Die Sültze hat 56 Kümme. Die Sandader floß noch starck.

28. 29. Ich mußte mich entschließen, noch ein paar Graben zu ziehen. Der Grund des Grabens war nach der Mauer Seite gelber, nach der Thurm Seite grauer Plüsleimen. Nun floß Waßer in diese Gräben, aber es kam kein Tropfen vom Karutschen Teich, sondern es zog sich offenbar von der Sand-Ader herzu.

Die Witterung ist hier bis jetzt gantz heiter und trocken, in den umliegenden Gegenden aber häufige Gewitter mit einigem Regen gewesen, heute hatten wir ein Gewitter mit einem mäßigen 2 stündigen Regen.

Der Sood giebt 53 Kümme guter Saale, womit alle Sültzer zufrieden, da dieselbe, ob sie gleich nicht recht klar ist, sie lange nicht gut gehabt haben. Die südöstliche Grube hat, wie die übrigen, gräulichten Plüsleimen von 2 a 3 füßiger Dicke, unter demselben weißlichten mit weichen Kalckflatschen. Die rechte an des Oberseggers Hauß hat Kalcksteine von 3, 6, 10, 20 Pfd in den Plüsleimen. Die Sültze hat 53 Kümme.

* * *

Aus oben gemeldeten Versuchen ließe sich wohl mit Fuge ableiten

1. daß der Karutschen Teich der nun 20 Tage und zwar aufs höchste gestauet ist, der Sültze kein wild Waßer zuführe, da während seiner Stauung die Saale immer abgenommen und in qualitate sich gebeßert hat.
2. Wahrscheinlich hat die Sand-Ader Waßer genung, ob sie aber bis zur Sültze gehe, ist hieraus nicht klahr, sondern es scheinet, als wenn sie dieselbe nicht benachtheilige, da sie bey ihrem dermahlen aus dem Karutschen Teiche erhaltenen starcken Zufluße, keine Veränderung gemachet hat. Dennoch ist sie nicht ganz obenhin anzusehen, weil die Saale seit zehn Jahren einen mehr als vormals gewöhnlichen Fluß hat, der doch seine Ursache haben muß.
3. Ob die undichten höltzernen Rinnen im trockenen Graben Unheil gestiftet, ist vorbesagter maßen durch die gemachten Versuche nicht entschieden. Es wird aber entschieden seyn, wenn sie, wie sie bisher sind, trocken gehalten würden und dennoch eine Saale-Vermehrung entstünde. Zwar ist während ihrer Trockenhaltung schon die Saale veränderlich gewesen, doch so wenig, daß sich kein Schluß daraus machen läßt. Der Versuch, die Rinnen wieder voll laufen zu laßen, ist ungewißer, da, wenn casu coincidente eine Saal-Vermehrung entstünde, man sich doch betriegen würde.
4. Aus den eingeschlagenen Gruben ist abzunehmen, daß das terrain der

Sültze eigentlich ein weißer mit Kalck-Adern vermischeter Plüsleimen ist. Wie die Saaladern in demselben streichen, ob sie lediglich in Plüsleimen oder in Gesteinen ihren Gang haben, ist zwar nicht bekannt, wäre aber doch wohl nicht schwer zu finden. Ohne Zweifel verlohnete es der Mühe, die Untersuchungen fort zu setzen, doch mit einer gehörigen praecaution, daß man dadurch kein Unheil anrichte.

Das gefundene terrain zeiget indeßen die Ursache, warum bey einem starcken Anwachs die Saale so weiß und so trübe ist.

5. Unter den eingeschlagenen Gruben hat mir die Eine, die bey dem neuen Sied-Hause lieget, gar nicht gefallen, weil sie einen Trieb-Sand zu Grunde hat, der starck Waßer ziehet. Ein Trieb-Sand so nahe bey der Sültze, ist bedencklich, inmaßen aus demselben gar leicht eine wilde Ader zur Saale kommen kann. Vielleicht entspringen einige wilde Adern der Sültze aus diesem unterirdischen Behälter.

6. Ob gleich die nahe liegenden wilden Gewäßere vermuthlich die ersten und nähesten Ursachen zu der ietzigen vielen und minderhaltigen Saale sind, und ihre abwechselnde Ab- und Zunahme verursachen können; So kann es doch eben so wohl sehr weit entferntere geben, die wenn an ihrem Orte feuchte oder trockene Witterungen einfallen, als denn zu oder nicht zu fließen.

In dieser Einsicht ist es gar nicht nöthig die hypothese anzunehmen, daß der Mund der Saalquellen verstopft oder verstürzt sey, wenn Saal-Mangel ist, und gegentheils er wieder aufgethan oder aufgebrochen sey, wenn sich Ueberfluß ergiebet. Ja man würde dieser hypothese entgegensetzen dürfen, daß bey einer Verstopfung oder Verstürtzung der Fluß gar aufhören müße und nicht so lange gleichförmig, als es die Erfahrung gelehret hat, bleiben würde.

7. Obgleich die außerordentliche Saal Fluht und Ebbe sich nicht nach der hiesigen Witterung richtet, sondern oft gerade das Gegentheil hält, so scheinen doch die kleineren Saal-Veränderungen mit der hiesigen Witterung ziemlich überein zu kommen, wenn man nicht vergißt zu bemercken, daß die Würckung der Witterung sich erst nach einigen Zeitläuffte äußern müßen.

8. Ob die auf dem Sültz Hofe stehende vier große Waßer Kümme oder Wasch-Söde dichte sind, wäre auch immer werth zu untersuchen. Sie stehen 8 Fuß in der Erde und wer weiß, wie viel Waßer sie alle durchlaßen, da ich an dem Einen beym Ober-Segger-Hause nicht wenig gesehen. Auch die Kleinigkeiten sind nicht zu übersehen, da ihrer viele ein großes machen. Überdieses würde das vom Sültz-Hofe zufließende Waßer das allerschädlichste seyn, weil es einen heßlichen Gestanck und fette Theile mit sich führet.

An dem großen Walle, welcher um den Sültz-Hoff gehet. habe ich nordlicher Seite eine Versinckung bemercket, deren Ursache ich gerne untersuchet hätte, wenn mich anderweitige Geschäfte nicht abriefen.

Lüneburg d 31 t July 1775

EGSonnin.

53.
KIRCHE WILSTER

Rechtfertigung gegen die Beschwerde von Holzhändlern aus Wilster über die Vergabe von Arbeiten und Lieferungen an auswärtige Interessenten statt öffentlicher Ausschreibung. Die Bedeutung, die Sonnin den Vorwürfen gegen die von ihm veranlaßten Maßnahmen beimißt, geht aus der Forderung hervor, die Rechtfertigung zu den Bauakten zu nehmen. Er benutzt die Gelegenheit, in weitgehenden und weit abschweifenden Darlegungen Betrug, Schlendrian, Faulheit, Korruption und Angebotsabsprachen der Unternehmer anzuprangern und stellt der Bevorzugung einheimischer Unternehmer und Lieferanten die preisgünstigere Annahme von Angeboten aus Hamburg und Schleswig-Holstein gegenüber.
Wilster, 27.9.1775

Stadtarchiv Wilster
III, G. 3, No. 1227a
Bau der neuen Kirche 1765/1780
Bl. 177

Pro memoria.

Es ist mir ein von den Kirchen-Hauptmännern, von den Kirchgeschworenen, von vier Holzhändlern, und von verschiedenen anderen Mitgliedern der Wilstrischen Gemeine unterzeichnetes, an Ihro Königl. Majestät alleruntertänigst gerichtetes, Supplicatum vom 21sten Julii 1775 zu Gesichte gekommen, in welchem Supplicantes meiner Person auf eine anzügliche Art zu erwähnen, zweckdienlich gefunden haben.

Bey meinem beßeren Bewußtseyn war ich aufgeräumt genug, über Anschwärtzungen wegzusehen, die mich niemalen treffen können, und die, wo ich sie auch so ernsthaft, als sie gemeynet, nehmen wollte, doch in der That nicht mehr verdieneten, als daß ich sie mit einem stillen quid si me vergäße. Wie indeßen die Angriffe explicite auf noch ein Paar Personen, inplicite aber auf ein gantzes Collegium gerichtet sind, und das beleidigende fast durchgängig unwahre Supplicatum eine öffentliche acte, welche auf die Nachwelt kommen mögte, geworden ist, und daher es unsern Nachkommen nicht unangenehm seyn dürfte, das Wahre daneben angezeigt zu finden; So habe mich dazu schuldig erachtet, und ersuche ganz gehorsamst, Höchst Verordnetes Bau-Collegium wolle geneigen, diese meine wahre Gegen-Anzeige den Bauschriften beyzulegen.

Zuförderst kann ich nicht umhin, freymüthig zu bekennen, wie ich einige der Subscibenten für so redliche wackere Männer erkenne, daß man ihnen zu nahe träte, wenn man ihnen ungleiche Absichten oder einen bösen Willen beymeßen wollte. Viele haben lediglich auf Überredung, andere aus Freundschaft, andere auf guten Glauben unterschrieben; Die mehresten müßen das Supplicat nicht gelesen, oder soferne es ihnen vorgelesen worden, nicht zugehöret haben, wie unten angemercket werden wird. Die übrigen, deren gewiß nur wenige sind, hätten gar zu gerne mehr böses gesagt, wenn sie nur etwas einigermaßen Scheinbares aufzufinden gewußt hätten, und ich weiß nicht, was ihnen im Wege gewesen seyn mag, daß sie ihrem Hange zur medißanee nicht mehr gefolget haben.

Nur die erste periode des Supplicati enthält eine würckliche Wahrheit, daß die Wilsterische Kirche abgebrochen sey, und eine ganz neue erbauet werden solle. Aber schon die zwote meldet mit Unwahrheit, daß die mehresten Glieder der Gemeine eine licitation erwartet hätten. Die Wilsterische Gemeine bestehet aus Stadt- und Landleuten. Von den Landleuten, die ⅔ der Gemeine ausmachen, haben gewiß die wenigsten daran gedacht, weil sie an keiner licitation Theil nehmen können, und von den Stadtleuten sind nur die wenigen für die licitation, die dabey ein recht reichliches lucrum suchen, wozu sie den Beytrag der ganzen Gemeine wünschen. Alle, die diese Aussicht nicht für sich und ihre Freunde haben, sind so redlich, daß sie nichts anderes als das Beste der Gemeine wünschen, und würden, wenn man sie gründlich fragte, die licitation verwerffen.

Die dritte periode ist, wie das ganze Supplicatum, ein Muster, wie man Wahrheiten bedachtsam verschweigen, Wahrheiten halb sagen, Wahrheiten verdrehen, Unwahrheiten dreiste vortragen, und vom Hörensagen Gebrauch machen soll. Auch vor dem Throne? Ja freylich; den halten sie nicht zu heilig dazu. Ist es doch nicht bey Lebens-Strafe verboten. Wenn man schon mehrere Versuche bey niedrigeren Stühlen gemachet, und gnädige Nachsicht erhalten hat, so kann man es auch am allerhöchsten Orte wagen. Vielleicht ließe sich etwas erschleichen. Sie kleiden alles arglistig genung ein, und ich muß ihr Gewebe auftrennen, damit es beleuchtet werden könne.

Die ganze Abbrechung der alten Kirche ward bekanntlich unter der Verantwortung und Rechnung der Kirchen-Hauptmänner errichtet. Sie behaupteten, daß dies ex poßeßione ihr Amt sey. Im Namen dieser Kirchen-Hauptleute ward öffentlich von den Cantzeln abgelesen, wie sie entschloßen wären, die Wegräumung der Leichensteine und des Steinpflasters vom Kirchhofe, die Ausräumung der Kirche, die Abnehmung der Dachplatten, die Abtragung des Dach-Gespärres, die Abtragung der Gewölber nebst ihren Pfeilern, die Abbrechung der Mauren, die Reinigung der Mauersteine, der Transport derselben auf einen sichern Platz, die Wegfahrung des Schuttes, die Sammlung des Kalcks, und die Reinigung des Bau-Platzes, partseelsweise an den Mindestfordernden zu überlaßen. Die licitationes wurden an den bestimmten Tagen von den Kirchen-Hauptleuten gehalten, von ihnen geschahe der Zuschlag, von ihnen wurden die Contracte unterzeichnet, von ihnen sind auch die bedungenen Gelder ausbezahlet, welche in Summa 1213 Mk betragen. Alle diese Dinge verschweiget das Supplicatum ganz kläglich, und verstecket sich hinter den Ausdruck, daß es nur der hauptsächlichsten Arbeit gedenken wolle, die im Tagelohn gemacht ist, und eben deswegen doppelt so viel gekostet haben soll. Es ist nötig, daß ich den Vorfall umständlicher erzehle.

Als die Kirchen-Hauptmänner licitando den Verding über die Abbrechung der alten Mauren schloßen, machten sie sich anheischig, daß sie zur Erleichterung des Verdings die Mauren umstürzen laßen wollten. Diese Arbeit verstand niemand in ganz Wilster, und man sahe wohl ein, daß man sie Leuten nicht anvertrauen könne, die dergleichen nie gesehen haben, ex principiis aber gar nichts wißen. Ich ward dazu erfordert, setzete mit Vorwißen des Hochweisen Raths, der Kirchen-Hauptmänner und der Gevollmächtigten dazu die tauglichsten thätigsten Leute in Tagelohn an, und leistete es mit ungemein vermögenden wohlfeilen Machinen, die gewiß auch niemand in der Wilster gesehen hat, auch vielleicht noch niemals zu diesem Endzweck angewendet sind. Dies Unheil hat nun der Baumeister Sonnin gestiftet, daß er dieses Werck nicht zur öffentlichen Licitation gebracht hat. Mögten doch die derzeit noch regierende und nun mitunterschriebene Kirchen-Hauptmänner eine Licitation in Vorschlag gebracht haben! Aber sie besorgten damals, es mögte ins Lächerliche fallen, mit den Wilstrischen Künstlern eine Sache verdingen zu wollen, wovon sie nicht den geringsten Begriff hatten. Nun hingegen, da sie es mit ihren eigenen Augen gesehen haben, nun können sie ganz freymüthig mit ihrer Namens-Unterschrift mich verklagen, daß ich die Arbeit in Tagelohn machen laßen, ja nun getrauen sie sich vorzugeben, daß dieselbe dadurch der Kirchen doppelt so viel gekostet hätte. Sie und alle Subscribenten haben die Operation mehrmalen selbst mit angesehen. Wieder ihren Willen müßen sie, wie die ganze Stadt, dem Zimmermeister, der dazu adhibiret worden, das Zeugniß geben, daß er seine Leute außerordentlich zur Arbeit angestrenget hat. Wieder ihren Willen müßen sie gestehen, daß lauter muntere vermögende Arbeiter angestellet worden sind. Auch werden sie nicht verkennen können, daß ich die mehreste Zeit persönlich die Arbeit angeordnet, denen unkundigen Arbeitern die Vortheile angewiesen, und für die Abwendung einer möglichen Gefahr gesorget habe. Wie nun hiebey alles erforderliche, nemlich aller Vortheil in den Werckzeugen, aller Vortheil in der Anordnung, der Vortheil an fleißigen und starcken Arbeitern angewandt worden ist: So müßen Supplicantes einen so hohen Begriff von Licitationen haben, daß sie glauben, es könne per modum licitationis mehr ausgerichtet werden, als die Gesetze der Natur vermögen, wenn nicht das ganze Supplicatum verriethe, daß sie zu ihren Absichten alles schreiben, was sie wollen. Dieses leuchtet auch aus dem Ausdrucke der hauptsächlichsten Arbeit hervor. Kennen sie dieselbe die hauptsächlichste in Betracht der Kosten, so ist sie es gewiß nicht, da laut den von den Kirchenhauptmännern geführten Rechnungen, sie nicht mehr als 370 Mk gekostet hat. Wollen sie aber solche wegen der Wißenschaft, oder wegen der Ungewöhnlichkeit, oder wegen der Gefahr als die hauptsächlichste bemercken, so war es am wenigsten gerathen, sie zu verlicitiren, da gewiß ein jeder licitant seine Kunst und risico würde bezahlet haben wollen.

Unsere Subscribenten sind unzufrieden, daß sie haben vernehmen müßen, wie die Materialien zur neu zu erbauenden Kirche nicht verlicitiret, sondern von einem und dem andern des Kirchenbau-Collegii sollen angekaufet werden. Das mag wohl nicht wahr sein, weil das Kirchenbau-Collegium so wie ein jeder verständiger Kaufmann überzeuget ist, daß man aus der ersten Hand am wohlfeilesten kaufen könne. Sie haben auch vernehmen müßen, daß solche hauptsächlich von Claus Schlüter angekaufet und geliefert werden sollen. Das ist eine nicht geringe Unwahrheit, die nur zur Verkleinerung des Kirchenbau-Collegii erdichtet ist. Sie haben endlich noch vernehmen müßen, daß man wegen der nöthigen Arbeit mit diesem oder jenem, dem man es gönnet, einen accord treffen werde. Das mag wohl eine vollständige Wahrheit seyn. Denn das Kirchenbau-Collegium hat einen kleinlichen Groll gegen die Stümper, gegen die Trunckenbolde, gegen die Faulenzer, gegen die Raubsüchtige, gegen die Liederliche. Diesen seinen Feinden will es gar nichts gönnen. Hingegen seinen Freunden, jedem nüchternen, jedem fleißigen, jedem geschickten, jeden redlichen, jeden billigen Manne, will es Arbeit zuwenden, und zwar dem Beßeren mit mehreren Vorzügen. Diese Nachricht mögen Subscribentes für ganz zuverläßig annehmen, wenn sie sie gleich nicht erwartet hätten.

Auch will ich den Subscribenten nicht verhelen, daß ich es für eine große Uebereilung halte, wenn jemand behauptet, daß die öffentliche Verlicitirung der Materialien und der Arbeit an den Mindestfordernden mit einem großen Vortheil für die Gemeine verknüpfet sey. Ich würde unsere Subscribenten selbst vielleicht beleidigen, wenn ich sie bezüchtigen wollte, daß sie das im Ernste glaubeten. Denn ob sie gleich ihren Absichten zufolge die Verlicitirung als vortheilhaft anpreisen, so sind sie doch fein genung, nur zweifelhaft zu setzen: es werde auch wol nicht in Abrede gezogen werden können. Sie meldeten zwar auch, wie die Erfahrung lehre, daß bey öffentlichen Licitationen sich verschiedentlich jemand finde, der die Materialien und die Arbeit, um die Hälfte übernehme; Aber sie hüten sich zu sagen, daß ein solcher Übernehmer in eben der Güte abliefere, oder jemals abgeliefert habe. Und gewiß, wo ihre Anführer diesen Haupt-Punct, worauf in der Sache eigentlich alles ankommt, nicht sorgfältig verschwiegen hätten, so würde die Zahl der Subscribenten noch viel kleiner geworden seyn, da der geringste unter ihnen nicht so einfältig ist, daß er sich Hofnung machete, ein feines Tuch um eben den Preis kaufen zu wollen, wofür er ein grobes haben kann.

Indeßen zweifeln sie nicht, daß die Höchstpreisliche Rentekammer und andere Königl. Collegia bey Verfügung öffentlicher Licitationen eben die Gedancken mit den Höchsten vergleichen. Ich glaube, Höchst bemeldete Collegia haben zur Verfügung der Licitationen ganz andere Ursachen und Absichten, als unsere Subscribenten, und vielleicht denke ich richtiger, daß sie viel zu kurzsichtig sind, solche durchschauen zu können. Um desto weniger würde es mich kleiden, wenn ich ihnen dies nos poma natamus verdenken wollte. Allein ihnen zu verzeihen, daß sie, die größtentheils in der Wilstrischen Gemeine geboren und erzogen, die großentheils Aemter verwaltet haben und noch verwalten, sich nicht entblöden vorzugeben, daß sie in hiesiger Stadt bey einem jeden Bau, der über 10 Rthlr. gehet, Licitation angestellet werden müße, dazu konnte ich mich nicht entschließen, bis ich bedachte, daß es Subscribenten auf einige Unwahrheiten nicht ankommt.

Denn in der folgenden Periode geben sie es als gewiß an, daß durch eine öffentliche Licitation sehr viele aus der Gemeine Gelegenheit haben würden, etwas zu verdienen. Das folget gar nicht aus der Natur der Licitation, wohl aber dieses, daß der Uebernehmer Freyheit hat, seine Materialien und Arbeiter her zu nehmen, woher er will, ohne daß er gebunden sey, einem einzigen aus der Gemeine etwas verdienen zu laßen. Wer alle unsere Subscribenten so unkundig halten wollte, daß sie dies Gesetz einer öffentlichen Licitation nicht kenneten, der würde sich eben so sehr irren, als ein andere, der erweisen wollte, daß ihre Anführer ein aufrichtiges Herze hätten. Diese machen hier ihre Einkleidung so, daß allerhöchsten Ortes daraus vermuthet werden könnte, als ob Leute aus der hiesigen Gemeine bey dem Kirchenbau kein Verdienst hätten, da sie doch alle wißen, daß bis daher alles mit lauter Eingeseßenen der Wilstrischen Gemeine betrieben ist, folglich sie hiezu der schwankenden Vorsprache der Subscribenten gar nicht bedürfen. Jenen gebe ich schon wieder eine sichere Nachricht, daß das Kirchenbau-Collegium fest beschloßen hat, alle Arbeit, wozu die Wilstrischen Leute nur tüchtig sind, durch Leute aus der Gemeine beschicken zu laßen.

Sie spiegeln ferner vor, daß, wo ihre heiße Licitations-Begierde nicht erfüllet würde, bald diese, bald jene Nebenursachen und Connexion veranlaßen könne, daß der Vortheil, welcher mit der Lieferung der Materialien und Besorgung der Arbeit verknüpfet ist, Personen außer der Gemeine oder ganz Fremden aus Hamburg zugewendet werde, indem der Baumeister Sonnin in Hamburg wohnet. Was mag der wol bey so wichtigen Vorträgen aus dem Reiche der Möglichkeit gedenken, der gar zu wohl weiß, daß noch mehrere Dinge möglich, und leider schon würcklich geworden sind? Wird ers übel nehmen? Keineswegs. Er kennet schon längst die Gesinnung ihrer Anführer, und weil sie doch wohlbedächtig anzeigen daß ich in Hamburg wohne, so will ich über diesen passum mich recht frey erklären:

Höchstverordnetes Bau-Collegium hat den Auftrag, das Beste der ganzen Gemeine zu besorgen. Dem zufolge wird es allemal den Vortheil der Gemeine eines privati vorziehen, ohne einige Rücksicht darauf zu nehmen, ob unsere Licitations-begierige privati was verdienen, oder nicht verdienen. Ganz natürlich wird es dann alle Materialien aus der ersten Hand kaufen, und den Vortheil, den der Privat-Lieferant suchet, der Gemeine vorbehalten. Der Ort, wo das material am besten und wohlfeilesten zu haben, wird gewählet, er heiße wie er will. Also ist schon Gothländischer Kalck aus Kiel, Steinkalck aus Segeberg, Mauersteine von der Oste, füren Holtz aus Hamburg angekauft. Die Vorspiegelungen der Licitations-Schreyer, als ob sie Künste wüßten, wohlfeiler als andere Leute zu kaufen kann nur ein Kind glauben. Am wenigsten können Lieferanten, die alles zu Borge nehmen, wohlfeiler kaufen, da sie ihren Credit dem Kaufmann theuer genung bezahlen müßen.

Hier muß ich die unangenehme Wahrheit anfügen, daß unter allen, die in Wilster sich mit Licitationslieferungen befaßen, auch nicht ein einziger ist, der fähig wäre, so große Partien als der Kirchebau erfordert anzuschaffen, ohne daß er die Waaren borgen oder Geld auf Zinsen nehmen müßte. Das alles wißen die Urheber der Subscribenten ganz wohl, aber des laßen sie sich in ihren Aussichten nicht irren.

Man hat Beyspiele, daß ein Licitant ohne geld die Waaren zu übernommenen großen Lieferungen von Kaufleuten aufgeborget, und, da er vielleicht schon zurücke war, oder bey dem entrepeneurs-Glanze zu lucker lebte, oder aus Unkunde den accord zu genau geschloßen hatte, am Ende den Kaufmann betrogen hat. Auch dergleichen entwendete Waaren mögte das Kirchenbau-Collegium in ihrer Kirche nicht angewendet wißen, und daher dem Kaufmann lieber die Waare selbst abkaufen und selbst bezahlen wollen, um es gewiß zu seyn, daß des Kirchenbaues wegen niemand um sein Geld betrogen, noch der öffentliche Credit der Wilstrischen Gemeine geschwächet werde.

Eben so sorgfältig wird es in Ansehung der zu fertigenden Bau-Arbeit verfahren. Es wird keine Licitation über Arbeit anstellen, die zum Bestande oder zur Dauer des Wercks dienen soll, wie dergleichen die Mauer-Arbeit, der Dachstuhl, die Kirchenfenster, die Gipsdecke, die Emporkirche pp sind. Ueber die leichte Arbeit, oder über Verzierungen, ingleichen über Fuhrlohn, Transport und ander unnachtheilige Nothwendigkeiten mögte es nach Zeit und Umständen sich vielleicht dazu entschließen.

Was die Arbeiter betrifft, werden obbesagtermaßen, zum Besten der Gemeine, fleißige und redliche vorgezogen werden, ohne auf das Grunzen der liederlichen zu achten, die nur auf Kosten der Gemeine ihrer Unart genung thun wollen. Sind der guten Arbeiter nicht genung in der Gemeine, so ist man genöthiget, sie von anderen Orten zu nehmen. Der Ort woher ist abermals einerley, er sey Copenhagen, Itzehoe, Altona, Hamburg, Berlin, Wien, oder ein jeder anderer. Der Vortheil des Ganzen erfordert rechtschaffene Arbeiter und schließt die schlechten aus. Wie absolut nothwendig aber es sey, Personen außer der gemeine, ja gar ganz Fremde zur Arbeit herbey zu ziehen, will ich nur in einer Art Arbeit zeigen. In der ganzen Wilstrischen Gemeine sind nicht Sechs Mauerleute aufzufinden, die zu diesem Bau mehr als mittelmäßig tüchtig wären. Gewiß mit diesen Paar Leuten kann der Bau nicht gefertiget werden, und wir müßen denn wenigstens zehenmahl so viel aus der Fremde nehmen, wie solches ohnehin geschehen müßte, wenn die Gemeine das Unglück hätte, den Bau verlicitiret zu sehen.

Ueberhaupt ist wenig Seegen bey allen auctionen oder licitationen. Doch sind die auctionen, bey welchen man die Waaren vor Augen hat, für die Käufer noch sicherer als die Lieferungen, da man sie erst erwarten muß. Bey diesen ist der Betrug die Hauptsache und man wird gar sehr wenige Beyspiele aufweisen können, da der Verdinger nicht recht starck betrogen wäre. So sehr ich auch auf alle Wercke, die durch den Weg der licitation aufgeführet worden, aufmerksam gewesen bin, so habe ich allemal gefunden, daß der Verdinger sein Geld schlecht angelegt habe. Das Gegentheil ist nur in dem Falle möglich, wenn der Uebernehmer recht gute Bezahlung erhält, und dabey ein ehrlicher Mann ist. Alsdann aber hätte die Arbeit eben so wohl im Tagelohn gemachet werden können. Auf einen solchen Fall kann man nicht mehr Rechnung machen, da die licitanten ihr system ganz verändert und mit der jetzigen Sitten-Verfeinerung sich auch ausnehmend verfeinert haben. Vorzeiten waren sie gegen einander grob, trieben sich bis auf den letzten Pfennig hinauf, waren mißgünstig, neidisch, feindselig gegen einander. Jetzt sind sie ganz tolerant. Vor einer bevorstehenden licitation kommen sie ganz freundschaftlich zusammen, besprechen sich vertraulich, machen aus, wer Unternehmer werden und wie hoch er annehmen soll. Höher bietet niemand. Der Bot ist so wohl moderiret, daß nicht allein ein jeder College sein Theil mit davon erhält, sondern auch noch so viel übrig bleibet, daß man demjenigen, der die Arbeit am Ende nachsehen muß, auch eines aufs Auge drücken kann, wiewol, weil die Gesellschaft groß ist, auch gemeiniglich einer aus ihren Mitteln dazu committiret wird, welchenfalls sie sich für das, was übrig bleibt, einen lustigen Abend machen. Woferne aber einer außer ihrer Gesellschaft mit zu bieten und dem gemeinen Wesen Eintrag zu thun sich erdreistet, so läßt man ihn festlauffen und drücket ihn bey der Ablieferung so tief nieder, daß er künftig es entweder unterlaßen, oder ihrer Zunft sich einverleiben muß. Einer solchen raffinirten Gesellschaft soll nach dem Subscriptions-Wunsche das Kirchenbau-Collegium unterthänig seyn und ohne dieselbe nichts vornehmen. Diesen Wunsch nennen sie rechtmäßig, weil er vortheilhaft ist. Wo sie davon würcklich überzeugt sind, so erwarte ich, daß sie andern zum würcklichen Beyspiele künftig selbst davon Gebrauch machen. Zu ihrem eigenen Vortheile schlage ich ihnen vor, daß der Kaufmann unter ihnen, wie er leichte kann, einen Aufsatz von den Gewürzwaaren, von Seiden, von Lacken, von Stoffen, von Coffee, vom Zucker p mache und sich solche licitando von dem Mindestnehmenden liefern laße. Eben so kann der Schuster seyn nöthiges Leder, der Holzhändler sein Holz, der Landmann das ihm so angelegene Saatkorn pp sich durch licitanten anschaffen. Sie erhalten nach ihrem eigenhändigen Zeugnisse alles für den halben Preis. Der Gewinn ist ansehnlich genung, nemlich 50 pro Cent, und machet mir Hofnung, daß alle meine Subscribenten meinem Vorschlage folgen werden. Aber ich muß besorgen, daß der scharfsinnige Kaufmann sagen wird, er brauche keine Vormünder zu seiner Handlung. Herzlich gerne wollte ich diese verschmitzte Ausflucht des Kaufmanns mit tausend Gründen und 36 Zeugen bestreiten. Allein ich würde damit gegen die Klugheit handeln, da das Kirchenbau-Collegium eben so gesinnet ist, und auch keine Vormünder verlanget, am wenigsten aber sich einen licitanten dazu aufdringen laßen will, wenn er auch einen zehnfachen Vormunds-Eid zu schweren sich erböte.

Supplicantes haben meines Erachtens wohl gethan, daß sie keine Kosten angewandt haben, um mehrere Glieder der Gemeine zur Unterschrift zu bewegen. Die Mühe hätten sie sich wohl nicht verdrießen laßen, da bekannt ist, daß sie den meisten Subscribenten recht viele gute Worte gegeben, bis sie nach wiederholten Abschlägen sich endlich dazu erbitten laßen. Aus Ursachen sagen sie hat es einigen Wenigen nicht gefallen. Diese Wenige kenne ich. Es sind ihre Anführer oder die eigentlichen Triebfedern. Die haben selbst nicht unterschreiben wollen, und ich sehe die Ursache leicht ein. Stand und Geschlecht wollten es ihnen nicht erlauben.

Ob sie nun gleich gar nicht an der Erfüllung ihrer Begierde zweifeln, sind sie dennoch besorget, daß ihre gute Absicht durch tours vereitelt werde, und erzählen eine Probe. Ich will sie anders erzählen.

In dem Vorsatze, den Glockenstuhl in den wenigen Tagen, die ich zu meinem Hierseyn nur noch bestimmt hatte, in einen festen Zustand zu setzen, praesentirte ich dem Kirchen-Hauptmann Schenck den Aufsatz von eichenem und fürenem Holz in triplo, mit dem Ersuchen, er mögte ihn den Holzhändlern zusenden. Er wandte nichts dagegen ein, versprach die beste Beförderung, gab auch, als er nebst seinem Collegen an dem anberaumten Licitations-Tage mich zu einem Spatzier-Gang aufs Beyenflether Markt invitirten, mir die Versicherung, daß er den Aufsatz distribuiret habe. Ich lehnte den Spatzier-Gang mit der Entschuldigung ab, daß ich bey der licitation seyn müßte, obgleich beyde Kirchenhauptmänner glaubten, meine Gegenwarth würde nicht nöthig seyn. Bey der licitation erschien der mitsubscribirte Holzhändler Martin Lucht, der Zimmermeister Holler, der Zimmermann Johann Grönland, und viele andere Leute. Martin Lucht äußerte, daß er alles Holz vorräthig habe, auch das längste Stück, aber weil er nicht gewiß wiße, ob das lange Stück beym Sägen gesund ausfallen würde, könne er die Lieferung nicht übernehmen, zumalen die Zeit zu kurz sey, ein langes wieder anzuschaffen. Es ward dann ihm dazu eine Zeit von 14 Tagen und endlich von drey Wochen gegeben; Allein er wollte sich nicht einlaßen. Johann Grönland that den ersten Bot von 430 Mk. Johann Holler, der Holz genung in Vorrath hatte, stieg nach und nach bis 355 Mk herab, und da Grönland die Lieferung zu 350 Mk herunter ließ, und Holler erkläreete, wie ihm gesundes Holz um den Preis nicht feil sey, ward dem Grönland die Parthie in 3 Wochen gänzlich abzuliefern, zugeschlagen.

Diesen auf alle Art erweislichen Vorgang mahlen die Supplicantes als die Probe einer tour ab, und die mitsupplicirenden Holzhändler wollen uns überreden, sie hätten die Lieferung für eine beträchtlich geringer Summe übernehmen wollen. Der Eine Mitsupplicant Martin Lucht, der unter ihnen wohl das meiste Vermögen, mithin immer den größten Vorrath hat, äußerte bey der licitation das Gegentheil und wollte die Lieferung nicht übernehmen, ob ihm gleich 3 Wochen Zeit angeboten wurde. Den übrigen könnte ich, wenn es der Mühe werth wäre, aus ihren von Zeit zu Zeit hie und da gemachten Uebernehmungen vielfältig erweisen, daß sie ihre Waare viel theurer verkaufen. Doch es kann ein jeder aus der Berechnung des Aufsatzes sich a priori überzeugen, wie es nur ein grundloses Vorgeben sey, daß sie gesundes vollkantiges Holz um einen erheblich geringeren Preis hätten liefern können.

Wie wenig es aber ihre Neigung sey, die Kirche billig zu behandeln, davon kann ich viele und jetzt nur diese Probe anführen. Als bey der Abstützung des Thurms zehen runde Weißtannenbäume nöthig waren, gieng der mitsupplicirende Kirchen-Hauptmann Schenck mit mir bey den hiesigen Holzhändlern herum, sie aufzusuchen. Nur zweene hatte einige vorräthig. Der Eine, auch ein Mitsupplicant, wollte das Stück nicht unter 10, der andere nicht unter 14 Mark verkaufen, weswegen wir genöthiget waren, sie von der Beyenflether Mühle aus der ersten Hand eines Hamburgischen Kaufmanns anzuschaffen, wo wir sie von beßerer Güte mit dem Transport für 6 Mk 8 Schl. erhielten. Diese Wilstrischen Holzhändler, die solche enorme Vortheile zu nehmen sich nicht entblöden, wollen uns aufbinden, daß sie wohlfeiler hätten liefern wollen, und daß sie bey den erbetenen Verlicitirungen reine Absichten hegen.

Sie, die selbst gesehen, kein Holz vorräthig gehabt zu haben, können es nicht begreifen, wie Grönland, der auch nichts vorräthig gehabt, eine so ansehnliche Parthie Holz (NB.NB.vor 350 Mk), zu liefern übernehmen mögen. Mir ist das garnicht wunderbar. Er hat es gemacht, wie ein jeder holzloser Wilstrischer Holzhändler machen muß, nemlich er hat es von anderen zusammengekauft. Das füerne Holz hat er theils von Claus Junge, theils von Heinrich Dohrn, und das eichene von Claus Schlüter sich liefern laßen, und so hat er ganz natürlich praestanda praestiret, zumalen er es nicht in 4 Tagen, sondern in einem bey öffentlicher licitation verlängerten termino von 3 Wochen anzuschaffen hatte.

Aber solche natürliche Wahrheiten können und wollen die Supplicanten-Anführer nicht begreifen. Sie erdichten lieber Räthsel, die sich durch Nachrichten aufgelöset haben. Grönland soll seine Lieferung an Claus Schlüter überlaßen haben. Auch ist der Sonnin ein guter Freund von Schlüter und hat täglich Umgang mit ihm. Das erste bin ich einem jeden Menschen schuldig, so lange ich ihn nicht lasterhaft finde, das letztere erfordern die Baugeschäfte, und eben der Baugeschäfte wegen habe ich ja auch täglichen Umgang mit den mitsupplicirenden Kirchenhauptmännern Schenck und Maaß gehabt. Ich soll eine ziemlich Zeit vor der Licitation gewußt haben, was für Holz verlangt würde. Nein, das wußte ich nicht vorher. Es konnte nicht eher bestimmet werden, bis die Thurm-Mauer so weit abgebrochen war, daß man den darin vermauerten Fuß des Glockenstuhles untersuchen konnte. Als dieser zu Gesichte kam, ward das Holz aufgegeben und sein Zustand litte in der That keinen Aufschub. Ich soll gewußt haben, daß die Ablieferung nicht urgiret werden würde. So elende Gedancken habe ich auch nicht gehabt. Aber ich muß frey bekennen, das nicht gewußt zu haben, daß man in Wilster eine Parthie Holz, die nur 350 Mk beträgt, für so ansehnlich halte, daß die Holzhändler ein solches Bedencken haben müßten, davon in 4 Tagen den Anfang und in 8 Tagen den Rest zu liefern. Wie sich das mit ihrer licitations-Lust reime, mögte wohl im Ernst ein Räthsel seyn.

Unter abermaliger Beysorge, ihr angelegener licitations-Zweck mögte verfehlet werden, wollen sie längere termine, damit ein jeder sich gefaßt machen könne, und einige inspicirungs-Tage haben, damit ein jeder einen Ueberschlag zu machen vermögte. Das ist bey ihren eingestandenen holzarmseligen Umständen freylich höchstnothwendig, besonders wo keine Fremde außer der Gemeine dazu gelaßen werden sollen.

Und nun endlich kommen sie zu ihrem eigentlichen Supplications-Ziele. Der Claus Schlüter soll von der Licitations-Plane ausgeschloßen werden. Das mag er. Ich habe kein Mitleiden mit ihm, weil ers nicht verdienet, unter einer so würdigen licitanten-Gesellschaft zu seyn. Er hat ihnen so oft den Kram verdorben. Er hat, weil er sein Holz selbst aus den Waldungen kauft, oder was zugefahren wird, aufs Lager legt, die Waare oft so niedrig gelaßen, daß kein ächter licitant damit auskommen konnte, und so etwa ein Unschuldiger sie weniger als er gelaßen und nachmals nicht liefern können, hat er ihm, unter dem boshaften Ausdrucke: des Frevels wegen, wohl 25 pro Cent mehr abgenommen, als er selbst anfänglich forderte. Ueber dieses hat er sie oft überführt, manchen die Wahrheit ohne alle moderne moderation gesagt, niemalen in ihre gute Absicht einstimmen wollen, und ist intractable wegen seiner unausstehlichen caprice. Wie er dann seiner Gemüths-Art wegen dazu ungeschickt ist, auch das Kirchenbau-Collegium keine Licitationes anstellen wird. Also erachte ich in aller Hinsicht es billig, daß er von allen licitationen beym Kirchenbau auszuschließen wäre.

Noch das schwereste haben Subscribentes auf ihren Herzen. Wo ja Schlüter nicht ausgeschloßen werden könnte (das scheint ihnen selbst bedencklich) so wollen sie 2 unparteyische Männer zu Empfängern committiret wißen. Hiemit haben sie sich ihrer Galle gegen das Höchstverordnete Baucollegium erlediget, und Allerhöchsten Ortes daßelbe verdächtig machen wollen, weil sie wohl einsehen, daß dieses die Gemeine zu lieb habe, als daß es dieselbe dem Eigennutze und dem Unverstande der Supplicanten-Führer aufopfern wollte.

Noch weniger läßet sichs gedencken, daß Ihro Königl. Majestät die Ungnade haben werden, die Wilstrische Gemeine, die ihre Kirche aus ihren eigenen Mitteln erbauet, dem Raube hungriger Licitanten Preis zu geben und nicht viel mehr es als Allergnädigst bestätigen wollten, daß Höchstverordnetes Baucollegium als redliche der Sache kundige Männer nach ihrem besten Gewißen das Wohl der Stadt- und Land-Gemeine besorge.

Nun ist mir nichts mehr übrig, als daß ich wegen der von den Supplicantenführern mir angethanenen injurien eine gültige Satsifaction mir verschaffe. Sie sollen diese empfindliche Strafe haben, daß sie nie die Freude haben sollen zu erleben, daß ich kleinlich oder offenbar mit jemand zum Schaden des Wilstrischen Kirchenbaues colludire. So lange sie einer solchen Niedertracht mich nicht überführen, soll es ihnen schwer fallen, in meiner Gegenwart ein freyes offenes Gesicht zu haben, mir hingegen wird es leicht seyn, unter einer völligen Amnestie den sämmtlichen Supplicanten sowohl als ihren Anführern mit aller Menschenliebe und Menschenfreundlichkeit zu begegnen, und ihnen nach meinem Vermögen allerley angenehme Dienste zu erzeigen.

Wilster d. 27. Septbr. 1775   EGSonnin.

54.
KIRCHE WILSTER

Bericht an die Kirchenbaukommission über den Stand der Maurerarbeiten, Vorschlag für einen Liefervertrag für Ziegel und für die Aufstellung eines zweiten Kalkbrennofens. Erneuter Vorschlag für den Verzicht auf einen Maurermeister. Wilster, 30.10.1775

Stadtarchiv Wilster
III, G. 3, No. 1227a
Bau der neuen Kirche 1765/1780
Bl. 178–179

Pro memoria.

1. Hochverordnetes Bau Collegium werden ohne Zweifel bemercket haben, wie das Fundament zur Kirchen so weit planiret ist, daß mit den Mauren der Anfang gema-

chet werden kann so bald die alte auf dem Kirchhof stehende Mauersteine sortiret und beym Fundamente niedergesetzet seyn werden. Mittlerweile wird auch der nöthige Kalck gemahlen und gerichtet seyn.

Es sind auch vorgestern schon 9 Maurer Gesellen von Hamburg angekommen, welche mit den hiesigen schon eine gute Anzahl ausmachen, so daß bey günstiger Witterung noch ein gut Stück Mauerwerck fertig werden könnte.

Da hieselbst keine Maurer Zunft mithin kein Zwang ist, und um desto weniger jemand sich das Recht einer Meisterschaft anmaßen kann; So wäre meines unvorgreiflichen Ermeßens auch gar kein Meister beym Bau nöthig, der doch sonst von jedem Gesellen seinen Meister Groschen nehmen würde. Diesen würde entweder der Kirchenbau oder der Geselle ihn wieder bezahlen müßen. Im ersten Falle bezahlete ihn die Kirche baar, im andern Falle verlöre sie ihn in der Arbeit, da man immer für weniger Geld wenigere Arbeit erhält. Wäre dann kein Meister, so arbeiteten sie alle einander gleich und nur der fleißigste und der geschickteste würde der beste Mann seyn. Der Lohn bliebe der hier gewöhnliche Gesellen Lohn ohne den Meister Groschen zu bezahlen.

2. Es haben einige Schiffer sich mercken laßen, wie sie wohl Mauersteine von der Oste und Wischhafen holen wollten, und unter der Hand höret man, daß darüber eine Licitation begehret wird. Das wäre wohl ein articul, der sich dazu schickete, und mögten etwan folgende conditiones zu geben seyn.

daß Uebernehmer die Mauersteine von der Oste oder Wischhafen abholete, wo sie ihm frey an Bord geliefert werden,

daß er beym Ein und Ausladen auch beym Umladen die Steine schonete und nicht die Kanten verdürbe,

daß er keine andere als contractmäßige in Empfang nähme, wozu ihm pro notitia extractus contractus gegeben würde,

daß wo er uncontractmäßige in Empfang nähme, er der Fracht für die uncontractmäßigen verlustig sey,

daß er jederzeit wann der Kirche es nöthig hätte und verlangete die Steine anfahren wolle,

daß er sich verpflichtete, die Anzahl der geladenen zu Wevelsfleth oder hier auf dem Zollen richtig anzugeben, auch neben den Steinen der Kirche weder andere noch andere Waare einzuladen, damit auf dem Zollen keine Ungelegenheit oder confusation entstehe, und die Kirche ihre Zollfreyheit verlieren möge, wofür und für alle sonstige Folgen er hinlängliche caution zu bestellen hätte,

daß er die Steine hier in loco bey der Gäthen auszuladen hätte pp.

3. Vor einiger Zeit habe mündlich geäußert, daß noch wohl der zweite Kalckofen nöthig seyn würde, habe aber das gewißere ausgesetzt, bis der zweite Brand vollendet wäre. Derselbe ist gut gerathen, die quantitaet des Brandes ist größer und hat ungleich weniger Feuerung erfordert. Allein es währet mehr als einmal so lange bis der Kalck wieder kalt wird. Jedem dann nach der Dauer des ersten Brandes nicht abzusehen war, wie wir mit der Zeit auskommen würden, so wird es auf diese Art noch weniger geschehen können, und deswegen die Errichtung des zweiten Ofens unumgänglich seyn. Indeßen wird die Güte des Kalcks und die zu ersparende Feuerung den Aufwand desto reichlicher ersetzen.

Willster d 30st Oct. 1775 EGSonnin

55.
KIRCHE WILSTER

Hinweise an die Kirchenbaukommission für Kalk- und Ziegellieferungen sowie die Notwendigkeit eines Abtrittes für die Bauarbeiter.
Wilster, 14.11.1775

Stadtarchiv Wilster
III, G. 3, No. 1227a
Bau der neuen Kirche 1765/1780
Bl. 180

Pro memoria.

1. Hoch Verordneten Bau-Collegio ruhet vielleicht noch im frischen Angedenken, wie die Abfuhre des Alten Kalcks an den Mindestnehmenden für 220 Schl. überlaßen worden ist. Jetzt muß derselbe wieder angefahren werden, allein der Weg der licitation scheinet für diesen Fall nicht thunlich zu seyn, weil nicht wie ehemals der gantze quantum hinter einander weg transportiret, sondern nur jedesmal so viel auf den Kirchhof geschaffet werden kann, als in dem Kalck-Raume auf dem Kirchhoff Platz ist, folglich ein Uebernehmer sich darauf einschrenken muß, wie unsere Bedürfnisse es erfordern. Diese Bedingung würde die Uebernehmung sehr erschweren, zumahlen wir nicht im Stande sind, in Ansehung der Zeit etwas bestimmtes vorzuschreiben. Es mögte den Concurrenten gar zu wenig seyn, da Leute vom Lande sich nicht dazu entschließen würden, auf jedem Winck parat zu seyn, die wenige hiesige Fuhrleute, aber um so reichlicher fordern würden, weil sie sich verpflichten müßen, zur Zeit, wenn es uns nöthig wäre, ihre sonstige Fuhren einzustellen.

   Ueber dieses geben bisherige Ueberlegungen und Versuche die Hofnung, daß unerachtet der hierbey unvermeidlichen Einschrenkung und mehreren Beschwerde, es dennoch möglich sey, ihn beynahe für die nemliche Summe wieder hinauf zu schaffen, wofür er vormals abgefahren ward, wenn man ungebunden ist und die Gelegenheit wahrnimmt, ihn mit Kähnen, oder mit Wagen hinzubringen, oder gar durch Leute hintragen zu laßen, wozu sich schon mehrere um ein so leidliches erboten haben, daß es im gantzen jene Summe wenig übersteiget.

2. Der bisher angeschaffte Vorrath an Mauersteinen hat den Schlüterschen Vorplatz so angefüllet, daß zu mehreren kein Raum mehr vorhanden ist. Es wäre auch verträglicher gewesen, sie sogleich auf dem Kirchhofe abladen zu laßen, wenn nicht die alten Steine nebst dem Schutt ihn gänzlich eingenommen hätten. Da der Kirchhoff nun mehrentheils frey, der Schlüterische Platz aber beenget ist, So ist es auch nöthig auch vortheilhaft, künftig die Steine aus den Schiffen auf den Kirchhoff zu bringen, aber nur die Frage an welchem Orte man sie ausladet. Die nächsten Örter sind die Gäthen und der Gang zwischen Claus Witte und dem Organisten. Die Gäthen sind nicht allemahl frey, auch etwas mehr abgelegen. Zudem kommen oft, 2, 3, 4 Kähne auf einmahl an, welchenfalls es zu wünschen wäre, daß wir eben so viel Stellen zum Ausladen haben und die Steine gehörig schonen könnten.

   Der bemeldete Gang wäre freylich zur Aufbringung der sämtlichen materialien uns der gelegensten, aber da er uns dann und wann geweigert wird, so verdienete die für den Bau daraus entstehende Bequemlichkeit wohl, zu überlegen, wie es anzugehen, daß er uns Behuf Aufbringung der materialien zugestanden würde.

3. Bey der täglich sich mehrenden Anzahl von Menschen auf dem Baue, trit auch ein Bedürfniß ein, bey deren Benennung man gewöhnlich um Erlaubniß zu bitten pfle-

get. Es sind dazu viele Plätze in Vorschlag gekommen, die mehresten aber wegen ihrer größeren Entfernung bedenklich befunden worden. Hätten wir die Freyheit jenen Gang zu gebrauchen, so wäre auch dieses Stelle die allernächste. Erlangten wir sie nicht, So wäre eine der größesten Angelegenheiten, eine andere Art zu bestimmen.

Willster d 14ᵗ Nov. 1775   EGSonnin

56.
KIRCHE WILSTER

Vorschläge für die Maurer-, Zimmerer- und Tischlerarbeiten, Stellungnahme zum Vorschlag für eine seitlich abgewölbte (und später auch ausgeführte) Stuckdecke statt des im Entwurf vorgesehenen ebenen Deckenspiegels über dem Kirchenraum. Ein Probestück für die Wölbung legt Sonnin am 25. März 1776 vor. Ferner enthält das Schreiben Überlegungen zur Zollabfertigung.
Wilster, 14.3.1776

Stadtarchiv Wilster
III, G. 3, No. 1227a
Bau der neuen Kirche 1765/1780
Bl. 181

Pro memoria.

Höchstverordnetes Bau-Collegium werden es nicht ungerathen finden, daß mit der Mauer-Arbeit bis nach Ostern Anstand genommen werde, da die noch frühe Jahres-Zeit für Nachtfröste nicht gesichert, hiernächst die erste Felsenlage noch nicht gäntzlich vollendet, und überdieses unsere Mauer-Arbeit überhaupt so lange nicht eilfertig ist, bis wir die zur Oste und Wischhafen contrahirten Steine erhalten. Hingegen wäre wohl

2. die Verschwebung des Glockenstuhls und die Versetzung einiger Stützen am Thurm mit dem ersten vorzunehmen. Es mögte aber hiebey in Erwegung kommen, ob man nicht dieses kleine Stück Zimmer-Arbeit

3. Zugleich mit unserer Haupt-Zimmerarbeit des Dachstuhls an die tüchtigsten hiesigen Zimmer-Meister, welche bekanntlich Holst und Holler sind, aus der Hand verdünge, also daß sie alles, was Zimmer-Arbeit am Bau heißt, zu fertigen übernähmen.

4. Das zu Treppen, Zargen, Thüren und sonst zum inwendigen-Bau bedungene eichene Holtz so nun sämtlich auf den Schlüterischen Platze lieget, wird nächster Tagen nun sämmtlich aufgemeßen und unter die Tischler-Meister zur Bearbeitung ausgetheilet werden.

5. Hiebey entlege mich nicht anzuzeigen: daß verschiedene aus der Gemeine geäußert, wie sie wünscheten, daß die freyen Stühle unten in der Kirche von eichenem Holtze verfertiget würden, da sie in der alten Kirche also gewesen, folglich man der neuen sonst in allen Stücken ansehnlicheren Kirche auch die mehrere Zierde und mehrere Dauer nicht entziehen mögte. Die gefällige Entschließung für eines und das andere wird leichte seyn, wenn ich den Unterschied der Kosten anzeige, welcher 800 Mk beträget.

6. Andere aus der Gemeine stoßen sich sehr daran, daß die Gipsdecke ganz platt seyn soll. Es ist der Kunst ein geringes ihr eine zierliche Wölbung zu geben, wozu unsere Bogenfenster gelegentlichst die Hand bieten. Der Unterschied der Kosten,

welcher gegen 1100 Mk ausmachet, wird auch diese Frage unschwer entscheiden laßen.
7. Aus Hamburg is bey unserer guten Schiffs-Gelegenheit eine ansehnliche Parthie Nägel mitgekommen, welche fast halb so wohl feil sind als man sie bey den hiesigen Schmieden kaufet. Fürs künftige kann man um die nemlichen Preis alles was wir bedürfen erhalten.
8. Bey Gelegenheit dieser Schiffahrt, da wir lediglich des Zollen wegen 24 Stunden mehr als nöthig war, auf dem Waßer zubringen mußten und am Ende ein vom Controlleur auf dem Bette unterschriebenes Papier-Zettul erhielten, ist es mir besorglich geworden, ob nicht diese Beschaffenheit des Zolles und bey der künftigen Anfuhr unserer Mauersteine große Hindernißen in den Weg legen mögte.

Wilster d. 14^t Martii 1776. EGSonnin.

57.
GROSSE MICHAELISKIRCHE HAMBURG

Beischreiben an das Kirchenbaukollegium zu vier Entwürfen für den Turm mit Begründung der vorgeschlagenen Kiefernholzkonstruktion mit Kupferverkleidung sowie Kostenschätzungen. Nach der Fertigstellung des Kirchenschiffes und dessen Weihe am 19. Oktober 1762 war die Fortsetzung der Bauarbeiten am Turm aus Geldmangel unterblieben. Den Turmschaft schützt seitdem eine provisorische Abdeckung. Von den in der Zwischenzeit – nachweislich 1764 – von Sonnin angefertigten Entwürfen für die Turmspitze überliefern nur vier Nachzeichnungen von Julius Faulwasser (veröffentlicht u.a. von Heckmann, a.a.O., Abb. 12) und Kopien des Oldenburger Bauinspektors Johann Gottlieb Becker eine Vorstellung. Sonnins Hinweise auf den »reineren Geschmack der Alten« und das »Einfache des Alterthums« bekunden seine positive Einstellung zum Klassizismus, zwei Jahrzehnte bevor dieser mit den Wohn- und Landhäusern von Johann August Arens in Hamburg Verbreitung und Anerkennung findet.
Hamburg, 15.6.1776

Staatsarchiv Hamburg
Cl. VII, Lit. Hc, No. 7, Vol. 7^k
Collecten zum Michaelitischen Thurm Bau
1777–1779 inclus.

– praesentatum d. 18. Junii 1776 –

Pro memoria
lectum im großen Kirchen Collegio donis d. 4. Julii 1776 nebst anliegenden Rissen sub litt. A. b. c. d.
  Magnificus Dmns: Patronus nebst denen Hochweisen Kirchenspiels Herren und der Löblichen Behde haben Hoch Geneigtes mir aufgetragen, über den vorhabenden Thurm Bau meine Gedanken, Riße und Anschläge herzugeben, welche hiemit gehorsamst vorliegen sollen. Aus bewegenden Ursachen ward mir besonders anbefohlen, mein Augenmerck darauf zu richten, wie mit mäßigeren Kosten, als bishero vorgeschlagen worden, der Thurmbau also zu vollenden seyn mögte, daß er zu der schon erbaueten Kirche ein angemeßenes Verhältnis habe und übrigens in anderer Betrachtung dem öffentlichen Anstande ein Genügen geschähe.

Was nun die proportion und den Anstand betrifft, so verhoffe in den angelegten Rißen beides dahin beobachtet zu haben, daß eine nach demselben aufgeführete Spitze oder Pyramide, wenn sie auch die niedrigste unter allen unseren Haupt Spitzen bliebe, dennoch in der That ansehnlicher, als dieselben sind, ausfallen wird. Sie hat nicht so viel gekünsteltes als einige unter ihnen, sondern ist nach dem reineren Geschmacke der Alten eingerichtet und daher schmeichele mir, daß sie Kennern, die noch immer das Einfache des Alterthums verehren, nicht mißfallen dürfte. Selbst dieses Einfache gibt nicht allein einige Ersparung der Kosten ab, sondern es ist auch mehr auf die Dauer und läßt sich in der Zukunft mit wenigeren Kosten unterhalten.

Jedoch ist diese Ersparung nicht so wichtig als die folgenden, welche vorzuschlagen meiner Schuldigkeit seyn wird. Bekanntlich ist in den vorigen An und Vorschlägen supponiret worden, daß über der jetzt stehenden Thurm Mauer noch eine zweite etage von Mauerwerk und Sandstein Arbeit aufgeführet werden sollte. Es wird nun, wenn man die Höhe, die Dicke, den Umfang der Mauren, die Anzahl der Mauersteine, die Kostbarkeit der Sandsteine, die nicht geringe Menge des Eisens, das Gerüste und den beschwerlichen Transport erweget, daraus leicht zu ermessen seyn, daß diese ohnehin inwendig noch mit Boden und Holtzwerck aufzubauende etage nicht wohl unter 150 000 Mark aufgeführet werden könne. So ansehnlich nun diese Summe ist, so sehr verdienet als dieser Theil des Thurms in Rücksicht auf die menage in Betrachtung gezogen zu werden und daher dürfte ich nicht verfehlen, eben bey dieser etage eine Haupt Ersparung vorzuschlagen, welche kurtz darin bestünde, daß man statt des Mauerwercks sie von Holtz bauete und wie das übrige der Kirche mit Kupfer deckete. Würde gegen diesen Vorschlag eingewendet, daß Mauerwerck schöner aussehe und von längerer Dauer sey; so wissen wir, daß Pracht und Schönheit nicht allemal eine Haupt Absicht beym Baue sey, und in Betreff der Dauer können wir einem jeden zu bedencken geben, wie baufällig in den neueren Zeiten unsere Thurm Mauren zu Petri, zu Jacobi, zu Catharinen gewesen sind, wie kranck die Nicolaitische noch sey, und wie schwere Summen ihre noch in frischen Andencken schwebende reparationes weggenommen haben; Wohingegen die Pyramiden aller dieser Thürme mit ihren Mauren ausgedauret und ihre etwanige reparationes im Gantzen lange nicht so schwer als jene an dem Mauerwercke geworden sind. Aber auch die Schönheit verlieret in Ansehung der Structur wenig oder nichts, sondern es ist hauptsächlich die Farbe, die unsern Augen weniger gefällt, und da wir gewohnt sind, mit dem Mauerwercke den Begriff der Kostbarkeit und Unvergänglichkeit zu verbinden, so glauben wir auch eine mehrere Pracht daran zu erblicken.

Wenn wir dann für jetzt den Gedanken von der Schönheit an die Seite legen und ratione der Dauer in der Erfahrung sehen, daß nichts zu besorgen sey: So wird dieser Vorschlag aus dem Grunde der menage sich von selbst empfehlen und auch die Größe derselben leichte zu ermessen seyn, wenn man betrachtet, daß alsdann materialien und Arbeitslohn viel weniger kosten, daß die Beschwerde des Transports größesten Theils wegfällt, und daß wir sodann beym gantzen Bau nicht nöthig haben, ein eigenes Gerüst zu erbauen. Gewiß große Ersparungen! Allein ich kann noch eine vorschlagen, die gewiß nicht weniger wichtig ist, nemlich diese: daß der gantze Bau unserer Pyramide von fürenem Holtze gefertiget werden mögte.

Dieser Vorschlag wird fremd scheinen, da alle unsere Spitzen von eichenem Holtze sind, und ein jeder das eichene viel dauerhafter zu seyn glaubet. Es ist auch in der That viel dauerhafter, wenn es dem Regen und der Näße ausgesetzt wird, allein es ist uns auch nicht unbekannt, daß kernigt fürenes Holtz im Trockenen so lange wie eichenes aushält, in welcher Ueberzeugung wir auch zum Inwendigen unserer bürgerlichen Gebäude beständig das fürene gebrauchen. Gleichwie aber in unserem Falle alles in Trockenen zu stehen kommt und ohnehin in unseren Kirchen und Thürmern das Kupfer auf füren Dielen befestigt ist, welche fürene Schaaldielen unter dem Kupfer eben so wenig als das Stenderwerck, woran sie haften, vergehen; Also wird der Vorschlag, von fürenem Holtze zu bauen weniger bedenklich, oder wohl gar vorzüglich werden, wenn wir bedenken, daß wir in der That von fürenem mit einer größeren Sicherheit bauen, da wir gesundes füreres Holtz in aller verlangten Länge und Stärcke haben können, gegentheils aber in eichenem Holtze zu unseren Zeiten nicht mehr die Wahl wie unsere Vorfahren haben, sondern mit dem, was man uns zu Markte bringet, vorlieb nehmen müßen, dem ungeachtet theuer bezahlen sollen, und dennoch bey einem dreyfachen Preise nicht einmal sicher seyn können, ob das angekaufte eichene Holtz inwendig gesund, oder von der geglaubten Dauer sey.

Unter diesen Betrachtungen finde ich gar keine Bedenken, den Bau von fürenen Holtze anzurathen, zumalen die vorgemeldeten Ersparungen zusammen genommen so beträchtlich sind, daß auf der jetzt stehenden Thurm Mauer eine Pyramide von nicht wenigerem Ansehen und von nicht wenigerer Höhe als die ehemals vorgeschlagenen waren, zuverlässig um den halben Preis, den jene kosten sollten, erbauet werden kann. Denn die höchste von meinen im Jahr 1764 entworfenen Pyramiden würde gewiß nicht unter 300000 Mark Banco zu Stande gekommen seyn, wogegen unter diesen Vortheilen nach dem anliegenden Riße eine noch zierlichere Pyramide von der nemlichen Höhe gewiß für 150000 Mark Courent zu errichten ist. Es ist eine Selbstfolge, denn wenn niedrigere gewählet werden, die Baukosten auch geringer werden und deswegen habe ich über den Hauptetagen eine Veränderung von größeren und kleineren Spitzen angebracht.

Wenn demnach die Pyramide, abgekürtzet, mit den Geländer ohne Spitze bey A sich endigte, so würde unser Thurm zwar der niedrigste von allen Haupt Thürmern in Hamburg, allein er hat dennoch mehr Ansehen als die übrigen und kommt auf 120000 Mk zu stehen. Mit der Kuppel Spitze, b, wird er fast so hoch wie der Dohmsthurm ist, und sich auf 127000 Mk belaufen. Mit der Kuppel Spitze, c, kommt er bey nahe der Catharinischen gleich und kostet 136000 Mark. Endlich mit der Spitze, d, wird er an Höhe und gutem Ansehen alle unsere Thürmer übertreffen und dennoch gantz gewiß unter 150000 Mark recht gut und recht dauerhaft erbauet werden können.

Am verträglichsten wäre es freylich wenn man auf einmal bis an die Gallerie bey Litt. A gehen könnte und hienächst eine beliebige Spitze nach Bequemlichkeit aufsetzete. Gleichermaßen würde im zweiten Falle es seine Vortheile haben, wenn wir die erste etage der Pyramide bis zum Signo C auf einmal errichten könnten. Wenn jedoch auch dieses nicht thunlich seyn mögte, inmittelst aber der Gebrauch der Glocken eine Haupt Absicht des Baues ist, welche in dem unteren Theile der ersten etage ihren Platz erhalten; So ließe sich auch gar füglich die Einrichtung machen, daß diese erste Etage, welche ohnehin aus zweyen Stenderwercken bestehen muß, zuvörderst halb gebauet würde, wo bey nichts vorher verloren gienge, als daß wir das Ziegeldach womit jetzt der Thurm beleget ist, wieder darauf decken müßen. Hiezu würden, da die ersten Bauanstalten, die Bau Geräthe, der Bau Platz und andere Neben Umstände etwas mehr, das gleichwohl in der Folge dem gantzen Bau zu gute kommt, erfordern mögten, etwan 37000 Mark von nöthen seyn. Übrigens würden, wenn der Bau successive geführt würde, die Baukosten bis zum Signo C 70000 Mk, bis über der Uhren-Scheibe 98000 Mk und bis zur gallerie 120000 Mark betragen.

Endlich wird in Ansehung der Zeit, in welcher mit dem Bau der Anfang gemachet werden könnte, unschwer zu ermessen seyn, daß, wo zu demselben fürenen Holtz beliebet würde, welches bekanntlich alle Tage an unserem Markte ist, alsdann zu einer jeden gefälligen Zeit der Bau vorgenommen werden können, und nur dieses vielleicht eine genauere Erwegung verdienete, ob nicht bey dem Ankaufe des Holtzes und seiner Auswahl sich Vortheile von Belang erhalten laßen mögten.

Hamburg d 15. Junius 1776   EGSonnin.

58.
KIRCHE WILSTER

Gesuch an die Regierung in Glückstadt um Freigabe des vom Zoll in Wewelsfleth beschlagnahmten Koffers mit Hinweisen auf den Inhalt und dessen Zweckbestimmung. Das Gesuch ist deshalb zusätzlich zu den Gutachten aufgenommen, weil es einen Einblick nicht nur in die Zollabfertigung, sondern auch in die von Sonnin auf seinen Reisen mitgeführten persönlichen Gegenstände vermittelt.
Wilster, 2.7.1776

Landesarchiv Schleswig-Holstein
Schleswig, Schloß Gottorf
Abt. 103, Nr. 437
Betr. Wilster, Kirchen- und Orgelbau,
Kirchenstände etc.
de 1604–48, 1709–92

Copia

Allerdurchlauchtigster Großmächtigster König
Allergnädigster Erb-König und Herr!

 Ew. Königl. Majt. Allerhöchste Verordnung zu Folge ist mir der Bau der neuen Wilstrischen Kirche aufgetragen, welcher, da ich in Hamburg wohne, es nothwendig machet, daß ich mehrmalen hin und her zu reisen habe. Indem der Gemeine so wohl als mir daran gelegen ist, daß das Gebäude noch vor Winter unters Dach komme, und ich auch deswegen meine Einrichtung dahin gemachet, daß ich die mehreste Zeit des jetzigen und künftigen Jahres in Wilster zubringen werde; so war ich eben im Begriff mit Schiffer Kracht, der einige Quader Steine und andere Materialien zum Behuf der Kirche abholete, abzugehen, als ein unvermutheter Auftrag mich nöthigte meine Abreise auf einige Tage aufzuschieben. Ich ließ indeßen meinen Conducteur und den schon an Boordt gebrachten Coffre nebst einem copiir-Glase vorausgehen, und gab meinem Conducteur so wohl als dem Schiffer ausdrücklich auf, daß, wo auf der Zollstätte zu Wewelsfleth meinem Coffre in Anspruch genommen würde, sie ihn versiegeln laßen sollten, bis er bey meiner Ankunft in Wilster von dem dasigen Zollverwalter geöffnet würde, wie solches in dem gantzen Königreiche gebräuchlich, und auch täglich mit allerhand verschloßenen oder versiegelten piecen so wohl in Itzehoe als in Wilster geschiehet. Es hat aber der Controlleur meinen Coffre nebst dem Instrumente und einen zur Kirche bestimmten Schleifsteine nicht nur nicht versiegeln wollen, sondern er vermeinet sogar, diese drey Stücke für confiscirt erklären zu können, weil solche nicht mit in dem Zollzettel benannt sind.

 Der Schiffer Kracht, den ich darüber besprochen, behauptet, was den Schleifstein anlanget, daß solcher in dem bey dem Zollschreiber zu Wewelsfleth, Ludewig Meybohm abgegebenen Verzeichniße seiner Ladung benannt, und nur von diesem übersehen sey und was meinen Coffre beträfe, so habe er bey meinem mehrmaligen hin und her reisen beym Zollen gemeldet, daß ich meinen Coffre mit mir führe es sey ihm aber geantwortet worden, das brauchte nicht im Zollzettel angeführt zu werden, er könne es dem Controlleur nur mündlich anzeigen. Dieser Anweisung zufolge habe er jedesmahl und auch nun dem Controlleur, ehe er mit ihm aufs Schiff gekommen gemeldet, daß mein Coffre dasey, welchen er auch mitten im Schiffe oben auf den geladenen Sandsteinen ganz frey stehend befunden habe. So wenig nun hiebey auch nur der geringste Anschein eines intendirten Unterschleifs vorgewaltet, so hätte dennoch der

Controlleur den Coffre und das instrument nicht versiegeln wollen, sondern habe meine Sachen für confiscirt erklährt, sie mit Mannschaft vom Schiffe geholet, den Coffre unter dem Vorwande, daß solches Allerhöchsten Ortes einberichtet werden müße, gewaltsamer Weise aufgebrochen, wovon er auch nicht einmahl dadurch sich hätte abhalten laßen wollen, daß ihm der Schiffer, um mit mir nicht Ungelegenheit zu haben, für die richtige Ablieferung des zu versiegelnden Koffers den Zollverwalter in Wilster alle verlangte Caution bis auf 10 000 Marck in continenti zu bestellen angeboten.

Vermuthlich wird also dieserwegen abseiten der Zollstädte zu Wewelsfleth, bereits allerunterthänigst Bericht abgestattet und vielleicht auch der Vorfall so geschildert seyn, wie der Controlleur sich darüber bey der Eröfnung des Koffers in allerhand Ausdrücken geäußert hat. Allerschuldigstermaßen hätte ich auch den meinigen gerne sogleich eingesandt, wenn ich früher hieher gewesen wäre und nicht aufgeschwollene Geschäfte mich davon abgehalten hätten.

Nach den Controlleurs Begriffen sollen meine Sachen nicht mir, sondern dem Gevollmächtigten Claus Schlüter zu gehören, weil in dem Coffre seine Schreibtafel und sein Holzhammer mit befindlich gewesen. Die Umstände aber sind diese: Der Gevollmächtigte Schlüter war mit Kracht nach Hamburg hinaufgekommen, um mit mir nicht allein die bemeldeten Quader-Steine, Nägel, Oel, Dommekragte pp. sondern auch Holz zum Kirchenbau anzukaufen, wie wir denn auch 249 Stück Tannen, die jetzt hieher unterwegs sind, angekaufet haben. Da wir nach diesen Verrichtungen auch zusammen hieher reisen wollten, ersuchte er mich sein vom Ankauf übrig behaltenes Geld in meinen Coffre zu nehmen, dem er hiernächst, weil Raum genung war, noch seine Schreibtafel, Holtzhammer und einige Paar Stiefelstrümpfe beyfügete, welches alles ich gerne geschehen laßen könnte.

Es ist dem Controlleur nicht begreiflich, wie ich Fischbein und thönerne Kugeln (im Niedersächsischen Löpers genannt) brauchen könne; Allein er weiß auch nicht, daß ich beydes zu einer bey müßigen Stunden zu modellirenden Centrifugalmachine brauchen wolle. Des Controlleurs Äußerungen nach sollen auch die 9 Ellen Lacken mit Zubehör und der Chalon keine Sachen für mich seyn; Allein gleichwie ich versichern kan, daß da ich wenigstens 10 Jahre lang meine Kleider in Altona machen laßen, ich nun gewilliget sey, mir von diesem unkostbaren Lacken ein alltägliches Reisekleid von einem hiesigen Schneider verfertigen zu laßen; So betheure ich hiemit, daß der Coffre mit allem, was darinnen befindlich ist, mein mir zuständiges Eigenthum sey. Ob seiner Meinung nach ich mein Lacken verzollen müßen, weiß ich nicht, will es aber auch nicht wünschen, weil Ew. Königl. Majt. ich sonsten noch vielen Zoll für die Kleider so ich in Altona habe verfertigen laßen, zu bezahlen hätte, und eben dieser von vielen Hamburgischen Bürgern, die ihre Schneider in Altona haben gefordert werden müßte.

Solchem allen nach gelanget an Ew. Königl. Majestät meine allerehrerbietigste Vorstellung und Bitte, Allerhöchst Dieselben wollen huldreichst geruhen, dem Controlleur zu Wewelsfleth Allergerechst den Befehl bey zu legen, daß er mir meinen Coffre nebst allem darinn und dabey befindlich gewesenen Sachen unversehrt und unbeschädigt ohne Zeitverlust einhändigen, auch mir zugleich die hierdurch angeursachten Kosten wider erstatten solle; Wobey Ew. Königl. Majestät Allerhöchsten Ermeßen ich es allerdemüthigst überlaße, ob nicht der Controlleur für seine bey meinen Coffre gebrauchte Gewaltthätigkeit, so wie überhaupt für sein unanständiges Betragen angesehen zu werden verdient; der ich in allerhöchster Ehrfurcht ersterbe
Ew. Königl. Majt.   allerunterthänigster Knecht
                                             Ernst George Sonnin

Relatum et Supplicatum
humillime Wilster den
2ten Julii 1776.

59.
KIRCHE WILSTER

Der Bericht an die Kirchenbaukommission über die Entlassung überzähliger Maurer nach Errichtung der Außemmauern ist wegen des von Sonnin angewandten Ausleseverfahrens von Interesse. Ferner Angabe des Holzbedarfs für die Turmerhöhung.
 Die gleiche Akte enthält zahlreiche zwischenzeitliche Berichte über den Baufortschritt.
Wilster, 18.12.1776

Stadtarchiv Wilster
III, G. 3, No. 1227a
Bau der neuen Kirche 1765/1780
Bl. 190

Pro memoria.
Nach der gestrigen Vollendung der Kirchen-Mauer sind die sämmtlichen Maurer-Gesellen aufgelohnet und ihnen angezeiget worden, daß man den Bau nunmehro ruhen laßen würde. Die Absicht war, sich der schlechten dadurch gäntzlich zu entladen und denen die Lust zum Laufen haben, dazu Gelegenheit zu geben, wogegen den Tüchtigsten ein Winck gegeben ist, daß sie bey guter Witterung zur Fortsetzung der Arbeit sich Hoffnung machen könnten, in welcher Absicht sie ohne Zweifel den Winter hier zubringen werden.
2. Ueber die Belegung des oberen Thurmbodens zur Abhaltung des Schnees, ist jüngst kein Entschluß gefaßet. Die wenigen füreren Bretter, welche auf dem unteren auf Anhalten des Küsters geleget sind, und so hoch liegen, daß man sich sehr bücken muß um durchzukommen, mögten wohl nicht so bleiben können. Würden diese, oder statt deren anderen eichene so niedrig geleget, daß man aufrecht durchgehen könnte, so würden hiezu und zur Belegung des oberen Bodens insgesammt 35 Quadrat-Fuß a 2 ½ Schl erfordert.
3. Die neulich angeregte vermoderte Sohlen unter der Thurmspitze sind 13 Fuß lang und würden also 16 Stück lang 13 Fuß, dick 5 et 8 Zoll erfordert. Sollten wir so günstige Witterung behalten, daß auch der Thurm bis zur bestimmten Höhe aufgeführet werden könnte, so gebrauchten wir zu Mauerlatten 16 Stück lang 14 Fuß, dick 6 et 9 Zoll. Die füreren Balcken die darunter gezogen würden sind so gut als vorhanden, da die Balcken, so jetzt darunter liegen, lang und starck genug sind.
Wilster d 18ten Decbr. 1776. EGSonnin.

60.
LÜNEBURG

Gutachten für den Magistrat über die Brunnenordnung sowie die Ursachen des eingetretenen Wassermangels mit Vorschlägen zu dessen Behebung. Es ist das erste Gutachten, das Sonnin für den Lüneburger Rat außerhalb seiner Tätigkeit in der Saline anfertigt. In der Wasserversorgung kann er auf eigene Erfahrungen zurückgreifen: Zwischen 1755 und 1759 hatte er an der Frischwasserversorgung des Pesthofes in Hamburg mitgewirkt. Der Hinweis auf die Prägnanz des Gesetzestextes der Alten läßt die Hochachtung erkennen, die Sonnin häufig vor der Tätigkeit der Vorfahren äußert, obwohl gerade er so oft Neuerungen vorschlägt. Konzept ohne Unterschrift und Datum, vermutlich um 1776.

Stadtarchiv Lüneburg
W. 2, Wasserleitungen
Acta betr. die Wasserkunst bei der Rats-Mühle
1531 seqq.
Bl. 158

Pro memoria.

Wie die Alten ihre Gesetze kurtz und entschieden gefaßet und NB auch darüber gehalten; so ist die Brunnen Ordnung der Rathsmühle auch so gut eingerichtet, daß man im Wesentlichen wenig daran verbeßern wird, und nur zu sorgen seyn mögte, daß dem Klagen der obenliegenden Intereßenten abgeholfen würde.

ad art. 3.

Mögte in Erwegung kommen, ob es nicht gerathener, daß alle Jahr nur Einer von denen Herren Administratoren mit Ablegung seiner Rechnung abgienge. Es würde das Gute dadurch entstehen, daß Administratores desto beßer mit allen Umständen der Kunst bekannt werden und in ihrem verwaltenden Jahre das Wohl des Brunnens desto genauer besorgen könnten. Sie könnten auch in Beobachtung der Brunnen und deren Mängel sich einander beßer unterstüzen, auch bey Vorfällen einander ablösen.

Man wird hiegegen einwenden: Sie hätten alsdann 4 Jahre Last, da sie nun mit zweyen entlediget würden, welches auch nicht zu läugnen ist. Allein wie es dem Gantzen ersprißlicher ist; so wird es Ihnen selbst auch geläufiger, mithin weniger lästig, und würde es dann von ihnen abhängen, wie sie sich untereinander erleichterten.

ad art. 5.

Dieser Artikul will ausdrücklich, daß die jenige so weit entfernt (dejenne so wieth abgeseten) in ihrer Northdurft der Hauptrönnen unverkürtzet bleiben sollen.

ad art. 6 et 7.

So strenge der 6t artikul zu seyn scheinet, so milde ist hingegen der 7te, und erhellet daraus, wie sehr die Alten eine durchgängige Gerechtigkeit geliebet haben, und nicht wollen, daß ein Mitglied dem andern zum Schaden seine Freunde begünstigen oder mit der Gesellschaft Waßer wuchern solle. Die vom H. Bürgermeister von Töbing vorgeschlagene halbe Brunnenzulage wäre gar nicht unbillig, indem die Nutzung des Ueberflußes der Intereßentenschaft zu statten käme.

Der 8te

Artikul ist der wichtigste für den größeren Theil der Intereßentenschaft. Einer Abänderung und Verbeßerung bedarf er eigentlich wohl gar nicht, nur ist es höchstnothwendig, daß er gehalten werde.

Unter denen vielen, die mit Recht über Mangel an Waßer klagen ist auch die alte Sültze. Ihr Brunnen hat nur wenige Stunden des Tages und sehr oft gar kein Waßer, ja bisweilen ist das wenige, was sie hat, unrein und moderigt. Wenn man auch darüber klagt, so wirds nicht beßer. Die Sültzer glaubten durch die Erfahrung belehrt zu seyn, daß die Bequemlichkeit des Kunstknechts vieles dazu bey trage. Allein hier liegt wohl nicht der Hauptfehler.

Ohne Zweifel kann man es wohl als richtig voraussetzen, daß bey der ersten Anlage der Kunst alle Intereßenten ohne Ausnahme genügsames Waßer gehabt haben. Wer wollte sich wohl einen Brunnen angeschafft haben, der kein Waßer hätte? und wo ja einer so unbesonnen gehandelt hätte, würden doch nicht so viele, die jetzt gegründet klagen, sich einen waßerlosen Brunnen zu jährlicher schwerer Ausgabe erstanden haben. Daß aber diese vormals keinen Mangel gehabt, ist auch daraus abzunehmen, daß viele aus der Intereßentenschaft das bekräftigen, was unsere alten Sültzer sagen: man erhalte jetzt nicht mehr den 10t Theil des Waßers, den man vormals hatte. Hiedurch leiden denn nicht allein viele Intereßenten, sondern der große Nutzen den die öffentliche Brunnen bey Feuersbrünste geben sollten, fällt gäntzlich hinweg.

Billig fragt man denn, woher der mit Recht gerügte Waßermangel entstanden sey? Er kann mehrerley Ursache haben.

Die erste ist wohl, daß nach und nach die Säulen, die der Kunst am nächsten liegen, erniedriget worden sind, mithin das Waßer nicht so hoch steigen kann, als es für die obere Brunnen nöthig ist. Ohne Zweifel hat man auch nach und nach die Haanchen erniedriget, welche, wenn sie zum Gebrauche laufen, ohne hin den Drang nach oben zu vermindern, und hienächst, wenn sie nicht abgeschloßen werden, desto mehr Waßer verspildern.

Die Zwote ist die bekannte Unachtsamkeit oder Vernachläßigung die Haanen zu verschließen. Die Sorgfalt, welche bey Anlegung der Kunst und bey Verfaßung des 8ten Artikuls angewendet worden, zeiget klar, daß die Intereßentenschaft einen jeden Mitgliede sein Waßer geben wollte und gegeben hat. Der Waßermangel, worüber einige Kunstverwandte so billig und so laute reden, ist der Vereinberung gerade zu zuwieder. Kein Mitglied ist berechtigt, das Waßer der Gesellschaft ungenutzt verfließen zu laßen.

Die Einwendung, welche einige der Kunst zum nächsten belegene machen wollen, daß sie ihre Haanchen nicht schließen mögten, damit die Säule oder Röhre nicht springen ist sehr unstatthaft, und wo etwas dergleichen sprünge oder börste, liegt der Fehler darin, daß man aus unverzeihlicher Sparsamkeit zu schwaches Holtz nimmt, dadurch einige Groschen ersparet und der gantzen Gesellschaft Schaden zufüget. Daß die Hauptröhren springen mögten, ist ein elender Einwurf, da diese den ganzen Drang der Kunst beständig ausstehen müßen und nicht springen, wenn an den Hölzern nichts beknappet wird, welchenfalls sie doch bersten würden, wenn gleich die nach Brunnen an der Kunst ihre Hangten beständig offen hätten.

Die dritte Ursache kann seyn, daß man bey succeßiver Verlegung und reparation die Hauptröhren nicht so tief, sondern flacher in die Erde geleget hat; welches lediglich aus Bequemlichkeit von den Kunstknechten geschehen seyn kann. Mit dieser Pfuscherei könnte man nicht allein mehrere Intereßenten ihres Waßers berauben, sondern man hätte auch den Erfolg, daß die Röhren im Winter erfrieren. Wo diese Verwahrlosung sich fünde, müßte der Fehler bey Legung neuer Röhren nach und nach verbeßert werden.

Die vierte Ursache kann seyn, daß eine Hauptröhre, die den abgelegenen Brunnen das Waßer zu führet, einen Mangel hat, oder durch einen Zufall verstopfet ist, oder undicht ist, und das Waßer an einem Orte verlaufen läßt, den man auf der Oberfläche nicht gewahr werden kann.

Die fünfte Ursache kann in der Bequemlichkeit oder Untätigkeit, oder Unpartheylichkeit der Kunstknechte oder in Vorurtheilen, die solche Leute in ihren Werken haben, liegen, welches sich in einer anzustellenden Untersuchung äußern wird, die von der Gesellschaft nothwendig vorgenommen werden muß, um der alten Verfaßung gemäß, denen entlegeneren Brunnen genügsames Waßer zu geben. Geschiehet dieses nicht, so ist nicht abzusehen, wie man denen, die Waßermangel haben, zumuthen wollte, in der Gesellschaft zu bleiben, die ihrem Contracte oder der Hauptabsicht nicht genug thut auch nicht thun will.

Zu einer solchen unvermeidlichen Untersuchung wäre nun der erste Schritt, daß alle diejenigen, welche aus Furcht des Berstens ihrer Säulen und Abröhren ihre Haanchen nicht schließen wollen, angehalten würden ihre Haanchen zu verschließen, und falls an ihrem Theile etwas sprünge, solches in haltbaren Stand zu setzen.

Daß an den Hauptröhren etwas springt ist gar nicht zu vermuthen, angesehen solche durch die Oefnung oder Schließen eines oder des andern Haanchens, weder beschützet noch gefährdet werden, und vielleicht diese gantze Beysorge eine Erfindung von gewißen Leuten ist.

Der zweete Schritt wäre, daß man alle Säulen nach der Waßerwage abmäße, wie solches auch einer der Herren Intereßenten schon geäußert hat. Ohne Zweifel ist dies vor alten Zeiten auch geschehen, und einen jeden sein Waßer richtig gegeben worden, auf welches praestandum ein jeder seinen Brunnen erstanden hat und in die Gesellschaft getreten ist.

Der dritte Schritt ergiebet sich so gleich als man den zweeten mit Ernst vornimmt. Nemlich es äußert sich eo ipso, ob und wie die Hauptröhren einen Fehler haben, oder ob hie und da zum faveur eines Intereßenten was geschehen, das den übrigen nachtheilig ist. Da den denen befundenen Mängeln von rechtswegen abgeholfen werden muß, ihrer aber so viele und verschiedene seyn könnten, daß man ihnen aufeinmal vorzukommen nicht im Stande seyn mögte; So wäre der vierte Schritt, daß von der Intereßentenschaft ein fester Schluß zur succeßiven Verbeßerung derselben gefaßet und die Zeit binnen welcher sie zu veranstalten bestimmt würde.

Verschiedene Mitglieder haben in ihrem voto geäußert, die Brunnen Gesetze seyn gut fehle nichts weiter, als daß sie nur gehalten würden. Diese Wahrheit ist um so weniger zu bezweifeln, da die Gesetze so lange und insbesondere zu der Zeit bestanden als die Lüneburgische Brauerey noch florirte und damals gewiß ein Brauhaus mehr als ein Paar Tonnen haben mußte. Allein eben die blühende Braunahrung war wohl die Triebfeder zur Haltung der Gesetze, da ein jeder Brauer mit Ernst sein Waßer forderte, und nicht ruhete, bis er es erhielt. Die mehresten Intereßenten, mithin auch die Administratores waren Brauer nahmen also und gaben Gerechtigkeit. Mit dem Verfalle der Brauerey sind die Brunnen in Hände gekommen, denen ein wenig Waßer zur Haushaltung genung ist. Diese hatten also eigentlich keinen Mangel, klagten nicht, und hielten nicht über ihre Recht oder über die Brunnen Gesetze.

Auf diese Arth ist muthmaßlich eine Unthätigkeit unter der Intereßentenschaft entstanden, bey welcher es möglich war, daß die vorerwehnte Erniedrigung der Haanchen, die Versäumung sie zu verschließen, und die fehlerhafte Verlegung der Röhren statt haben konnten.

Wenn dann der vorbenannte feste Entschluß zur Befriedigung der entlegenern Intereßenten gefaßet und zu Stande gebracht worden; so mögte es bey dem Brunnen auch zu einem unveränderlichen Gesetze gemacht werden, daß bey jeder jährlichen Ablegung der Rechnung die abgelegenen Intereßenten ihre Nothdurft vorbrächten oder wenn es nicht thäten, ausdrücklich gefraget würden, ob sie ordnungsmäßig Waßer hätten und dann diese ihre Erklärung entweder unter der abgelegten Rechnung oder in dem Hauptbuche namentlich verzeichnet würde, wodurch dann Administratores von aller Nachrede befreyet und Intereßentes sich selbst es zu danken hätten, wenn ihre Brunnen in Verfall geriethen.

(gestrichen:)
Vorstehende Gedanken habe flüchtig zu beliebigen Gebrauche entworfen. Sie können gefälligst viel kürtzer gefaßet werden, und sind nur weitläufig geworden, um einige Neben Ideen zu beßerer Ueberlegung einzuschalten.

61.
KIRCHE WILSTER

Bericht an die Kirchenbaukommission über den Stand der Zimmererarbeiten, Hinweis auf den Wiederbeginn der Maurerarbeiten und Begründung für hölzerne Fensterrahmen anstelle der ursprünglich vorgesehenen eisernen. Daß Sonnin ästhetische Argumente anführt, ist beachtenswert.
Wilster, 10.3.1777

Stadtarchiv Wilster
III, G. 3, No. 1227a
Bau der neuen Kirche 1765/1780
Bl. 210–211

Pro memoria.
So sehr vergnügt die Zimmerleute beschäftigt sind, bey der längst erwünschten guten Witterung unsern gäntzlich abgebundenen Dachstuhl aufzubringen, auch ihre Anstalten danach einzurichten, daß sie wo nicht vor Ostern, doch gewiß in der Oster Woche denselben errichtet haben wollen; so sehr sehnen sich auch die Mauerleute, denen der Winter viel zu lang geworden, sich wiederum nach Arbeit und es mögte auch wohl gerathen seyn sie damit zu begünstigen, damit die hier gebliebene wenige Fremde, welche sämmtlich ausgesuchte Leute sind, bey uns bleiben mögten. Indeßen ist es nicht meine Meinung, daß vor Ostern ein Anfang mit dem Mauren gemachet werden sollte, weil ich unerachtet unser Kalck von dem harten Froste nicht das geringste gelitten hat, den abwechselnden Nachtfrösten nicht trauen mögte. Das aber könnte ohne alle Besorgniß, geschehen, daß man die Quadern abschrägen ließe, wozu kein Kalck gebrauchet wird. Diese kleine nicht 14 Tage dauernde Arbeit könnte man mit ihnen desto füglicher verdingen, weil kein risico dabey ist. Vor einigen Tagen habe ich sie schon die Probe hauen laßen, damit sie ihren Ueberschlag zu machen wüßten. Sie fordern für die Abschrägung der Quadern an der Kirche 120 Mk, und ich meine sie für 100 Mk zu erhalten, mit welchen Preise wir wohl zufrieden seyn könnten.
2. Die in Betreff der eisernen Stangen beliebte Reise nach Hamburg habe nicht vornehmen wollen, ohne zuvor Einem Höchst Verordneten Bau Collegio meine nachherige, ich glaube beßere Gedancken vorgeleget zu haben. Sie bestehen darin, daß wir gar keine eiserne Stangen nähmen, sondern alles von Holtz macheten. Gantz gewiß würden die Leute abermals dawieder eben so viel zu erinnern haben, als sie vormals gegen die untere hölzerne Fenster Zargen hatten, deren Gutes nun doch jedermann einsiehet. Allein ich erachte, man sey schuldig, sich über alles Urtheil hinzusetzen, so bald man nur versichert ist, daß man das beßere thun. Ob es dieses sey, werden folgende Gründe aufklären:
  a) Die höltzernen Rahme sind viel wohlfeiler. Nach meinem zuverläßigen Ueberschlage werden dadurch 1200 Mk erspart.
  b) Sie sehen beßer aus. Denn da wir zur Ersparung großer Kosten die vorgeschlagene eiserne Stangen billig, sehr schmal machen, so fallen dieselben so wenig ins Auge, daß man sie kaum bemercken wird, und sie sehen dann so armselig aus, wie die eisernen Brücken Geländer in Hamburg, die auch der menage wegen so dünn sind, daß man in der Ferne meinet, es sei ein schwartzer Zwirnsfaden davor gezogen.
  c) Sie sind völlig so dichte als jene, und machen daher wenig Zug in der Kirchen.
  d) Sie dauren so lange als das Fensterbley nur dauren kann. Wenn dieses vergangen müßen doch die Fenster ausgenommen und neu verbleyet werden. Bey Gelegen-

heit dieser unumgänglichen Bemühung kann man zugleich neue Rahme machen, deren Unkosten an den Interessen dreyfach gewonnen wird.

e) Ihre Befestigung ist leichter als der eisernen, und also auch nöthigen falls das Ausnehmen derselben.

f) Wenn etwas schadhaft wird, wie bey Zufällen geschehen kann, können die künftigen Kirchen-Haupt Leute sich beßer helfen.

g) Sowohl der Arbeitslohn, als der Belauf des Materials bleibet im Lande, da bey den eisernen beides ausgehet.

h) Kleinere Vortheile bey den hölzernen, und inconvenientzien bey den eisernen will ich übergehen.

In diesen Betrachtungen scheinen mir die hölzernen viele Vorzüge für die eiserne zu haben, und ich hoffe, daß nach überwundenem Vorurtheile, die gantze Gemeine mit den hölzernen zu Frieden seyn würde.

Willster d 10ᵗ Martii 1777.   EGSonnin.

62.

KIRCHE WILSTER

Bericht an die Kirchenbaukommission über den Stand der Bauarbeiten, Angaben zu den Zimmerarbeiten im Dachraum und Vorschlag zur Belichtung des Dachraumes durch mit Kupferblech angedichtete Glaspfannen oder durch Frontispizien (Frontons, die er auch schon im Beischreiben vom 1. Mai 1775 zum Entwurf wegen der Schwierigkeit der Andichtung an das Dach nur bei Kupferdeckung empfohlen hatte) auf den Längsseiten. Sie hätten dem Kirchenschiff ein konventionelleres Aussehen gegeben, wie es etwa die Entwürfe von Sonnins Schüler Johann Adam Richter für die Kirchen in Neumünster (1772), Schönberg (1780–82) und Kappeln (1788) zeigen. Die zwei erwähnten Entwurfszeichnungen sind nicht mehr vorhanden.
Wilster, 6.5.1777

Stadtarchiv Wilster
III, G. 3, No. 1227a
Bau der neuen Kirche 1765/1780
Bl. 214–215

Pro memoria.

Höchst Verordnetem Bau-Collegio kann ich nach genommenen Augenschein die gute Nachricht geben, daß endlich der Felsenhauer Kauffmann unsere Fensterbäncke zu Kellinghusen zusammen gebracht und bis auf wenige Stücke behauen hat. Doch müßen noch die Köpfe derselben hier zur Stelle zur Maße gemachet werden, welches er, so bald sie hieher transportiret worden, aus bewegenden Ursachen nicht versäumen wird.

2. Obgleich die Lattung unseres Daches und die Belegung des untern Bodens vollendet ist, so wäre es doch nicht nöthig, die Pfannen aufzuhängen, bevor die Forstpfannen angelanget sind. Daher werden die Zimmerleute derweile die Gewölbe-Bogen beschicken. Um ihnen eine richtigere Anweisung zu geben und um zu verhüten, daß kein Holz verschnitten werde, habe ich durch den Tischler Eggers ein Bogen Stück errichten laßen, nach welchem sie ihre Bogen auf der Erde zuschneiden und nachmals desto richtiger anbringen können.

3. Wenn wir unser Dach ohne Dachfenster gäntzlich zudecken, so ist leichtlich zu

ermeßen, daß unser Dachboden alles Lichtes beraubet sey, welches ihm doch unentbehrlich ist, um bemercken zu können, wenn sich mit der Zeit Lecken oder Mängel ereignen mögten. Indeßen läßet sich auch doch Licht im Dache erhalten, ohne Dachfenster bauen zu dürfen. Vor Alters stützte man nur einige Pfannen auf und ließ sichs gefallen, daß Regen und Schnee frey hinein schlugen. In neueren Zeiten hat man die sogenannte Glas Pfannen mit einer gefalzteten Oefnung gemacht, in welcher ein eingelegtes Glas verküttet oder mit Kalck verstrichen wird. Sie haben die Unbequemlichkeit, daß Kalck und Kütte bald loslaßen und dann solgeich eine Lecke entstehet. Nachher hat man andere erdacht, welche wie ein kleiner Erckner gestaltet und mit einem in einer Faltze lothrecht stehenden verkütteten Glase versehen sind. Auch an diesen lösen sich Kalck und Kütte auf, und alsdann muß die gantze Pfanne und mit ihr die nebenliegenden aufgenommen werden, um das Glas auswendig wieder verkütten zu können. Diesen Unbequemlichkeiten würde man entgehen, wenn man Kupfer in die Gestalt einer Pfanne böge, in demselben eine Oefnung nebst einer zweckmäßigen Faltze machete, und das Glas von oben hinein schöbe. Auf diese Art würde weder Regen noch Schnee eindringen, das Glas nöthigen Falls ohne Beschwerde ausgenommen, gereiniget und inwendig verstrichen werden können, ohne deswegen die kupferne oder die neben liegende Pfannen regen zu dürfen. Eine zur Probe verfertigte Pfanne deser Art würde durch den Augenschein das nähere und zugleich zeigen, daß sie nicht vielmehr als die sogenannte Erkner Pfannen zu stehen komme.

4. Mit mehrerem Aufwande, jedoch auch mit mehrerer Zierde würden wir einen sehr hellen Kirchenboden erhalten, und zugleich die Wünsche vieler Mitglieder der Gemeinde erfüllen, wenn wir die lange Seite unseres Daches mit einem Frontispicio versähen. Zur Idee und zur gefälligen Erwegung sind hiebey 2 Zeichnungen angeleget. Das größere kommt gäntzlich mit der Regula der Architectur überein, und ist im Verhältniß wohlfeiler als das kleinere, welches ziemlich von der Regul abweichet.

Ehemals habe ich bemercket, daß Dachfenster Erckner und Frontispicien mit Kupfer gedecket seyn müßen, wenn man von ihrem beständigen Dichthalten versichert seyn wolle. Dieses würde auch in unserem Falle erforderlich seyn und den größesten Posten im Betreffe des Aufwandes machen. Was an Mauerwerck dazu kommt, wird sehr wenig belauffen, weil solches nur 2 Steine dick seyn darf, und da wir Kalck und Steine vorräthig haben, würde nur der Maurerlohn in Betrachtung kommen. An Zimmerholtze werden außer dem im Gesichte stehenden Gesimse nur zweene schwache und kurtze Sparren erfordert. Solchen nach würde ein zuverläßiger Kosten Anschlag dieser seyn!
(Anschlag folgt) Summa 3500 Mk.
Das kleiner Frontispice würde nach Maßgabe dieses Anschlages auf 2300 Mk. zu stehen kommen.

5. Der Schmidt hat seine Hang Eisen in Bereitschaft, welche, bevor die Pfannen aufgehänget würden anzubringen wären.
Es wird zu ihrer Anpaßung eine Genauigkeit erfordert, welche der Tischler Eggers, der die Modelle gemacht, am besten beobachten und bedingen könnte.
Willster d. 6^t Maii 1777 EGSonnin.

63.
KIRCHE WILSTER

Beischreiben an die Kirchenbaukommission zur Entwurfszeichnung einer Firstbekrönung aus zwei Vasen mit Öffnungen zur Belüftung des Dachraumes. Ferner Holzliste für die Erhöhung der Turmspitze und Überlegungen zur Erhöhung selbst. Die Zeichnung ist nicht mehr vorhanden.
Wilster, 9.6.1777

Stadtarchiv Wilster
III, G. 3, No. 1227a
Bau der neuen Kirche 1765/1780
Bl. 216

Pro memoria.
Zu Höchst verordneter Deputation gefälligster Erwegung praesentire hiemit vorschläglich einen Riß und Profil von einer vase oder Knauf, welche unmaßgeblich auf beiden Enden der Kirche zu setzen wäre, nicht so wohl zur Zierde als vielmehr zu einem wesentlichen oder unentbehrlichen Nutzen. Denn da unser Kirchendach ohne alle Oefnung gantz dichte wird, so würden die von der Gipsdecke, von dem naßen Bauholtz, von den naßen Brettern, in dem Dache verschloßene Dünste eine faulende Luft und eine Ansteckung des Holtzes verursachen, wenn gar keine Oefnung in demselben wäre. Es konnte aber eine solche Oefnung am bequemsten mittelst dieser beiden Knöpfe angebracht werden, welche inwendig hol und mit ihrem Deckel so verwahret wären, daß kein Regen oder Schnee hinein schlagen könnte. Sie würden von fürenem Holtze gemachet und mit Kupfer gedecket.
2. Bey der nunmehro wieder angefangenen Thurm Arbeit wäre auf das Holtz zu gedencken, welches theils zur künftigen Anbringung des Gesimses, theils zur Sicherheit des durchgeschlagenen und am Ende etwas angefauleten Balcken erforderlich ist, nemlich
(Stückliste folgt) Das Holtz kann eichenes oder fürenes seyn, welches reiferem Ermeßen anheim stelle.
3. Nach der jüngsten Versammlung ward ich zur Rede gestellet, warum ich anfänglich die Erhöhung des Thurms als nützlich empfohlen, beym Weggehen aber angerathen hätte, daß man denselben unerhöhet stehen laßen mögte. Es wäre nun zwar nichts ungewöhnliches, wenn man nach gehörten Gegengründen seine Meinung änderte; Allein dieses war doch der Fall nicht; sondern ich wünschte damals lieber, daß der Thurm in seinem Zustande bleiben mögte, als daß derselbe Gelegenheit zu differentzen votis geben mögte, und war übrigens wie noch der Meinung, daß, wenn man gleich die Zierde nicht in Betrachtung ziehen wollte, dennoch die Erhöhung um des beßeren Schalles der Glocken willen von sehr großem Nutzen sey.
Willster d. 9ᵗ Junius 1777   EGSonnin.

64.
PETRIKIRCHE BUXTEHUDE

Gutachten über den Bauzustand mit Vorschlägen für die Instandsetzung. Das Gutachten gehört wegen der vorgeschlagenen unkonventionellen Sicherungsmaßnahmen an den ausgewichenen Pfeilern und Gewölben durch Bohlenrost,

Druckbalken und eisernen Ringanker zu den bemerkenswertesten. Die Anfertigung des Ringankers bereitet im Jahre 1778 Schwierigkeiten. Er erfüllt dann jedoch das ganze 19. Jahrhundert seinen Zweck. Eine Generalinstandsetzung findet erst 1898 statt. Dazu zwei Grundrißzeichnungen. (Veröffentlicht von Heckmann, a. a. O., Abb. 74.)

In einer Ergänzung geht Sonnin am 18. Mai 1778 auf Fragen des Zimmermeisters Barthäuser ein.

Hamburg, 27.10.1777

Pfarrarchiv Buxtehude
Magistrat der Stadt Buxtehude
Acta die Reparaturen an der hiesigen St. Petri-
Kirche betr.
Kirchen-Register-Bau-Sachen
X. 3, Nr. VII

Pro memoria.

Bey der in allem Betracht sehr gut und sehr schön gebaueten Peters Kirche in Buxtehude, war es freylich ein Fehler der Anlage, daß man vielleicht um der Schönheit willen die auswendigen Strebe Pfeiler etwas schwach anlegete und am Chor die Verankerung im Wiederlager wegließ, jedoch auch eben damit Anlaß gab, daß man dem überwiegenden Druck und Last der Gewölber die Strebe Pfeiler die erste Ausweichung um so leichter erhielten, als der unterliegende Sand Grund seiner Natur nach am wenigsten eine Ungleichheit der über ihm ruhenden Last ertragen kann. Indeßen wäre es zu wünschen gewesen, daß bey der vor etlichen Zwantzig Jahren vorgenommenen Hauptreparation dem unabänderlichen Druck der Gewölber auf eine hinlänglich solide Art begegnet und nicht vielmehr das vorhandene Uebel durch zwey neue Uebel vermehret worden wäre, indem man eines theils durch die neue fundamentlose aus schlechten materialien mit schlechter Arbeit zusammen getragenen Strebe Pfeilern den überweichenden Mauren eine auswerts ziehende Last angehänget, und andern Theils durch die neue zwar künstliche aber in sich unhaltbare Dächer die ausweichenden Mauren mit seiner Schiebung beschweret hat.

Nunmehr erfordern denn die deteriorirten Umstände der Kirche eine dreyfache Ueberlegung; wie nemlich dem ferneren Schieben des Hauptdachs abzuhelfen; wie dem Ausweichen der Gewölber und Pfeiler am Chor vorzubeugen; und wie dem Ausweichen der Neben Gewölber zu wehren sey.

I.

Das Schieben des Hauptdaches läßet sich mit sehr mäßigen Kosten auf nachstehende dauerhafte, durch den Riß litt A erläuterte Weise abändern:

Neben einem jeden quer über die Kirche liegenden Haupt Balcken a wird ein Bret b (circa 32 Fuß lang, 1 ½ Fuß breit, 2 Zoll dick) gestrecket, welches an beiden Enden in dem Brustbalcken c (in welchen die Stichbalcken gestecket sind) um 2 Zoll (damit es mit dem Balcken bündig werde,) eingelaßen und darauf mit starken Nägeln vernagelt wird. Hiedurch werden die Brustbalcken, welche jetzt nur mit einem Zapfen in den Hauptbalcken gestecket sind, hinreichend zusammen gehalten, mithin ihre Stichbalcken und die darauf ruhende Leersparren gegen ihr bereits mercklichen Schieben gesichert.

Wenn dieses geschehen, wird langher vom Thurm d bis an die Chorhaube in e zu beiden Seiten eine dreyfache Bretter Lage d e gestecket. Diese Bretter müßen 2 Zoll dick, 10 Zoll breit, und circa 45 Fuß lang seyn, damit sie wenigstens über 3 Balcken reichen, und werden verwechselt oder verschoßen damit nicht alle Fugen oder Stöße auf einen Balcken kommen. Das innerste Brett wird so nahe als möglich an das hervorragende Gewölbe geleget, damit die Zwischenweite von d bis d, oder von e bis e so klein als möglich sey. Wenn diese zweyfache Bretter Lage recht wohl vernagelt worden, so wird sie nebst dem Hauptbalcken d d an den Thurm mit einem tüchtigen Ancker angeanckert.

Indem nun auf diese Weise die gantze Bretter und Balcken Lage am Thurm geheftet ist, so kann man nun die ausgewichenen Sparren, Stuhlsparren, Brust und Stickbalcken des Chors, wie es einem jeden nöthig an den Hauptbalcken und Bretter bey e e wieder heranziehen, und etwan mit Brettern (wie die punctirten Linien anweisen) oder wie es sonst die Umstände erheischen so gut befestigen, daß sie nicht allein für sich nie mehr schieben, sondern auch in tantum die Mauren oben zusammenhalten werden.

Sehr nöthig ist hiebey, daß recht gute gesunde feine füröne Bretter ohne Spint dazu genommen werden, damit man nicht mit dem untauglichen material die Dauer dieser obzwar nicht kostbaren (nach hiesigen Preisen, mit Holtz, Nägeln und Arbeitslohn auf 450 Mark belaufenden) Anlage verderbe, und der Zukunft den Schaden verdoppele.

II.

Viel schwerer ist es, der ferneren Ausweichung der Pfeiler und Gewölbe an der Chorhaube vorzubeugen.

Wie leicht aber solches bey der vormaligen großen reparation gewesen wäre, wird sich leicht ermessen lassen, wenn ich bemerke:

daß man dazumal aller künftigen und jetzt nicht wenig vergrößerten Ausweichung würcksam vorgebäuget hätte, wenn ein wißenschaftlicher Mann damals nur den dritten Theil von dem Mauerwercke, das man den weichenden Pfeilern zur Last und Nachtheil auswendig anbrachte, inwendig vorgemauret hätte.

So neu und paradox auch diese Angabe scheinen mag, so würde sie doch auch nun noch das beste und zuverläßigste Mittel seyn, den auswärts gesunkenen Pfeilern und ihren schiebenden Gewölbern das innen nur fehlende Gegengewicht wieder zu geben, und ich würde gar sehr dazu rathen, wenn nur die Kosten nicht mißfielen, welche nun auf 10 000 Mk anlaufen würden, da sich der Schade vergrößert, und das anzubringende neue Mauerwerck sowohl an Arbeit als materialien außerordentlich tüchtig gemachet, auch mit dem alten hinlänglich veranckert werden muß.

Da vermuthlich diese Kosten nicht werden angewendet werden können, so werde ein wohlfeileres vorschlagen.

Zuvörderst würden der genommenen Abrede nach in der Chorhaube die beiden Balcken f und g Litt. B. mit ihren Anckern geleget, und hienächst auch zweene gute Ancker h h in dem Thurm befestiget. Nun würde von diesen beyden Thurm Anckern an, an der Mauer weg eine zwiefache Anckerlage gestrecket, welche auf den jetzigen Anckerbalcken ruhete, sich an der Chorhaube schlöße, und die Pfeiler so wohl unter sich als mit dem Thurm verbinde.

Dieser Weg ist sicher genug, wenn man voraussetzet, daß man gut Eisen habe, nemlich daß es durchgehends weich, ohne falsche Stellen dicht geschmiedet und in den Gelencken wohl geschweißet sey. Die Eisen Arbeit, durchgehends zu 7 Quadrat Zoll angenommen, würde auf 1500 und die Neben-Kosten auf 250 Mk sich betragen.

Wenn nun diese Anckerkette geleget, so wäre auswendig alles angeflickte und schon längst wieder abgeborstene Mauerwerck von den Pfeilern abzunehmen, und dabey zu sorgen, daß der Maurer die zur vermeintlichen Verbindung vormals ausgehauenen Stellen, mit großem Fleiße und tüchtigen materialien wieder ergäntze. Die schadhaften Stellen in den Gewölbern wären sorgfältig auszubeßern und die gesunckenen Gurtbogen oberwerts mit Krumm Stücken zu belegen und daran zu veranckern.

III.

So sehr die Neben Gewölber und ihre Pfeiler einer Beyhilfe bedürfen, so schwer ist ihnen bey zu kommen. Die Last ist schwer, der Ueberhang war groß, ward noch durch die außen angehängte Last vergrößert, der Grund verkleinert, und auch das neue Dach vermehrete den Druck nach außen.

Ihnen inwendig eine Veranckerung zu geben, ist so kostbar als unanständig, und der Haupt Pfeiler wegen höchst bedencklich. Noch kostbarer würde es werden, wenn man sie inwendig zum Gleichgewichte bringen, oder auswendig mit einer Verstärckung, die nicht wieder wie jetzt ausweiche, versehen wollte.

Bey diesen Umständen mögte man die Neben Gewölber in Betracht der Kosten als einen unheilbaren Schaden ansehen, an welche man nichts weiter als die äußerliche höchste Nothdurft verwendete, ihren Zustand oder etwanige Veränderungen fleißig bemerckete und sie, wenn die Gefahr zu groß würde, endlich gar herausnehmen ließe, welchenfalls statt derselben entweder eine Gipsdecke angeordnet oder auch, nach geschehener inwendigen Verstärckung der Pfeiler, neue Gewölber hinein geschlagen werden könnten.

Ihre jetzige Nothdurft würde damit abgethan werden, wenn man sie auswendig schlechtweg ohne Künsteley, jedoch mit starckem Kalck ausfugete, inwendig aber die Borsten der Gewölber mit Fleiß auszwickete oder ausgöße und diejenigen Gurtbögen, welche es nöthig hätten oberwerts mit einem Krumstück belegete.

Mögte ich in dem vorstehenden etwas nicht klärlich genung ausgedrücket haben, so bin zur näheren Erläuterung bereit, allenfalls könnte auch der Zimmermeister gelegentlich überkommen, welchen aber alles hinlänglich zu instruiren nicht ermangeln werde.

Hamburg d 27 Octob 1777.   EGSonnin.

65.

SALINE LÜNEBURG

Zweites Gutachten für den Rat der Stadt zur Verbesserung der Solegewinnung. Es beschreibt den verschlechterten Zustand der Sültzfahrt und dessen Ursachen, widerspricht erneut den vom Fahrtmeister Neisse vertretenen Auffassungen und von ihm angeordneten Maßnahmen und wiederholt eigene Vorschläge. Der Widerstand des Fahrtmeisters erklärt die teilweise bissigen und langatmigen Formulierungen und sehr deutlich ausgesprochenen Schuldzuweisungen. Sonnin schlägt nochmals vor, alle Zuflüsse in offene Gräben zu leiten, anstatt sie unterirdisch abzuführen. Seine Ansichten über die Herkunft des Süßwasserzuflusses als vom Regen herrührendes Oberflächenwasser entsprechen der heutigen Auffassung.

Lüneburg, 21.4.1778

Stadtarchiv Lüneburg
Salinaria S 1 a, Nr. 570
Acta novissima betr. die Verbeßerung der
Schadhaftigkeit in der Sültz Fahrt Ao 1778,
1779, 1780
Vol. IV
Bl. 1

Magnifici, Hochwohl- und Wohlgebohrne,
Hochweise, Hochgelahrte Hochgeehrteste Herren!

Nachdem der Herr Proto-Syndicus Lamprecht am 10ten hujus mir die neueren Salin-Acten zur Einsicht communiciret und folgenden Tages der Herr Praetor Timmermann nomine des abwesenden Herrn Camerarii und Sod Meister Müllers mich in die Sültze geführt, um deren jetzigen Zustand in Augenschein zu nehmen: So ermangele nicht, über jene meine unvorgreifliche Gedancken, und über diese mein Befinden gehorsamst vorzulegen.

I.

Der Zustand der Sültze hat sich seit meinem Hierseyn ungemein verschlimmert. Die auswendige Versinckungen und Borsten, welche nach Abräumung eines Theiles der hinfälligen Sültzhäuser nunmehro desto freyer ins Gesicht fallen, haben sich nicht allein derweile fürchterlich vergrößert, sondern sie nehmen noch täglich so zu, daß der Fahrt Meister Neyße uns verschiedene Stützen anwies, welche vor 14 Tagen untergebracht und seitdem schon einige Zolle versuncken waren.

Inwendig siehet es natürlicher Weise nicht beßer aus. Die Löwenkuhle ist so weit versuncken, daß sie hat aufgenommen werden müßen. Man nimmt an allen Orten und Ecken neue Versinckungen wahr. Das Hängewerck in der neuen Fahrt hat sich so starck niedergesetzt, auch der Tragt-Balken so tief gekrümmet, daß man für einen Einsturz nicht sicher ist, und die Arbeiter an dem neuen Schachte in beständiger Lebens-Gefahr schweben, indem sie gerade unter diese vormals aus dringlicher Noth angebrachten und jetzt bis zum Brechen gekrümmten Hängewercke den neuen Schacht einzuschlagen angewiesen sind. Ihre Gefahr mehret sich täglich, je tiefer sie kommen, und es könnte leichtlich ein Unfall entstehen, ehe sie die vom Fahrt-Meister bestimmte Tiefe erreichen.

II.

Ex actis recentioribus ersehe zuvörderst:
1. Daß königliche Regierung geruhet haben, sub 27. Octobr. 1775 meine wenige Vorschläge zu genehmigen.
2. Daß die Herren Salinatores so wohl proprietario als conductorio nomine dazu ihre Einwilligung gegeben.
3. Daß demnach nichts vorhanden gewesen, welches der Ausführung des einmütig genehmigten Vorschlages einige Hinderung in den Weg geleget hätte.
4. Daß auch mit Abbrechung zweyer der versunckenen Sültzhäuser ein Anfang gemacht worden, das mehrere aber auf Vorstellung des Fahrt Meisters (Jan. 8. 1777) dem solches nicht nöthig geschienen, ausgesetzet worden sey.

III.

Ex actis ersehe ferner:

Wie der Fahrtmeister Neyße als ein getreuer Anhänger der von dem Machinen-Director Hanßen 1749 auf die Bahn gebrachten verwünschten Sültzstörereyen, Gelegenheit genommen habe, dem Salinwesen neue ganz und gar verlohrne Kosten zu verursachen; denn die Neyßischen relationes ergeben:

a) Daß auf seine Vorstellung ein Schacht von 19 Fuß nebst einem Stollen von 15 Fuß zur Nachsuchung einer angeblichen faulen Ader, die das Sincken verursache, getrieben worden.
b) Daß aber diese faule Ader sich nicht gefunden, (mithin die gantze Unternehmung auf nichts ausgelaufen.)
c) Daß dem ungeachtet der Fahrt Meister getrost und quasi re bene gesta einen neuen Stollen unter Bernding perversum zu treiben angerathen, um die das Sincken verursachende faule Ader sichtbar zu machen.
d) Daß da die unleutselige Ader nicht sichtbar werden wollen, man nun gefunden, daß das Sincken dem Wühlen der Tischbrunnenquelle zuzuschreiben sey.
e) Daß man daher keinen Umgang nehmen könne, derselben sich mit einem 8 a 10 Fuß langen Stollen zu nähern.
f) Daß eine in dem verunglückten Wöhlersings Schacht und Stollen vorgefundene kleine Waßer-Ader (die nach Aussage der Fahrtknechte eine reine Saltzquelle ist,) sich bis auf 3 Kümme täglich vermehret, und sich nach Bernding supra auch von da über die neue Fahrt zur Tischbrunnenquelle verfüget habe.
g) Daß dieser kleine Waßergang das vorige Sincken wieder erneuert, große derbnis in der Saale verursache, und daher die ganze Schacht wieder auszufüllen sey.
h) Daß die Schacht-Arbeit in der untern Fahrt durch die Unbrauchbarkeit der Löwenkuhls-Pumpe behindert worden, und nach deren Herstellung
i) ein unbegreiflicher Zufluß der Saale bis auf 80 Kümme entstanden.
l) Daß, »(weil alle bisherige und die Wöhlersingische Schacht- und Stollen-Arbeit so unglücklich ausgeschlagen, auch schon die jetzt im Werck seyende Schacht- und Stollen-Arbeit angezeiget, daß die imaginirte Quelle nicht getroffen sey,)« es nöthig sey, der Quelle noch mit einem Schachte gerade auf den Kopf zu kommen und dieselbe in Verfolg der Tiefe beständig unter dem Fuße zu haben.

Es ist nun freylich ein wahres Wunder, daß der Fahrt Meister nach so vielen geldfreßenden und jedesmal mißlungenen Schacht- und Stollen-Arbeiten, womit er nur immer trübe Saale gemacht, und durch sein Wühlen die locker gewordene Fahrt zum Sincken gebracht hat, noch nicht aufhöret, auf den Beutel der Intereßenten lauter Bodenlose und von aller Wahrscheinlichkeit entblößete Vorschläge zu thun; Allein er ist ein ächtes Beyspiel, wie weit wir es treiben können, wenn der Verstand von solchen principiis und Lieblings-Wünschen eingenommen, und das Herz so ungefühlig ist, daß es von denen dadurch dem Neben Menschen unerlaubt verursacheten Kosten nicht mehr gerühret wird.

Aus bewegenden Ursachen finde mich gedrungen, da er vorgiebet, nach Grundsätzen zu arbeiten, aus seinen bisherigen relationen, so viel möglich, implissimis verbis anzuzeigen, nach welchen Grundsätzen er bisher gearbeitet habe.

Grundsatz 1.

Alle Quellen kommen aus der See. Ratio. Die alten Schriftstelle sagen es. Hieraus, und weil die See tiefer lieget, folgert er

Grundsatz 2.

Alle Quellen kommen aus der Tiefe. Ergo müßen wir die Tisch Quelle in der Tiefe suchen.

Grundsatz 3.

Alle Quellen streichen in Felsenklüften. Ratio die Alten sagen es. Neyse selbst als Bergverständiger hat es erfahren und mit seinen Augen gesehen, daß auf dem Harz Quellen in Felsenklüften sind. Ergo streichet die Tisch-Quelle im Felsen, ergo muß der Mund derselben im Felsen gesuchet werden.

Grundsatz 4.

Die Grafft Quelle läuft zwischen 2 Felsenstücken aus. Ergo muß es auch die Tisch-Quelle thun. Ergo müssen wir sie bis auf den Felsen verfolgen.

Grundsatz 5.

Bey Nachspürung der Tisch-Quelle haben sich in dem festen Plüs-Leimen hie und da kleine Steine gefunden. Ergo wird der Quellen-Mund nicht weit seyn, und man wird bald an die Felsen kommen.

Grundsatz 6.

Die Tisch-Quelle hat nur einen Mund, und nur einen einzigen Strang. Ratio. Das glauben wir, und haben es mehr als einmal geschrieben. Ergo müssen wir ihre Herkunft suchen, ergo müssen wir in der Tiefe ihren Aufsprungs-Ort finden, ergo muß sie in einem Strange aufsprudeln.

Grundsatz 7.

Die Quellen in der Erde verstopfen sich, sie verrücken sich, sie verschlagen sich, sie heben sich, sie wühlen, sie gehen vorwärts, sie brechen bald von oben, bald zur rechten, bald zur linken Seite aus. Ratio. Das haben wir so oft und so vielfältig von unserer Tisch-Quelle geschrieben. Ergo müssen wir sie lediglich in der Tiefe suchen, ergo müssen wir sie fangen, wir müssen sie faßen, wir müssen sie in einem Kumb einschließen, wir müssen ihr ihren Stand-Ort anweisen, sie muß sich den Arrest gefallen laßen, und dennoch muß sie alle Freyheit zum Wühlen behalten.

Grundsatz 8.

Die Tisch-Quelle kommt unter der Treppe hervor. Ergo müssen wir da einschlagen. Sie zeigt sich unter Bernding, ergo müssen wir da einen Stollen treiben. Sie läuft aus dem Winckel, ergo müssen wir ihr da nachgraben, Sie giebt zu wenig Saale, ergo müssen wie sie aufräumen. Sie fließet aus den Bolen, Ergo müssen wir hinter denselben ihr auf den Kopf kommen. Noch eines. Es ist möglich und thunlich, daß abermals ein gantz neuer Schacht eingeschlagen werde. Ergo werden wir damit gantz gerade auf sie niederfahren, ergo werden wir sie ganz gewiß bis zur erlangten Tiefe unter dem Fuß haben.

Dieses sind die vornehmsten Grundsätze und Schlüße, nach welchen der Fahrt Meister zum offenbaren Schaden der Saline bis auf diese Stunde verfähret. Sie sind von aller Wahrheit, von aller Wahrscheinlichkeit, von allen gesunden Schlußfolgen so weit entfernet, daß ein Verständiger, wenn er weiß, daß nach solchen romanhaften Vorspiegelungen würcklich gearbeitet und viel Geld verwandt ist, sie ohne Mitleid und Unwillen nicht lesen kann. Sie verdienten dann eigentlich keine Gegenbemerckung; Allein in einer und der anderen Betrachtung halte ich es nicht undienlich, etwas weniger über ihren Gehalt anzufügen.

Den ersten Satz glaubet zu unserer Zeit kein verständiger Mann, weil er schnurstracks gegen alle Gesetze der Natur und gegen alle Erfahrung streitet, mithin fällt auch seine Folgerung als der zweyte Satz schon von selbst hinweg. Richtigere Erfahrungen belehren uns aber, daß alle Quellen von dem auf die Oberfläche fallenden Regen-Waßer entstehen, welches sich in die Erde bis auf die Lehmdecken verziehet, und nach und nach an niedrigern Orten in Quellen zu Tage läuft. Sie lehren uns dann gerade das Gegentheil der Neyßischen Grundsätze, nemlich, daß alles Quellenwaßer von den Anhöhen herabfließet, und nie aus der Tiefe aufsteigt, woferne es nicht von einem höhern Orte entspringet. Demnach ist es nichts weniger als eine Nothwendigkeit, daß wir die Tisch Quelle in der Tiefe suchen müßten, wie denn auch alles von

Hanßen et sequentibus unternommene Quellenaufsuchen bis auf diesen Tag noch nicht die geringste Spur eines Aufquellens aus der Tiefe gegeben, vielmehr die relationes und protocolle bewähren, wie das Ende aller und jeder Versuche dieses gewesen, daß die Quelle oben und zu allen Seiten wieder durchgedrungen, mithin 10 Wahrscheinlichkeiten gegen 1 vorhanden sind, daß die Quellen, wie die Graftquelle oberwerts liegen, wo dieselbe auch von unsern guten Vorfahren, ohne Quellen-Jagd und Störerey mit vielem Segen genutzet worden sind. Daß nach Ausgrabung eines neuen Schachts oder Stollens das Saltzwaßer von oben dahinein gelaufen, ist ganz natürlich, und wird, wenn man noch tiefer gräbet, immer von oben her hinunter laufen, wie solches die protocolle und relationes von 1754 Febr. 15., 1764 April 18, Maii 12, Sept. 12, 1765 Jan. 7, Apr. 28, Jun. 13, Aug. 15, Sept. 7, 1768 Maii 28, 1772 Febr. 1, Apr. 24 et 28, Maii 13, Sept. 1, 1774 Sept. 15 pp ausdrücklich besagen. Und eben dieses, da alle bisher in die Tiefe gesenckte Kummen jedesmal von dem durch das Graben locker gewordenen Plüsleimen wieder recht fest ausgefüllet worden sind, giebet uns den unwiederleglichen Beweiß, daß noch hiezu garkein Aufqualm aus der Tiefe gefunden, mithin es noch immer sehr zweifelhaft sey, ob er je gefunden werden, weil man beständig nichts als festen Plüsleimen in der Tiefe vorfindet.

Der dritte Satz ist keinesweges allgemein wahr, und am wenigsten wird er durch das Exempel vom Harz und anderen als allgemein erwiesen. Wohl aber ist es durch diese Erfahrung ausgemacht, daß die allermeisten Quellen in der Welt und auch um Lüneburg herum, in einem über der Berg-Erde, Thon oder Letten liegenden Sande streichen, oder auch wohl durch feine in dem Thon befindliche Gänge und Sand-Adern sich durchziehen. Man wird es also einem, der aus richtigen Sätzen richtige Schlüße zu ziehen gewohnt ist, nicht verdencken, wenn er gar nicht glaubet, daß die Tisch-Quelle in Felsen nothwendig streichen müße, oder wenn er sich durch den schönen Schluß gar nicht verleiten laßen könnte, der Tisch-Quellen Mund in einem Felsen zu suchen, deßen Existenz so zweifelhaft als unerwiesen ist.

Der vierte Satz hat eine nicht weniger hinkende Schlußfolge, und nur derjenige, der unrichtig denket, wird sich dadurch anführen laßen, die Tisch-Quelle bis auf den imaginations-Felsen zu verfolgen. Wenn dieser und die vorigen Sätze mit den daraus gezogenen Folgen ihre Richtigkeit hätten, so müßte man ja von Rechtswegen auch die faule Wöhlersings-Quelle, die faule Haemerings-Quelle, die faule Brockhusen-Quelle, die reine Brockhusen-Quelle, die Peinicken-Quelle pp. welche alle gewühlet und Versinckungen gemacht haben sollen, biß auf den Felsen verfolgen und daselbst ihren Mund faßen. Das würde recht viele Bergmanns-Arbeit geben, wenn nur die Soodmeisterey-Caße oder Salinatores Geld genung anschafften.

Sollte es wohl nicht unschicklichter seyn, nachstehenden Schluß zu machen: Die Graft-Quelle liegt nicht sehr tief, ergo auch die Tisch-Quelle nicht. Für mein Theil wäre nicht ungeneigt, dies zu glauben, weil die verzweifelte Tisch-Quelle aus der Tiefe nicht heraus will, sondern immer wieder von oben herunter kommt.

Der fünfte Satz hat ein in Actis mehrmalen mit vieler Zuversichtlichkeit ausgedrücktes Ergo. Wer in Berg-Erde, Leimen und Thon gearbeitet hat, wird nicht allein kleine, sondern auch wohl große Steine genung darin gefunden haben, ohne darauf zu fallen, daß nun der Mund einer Quelle nahe sey. Ich habe dergleichen in Erddecken zu Hunderten vorgefunden, habe auch damals große und kleine in dem Plüsleimen angetroffen, als ich die Gruben auf dem Sültzhoff und im trockenen Graben einschlug, bin aber nie dadurch bewogen worden, zu schließen, der Mund einer Quelle sey in der Nähe.

Der sechste Satz hat eine vortreffliche rationem, die effective in actis stehet, und daraus erwiesen werden kann, wenn es ja die Welt nicht glauben wollte. Dennoch gestehe ich, daß ich durch die ration nicht überzeuget bin, sondern es nicht zu wiederlegen wüßte, wenn mir jemand einwürfe, daß die Tisch-Quelle ja ganz wol aus vielen kleinen Saltz Adern bestehen könnte, die hinter den Bohlen hervor quöllen, an denselben herunter flößen und am Fuße der Bohlen, oder in dem Fußboden der Fahrt, oder an dem tiefsten Orte vereiniget ausflößen, und sämtlich die sogenannte starcke Tisch-Quelle ausmacheten. Es würde mich auch nicht irren, wenn jemand behauptete, daß solcher gestallt die Tisch-Quelle viele Münd und viele Stränge haben müßte. Ja, ich würde mir gar nicht zu helfen wißen, wenn man mir ex actis vorlegete, daß 1754 Sept. 15 ein kleiner Strang bey der Treppe, 1772 Apr. 14 et 28 ein dergleichen und jetzt aufs neue beym Wöhlersings Durchschlag eine Saltz-Quelle in einem gantz kleinen Strange sich gezeiget, die in 24 Stunden 3 Kümme giebt, wie Neyße selbst berichtet.

Der siebende Satz enthält lauter leere aßerta, womit alle Quellen überhaupt verunglimpfet werden, weil die gute Tisch-Quelle solche Unart an sich haben soll. Nach dem ordentlichen Laufe der Natur machen die Quellen solche Luftsprünge nicht, und ich kann es mir auch von der wohlthätigen Tisch-Quelle nicht vorstellen, wenn es auch gleich noch hundert mal geschrieben und noch hundert mal wieder abgeschrieben würde.

Lieber wollte ich glauben, daß Behuf der Stollen-Arbeit dieses der Quellen sonst nicht zukommende praedicata gantz nagelneu erfunden sind, und auch den ausgebreitesten Nutzen dabey haben, um einen jeden begangenen und noch zu begehenden Fehler aus dem Stegreif beschönigen zu können. Denn wenn wir siegreich referiret haben: »Die Tisch-Quelle sey gefangen, sie sey in einen Kummen gefaßt, daß sie weder zur Rechten noch zur Lincken ausweichen könne pp.« und die Quelle kommt gleich darauf zur Rechten und zur Lincken des Kumms oder 8 Fuß höher von beiden Wänden, oder in der verlängerten Fahrt aus allen Fugen hervor; So ist ja nichts leichter, als eine neue phrasin zur Last der unschuldigen Tischquelle zu erdencken, zumahlen wenn man aus Erfahrung versichert ist, daß man Glauben finde, weil man in Pflicht stehet, und ein vieljähriger practicus ist.

Der achte Satz liefert Beyspiele, wie aufmercksam man gewesen ist, um die schlaue Tisch-Quelle, welche einem alle Augenblicke aus den Händen entwischet ist, zu fangen. Jetzt wirds Ernst werden, weil man ihr mit dem noch in Arbeit seyenden Schacht gerade auf den Kopf kommen will (nova phrasis) und auf den unverhoften Fall, wenn sie etwan einen kahlen Kopf hätte, will man mit einem schon vorbedächtig vorgeschlagenen zweyten Schacht gerade auf sie zufahren, und sie (phrasis resentissime nata) unter dem Fuß haben, obgleich das ärgerliche Ding, das ja seinen Bruder in der Tiefe hat, dennoch unhöflich genung gewesen ist, so starck von oben herunter zu lecken, daß die Fahrtknechte gezwungen worden sind, sich ein Obdach zu machen, um sich in ihrer Arbeit gegen die herunter laufende Saale zu decken. Dieser Unfug ist eine Ursache mit, warum der Fahrt Meister noch einen neuen Schacht, auch in beiden tüchtige Pumpen anzulegen gewillet ist, mit welchen die lediglich von oben, und leider noch gar nicht von unten zufließende Saale ausgepumpet werden soll.

Sollte indeßen die verschmutzte Quelle noch einmal Wege wißen, nach oben zu schlüpfen, welchenfalls die neuerlichen Schächte, wie die vorige, sich wieder gänzlich zuschlämmen würden; So könnte ich leichtlich einen neuen allegorischen Vorschlag e. g. diesen thun: Man müßte genau aufpaßen, in welchem Winckel sie zum Fang ausliefe (Jun. 25. 1765) und da könnten denn unmaßgeblich 16 Schächte eingeschlagen werden, welche schon die Figur eines Netzes macheten.

Im Netze müßte sie sich doch endlich absolut fangen laßen. Gesetzt, daß man auch allenfalls ein größeres Netz von 100 und mehr Schächten nehmen müßte, und vorausgesetzt, daß sie ihr Herkommen aus der Tiefe hätte, sonst würde man doch umsonst fischen.

Billig nehme ich Anstand, mehr dergleichen allegorische Vorschläge anzufügen, bezeuge aber im Ernst mein wahres Mitleiden, daß durch solche seit 1749 geltende Hirn-Gespinst und Avantur-Vorschläge, die Sültze mit Verlust großer Tiefbeseufzter Summen umgewühlet, verhunzet, und einem stündlich zu besorgenden Einsturtze ausgesetzet worden ist.

IV.

Zu Ewer Magnificences Hochwohl- und Wohlgebornen reifferen Ermeßen verstelle es inmittelst ganz gehorsamst, ob es gerathen sey, auf dem bisherigen Wege fortzufahren, und ob der vom Fahrt Meister am 11ten hujus aufs neue vorgeschlagene Schacht mit augenscheinlicher Lebens-Gefahr anzugreiffen wäre.

Für mein weniges Theil bin versichert, daß diese und mehrere dergleichen Unternehmungen auf nichts auslaufen werden, weil sie mit der Natur der Sache nicht überein stimmen, mithin nicht die geringste Warscheinlichkeit für sich haben. Vielmehr würde ich in der Pflicht eines ehrlichen Mannes anrathen, den von Königlicher Regierung und beykommenden genehmigten Vorschlag ohne fernere Geld-Verspilderung auszuführen. Er hat folgende Gründe vor sich:

1. Man arbeitet aufs Gewiße und keinesweges nach verborgenen muthmaßlichen Speculationen, indem man von oben anfänget auszuräumen, mithin bey hellen Tageslichte Fuß vor Fuß sehen kann, was man vornimmt.
2. Die Arbeit wird weder so teuer noch so schwer, als die unterirdische.
3. Alle Zuflüße, so wohl die guten als die wilden kommen zu Gesichte, und man wird in den Stand gesetzet, sie zu entsondern, auch nach Gefallen zu leiten.
4. Wenn man durch diese operation nur das einzige gewinnet, daß man die wilden Waßer abführete, so sind Mühe und Kosten reichlich bezahlet.
5. Hieneben wird man fürs künftige von der versteckten Berg-Fahrt befreyet, welche an sich immer kostbar bleibet, in unserm Falle aber durch die bekannte Umarbeitungen so verdorben worden, daß der Schade total unheilbar ist, angesehen die angebrachten Unterstützungen wegsincken und die obliegende Last nicht mehr tragen können.
6. Indem wir nun die drückende Last wegnehmen, so ist es unläugbar, daß dasjenige, was wir wegnehmen, nicht mehr drücken, nicht mehr ein Sincken verursachen könne.

Wenn nach den Hanßenschen principiis es wahr wäre, daß die Adern der Quellen von der Last gedrücket, verschüttet, verstopfet, und dadurch genötiget würden, sich zu verstürzen, zu versetzen, zu wühlen, ppp; So wäre ja durch diesen Vorschlag alles Übel gänzlich gehoben.

7. Die Unterhaltung der neuen Anlage würde in Zukunft wenig Kosten erfordern, und dabey um desto bequemer vorzukehren seyn, als man alles vor Augen hat und zu allen Zeiten beykommen kann.

Würde der zu nehmende Entschluß für die Ausführung dieses Vorschlages ausfallen; So mögte es dienlich seyn, die versunckenen Sültzhäuser, welche ohnehin abgenommen werden müßen, des ehesten abzutragen und reinen Platz zu machen, damit das Werck regulmäßig angeleget werden könnte.

Die aus den abzutragenden Häusern geborgenen materialien könnten wohl meistentheils zu der neuen Anlage wieder verwendet werden, solchenfalls aber würde nöthig seyn, sie vorher zu taxiren.

Von der auszugrabenden Erde mögte wohl das unreine, nemlich Sand, Graus und Steinbrocken zur Ausfüllung des bey nahe zugeschlämmten Grabens zwischen dem Sültz- und rothen Thore abgeführte hingegen aller reinen Plüsleimen auf dem Sültzhofe zum Gebrauch der Sültzer aufgeleget werden.

Ein Anschlag der Kosten behuf dieser Anlage sollte wohl billig gegeben werden: Allein ich getraue mir nicht ihn zu treffen, weil der Platz so verbauet ist, daß man vor seiner Abräumung keine richtige Breite und Tiefe erhalten kann, doch will ich es schätzen, wie ich glaube, daß man gewiß damit auskommen werde.

Das Schauer über der Vertiefung an Holtz, Stroh, Dach- und Zimmerlohn	350 rthlr.
Die Aussetzung der Vertiefung an Bohlen, Pfählen und Arbeitslohn	390 "
die Erde ausräumen, aufzuladen und zu verschieben	120 "
die unreine Erde wegzufahren	90 "
Die Verlegung der Pumpen, Rinnen nebst sonstigen Kleinigkeiten pro numero rotundo	280 "
	1 230 rthlr.

Die Abbrechung der versunckenen Sültzhäuser könnten hier wohl nicht in Anschlag kommen, weil solche ohnehin geschehen muß.

V.

Gelegentlich habe ich auch die Aussetzung der Rinne im trockenen Graben besichtiget. Sie ist nicht dem Vorschlage gemäß gerathen, nach welchem sie breiter und nicht so tief gewesen seyn sollte, und alsdann eben so viel Waßer mit mehreren Bestande des Wercks ausgeführt haben würde. Die Wände könnten bey dem meistens aus Plüsleim bestehenden Erdreich viel schräger gelegen haben.

Dem Vernehmen nach sind in der unteren Hälfte des Canals die Rinnen noch so gesund gewesen, als wenn sie nur erst geleget wären. Es wäre zu wünschen, daß alle gesunde Rinnen in ihrer Lage geblieben und nicht gereget worden wären, welchenfalls man viele Unkosten erspart und der Maurermeister sich nicht das malheur der versunckenen Mauer zugezogen hätte.

Nun aber kann zwar der obere theil des Canals wohl bestehen, aber der untere theil ist unhaltbar, weil seiner Tiefe wegen die Felsenwände die innen aufliegende Erde nicht abhalten können, und an etlichen Orten schon haben gespreitzet werden müßen, damit sie nicht zusammen fallen.

Eine ziemliche Strecke wird aufgenommen, und von neuen zu mehrerer Schräge verleget werden müßen. Die gestützte Mauer kann in ihrem dermaligen Zustande nicht bestehen, sondern sollte wenigstens so weit sie sich gesencket, abgenommen werden. Beym Abnehmen wird sich ergeben, ob sie auf ihrem Grunde bleiben könne, oder zur sicheren Vermeidung des Drucks auf die Rinnen weiter hinaus zu rücken sey.

Uebrigens habe die Ehre mit schuldigstem Respect und unausgesetzter Hochachtung zu beharren Ewer Magnificences Hochwohl- und Wohlgebohrner gantz gehorsamster Diener

Lüneburg, den 21ten Aprill 1778.   Ernst George Sonnin.

66.

SALINE LÜNEBURG

Auch bei dieser umfangreichen Entgegnung auf Einwendungen des Fahrtmeisters Neisse gegen den Bau eines Sammelbassins und auf dessen Quellentheorie geht Sonnin gründlich auf Einzelheiten ein, um Neisses ungenaue Definitionen und falsche Folgerungen zu widerlegen. Er faßt seinen Eindruck in der Feststellung zusammen: »...womit man wohl Kinder abspeisen könnte, aber Männer verlangen Gründe zu wißen.« Auch die weiteren Entgegnungen lassen in Wiederholung der schon im Gutachten vom 21. April 1778 abgelehnten Ansichten Neisses von der Herkunft der Süßwasserquellen die gleiche Tendenz zu Spott

und Ironie erkennen. Den Höhepunkt findet sie in dem seitenlangen Exkurs über die Schatzgräberei, die er Neisses bisheriger Tätigkeit in der Sülzfahrt gleichsetzt. Von rhetorischem Interesse ist schließlich bei der Aufzählung seiner Übereinstimmungen mit Neisses Ansichten der 22malige Satzbeginn: »gewiß,...«
Hamburg, 24.6.1778

Stadtarchiv Lüneburg
Salinaria S 1a, Nr. 570
Acta novissima betr. die Verbeßerung der
Schadhaftigkeit in der Sültz Fahrt Ao 1778,
1779, 1780
Vol. IV
Bl. 81

Pro Memoria

Magnifico et Ampliß̃imo Senatus bin für die Communication des Neysischen Bedenckens über die meinerseits vorgeschlagene Verbeßerung der Sültze um so mehr zum erkenntlichsten Dancke verbunden, als es mir einen theils angenehm ist zu sehen, wie andere darüber dencken, andern theils ich Gelegenheit erhalte, den Gehalt der erhobenen Besorgniße zu erörtern, wie hiemit so gehorsamst als ungesäumt geschehen.

A.)

In seinem Bedencken wird besorget, daß nach Abbrechung der Sültz-Häuser Regen und Schnee zur Saale kommen mögen, indem nach meiner Zeichnung der Kessel mit allen Terraßen fertig seyn müße, ehe das Schauer-Dach gesetzet werden könne.
Dieser Paragraph erhält eine Menge unrichtiger Voraussetzungen.

R.

a) In meinen Rissen ist nicht das geringste Merckmal aufzuweisen, woraus zu folgern wäre, daß das Obdach nothwendig zuletzt gemachet werden müße.
In der Natur der Sache lieget auch keine absolute Nothwendigkeit, sondern es kann das Dach eben sowohl zuerst als zuletzt gemachet werden, und man hat völlig freye Willkühr, bey der Ausführung das convenableste zu wählen.
b) Gesetzet man wollte das Obdach zuletzt machen, so ist doch in der Natur und den Umständen der Sache nicht die mindeste Nothwendigkeit vorhanden, daß Schnee- und Regenwaßer absolut zur Saale kommen müßen. Es gehöret so wenig Kunst und so wenig Mühe dazu solches davon abzuhalten, daß ein jeder Marsch Gräber, oder Kleyer sich davon zu entledigen wißen würde.
c) Am allerwenigsten wäre es nöthig, daß Schnee-Waßer dazu käme. Denn da der Keßel mit den Terraßen und dem Obdach gantz bequem und ohne alles Geräusche in 3 Monathen zu verfertigen ist, so würde, wenn auch nur medio Julii der Bau angienge, nach dem gewöhnlichen Laufe der Witterung kein Schnee die Arbeiter beschweren können.
d) Um jedoch zu zeigen, wieviel die so groß vorgemodelte Waßer-Schwürigkeit zu bedeuten habe, will ich das allenfalsige Quantum des Schnee und Regen-Waßers erwegen. Nach denen zuverläßigsten Bemerckungen macht das gesammte Regen- und Schnee-Waßer, welches in einem Jahre nach und nach auf die Fläche des Erdbodens fällt, auf einem flachen Lande, wie zu Lüneburg, die Höhe von 30 Zollen oder drittehalb Fuß aus.
Wir wollen setzen, daß unser abgeräumter Platz, 100 Fuß lang und 100 Fuß breit, das ist 10000 Quadrat-Fuß groß sey. Sodann würde der Regen und Schnee, welcher

im gantzen Jahre auf unsern Platz fiele, nicht mehr als 25 000 Cubic-Fuß ausmachen, mithin würden wir, die wir nur Vier Monate, oder ¼ Jahr zu bauen hätten, nicht mehr als 6250 Cubic-Fuß Regen-Waßer auf unserm Platze erhalten.

In der That eine Kleinigkeit – die der Erörterung nicht werth war, weil sie bey dem gantzen Bau etwan 40 Kümme Waßers beträget, die bey der Sültze, wo man öfters in einem Tage 40 Kümme umsonst wegschlagen muß, gantz und gar nicht in Betrachtung kommen.

B.)
Die Ausbickung der gebrannten Felsen soll eine geraume Zeit erfordern und unglaubliche Kosten verursachen.

R.
Woferne die Ausbickung der Felsen viel Geld und viel Zeit kosten sollen, muß man freylich mit Ernst betrachten. Ich will also denen zu Liebe, die die Sültz-Schriften lesen müssen, hier
a) die Anmerckung machen, daß in den Neysischen Berichten das Wort: Felsen, sehr oft einen gantz andern Verstand hat, als wir übrigen Teutschen es zu nehmen gewohnt sind.

Denn, nach unserem Sprach-Gebrauche kennen wir keine gebrannte Felsen, sondern ein Felsen ist uns nie etwas anders, als ein von Natur gewachsener, recht harter Stein; aber in benannten Berichten wird auch ein harter Mauerstein ein Fels genannt.

Man muß also aus dem Zusammenhange beurtheilen, ob in seinen Berichten ein natürlicher Fels oder ein Mauerstein gemeinet sey.

Wenn dann der Felsen woraus die Tisch-Quelle fließen soll, von dem Fahrt Meister gesuchet wird, so soll man einen gewachsenen Felsen verstehen; Wenn aber von ihm gesagt wird, daß man bey der Schacht- und Stollen-Arbeit Felsen vorgefunden habe, so bedeutet es Mauersteine. Und eben hier ist es, wo der Leser sich hüten muß, daß er ja nicht glaube, die vorgefundenen Felsen seyn Vorboten der Felsen woraus die Tisch-Quelle fließen soll. Wo er das dencket, so ist er betrogen, wenn es auch gleich schiene, als wenn der Schriftsteller Anlaß gäbe zu dencken, daß er natürlich Felsen gefunden habe.
b) Ja doch für diesmahl irren wir nicht, weil ausdrücklich die unter der Sültz-Pfanne gebrannte Felsen ausgebicket werden sollen.

Ich glaube, daß diese Felsen hart sind; ich glaube auch, daß sie bey den Schacht-Arbeiten, wo man sich nicht regen kann, ausgebicket werden müssen; ich streite auch nicht, daß damit die schöne Zeit vergehet; ja ich glaube von Hertzen, daß das Bicken unglaubliche Kosten verursachet habe, weil ja dem Arbeiter seine Zeit hat bezahlet werden müssen.

Allein ich bin gegentheils gar nicht bange für die fürchterlich beschriebene gebrannte Felsen, weil ich ernstlich weiß, daß es nur in Leimen vermauerte Mauersteine sind; Zweytens a priori weiß, daß der Leimen nicht so hard als der Mauerstein selbst gebrannt seyn kann, indem das Feuer unter der Pfanne nicht so starck als im Ziegel Ofen ist; und drittens auch weiß, daß diese Felsen nicht im Schacht, sondern in freyer Luft bearbeitet werden sollen, wo ein paar Hiebe eines gelenkigten Handlangers allemal einen Schiebkarren voll ablösen werden.
c) Der Gedancke vom Schieß-Pulver ist hiebey sehr hoch getrieben.

C.)

Die Nordöstlichen Terraßen werden 20 Fuß höher kommen, und es soll beym Ideal-Riß keine Rücksicht darauf genommen worden seyn.

R.

Es ist andem, daß die nördliche Seite 20 Fuß höher liegt, es ist auch andem, daß ich Beym Ideal-Riße darauf keine Rücksicht genommen,
a) Weil dergleichen zu einem Ideal-Riße nicht gehöret,
b) indeßen ich so gleich zeigen werde, daß ich diesen Umstand nicht aus der acht gelaßen habe.

D.)

Die höhere Terraße soll so viel Raum erfordern, daß der Fahrweg nicht nur gantz verlohren gehe, sondern auch die weiter vorliegende Fiemen-Plätze einen großen Raum einbüßen müßen.

R.

a) Der Bley Circul, den ich auf meinem Riße gezogen habe, lehret gerade das Gegentheil, indem von dem Bley-Circul, welcher die äußerste Terraße vorstellet, bis an die Straße noch 15 Fuß frey liegen, mithin wir damit noch 15 Fuß von der Straße zurück bleiben, diese 15 Fuß geben zu 20 Fuß Höhe eine überflüßige und ohne Vorbau bestehen könnende Doßirung ab, wie solches ein jeder einsehen wird, der nur beobachten will, wie wenig Doßirung die Lüneburgischen-Wälle und die neue Brücke haben, die doch alle ohne Vorbau bestehen und nicht einschießen.
Wollte man aber, wie ohne Nachtheil geschehen kann,
b) auch noch die Bugt, welche der abzuräumende Platz an der Straße hat, mit dazu nehmen, so erhielte man 20 Fuß Doßirung auf 20 Fuß Höhe, wogegen ja wohl niemand etwas vernünftiges einwenden kann.
c) Wenn wir also nicht einmal nöthig haben, bis an die Straße zu kommen, so dürffen auch die Fiemen-Plätze nichts verlieren.

E.)

Es wird die Ausgrabung des Keßels für schlechterdings impracticable gehalten.

R.

Weil nicht die geringste Ursache warum nicht, dabey angegeben worden ist, so übergehe ich dieses als ein leeres aßertum, womit man wohl Kinder abspeisen könnte, aber Männer verlangen Gründe zu wißen.

F.)

Es soll der Saalweg vom Sode nach Cödesing nebst dem Salwege nach Barning nachschießen und in Vorfall gerathen.

R.

Dieses mögte geschehen, wenn der Keßel gar keine Doßirung hätte; da aber aus dem Riße erhellet, daß derselbe eine mehr als nöthige Doßirung hat und noch dazu vorgebauet wird, so ist auch dieses Vorgeben von allem Grunde entblößet.

G.)
Man fordert, es hätte nothwendig angezeigt werden müßen, auf welche Art und Weise der Quelle das Wühlen benommen werden sollte.

R.
Diese Forderung ist so lange unstatthaft, bis man dargethan hat, daß die Quelle wühle, wovon ich für mein Theil bis daher gantz und gar nicht überführt bin.

Denn ob ich wohl viele Relationes weit und breit damit angefüllet gefunden, daß die Quelle wühle, daß sie sich versetze, daß sie sich hebe, daß sie entwische; So muß ich doch
1. Weil andere Quellen in der Welt nicht also wühlen,
2. Weil die Grufft-Quelle nicht wühlet, und
3. Weil die Tisch-Quelle vor den betrübten Saalstörungen nicht gewühlet hat,
alle diese unnatürliche praedicata der Quelle für Chimaeren halten, womit man den unglücklichen Erfolg der bisherigen Unternehmungen bemänteln will.

Wer von mir fordert, daß ich das Wühlen und Herumspringen der Quelle glauben soll, der kann auch mit gleichem Fuge verlangen, ich soll glauben, daß der Felsen, in welchem angeblich der Mund der Quelle seyn soll, eben dergleichen Sprünge mache. Fordert aber jemand von mir, ich solle glauben, daß die Sültzstörer, welche die Quelle vermehren, fangen, faßen, arretiren pp wollten, gewühlet haben, so kann ich ihm meinen Beyfall nicht versagen.

H.)
Die als glaublich angenommene Meinung, es müßte der Quelle Herkunft nicht in der Tiefe sondern in der Höhe sich befinden, soll irrig seyn.

R.
a) Diese Meinung ist, nicht etwan aus einer willkührlich angenommenen Einbildung sondern aus dem bisherigen Vorbehalten der Tisch-Quelle selbst geflossen, welche so eigensinnig ist, daß sie bis daher aus der Tiefe gar nicht herauf kommen, noch aus denen vielen eingesenckten Kummen aufspringen will.
b) Gegentheils dringet sie allemal wieder von oben aus den Fugen und Bolen heraus und
c) Bey dem jüngst eingeschlagenen Schacht, wo man den Kopf zu Pfande setzete, daß man sie in der Tiefe finden würde, floß sie so starck von oben zu, daß sich die Arbeiter mit einem Obdache gegen den Zufluß decken mußten.

Soll denn nun aus diesen datis ein verständiger Mann nicht dafür halten, daß wahrscheinlich die Quelle eher oben als unten befindlich sey?

Jedoch kann ich auch leicht einsehen, wie einer, der den abgedroschenen Satz, daß alle Quellen aus dem Welt-Meer kommen, zum Grunde setzet, auch notwendig behaupten muß: Unsere Quellen kommen aus der Tiefe her.
d) Ich muß hiebey erwehnen, daß mir sehr viele Beyspeile von Waßer-Künstlern bekannt sind, die denen Brunnen, welche nicht Waßer genung hatten, mehr Waßer verschaffen wollten. Allein ihre Kunst fiel so schlecht aus, daß die Brunnen keinen Tropfen Waßer behielten, ob sie gleich auch das Waßer in der Tiefe suchten, Die Sache gieng gantz natürlich zu. Denn die Quellen des Brunnens floßen, wie die mehresten in der Welt, horizontal auf einer Leimendecke. Die Leimendecke war nicht dick. Man grub die Leimendecke durch, und kam auf den Sand, folglich zog sich das Waßer in den Sand und der Brunnen verlor sein Waßer.

I.)

Es wird aus der Relation vom 26ten Januar 1771 gefolgert, die Quelle habe selbst erwiesen, daß deren Herkunft nicht in der Höhe sondern in der Tiefe sich befinde.

R.

Ich habe die triumphirende Relation, aber auch den lamentablen Nachklang, daß die Quelle wieder entwischet sey, schon längst mehr als einmahl gelesen und schließe just das Gegentheil daraus.

a) Wäre der Aufsprung der Quelle da gewesen, so würde er auch da geblieben seyn, weil eine Quelle nicht, wie das bekannte Gespenst vom Riesen-Gebirge, bald hie bald dahin springen kann. Aus den Acten ergiebet sich, daß das Saltz-Waßer in den eingesenckten Kumm, von oben hinein gefloßen, und weil die Quelle nicht aus der Tiefe kam, nachgehends der Kumm von der bey der Saale befindlichen Lette gäntzlich wieder zugeschlämmet worden.

b) Der Umstand, daß man unten in dem Zwölffüßigem Kumm eine Latte von 14 Fuß ohne Hinderung einschieben können, beweiset gar nichts weiter, als dieses, daß in dem Plüsleimen eine weiche Stelle gewesen ist.

Bey Grund Arbeiten findet man dergleichen weiche Stellen in Plüs Leimen sehr häufig, aber man schläglet nicht so sehr, daß man gleich schließen sollte, daselbst sey eine Quelle vorhanden, die aus der Tiefe ihre Herkunft habe.

c) Damit man sehe, daß ich die Sültz-Relationes nicht obenhin gelesen habe, will ich noch eines anfügen.

Es wird dabey als ein halbes Wunderwerck gemeldet, die Quelle sey so starck gewesen, daß sie die Latte mit Gewalt wieder in die Höhe gestoßen habe. Aber auch dieses beweiset nicht, daß eine Quelle da gewesen. Denn, wenn ich einen in freyer Luft stehenden Kumm von 14 Fuß mit Waßer anfülle und eine Latte hinein stecke, so wird sie allemal mit Gewalt wieder empor gestoßen.

K.)

Die mit No. 1, 2, 3, 4, 5, 6 bezeichneten Puncte enthalten nichts mehr, als was schon vorhin mentioniret war; und an seinem Orte von mir hinreichend erledigt worden ist. Nur bemercke ich:

ad No. 3 daß nach Aufräumung der versteckten Bergfahrt die Saale und das sich anfindende Waßer viel bequemer und wohlfeiler an den gehörigen Ort geschaffet werden kann.

ad No. 6 daß der Sodes Gang viel geräumiger auch bequemer werden wird, und daß es einem verständigen unpaßionirten Werckverständigem Mann nicht schwer fallen könne, das angegebene Project, welches offenbar so einfach, und so unwiedersprechlich practicable ist, ohne allen Nachtheil, und Störung des Sültz-Wesens zur Perfection zu bringen.

L.)

Es wird wiederholet, daß man das Project nach den local-Umständen unübersteiglichen Schwürigkeiten unterworfen finde, und auf die angegebene Weise nicht thunlich erachte.

R.

Ich kenne alle Local-Umstände und das gantze Bergwercks-Gewirre, sehe aber in der Ausführung dieses würcklich nur kleinen und wenig bedeutenden Werckes keine Schwürigkeit. Doch befremdet es mich auch nicht, wenn einer, der mit einem bisgen Regen-Waßer nicht Rath weiß, und der Mauersteine für Felsen ansiehet, sich Schwürigkeiten vorstellet wo keine sind, oder sie in einem Vorschlage gerne finden wollte, der mit seinem System nicht überein kommt.

M.)
Es soll die starcke Tisch-Brunnen-Quelle ohne einen mit Holtz verbaueten Schacht einmal gefaßet werden können.

R.
a) Zuvörderst sollte man doch erst erweisen, daß es nöthig sey, die Tisch-Brunnen-Quelle zu faßen. Sie, diese gute Quelle hat viele Jahrhunderte guththätig gefloßen, ohne gefaßet zu seyn. Aber das ist eben das Unglück der Sültze gewesen, daß man den absurden Vorsatz gefaßet hat, sie zu faßen, ohne zu wißen, ob es nöthig oder möglich sey.
b) Die Grafft-Quelle fließet ohne gefaßet zu seyn fort, und wer weiß, ob nicht die Tisch-Quelle an einem Orte hinter den Bolen noch gantz sanfte, wie vor Alters fließet, und beständig so gefloßen seyn würde, wenn man nicht in der Bodenlosen Chimäre, das man sie faßen, fangen, einschließen wolle, sie verbauet und ihren Einfluß verändert hätte.
c) Man nennet diese Quelle die Tischquelle, weil sie vor alten Zeiten da, wo man einen Tisch gesetzet, hervor gedrungen, und man nennete sie starck, weil viele Saale daselbst hervor gefloßen. Aber es kann auch wohl seyn, daß viele kleine Saltz-Adern, welche hie und da hinter den Bolen ausfließen, daselbst sich hingezogen haben, und wenn das wäre, wie wollte man die viele Quellen in Einen Schacht faßen.

N.)
Es soll ein Berg Wercks-Bau-Erfahrner am besten beurtheilen können, ob solches nicht die gründlichste Wahrheit sey.

R.
a) Ein Berg Wercks-Bau-Erfahrner, der nicht mit Vorurtheilen eingenommen wäre, müßte denn billig gleichfalls zuvörderst entweder Beweiß fordern, oder selbst erweisen, daß es absolut nöthig sey, die Quelle zu faßen.
b) Woferne wir ein Bergwerck bauen wollten, so mögte ein solcher davon urtheilen können, aber da der Vorschlag dahin gehet, daß man sich der Geld-freßenden-Confusen-verhudelten-Bergfahrt gantz und gar entledigen will, so wird er nicht mehr, als andere Leute, die auch Quellen kennen, zu sagen wißen, zumalen der Berg Mann nie bekümmert ist, Quellen zu faßen, sondern nur suchet, das ihm beschwerliche Waßer des nächsten Weges wegzuschaffen.
c) Wenn dann der gantze räthselhafte Berg Bau ausgenommen seyn wird, und man ohne tiefsinnige Speculation aus der Berg-Manns-Kunst und aus der Physique, mit offenen Augen sehen kann, wo die Tisch-Quelle sich befindet, alsdenn wird sich allererst mit Vernunft erwegen laßen, ob die Tischquelle einer Einschließung bedürfe.

O.)
Der Fahrt Meister hat den Tisch Brunnen-Kumm pp. mit a bezeichnet, damit man sehen könne, an welchem Orte der Quellen Ursprung sich befindet.

R.
a) Der Tisch-Brunnen-Kumm ist auf meinem Riße richtig und auf Zölle genau verzeichnet. Kömmt das a auf dem Sodes Gang und im Keßel damit überein, so hätte ich dabei nichts zu erinnern, aber ich muß

b) Zwo Fragen erörtern:

Erstlich, woher weiß der Fahrt Meister, daß die Tisch Quelle einen Aufsprung habe, und zweytens, woher weiß er Ort ihres Aufsprunges?

In dem Naturreiche finden wir viele Quellen die auf platter Erde aufwärts quellen oder einen Aufsprung haben; Wir finden viele die horizontal mitten aus einem Berge oder Felsen hervor springen, mithin keinen Aufsprung haben, und wir finden auch viele die am Fuße eines Berges oder Felsen abwärts fließen, folglich ebenfalls keinen Aufsprung haben.

Unsere Graft-Quelle hat auch keinen Aufsprung, sondern fließet horizontal aus. Die kleine Saltz-Ader welche in Wöhlersings-Schacht sich anfand und nachmals so starck ward, daß sie zum Tisch-Brunnen sich verfügte, lief auch ohne Aufsprung horizontal aus dem Plüsleimen aus, und wer weiß, ob nicht die Tischquelle auch horizontal hinter den Bolen ausfließe?

Der Fahrt Meister wird geschwinde fertig seyn zu sagen, er habe ihren Aufsprung gesehen.

Ich weiß gantz wohl, wie oft er in den Relationen geschrieben, daß er ihren Qualm, ihren Aufqualm, ihren Brudel, ihren Aufsprung gesehen, sie in einem Strange aufsteigen gesehen pp und solches den anwesenden Herren gezeigt habe.

Fraget man nun diejenigen, die es gesehen haben sollen, so bekennen sie, nichts gesehen zu haben, und der Erfolg lehret auch, daß nichts dagewesen seyn müße, weil alle die Kümme, wo diese Erscheinungen sich gezeiget haben sollen, wieder zugeschlämmet sind. Jedoch, er wird ohne Bedencken antworten: Die Quelle habe sich versetzet und sie müße nothwendig einen Aufsprung haben, weil alle Quellen aus der See kommen.

Das ist dem sein Beweiß und das alte Lied ohne Ende.

Ich will noch zeigen, daß er von dem Orte ihres Aufsprunges nichts gewißes wiße. Nach seinen eigenen Principiis kann er unmöglich etwas davon wißen, weil nach seinen Relationen die Quelle entwischet, sich versetzet, sich verwirft, sich hebet, und ihn täuschet, wenn er meinet, daß er sie gefangen habe. Wüßte er aber was gewißes, warum hat er den neuesten Schacht im Brockhusen, womit er ihr gerade auf den Kopf kommen wollte, nicht an dem rechten Orte eingeschlagen und damit der Saline so viele vergebliche Kosten gemachet? In der letzten Relation, die ich in Lüneburg gesehen habe, will er, weil ohne Zweifel die Quelle ihren Kopff zurückgezogen hat, aufs neue einen Schacht einschlagen, um die Quelle gerade unter dem Fuß zu haben; aber wie wäre es, wenn die näckische Quelle sich wieder höbe, und eben in der Zeit, wenn er denn bey nahe die Tiefe des Schachts erreichet hätte, ihren Stand-Ort gerade über seinem Kopffe nähme.

c) Die Sültz-Wühlereyen scheinen mir viel ähnliches mit der Schatzgräberey zu haben. Es sey mir erlaubt hierüber eine kleine Ausschweifung zu machen. Der Schatz Künstler weiß gewiß, wo ein reicher Schatz lieget. Er hat ihn mit der Wünschel-Ruthe entdecket. Es hat ihn manches Schweiß, viele saure Tritte und scharfes Nachdenken gekostet, welches zwar er als ein arbeitsamer und aufmercksamer Mann wohl gewohnt ist. Er hat sich viele Feinde unter den Geistern gemacht, die ihm sein Glück und den zu erhaltenden Ruhm nicht gönnen.

Die Sache ist indeß gewiß. Er hat den Schatz brennen gesehen. Er weiß an den Farben, und deren Seccßion, wie viel Gold, wie viel Silber, wieviel Kupffer, wieviel Edelgesteine dabey sind. Es hat so lange gebrennet, bis er dreymal rund um die Flamme herum gegangen. Folglich hat er den Schatz fest gemacht, folglich ist er ihm bescheret, wenn er nur Freunde hätte, die ihm mit Geld beystehen wollten, welches sie ja mit weit mehr Sicherheit dazu, als in mißliche Kaufmannschafft anlegen, und ingleich mehr, und zwar mit Gewißheit gewinnen könnten. Er erhält Geld von einem Leichtgläubigen. Der magische Circul wird gemacht. Der Besitzer ein Geist, sauset um den Circul herum, folglich hat man den Schatz unter den Füßen. Der Geist wird beschworen, kommt in den Circul, verspricht Gehorsam und die Lieferung in der dritten Nacht, in welcher nun nichts versehen werden muß.

Die glückseelige Nacht und Stunde tritt ein, an den Beschwörungen wird nichts versehen. Der Geist compariret, und zeiget die Tiefe an. Man gräbet nach den Reguln der Kunst, erreichet fast die Tiefe; Einer von den Gräbern, der sein Gesicht beständig nach Osten zu kehren hatte, siehet sich nach Nord Westen um: Der Schatz-Künstler bemercket es, und der Schatz entweicht mit einer dunkelgrünen Flamme, die doch nicht weit davon stehen bleibt, folglich ist noch die Hofnung nicht verlohren. Man suchet den Stand Ort nach den magischen Gesetzen, findet ihn, macht den Schatz in der gereiften Planeten Stunde fest, schlägt eine neue Operation vor pp.

Möget jemand gedencken, dergleichen Thorheiten seyn nur vormahls in den aberglaübischen Zeiten vorgenommen worden; so versichere ich, daß dieses Abentheuer im Jahr 1760 zwischen Kiel und Lübeck bis zum viertenmal ausgeführet worden.

Das sonderbarste dabey war dieses: daß ein großer Litterator aus der theologischen Facultaet zu Kiel, den ich sehr gut gekannt, das Geld dazu hergeschoßen und den Operationen selbst mit beygewohnet hat.

Die gantze Stadt wunderte sich, daß ein Mann von so bekannter großen Gelehrsamkeit sich so hinreißen laßen; allein man erwog nicht, daß das menschliche Hertz mehr geneigt ist, das Wunderbare zu glauben, als das Einfache mit eigenen Augen zu sehen, und daß viele große Leute, auch unter andern der größeste Held unserer Zeit hiezu einen Hang haben.

Bey der Schatzgräberey finde ich es doch noch einigermaßen vernünftig, daß man einen denckenden – und wollenden Geist allerhand krumme Sprünge machen läßet, wohingegen man bey der Sültze einer leblosen Quelle solchen wunderbaren Unfug zuschreiben will.

P.)
Es wird beliebiger Beurtheilung überlaßen, ob es nicht rathsamer sey, auf dem Platz ohne Abbrechung der Sültz Häuser und augenscheinlichen Ruin der Sültze, mit Schachten der Quelle gerade auf den Leib zu gehen und solches mit wenigern Kosten zu verrichten als der gegenseitigen Meinung mit Ungewißheit Beyfall zu geben.

R.
So kurtz dieser Vorschlag des Fahrtmeisters ist, so viel ist doch dabey zu bemercken.
a) Ohne Abbrechung der Sültz Häuser mögte ich nicht Ursache haben zu fragen: Wie es zugehe, daß man nun die Häuser nicht abbrechen wolle, deren Abbrechung vormahls so unumgänglich erfordert ward? Doch die Häuser werden sich derweile von selbst gebeßert haben, oder vielleicht sollen sie nun geflicket werden, welchenfalls sie vor der Hand nicht so viel als neue kosten werden.
b) Ohne augenscheinlichen Ruin der Sültze. Woferne hierunter verstanden wird, daß die Verminderung der Sültz Häuser augenscheinlich den Ruin der Sültze mit sich führe, so ist offenbar, daß viele Sültz Häuser ledig stehen, mithin die 4 Sültz Häuser gantz wohl entbehrlich sind, weswegen auch Intereßentes ihre Abbrechung genehmiget haben.
Soll aber die Ausführung meines Plans ein augenscheinlicher Ruin der Sültze seyn, so wäre es billig gewesen, diesen Satz gründlich zu beweisen, damit er von Amplißimo Senatu hätte in Erwegung gezogen werden können.
Nun folget die Hauptursache des auszuführenden Vorschlages, nemlich
c) Man soll mit Schachten der Quelle gerade auf den Leib gehen. Anmercklich ists, daß es mit Schachten (im plurali) geschehen soll. Diese Bedingung war wohl freylich

nothwendig, nachdem die traurige Erfahrung so oft gelehret hat, wie die bisherige ohne allen vernünftigen Grund auf ein pures Gerathewohl unternommene Schacht- und Stollen-Arbeit immer fehl geschlagen ist, und ohne Zweifel das Hertz wohl selbst fühlet, daß man von dem Ort und der Beschaffenheit der Quelle nach der Wahrheit nichts zuverläßiges wiße, sondern nur eine neue Probe auf Kosten der Sültze machen wolle.

Wenn dann die neue Probe, wie es gewiß ist, wiederum auf Nichts ausgelaufen seyn wird, so hat man nach dem Ausdrucke des Vorschlages sich weislich vorbehalten, mehrere Proben zu machen, welche freylich allemahl rathsam, ja deswegen sehr rathsam seyn werden, weil man an statt des Vorschlages, der Quelle gerade auf den Leib zu gehen, eine neue Phrasin erfunden hat, wie man die leichtfertige Quelle nun behandeln wolle.

Zuverläßig wird der Fahrt-Meister alle Seelen-Kräfte anwenden, die neue Phrasin, welche Geist und Muth zum Angriff der Quelle einflößet, zu erfinden und auf jeden Fall in Bereitschaft zu halten.

So bald man sich aufs neue gegen sie manifestiret hat, wird er den Creutz-Zug mit andacht anfangen; er wird bis zum Schweiße geschäftig seyn; er wird keine Mühe, keine Gefahr, ja, wie er in einer Relation meldet, keine Lebens Gefahr scheuen; er wird allen Verdruß, die viele Feindschafft und den Undanck, den er bisher dabey gelitten oder noch leiden mögte großmüthig übersehen, und er wird nicht ermüden dadurch der Sültze allgemeines Beste zu suchen zu befördern und zu erhalten, sollte er auch noch 10, 20, 30 Schächte einschlagen müßen. Denn dieses kann ohne augenscheinlichen Ruin der Sültze geschehen; Die Sültze hat ja Geld genung?

Falls einer von denen die da beurtheilen sollen, ob sein Vorschlag rathsam sey, ihn fragen mögte: Wo ist denn der Leib der Quelle anzutreffen? So ist die Antwort: er ist auf den Rißen mit dem Buchstaben a bezeichnet; und fragte derselbe weiter: Woher weiß der Fahrt Meister das? So wird die Antwort in weitschweiffigen allegorischen raisonnements und allerley hohen Betheuerungen bestehen.

Das verdencke ich ihm nicht und er kann auch nicht mehr thun, weil er in der That von dem Orte und Leibe der Quelle nichts das allermindeste mit Zuverläßigkeit weiß.

Dem ungeachtet scheinet er sagen zu wollen, als wenn man seinem Vorschlage mit Gewißheit Beyfall geben könne;

Q.)

indem er rathsamer erachtet zu seinen Schachten Vorschlag mit wenigern Kosten zu befolgen als gegenseitiger Meinung mit Ungewißheit Beyfall zu geben.

R.

a) Daß die Kosten des vorigen und besonders der neuerlichen Schacht-Arbeit gewiß nicht so wenig gewesen, als es hier den Anschein haben soll, wird aus der Soodmeisterey-Caße zu ersehen und nun zu erwegen seyn, ob Hoffnung oder Gewißheit da sey, daß seine Schacht-Arbeit in Zukunft weniger kosten werde.

b) Hienächst wäre zu erörtern: Ob würcklich in seinem Vorschlage etwas enthalten sey, wodurch eine gesunde Vernunft determiniret werden könne, demselben mit Gewißheit beyzutreten.

Ich für mein Theil kann darin nichts finden, was nur einigen Schein der Gewißheit hätte, und würde lieber schließen: Weil alle seine bisherige Schacht-Vorschläge auf ein leeres Nichts gebauet waren, auch daher mit einem leeren Nichts sich geendiget haben, so könne man mit Vernunft einem neuen aus dem nemlichen leeren Nichts geschöpfften Vorschlage mit Gewißheit nicht beytreten.

Gegentheils hat der Fahrt Meister auch recht zu fragen:

c) Ob denn in meinem Vorschlage etwas enthalten sey, wodurch eine gesunde Vernunft veranlaßet werden könne, ihm mit Gewißheit Beyfall zu geben? Und meine Schuldigkeit ist es, dasjenige, was er Gewißes enthält, anzuzeigen:

Es ist gewiß, daß die Tischquelle entweder hinter, oder über oder unter den Bolen der Sültzfahrt fließe.

Gewiß, daß niemand wiße oder gründlich beweisen könne, ob sie an Einem oder mehr Örtern in Einer oder mehren Adern ausfließe.

Gewiß, daß niemand von diesen ihren Haupt Umständen und von ihren übrigen Umständen etwas zuverläßiges sagen könne, so lange die Bolen der Fahrt da sind, als durch welche niemand hinsehen kann. Gewiß, daß diese ihre Umstände, wo und wie sie fließen, durch speculationen nicht bestimmet werden können.

Gewiß, daß von diesen ihren Umständen ein weit mehreres wird erkannt werden können, wenn man die Fahrt oder die Bolen zu Grund aus weggeräumet.

Gewiß, daß nach ausgeräumter Fahrt ein jeder mit seinen eigenen Augen werde entscheiden können, in wieferne das, was man bisher von der Tischquelle behauptet hat, wahr oder unwahr sey. Gewiß, daß der Augenschein sicherer sey, als aller Kunst-Verstand.

Gewiß, daß nach dem Augenschein beßer als nach unerwiesenen Aßertis bestimmet werden könne, wie die Tischquelle zu behandeln sey.

Gewiß, daß es sich beym Ausräumen entdecken werde, ob in der Fahrt Wilde Waßer zur Saale kommen.

Gewiß, daß man solche abführen kann.

Gewiß, daß die Wegräumung der Sültz Häuser und der Fahrt nebst Anlegung des neuen Baßins oder Keßels in Einem Viertel Jahr geschen kann, und zwar ohne die Saltz Sieder zu behindern und ohne Regen-Waßer zur Saale kommen zu laßen.

Gewiß, daß bey der neuen Anlage keine Lebens-Gefahr vorhanden, wie solche offenbar bey der Schacht-Arbeit gewesen ist, und ferner seyn wird.

Gewiß, daß ein jedes Erdreich, dem man so viel Doßirung gibt, als seine Höhe beträgt, nicht einschießt sondern allenfalls ohne Vorbau bestehen und noch dazu Lasten tragen kann.

Gewiß, daß die mehrere oder wenigere Tiefe hierin nichts verändert, wenn die Doßirung gleich bleibe.

Gewiß, daß ein Blüsleimen bey viel geringerer Doßirung bestehen kann, ohne daß man sein Einschießen zu besorgen hätte.

Gewiß, daß ein runder Keßel mit gehöriger Doßirung am leichtesten bestehe.

Gewiß, daß alle Beysorge gäntzlich hinfällt, wenn nach dem Vorschlag der Keßel mit einem Vorbau versehen wird.

Gewiß, daß die Anlage des vorgeschlagenen Keßels nebst dem Obdach kein großes Kunstwerck sey, auch keinen hohen Kunst Verstand oder Kunst Erfahrung erfordere, sondern von einem mittelmäßigen Zimmer Gesellen betrieben werden könne.

Gewiß, daß ein solcher auch immer im Stande ist, die Ableitung des Regen Waßers, und der Saale gehörig zu beschaffen.

Gewiß, daß dem Fahrt Meister, der so viele gefährliche beengte Schacht Arbeit so viele Leitungen, so viele Pumpen gemacht hat, das alles, was bey meinem Vorschlage vorkommt, nur eine leichte Spiel-Arbeit ist, wenn er nur will.

Gewiß, daß die Arbeit in freyem offenen Raume viel bequemer und viel wohlfeiler ist, als in der kümmerlichen Bergfahrt.

Gewiß, daß die Verlegung und Veränderung der Saltz-Leitungen und Saltz-Pumpen keine Schwürigkeit mit sich führt.

Gewiß, daß wenn solche eingerichtet sind, in Zukunft deren Unterhaltung weniger als bisher kosten und das Pumpen der Saale viel bequemer seyn wird.

Gewiß, daß die ansehnliche Kosten der zu unterhaltenden Bergfahrt gäntzlich wegfallen und die Unterhaltung des unter einem Obdach trocken stehenden Keßel-Vorbaues in Zukunft wenig betragen werde.

d) Das meiste von dem, was ich in vorstehendem für gewiß angegeben habe, ist keinem Zweiffel unterworffen. Nur wird der Fahrt Meister, der die Ausführung für beschwerlich ja zum Theil für gantz impracticable erachtet, einiges was ich in Betracht der Ausführung als gewiß bejahe, geradezu verneinen.

Ob die Gründe für sein Nein oder für mein Ja wichtiger sind, wäre dann in Überlegung zu nehmen.

Ich habe die Gründe seiner gewiß ohne Vorurtheil erwogen und finde sie gantz unerheblich, zumalen wenn ich an die Schwürigkeiten zurück denke, die ich an mehrern Orten bey weit wichtigern Grund- und Quellen-Arbeiten angetroffen und nach Wunsch hingeleget habe.

Eine solche strenge Untersuchung war ich mir selbst schuldig, so wie ich in jedem Falle mir selbst es schuldig bin, keinen Vorschlag zu thun, der in der Ausführung nicht gelingen und mir verdiente Vorwürffe zu ziehen mögte.

Aus diesem Grunde habe ich jederzeit meine Vorschläge von allen Seiten aufs genaueste vorher geprüft und bin mir nicht bewußt, jemahls einen gethan zu haben, der impracticable gewesen oder einen widrigen Erfolg gehabt hätte.

e) Ich dieser Rücksicht stehe ich allerdings verwundert, wie der Fahrt Meister seine Schacht-Arbeit bisher so unüberlegt und so dreiste vorgeschlagen und noch vorschläget, die doch in der That für die Sültze höchst gefährlich gewesen und noch ist.

Er hat nach Gutdüncken in die Tiefe hinein gearbeitet, und will es noch ferner thun, ohne zu wißen, was er in der Tiefe antreffen mögte.

Er glaubt, es sey aus der Physik zu erweisen, daß alle Waßer-Adern, sie mögen Namen haben, wie sie wollen, in der Erde und denen Felsen-Klüfften eben so wunderbar circuliren, als das Blut in den Adern des gesammten animalischen Reichs.

Wie wäre es nun, wenn in dem Plüs-Leimen eine starcke süße Quelle circulirete, welche er mit seinem Schachte eröfnete und nicht wieder stopfen könnte? Oder: wie wäre es, wenn er durch die Plüs Leimen-Decke deren Dicke gäntzlich unbekannt ist, durchin grübe und eine Sand Schichte anträfe, in welcher die hinter seinem Schachte sich wegziehende Saltz-Quelle versiegete? Oder: wie wäre es, wenn er auf eine Felsen-Lage käme, und unserer Saltz-Quelle den Weg bahnete in deren Klüfte sich zu versencken?

Allen diesen und noch mehrern gefährlichen Möglichkeiten die ich jetzo übergehen will, hat er bey seiner Schacht- und Stollen-Arbeit die Sültze auf gut Glück ausgesetzet, und will uns doch überreden, daß seine Vorschläge aufs Gewiße abzieleten.

R.)

Es wird behauptet, daß die angeschlagene 1300 rthlr bey weitem nicht hinreichen werden.

R.

a) Vielleicht möchten 1300 rthlr nicht hinreichen, wenn das Werck durch träge Arbeiter, oder auf eine verkehrte Art getrieben würde. Geschähe dieses nicht, so muß nach dem dortigen Tagelohn und Preise der Materialien das Werck nicht mehr zu stehen kommen.

b) Gesetzt aber, es liefe schlechter Vorkehrungen wegen um ein paar Hundert Rthlr höher, so wird es doch nicht 2000 kosten, welche Summe der vor 3 Jahren gegebene Vorschlag des Fahrtmeisters erforderte.

S.)

Der gantz Platz soll nach der dem Fahrtmeister bekannten unteren Beschaffenheit in einen gantz gewißen Waßer-Sumpff gesetzet werden, ehe durch das Ausgraben die Tiefe des Waßers zu erreichen möglich zu machen sey.

R.)

Das ist eine fürchterliche Prophezeyung, wenn
a) man sie glauben müßte und nicht die Erlaubniß hätte zu fragen: Wie soll das zugehen?

Billig sollte der Fahrt Meister auf seine Pflicht seinen Herren Oberen diesen gefährlichen Umstand weitläuftiger und gründlicher vor Augen geleget haben, damit Sie der Gefahr ausweichen könnten.

    Allein er findet es beßer
b) sich hinter den Ausdruck: <u>nach der mir bekannten unteren Beschaffenheit</u>, zu verstecken, und sich das Ansehen zu geben, als wenn er noch Geheimniße von so großem Belange wiße.
c) Wir wollen mit gelaßenem Muthe sie zu erforschen suchen. Waßer wird doch absolut seyn müßen, was den Platz in einen Waßer-Sumpff setzen soll.

Regen und Schnee Waßer kann es wohl nicht seyn, denn das gehöret zur oberen Beschaffenheit, wohingegen in Betracht der unteren Beschaffenheit es nothwendig entweder Saltz Waßer oder auch süßes Waßer seyn müßte.

Das Saltz Waßer oder die Saalquellen sind bis daher noch nicht so starck gewesen, daß man sie nicht hätte zwingen können, folglich müßen sie einem Manne der sein Werck verstehet keinen Sumpff machen.

Es bleibet daher nichts übrig, als daß die etwa vorhandene süße oder wilde Quellen den Platz in einen gewißen Sumpff setzen sollten.

Auch von diesen wird ein thätiger Mann sich nicht so überwältigen laßen, daß er in einen Sumpff geriethe, vielmehr wird er sich freuen, daß er Gelegenheit findet, die Sültze vor solchem nachteiligen Gewäßer zu befreyen.

Der Wunsch des Fahrtmeisters: daß die Herren des Raths und auch mehrere Kunsterfahrene alles an Ort und Stelle in Augenschein nehmen und seine Puncte in genauere Erwägung ziehen mögten, kann ich nicht misbilligen; Nur hätte ich den Wunsch dabey, daß die zu adhibirenden Kunsterfahrene nicht nur sogenannte Kunsterfahrene sondern Männer seyn mögten, die in der Natur-Wißenschafft und Mechanic nach soliden principiis wohl versiret wären, und vor allen Dingen einen richtigen Schluß sowohl zu machen als zu prüfen wüßten, damit die Sültze nicht ferner durch die schönen Schlüße a posse ad esse in vergebliche Kosten gesetzet würde.

Eine eintzelne Besichtigung würde auch einen solchen Wißenschafftlichen Mann nicht in den Stand setzen, ein richtiges Urtheil über die Sültz-Angelegenheiten zu fällen, vielmehr würde es ihm um so nöthiger seyn, das bisherige Verfahren ex actis sich sehr wohl bekannt zu machen, und so dann über jeden Punct zu wiederholten Malen den Augenschein an Ort und Stelle zu nehmen, als es nicht eine Sache von einem Paar Stunden oder Tagen ist, von der versteckten Bergfahrt nach allen ihren Umständen sich deutliche Begriffe zu machen.

Übrigens wollen Amplißimus Senatus geruhen, es mir zum besten auszulegen, daß diese meine Beleuchtung der Neysischen Bedencklichkeiten etwas weitläuftiger gerathen, auch gelegentlich eines und anderes mehr als einmahl gesaget ist.

In wieferne ich meiner Absicht und Schuldigkeit gemäß alles bis zur evidenz erörtert habe, überlaße Hochgeneigtestem Ermeßen und erwarte wiedrigenfalls nähere Befehle.

Hamburg den 24 ten Junii 1778.   Ernst George Sonnin.

67.
GROSSE MICHAELISKIRCHE HAMBURG

Turmknopfurkunde.
Sie enthält in knapper Form die wesentlichen Angaben über Finanzierung und Baufortschritt des Wiederaufbaues nach dem Brand am 10. März 1750. Die Erwähnung des jungen Zimmerpoliers Schotter unterstreicht die (allerdings nicht gesicherte) Beteiligung Sonnins an ihrer Abfassung.
Hamburg, 14. 9. 1778

Staatsarchiv Hamburg
Bibliothek
A 640/60

Kurze Nachricht von dem Thurm-Bau zu St. Michaelis bis zur Aufsetzung des Knopfes und Flügels, d. 14. Sept. 1778, welche in den Knopf mit eingeleget worden. Hamburg, gedruckt und zu haben bey Gottl. Friedr. Schniebes, 1778.

Der 10. März des 1750sten Jahres war der traurige Tag, an welchem der Thurm der großen St. Michaelis Kirche von einem Wetterstrahl gezündet, und sammt der Kirche, gänzlich in die Asche geleget ward.

Es waren anmerklich eben hundert Jahre verflossen, seitdem unsere gottseelige Vorfahren mit Erbauung besagter Kirche den Anfang gemachet hatten.

So fürchterlich der Anblick der wütenden Flammen war, und so sehr die Stadt, über welche die Funken und glühendes Kupfer und Kohlen, als ein Feuer-Regen sich ausbreiteten, in der augenscheinlichsten Gefahr stand; so gnädig waltete dennoch die gute Hand Gottes über uns, daß, obgleich hie und dort ziemlich weit entfernete Häuser entzündet, dennoch dieselben von ihren Bewohnern gerettet und ferneres Unglück abgewendet worden.

Dieses gnädige Verschonen Gottes, der nicht wollte daß es mit uns ganz aus seyn sollte, und die unumgängliche Nothwendigkeit, unsere überaus zahlreiche nunmehro sich zerstreuende Gemeinde baldmöglichst wieder versammlen zu können, bewog ein Hochansehnlich Großes Kirchen-Collegium zu dem muthigen Entschluß, die Kirche baldmöglichst wieder aufzubauen, sich zu dem Ende an E. Hochedlen und Hochweisen Rath zu wenden, um Sich Hochdessen väterliche Assistence dabey zu erbitten.

Es ward demnach von Hochdemselben und Ehrbaren Ober-Alten mit Bewilligung des Collegii der Herren Sechziger sogleich ein ausserordentlicher Buß-Fast- und Bet-Tag in dieser Stadt und deren Gebiete und zugleich eine öffentliche Collecte in allen Kirchen auf Donnerstags den 19ten März angeordnet, bey welcher unsere noch sehr gerührte Einwohner einen ganz ausnehmenden Beweis ihrer Milde an den Tag legten; auch diese ihre, nie genug zu verdankende, Milde in denen nächstfolgenden Jahren bey mehrern Collecten so unermüdet fortsetzeten, daß damit, und mit denen Capitalien, so die Kirche selbst dazu hergab, die Mauern der Kirche und des Thurmes beynahe zu ihrer völligen Höhe aufgeführet werden konnten.

Nachdem aber die fernere Fortsetzung dieses kostbaren Gebäudes mit denen, wegen der schlechten Zeiten, immer mehr abnehmenden Collecten nicht weiter bestritten werden konnte; so wurde von Amplissimo Senatu & Civibus zuförderst ein Kopf-Geld, hienächst aber ein einfaches Graben-Geld auf zehen nacheinander folgende Jahre und, da auch diese nicht zureicheten, annoch ein zwiefaches Graben-Geld dazu bewilliget, und damit nicht allein die Kirche gäntzlich vollendet, sondern auch die unterste Etage des Thurms von Mauerwerck so hoch mit aufgeführet, daß dessen Haupt-Gesiems über das Dach der Kirche hervorragete.

Den 19 ten October des 1762 sten Jahres hatte die ganze Stadt und besonders die Michaelitische Gemeine die Freude, ihre neue Kirche mit einem solennen Gottesdienste einzuweihen. Hiebey nun war der allgemeine Wunsch, daß zur Zierde der Stadt und der Kirche, auch ohne Anstand der Thurmbau fortgesetzt werden möchte. Allein die erschöpften Cassen und die vorwaltenden Zeitläuffte gestatteten es nicht, sondern veranlasseten den Entschluß, die Thurm-Mauer provisorie mit einem Walm-Dache von Ziegeln zu belegen.

Und in diesem unvollkommenen Zustande verblieb der Thurm, aller von Zeit zu Zeit von denen Kirchen Vorstehern zu dessen Fortsetzung gemachten Versuchen und Entwürffen ungeachtet, bis das, nur zur Bedeckung der Mauer aufgesetzte, Ziegeldach schadhafft geworden und den Einsturz drohete.

Als dieses, nebest mehren anderweitigen Bewegungs-Gründen, in einem Conventu des Hochlöbl. Großen Kirchen-Collegii erwogen wurde, übernahmen es Ihro Magnificentz der Herr Bürgermeister Schuback L tus als Patronus, und Ihre Hochweish. Hochw. der Herr Senator Wagner L tus und der Herr Senator Dimpfel, L tus als Kirchenspielsherren, bey E. Hochedlen und Hochweisen Rathe Hochdesselben Zustimmung zum Thurmbau, und daneben die Bewilligung einer Collecte zu bewirken. Welches beydes, und zwar die Collecte auf den 10. März 1776 zugestanden ward.

Dieselbe fiel, dermaligen nahrlosen Zeiten nach, ansehnlich genug aus, und ermunterte das Hochlöbliche Kirchen Große Collegium zu St. Michaelis nähere Entschlüsse zum Bau zu nehmen, wes Ende sich Dasselbe am 16 ten Junii desselben Jahres wiederum sich versammlete, und den von dem Baumeister Sonnin gegebenen Riß, nebst dem beygefügten Anschlage, approbirte, auch Amplissimi Senatus Genehmigung desselben nachsuchete, welche nach Wunsch, und zugleich die Bewilligung einer zwoten Collecte auf den 16 ten März 1777 ertheilet ward.

Nach dem gleichfalls angenehmen Betrage dieser Collecte beschloß das Hochlöbliche Kirchen-Collegium, daß unverzüglich der wirkliche Anfang mit dem Bau gemachet werden sollte, und verordnete eine Deputation von fünf Gliedern, welche die succeßive genommene Entschlüsse des großen Kirchen-Collegii bewerkstelligen, die eingehenden Gelder verwalten, und den Bau, nach der Anordnung des Baumeisters Sonnin aufführen würden.

Zu dieser Deputation wurden Herr Hinrich Reese, Oberalter, Herr Johann Georg Tummel, Sechziger, Herr Peter Wortmann, Sechziger, per majoram erwählet, und dabey beliebet, daß die beeden p. t. Jurati, Herr Nicolaus Berens und Herr Paul Köster denselben mit beytreten, und allemal, wenn der ältere Herr Juratus seine Kirchen-Verwaltung niederleget, der neue Herr Juratus dessen Stelle in der Bau-Deputation ersetzen sollte.

Domini Deputati versammleten sich hierauf am 29 sten März 1777 zum erstenmale, um die vorläuffigen Bau-Anstalten zu verfügen und ward beschlossen, das Bauholz sich von hiesigen Holzhändlern geschnitten liefern zu lassen.

Solchemnach ward am 12 ten May desselben Jahres der Anfang mit der Zimmer-Arbeit gemacht, und bey demselben von dem Baumeister einer seiner Schüler, Ludwig Joachim Schotter, eines hiesigen Zimmermeisters Sohn, zum Polier angestellet, welcher, ungeachtet er nur 25 Jahre alt, diesen beträchtlichen Posten mit vieler Mässigung, Thätigkeit, Genauigkeit, und männlichem Ernste wahrgenommen hat. Zur Arbeit wurden anfänglich nur 12 Zimmergesellen, und hienächst 20 angestellet, mit welchen man die erste Etage von so schweren Stücken zimmerte, solche mit Ende des Julii zu richten anfing, und vor deren gänzlichen Errichtung schon die zwote und einen Theil der dritten Etage abgebunden hatte.

Bey so gutem Fortgang des Baues glaubten Domini Deputati die Zufriedenheit des Publici für sich zu haben, dahero Sie E. Hochlöbliches großes Kirchen-Collegium ersucheten, bey E. Hochweisen Rathe die Verwilligung einer dritten Collecte, auf den bevorstehenden Bußtag zu erbitten.

Nachdem auch diese bewilliget wurde, bestrebte man sich eifrigst, die dem Publico gegebene Hoffnung, daß auch die zwote Etage noch vor dem Winter errichtet seyn sollte, nicht unerfüllet zu lassen.

Inmittelst hatten Domini Deputati das empfindliche Leiden, daß einer aus ihrem Mittel, der Herr Johann Georg Tummel, am 7ten Novembr. in die seelige Ewigkeit überging, und die gegen Weynachten erfolgte Vollendung der zwoten Etage nicht erlebte. Jedoch hatten sie bald darauf das Vergnügen, daß an dessen Stelle der Herr Thomas Hoffmann, Sechziger, den 17ten Novembr. vom Hochlöblichen Kirchen-Collegio wieder zum Mitgliede der Deputation erwählet ward.

Nach Weynachten ruhete zwar der Bau der kurzen Winter-Tage wegen; allein wie schon wieder ein großer Vorrath von Bauholz angeschafft war, so bemühete man sich die vierte Collecte zu erhalten, welche hohen Ortes auf den Charfreytag 1778 angesetzet ward.

Am 10ten März dieses 1778sten Jahres ward der Bau wiederum mit einer gleichen, und nachmahls bis auf 30 vermehrten Anzahl von Zimmerleuten fortgesetzt. In diesem Monath legte der Herr Nicolaus Berens seine Verwaltung als ältester Juratus, und zugleich als Bau-Deputatus nieder und der neuerwählte Herr Juratus, Hinrich Peter Kentzler, trat an dessen Stelle der Bau-Deputation bey.

Die Zimmer-Arbeit war nun in so gutem Gange, daß man eben beständig richten konnte, was auf dem Kirchhofe gezimmert ward, und dahero die Kuppel nebst ihren Haupt-Sparren schon vor Ende des Juli-Monaths aufgerichtet stand, mithin nichts weiter fehlte, als den Mackler mit der Helmstange zu richten, und Knopf und Flügel aufzusetzen.

Mittlerweile war die Bau-Casse wiederum so weit erschöpft, daß sie nicht einmal völlig hinreiche, die Kosten der Helmstange, des Knopfes, Flügels und deren Vergüldung zu bestreiten.

Und so hatte man die Collecte
vom	10 ten	März	1776 von	Mk	19 311.10 ½ Pf
”	16 ”	März	1777 ”	”	13 596. 8 ½ ”
”	18 ”	Sept.	1777 ”	”	17 508.11 ½ ”
”	17 ”	April	1778 ”	”	16 399. 8 ½ ”
Das ist die Summe				Mk	66 816. 8 Pf

verbauet, auch damit das Werk so weit vollführt, daß am heutigen 14ten Septembr. im Nahmen Gottes, Knopf und Flügel aufgesetzet werden können.

Die eiserne Helmstange wiegt	1 820 Pfd
Der Kopf wiegt	192 ”
Der Flügel mit dem Creutz wiegt	310 ”

Indem nun das ganze Werk von milden und freywilligen Gaben aufgeführt war; so hatte Hochlöbliches Großes Kirchen Collegium den Entschluß gefasset, bey der Aufsetzung von Knopf und Flügel keinen Aufwand zu machen, sondern solches in aller Stille, ohne Cerimonie verrichten zu lassen und in den Knopf nichts weiter, als einen Staats-Calender von diesem Jahre, nebst gegenwärtiger kurzen Nachricht einzulegen.

Übrigens ist des Hochlöblichen Großen-Kirchen Collegii Wunsch, auch hinkünftig den ferneren Bau ganz von milden Gaben ausführen zu können. Wie denn Solches von einem Hochweisen Rathe schon mit der fünften Collecte auf den 17ten huius, als dem diesjährigen Buß- und Bet-Tage begünstiget worden ist, und bey diesen und mehreren von der Güte unserer Mit-Bürger einfließenden Geldern, nach wie vor, Seine angelegentlichste Sorge seyn lassen wird, solche mit allermöglichsten Sorgfalt und Ersparung aufs Beste anzuwenden, und eben hiedurch thätlich die danknehmige Verehrung an den Tag zu legen, mit welcher dasselbe sowohl die preißwürdige Vorsorge der Väter unserer Stadt jederzeit anerkannt, als auch den milden Ausfluß aus den Händen der geliebtsten Mit-Bürger entgegengenommen hat.

Ein jeder, der an dem Wohl unserer guten Stadt herzlichen Antheil nimmt, wird die Güte Gottes mit innigstem Dancke verehren, welche bey so vielen mißlichen Umständen uns geschützet, und bey so vielen verlorenen Nahrungs-Zweigen so viel übrig gelassen, daß die von ihm gelenkte Herzen unserer gutthätigen Gönner diese schöne Haupt-Kirche bis so weit wieder hergestellet haben, in welcher der Erkenntliche ihm ... reichte Opfer seiner Lippen bringet; der Bekümmerte Trost in seinem Anliegen erhält; der Heilsbegierige Nahrung für seine Seele findet; und ein priesterliches Herz für den ferneren Wohlstand des aller Orten eingeschränkten Hamburgs betet.

Ihm danken auch diejenigen, die ihre Hände zum Bau des Thurms geliehen, daß unter seiner Obhut alle schwere und gewiß gefährliche Arbeit, glücklich vollführt, kein Arbeiter schwer beschädiget und noch weniger jemand ums Leben gekommen ist. Eine Belohnung, womit ihr, nicht unerkannter Fleiß, sich bisher gekrönet siehet.

Gott segne ferner den Bau und bewahre alle, die darin arbeiten!

Gott seegne Hamburg sammt allen, die darinn wohnen, und erhalte es im Flor bis ans Ende der Tage!

Ihm allein sey Ehre von nun an bis in Ewigkeit.

Amen!

68.
SALINE LÜNEBURG

Eigene Aufzeichnungen Sonnins über die Besichtigung der Sülzfahrt am 14. Juni 1779. Nach wie vor stehen sich die Ansichten über die richtige Beseitigung des Süßwasserzuflusses unverändert kraß gegenüber: Der Fahrtmeister will die Süßwasserquellen durch tiefe Grabungen erfassen, wogegen Sonnin sie als Oberflächenwasser auffaßt und in offenen Gräben ableiten und sammeln will. Wiederum verweist Sonnin auf die vernünftigeren Maßnahmen der Vorfahren: »Nie heckten sie Grillen aus, ... «

Lüneburg, 15.6.1779

Stadtarchiv Lüneburg
Salinaria S 1 a, Nr. 570
Acta novissima betr. die Verbeßerung der
Schadhaftigkeit in der Sültz Fahrt Ao 1778,
1779, 1780
Vol. IV
Bl. 216

Pro memoria

Ueber den gestern Nachmittag in Gegenwart des Herrn Bürgermeisters Schütz, des Herrn Bürgermeisters und Soth Meisters Müller, des Herrn Camerarii von Töbing, des Herrn Hof Medici Schäfer, des Herrn Secretarii Seelig, und des Fahrt Meisters Neise gehaltenen Fahrtgang sey es mir erlaubt, gegenwärtige Beylage einzureichen.

1. denen anwesenden Herren ward ad oculum gezeiget, daß in dem ledig gepumpten Schacht, welchen der Fahrt Meister zu Anfang des Jahres 1778 mit nicht geringen Kosten eingeschlagen, keine Quelle von unten aufsteige, sondern die Saale, so sich

darin versammlet, aus den Fugen der Bolen und in der Eke von oben herunter zusammen fließe.

Bemerkung

a) der Schacht oder Kumm, welcher 14 Fuß tief, habe sich in Jahres Frist, schon mehrmals halb zugeschlämmet. Um zu sehen, ob sich eine Quelle unten finde, ist der Schlamm, welcher sich ganz fest gelagert hatte, ausgeräumet worden. Es hat sich aber keine Spur eines Aufquellens von unten aufgefunden, wie solches Mstr. Göhring beide Fahrtknechte und mehrere Arbeiter bezeugen können.

b) Aus dieser Verschlämmung folgt der unfehlbare Schluß, daß in der Tiefe keine Quelle gewesen sey, indem eine würcklich vorhandene Quelle, keine Verschlämmung zugelaßen, sondern vielmehr den Kumm beständig offen erhalten haben würde.

2. Der Fahrt Meister zeigete an, wie er seinem Eide und Pflichten gemäß nicht verhelen könne, daß, wo man den Bau so fort führete, die besten Quellen verstopfet würden, und daher nötig sey die Quellen in der Tiefe zu verfolgen.

Bemerkung

a) Es ist keineswegs das Vorhaben einige Quellen zu verstopfen, sondern man wird die Quellen sorgfältig sammeln, und einer jeden ihren freyen Lauf laßen, wie ihn der Schöpfer geordnet hat.

b) Es ist so leicht nicht, eine Quelle zu verstopfen, und der Fahrtmeister hat davon selbst unangenehme Erfahrungen gehabt. Er versprach großmüthig, die faule Brockhausen Quelle zu verstopfen, wandte viele Kosten darauf, meinet verschiedene male, sie sey verstopft; Allein sie kam immer wieder hervor, so daß er endlich von seinem Vorhaben abstehen mußte. In dem Schachte von 1778 wollte er auch die von oben herunter kommende Quelle verstopfen, ließ dazu einige Fuder Heide anfahren, allein die eigensinnige Quelle drang wieder hervor, wie beides die Fahrtknechte bezeugen können.

c) Die Quelle in der Tiefe zu verfolgen, ist sein altes Lied, welches der Sültze bisher so viele Tausende und noch neuerlich im Jahr 1778 ein ansehnlich Capital gekostet hat, Mit allen diesem Aufwande hat er keineswegs erwiesen, daß die Quelle aus der Tiefe komme, sondern gerade zum Gegentheil ist die Quelle immer wieder von oben gekommen, wie sie jetzt in der hellen Sonne horizontal hervorfließen. Er weiß auch keinen Grund anzugeben, warum die Quelle in der Tiefe sey, sondern er saget es.

3. Der Fahrtmeister zeigete den Ort, wo die rechte Quelle aus der Tiefe hervorkäme, nemlich in dem jetzigen baßin einige Fuße südwärts von seinem Schachte de ao 1778, und wenn es ihm erlaubt würde, wollte er sie daselbst in ihren Aufsprunge schaffen.

Bemerkung

a) Mit Recht erwiederte ihm der Raths Zimmermeister Göhring, wo er dieses gewiß wiße, warum er dann 1778 seinen Schacht nicht um so viel weiter hinaus gerücket hätte. Er wandte ein, er hätte neben dem Sodes Gang einschlagen müßen; Allein diese Entschuldigung ward aus der Luft ergriffen, und ward eigentlich unwahr. Denn als er den Schacht in Brockhusen eingeschlagen, trieb er seinen Stollen, womit er nicht mehr unter dem Gunge blieb sondern nun Freyheit hatte, die Quelle zu verfolgen soweit er nur immer wollte. In dieser uneingeschränckten Freyheit legte er den Schacht quaestionis, wo er jetzt ist, und behauptete in seinem pro memoria, er sey der Quelle jetzt gerade auf den Kopf gekommen.

4. Als der Fahrtmeister gefraget ward, woher er wiße, daß die rechte Quelle da sey, wo er sie anzeige, antwortete er, daß wiße er, und wolle hiemit zum sichern Merckmale, wie er seiner Sache gewiß sey, dieses zum Voraus sagen, daß so bald er seinen vorhabenden Schacht einschlüge, alle die Quellen, so jetzt hervorflößen, aufhören würden zu laufen.

Bemerkung
a) Dieses angebliche Merckmal würde zum theil zutreffen, zum theil aber vielleicht nicht. Denn, wenn er sehr tief einschläget, so mögten wohl in unserem nicht aller Orten festen sondern hie und da lockern Erdboden, einige Quellen sich sencken und seinem Schachte zufließen, ich zweifle aber, ob es alle thun werden.
b) Er will also die jetzigen Quellen abgraben, wie bekanntlich oft ein Nachbar dem andern seinen Brunnen abgräbet.
c) Wenn ihm dieses zugestanden worden, so will er dann aufs neue vorspiegeln, daß die Quellen, welche er von oben herab gezogen hat, von unten herauf kommen. Was für eine Gemüths Art er hiemit zu Tage lege, will ich nicht erörtern.
d) Würde ihm ein neuer Versuch zugestanden, so wollen wir ihm die contralection machen. Da er seinen Schacht innerhalb dem jetzigen baßin einschlagen will, so wollen wir außerhalb dem baßin auch einen Schacht einschlagen, und die jetzigen Quellen dahinein leiten. Ich bin gewiß, daß er alsdann keine Quelle aus der Tiefe hervorbringen und mit seinem neuen Versuche eben so schlecht als mit allen seinen vorhergehenden bestehen wird.
e) In unserem jetzigen baßin zeigt sich keine Spur einer Quelle, ob es gleich viel tiefer gegraben ist, als die Quellen hervor fließen. Da also, wenn Quellen unter demselben wären, sie leichter in dem tiefern baßin auffließen könnten; So ist es wiedersinnig zu bedencken, daß sie sich bemühen würden, außerhalb demselben so viel höher aufzusteigen.

5. Der Fahrt Meister führete zum Beweise von den Nutzen seines Schachts an, daß, als derselbe fertig gewesen, man 80 Kümme guter Saale geschlagen habe, mithin er riethe, die Quelle mit seinem Schachte zu verfolgen, um viele Saale zu erhalten.

Bemerkung
a) Der Beweis saget im Grunde nichts. Man hat nach Anzeige der Saalbücher schon in alten Zeiten abwechselnd viele und wenigere Saale, auch schon mehr als achzig Kümme gehabt. Als die Sültzstörereyen anfingen, hatte man Saalmangel, bald nacher Überfluß, bald wieder Mangel. Bey allen Experimenten des Fahrt Meisters hat man bald über Überfluß gejauchzet, bald den Mangel zur Unternehmung neuer Versuche gemißbrauchet. Im Jahr 1775, eben zu der Zeit, als ich den Karutschen Deich stauete und das Waßer aus dem trockenen Graben ableitete, hatten wir Ueberfluß, und gleich nachher, als wir den trockenen Graben wieder voll laufen ließen, hatten wir wenig Saale. Zu Anfange dieses Jahres, ehe wir bis zu den Quellen kamen, hatte man lange Zeit 32 bis 35 Kümme, jetzt haben wir 52, 53, 54 Kümme recht guter Saale. Der Herr Bürgermeister und Soht-Meister Müller bemüheten sich bey dem gestrigen Fahrtgange, dieselben und zwar von jeder Quelle besonders zu probiren. Die Quellen waren alle einander gleich. Sie hielten minus 1 Grad, und waren auch mit des Saale aus dem Soodes Kumme von einerley Gehalt. Ich kann aber nicht so unrichtig schließen, daß diese reichliche Saale von der jetzigen Aufräumung der Quelle herkomme, weil ich gewiß weiß, daß der abwechselnde Ueberfluß und Mangel eine gantz andere Ursache habe, wovon wir Menschen nicht das genaue angeben können.
b) Da nun des Fahrtmeisters bisherige experimente keinen beständigen Ueberfluß der Saale verschaffet haben, er auch mit keinem vernünftigen argumente Hofnung geben kann, daß dasjenige, was er sich jetzt imaginiret, das versprochene leisten werde; So möge sein bloßes Sagen kein triftiges Motiv zur Anlegung seines neuen Schachtes geben können.
c) Er mag meinethalben immer den Schacht machen und wenn ich schadenfroh seyn könnte, würde ichs gerne sehen, daß er abermals einen Mißschlag begienge. Allenfalls aber wollte ich einen kürzern Weg vorschlagen, zu untersuchen, ob die Quelle da vorhanden sey, wo er sie angiebt. Mein Vorhaben ist, seinen Schacht

de ao 1778 ganz auszuräumen, womit wir also wieder so tief kommen, als seinem bisherigen Vorgeben nach die Quelle liegen soll. Er hat beym Fahrtgange die Stelle, wo sie liegen soll ohngefehr gezeiget, und er mag nun ihre Stelle und wie tief sie liegen soll gantz genau angeben, alsdann wollen wir, da sie dem Schachte so nahe ist, aus dem Schachte dahin bohren, oder er selbst mag das Bohren verrichten, so wird er als Zimmermann die von ihm angegebene Stelle ja gantz genau mit dem Bohrer treffen können. Ist sie dann da vorhanden, so wird sie gewiß mit dem erwünschten Aufsprunge sich zeigen.

d) Die chimaere, viele Saale zu erhalten, ist leider auch ein Anlaß zu den unseeligen Sültzstörereyen gewesen; allein acta ergeben, daß man niemals mehr erhalten, als was die Natur gegeben hat, welche sich durch die imaginaere experimente nicht irren ließ, sondern nach den ihr von Gott vorgeschriebenen Gesetzen bald viel bald wenig ausfließen ließ. Der Fahrtmeister begehet also eine unvernünftige Verwegenheit, wenn er verspricht, viele Saale schaffen zu wollen, welches keinesweges in seiner Macht ist. Gesetzt aber, er könnte täglich 80 und mehr Kümme anschaffen, was will der unbedachtsame Mann mit der vielen Saale machen? Sie kann ja nicht versotten werden.

Denn in regula verkochet ein jedes Haus täglich 1 Kumm und also sind 54 Kümme hinreichend, wenn alle Häuser sieden. Was übrig ist, muß doch weggeschlagen werden, und also läuft diese zum Besten der Sülze eid und pflichtmäßig vorgetragen wollende Vorspiegelung in fine dahinaus, daß man die armen Sültzer quälen und die Salinatores um ihr Geld bringen will.

Die Alten waren klüger. Sie nahmen die Saale, wie sie die Natur gab, ohne die Quellen in ihrem Laufe zu stören. War zu viel da, schlugen sie die Saale mit Geduld weg, war zu wenig, so hatten sie die neue Sültze zur Hand, womit sie ihren Mangel in tantum ersetzten. Nie heckten sie Grillen aus, nach welchen sich die Natur der Quelle ändern sollte, wohl aber nahmen sie ihre Zuflucht zum wahren Ursprung und verordneten Gebete, daß Gott ihr Werck gesegnen wolle. Jetzt werden täglich nicht mehr als 25, 26 höchstens 27 Kümme versotten, mithin muß noch die Hälfte weggeschlagen werden, zur Last der Leute und zum Schaden der Salinatores. Nun gebe ich einen jeden zu bedencken, ob es nicht Unsinn sey, sich die Vermehrung der Saale in den Kopf zu setzen, um sehr viel Saale ungenützt wegpumpen zu können.

Ich schmeichele mir alle diejenigen die nicht auf Frucht und Boden lose Projecte, sondern aufs reelle Wohl der Saline sehen, werden ihren Beyfall meiner Absicht gönnen, welche lediglich ist: Die Quelle in ihrem natürlichen Laufe nicht zu stören und wo dieses es erlaubet das baßin also einzurichten, daß so viel möglich, der Salinatoribus nur lästige Ueberfluß gehemmet werde, hineben aber auch in deren Macht es stehe, sich jederzeit so viel Saale zu nehmen, als der zeitige Wechsel mit sich bringet.

6. Der Fahrtmeister setzte hinzu, man müßte die Quelle in der Tiefe verfolgen, um ihr das Wühlen zu benehmen, weil von ihrem Wühlen die Sültzhäuser versuncken.
Bemerkung
a) Die Sültze hat viele Hundert Jahre gestanden, die Quelle ist ruhig und ohne, daß man sie in der Tiefe verfolget hätte, zum höchsten Flor der Stadt Lüneburg gefloßen, dabey hat man von keinem Wühlen auch von keinem Sincken gewußt, und nun seit der Fahrt Meister da ist, hat sie sich so unartig bezeiget: Wie mag das zugehen?
b) Die Antwort ist leicht. Nicht die Quelle, sondern der Fahrt Meister hat gewühlet. Man sehe nur in actis nach, wieviele Stollen, Schachten er gegraben. Man frage die Fahrt Knechte, wie ungeheure Berge von Erde sie aus der Fahrt heraus schaffen müssen. Man bedencke, daß es nicht möglich sey, die ausgehobene Hölen so dichte wieder auszufüllen, daß nicht leere Stellen bleiben, mithin Sinckungen

entstehen müßen. Es ist ja actenkundig, wie die verlängerte Tieffahrt so gesuncken gewesen, daß D. C. Schütze als Soodmeister sie mit einem Hangwercke gegen den Einsturtz sichern mußte. Auch dieses Hangwerck hatte sich wieder gesencket, war gebrochen, und als ich es ausnahm, fand ich, daß es über einen Fuß versuncken war, und über dieses der Boden der Fahrt nebst den Kumm sich schief gelagert hatte. Hier war also eine augenfällige Versinckung von 1 ½ Fuß, welche ich, ohne wahnwitzig zu seyn, nicht der Quelle zuschreiben kann, wohl aber der Vernunft nach dem chimaerischen Wühlen des Fahrtmeisters zulegen muß.

7. Endlich ward denen sämtlichen anwesenden Herren die unter Hennerings gebrannten Felsen hervorfließende starcke Quelle (von dem Schacht quaestionis gegen Süd Westen liegend) vorgezeiget, und dabey angemercket, daß sie nicht allein schon sehr hoch liege, sondern auch noch dazu mit einem starcken Geräusche herabfalle, woraus zu schließen sey, daß sie noch höher als jetzt ihr Auslauf ist, gelegen seyn müße.

Bemerkung

a) Diese Quelle ist die stärckste von allen bisher vorhandenen Quellen und ich halte sie für die wahre starcke Tischquelle, bin auch gewiß, daß der Fahrt Meister nie eine andere aus der Tiefe erhalten wird, wenn er auch 20 Schächte einschlüge.

b) Seine Erzählung, daß er in dem Kumm von 1764 eine Latte von 14 Fuß einstoßen können, releviret nichts. Denn ich habe bey dem Schiff von Wöhlersing auch eine weiche Stelle, wo der Bohrer 25 Fuß völlig hinein sanck, vorgefunden; Allein beym Untersuchen fand ich nichts weniger als den Aufsprung einer Quelle, sondern nur weichen Leimen mit Kalck Erde vermischet. Hiemit hätte ich nun dasjenige, was bey dem Fahrtgange hinc inde vorgetragen worden, meines besten Wißens richtig verzeichnet, und hienächst bey einem jeden Puncte meine Bemerckungen angefüget. Und wie ich hoffe, daß die angezogene 7 Puncte mit dem dabey abgehaltenen Protocolle einstimmen werden; So bitte ganz gehorsamst, gegenwärtiges mit ad acta zu legen.

Lüneburg d 15 t Junii 1779   EGSonnin.

69.

SALINE LÜNEBURG

Entgegnung auf Einwände des Fahrtmeisters Neisse zu den von Sonnin vorgeschlagenen Maßnahmen. Das einen Tag nach den eigenen Besichtigungsaufzeichnungen verfaßte Pro Memoria stellt das offizielle Gutachten über die Unzweckmäßigkeit der vom Fahrtmeister getroffenen Maßnahmen dar. Die Ausdrucksweise ist wiederum sehr direkt und hart, ohne ein Blatt vor den Mund zu nehmen, wenn Sonnin den Fahrtmeister der Dreistigkeit, Unwissenheit, Unbesonnenheit, des fehlenden Verstandes und unwahrer und willkürlicher Behauptungen bezichtigt.

Lüneburg, 16.6.1779

Stadtarchiv Lüneburg
Salinaria S 1a, Nr. 570
Acta novissima betr. die Verbeßerung der
Schadhaftigkeit in der Sültz Fahrt Ao 1778,
1779, 1780
Vol. IV
Bl. 225

Pro memoria

Da Magnificus Dominus Proto-Consul und Director in Salinaribus geneiget haben, die von dem Herrn Bürgemeister Müller qua Sood Meister, übergebene Vorstellung mir mitzutheilen, mit Befehl, die darin angezogene Besorglichkeiten des Fahrt Meisters zu beantworten: So versäume nicht, demselben gantz gehorsamst nachzukommen und, ob ich gleich schon in dem hiebey gelegten promemoria seyne beym Fahrtgang geäußerte Bedencklichkeiten erörtert hatte, jene hiemit noch besonders zu erwegen.

I

Es ist an dem, daß ich die ordre gestellet, den fast in der Mitte des neuen Baßins befindlichen, von dem Fahrt Meister im Jahr 1788 eingeschlagenen Schacht heraus zu nehmen, weil derselbe an und für sich zu nichts in der Welt nütze, mir aber in der Höchsten und hohen Orts approbirten Anlage schädlich ist.

II

Grundfalsch ist es hingegen, wenn der Fahrtmeister vorgiebet, daß die Haupt- oder Tischquelle aus demselben emporsteige. Vielmehr ist, wie bey dem am Montage gehaltenen Fahrtgange augenfällig geworden, in dem benannten Schachte nicht eine Spur einer emporsteigenden Quelle zu finden, inmaßen die Anwesenden Herren mit ihren eigenen Augen gesehen, daß alle Saale, die in dem ledig gepumpten Schacht sich versammlete, keinesweges von unten emporstieg, sondern von oben her aus den Ritzen Fugen und Ecken der Bolen herunter floß.

Eben so wenig ist derzeit, als der Fahrt Meister diesen Schacht einschlug, die Saale von unten auf empor gestiegen, vielmehr ist sie währender Arbeit beständig von oben herunter geflossen und ihr Zufluß von oben herunter hat die Arbeiter so sehr beschweret, daß sie sich mit einem Obdache dagegen schützen mußten. Als nun dieser sein Schacht, womit er der Quelle gerade auf den Kopf kommen wollte, fertig war, stellte sich weder der Kopf noch der Leib der Tischquelle ein, der kostbare Schacht verschlämmete sich, und bald darauf sahen wir, wie die Quelle 1½ Fuß hoch über dem Boden der Fahrt in vollen Strome auslief.

Dieses alles weiß der Fahrt Meister und desto mehr muß man sich über seine Dreistigkeit wundern, daß er, trotz dem unläugbaren Augenscheine, nicht allein und andern Leuten, die den Gebrauch ihrer fünf Sinne haben, sondern so gar seinen hohen Vorgesetzten aufbinden will, wie die Tisch Quelle in seinem Schachte empor steige.

III

Daß aber die Tischquelle nur lediglich in seinen Gehirne, keineswegs aber in natura aus der Tiefe hervorkomme, solches habe ich, nachdem dieselbe freygegraben und mit ihrem natürlichen Auslaufe zu Tage gebracht worden war, bey dem eigends dazu erbetenen Fahrtgange vom 21 t April h. a. denen Versammleten Herren und ihm selbst ad oculum gezeiget.

Ich habe bisher Mitleiden mit ihm gehabt und geglaubet, er sey von der abgedroschenen Meinung, daß alle Quellen aus der See kommen, zu seinen unglücklichen Übernehmungen verleitet worden; da ich aber sehe und besonders beym jüngsten Fahrtgange bemercke, daß er sich selbst und dem klaren Augenscheine wiederspricht, so weiß ich nicht, ob nicht bey ihm ein Eigensinn oder ein anderer strafbarer Affect herrsche.

IV

So leget er auch einen sehr bedencklichen und zweideutigen Affect an den Tag, wenn er die damaligen Quellen Sieper Quellen nennet, da doch seither 54, und gestern 54 Kümme geschlagen sind. Die Graftquelle ist nicht so starck, die Winckelquelle ist nicht so starck, die Brockhusenquelle ist nicht so starck, und die Quelle in seinen ersten Kumm ist nicht so starck, als eine von den kleinesten Quellen, die er verächtlich Sieperquellen nennet, und sind von den Alten immer in Ehren gehalten worden. Man mögte es ihm zu Gute halten, wenn er dieses alles nicht wüßte und wenn er nicht wüßte, daß bey dem jetzigen Sieper Zuflusse täglich noch 25 Kümme ungenützt weggeschlagen werden müßen.

Aber er, Er will die Saale vermehren, er will die Quelle in Einem Strange aufbringen. Dieses sein project ist so eitel, daß man es mehr für eine Verrückung, als für eine aus einem richtigen Verstande und richtigen Schlüßen gefloßene Überlegung ansehen muß. Denn fürs erste kann ja ein jeder a priori einsehen, daß er in der That nicht wiße, wie und wo der Schöpfer unsere Quellen in der Erde geordnet hat, folglich er mit wahrer Vernunft keinen sichern Entwurf zu seinem Zwecke machen könne, u. zweitens haben wir bey Aufräumung der Tischquelle a posteriori am hellen Sonnenlichte gesehen, daß alle seine Vormodelungen mit der Wahrheit nicht einstimmen. Er hat also mit allen seinen, der Saline so theuer gewordenen, Unternehmungen nichts weiter geleistet, als daß er eben damit die deutlichsten Beweise, nicht allein seiner großen Unwißenheit, sondern auch seiner ausnehmenden Unbesonnenheit geführt hat, u. dennoch will er sich nun noch das Ansehen geben, als ob er wiße, daß mehrere u. stärckere Quellen vorhanden seyn, in deren Betracht er die jetzigen befugt sey, Sieper Quellen zu nennen.

Für mein Theil wünsche ich der Saline das Unglück seiner intendirten Vermehrung nicht, als womit dieselbe nichts weiter als eine trübe Saale und einen mit großen Kosten wegzuschlagenden Überfluß erhalten würde, und deswegen abhorrire ich gäntzlich von allen seinen vernunftlosen und äußerst mißlichen Vorschlägen.

Vielweniger sollte er, der der Saline eidlich verpflichtet ist und mit seinem schweren Dienst Eide so strotzend pochet, die ihn ernährende Saline in solches Unglück setzen. Da er aber nichts mehr wünschet, als sein Vorhaben ins Werck setzen zu können, so wäre ich, wenn ich voraus setze, daß er seinen Eid zu halten suche, der gäntzlichen Meinung, daß es ihm würcklich an Verstande fehle.

V

Unerheblich oder, aufs gelindeste genommen, sehr unbesonnen sind seine Äußerungen über die Güte der Saale. Alle gewesene Herren Soodmeistern wißen und er als Fahrt Meister weiß gantz wohl, daß die Quellen nicht immer einerley Gehalt haben. Nach den Acten und seinen eigenen relationen ist, bald die Graft Quelle, bald die Tischquelle, bald die Winkelquelle pp stärcker oder schwächer gewesen. Ich finde aber nicht, daß vormals der Fahrt Meister oder jemand anders deswegen die besorglichsten Umstände gefürchtet habe. Nur jetzt soll der schwere Eid die Furcht bewürkt haben.

Recht artig ist es, daß der Fahrt Meister am 29sten Maj die Probe der Haupt oder Tischquelle aus dem Schachte quaestionis geschöpfet und dieselbe 2 Grad minus befunden. Es haben aber vorgestern Alle Anwesende mit ihren Augen gesehen, daß in dem Schacht keine andre Saale vorhanden ist, als diejenige, so von den oberwärts liegenden kleinen Sieperquellen, in denselben herab fließt, und solchemnach hat ja der Fahrt Meister aus dem Schachte keine andre Probe als sie von den kleinen Sieperquellen schöpfen können. Er, er selbst konnte vorgestern in dem Schachte keine empor steigende Quelle sehen oder vorzeigen, mußte also gestehen, daß sie in dem Schachte nicht vorhanden sey, zeigete uns aber aus dem Stegereife den nur ein paar Fuß davon entfernten Ort an, wo sie gewiß in der Tiefe liege und wo er sie in einem Aufsprunge heraufschaffen wolle. So expedit ist der mit einem schweren Dienst Eide belastete Mann; So unerschöpflich ist er in seinen Vorschlägen; So hell schauet er durch die compacte Erde.

Wenn ich nun fragen wollte, wie es möglich gewesen, daß der Fahrt Meister eine Probe der Tischquelle aus dem Schachte geschöpfet, da sie in demselben nicht vorhanden ist; So wird er mir antworten: daß die Tischquelle am 29sten Maji sich in den

Schacht verfüget, seitdem denselben wieder verlaßen, nunmehro ihren Stand Ort an der von ihm angezeigten Stelle genommen, und den Augen seines Verstandes sich in ihrem fürs künftige unveränderlichen Sitze gezeiget habe.

VI

Amplißimo Collegio Conuslari muß nun schuldigst zu höhern Ermeßen anheim stellen, ob die von dem Fahrt Meister aus unwahren und willkührlichen Sätzen abgeleitete Besorglichkeiten, näher erwogen und untersuchet zu werden, verdienen.
Lüneburg d 16 t Junii 1779 EGSonnin.

70.
SALINE LÜNEBURG

Stellungnahme zu den Vorschlägen des Obersalzinspektors Abich aus Schöningen bei Braunschweig vom 22. Oktober 1779 zur Kosteneinsparung durch Einsatz einer Maschine zum Hochpumpen der Sole und Herstellung einer anderen Salzsorte. Dazu eine hier nicht wiedergegebene Ergänzung und eine andere Fassung der Stellungnahme.
Lüneburg, 16.11.1779

Stadtarchiv Lüneburg
Salinaria S 1 a, Nr. 552
Acta betr. die von dem Ober Salz Inspector
R. A. Abich zu Schöningen im
Braunschweigischen geschehenen, Vorschläge,
zu einiger Verbeßerung und Kosten Erspahrung
bey der Lüneburgischen Salz-Siedung de 1779
et seqq. annis
Bl. 24

Unvorgreifliche Gedancken über die Vorschläge des Herrn Ober Saltz Commißarii Abich zur Verbeßerung des Lüneburgischen Saltzwesens.
Es ist anmercklich, daß der Herr Ober Saltz Comißarius nach gemachten Untersuchungen der Lüneburgischen Saale und ihrer tersestriten auch gefunden hat, daß deren Besiedung nicht anders als in Bley geschehen könne. Ob indeßen ein jeder Sachkundiger, wenn noch keine Häuser vorhanden wären, dieselbe dahin einrichten mögte, daß die Saale wohlfeiler versotten werden könne, ist eine unentschiedene Frage, da viele vornehme Saltzsiedereyen vor der Lüneburgischen nichts voraus haben, hingegen viele ihr nachstehen müßten. Vielmehr ist die hiesige, als welche beständig in Particulier- oder Kaufmanns Händen gewesen, so raffiniret, daß es zwar wohl keine Unmöglichkeit, doch auch nicht eines jeden Saltzkundigen Sache seyn mögte, eine wohlfeilere Siedung und eine beßere Einrichtung im Betriebe anzugeben.
Zu desto lebhafteren Danke würde die Saline dem Herrn Ober Saltz Commißarius für die Angabe zweyer so wichtigen Ersparungs Stücke verpflichtet seyn und zu ihrem eigenen Nutzen gar wohl einsehen, daß eine praemie von 500 Rthlr. keine hinlängliche Belohnung weder für die Bemühung noch für die Eröfnung solcher Vortheile sey, die einen so beträchtlichen Saltz debit verschaffen sollen.
Denn es erbietet sich der Herr Ober Saltz Commißarius:

ad no 1)

Bey der Siedung den vierten Theil der Kosten zu ersparen und beßer Saltz zu fertigen.

In Ansehung der Besiedung ist es nicht ausgedrückt, ob die Kosten Ersparung sich auf die Leute, Geräthe pp oder nur auf die Feuer Ersparung sich erstrecken solle. Aus der in dem Verfolge angezogenen Feuer Ersparung und aus dem im postscripto benannten Torff mögte man wohl zu schließen haben, daß nur die Feuer Ersparung gemeynet sey, die auch an und für sich schon estimabel ist.

Die Verfertigung beßeren Saltzes scheinet aus dem Verfolge gleichfalls nur in mehrerer Trockenheit bestehen zu sollen. Diese ist bey hiesiger coctur so gut eingerichtet, daß man immer hinlänglich trocken Saltz und völlig gute Kaufmanns Waare hat, wenn nur die Sültzer beym Abfahren den letzten Sud nicht hinzuthun. Wird dieses bey der Sültze festgesetztes Gebot gehalten, so klaget niemand über das Lecken des Saltzes. Will ein Sülfmeister es trockener haben, so darf er es nur 24 Stunden länger in der Hitze des Siedhauses liegen laßen, welchenfalls es so trocken als irgend ein Saltz werden wird, und es hiezu wohl keiner neuen Anlage bedürfte.

Wäre aber die Verbeßerung der inneren Güte des Lüneburgischen Saltzes, welches bisher den Ruhm des besten Saltzes gehabt, damit gemeinet, so wäre dies besonders zu schätzen.

ad no 2)

Sollen die 28 Leute von den Pumpen abgehen. Diese Ersparung würde vor der Hand der ganz erschöpften Soodmeisterey Caße zu statten kommen und mit der Zeit auch dem Sülf Meister angedeihen können. Zu Anfange unserer Arbeit gleubte ich es recht gut zu machen, als ich die Soodesleute tröstete, sie sollten es künftig so sauer mit dem Pumpen nicht haben, da man die Saale mit einer Maschine weit leichter schöpfen könnte. Allein es entstand unter ihnen ein heftiges Gemurmel, daß man ihnen ihr Brod nehmen wolle, weswegen ich, weil ich ohnehin die Leute Behuf meiner Arbeit in guter Laune erhalten muß, mich genöthigt sahe, meine Absicht bestens zu verbergen.

ad no 3)

Die Verfertigung eines Saltzes anderer Art würde statt finden, wenn die Anlage, Unkosten und Betrieb so geringe wären, daß man es mit den Seesaltzen zu gleichem Preise lieferte. Könnte uns jemand auch würcklich die nichts kostende Spanische Sonnenhitze geben; So würde zwar unsere reichhaltige Saale in viel kürtzerer Zeit abdünsten; Allein andere unvermeidliche Neben Kosten würden diesen Vortheil ganz hinnehmen. An dem Transport würde wenig genommen werden, da der nächste Transport von hier nach Hamburg nicht viel von der Seefracht unterschieden ist, weil man das See Saltz gewöhnlich nur zur Rückfracht, oft nur für Ballast einnimmt.

Ueberhaupt wird feinere Waare auch beßer bezahlet, und die Vorschläge wären erwünschter, nach welchen man das gantz Saalquantum zum besten Saltze versieden könnte.

Das Anerbieten die benannten Verbeßerungen auf eigene Kosten zu bewerkstelligen, ist den Umständen desto mehr angemeßen, als die bisherige Saltz Verbeßerungs-Versuche dem Saltzwercke kostbar geworden sind und bey dem so tief gefallenen Saltz-Handel weder der Sülf Meister noch die Sood Meisterey Caße Geld in die Waage zu setzen vermag.

Besage des Vorschlages soll

a) die Veränderung der Besiedung in 28 Häusern nur 1500 Rthlr kosten und in Abtheilungen vorgenommen werden.

Diese Kosten wären sehr leidlich, nemlich auf jedes Haus nur 54 Rthlr. Es stehen viele Häuser ledig, worin die Probe gemachet werden könnte und der Vorschuß zu

Einem Hause von 54, oder (falls eine einzelne Einrichtung etwas mehr kostete) von 100 Rthlr würde nicht beschwerlich fallen, da derselbe zu 4 a 6 Häuser angeboten worden.

b) Die anzuordnende Maschiene zur Förderung der Saale soll 600 Rthlr Auslagen, 250 Rthlr jährliche Unterhaltung, und 2 Mann täglich zur Wartung erfordern, das wäre für

Unterhaltung	250.–
intereße von Capital	24.–
Aufwartung	106.–
zusammen	380 Rthlr.

womit etwan 5/7 des Pumpen oder Soodeslohns ersparet würde. Nach Voraussetzung dieser Ersparungen, will der Herr Ober Saltzcommißarius, zum Haupt Zweck, nemlich zur Vergrößerung des Saltz Debits schreiten, welcher ihm in allem Betrachte das leichteste zu seyn scheinet.

Er setzet die ganze Sache darin, daß man nur das in entfernete Gegenden gehende Saltz um so viel herunter setze, daß der Himbt 8 Pfennig wohlfeiler als anderes Saltz zu stehen komme. Und ich bin mit ihm gleichfalls der gäntzlichen Meinung, daß, wenn Er mit seiner Ersparung es dahin bringen könnte, daß der Himt beständig um 8 Pf weniger als die anderen Saltze erlaßen werden könnte alsdann es an Absatz nie ermangeln werde. Ohne Zweifel würden alsdann die Reichs Städte kein grobes Saltz zum Einsaltzen des Fleisches verlangen, wie sie ietzt des niedrigeren Preises wegen thun, und wer weiß, ob nicht die Holländer das Lüneburgische ihrem rafinirten Saltze vorzögen. Denn sie übertreffen auch darin, daß sie allemal das wohlfeileste, wenn gleich nicht einheimische, kaufen, alle andere nationen an Klugheit und sie folgen zu ihrem Nachtheile nicht den studirten Finantz-Systemen, die uns lehren wollen, daß man das einheimische mit Schaden kaufen und poußiren müße.

Wir wollen indeßen seine Verbeßerungen als gewiß annehmen; Aber es entstehen dabey zwo wichtige Fragen:

I. Ob die vorgeschlagene Ersparungen so weit sie uns eröfnet sind, hinreichen, den Himten um 8 Pf wohlfeiler als andere raffinirte Saltz z. E. das Englische zu verkaufen, und

II. Ob alsdann auch nicht die Verkäufer der fremden Saltze das ihrige im Preise erniedrigen würden?

Letzteres kann man zum Voraus als gantz gewiß behaupten, da bey den jetzigen theuren Seefrachten, aßecurantzen und Mangel an Leuten die englischen Saltze so wohlfeil sind; mithin bey ruhigern Zeiten ein beträchtlicher Abschlag erfolgen wird. Es kommt dazu, daß die Englischen hohen Bergwercke, so zu sagen, unerschöpflich, hingegen hiesige Waldungen so weit aufgeräumt sind und noch täglich mehr aufgeräumet werden, daß nothwendig das Holtz und mit ihm die coctur theurer werden muß.

In Ansehung der ersten Frage, wird auf Einen Himten

¼ Holtz Ersparung betragen	4 ⅞ Pfennig
5/7 des durch die anzulegende Maschine zu ersparenden Pumpen oder Sodes Lohns	½ ”
zusammen	5 ⅜ Pfennig

Es ist immer etwas und machet ohngefehr 6 ⅓ procent Gewinn aus, welcher einem Kaufmanne nicht gleichgültig seyn kann, und wenn zwo Waaren mit einander balanciren, geben 6 ⅓ pro cent einen großen Ausschlag im Vertriebe.

Der Herr Ober Saltz Comißarius redet hin und wieder von einer Verbeßerung im Betriebe, welche man, ohne von ihm zu viel zu verlangen, den Ausdrücken nach wohl nicht weiter als auf die bemerckte Förderungs Maschine ausdeuten dürfte.

Sollte er aber außer dieser noch so viele Vortheile des Betriebes in seiner Macht haben, daß sie eine Ersparung von 2 ⅜ Pfennig auf den Himten ergäben; So wäre damit eine Ersparung von 8 Pf auf den Himten geleistet, allein keinesweges damit dieses erhalten, daß man den Himten Lüneburgischen Saltzes beständig um 8 Pf wohlfeiler geben könne, als anderes Saltz in entfernten Gegenden zu stehen kömmt.

Wir wollen nur vors erste Hamburg nehmen, welches uns der nächste fremde Ort zum Absatz ist. Daselbst gilt ietzt, so viel ich weiß, die Tonne Lüneburger Saltz 10 Mk Hamburger courant und das raffinirte Englische Saltz 7 Mk cour, das ist, der Himten Lüneburger gilt 13 ⅓ Pf oder 6 ⅔ ggl oder bey nahe 7 ggl leicht Geld, und hingegen der Himten Englisch Saltz wird verkauft für 9 ⅓ Pf oder für 4 ⅚ ggl, wofür wir 5 ggl voll nehmen wollten.

Wenn dann das Lüneburgische 7 und das Englische 5 ggl in Hamburg gilt, und nach des Herrn Ober Saltz Commißarii Voraussetzung ersteres um 8 Pf wohlfeiler als andere Saltz gegeben werden sollte so müßte die Ersparung an einem jeden Himten 2 ggl 8 Pf ertragen, oder der Himten Lüneburger Saltz zu 4 ggl 4 Pf herunter gesetzet werden können, und dann würde, wie oben gesaget, ich auch an dem erwünschtesten Absatze nicht zweifeln, ja, ich bin überzeuget, daß das gantze Lüneburgische Saalquantum so wohl der alten Sültze, als der Neuen Sültze mit der Hütten Saale unaufhörlich versotten werden könnten, wenn man beständig mit dem Englischen nur einerley Preis zu halten vermögend wäre, angesehen die innere Güte des Lüneburgischen Saltzes allen andern den Vorzug abgewinnen würde.

Wenn wir nur gleich, wie oben, die Vorschläge des Herrn Ober Saltz Commißarii zur Verbeßerung der Coctur für richtig annehmen; So erkennen wir doch, daß die Vergrößerung des Saltzdebits so federleicht nicht ist, als er sich denselben vorstellet, ob gleich eine jede Ersparung, wie klein sie auch ist, dem Salinator immer schätzbar bleibet. Ich bemercke wohl, worin derselbe sich geirret hat. Er führet an, daß von dem Englischen und Schottischen Saltze der Himten zu 6 und 7 ggl verkaufet werde, und wäre dieses, so wären alle seine darauf gebauete Schlüße richtig. Allein die Tonne wird jetzt für 7 Mk und vor dem Kriege für 6 Mk verkauft, mithin jetzt für 9 ⅓ Schl und vor dem Kriege für 8 Schl., das macht 30 und 40 pro cent.

Die Verfälschung des Lüneburgischen Saltzes mit fremdem und der Verkauff des Fremden in Lüneburgischen Tonnen und Beuteln ist in Lübeck, Hamburg und Bremen schon vor vielen Jahr-Hunderten getrieben und verboten worden. Man darf auch nun nicht allererst vermuthen, daß die Fremden sich einfallen laßen könnten, ihre Saltze in die Chur-Hannöverische Lande einzuführen. Solches ist schon vorlängst geschehen und geschiehet noch täglich.

Zu den Gedanken, ob ich vielleicht vorhätte, eine mit einem Pferde zu treibende Scheiben-Maschine anzulegen, hat wohl die runde Figur meines Baues Anlaß gegeben. Da ich weiß, daß zum Triebe der Pumpen wenigstens a 4 Pferde gehalten werden müßten, die mit dem Knecht unter 400 Rthlr nicht gehalten werden könnten, so habe auf diese Maschine nicht verfallen können. Wohl aber habe ich mündlich geäußert, auch im Riße angedeutet, ein leichtes einfaches Flügel Werck darauf setzen zu wollen. Dieses kann ich, wenn nur das in Menge vorräthige alte Eisen und Holtz dazu gegeben wird, für 200 Rthlr liefern. Die Unterhaltung kann jährlich mit 10 Rthlr bestritten werden und zur Wartung braucht es nur Einen Mann, der dabey oft keine Stunde Tages Beschäftigung findet und als Pumpenmacher zugleich alle Bedürfniße der Pumpen besorgen kann.

Da übrigens der Herr Ober Saltz Comißarius über den Brunnen nur ein Obdach und die Hölung unzugeworfen, zu seinem Vorhaben nützlich, erwünschet, so wird glücklicher Weise auch alles dieses zu seinen Verbeßerungen paßen, indem ich jetzt schon beschäftiget bin, beliebter maßen die Erde zu befestigen und das längst fertig liegende Obdach darüber zu errichten.

Der Gebrauch des Torfs mögte bedenklich seyn, da (1) derselbe nicht wohlfeiler als Holtz ist, (2) er die Sültze mehr der Feuers Gefahr aussetzet, (3) bey der jetzigen Besiedung ganz ungeschickt zur Regierung des Feuers ist, (4) dem Saltze einen wiedrigen Geruch mittheilet, und (5) mit dem so wohl von ihm selbst als von seiner leichten Asche entstehenden Staube das Saltz schwärtzet und unansehnlich machet. Ob die drey letzteren Unbequemlichkeiten bey der veränderten Siedungs Art wegfallen, steht zu erwarten.

Lüneburg d 16 t Nov. 1779 EGSonnin.

71.
NIKOLAIKIRCHE LÜNEBURG

Gutachten für die Kirchenjuraten über den Bauzustand des aus der Spätgotik stammenden Turmes. Dem Gutachten sind im Mai gründliche Untersuchungen vorausgegangen. Trotz der überschlanken Proportionen, die schon zahlreiche Instandsetzungen verursacht hatten, stellt Sonnin keine Mängel fest, die etwa zum Einsturz führen könnten.

Lüneburg, 24. 6. 1780

Stadtarchiv Lüneburg
Ecclesiastica 1 d, Nr. 4
St. Nicolai Kirche
Acta betr. den schadhaften Kirchthurm zu
St. Nicolai etc. 1756 seqq.
Bl. 20

(Abschrift) (A)

<u>Pro memoria</u>

Von denen Herren Aßeßoren und Juraten der Kirche zu St. Nicolai erfordert, habe die mir angewiesenen schadhaften Stellen des Nicolaitischen Thurms mit aller Aufmercksamkeit besichtigt, und von nachstehender Beschaffenheit befunden.

1. Die Krümmungen des großen Thurmfensters sind freilich Merckmale von einer nach und nach erfolgten Versinckung; Jedoch ist diese Versinckung nicht die einzige Ursache davon, sondern als die Mauer sich niedersetzete, trat die Brüstung in die Höhe, und die gemauerte Fenster Pfeiler, die von oben gedrücket, und von unten gehoben wurden, mußten sich krümmen. Indeßen ist dieser Schade so gefährlich nicht, wie er anscheinet, und wenn jetzt, wie es unumgänglich nöthig ist, neue Fenster in neuen Pfeilern auf einer geraden Brüstung eingesetzet werden; So können dieselben ohne ferner zu besorgende Krümmung auf lange Zeiten bestehen.

2. Die Ausbauchung an der Mauer in dem Eingange zu der Nördlichen Capelle, die allerdings auch eine Würckung der Versinckung war, habe ich, nachdem sie aufgehauen worden, gleichfalls nicht so gefährlich gefunden, als man sie vermuthete. Denn, da die Thurmmauer inwendig von Bruchsteinen, und umher von Mauersteinen aufgezogen ist, so konnten die letzteren sich nicht so viel zusammen setzen als das inwendige, und mußten daher ausweichen. Daneben habe befunden, daß die Mauer inwendig noch recht gut und keineswegs lauter Graus ist, wie letzteres auch in Bruchsteinen-Arbeit nicht so leichte erfolget.

3. Die sonsten in denen Capellen und im Thurm an den Mauren in die Höhe gehenden Borsten sind von mehrerem Belange, und verdienen, daß sie jährlich ein Paar mahl mit vielem Fleiße nachgesehen und genau bemercket werden, ob sie sich mehr öfnen oder mehr außer Loht gehen. So lange dieses nicht geschiehet, ist ihrentwegen keine Gefahr zu befürchten.

4. Was auswendig an der West Seite des Thurms abgewichen ist, scheinet auch gefährlicher, als es sich in der That befindet. Der Augenschein ergiebet, daß unsere Vorfahren, dem sinckenden Thurm zur Stütze, eine an demselben vorgemauert haben. Diese vor demselben aufgezogene neuere Mauer hat sich von demselben abgelöset, und machet dadurch dem Thurme ein gefährliches Ansehen. Wie sie aber in der That den Thurm nicht stützen kann, indem sie einestheils viel zu schwach dazu ist, andertheils es sehr schweer, wo nicht gar unmöglich fällt, eine neue Mauer mit einer alten hohen, von Bruchstein-Arbeit auf Bestand zu verbinden; So hat man auch von ihrer nun erfolgten Ablösung nicht so viel zu besorgen, als sie fürchterlich in die Augen fällt. Hieraus läßt sich auch abnehmen, daß es vergebliche Kosten seyn würden, wenn man von diesem abgelösten Stücke vieles abnehmen und neu wieder aufführen wolte, weil mit aller Kunst und Aufwande daßelbe doch niehmals dem Thurme eine Beyhülfe geben, oder mit ihm in guten Verband kommen kann. Welchemnach denn anzurathen wäre, daß man je weniger je lieber, an dies Stück verunkostete, und es nur so viel beßerte, als es das auswendige gute Ansehen erfordert.

Was übrigens die Frage betrift, ob man bey dem großen Überhange des Thurms auch eine Gefahr oder plötzlichen Einsturz zu besorgen habe; So kann ich nach reifrer Untersuchung auf mein bestes Wißen bezeugen, daß ich eine plötzliche Gefahr noch nicht absehen kann, da ich den inwendigen Kalck mit den Steinen noch sehr gut zusammenhängend finde.

Nöthig ist es aber immer, daß man ihn mit größester Aufmercksamkeit beobachtet und untersuche ob sich Veränderungen an den Borsten und Ritzen zeigen, oder ob der Ueberhang nach dem Lothe größer werde. Ergäben sich Veränderungen, und nähmen sie mercklich zu, so würde man auf Gegenmittel zu denken haben, oder so dann das einzig sicherste Mittel dieses seyn, daß man dasjenige was überhenget Lothrecht herunter nähme. Zu einem Vorbau oder zu einer Verstärkung, oder zu Strebe Pfeilern möchte ich niehmals anrathen, da solche gut gemeinte Vorbaue, wie an Lamberti Thurm zu sehen, leicht wandelbar werden, und den gehofften Nutzen nicht gewähren können.

Lüneburg d 24 Junii 1780.   EGSonnin.

72.

GROSSE MICHAELISKIRCHE HAMBURG

Rechtfertigung der Neigung der Turmspitze. Das nur auszugsweise und im Original nicht mehr erhaltene Schreiben enthält mit dem Hinweis auf die absichtlich von vorneherein vorgenommene Neigung eine wichtige Quelle für Sonnins vorausschauende Konstruktionsüberlegungen. (Veröffentlicht von Geffken, J.: E. G. Sonnin als Baumeister der St. Michaeliskirche. In: Zeitschrift des Vereins für Hamburgische Geschichte, 4. Bd. 1858, S. 185.)

13.7.1780

Vorbenannter Ueberhang ist keinesweges von einer Ueberweichung entstanden, sondern die Uhrenetage und die Säulen sind wohlbedächtig nach Nordosten übergelehnt worden, wie ich solches bei allen fünf Thürmen, die ich bisher gerichtet, eben also gemachet, und dazu die gegründetste Ursache habe. Denn alle Thurmmauern, die ich je gesehen und sie in dieser Hinsicht mit vielem Fleiße betrachtet habe, neigen sich gegen Südwesten, wie dieses auch ein jeder an allen unseren Thürmen ersehen kann, und dieser ihr natürlich erfolgender Hang nach Südwesten oder nach der Regenseite hat mich bewogen, daß ich den Catharinenthurm 15 Zoll, den Domsthurm 13, und die anderen 12 Zoll gegen Osten übergerichtet habe. Da ich bei unserem Thurm meinen Grund und meine Mauer am besten kenne, und schuldig bin, nach deren Beschaffenheit meinen Bau einzurichten, so fand ich es sehr nothwendig, der nördlichen und östlichen Seite mehr Last zu geben, und ihn gleichfalls 15 Zoll gegen Osten, und etwa halb so viel gegen Norden überlehnen zu lassen, wie es zu St. Catharinen geschehen. Bewußtermaßen habe ich nun von dem Küterwalle und von dem Stadtwalle, die ganze Thurmspitze abgelöthet und finde, daß der ganze Ueberhang der Thurmspitze von der Mauer an bis zum Knopfe zu Norden 5 Zoll und zu Osten 13 bis 14 Zoll ausmachet, denn auf einen Zoll konnte ich wegen des trüben Wetters und aufsteigenden Rauchs so genau nicht visiren. Gleichwie nun dieser Ueberhang gegen die Höhe des Thurms so unmerklich oder so geringe ist, daß man ihn nach dem Augenmaße mit Gewißheit nicht wahrnehmen kann, also hat auch derselbe nicht allein keine besorgliche Folgen, sondern er ist vielmehr dem Werke angemessen und demselben um so viel mehr nothwendig, als es nicht fehlen wird, daß unsere Thurmmauer, gleich anderen Thurmmauern in der ganzen Welt sich gegen Südwesten neigen werde. Sänke dieselbe nun mit der Zeit nur 5 Zoll, welches gegen andere unsere Thürme nur eine große Kleinigkeit ist, so stünde unsere Spitze schon im Loth, und alsdann wäre es nothwendig, daß man der Spitze abermals einen neuen Hang gegen Nordosten gebe, um dadurch der gewöhlichen Mauersenkung in etwas entgegen zu treten.

73.

SALINE LÜNEBURG

Vorschlag an die Baukommission für den Bau eines Feldgestänges von der Ratsmühle an der Ilmenau nach der Sülzfahrt, um die zur Wasserhaltung benötigten Pumpen anzutreiben. Sonnin bezieht sich auf Überlegungen, die schon seit etwa 1775 für den Pumpenantrieb durch ein Windrad stattgefunden haben. Sie wurden wegen zu häufiger Windstille verworfen. Die Idee, über ein Feldgestänge die Pumpen antreiben zu lassen, gründet sich auf die im Bergbau übliche Wasserhaltung und ein in der Oldesloer Saline bereits in Betrieb befindliches Gestänge.
Lüneburg, 31. 7. 1780

Stadtarchiv Lüneburg
Salinaria S 1a, Nr. 571, Vol. V
Acta betr. den Bau der Sülz-Farth
de annis 1780 et 1781
Bl. 119

Pro memoria.
Da die ab Amplißimo Collegio Consulari zur Erwegung einiger besonderen Sültz Umstände Hochverordneten Comißion es gefällig gewesen, Sich heute deswegen auf der Kümmecke zu versamlen; So nehme die Ehre von beregten Umständen hiemit schuldigen Bericht zu erstatten.

Es ist bekannt, daß bey der Sültze das Aufbringen oder Aufpumpen der Saale von jeher große Kosten erfordert habe und man deswegen den Sodes Lohn so viel möglich zu vermindern gesuchet. Meines wenigen Theils habe beym Anfange der Sültz Arbeit wohl geäußert: Man müße eine Maschine, welche die Saale mit wenigeren Kosten aufbringe, verrichten; Allein so bald dieses unter den Sodes Leuten bekannt ward, wurden sie aufsätzig und murmelten, daß man ihnen ihr Brod nehmen und sie an den Bettelstab bringen wolle. Es ward demnach für gut geachtet, hievon bis zu seiner Zeit zu schweigen, weil man es noch nöthig habe, die Sodes Leute bey guter Laune zu erhalten.

Hierauf erbot sich der Ober Saltz Inspector Abich eine machine vorzurichten, welche alle gute Saale und wilde Waßer bey der Sültze aufbringen sollte, so daß alle 28 Leute die beym Sode sind abgehen könnten, und bey dieser Gelegenheit ward schriftlich gesaget, daß man schon den Intent gehabt habe, über den Schauer auf der Sültze ein Flügelwerck anzubringen, welches weniger Kosten und eben die Arbeit verrichten würde. In der That würde auch ein Flügelwerck das bequemste Mittel zur Erreichung jenen Endzwecks gewesen seyn. Allein es trat ein neuer Umstand ein, der zu anderen Betrachtungen Gelegenheit gab.

Nemlich: Bey Untersuchung des vom trockenen Graben zur Sültze kommenden wilden Waßers fand sich, daß ein in der Tiefe liegendes wildes so genanntes Grund Waßer zur Saale trete, und daß solches beständig ausgepumpet werden müße, und wenn dieses nicht beständig geschähe, solches so gleich zur Saale flöße, wenn es nur 4 bis 5 Fuß in dem Schachte aufstaue. Dieses Grund Waßer hätte nun auch, (Wenn es auf die Kraft der Maschine nur ankam) das Flügelwerck auf der Sültze mittelst eines Gestänges leicht ausheben können; Allein das eintzige, daß das Grund Waßer beständig ausgepumpet werden muß, dieses konnte das Flügelwerck nicht verrichten, weil bekanntlich oft es Windstillen giebt, da ein Flügelwerck nicht das geringste würcken kann. Solchemnach war auf eine Maschine zu denken, die ohne Unterlaß arbeitet und da die Anrichtung einer solchen Maschine nähere Ueberlegung erfordert; So will die Umstände zur Hochgeneigten Erwegung geben, wovon ich schon einige in der Stille zum Voraus ausgekundschaftet habe.

Die Raths Mühle hat neun Mühlen Räder oder Gänge, welche nur selten alle und die mehreste Zeit nur 4 bis 5 gebraucht werden. Der Müller Creutz gestehet, daß er drey davon mißen könne, und wünschete, daß er nur für Sechs Gänge beständig zu thun hätte. Wenn nun Höheren Orts gut gefunden würde, daß man einen Mühlen Gang zum Behuf der Sültze anwendete; So könnte, dadurch die Saale auf der Sültze, das wilde Waßer auf der Sültze und das Waßer unter dem trockenen Graben ausgehoben werden und zwar mittelst eines Gestänges, womit man bey Bergwercken das Grubenwaßer oft aus einer ungeheuren Tiefe und oft auf eine halbe, oder gantze auch wohl auf Zwey Meilen weit in die Höhe bringet. Die Maschine ist also bekannt genug, daß an der Möglichkeit und ihrer guten Würckung wohl nicht zu zweifeln wäre.

Nur mögten zur Aufklärung des Vorschlages nachstehende Puncte in Betrachtung zu ziehen seyn.
1. Ob Dominis Commißariis die Art und der Platz der Leitung, welche an den Stadt Mauren fortgeleitet werden könnte, gut und thunlich schiene, oder ob abseiten des Publici dagegen etwas eingewandt werden könne?
2. Ob man von dem Müller Creutz, der die Mühle in Pacht habe, einen Gang würde erhalten können?
3. Ob ein Mühlen Gang so viel Waßer, als nöthig, würde ausheben können.
4. Wie groß die Kosten eines solchen Gestänges seyn würden?
Ad 1 mum et 4 tum würde es die beste Aufklärung seyn, wenn ein kleines model von einem Gestänge gemachet würde, nach welchem man so wohl die Leitungs Art erwegen, als auch ziemlich genau die Kosten erwegen könnte.

Ad 2 dum würden der Herr Camerarius die beste Anleitung geben können, wie man den benöthigten Mühlen Gang am besten und wohlfeilesten erhielte.

Ad 3 tium würde man bey der Raths Kunst füglich abnehmen können, ob Ein Waßer Rad eine solche quantitet Waßer aufbringen könne, und dieses wird evident, wenn man den Waßerkumm auf der Raths Kunst ausmißt, hernach mittelst einer Taschen Uhr wahrnimmt in wieviel minuten er von dem Mühlen Rade angefüllet werde; sodann berechnet wieviel Cubic Fuß es in den bemerckten Minuten aufgebracht habe, mithin in 24 Stunden aufbringen könne; und endlich ausmißt, wieviel Cubic Fuß ein Sodes Kumm enthalte, und wie viel also 80, 90, 100, 110, 120 Sodes Kümme in 24 Stunden an Cubic Füßen ausmachen.

Zur Erwegung der Kosten werde ich wenn der Vorschlag keinen Widerspruch fünde, Ein Gestänge-Stück im Großen machen laßen, so wie das model im kleinen ist, da denn die Anzahl der Stücke die Summe der Kosten ergiebt. Zur Verfertigung des Modells aber wollte mir von dem gegenwärtigen Herrn Senatore Maneke deßen geneigte Beyhilfe und ein Plätzgen in deßen Hause, wo man es ohne eclat verfertigen könnte, aus mehr als einer Ursache ausbitten.

Denn
a) wird sich allererst nach der vorhabenden Untersuchung ergeben, ob mein Vorschlag statt finde, und wann dieses nicht wäre, mögte es gut seyn, wenn man in publico nichts davon erführe. Ferner
b) wünschte ich, daß der Vorschlag so lange als möglich beym Sode unbekannt bliebe, damit die Sodes Leute in ihrer Ordnung blieben.
c) Endlich mögte es auch consilii seyn, den Müller Creutz nicht eher, als es rathsam gefunden würde, davon etwas wißen zu laßen.

In dieser Rücksicht gebe auch zur Hochgeneigten Erwegung, ob es nicht rathsam seyn mögte, die vorhabende Untersuchung überhaupt so lange geheim zu halten, bis das model verfertiget, und vorläufig erwogen ist, ob der Vorschlag statt finden könne.

Um denn das modell je eher je lieber in Arbeit nehmen zu können, ersuche gehorsamst, ob es gefiele, noch heute die Situation der Stadt Mauer von dem trockenen Graben an bis zur Raths Mühle oder allen falls nur bis zum Rothen Thore in Augenschein zu nehmen, weil man von dem rothen Thore die Situation bis zur Mühle genungsam übersehen kann, da diese Strecke bey nahe eine gerade Linie ausmacht.

Vielleicht wird bey der Besichtigung es schwer scheinen, wie man bey den vorliegenden Ecken, Thürmern, Thoren, Brücken mit dem Gestänge fortkommen wolle; Allein diesem Zweifel wird man so gleich mit der Vorzeigung des models abhelfen können.

Lüneburg d 31 st Julius 1780. EGSonnin.

74.

SALINE LÜNEBURG

Mitteilung an die Baukommission über die Fertigstellung des Modells vom vorgeschlagenen Feldgestänge. Antrag zur Ermittlung der Leistung eines Wasserrades der Ratsmühle und der erforderlichen Pumpenleistung.
Lüneburg, 5.8.1780

Stadtarchiv Lüneburg
Salinaria S 1 a, Nr. 571, Vol. V
Acta betr. den Bau der Sülz-Farth
de annis 1780 et 1781
Bl. 123

Pro memoria

Gestern Abend ist das model von dem Gestänge von dem Herrn Senatore Maneke vollendet worden, und nunmehro der gantze mechanismus und die Art, wie daßelbe von der Mühle an bis zur Sültze und zum trockenen Graben beweget wird, gantz deutlich zu ersehen.

Die Stadt Mauer, an welcher alle Hängestangen und in den Hänge Stangen die Zugstange angehänget sind, ist mit einem in der Kante stehenden Bret vorgestellt. Das Bret oder die Mauer ist aus 4 Theilen zusammen gesetzet, so wie auch die Situation der Stadt Mauer es erfordert. Das lange Stück soll die Linie von der Mühle an bis zum Sültz Thor, welche bey nahe gerade Linie ist bedeuten. Das zweite machet die Bugt von dem Sültz Thore bis zum Eck der Mauer die sich nach dem trockenen Graben zuwendet. Das dritte Bret zeiget die Leitung von diesem Eck bis zu der Pumpe im trockenen Graben an.

Das vierte weiset, wie etwan in der Gegend des Schusters Zwingers die Ableitung der Bewegung des Gestänges nach der Sültzen zu geführet werde. Das Mühlend Rad ist mit einer Kurbel, so man mit der Hand beweget vorgestellet worden.

Hoffentlich wird alles so begreiflich vorgestellet seyn, daß es keiner weiteren Erklärung bedarf und so wohl die Art der Leitung, als die Art der Würkung völlig einleuchtend seyn wird.

Solchemnach nehme die Freyheit gehorsamst zu ersuchen, ob der Herr Camerarius von Töbing und der Herr Sod Meister Timmermann belieben wollten, sich zum Hause des Herrn Senatoris Maneke zu verfügen, das model in Augenschein zu nehmen, und demnächst zu einer gefälligen Zeit, nach der Raths Kunst sich zu bemühen, um sich von dem Kunst Meister die Länge, Breite und Tiefe des Kumms vermeßen zu laßen und nach der Uhr zu bemercken, wie bald der Kumm von dem Kunstwerck gefüllet werde.

Indem die Absicht ist, hiemit zu erforschen, wieviel Cubic Waßer in 24 Stunden bey der Raths Kunst in die Höhe gebracht werden, und alsdann zu erörtern, wieviel Waßer und Saale in 24 Stunden bey dem Sode und trockenen Graben aufzuheben sey; So mögte es nicht undienlich seyn, den Sodeskumm durch den Fahrt Meister Neyse ausmeßen zu laßen und auch zu mehrer Gewißheit dem Zimmer Meister Göhring aufzugeben, daß er den Kumm der Raths Kunst ausmeße.

Nach richtig bemerckter Zeit und richtig aufgenommenen Maaßen beiderseitiger Kümme, wird eine leichte Rechnung es klar machen, daß ein Mühlen-Gang die bey der Sültze vorhandene Menge der Saale und des wilden Waßers mittelst des Gestänges gar füglich aufpumpen könne.

Lüneburg d 5 t August 1780   EGSonnin.

75.

SALINE LÜNEBURG

Bericht an die Baukommission über die gemäß Antrag vom 5. August 1780 ermittelte Fördermenge eines Wasserrades der Ratsmühle und Kostenschätzung für den Bau des Feldgestänges.
Lüneburg, 9. 8. 1780

Stadtarchiv Lüneburg
Salinaria S. 1a, Nr. 571, Vol. V
Acta betr. den Bau der Sülz-Farth
de annis 1780 et 1781
Bl. 125

Pro memoria

Am abgewichenen Sonnabend hat praesentibus Dominis Commißariis der Kunst Meister auf der Raths Kunst den Waßerkumm aufgemeßen und denselben lang 11 Fuß 10 Zoll, breit 6 Fuß 10 Zoll und die Tieffe des Waßers, wenn er überläuft 5 Fuß zu seyn angegeben. Ich hoffe daß der Bericht des Zimmer Meisters Göhring eben dieses Maaß angeben werde, welchen falls dann der Kumm 404 $\frac{1}{3}$ Cubic Fuß Waßer enthält, wofür wir zur ebenen Zahl nur 400 Fuß rechnen wollen.

Der Kumm, welcher ledig war, ward in 20 Minuten gefüllet, folglich bringet das Kunstrad in Einer Stunde 3 mahl 400, das ist 1200 Cubic Fuß, und in 24 Stunden 28 800 Cubic Waßer hinauf in den Waßerkumm der 100 Fuß hoch von der Erde erhaben ist.

Nach meiner Aufmeßung ist der Sodeskumm lang 9 $\frac{1}{4}$ Fuß, breit 4 $\frac{1}{3}$ Fuß und tief 3 $\frac{1}{6}$ Fuß, und enthält demnach 126 $\frac{2}{3}$ Cub. Fuß, womit die Neysische Aufmeßung ohne Zweifel auch übereinkommen wird. Gewöhnlich hat man in 24 Stunden etwan 60 bis 80 Kümme, aber es giebet auch Saalfluthen, die über 100 Kümme betragen. Hinzu kommt das wilde Waßer auf der Sültze, welches täglich 3 bis 4 Kümme ausmacht, und das wilde Waßer im trockenen Graben, welches auch wohl 15 Kümme ausgiebet, so daß wir bey Saalfluthen gewiß 120 Kümme ausheben müßen, doch aber, um nicht zu wenig zu rechnen 130 Sodeskümme annehmen wollen. Solche 130 Kümme zu 127 Cubic Fuß betragen 16 510 Cubic Fuß die man in 24 Stunden ausheben muß.

Nun hob aber nach dem vorhergehenden das Kunstrad 28 800 Cubic Fuß, das ist bey nahe noch einmal so viel, und was noch mehr ist: Es hob das Waßer auf eine Höhe von 100 Fuß, da wir solches auf der Sültze nur 40 Fuß und beym trockenen Graben nur 26 Fuß hoch zu heben haben. Dieser Unterschied der Höhe ist so groß und so beträchtlich, daß, wenn das Kunstrad sein Waßer nur auf 40 Fuß hoch aufbringen sollte, solches in 24 Stunden 72 000 Cubic aufbringen würde. Wenn demnach das Kunst Rad die Kraft besitzet, in 24 Stunden 72 000 Cubicf. auf eine Höhe von 40 Fuß aufzuschaffen, so ist leicht zu ermeßen, daß ein Mühlen Rad von dem nemlichen Gefälle gewiß die vorberechneten 16 510 Cubic Fuß auf die nemliche Höhe aufbringen werde, da das quantum von 72 000 Cubicf. bey nahe 4 $\frac{1}{2}$ mal so groß ist als das quantum von 16 500 mithin die Würckung des Kunstrades 4 $\frac{1}{2}$ mal so groß ist, als wir sie zu unserem Endzweck nöthig haben. Bey einer so sehr überwiegenden force wird es dann auch nicht in Betrachtung kommen, daß die Saale 18 pro cent schwerer ist als das Waßer; es wird gleichfalls unerheblich seyn, daß die Schaufels des Kunstrades etwas breiter sind; eben so wenig erheblich ist die Reibung des Gestänges gegen jene große Uebergewigt; und wenn endlich jemand glaubete, daß die Größe des Kunstrades mehrere Kraft gebe, so verräth er damit, daß er die reguln der mathematic nicht kenne.

Es wäre nun noch übrig die Kosten zu erörtern, welche die Anrichtung eines solchen Gestänges erfordern würde. damit Domini Comißarii von der Zuverläßigkeit der Kosten Bericht sich selbst hinlänglich überzeugen mögten, habe ich Ein Hängewerck zum Gestänge im Großen fertigen und auf der Sültze aufhängen laßen.

Ein solches Hängewerck, so wie es da, und überflüßig starck ist, kann an Holtz, Eisen, Zimmerlohn, mit dem in die Mauer zu schlagenden Loche, mit dem Anbringen zur Stelle, und mit dem dazugehörigen Zugbalcken, von einem jeden Uebernehmer geliefert werden für   3 Rthlr.

Wir haben deren nöthig 200 Stück

Folglich kostete das gantze Gestänge	600 Rthlr.
Es werden einige Stellen vorkommen an den Ecken, Thürmern, Brücken pp, wo statt des Hängewercks stehende Zugwercke gemacht werden müßen. Ob nun diese nicht viel mehr kosten als die hängenden, so will ich dafür berechnen	75 ”
Bey den Thürmersn und Brücken wird es nöthig seyn durch dicke Mauern zu brechen wofür rechne	30 ”
Man muß ein Gestänge über den Wall führen, welches mit den Neben Umständen kosten mogte	50 ”
Endlich wird ein neues bey der Mühle anzubringendes Rad nebst der einfacher Kurbel etwa 85 Rthlr. kosten, wofür nebst einigen ungeldern rechne	145 ”
Summa	900 Rthlr.

Für die nebenstehende Summe von 900 Rthlr kann das Gestänge gerne geliefert und übernommen, allenfalls auch noch etwas menagiret werden. Die Unterhaltung des Gestänges kann auch nicht kostbar seyn, und ich will immer jemand stellen, der die Unterhaltung deßelben jährlich für Ein Hundert Reichsthaler übernimmt. Es ist auch leicht zu übersehen, daß das Gestänge leicht ein Dutzend Jahre ausdauren kann, und da es ohne Zweifel auch noch länger dauren kann; So glaube ich, daß man es wohl auf Zwanzig Jahre bringen mögte, wenn man nach 12 Jahren etwas mehr für die Unterhaltung zulegete. Die übrigen Vortheile werde bey und nach der Anrichtung des Wercks anzuzeigen nicht versäumen.

Lüneburg d 9 t August 1780   EGSonnin.

76.

GROSSE MICHAELISKIRCHE HAMBURG

Rechtfertigung an den Senator Franz Anton Wagner gegen verschiedene Vorwürfe am Turmbau. Die Aufzählung der Kritiken erlaubt einen Einblick in die Schwierigkeiten bei der Einführung bislang unbekannter Baumethoden; etwa beim Abbruch des ausgebrannten Mauerwerks, der Konstruktion des Arbeitsgerüstes, des über der Vierung weitgespannten Kirchendaches, des Turmes und der Auslegerwinde zum Aufzug des langen Bauholzes auf den Turm. Selbst die Anstellung des jungen Poliers Caspar Schotter muß Sonnin rechtfertigen. (Veröffentlicht von Geffken, a. a. O., S. 198.)
Hamburg, 14. 8. 1780

Staatsarchiv Hamburg
Archiv der St. Michaeliskirche
Cl. VII, Lit. H^c, No. 7, Vol. 7^t

Wohlgebohrner Hochweiser
Hochgelahrter Herr Senator,
Hochgeneigtester Herr
Da Ewr. Hochweisheiten geneigt, mir die von dem neuerbaueten Thurm zu St. Michaelis umlaufende nachtheilige Gerüchte zu eröfnen, mit dem Auftrage, daß ich über den Grund oder Ungrund derselben mich hinlänglich erklären solle; So verfehle nicht, diesem Befehle hiemit gantz gehorsamst nachzukommen.

Seit der Wieder Erbauung der Michaelitischen Kirche hat sie fast beständig das Schicksal gehabt, daß sehr wiedrige und recht fürchterliche Dinge von ihr ausgesprenget worden sind. Als die ersten Pfeiler in der Kirche und hienächst die Kirchenmauren umgeworfen wurden, hatte man so viele Gefahr und Unglück vorgespiegelt, daß kein Mensch daran arbeiten wollte und ich deßwegen die Operation mit meiner eigenen Hand mit angreifen mußte, und auch glücklich verrichtete.

Als das Gerüst um die Kirche, welches von so genannten Werk und Kunstverständigen zu 44 tausend Mark angeschlagen war, für 24 000 Mark übernommen und errichtet ward, hatten die Werkverständige Sr. Magnificence den Hochseel. Herrn Bürgermeister Widau in den tiefsten Kummer versetzet. Es sey so schwach und so elend, daß kein einzelner Mann sicher darauf gehen könne. Ich ließ noch an demselben Tage 10 000 Steine, die etwan siebenzig tausend Pfund wogen, auf einen Fleck hinauf bringen, zeigte sie dem Herrn Bürgermeister und überführte ihn in der Standhaftigkeit des Gerüstes, welches auch bis zum Ende des Baues die sichersten Dienste geleistet.

Als ich vorgeschlagen hatte, man möchte die alte Thurm-Mauer, so weit ihre Borsten gingen, herunter nehmen, behaupteten die Werkverständige mit einem körperlichen Eide, die alte Mauer sey besser als eine neue, und erhielten damit ihren Zweck, daß sie die Mauer Arbeit am Thurm erhielten. Allein die hienächst ab Amplissimo Senatu et civibus Hochverordnete Bau Deputation war genöthiget, von ihrem neuen, schon wieder abgewichenen Mauerwerke einige zwanzig Fuß herunter zu nehmen, und es wäre zu wünschen, daß man keinen Stein von dieser Arbeit hätte liegen lassen.

Als das Kirchendach gebauet werden sollte, versicherten die Kunst und Werkverständige in corpore, es sey nicht möglich, daß über die viel zu weit angelegte Kirche ein Dach gebauet werden könne. Hierüber ward mit auswärtigen Baumeistern in Dresden, in Berlin, in Hannover, in Copenhagen, und wer weiß wo mehr correspondiret, Alle auswärtige behaupteten, es sey gantz wohl möglich, aber ein jeder gab einen Riß dazu her, die wir theils zu 100 Louisd'or etc. bezahlen mußten. Weil endlich mit aller angewandten Mühe kein Auswärtiger aufzustellen war, der jenem Kunstunverständigen Satz beypflichten wollte, so war es dennoch möglich, die Kirche mit einem guten Dache zu belegen.

Bey unserm Thurmbau lächelten bekannte Kunstverständige darüber, daß ich den Thurm ohne Gerüst bauen wollte, und meineten, man müsse mich nur laufen lassen, ich würde es wohl finden! Als das Holtz zu 70 Fuß lang aufgegeben war, versicherten Kunstverständige mit gräulichen Eidschwüren, es sey nicht möglich, das Holtz im Thurm aufzubringen ohne die daneben stehende Häuser wegzubrechen! Es ist aber dennoch möglich gewesen. Als ich die Maschine, womit die schwere und große Balkken des Thurms so vortheilhaft und so glücklich gerichtet sind, anordnete, lagen die Kunstverständige der Löbl. Deputation sehr an, sie mögten nicht gestatten, daß mit der neuen Maschine, die weder sie noch sonst jemand gesehen hätte, gerichtet würde, und stelleten das Unglück vor, welches entstehen müsse. Letzteres ist Gottlob nicht eingetroffen, und die nach principiis geordnete Maschine hat den besten effect gethan. Nicht geringere Fürchterlichkeiten streuete man aus, als der Mackler ohne Richtbaum gerichtet werden sollte. Nun endlich der Thurm fertig ist, nun soll er gewichen, versuncken, nicht genug verbunden etc. und kurtzum gefährlich seyn.

Mich wundert alles dieses nicht, da außer dem süßen affect, daß ein jeder der Klügste sein will, noch viele andere interessante Ursachen, die ich nicht alle nennen mag, die Triebfedern zu allerhand bittern Ausstreuungen sind. Ich will nur eine der hauptsächlichsten anführen, die darin bestehet, daß ich einen jungen Menschen zum Polier beym Thurmbau angestellet habe. Es ist zwar dieses nichts neues, sintemal ich notorie bey dem gantzen Kirchenbau keine andere als lauter junge Leute, die sich noch mit nichts gezeiget hatten, zu Polieren angenommen habe; Es ist auch gewiß, daß dieser junge Mensch, als er Polier ward, schon mehr reelle Wissenschaften besaß, als meine vorige

Polierer hatten; allein was einigen damals selbst angenehm war, soll nun nicht recht seyn; und so viel ich absehen kann, ist auf diesen Polier am Thurmbau wohl das meiste von den Ausstreuungen gemüntzet, weil er sich sehr versündiget haben soll. Er hat keine andere, als fleißige und tüchtige Zimmer Gesellen auf dem Bau leiden wollen, da doch dem Herkommen nach neben einen jeden fleißigen auch ein träger anzustellen ist; er hat es mit den Gesellen nicht gehalten, auch nicht mit ihnen überleget, was zu arbeiten sey; er hat andere, die bisweilen kaum so richtig als ein guter Geselle urtheilen können, nicht gefraget, was er machen sollte; er hat aus Ehrsucht allen Zimmer Gesellen ihre Arbeit mit eigener Hand und zwar ohne Fehler zugerissen; er hat niemanden etwas gesaget, als nur das, was den Tag gemachet werden sollte; ja er soll überhaupt und besonders in meiner mehrmaligen Abwesenheit alles für seinen Kopf wieder meine Anordnung gemachet und also theils aus Unwissenheit theils aus Steifsinnigkeit den Bau verdorben haben. Das letztere spiegelt man mit einer mitleidigen Miene demjenigen vor, von welchen man weiß, daß sie meine Freunde sind. Ich hingegen rühme es, daß er ohne Rücksicht auf andrer Leute Nutzen lediglich das interesse des Baues wahrgenommen und keine unfleißige Leute geduldet hat, ich billige es daß er von dem Vorhaben beym Bau nicht geklatschet; ich billige es, daß er die vermeinte weise Leute nicht gefraget, sondern sich lediglich nach seiner Vorschrift gehalten hat. Und solcher Gestalt muß ich es für eine Verläumdung erklären, wenn jemand vorgiebt, daß der Polier am Thurm nicht was nach seinem Kopfe oder aus Unkunde vorgenommen habe, bezeuge aber vielmehr, daß gar nichts anders, als was ich angeordnet und vor meiner jedesmaligen Abreise mit ihm aufs genaueste und umständlichste beredet hatte, von ihm vorgenommen und ausgeführet sey.

Ew. Hochweisheiten wollen geneigt mir es zu gute halten, daß ich etwas weitläufig diese Umstände angezogen. Ich werde nun die gegen unsern Thurmbau gemachte Anzeigen und Gerüchte selbst berühren.

Man saget:

1. Die Thurm Mauer habe Borsten oder Risse.
    Px Das ist wahr, und sie hat solche schon längst gehabt, die meisten sind wohl Hundert Jahre alt. Unwahr aber ist es, wenn jemand sagt, es seyn vom Thurmbau Risse entstanden.
2. Die Freysäulen unter der Kuppel müßten noch unterstützet werden.
    Px Das ist auch an dem, diese nötige Unterstützung ist längst und gleich bey Aufrichtung der Säulen angezeiget und beliebet; hat aber nicht geschehen können, ohne das Interims Dach welches die Orgel besitzet, aufzureißen, welches man bisher nicht gewollt hat, folglich auch das Holtz zu den Stützen nicht bestellet. Man sieht leicht ein, wie gehässig es sei, daß man dasjenige was noch nicht gemachet war, aber doch gemachet werden sollte, für einen Fehler am Baue angegeben, und daraus weil jetzt erst, da man so weit kommen kann, die längst intendirten Höltzer bestellet hat, dem publico insinuiren will, der Thurm sey so schlecht, daß man ihn stützen müsse.
    Der Glockenstuhl liegt beynahe ein Jahr völlig abgebunden fertig, kann aber nicht gerichtet werden bevor das Interims Dach abgebrochen und eine Parthie von 16 starken Unterstreben angebracht ist. Das Holtz zu dieser Verstrebung ist auch noch nicht bestellet und wann solches im künftigen Jahre bestellet werden wird, so wird man gewiß wieder sagen, man wolle den gesunkenen Thurm damit stützen.
3. Eine Legde liege einen halben oder ¾ Zoll niedriger als die andern, auch habe sich ein Balcken um einen halben Zoll durchgeschlagen, und folglich sey der Thurm gesunken.
    Px Es sind alle Balcken, alle Legden, alle Mauerplatten, welche ja alle naß erbauet sind, mehr als einen gantzen Zoll eingetrocknet, und in dieser Hinsicht ist die

Thurmspitze in sich wohl 20 Zoll kleiner geworden, aber deswegen nicht gesuncken.

Ich kann an allen unsern Thurmspitzen eine große Menge Legden, die sich geworfen und gesencket, auch eine Menge Balcken, die sich 4, 6, 8 Zoll durchgeschlagen haben, anweisen. Deswegen sind sie nicht eingefallen und deswegen werden sie auch nicht einfallen. Sehr oft entstehet dergleichen aus natürlichen gantz unvermeidlichen Ursachen, und in unserm Falle ist es kaum der Rede werth, davon zu sprechen.

4. Die Etage, worauf die Freysäulen ruhen, sey mit den Säulen auf 10 Zoll übergewichen, und müsse der fernern Ueberweichung mit Bändern gewehret werden.

   Px Diese Angabe ist in quanto et quali unrichtig. Es ist nicht an dem, daß die Etage abgewichen, sondern sie ist also gestellet und die Spitze hänget nicht nur 10 Zoll sondern wenigstens 15 Zoll gegen Nord-Osten über. Sowohl die Catharinen als die Dohmsspitze habe ich gleichergestalt gegen Nord-Osten überhängend gemachet, und zwar Beides mit großer Mühe und vielen Vorbedacht. Diese Thurmspitzen an sich waren nicht gesuncken, wohl aber die Thurm Mauren worauf sie ruhen,

NB. wie denn alle unsere Thurm Mauren und alle andere Thurm Mauren, die ich je gesehen, gegen Süd-Westen überhangen. Es ist auch gantz natürlich, daß die Thurm-Mauren gegen Süden und Westen sich senken, weil einestheils der mehrste Regen an diesen Seiten sich schlägt, andertheils das Gewicht der mehrsten Thürme an dieser Seite überwieget.

Da ich nun nicht sicher war, auch niemand die Gewähr leisten kann, daß die Catharinen und Dohms Thurm Mauer, mit der Zeit nicht noch mehr gegen Süd-Westen sinken würden, so habe ich auf diesen Fall beyde Spitzen gegen Osten überhangend gestellet, zumalen auch das Gleichgewicht solches erforderte.

Aus eben diesen Gründen hängt auch jetzt die Michaelis-Spitze gegen Osten über, und wann unsere Thurm Mauer mit der Zeit nur 5 Zoll gegen Süd-Westen abwiche, so würde unsere Spitze schon wieder zu Lothe stehen. Fünf Zoll Abweichung würde nur eine Kleinigkeit seyn, da Petri und Dohms Thurm Mauer 4 Fuß und Catharinen vor dem Anbau noch etwas mehr gegen Süd-Westen sich geneiget hatten. Der Ueberhang aber, den ich den Spitzen gegeben, ist so klein, daß er mit bloßen Augen mit Gewißheit nicht wahrgenommen werden kann. Deswegen ist auch das Gerüchte von dem Ueberhange unsers Thurms so ungleich, daß der eine ihn gegen Westen, der andere gegen Norden, der dritte gegen Osten, der vierte gegen Süden überhangend haben will.

5. Der Thurm sey so sehr gesuncken, daß man aus Ursachen jetzt die Kupferdeckung fortsetzen wolle, aber sogleich nach ihrer Vollendung den Thurm wieder zu richten beschlossen habe.

   Px Dieses ist nach seinem ganzen Umfange eine recht große Unwahrheit, und gewiß recht feindseelig ausgesonnen. Ich kann daher dieser bittern Erdichtung mit Bestande der Wahrheit in totum wiedersprechen, und muß anzeigen, daß zu solchen Vorhaben niemalen weder eine Ursache noch ein Gedanken vorhanden gewesen sey, außer in dem Gehirne des Erfinders. Vielmehr ist die Spitze so fest gebauet, daß sie keineswegs sinken kann. Ihre gute Verbindung wird kein Mann von gehöriger gründlicher Wissenschaft verkennen. Diejenigen angeblichen Werkverständigen, welchen alles unrecht deucht, was nicht mit ihrem Kopfe und Herkommen zutrifft, mögen immer tadeln, was sie nicht verstehen; das Gründliche wird sich allemahl gegen Meinungen, Vorurtheile und sträfliche Gesinnungen zu legitimiren wissen. Für mein Theil würde ich mir nicht einmahl die Mühe nehmen dergleichen Ausstreuungen zu wiedersprechen, die sich oft schon wieder aufheben, ehe sie ihren Kreißlauf vollendet haben. Wie laute schrie man nicht von einem nahe bevorstehenden Unglück, als der Pfeiler in der Rathsstube gesetzet werden sollte. Man hielte es sogar nöthig, eine Inquisition zu veranstalten, und als man sie anfangen wollte, hatte ich den Pfeiler schon gesetzet und befestiget, mithin nicht mehr nöthig die schreckenvolle Hirngespinnste auszukehren.

Jetzt aber muß ich meiner Pflicht zufolge und zur Beruhigung der hohen und geneigten Gönner, die den Thurmbau Hochgeneigt so milde und so rühmlich begünstiget haben, mit vollen Munde und mit Beystimmung der Wahrheit erklären, daß die Behauptungen, welche man von dem Unbestande des Thurms mit so vieler Geflissenheit verbreitet hat, entweder im Grunde gantz und gar erdichtet, oder von nichts bedeutenden Kleinigkeiten zu einem so großen Schreckengespenste erhoben sind.

Mit dem vollkommensten Respect habe die Ehre zu bestehen als
Hamburg, den 14. August 1780.   Ew. Hochweisheiten
                                                   gantz gehorsamster Diener E. G. Sonnin.

77.
SALINE LÜNEBURG

Entgegnung auf Bedenken der Baukommission wegen zu großen Kraftverlustes des Feldgestänges durch Reibung. Sonnin nimmt die Bedenken ernst und beantwortet sie sachlich. Tatsächlich ergeben sich dann bei den Kupplungen Schwierigkeiten. Den Text ergänzt er mit einer Systemskizze für den Verlauf des Feldgestänges von der Ratsmühle zur Alten Sülze und zum Trockenen Graben und einer zweiten Skizze für die Aufhängung des Feldgestänges an der Stadtmauer. (Veröffentlicht von Heckmann, a. a. O., Abb. 79.)
Lüneburg, 29. 8. 1780

Stadtarchiv Lüneburg
Salinaria S 1 a, Nr. 571, Vol. V
Acta betr. den Bau der Sülz-Farth
de annis 1780 et 1781
Bl. 150

Pro memoria

So willig als schuldig beantworte hiemit das monitum, welches bey meinem Behuf der Saline vorgeschlagenen Gestänge gemacht worden ist: »Ob nemlich daßelbe nicht mit einer vielfachen und schweren friction oder Reibung verknüpfet und daher zu schwer zu bewegen, mithin die Frage sey, ob ein Mühlenrad solches in Bewegung zu setzen vermöge?«

Das monitum ist immer von Wichtigkeit, da die Reibung in der gantzen Mechanik ein beträchtlicher Umstand ist, und man Beyspiele hat, daß Maschinen vorgeschlagen worden, die lediglich wegen ihrer starcken Reibung keine statt gefunden haben.

Ich könnte die Frage im Allgemeinen mit der Erfahrung beantworten: daß man in allen Theilen von Europa Feld Gestänge finde, die auf einige Stunden Weges fortgeleitet mithin einer viel größeren Reibung unterworfen sind und dennoch von einem Mühlen Rade so gut beweget werden, daß sie die erwünschte Würckung hervorbringen; ich könnte noch die größere Tiefe, woraus dergleichen Wercke schöpfen müßen bemercken, und dann den nicht ungültigen Schluß ziehen, daß da in unserem Falle so wohl die Entfernung als die Tiefe viel geringer sind als jene, man nicht Ursache habe, an dem hinlänglichen effect des vorgeschlagenen Gestänges zu zweifeln.

Es ist ein vortheilhafter Umstand für das anzulegende Gestänge, daß man daßelbe fast gantz an der auswendigen Seite der Stadt Mauer wegleiten kann. Dieser Umstand giebt uns die Eine Bequemlichkeit, daß wir ein hängendes Gestänge vorrichten können, und die zwote, das unser Gestänge sich bey nahe gantz horizontal führen läßt. Hineben weichet die Lage der Stadt Mauer nicht gar zu weit ab von einer geraden Linie und wir haben vermöge der beygezeichneten richtigen Figur von der Mühle bey a an, bis zum Stande der Pumpen in l (Zeichnung folgt)
nur drey Haupt Biegungen oder Winkel in den Ecken b, h und n, wohingegen die übrigen bey den Thürmern und Brücken c, d, e, i, f, k nur von sehr stumpfen Winkeln sind und daher desto weniger Reibung machen, doch aber nicht aus der Acht gelaßen werden wenn wir den Betrag der gesammten Reibung erörtern.

Um hierin deutlicher zu seyn, will ich die auf unsere Umstände besonders zugepaßete Einrichtung, des vorgeschlagenen hängenden Gestänges hieneben verzeichnen. (Zeichnung folgt)

In der Mauer M wird ein Balcken op gesteckt. In demselben sind bey q und r hinreichend starcke Krampen eingeschlagen, an welchen die Hängestangen uw und tx mittelst denen an ihnen befestigten Haken t und u angehencket werden. Die Hängestangen sind unten durch einen Qveer-Riegel wx verbunden und auf seiner mit Eisen beschlagenen Oberkannte soll die Zugstange y ruhen.

Es fällt in die Augen, daß ein solches hängendes Gestänge weniger Holtz erfordern, eben deswegen weniger Gewicht, folglich auch weniger friction als die sonst bekannte Gestänge haben werde. Es wiegen aber die beyden Hänge Stangen uw und tx nebst ihrem Beschlage und der ihnen aufliegenden Zugstange y zusammen genommen gegen 150 Pfund.

Aus diesem Gewigte wollen wir auf die gewöhnliche Weise die friction eines Hängewercks berechnen und wollen die Reibung größer als sie würcklich ist, nemlich dieselbe für $1/3$ annehmen. Alsdann würde sie bey den Ruhe Puncten w und u seyn = 50 Pfd, bey dem Ruhe Puncte unter y gleichfalls 50, das ist zusammen = 100 Pfund. Indem aber die Entfernung der oberen und unteren Ruhe Puncte 10 Fuß beträgt, oder der radius der Bewegung = 10 Fuß, hingegen die Dicke des Hakens bey t oder u = 1 Zoll, auch die Dicke der Oberkannte des Riegels unter y = 1 Zoll; So wird die friction eines eintzelnen Hängewercks, oder zwoer Hängestangen mit der zugehörigen Zugstange 100/10, 12 = $5/6$ Pfund. Zum gantzen Gestänge werden 188 solcher Hängewercke erfordert. Wir wollen jede winkelbiegung deren 10 sind auch für Eines rechnen und würden also 198 oder p. n. r. 200 erhalten, welchenfalls dann die friction des gantzen Gestänges = 200·$5/6$ = 166 $2/3$ Pfd seyn würde.

Nun wäre noch zu untersuchen, wie groß die Zögerung oder Hinderung sey, welche dem Waßerrade aus der Reibung von 166 $2/3$ Pfd erwachsen wird. Man findet sie aus dem Verhältniße des Waßerrades zum Krummzapfen wie 17 zu 2. Daher wird die von der Reibung des Gestänges entstehende Hinderung an dem Umkraise des Waßer Rades = 200·5·2 / 6·17 = 19 $2/3$ oder 20 Pfund.

Man kann sich diese Behinderung entweder also vorstellen, als wenn das Waßer Rad an seinen Schaufeln, durch ein Gewigt von 20 Pfd aufgehalten würde, oder man kann sich gedencken, als wenn das Gewigt des Waßerstroms, welcher gegen die Schaufeln würcket, durch die friction um 20 Pfd vermindert würde. In beiderley Hinsicht wird ein jeder der die Heftigkeit, womit ein Waßerrad umgetrieben wird, nur obenhin angesehen hat, geneigt seyn zu urtheilen, daß ein Wiederstand von 20 Pfd, oder ein Mangel des Waßerstoßes von 20 Pfd bey dem Gange eines Mühlenrades nicht sehr in Betrachtung käme, und daher der von der Reibung verursachete Wiederstand der Würcksamkeit des Mühlenrades wenigen Eintrag thun werde, am wenigsten aber vermöge, daßelbe in seiner Bewegung zu hemmen.

Mit der oben geführten Berechnung stimmet die Erfahrung überein, da neulich mit einem im Großen gemachten Gestänge die Leichtigkeit seiner Bewegung untersuchet und befunden, ward, daß man solches mit einem Zwirnsfaden in Bewegung setzen konnte.

Lüneburg d 29 t Aug 1780 EGSonnin

78.
SALINE LÜNEBURG

Stellungnahme an den Bürgermeister Schütz zum Gutachten des Mathematikers Schmidt über das geplante Feldgestänge; ein Beispiel für die Fachdiskussion über Probleme der Mechanik ohne Polemik.
Lüneburg, 15.10.1780

Stadtarchiv Lüneburg
Salinaria S 1a, Nr. 571, Vol. V
Acta betr. den Bau der Sülz-Farth
de annis 1780 et 1781
Bl. 162

Magnifice Wohlgebohrner Hochgelahrter
Hochgeehrtester Herr Bürgermeister.

Ew. Magnificence bezeuge hiemit den schuldigsten Danck, für die geneigte Mittheilung der von dem Herrn Schmidt eingesandten Gedancken über unsere vorhabenden Gestänge. Sie zeigen, daß der Herr Schmidt, ob er gleich die Bescheidenheit hat vorzuerinnern, es sey die hydraulic nicht der Theil der mathematic, womit er sich beschäftige, in derselben wohl erfahren sey, und sie sind überhaupt gründlich und wohl abgefaßet.

Da ich ihnen dies praedicat gerne gebe, sie aber den meinigen in einem und andern Stücke entgegen zu seyn scheinen; So erachte mich schuldig, Ew. Magnificenz hierüber Erläuterung zu geben. Ich werde mich bemühen, sowohl die Bedencklichkeiten des Herrn Schmid, als meine Erklärungen darüber so viel als möglich, faßlich zu machen, ob ich gleich einiges Z. E. die Parabel (haec enim graeca sunt, quae nemo, nec legere, nec intellegere potest) nicht werde völlig deutlich machen können.

Herr Schmid saget am Ende seines Schreibens gar wohl, daß es überflüßig gewesen seyn würde, wenn ich jeden Umstand hätte genau besehen wollen. Gewiß eben deswegen, weil es überflüßig und noch dazu nicht angewandt war, habe ich weder den Weg einer genauen Berechnung, noch den Weg einer regulmäßigen demonstration, welche beide ohnehin nur ein mathematices peritior prüfen kann, zur Beglaubigung meiner Vorstellung gewählet; sondern ich habe es für viel überzeugender erachtet, wenn ich mit einem einfachen argumento ad oculum die Zuverläßigkeit meines Vorschlages bestätigte. Zu diesem Endzwecke erbat ich mit der Besichtigung der Kunst, nebst der Untersuchung ihres effects, und schloß nun a majori ad minus: »Da der Augenschein ergiebet, daß das Kunstrad in 24 Stunden 28 800 Cubic Fuß Waßer auf 100 Fuß Höhe empor bringet; So ist kein Zweifel, daß das neben ihm liegende Mühlen Rad ein kleineres Quantum von 16 500 Cubic Fuß in 24 Stunden auf eine Höhe von 40 Fuß aufbringe«. Bey diesem augenfällig sicheren und einen jeden begreiflichen Schluße vermied ich mit vielen Vorbedacht alle nicht völlig bekannte terminos technicos; drückte alles mit natürlich planen Worten aus; trug die mir vorgekommenen obmota mit eben den Worten, womit sie mir gegeben worden, vor; übergieng geflißentlich die mathematische Genauigkeiten; und gab weder von der Einrichtung noch von den Verhältnißen der Kunst und des Mühlenrades einige Beschreibung weil nur erst Besichtigung gehalten war, und die Lage nebst der Einrichtung derselben hier bekannt genung sind.

Indeßen hat die Weglaßung einer zu meinem Endzwecke nicht nöthigen Beschreibung, und einige zur mathematischen Schärfe nicht zugepaßete Ausdrücke, dem Herrn Schmid Anlaß zu seinen Bemerckungen gegeben. Demselben scheinet dieses, daß man von dem kleineren Rade eben die Würckung erwarte, und mein Ausdruck: »Wenn jemand glaubt, daß die Größe des Kunstrades mehrere Kraft gebe, so verrät er damit, daß er die Reguln der Mathematik nicht kenne.« eine Unrichtigkeit im Verfahren verursachen zu können. Der Ausdruck von der mehreren Kraft ist nur der Stein des Anstoßes, und er kommt von einem angeblich Werck-, Kunst- und Mathematic-Verständigen her, welcher behauptet, man könne in gleicher Zeit, mit einem gleichen Gefälle, und mit einer gleichen Waßer Menge, zweymal so viel bewürcken, oder auf einer Mühle zweymal so viel Mehl mahlen, wenn man das Rad zweymal so groß mache, weil ein größeres Rad, wie ein größerer Hebebaum, mehr Kraft gebe. Diesem seinen wichtigen Satze habe ich billig wiedersprochen.

Denn wer weiß nicht, daß hier die Waßer Menge nebst dem Gefälle, die bewegende Kraft (vis agens) ist, welche der Mechaniker zwar durch die Maschine zu seinen beliebigen Absichten anwenden, keinesweges aber durch eine Maschine diese Kraft ohne Zeit Verlust vergrößern und eben so wenig dieselbe ohne Kraft Verlust verschnellern kann, wie jener Mann mit einem größeren Rade es thun zu können, sich einbildet, und unter dem Worte Kraft die erfolgende Würckung mit verstehet. Hingegen hat der Herr Schmid das Wort Kraft im mathematischen Sinne genommen und daneben supponiret, daß das Kunstrad gleichfalls mit einer Kurbel versehen sey. Da aber letzteres nicht ist, sondern die Kunst Maschine aus einem Druckwercke von 4 Meßingenen Stiefeln und 2 Steige Röhren von 3 Zoll diameter bestehet; So finden zwar die sub no 1 et 2 gemachten Vergleichungen zwischen den Kurbeln des kleineren und größeren Rades, in unserem Falle gar nicht statt; Allein im Grunde hat doch alles, was derselbe von der Kurbel, von den Kraft Arm, von den Last Arm pp saget, seine gute Richtigkeit, und eben hiemit wiederspricht er, so wohl als ich, jener eingebildeten Vermehrung der Kraft, ob er gleich unter der Bedingung einer gleich langen Kurbel ausdrücklich, jedoch in einem gantz anderen Sinne schreibet, daß das größere Kunst Rad mehr Kraft gebe. Herr Schmid kennet gleichfalls keine andere Kraft, als die Kraft des Waßers, und hat seine Begriffe von ihren mit den radius proportionirten Verhältniße zur Last. Daher dann derselbe auch sub no. 2 gantz recht anführet, daß die Kurbel des kleinen Rades eben die Kraft als die Kurbel des größeren ausübe, und daß zwar die hin und wieder Züge des Gestänges bey der kleineren Kurbel kürtzer wären, solches aber auch wieder durch die in gleichen Zeiten erfolgende öftere Anzahl der Züge ersetzet würde, womit er effective abermals affirmiret daß die Würckung des Größeren und kleineren Rades gleich sey, mithin wir dieselbe Würckung des Größeren Kunst-Rades von dem kleineren Mühlen-Rade mit Recht erwarten. Seine angeführte Erinnerung daß die Gleichheit (in Ansehung anderer Neben Umstände) ihre Grentzen habe, und bey einem radio des Mühlen Rades von 5 Fuß die Kurbel ihre Dienste versagen würde, ist sehr gegründet, aber gegentheils auch ermeßlich daß ein eben so unangenehmes inconveniens erfolgen müße, wenn man in exceßu den radium mit 30 Fuß vergrößern wollte.

Nicht weniger gründlich ist seine Anmerckung, daß die verschiedenen Größe der Schaufeln sehr verdiene in Erwegung gezogen zu werden. Vielleicht hat jedoch der Herr Schmid, weil ich ihrer Größe nicht erwehnet sich ihren Unterschied beträglicher vorgestellet, als er in unseren Falle würcklich ist. Die Schaufeln sind an beiden Rädern gleich lang nemlich 3¼ Fuß, Die Breite aber ist ungleich, nemlich am Kunst Rade 13, und am Mühlen Rade 12 Zoll mithin ihr Unterschied $^{13}/_{48}$ oder bey nahe = ¼ Quadrat

Fuß. Dieser Unterschied der unter des Herrn Schmidts suppositis beynahe 90 Pfd Kraft betrüge, würde immer der Betrachtung werth seyn, wenn hier ein größeres Gefälle, und die Schaufeln so schmal wären, daß das Waßer über sie ungenutzt hinweg rauschete und nicht vielmehr die Schaufeln des Kunstrades nur lediglich deswegen breiter gemacht wären, weil das Rad größer ist.

Der Herr Schmid äußert noch einen Zweifel wegen meines aßerti: »daß, da das Kunst Rad in 24 Stunden 28 800 Cubic Fuß zur Höhe von 100 Fuß erhebe, solches, wenn es sein Waßer nur auf die Höhe von 40 Fuß bringen sollte, in 24 Stunden 72 000 Cubic fuß aufbringen würde.«

Nachdem er zugegeben, daß eine mindere Waßer Höhe dem Rade eine größere Geschwindigkeit erlaube und daher in diesem Falle mehr Waßer aufgebracht würde, füget er hinzu, daß er nur zweifele, ob die größere Geschwindigkeit des Rades mit der Höhe der Waßer Säule in gleicher proportion wachse und abnehme. Dieser sein Zweifel wäre gerecht, wenn jemand diese proportion als allgemein gültig für das benannte Wachsen und Abnehmen angegeben oder fest gesetzet hätte. Aber ich habe das nicht gethan auch keinesweges behauptet, daß überhaupt das Wachsen und Abnehmen sich nach den von mir benannten quantis richte; sondern ich habe nur für unsern special Fall numero rotundo ein quantum benennet, daß in der Ausführung beynahe zutrifft, wobey ich aus mehr erwehnten Ursachen, und weil es in unserem Falle auf ein Paar Tausend Fuß nicht ankam, in meinem Vortrage die Kleinigkeiten und mathematische Schärfe wohl wißentlich hindan gesetzet, um die Haupt Idée denenjenigen, wofür ich schrieb, faßlich und unverwirrt zu erhalten.

Was hienächst der Herr Schmid von der langsameren Bewegung der Schaufeln, von der größest möglichen Würckung eines Rades und von der, nach Maßgabe einer parabel, veränderlichen Geschwindigkeit des Waßers, angeführt hat, ist theils aus dem Augenscheine klar, theils längst erwiesen, und hienach ergiebet auch die Rechnung für ein fünffüßiges Gefälle, eine Waßer Geschwindigkeit von 17 Fuß.

Unter der stillschweigenden Voraussetzung, daß, wenn die Höhe oder die empor zu hebende quantitet des Waßers verändert werden solle, auch die Maschine verändert werden müße, ziehet er von dieser Veränderung, die sonst auf mancherley Weise möglich ist, zwo besondere Arten an. Bey der ersten wird gezeiget, wenn jemand so einfältig wäre, lediglich durch den schnelleren Umlauf des Waßer Rades die (von mir nicht bestimmete) größere Menge von 1 440 000 Cubic Fuß ergeben zu wollen, daß derselbe voraussetzen müßte, es solle das Waßer Rad geschwinder laufen als das Waßer, wodurch es beweget wird. Dieses wird allerdings ein Wiederspruch in sich selbst seyn, und auch alsdann es bleiben, wenn auch gleich derjenige, der die größere Menge von 1 440 000 Cubic Fuß aus der Geschwindigkeit unseres Waßer Rades ableiten wollte, nach der Parabel rechnete. Wenn aber übrigens die Machine gehörig dazu eingerichtet würde, wäre es auch in unserem Falle wohl möglich in 24 Stunden die Summe von 1 440 000 Cubischen Fußen auf die Höhe von 2 Fuß zu erheben. Ich muß hier erinnern, daß hiemit abermals eine Special Angabe mache, ohne dadurch eine proportion zu formiren.

Die zwote Art der Veränderung, da der Diameter des Cylinders zu der erforderlichen Größe verändert werden soll, ist zweckdienlicher, nur ist der Herr Schmid ungewiß, ob die Verfertigung einer so viel größeren Pumpe thunlich sey. Es ist aber Ew. Magnificenz noch wohl im frischen Angedencken, daß wir bey der Ausschöpfung des Waßers im Schildstein vierkanntige Pumpen zu 10, 11, 12 Zoll weit mit guten effect gebrauchet haben.

Gesetzet dann, welches jedoch nie geschehen wird, daß das Kunst Rad zur Schöpfung von 72 000 Fuß Waßer verändert werden sollte, so würde eines theils der diameter der Stiefeln und der Steige Röhren verändert werden können. Dabey müßte das Rad gewinnen, weil die frictiones des Waßers so wohl als des emboli sich wie der Durchmeßer oder wie die peripherien verhalten mithin die friction kleiner würde. Andern theils mögte man auch, um die cylinder Weite aus physicalischen Ursachen nicht zu groß zu machen, die Stiefel nebst den Hebezapfen verlängern; mehrerer eben so nahe zum Ziel führenden möglichen Veränderungen zu geschweigen.

Nachdem endlich der Herr Schmid nochmals seine wenige Einsicht in diesem Fache, worin er doch nichts weniger als hospes ist, angezogen hat; So bezeuget er das, was Ew. Magnificenze und Amplißimo Senatus eigentlich wünschen, nemlich daß wir zu unserem Wercke einen augenscheinlich großen Ueberfluß der Kraft haben, und dieses war es, was ich in meinen exhibitis mit Hindansetzung anderweitiger Genauigkeiten in faßlichen, den hiesigen Umständen angemeßenen Ausdrücken begreiflich und deutlich zu machen gesuchet habe.

Lüneburg d 15 t Oct. 1780   EGSonnin.

79.

SALINE LÜNEBURG

Beschreibung der Befestigung des Feldgestänges auf den Dächern der Siedehütten mit Skizze als Antwort auf die durch die ungewöhnliche Konzeption verständliche Sorge der Besieder vor Beschädigungen der Siedehütten.
(Skizze veröffentlicht von Heckmann, a. a. O., Abb. 80.)
Lüneburg, 7. 2. 1781

Stadtarchiv Lüneburg
Salinaria S 1a, Nr. 572
Acta betr.
1. den Bau der Sülzfahrt,
2. das Sülz-Gestänge-Werk und
3. Bau im Trockenen Graben
Bl. 195

Pro memoria

Magnificus Dominus Protoconsul et Director in Salinaribus werden das bey der gestrigen Besichtigung auf der Sültze abgehaltene Protocoll vielleicht schon erhalten, und daraus ersehen haben, daß die meisten Herren repraesentanten der angesagten Sültz Häuser in die intendirte Leitung des Gestänges zwischen ihren Dächern consentiret, hingegen nur der H. Baarmeister von Daßel, theils als praelat, theils als Besieder und der H. Major von Stern als Besieder nomine seiner Praelaten durch den Monitor Warnke dawieder protestiren laßen.

Um praesentibus die Sache zu leichterer Beurtheilung gantz deutlich zu machen, hatte ich eine Schnur in gerechter Höhe zwischen den Dächern hindurch spannen laßen, welche dann zeigete, daß das Gestänge keinesweges in eines der Sülz Häuser, sondern nur zwischen den Dächern derselben hinweg gehet, zwischen welchen kleine Lager Höltzer befestiget werden, auf denen die Joche des Gestänges, mit ihrer Stange ruhen. Zum Begriffe, wie die Lager Höltzer, ohne denen Dächern nachtheilig zu seyn, oder den Lauf der Dachrinnen zu behindern, geleget und befestiget würden, hatte ich Eines an seinem intendirten Orte befestiget, und auch ein Joch darüber aufgerichtet. Der Augenschein ergiebet zwar, daß diese Joche keine große Schweere haben, um jedoch praesentibus ihren Belang näher zu erkennen zu geben, nahm ein Zimmermann 2 Balken aus welchen das Joch nebst der Stange gefestiget wird, auf die Schulter, und trug sie ohne große Beschwerde. Wögen diese beiden Stücke, etwan gegen 400 Pfd, so würde, weil diese Last auf 2 auch auf 3 Sültz Häuser vertheilet wird, ein Haus höchsten

200, oder auch, wie das Haus des H. Majors von Sterns nur 100 Pfd zu tragen haben. Die Einwendung des Monitoris Warneke, daß die Häuser durch die Bewegung des Gestänges erschüttert würden, findet hier gar nicht statt, da die Joche unten auf ihrer Pfanne ruhen, circa 14 Fuß hoch sind, und oberwerts kaum 1½ Fuß zu einer Seite beweget werden.

Da einem jeden bekannt, daß die Sültz Häuser um die Kümmecke herum einen festen Kreis schließen, und daher wir das Gestänge für den bey der Kümeke stehenden Zucken auf keine Wege bringen können, ohne eines der Sültz Häuser zu berühren; So würde, wenn die praelaten ein perfectum jus prohibendi hätten, und sich einig wären, die Anlage des Gestänges keine Statt finden.

Die reservation der sämtl. repraesentanten, daß die Unterhaltung der Anlage denen Sültz Häusern nicht aufgebürdet, auch ihnen dadurch kein Schade zugefüget werden sollte, scheinet billig zu seyn, und mögte ihnen auch um so williger, von der Sood Meisterey zugesichert werden, daß der Augenschein einen jeden überzeuget, daß die Unterhaltung der kleinen Lager Hölzer von wenigen Betrage sey.
Lüneburg d 7 ten Febr. 1781. EGSonnin.

80.

SALINE LÜNEBURG

Bericht über die während Sonnins Abwesenheit durchgeführten Arbeiten in der Sülzfahrt; ferner Stellungnahme zur Arbeit und Entlohnung der Pumpenbedienung, Entgegnung auf Beanstandungen des Baarmeisters von Dassel, Bemerkungen zur Verteilung der Sole, Mitteilung vom Baubeginn des Feldgestänges und über die Rechnungslegung. Insgesamt läßt der Bericht erkennen, daß Sonnin seine Ansichten durchsetzen konnte, seitdem der Fahrtmeister Neisse nicht mehr im Dienst ist; wie er Nachlässigkeiten der Arbeiter abstellt, Neuerungen einführt und in der Saline genau so für Ordnung sorgt, wie er bei Hochbauaufgaben bestrebt ist, nur gute Arbeit zuzulassen und faule Arbeiter auszusondern. Er scheut sich nicht, Einzelheiten ausführlich anzuprangern. Aus dem Schreiben geht auch ein differenziertes Verhältnis zum Baarmeister hervor. Mit dessen Auffassung und Kritiken setzt Sonnin sich in langen Passagen auseinander.
Lüneburg, 4.3.1781

Museum für das Fürstentum Lüneburg
Salinaria, Konvolut 18
Acta betr. die Sool-Quelle und Ausbauung
derselben de 1781 bis 1804

<u>Pro memoria</u>
Während meiner Abwesenheit ist dasjenige, was ich sub 22ten Dec. a. p angeordnet hatte, recht gut ausgeführt worden.
  Es sind nemlich
1. An Klüvings Seite die daselbst fehlende Legden über den terraßen gestrecket, ihre Stender untergebracht, und diese außer den gewöhnlichen noch mit besonderen Bändern und Streben verbunden.
2. Das untere baßin mit einem Boden bedecket, und das nächste mit einem starken Borte versehen.
3. Das wilde Waßer bey der Graft Quelle aufgesuchet und vor der Hand in einen Kumm geleitet.

4. Auch das wilde Waßer bey Brockhusen Quelle aufgesuchet und abgedammet;
5. Der Lauf der starken Hennerings oder vormaligen Tisch Quelle mit Bolen ausgesetzt, und von der Wöhlersings Quelle entschieden;
6. Die Communication oder Zusammenleitung der Graft Quelle mit allen übrigen Quellen gefertiget und vollendet.
7. Der Ort des Zusammenflußes der Quellen in Ordnung gesetzet, und mit Lucken beleget.

II

In der gantzen Zeit hat man die Saale auf der Sültze täglich gewogen und sie in qualitate beständig einerley gefunden. In quantitate hat sich auch keine Veränderung wahrnehmen laßen, unerachtet dan und wann schweres und anhaltendes Regenwetter eingefallen ist.

III

Dieser beständig reiche Zufluß, welcher in 24 Stunden cirka 90 Kümme ausmacht, hat noch die gäntzliche Abschaffung der Interims Zuckenschläger nicht gestatten wollen. Doch ist so viel gewonnen, daß die eine Zucke wöchentlich für 16 rf an 12 Mann verdungen ist, die sich zwar über saure Arbeit beklagen; aber auch würcklich Recht haben, in Hinsicht auf die Sodes Compane sich zu beschweren, welche wöchentlich 28 rf erhalten und noch dazu 12 pro Cent Arbeit weniger als jene verrichten. Ich weiß wohl, daß die Sodes Companenschaft immer ein kleines beneficium für bejahrte Leute gewesen ist, und sie beym Sode angenommen sind, weil die Companen einmal so schwere Arbeit gehabt, als die Vögte beym Dickkopf und die Brockhusen Zuckenschläger; Indeßen deucht mich doch diese Ungleichheit zu groß zu seyn, da die Compane, ihre wenigere Arbeit mit eingerechnet, netto noch einmal so viel als jene, das ist effective 32 rf erhalten. Bey dem allen haben sie bey aller Gelegenheit noch über ihre Arbeit gemurret, die neuen Pumpen einen Marter Block genannt, denen, die es glauben wollten, Menschenquälereyen vorgespiegelt pp, bis sie nun durch die augenscheinliche That überwiesen wurden, daß 12 Mann für das selbe Geld eben das verrichten, was 28 Mann für das doppelte Geld nicht thun zu können, vorgaben, und sowohl Glauben als Mittleiden fanden, wenn sie ihren Herren und Gönnern tagtäglich die Ohren voll schrien von Grausamkeiten und Blutsaugereyen.

Hertzlich gerne gönne ich ihnen ihren Verdinst, nur muß ich nochmals in Erinnerung bringen, wie in dem abgewichenen Jahre den Companen eine Zulage zugestanden worden, wann sie über 70 Kümme wegschlagen müßten. Diese Zulage hätte längst eingezogen werden sollen, weil die interims Zucken immer eben so viel wie die Compane geschlagen haben, folglich, wenn wir jetzo täglich 90 Kümme rechnen, zucken die Compane nur die Hälfte, das ist 45 Kümme weg. Diese Zulage, welche ihnen ex pacto nicht mehr zukömmt, mögte unmaßgeblich wohl unseren Interims Zuckenschlägern beygeleget werden, so hätten wir bis unsere Maschine fertig wird, immer gute Leute, und könnten auf gute Arbeit halten.

IIII

Die Anzeigen der Inhardere
 »Daß nicht mehr angegeben werde, wieviel Saale der Sod in 24 Stunden ergebe;
 »Daß nur so viel Kümme als ein jedes Haus verbrauchet, in den Sood, das übrige in die Höft Könne gezucket werde;
 »Daß die Eintheilung auf sämtliche Häuser jetzt nicht statt finde;
 »Daß dieses im Kummbuche eine Veränderung gebe pp,
haben ihre gute Richtigkeit, nur nennen sie dieses uneigentlich eine neue Einrichtung, welches es in der That nicht ist, sondern nur aus Noth und ad interim der Unord-

nung entgegen also vorgerichtet werden müßen, eigentlich aber durch den seit einigen Jahren eingerißenen Mangel der Ordnung beym Sode verursacht worden ist. Denn die Sodes Compane, denen vielleicht ein Wind gegeben war, arbeiteten nach ihrer Willkühr, nicht nach der Ordnung, ließen unter allerhand Einwendung ihre Schichten 1. 3. 3. 4. Stunden liegen, zucketen bisweilen nur ebenhin so viel als die Häuser nöthig hatten, wußten eine große Anzahl von Kümmen zu machen und gaben vor, sie könnten die Saale nicht zwingen. Die Vögte richteten sich nach den Sodesleuten.

Bey diesen Umständen mußte ich beständig im Schlamme arbeiten, und mußte meine Arbeit immer verdämmen, die dem ohngeachtet alle Augenblick wieder überschwemmet, ward, und oft 2. 3. 4 mal wieder gemachet werden mußte. Wenn ich darüber klagte sahe man ihnen durch die Finger, verthädigte sie so gar, und ich fand kein Gehör, wenn ich aus den Kummbüchern bewies, daß alljährlich in den Wintermonaten 70. 80. 90 Kümme geschlagen worden, und sich dagegen weder die Compane noch die Vögte gesperret hätten: So mußte ich schweigen. Wann meine Leute etwas sageten, drohete man ihnen mit Schlägen, und mir blieb kein anderes Expediens über, als die Zuordnung der Interims Zucken. Diese haben gewöhnlich wöchentlich 20, bisweilen auch wohl 30 rf Arbeits Lohn hingenommen, sind also nicht eine neu ausgesonnene aufs künftige Platz greifensollende Einrichtung, sondern eine Folge des bey der Sültze eingerißenen Mangels der alten preißwürdigen Ordnung und meinerseits nur eine Nothwehre gegen die beym Bau mir gemachte Hindernißeße.

V

Was die von dem Herrn Baarmeister von Dassel HochWohlGebohrnen ad protocollum gelegte monita betrifft; so fließen dieselben fast alle aus der ihm unrichtig beygebrachten Meinung: als wenn man mit der vorhabenden Ausschlagung der Saale durch die Compane und Vögte eine perpetuirliche gantz andere Verfaßung zum Schaden der Sülfmeistere beym Sode machen wollte, wogegen derselbe die Verordnung von 1569 anführet. Daran hat aber meines Wißens niemand gedacht und ich wenigstens kenne keinen, der des Vorhabens wäre. Aus der Ursache hat denn wohl natürlicher Weise die Conference, die hievon weit entfernet ist, jene Erklärung, wovon sie nicht getroffen wird, sicco pede und sine animo contemnendi übergangen.

Denn es ist ja stadtkündig, wie ab Amplissimo Senatu der Entschluß gefasset worden, eine Maschine anzulegen, welche künftig überhaupt das Zucken verrichten und eo ipso auch die Vögte von den Zucken entschlagen wird, mithin hat man nicht die Absicht, den Schaden der Herren SülfMeister, wohl aber sucht man ihren Vortheil zu bewürcken. Eben so bekannt ist es, daß das Zuckenschlagen bey dem neuen Bau ungemein viel Geld und wenigstens in dem abgewichenen Jahre mehr als den viertel Theil der Kosten hinweggenommen hat, und noch jetzt wöchentlich die Hälfte derselben nemlich 6 rf hinwegnimmt. Billig ward ich täglich an die Verminderung der Kosten erinnert und schuldigst habe ich schon längst diese schwere Unkosten nahmhaft gemacht und den Vorschlag gethan, worauf nunmehr reflectiret worden ist.

Er setzt

a) Der Salinator sey nicht mehr verbunden, als die Praelaten Sohle wegzuschlagen, nicht aber die Stiege, wovon er keinen Nutzen habe«

Ich muß diesen Satz auf seinen Wehrt und Unwehrt beruhen laßen, und habe, so lange Neyße FahrtMeister gewesen, :vielleicht auch vorher: allezeit alle überflüßige Saale von den Vögten weggeschlagen worden ist, diese Gerechtsame bis hieher nicht gewußt Nur mercke an, daß hier eingestanden wird, der Salinator sey schuldig die Praelaten Saale wegzuschlagen, die jetzt circa 26 Kümme täglich beträgt.

b) Die neue Einrichtung gehet nicht allein auf das Wegschlagen der Ueberflüßigen, sondern auch mit auf die zu verkochende Sohle, davor doch der Salinator sein Soht-Lohn bezahle«

Hierin ist der Herr BaarMeister gantz unrecht berichtet. Die interimistische repartition ist so gemacht, daß die Vögte im geringsten nicht mehr Saale wegzuschlagen hätten, als sie beym Dickkopfe nach der alten Ordnung würcklich thun würden und gethan haben.

c) Die praetendirte Arbeit würde eine perpetuirliche Last für den Salinator seyn, da bey dem vorigen Wegschlagen, nach mehr oder weniger Sohle Zufluß, die Arbeit bald mehr bald weniger war«

Hier ist abermals der Herr BaarMeister gantz unrecht berichtet. Es soll nichts perpetuirliches seyn, sondern nur bis zur Vorrichtung des Gestänges dauern, welches etwa ein Paar Monat Zeit erfordert.

d) Da anjetzo man nicht wißen kann, wieviel Kümme der Sood binnen 24 Stunden giebet, so kann nicht wißen, wieviel geladen und wieviel weggeschlagen wird :Die Unrichtigkeit dieser wilden Verfassung will nicht mahl nebst den übrigen Folgen gedencken:«

Es ist freylich andem, daß wir jetzt nicht wißen, auch gar nicht nöhtig haben, zu wißen, wieviel Saale der Sood ergiebet; jedoch ist keinesweges die Meinung, daß es so bleiben solle.

Nicht unrecht gebrauchet der Herr Baarmeister sich des Ausdrucks von einer wilden Verfaßung. Durch jenen Mangel der Commando und der Ordnung, war beym Sode alles so verwildert, daß ein jeder that was ihm gefiel. Selbst Amplissimus Senatus konnte durch diese dicke Verwilderung nicht durchdringen, und wenn er gleich die Sodes Compane in Ordnung setzete, so fehlete es wieder an den Vögten, die jetzt laden, und sogleich wieder nicht laden wollten, oder, wenn sie laden sollten, viele Stunden wegblieben, oder wieder vom Laden wegliefen, oder vorschützeten, sie seyn nicht angesagt, kurtz, mit den Companen eins ums ander alle beliebige Unordnungen macheten, und dabey auf ihre Herren und Herren Arbeit trozeten. Zuweilen schien es, als wenn der Herr eines Sültz Vogts, diese Wildheiten utiliter annehme, und sie, wo nicht begünstigte, doch auch nicht haßete. So groß war die Unrichtigkeit der verwilderten Verfaßung, daß bis auf diese Stunde außer den Companen und Vögten, nicht allein die Untersegger, sondern auch die Jungens nicht nach der alten Ordnung, sondern nach ihrem plaisir kommen und wegbleiben, und ein jeder sich auf seinen Patronen verläßt.

Der Herr BaarMeister will der Folgen der verwilderten Verfaßung nicht gedencken, ich will sie aber benennen. Der Schutz, den ein Patronus einem Companen, oder einem Vogt, oder einem Sültzer, oder einem Wächter, oder einem Fahrtknecht oder einem Untersegger, oder einem FahrtMeister oder einem andern, so mildiglich angedeyhen ließ, wenn er ihm Bedencklichkeiten, oder Gefährlichkeiten, oder Unmöglichkeiten ins Ohr geraunet hatte, hat den Bau in die Länge gezogen, der SoodMeisterey Caße viel Geld gekostet, und ich habe davon vielen Verdruß, eine Menge böser Nachreden, feinen und groben Spott, bittere und überzuckerte Vorwürfe, nicht allein von niedrigen, sondern auch von Hohen und höchsten Standes Persohnen erleiden müssen, die ich bey einem guten Bewußtseyn standfest übersahe, allein in meinem Hertzen recht hoch triumphirete, als ich meine eigene Zucken zu Stande gebracht hatte, womit ich alle Verwilderungen und alle Patronagen zwingen konnte, das gesammte Band der Zuckenschläger aber cum annaris nicht mehr vermögend war, meine Arbeit nach Herzens Lust und Willkühr zu überschwemmen.

Das war die wilde Verfaßung, das war die Unrichtigkeit, das waren die übrigen Folgen, die ich kenne. Wo aber der Herr BaarMeister glaubet, sie bestehe darin, daß wir nicht wißen, wie viele Kümme wir in 24 Stunden haben, so kann ich sie sogleich, als es nur befohlen wird, aufzählen laßen; ich sehe aber nicht, wozu es uns jetzt nützet, da wir keinen Mangel, sondern Überfluß von Saale haben.

e) Sämtliche Sohle muß vor das SohtLohn aus der Quelle in die Kümme geliefert werden, so anjetzo nicht ist«

Freylich ist das jetzo nicht, auch eine gute Zeit her, nicht gewesen. Fragt man, warum nicht? so dienet zur Antwort: Wegen der patrocinirten Companen, Vögte, Untersegger, Jungens pp kann dieses nicht geschehen. Denn sobald ich alle Saale in die Kümme fließen laße, kommen wir wieder ins alte Wilde, man überschwemmet meine Arbeit, und meine Leute können nicht arbeiten.

Das aber, was der Herr Baarmeister Praetendiret, nemlich, daß alle Saale in die Kümme geliefert werden soll, ist mir federleicht zu bewerckstelligen.

NB. Ich stelle sobald es verlanget wird, Leute, die vor den üblichen Sodes Lohn von 28 rf alle Saale aus den Quellen in die Kümme liefern.

NB. NB. mit diesen Bedinge, daß alsdann die Vögte, so geschwinde laden, und die überflüßige Saale so unverzüglich, :wie sie es vor diesem jederzeit, wenn der Fahrt-Meister bauete, durch Zwang und Strafe thun mußten,: und so rein weggeschlagen, daß meine Arbeit von Ueberschwemmungen frey bleibet.

Dies war die alte (vielleicht nicht wilde) Verfaßung, und, wenn es gefällig, will ich sie ohne allen Vorzug wieder ins Geleise bringen, und der SoodMeisterey eine gute Ersparung machen.

Bey dem Satze, daß für das Soodlohn sämtliche Saale in die Kümme geliefert werden müße, entstehet nun die Frage: Wer muß nun die übrige Saale, die nicht verkochet wird, aus den Kümmen wieder wegschaffen? Soll es der SoodMeister thun? oder soll es der Salinator thun? Es scheinet, daß der, die vices des Praelaten vertretende, Salinator es thun müße. Denn er praetendiret, daß sie ihm sämtlich NB für das Sothlohn in die Kümme geliefert werden solle.

Sollte der SothMeister es thun, so müßte ihm dafür Vergütung geschehen, weil er seine Pflicht schon erfüllet hat, und es ihm gleich seyn kann, ob der praelat die Saale, welche der SoodMeister in die Kümme geschaffet hat, verkochet oder nicht. Ja es scheinet, als wenn der Salinator der nomine des Prälaten die Saale in den Kumm erhalten hat, solche wieder unverzüglich wegschaffen müße, damit die ferner zufließende Saale wieder in die Kümme geschaffet werden könne. Doch will die Entscheidung dieser Frage andern überlaßen.«

f) Die Vögte sind nicht im Stande, die verlangte Arbeit, die in egard der vorigen doppelt ja wohl 3fach schwerer, zu verrichten.

Bey dem Bauen des FahrtMeisters hat man sie gewiß noch schwerer gehabt, wie ex actis zu ersehen. Der FahrtMeister fragte aber nicht, ob die Compane wollten, ob die Vögte könnten, oder Zeit hätten, oder ihrer Herren Arbeit versäumeten. Er schalt, und fluchete, und strafete, und niemand hatte das Hertz dagegen zu muchsen.

Ich praetendire keinesweges, will auch niemandes Gerechtsame beeinträchtigen, noch weniger einem eine Last aufbürden, wenn man nur hören, und vernehmen, und es sichbemerken, und es sich erinnern, und es nicht vergeßen will, daß das Zucken Lohn die Bau Kosten so sehr vermehret hat, und noch wöchentlich 16 rf beträgt, aus Mangel der Ordnung.

g) Baumeister Sonnin kennt ja die Arbeit der Vögte eigentlich nicht pp«
Ich bescheide mich deßen herzlich gerne pp.

»ad verba: Marter Holtz, :so nenne ich die Arbeit, so ich selbst gesehen:«

Wo der Herr Baarmeister mit dem Marter Holtz den Dickkopf meinet, dessen Arbeit er ohne Zweifel wird gesehen haben; so habe nichts einzuwenden.

Wo aber darunter meine Pumpen Arbeit verstanden werden soll; So behaupte ich dagegen, daß meine Pumpen Arbeit nicht halb so schwer ist, als die Dickkopfs Arbeit, welche doch die Vögte, so lange der Dickkopf stehet, ohne Murren gethan haben. Ein starker Mann kann beym Dickkopfe nur kaum 3 Stunden aushalten, wohingegen bey meinem Pumpen schwache Leute 6 Stunden durcharbeiten. Vormals hatten die Brockhusen Zuckenschläger es noch schwerer, als die beym Dickkopf.

Daher waren die Brockhusen Zuckenschläger sehr vergnügt, als sie von ihren Zukken befreyet wurden, und bey meiner Zucken kamen, wo sie, ohne sich entkleiden zu dürfen, ihre Arbeit mit Gemächlichkeit verrichten.

Uebrigens bin ich schuldig für das publicum eben das principium zu befolgen, was der Herr BaarMeister für sich selbst hat. Wer gelohnet wird, der muß nach Möglichkeit arbeiten.

h) Die Vögte würden nicht mehr von der Herrschaft dependiren, so ihnen doch Lohn und Brod giebt, sondern von eines auf dem Thurm gehenden Arbeits Manns, der die Eintheilung der Sohle nach Gutdüncken macht, Commando dependiren«

Die Besorgniß, daß die Vögte nicht mehr von der Herrschaft dependiren würden, äußert wohl der Herr BaarMeister aus der vorgefaßten Meinung, als wenn das in Vorschlag gebrachte Zucken der Vögte ewig währen solle. Das ist gar nicht die Absicht, sondern, wenn die Maschine fertig ist, cessiret alles. Es ist auch der Herr Baarmeister gantz unrecht berichtet, daß ein auf dem Thurm herumgehender Arbeits Mann, die Saale nach Gutdüncken eintheile. Bey der seit einigen Jahren nach und nach und nun aufs höchste verwilderten Verfaßung, da nie ein Obersegger, und oft in vielen Stunden, ja oft in halben Tagen kein Untersegger auf der Sültze zu finden, mithin der Stuhl erlediget ist, sind ja diejenigen, so laden wollen, leider wohl gezwungen, sich bey einem meiner Leute zu melden, und gemeiniglich wenden sie sich an den FahrtKnecht Albrecht.

Gleichermaßen ist der Herr BaarMeister unrecht berichtet, daß der so genannte Arbeits Mann die Saale eintheile. Es ist gewiß keine Eintheilung nöthig, weil überflüßige Saale vorhanden. Von den täglich zufließenden 90 Kümmen, werden etwan 26 versotten, und der FahrtKnecht giebt also ohne Eintheilung, einem jeden, so viel er nur immer haben will. Wollte Gott, daß die Herren Sülfmeister mehr Saale verlangeten, sie sollte ihnen gerne zugetheilet werden.

i) Der Salinator, so in dem größesten Bedruck lebet, soll allezeit vor den Riß stehen, und sich immer gefallen laßen, was ein oder ander auf Regiments Unkosten gemacht und ordiniret«

Ich kenne zwar nicht alle Menschen, aber unter denen die ich kenne, ist keiner, der dem Salinator bedrücken und belasten will. Hingegen kenne ich Männer, die sichs sehr angelegen seyn laßen, dem Salinator aufzuhelfen, und ich glaube also, daß der Herr Baarmeister hierin nicht recht berichtet sey. Was Sub Litteris k), l), m) und im Schluße gesaget worden« ist größesten Theils schon einmal angeführet und auch von mir erörtert worden.

VI

Da ich im vorhergehenden sub litt. h wegen Vertheilung der Saale bemerket
»daß jetzo bey der Eintheilung der Saale nicht die geringste Schwürigkeit sey und bey dem starken Ueberfluße einem jeden Salinator deren so viel zugetheilet werden könne, als er nur immer haben wolle«

So wird meines wenigen Ermeßens:
»so oft die Saale überflüßig vorhanden, eben durch den Ueberfluß, die von den Herrn Baarmeisteren, von Dassel und Pauli im Bericht vom 29ten Jan. angezogene Kumm und Stiege Ordnung vom 10ten Jul. 1569, allemal effective aufgehoben und unnütz, tritt aber auch ohne Umstände sogleich wieder in ihre völlige Kraft, sobald als der Zufluß kleiner als die Verkochung wird, oder ein Saalmangel entstehet.«

Auch würde meines wenigen Ermeßens
»Die Berechnung der Saale leicht geführet werden, da man ja täglich weiß, wieviel ein jeder Kümme erhält;«

Hieneben aber würde von den Unterseggern
»Die Ordnung im Laden, welche 1569 vorgeschrieben, aufs Genaueste befolget werden müßen.«

Solchergestalt wüßte ich keine andere Ordnung abzusehen, bis das Gestänge fertig ist.

Wollte man aber der Berechnung wegen, absolut wißen, wieviel Kümme täglich zufließen, So müßte nach meiner Anzeige sub litt. c) alle Saale in die Kümme geschaffet und mit dem Dickkopf weggezucket werden, welches jetzt schwerlich thunlich, und also Höherem Ermeßen anheim zu geben wäre.

Ueberhaupt aber hat die Sood Ordnung vom 27ten Sept. 1569 durch die Ausnehmung der alten Sültzfahrt, oder durch den neuen Bau gar keine Veränderung gelitten, und am wenigsten in der Vertheilung und Umgießung der Praelaten Saale; :die a Sültzhaus auf jede Floth oder 26 Tage 24 Kümme, mithin mit Einschluß der Vor und Nachböning a 12 Kümme jährlich überhaupt 336 Kümme betragen: Eben so wenig sind durch den neuen Bau die Kümme verändert worden, als welcherhalben in besagter Ordnung der Baarmeisterey nur die Aufsicht ist vorbehalten worden.

VII
Am abgewichenen Mittwochen habe den Anfang mit der Arbeit beym Gestänge gemacht, und werde damit aufs beste fortfahren.

Der MauerMeister Meyer hat sich wegen des Einschlagens der Löcher in die Mauer bey mir gemeldet. Weil aber ihm der Zuschlag noch nicht förmlich geschehen, habe ihn zur Conferentz beschieden.

VIII
Bey der Sültze ist die Hauptarbeit gäntzlich vollendet, und nur noch übrig, daß das schon gefundene wilde Waßer bey der Graft Quelle und bey der Brockhusen Quelle in den faulen Sod zum Wegschlagen geleitet werde.

VIIII
Die mir zugesandte Sültzrechnungen habe nachgesehen, sie von einander gesondert, und hiebey zurück angeleget.

Das eine convolut bestehet aus Rechnungen, die nicht den neuen Bau, sondern die Soodmeisterei angehen, folglich mir unbekannt sind. Sowohl der FahrtMeister als der Stiegeschreiber haben solche attestiret, und so hätten sie, der bisher üblichen Gewohnheit nach, ihre Richtigkeit.

Das zweite convolut enthält die Rechnungen, die den neuen oder extra Bau angehen, und vorhin von dem RathsZimmmermeister Göhring attestiret, die Gegenrechnungen aber, dem Herkommen nach, immer in des Stiegeschreibers Händen gewesen sind. Als Meister Göhring abging, habe ich die Clasingische und Albersche Gegenrechnung auf der Sültze niederlegen, und immer prömt einschreiben laßen, welches sonst wohl einige Tage oder Wochen nachher geschehen. Man hat sonst den Gebrauch auf der Sültze gehabt, von den Rechnungen einen Abzug zu machen, wovon mündlich zu referiren, die Ehre haben werde.

Lüneburg d 4ten Martii 1781 EGSonnin

81.

LÜNEBURG

Bericht über die Überprüfung der Waagen am Kaufhaus und Rathaus. Daß Sonnin auf Grund guter mathematischer Kenntnisse und sorgfältiger Messungen eine sehr gründliche Stellungnahme abgibt, überrascht nicht. Um auch Laien verständlich zu sein, leitet er sie mit grundsätzlichen Betrachtungen ein. Die

Vorschläge zur Verbesserung der Genauigkeit bestehen vor allem in der Vereinfachung der benutzten Gewichtsskala, um Rechenfehler zu vermeiden.

Eine erneute Überprüfung der Waagen lehnt Sonnin am 19. Juli 1788 mit der Begründung ab, daß erst die Gewichte nach seinem Vorschlag umgegossen sein müßten.

Lüneburg, 22. 3. 1781

Stadtarchiv Lüneburg
K 1 Kaufhaussachen
Nr. 120
Acta von Pfünder und Gewicht auf dem
Kaufhause 1688–28 seqq.
Bl. 21

Pro memoria

Wenn der Mathematiker einen Wagebalken (eine Art von Hebel) seinen Betrachtungen unterwirft; so stellet er sich ihn als eine gerade unendlich steife Linie ohne alle Schweere in einer horizontalen Lage vor, nimmt in derselben 3 Wage Puncte, nemlich ihre beide Endepuncte für die Anhänge Puncte, auch zwischen diesen beiden einen jeden Punct, ohne Rücksicht auf gleiche oder ungleiche Entfernungen von beiden für den Ruhe Punct an; hänget an den Anhänge Puncten unendlich große oder kleine Gewigte in Verhältniß der Entfernungen auf, erkennet, daß die Verhältnißmäßige Gewigte, die Entfernungen (das ist die Arme der Wage) mögen gleich oder äußerst ungleich seyn, sich einander aufs genaueste die Wage halten, und erweiset nun, daß eine Wage mit ungleichen Armen (eine Schnellwage) eben so genau wäge, als eine Schalen Wage (eine Wage mit zweyen gleichen Armen).

II

Was die Mathematic als der reinen Idee oder a priori erwiesen, leidet zwar aus physicalischen Ursachen als dann einige Veränderung, wenn der Wage Balken cörperlich angeordnet wird, da nemlich der Wagebalken für sich seine eigene Schwere hat, da er 3 cörperliche Wagepuncte von einer angemeßenen Dicke erhält, da eine Zunge, Schalen Pfannen pp zugefüget werden; allein durch dieses alles wird jener Satz nicht weiter als nur dahin verändert, daß bey der üblichen Einrichtung unserer Wagen man in der Einen Hinsicht sagen kann, die Schnellwage wäge genauer, in der andern aber gestehen muß, daß die Schalen Wage genauer wäge.

III

Ex supposito sind die an einem gerechten cörperlichen Wagebalken aufgehängte Schweeren im Gleichgewicht, wenn der Wagebalken horizontal schwebet, und es folget, daß sie es nicht sind, wenn der Balken von der horizontalen Linie abweichet. Um zu wißen, ob er horizontal oder nicht horizontal sey, sollte man die Lage des Balkens mit einer Schrotwage untersuchen, welches sehr beschwerlich seyn würde. Allein der übende Mathematiker hat diese Untersuchung auf einem kürtzern Wege veranstaltet, indem er dem Wage Balken eine Zunge gegeben, welche den richtigen horizontalen Stand bejahet, wenn sie mit der senkrecht hangenden Schweere senkrecht stehet, und hingegen den horizontalen Stand verneinet, wenn sie zu der einen oder andern Seite von der Schwere abweichet oder ausschlaget. Ein jeder wird ohne Bedenken einräumen, daß man je länger die Zunge ist, um desto genauer die Abweichung bemerken könne, oder nach dem gewöhnlichen Ausdruck, daß eine lange Zunge einen größeren Ausschlag mache wie eine kurze Zunge. Bekanntlich hat aber die Schaalen Wage eine lange Zunge, die Schnellwage hingegen nur eine sehr kurze Zunge, und eben mit der längeren Zunge erhält die Schalenwage einen großen Vorzug vor der Schnellwage. Denn, wenn die Zunge der Schalenwage 10 mal so lang ist, als die Zunge der Schnellwage; so muß man nothwendig die Abweichung oder differentz der Schalenwage 10 mal so genau als bey der Schnellwage wahrnehmen können, weil die Zunge der Schalen Wage 10 mal so weit aus schlägt, als die Zunge der Schnellwage, mithin würde im Großen der Ausschlag von 10 Pfund an der Zunge der Schnellwage nicht so merklich seyn, als der Ausschlag von 1 Pfd an dem Ausschlage der Schaalenwage.

Was ich jetzt angeführet, wäre gewiß keine Empfehlung für die Schnellwage, wenn man gebunden seyn sollte, ihre Abweichung nach ihrer kurtzen Zunge zu beurtheilen, welche der Werkmann oder Künstler aus guter Einfalt an die Schnellwage anbringet, weil er glaubet, daß eine Wage ohne Zunge keine Wage seyn könne. Und so irren mit dem Künstler unsere hiesige Großträger, wenn sie meinen oder sagen, sie müssen den richtigen Stand der Schnellwage oder Pfünders nach der Zunge beurtheilen. Jedoch in praxi thun sie das Gegentheil und bekümmern sich auch nicht um die Zunge des Pfünders, sondern schätzen nach dem Augenmaße, ob die Stange oder der lange Arm des Pfünders wagerecht sey. In der That pfünden auch die Großträger nach dem Augenmaße so richtig, daß, wenn nicht Versehen oder Läßigheiten eintreten, ihr Pfünden keinen Tadel verdienet. Ja wenn sie gehörige Aufmerksamkeit anwenden, können sie mit einem richtigen Pfünder oder Schnellwage eben so genau als mit der Schalen Wage wägen, weil die Schnellwage in einem andern Stück wiederum etwas für die Schalenwage voraus hat, so ich jetzt berühren werde.

IV

Oben ist bemerket, daß bei einer cörperlichen Waage die drei Waage Puncte, nemlich der Ruhe Punct mit den beiden Anhänge Puncten eine Dicke erhalten. Man vermindert diese Dicke so viel als es die physicalischen Beschaffenheiten nur gestatten wollen, indem man den 3 Wage Puncten, worauf der Wagebalken und die Schalen mit ihren Lasten ruhe, eine möglichst feine Schärfe giebet, weswegen sie auch die 3 Meßer an einer Wage genennet werden.

Der Künstler erhält durch wohlgemachte Meßer so viel, daß ein gut gerathener großer gleicharmigter Wage Balken (wenn er weder mit Schalen noch Gewichte belastet ist) von einem jeden Lüftchen in Bewegung gesetztet wird und merklich sinket, wann man auf einen seiner Arme nur einen Dreyer aufleget. Man sagt alsdann die Wage ist empfindlich.

Aber die Empfindlichkeit einer Wage ist alsdann die größeste, wenn der Wagebalken der leichteste ist, oder umgekehrt: Ein schwerer Wagebalken kann nicht so empfindlich seyn als ein leichterer. Die Ursache lieget in der Reibung, welche an den Meßern der Wage nicht vermieden werden kann, wenn man sie gleich noch so scharf machet. Die Reibung aber vermindert oder vermehret sich bekanntlich, wie die Last sich vermehret oder vermindert, mithin ist die Reibung größer oder kleiner je nachdem die Schweere des Wagebalkens und der ihnen anhängenden Lasten größer oder kleiner wird, und demnach nothwendig ein Wagebalken empfindlicher, wenn er weniger belastet ist.

Alhie gewinnet die Schnellwage (ungleicharmigte Wage) einen großen Vorzug vor der Schalen Wage (gleicharmigte Wage). Sie hat in allem Betrachte weniger Last, und daher weniger Reibung als die Schalenwage, ist mithin empfindlicher, giebt folglich das Gewicht genauer an, als die Schalenwage. Denn

1. Weil sie nur Einen langen Arm die Schaalenwage aber zweene lange Arme hat, so ist ihr Wagebalken niemals halb so schwer, wie der Balken einer gleicharmigten Wage.
2. Sie hat keine Schalen nöthig, die den Wage-Balken mit ihrer Schweere sehr belasten.
3. Sie wird von der abzuwägenden Schweere nur einfach belastet, da dem gleicharmi-

gen Balken die doppelte Schweere nemlich die Schweere selbst auf der Einen und ein gleiches Gegen Gewicht auf der andern Schale angehänget wird.

Die benannte, so ungleich mindere Belastung der Schnellwage giebt ihr eine desto geringere Reibung und gegentheils eine desto größere Genauigkeit, welche sich, wenn es der Mühe verlohnete, durch Rechnung bestimmen ließe, hier aber es genung seyn wird, zu bemerken, daß der in § III angezogene Zungen-Vorzug der Schaalenwage sich gegen den hier bemeldeten Vorzug der Schnellwage völlig aufhebe, und daher die Schnellwage so richtig sey als die Schalenwage.

V

Vorstehenden kurtzen Beweiß voranzuschicken, habe ich für dienlich erachtet, um das Vorurtheil: daß sich mit der Schnellwage oder Pfünder nicht richtig oder zuverläßig wägen laße, aus dem Wege zu räumen, wozu ich noch füge: Wenn man einen regulmäßig gearbeiteten Pfünder an einem festen Orte, wie der Schalenwage aufhienge, und die Veranstaltung machete, daß man seinen wagerechten Stand so genau als die Zunge der Schalenwage beobachten könnte; so würde man mit dem ersten gantz gewiß etwas genauer als mit dem letzteren wägen können.

VI

Mein Beweis soll jedoch nicht dienen, um jemand mit der Durchdenkung und Prüfung deßelben zu bemühen, und deswegen habe ich das wenigerm Zweifel unterworfene Mittel gewählet, meine Behauptung mit der That und dem Augenscheine der omni exceptione major ist, zu erweisen, das ist, ich habe das hier gewöhnliche Pfünden mit dem wägen auf der Raths Wage thätlich verglichen.

Ich ließ dann am 12ten hujus ohne jemand vorher etwas zu sagen, beym Interims Kaufhause 8 Blöcke Bley auf folgende Art pfünden. Zuerst wurden 4 Blöcke einzeln nach einander sowohl mit dem 500 als den 1100 Pfünder gewogen. Hiernächst wog man diese 4 Blöcke zusammen auf einmal, sowohl auf dem 1100 als auf dem 1500 Pfünder. Darauf wurden 4 andere Blöcke einzeln mit dem 500 und zusammen mit dem 1100 und 1500 Pfünder gewogen. Endlich wurden alle 8 Blöcke auf einmal mit dem 1500 Pfünder gewogen, und sogleich zur Rathswage gebracht, wo eben so verfahren ward.

In dem vorstehenden Verzeichniße (siehe Seite 263) der vorgenommenen Wägungen harmoniert der Pfünder vortreflich mit der Rathtswage. In der untersten Zeile differiren die acht Stücke zusammen nur 1 Pfd. In der nächstunteren differiren die Summen von 4 und 4 Stücken 3 Pfd. Die 1399 sind offenbar verzählt. Im dritten differiren 1397 und 1397 ¾ nur ¾ Pfd. Ueberhaupt aber weichen die Schweeren der einzelnen Blöcke auch nicht sehr weit von einander ab.

Am 13ten hujus ließ ich in Gegenwart des Herrn Syndici Kraut und des Herrn Factor Schultz auf dem binnen Kaufhause pfünden und gleich darauf auch der Rathswage abwägen.

	mit dem 1100 Pfünder	auf der Rathswage
Ein Faß Cupfer wog	574 Pfd	
ab für die eisern Haken	14	
	560 Pfd	562 Pfd
Ein Faß Caffee Bohnen	867 Pfd	
ab für die Haken	14	
	853 Pfd	856 Pfd

der Block Bley		mit dem 500 Pfünder	mit dem 1100 Pfünder	mit dem 1100 Pfünder	mit dem 1500 Pfünder	mit dem 1500 Pfünder	auf der Raths Wage	auf d. Raths Wage
no 4964	wog	167½	169	–	–	–	167¼	
861	–	181½	183	–	–	–	181	
864	–	179½	180	–	–	–	178½	
4791	–	177	178	–	–	–	176	
		705½	710				702¾	
ab fürs Tau		4½	4½					
		= 701	= 705½					= 702¾
diese 4 zusammen wogen		–	–	696	696	–	–	697½
no 1576	wog	178	–	–	–	–	177½	
1572	–	173½	–	–	–	–	172½	
4386	–	175½	–	–	–	–	174	
1551	–	173½	–	–	–	–	173	
		700½					697	
ab fürs Tau		4½						
		= 696						= 697
		696 / 1397						1399¾
4 Blöcke zusammen		–	–	690	693	–	–	691½
Summa		Summa	1386	1389	–	–	Summa	1389
alle 8 Stücke zus. wogen		–	–	–	–	1388	1389	1389

Hiebey producirte der Factor Schultz seinen Brief aus Hamburg, in welchen ihn das Gewicht des nemlichen Faßes zu 857 Pfd notiret war, mithin mit beiden gut genung eintraf.

VII

Bey dem Wägen habe auch verschiedene Versuche gemacht, um mich von der mehreren oder minderen Empfindlichkeit beider Waagen zu überzeugen. Man hatte beym Interims Kaufhause keine kleine Gewigte zur Hand, wie ich es wünschete. Daher ich, wann der Pfünder balancirte, Kleinigkeiten von Holtz und Steinen auf verschiedene Blöcke legte, und gleich eine Veränderung bemerkete. Insbesondere senkte sich der 500 Pfünder, als er mit 2 Blöcken von 354 Pfund belastet war, für meinen Zollstab, den ich hernach gewogen und 5 Loth schwer befunden habe.

In dem Binnen Kaufhause stieg beym Kupferfaße die Pfünder Stange stark für ½ Pfd und wohl bemerklich für meinen Zollstab. Hingegen bey dem Caffefaße war ½ wohlbemerklich und das gantze Pfund gab einen starken Ausschlag.

Die Rathswage ließ bey dem Kupferfaße einen kleinen Ausschlag für ¼ Pfd, bey dem Caffe Faße einen gleichen für ½ Pfd und einen guten Ausschlag für ein gantzes Pfund bemerken.

Diese Beobachtungen scheinen genug darzuthun, daß die Pfünder eben so empfindlich, oder wenigstens nicht so fauler als die Rathswage gewesen.

In Ansehung des Wägens, und der davon herrührenden Ungleichheit der Summen von den einzelnen Stücken, sind nachstehende Wahrnehmungen nicht unerheblich

a) Beym Pfünden verhinderte dies die Genauigkeit, daß die Großträger sich immer nach der Zunge der Schnellwage richten wollten, welches auch dH Schröder für absolut nöthig erklärete. Ich ließ es geschehen, um sie nicht irre zu machen, ob ich gleich vor Augen sahe, daß der Pfünder ziemlich weit von der horizontal Linie sich entfernete, mithin nicht das Genaue angab.

b) Es scheinet, als wenn der 1100 Pfd Pfündet nicht genau mit dem 500 Pfd Pfünder einstimme, allein ich habe Ursache zu glauben, daß die Zunge Schuld habe.

c) der 1500 Pfd Pfünder und der 1000 Pfd Pfünder kommen sehr genau mit der Raths Wage überein, und würden vielleicht nichts differiren, wenn man nicht nach der Zunge, sondern nach dem Augenmaße gewogen hätte.

d) Beim Abwägen der einzelnen Stücke gestattete die Einrichtung des Pfünders nicht, ¼, ½, ¾ Pfd zu bemerken, und deswegen hat man auf der Rathswage, es so genau auch nicht suchen wollen. Dieses plus oder minus beym einzelnen Stücken machet aber gewiß so viel aus, daß die Summen der einzelenen Stücke mit dem, was sie zusammen gewogen, nicht genau zusammen trifft.

e) Es fällt auf, daß die Raths Wage um 10 Pfd, das ist auf jedes Stück mehr als 1 Pfd von sich selbst differiret, da sie doch halbe und viertel Pfunde mit angeschrieben. Allein wer dem Wägen zugesehen, wird sich nicht wundern.

Ein großer Fehler ists bey der Rathswage, daß die meßingene Gewichte so verschiedene Schweeren nemlich 160, 140, 130, 116, 112, 100 Pfd haben. Wenn der Wäger die Waage zum Gleichgewicht gebracht, muß er seine ungleiche Stücke zusammen zählen, wobey leicht ein Fehler entstehen kann, wie auch würcklich in unserer Gegenwart mehr als einer begangen ward.

f) In wieferne alle Pfünder unter sich mit einander übereinkommen, und in wieferne sie alle oder zum theil mit der Rathswage einerley Schweere halten, läßt sich aus meinen wenigen Wägungen wohl nicht mit Gewißheit beurtheilen. Es ist aber gar wohl möglich, sie alle unter einander völlig gleich zu machen, weil die Theilung so groß fällt, daß man ¼ Pfd an den kleineren, und ½ Pfd auf den größeren Pfündern mit dem bloßen Augen unterscheiden kann.

VIII

Ueberhaupt aber constiret sattsam, daß die große Unrichtigkeiten, welche man hiesigen Pfündern, oder Schnellwagen zur Last legen wollen, keine stattfinden, und, gleichwie ich oben erwiesen, daß in theoria die Schnellwage (ungleicharmigte Wage) ihrer Natur nach eben so richtig und genau sey, wie die Schalenwage (gleicharmigte Wage). Also bewähren beyde ex improviso vorgenommene Wägungen, daß in praxi hiesige Schnellwagen oder Pfünder von ihren Meister gut genug verfertiget seyn, ob sie gleich noch einiger Verbeßerungen zu mehrerer Genauigkeit und Dauer fähig sind.

Indeßen ist wohl nicht zu läugnen, daß nicht dann und wann kleine und größere Fehler beym Pfünden vorgefallen seyn mögten, oder künftig vorfallen könnten, die ja, wenn etwan der Wäger sich irret, oder übereilet, oder gestöhret wird, oder unaufmerksam ist, gar leichte möglich sind, unerachtet man wohl siehet, daß die Großträger bey ihrer täglichen Uebung eine große Fertigkeit im Pfünden erlanget haben. Nur muß ich andererseits auch erinnern, wie man für dergleichen Versehen so wenig bey der Schalenwage sicher sey. Denn bey unserem Bleiwägen ist die Rathswage mit sich selbst so uneinig gewesen, daß sie eben so gut wie die Schnellwagen einen Fehler von 10 Pfund begangen, indem auf dem Wagezettel die Summe der 8 jedes für sich gewogene Bley Stücke 1399¼ Pfd, hingegen alle zusammen gewogen 1389 Pfd ausmachen. Die Zahl 1389, die sich auch aus den Gewigten der 4 und 4 Blöcke = 697½ + 691½ ergiebt, ist wohl die richtige, womit der 1500 Pfünder 2 mal accurat und der 1100 Pfünder bis auf 3 Pfund nach übereinkommt. Bey dem Kupferfaße von 560 Pfund hat nur eine differenz 2 Pfd und bey dem Caffe Faße nur eine von 3 Pfd sich gezeiget.

IX

Um so viel unbegreiflicher ist mir der Vorfall, der den Herrn Albers mit dem Oelfaße betroffen hat, bey welchem der Irrthum entweder, darin liegen mag, daß man sich ein gantzes Hundert verzählet hat, welches, da man es mit einem doppelten Pfünder pfünden mußte, leichtlich geschehen konnte, oder man mag bey dem doppelt Pfünden leichtlich das Tau unrecht angeschlagen haben, wobey eine solche beträchtliche Unrichtigkeit sich wohl gedenken läßt.

Hingegen ist bey den Wägungen, die der Herr Blumenthal verrichten laßen, es nicht ausgemacht, ob nicht an beyden Seiten etwas versehen sey, und wenn ich zugebe, es habe die Schnellwage geirret, so kann es seyn, daß man um accurat zu wägen, der Vorschrift nach sich auf die Zunge verlaßen, und dadurch das eine Stück schwerer und das andere leichter angegeben habe, als es die Rathswage gefunden.

Da dieser Vorfall schon vor 10 Jahren, und vielleicht so wohl vor als nach der Zeit, deren mehrere sich zugetragen, und zwar, wie es scheinet, ohne daß man die Richtigkeit oder Unrichtigkeit des Pfünders untersuchet hätte; so ist es leicht möglich gewesen, daß die Lüneburgische Pfünder nach und nach in einen solchen schlechten Ruff gekommen sind, und, was war natürlicher als dieses, daß der ungetreue Fuhrmann ihn verschreyete, und daß, da dieses so oft und so viele Jahre geschahe, das Leipziger Handels Gericht das Zeugniß so vieler Leute für wahr, mithin die Unrichtigkeit der Lüneburgischen Schnellwage für ausgemacht annehmen mußte?

Wann aber vermöge der vorangezogenen Wägung solche nicht existiret, auch, wo jemand die Wägungen noch nicht für überzeugend hält, durch mehrere ja leicht zu nehmende Proben, das Wahre außer allen Zweifel gesetzet; ferner auf den Fall einer befundenen Unrichtigkeit gewiß eine genaue zuverläßige Richtigkeit beschaffet und hiedurch nicht allein den Klagen der Kaufleute abgeholfen, sondern auch den Betrügereyen der Fuhrleute pp gewehret werden kann. So wären noch die zu diesem Endzwecke führende Mittel zu erwegen, worüber meine unmaßgebliche Gedanken zu höherer Prüfung vorlege.

X

Man glaubet in Hamburg, daß das Hannöverische Handlungs Gewichte, mit dem Hamburgischen pari oder von gleicher Schweere, das Lüneburgische aber nur ¼ pro Cent leichter sey. Das wäre gewiß ein sehr geringer Unterschied, welcher meines wenigen Ermeßens nicht zu dulden sondern aufzuheben, und das Lüneburgische Gewigt dem Hamburgischen völlig gleich zu machen wäre. Hiedurch fiele dann nicht allein alles, was sonst zwischen hier und Hamburg des Gewichts wegen zu reduciren war und zu Unterschleifen und differentzen Anlaß gegeben, gäntzlich dahin, sondern man käme eo ipso auch mit Leipzig, Braunschweig, Magdeburg auf den nemlichen reductions Fuß, freylich zur Betrübniß derjenigen, die bisher die Ungleichheit zu ihren kleinen versteckten Vortheilen genutzet haben.

XI

Es sey nun daß diese an und für sich zur Bequemlichkeit und Erleichterung der Handlung gereichende, Veränderung statt fünde, oder aus erheblichen Ursachen nicht geschehen könnte. So würde es doch immer

a) Höchstnothwendig seyn, daß bey der Rathswage des § V litt e bemerkte große Incommodum der ungleichen Pfund Gewigte weggeräumet würde, weil dadurch gar zu leichte ein Versehen entstehen kann, auch solcher kleinen Irrungen wegen, wie ich höre, die Rathswage nicht in besten Rufe ist.
Die gantze Verbeßerung bestehet darin, daß man diejenigen Gewigte, so mehr als wiegen, umgießen und zu lauter 100 Pfd Gewigte abrichten, an kleineren Gewigten aber keine andere als 50, 40, 30, 20, 10, 5, 4, 3, 2, 1, ½, ¼ bey der Wage übrig laße, wodurch der Wäger mit allen seinen Pfundlothen so bekannt wird, daß er nicht leicht fehlen kann.

b) Nach dem, mit dem größten Fleiße zu revidirenden, Raths Gewigte müßten alle Pfünder genau abgerichtet werden. Ich habe zwar die Pfünder mit der Rathswage ziemlich harmonirend gefunden, doch scheinen die Pfünder die abgewogenen Schweren etwas leichter als die Rathswage anzugeben, welches jedoch auf den Fall der vorgeschlagenen Veränderung wenig beträgt.

c) An den Pfündern wären überhaupt die riesigen Zungen abzuschaffen und wo etwan die Kunst und das Alterthum den Zungen das Wort reden wollten, so kann man mit ein oder anderem Experimente gar leicht ihre Betrüglichkeit zeigen. Hiezu brauchts weiter nichts, als daß man dem Großträger die Stange des Pfünders verdecke, damit er die Stange und ihren Ausschlag nicht sehen könne, sondern nur lediglich auf die Zunge sehen muß, dann wird sichs zeigen, wie er irret.

d) Die Pfünder wären unter sich dann und wann durch simple Wägungen im Beyseyn des Herrn Commissarii zu vergleichen, um versichert zu seyn, ob sie mit einander egalisiren.

e) Das Pfünden mit zweyen Pfündern zugleich müßte gäntzlich aufgehoben und dagegen ein oder ein Paar Pfünder so eingerichtet werden, daß man damit bis auf 2, 3, 4000 Pfd wägen könnte.

f) Zur Conservation und minderer Abnutzung der Pfünder mögte es dienlich seyn, wenn denen Großträgern ein Behältniß gegeben würde, in welchem sie die Pfünder verwahren, und bey erforderlichen Gebrauch einen jeden von seiner Stelle nehmen kann.

XII

Um jedoch in Betreff der reduction mit andern Handlungs Städten gleichfalls aufs Gewiße zu kommen ohne die Hamburgischen Angaben nur auf guten Glauben annehmen zu dürfen, mögte es gerathen seyn, deswegen mit den Handlungs Städten selbst zu correspondiren, und sich von ihnen ein genau abgezogenes 100 Pfd Gewichte in duplo zu erstehen. Käme solches mit der Hamburgischen reductions Angabe überein, wäre man um desto sicherer.

Nachdem man denn also mit allen concernirenden Handlungs Plätzen alles aufs Reine gebracht; so würde die Herstellung des öffentlichen Credits erheischen: die getroffene Richtigkeit umständlich durch die öffentlichen Blätter mehr als einmal bekannt zu machen, sie zur Nachachtung der Fuhrleute und Schiffer wiederholt am Kaufhause anzuschlagen; einen jeden sich äußernden auch nur kleinen Contraventions Fall ernsthaft zu rügen; auch sich deren fragmüthigste Anzeige von den hiesigen und fremden Kaufleuten und Factoren auszubitten.

XIII

Die Frage: Ob es nöthig sey, eine Schalenwage anzulegen, kann nach der darunter vorwaltenden Absicht bejahet oder verneinet werden.

a) Hätte man nur lediglich die zu erhaltende Richtigkeit der Wage oder der zu wägenden Waaren zur Absicht; so wäre dieselbe gar nicht nothwendig, weil in Vorbesagtem die Richtigkeit der Schnellwage a priori et posteriori dargethan ist, und erforderlichen falls ad oculum des mehreren erwiesen werden kann, wie man mit einem wohlgemachten Pfünder vollkommen so accurat als mit der Rathswage wägen kann.

Die Erfahrung wird auch zeigen, daß, so bald man durch öffentliche Berichtigung und Bekanntmachung der reduction des Gewichts den Fuhrleuten die Gelegenheit der Betrügereyen abgeschnitten hat, die alten Klagen aufhören und nicht eher wieder eintreten werden, bis man etwan hiesiger seits durch unzeitige Nachsicht ihnen wieder eine Thüre öfnete.

b) Hätte man aber die Hofnung ein jährlich Lucrum von 1500 bis 2000 Mk Lünebg. zu erhalten und hätte man von den Hamburgischen Kaufleuten Gewißheit, daß sie beständig ihre feine Waaren auf der Schalenwage wagen laßen wollten; so würde niemand, der Lüneburgs Aufnahme wünschte, die Anlage einer Schaalen Wage wiederrathen.

Für den von dem Herrn Hagenau bemeldeten Preis kann man den Wagebalken nebst Schaalen und Gewigten anschaffen; nur würde der Platz in dem Kaufhause fehlen, jedoch auch zu mehrerer Bequemlichkeit ein leichtes Haus für die Wage am Waßer aufgerichtet werden können.

XIV

Wo der Vorschlag: nur keinem der Großträger das Netto Pfünden in Specie aufzutragen, bey den oft überhäuften Geschäften nicht Platz fünde; so mögte, weil doch von dem Netto Pfünden Rechnung geführt wird, es hinlänglich seyn, wenn jeder Großträger in der Rechnung bey dem Stücke, so er gepfündet, sein Zeichen anfügete. Vielleicht würde diese mehrere Behutsamkeit, mehrere Fertigkeit, mehrere Nacheiferung zu wege bringen, daneben aber bey unerwünschten Beschwerden nachweisen, wer den Vorfall zu verantworten hätte.

Ja vielleicht mögte der Hamburgische Kaufmann, der jetzt das netto Pfünden für verlohrne Kosten ansiehet, alsdann wenn er befünde, daß sich der netto Pfünder bey dem Handlungs Gewigte gegen den Betrug der Fuhrleute allemal als zuverläßig legitimiren konnte, sich von selbst entschließen, die mehresten seiner Waaren netto pfünden zu laßen, wobey das Kaufhaus sich wohl stehen aber auch dem Großträger seine Aufmerksamkeit und Schreiben wohl belohnet werden würde.

Lüneburg d 22ten Martii 1781   EGSonnin

82.
SALINE LÜNEBURG

An den Rat der Stadt gerichtete Begründung der Verzögerung der Untersuchung der vom kgl. dänischen Regierungsadvokaten Schrader vorgenommenen Probesiedung und Stellungnahme zur Kritik des Obersalzfaktors Biedenweg an der Salzgewinnung mit Ausführungen über die günstigste Siedemethode, die richtige Trocknung und Lagerung des Salzes und über die verschiedenen Qualitäten. Ablehnung eines vorgeschlagenen Gradierwerkes. Der Tenor ist trotz vieler widersprechender Auffassungen sachlich, die Länge des Berichtes beachtlich.
Lüneburg, 27.7.1782

Stadtarchiv Lüneburg
Salinaria S 1 a, Nr. 549
Acta betr. die angestellte Untersuchung über die
von dem Königl. Dänischen Hr. Regierungs-
Avocato Schrader versuchte, Salz-Coctur in
eisernen Pfannen de 1780 sequ.

Pro memoria

Da Magnificus et Ampließimus Senatus geneiget, Königlicher Allerhöchsten Landes-Regierung Gnädigstes Rescript vom 29ten Maii d.J. betreffend die Schraderische Saltz-Coctur, und den Biedenwegischen Bericht, mir nebst letzteren Bericht zu communiciren, und von mir zu erfordern:
  einmal die Ursachen anzuzeigen, warum die anbefohlene Untersuchung der Schraderischen Probe Siedung noch nicht beendiget sey, und dann meine Gedancken über den Biedenwegischen Bericht und Vorschläge herzugeben.
So versäume nicht, mich davon hiemit schuldigst zu entledigen.

I.

Königl. Allerhöchste Landes Regierung haben wegen der Schraderischen Coctur in rescripto vom 5ten Jan. d.J. ausdrücklich anbefohlen, »daß diese von der äußersten Wichtigkeit seyende Sache nach allen Rücksichten und Neben Umständen aufs sorgfältigste geprüft werden solle«.
  Dieser gemeßensten Vorschrift wird schuldigst und auf das genaueste mit allen möglichem Fleiße gelebet, und es ist die Untersuchung auch schon sehr weit gefördert. Ein sehr angelegener Theil derselben, ist die Untersuchung des bisherigen Lüneburgischen und des Schraderischen Saltzes, insbesondere deswegen, weil in den Schraderischen Aufsätzen das Lüneburgische Saltz als schädlich und höchst ungesund verschrien wird, und weil solcher Gefährlichkeit wegen, auch schon neue Vorschläge theils gethan werden, theils in petto sind, wie man nemlich die Lüneburgische Saale, die sich ohne Bley nicht sieden laßen will, mit einer Zinn Solution oder auf eine andere Art gewärtigen wolle pp. Um desto ernsthafter, auch um eine vielleicht unnöthige neue Preiß Aufgabe zu verhüten, werden die Bestandttheile der Lüneburgischen Saale und Saltzes, so genau als noch niemalen geschehen untersuchet. Allein eben diese Untersuchungen nehmen bekanntlich viele Zeit weg, und außerdem sind sie von der eingetretenen Mode-Kranckheit oder influenza fast ein ganzes viertel Jahr gestöret worden. Die Zeit, wenn die Untersuchung völlig geendet seyn wird, kann man zwar nicht eigentlich bestimmen, wohl aber versichern, daß alles mit möglichster Anstrengung betrieben werde.

II.

Bey dem Berichte des Herrn Ober Saltzfactoris Biedenweg fünden in Ansehung des trichterartigen Terraßenbaues, und der Länge des Gestänges einige Bemerckungen statt, die ich, weil sie der Sache nichts geben und nichts nehmen, geflißenst übergehe, und nur zweene nicht ganz unerhebliche Puncte berühre.

Das terrain der Sülze nennet der Herr Ober Salz Factor ganz recht lettenartig, weil würcklich Lette, Kley oder Dau darinnen, aber auch mit allerley ungleichartigen Theilen vermischet ist. Ich hatte auch in den vorigen Sülzacten gelesen, daß es aus einem sehr festen Thon oder Plüsleimen bestehe, als ich aber im Wercke darauf fußen wollte, fand ich mich betrogen, und war genöthigt, den zur Abhaltung des wilden Waßers zu ziehenden Damm von einer andern seinen gleichartigen Dam Erde oder Plüsleimen zu machen, wozu das Sültzterrain gar nicht brauchbar war. Hienächst habe beyzubringen, daß täglich durch 36 Mann, nicht durch 28 die so überflüßige gute Saale zu tage gepumpet wird, wovon man leider nur den dritten Theil verkochen kann, und leider zwey Drittel in den Stadt Graben laufen laßen muß.

Hingegen ist es würcklich an dem, daß ich zu den Gestänge nur schwaches Holtz gewählet habe. Meine Ursache, es so schwach als möglich zu nehmen, war die Verminderung der Friction, als welche bey den langen Wegen und den vielen Biegungen des Gestänges ohnehin groß genug ist. Indeßen vermeine, einem jeden Stücke und Orte seine angemeßene Stärcke gegeben, und die Gebrechlichkeit durch den einfacheren mechanismus bestens gemindert zu haben. Unfehlbar wird, wie bey allen weitläuftigen, also auch bey diesem Gestänge, sehr ofte etwas zerbrechen, allein, es ist eines theils dafür gesorget, daß das gebrochene sogleich wieder ersetzet werde; (mit leichten Holze gehets desto geschwinder) andern theils ist auch die Vorkehrung gemacht, daß auf den Nothfall die Saale gepumpet wird. Wegen des Schnees hat man hier nicht so viel als auf den Harze zu befürchten, und, wenn hier einiger fällt, ist er gar leicht weggeräumet, zumal mit dem hiesigen Gestänge noch eine ganz andere Einrichtung getroffen wird.

Des Herrn Ober Saltz Factors Beschreibung der Lüneburgischen Siedung ist in so ferne gut genung. Es ist allerdings richtig, daß Königl. Salin Administration beynahe eben so viel ausgiebet, als sie einnimmt; noch mehr, es ist unleugbar, daß sie zu kurtz käme und baaren Schaden hätte, wenn sie nicht Vortheile vor andern Sülfmeistern voraus hätte; ingleichen ist es schon ein halb Jahrhundert bekannt, daß der mindere Preis, (gewiß nicht die Güte) des Schottischen Salzes, das Lüneburgische Saltz in der Nachbarschaft verdränget; ob aber der Lüneburgischen Sültze damit aufgeholfen wäre, wenn ihre Saale sich geradezu in eisernen Pfannen versieden ließe? Ob die Ersparung an Feuerung und Sieder Lohn so groß sey, als man sichs gerne imaginiret? Ob die Abzüge (defecte) dadurch gemindert werden; ob das gröbere Saltz mehr Liebhaber herbey ziehen werde, und ob das so genannte reinere Salz beßer sey? Dies alles sind Dinge, die noch bey weitem nicht in ihr gehöriges Licht gesetzet, und noch weniger entschieden sind, doch aber zum wenigsten etwas klarer erscheinen werden, wenn die Lüneburgische Untersuchung der Schraderischen Coctur geendiget seyn wird.

Nach den alten Proben behauptete man, daß nur wenige Kalcktheile bey der Lüneburgischen Saale sey, und die neueren zeigen uns deren auch nicht viele, aber in dem daraus gekochten Salze finden sich nur überaus wenige, feine, und sehr edle Kalcktheile, die man davon nicht scheiden muß. Eben dieses, daß bey der Lüneburgischen Saale nicht so viele Unreinigkeiten als bey andern sind, eben dieses unterscheidet die Lüneburgische von andern minder reinen Saalen. Wo denn nicht so viele Erdtheile sind, da können auch nicht so viele Erdtheile mit in das gekochte Saltz kommen, oder darinnen bleiben, und, wo man dem ohngeachtet es würcklich für wahr annehmen wollte, daß das Lüneburgische Saltz sich an der freyen Luft auflöse, starcken defect

269

gebe, und nicht die dem Salz gehörige Salztheile hätte; so müßten diese drey Unbequemlichkeiten, gewiß eine andere Ursache zum Grunde haben als die supponirten Kalcktheile. Um einen etwanigen Mißverstand zu vermeiden, bemercke hiebey, daß vor einigen Jahren, als die wilden Quellen noch frey zur Saale traten, dieselben oft ganz trübe und milchweiß war, das ist: es schwamm eine große Menge weißer Theile in der Saale, die jedoch nicht Kalck, sondern thonartig sind, und sich in dem Erdreiche, wodurch die Saale streichet, häufig und nesterweise finden. Ließ man diese milchweiße Saale nur 24 Stunden stehen, so setzte sich alles zu Boden, und sie war so hell, wie reines Brunnen Waßer. Von solchen Theilen müßen sich in unserer Saale, wie sie jetzt aus der Quelle kommt und ganz klar scheinet, doch noch einige finden, weil sie noch einen Boden Salz giebet, wenn man sie einige Tage stehen läßt. Dieser Boden Saltz hat es wohl mit verursachet, daß ein jedes Sültz Haus sein Schiff hat, in welchem sich die Saale lagert, ehe sie in den Kummen kommt, und von dieser gelagerten Saale, die aus dem Kummen in der Pfann zum versieden geschöpft wird, rede ich.

Woferne denn der Erfahrung nach, die Lüneburgische gelagerte Sole nur mit wenigen Erd- und Kalck-Theilen geschwängert wäre, so würde auch des Herrn Ober Saltz Factors Vorschlag zur Anlegung eines Gradierwercks nicht Platz finden, und ich hier überhoben seyn können, auszuführen, daß eine solche gewiß nicht wohl feile Anlage das Saltz noch mehr vertheuren müßte, zumalen selbst der, aus den Schraderschen Probe Siedungen deducirt werden wollende Vortheil von eisernen Pfannen nicht hinreicht, die Anlage eines Leckwercks, die Zinsen, die Unterhaltung, den Lohn der darauf zu haltenden Leute pp zu vergüten.

Der Schluß des Vorschlages: Es wäre gar kein Zweifel, daß nicht in großen eisernen Pfannen ein <u>gutes, reines, grobkörnigtes, crystallisirtes Salz mit Vortheil</u> gemacht werden könne, ist in aller Absicht unbestimmt, und diese Ausdrücke bedürfen gewiß einer Erklärung. Die Salze so in Halle, in Schönebeck, in Braunschweig, in Oldesloe, im Hannöverischen, in Lüneburg, gesotten werden, sind alle <u>gut</u>, sind alle <u>crystallisirt</u>, sind alle <u>corporalisch</u>, fragt man, ob sie rein sind, so muß man erst fragen, was für Saltz gemeinet werde. Denn man hat vierley Salze, die alle für sich rein sind. Wird hier, wie vermuthlich, ein reines <u>Koch Saltz</u> gemeinet, so sind alle im Hannöverischen, Sächsischen, Holsteinischen, Brandenburgischen, Mecklenburgischen pp Landen gesottene Salze <u>nicht rein</u>. Denn <u>rein Koch Saltz</u> kann man nicht anders als in Gläsern, oder in solchen Gefäßen, die vom Koch Saltz nicht angegriffen werden, machen, und alles Saltz, was in Eisernen, zinnernen, kupfernen, bleyernen, (vielleicht auch goldenen) Pfannen gekocht wird, ist <u>nicht</u> rein, sondern ist mit metallischen Theilen geschwängert, welche ganz deutlich an den Crystallen sich wahrnehmen laßen, auch bey näherer Untersuchung uns immer entscheidend entdecken werden, in welchem metalle ein Saltz gesotten sey. Indem dann die vorgefaßte Meinung von einem Saltz ganz hinfällt, wenn in metallen gesotten wird; so ist noch unentschieden, ob nicht das Lüneburgische Saltz reiner genannt werden könne, als alle übrige, und ob nicht das Saltz aus eisernen Pfannen den Menschen gar sehr viel schädlicher sey, als das aus bleyernen Pfannen.

So scheinen auch in Ansehung des <u>grobkörnigen</u> Salzes die Käufer, (welche in unsern Falle eigentlich decidiren, und mehr gelten, als alle speculationen) thätlich ganz andere Meinung zu hegen, als diejenigen die es uns das grobe Korn so angelegentlich empfehlen.

Das Mecklenburgische Saltz ist grobkörniger als das Lüneburgische; allein die Leute so zunächst an der Mecklenburgischen Saline wohnen, laßen das Lüneburgische Saltz kommen und bezahlen es theurer. Eben dieses geschiehet bey mehrern Salinen. Die Oldesloer Saline preiset ihr Saltz, daß es rein sey, muß aber mit Verdruß doch sehen, daß ihre nächsten Nachbarn Lüneburgisch Saltz mit schweren Kosten kommen laßen, und das hochgerühmte reine Saltz hindan setzen. Unlängst fragte mich in Hamburg ein Kaufmann an der Börse, ob es dann den Lüneburgern gar nicht möglich sey, gröber Saltz zu sieden. Er habe auf Ordre Fleisch, so er damit gesalzen, nach Franckreich geschickt, welches der französische Kaufmann getadelt, und gemeldet, man hätte es wieder auspacken und aufs neue einsalzen müssen, weil es sonst auf dem Wege nach America verderben würde. Als ich einen andern, der wol 4mal so viel Fleisch einsalzet, deswegen fragte, lächelte er dazu und versicherte, ihm verderbe nichts, allein es käme nur auf Fleiß und gute reinliche Behandlung an.

Er setzte hinzu, er ziehe ein milderes Saltz einem zu scharfen, und die feinen Theile zernagenden, Salze wohlwißend vor.

Dieses, und daß die Käufer sich um das grobkörnigte so genannte reine Saltz noch nicht reißen, oder solches mit Kosten weit herkommen laßen wollen, sondern immer das Lüneburgische ob wohl theurere dem angerühmten grobkörnigen Salze vorziehen, macht mich ganz irre.

Wiederum bin ich mit dem Herrn Ober Salz Factor darin einerley Meinung, daß der höhere Preis der größeste Fehler des Lüneburgischen Salzes sey, ja für mein theil wollte so gar wohl wetten, daß das lüneburger Salz, wenn es auch nicht anderes, wie jetzt gesotten wäre, und nur zu gleichem Preise herunter gelaßen werden könnte, so gleich alle übrigen Salze verdrängen, alle Liebhaber an sich ziehen, und alles Schiff und See Salz verächtlich machen dürfte.

Den hohen Preis des Lüneburgischen Salzes will der Herr Ober Salz Factor theils (1) von dem großen Holz Verbrand pp theils (2) von den Abzügen herleiten.

Es ist sonderbar, daß alle, die den lüneburgischen Schaden beheben wollen, auf die Holz Ersparung fallen, ohne ihre Gedancken auf das Wesentliche, was die Saline zu Grunde richtet, zu heften. Ich finde indeßen nicht, daß irgend eine Saline sey, die nicht viele Feurung verbrauchet, ja sogar sehe ich, daß die allermeisten mehr als die Lüneburgische verbrauchen; wenn auch die Schraderische so hoch angegebene Holtz Ersparung würcklich wahr wäre, wie sie doch in der That nicht ist, so setzet sie doch den Salz Preis keineswegs soweit herunter, daß man sich schmeicheln könnte, das Schottisch Salz verdrängen zu können.

Was ich bey der Holz Ersparung erinnert, läßt sich auch vom Siede Lohn sagen. Ich sehe, daß alle Salinen auch starck Siede Lohn bezahlen, und finde nach gemachter Vergleichung, daß die Ersparung des Siede Lohns größer in Gedancken sey, als sie im Wercke ausfallen wird. Auch ein geringer Vortheil ist zwar keineswegs zu verschmähen, und ist hier die Frage zuerst ob er existire, und dann, ob er Mühe und Unkosten einer Veränderung belohne?

Von den Abzügen scheinet man dem Herrn Ober Salz Factor einen ganz unrichtigen Begriff beygebracht zu haben. Er sagt anfänglich, das Lüneburgische Salz löse sich in freyer Luft auf und gebe starcke defecte; nennet diese defecte Abzüge; vermeinet, daß dadurch 2504 rfr, das ist beynahe die Hälfte von 5810 rfr verlohren gegangen; besorget, daß die defecte von den so langen Jahren herliegenden Salz Vorräthen, wenn sie ja glücklicher Weise versilbert werden sollten, dereinst viel betragen werden; will durch ein reines, härteres ingleichen beßeres corporalischer Salz das Verlecken, und die großen Abzüge (defecte) des am Schluße sogenannten weichen, an der Luft sich auflösenden, kalckartigen Salzes vermeiden.

In diesen Ausdrücken vermeine ich deutlich zu lesen, d. Hr. Ober Salz Factor habe nach einer unkundigen Anleitung aus den Worten, Abzügen und defecten sich die Idee gemacht. Daß das Lüneburgische Salz sehr starck verlecke, und daß von dem Verlekken die schweren Abzüge, die starcken defecte, der große Verlust, die hohen Preise entstehen.

Von dieser seiner Meinung kann man ihm versichern, daß sie auf das gute Lüneburgische Salz gar nicht zutrifft, vielmehr ist erweislich, daß ein in bleyernen Pfannen wohlgekochtes und wohlgetrocknetes Lüneburgisches Salz nicht weich, nicht uncorporalisch, sondern hart und fest sey; daß es wenige Kalck- und Erdtheile bey sich habe, daß es sich an der Luft nicht auflöse; und daß es nicht verlecke. Ich sage mit Fleiß <u>wohlgekocht</u> und <u>wohlgetrocknet</u>. Denn vielleicht mögte der Herr Ober Salz Factor bey seinem hiesigen Aufenthalte weiches, leckendes Salz gesehen haben, oder auch schon aus eigener Erfahrung wißen, welches so häufig in der Gegend, wo er selbst wohnet, verfahren, verbreitet, und vorzüglich geliebet wird, zuweilen etwas, oft auch vieles verlecket sey. Allein, daran haben nicht die bleyernen Pfannen, nicht die dem Salz beygebliebene Erd- und Kalcktheile schuld, sondern eigentlich die hohen Abgaben des Salzes sind davon die Ursache. Der Salinator oder Sülfmeister ist so sehr mit praestandis beschweret, daß er auf keine Weise bestehen könnte, wenn er das Salz so schön sieden wollte, als er es mit seinen kleinen bleyernen Pfannen leisten könnte. Er wird also gedrungen, und gepreßet, seinen Vortheil zu suchen, wo er nur kann. Er findet ihn nirgends als in den Scheffel Maaße. Denn weil er sein Salz sämtlich scheffelsweise abliefert, so nimmt er natürlich viel Geld ein, wenn er viele Scheffel abstößet.

Einst war hier ein Sieder, der täglich mehr Scheffel als gewöhnlich ablieferte, und überaus groß sprach, wie reich er seinen Herren machte. Dies gab Aufsehen, ein jeder Salinator forderte mehr Scheffel von seinem Sülzer, einige, ja selbst königliche Administration gaben praemien an denjenigen von ihren Sülzern, der die meisten Scheffel zu wege brächte. Die Freude war kurz. Man erhielt viele Scheffel, aber auch so schlecht Salz, daß beym Abfahren die Wagens leckten, man zog die praemien ein, und hatte nun dem Lüneburgischen Salze die blame gemacht, daß es verlecke. Jetzt siedet man ziemlich gut Salz, doch läßt man ihm, wie der Herr Ober Salz Factor selbst gesehen hat, nicht die Zeit völlig auszulecken, und auszutrocknen. Denn wenn der erste Sud auf den sogenannten Kähnen (hohlen Brettern) noch nicht rein ausgelecket ist, wird er schon auf den Scheffel (ein Ort zum Trocknen) geworfen, wo er gewiß völlig auslecken und austrocknen würde, wenn man ihn 24 oder 48 Stunden Zeit ließe. Allein, das geschiehet nicht, sondern nach ein paar Stunden wird der 2te gleichfals noch naße Sud aufgeschüttet, und sogleich das halb naße und halb trockne Salz abgefahren wird.

Nun ist das gar kein Wunder, daß das Lüneburgische Salz einiger Salinatoren, die noch auf viele Scheffel halten, etwas Leckage giebt. Allein, das ist ein wahres Wunder, daß gut gesottenes Lüneburgisches Salz, auf welches man in Ansehung anderer Salinen so wenig Zeit und so wenig Fleiß wendet, dem allen ungeachtet nur so unbeträchtlich wenig verlecket, ja das ist noch mehr Wunder, daß das Lüneburgische Salz, wenn es auf einem recht guten Raum aufgeschüttet wird, und lange genung lieget, nicht den geringsten Verlust oder Leckage giebt, auch gar nicht an der Luft feucht wird, und noch weniger sich auflöset.

Wenn ich hier setze, daß das Lüneburgische Salz keine Leckage gebe, so versteht sich dieses pur vom Verlecken. Bekanntlich giebt ein jedes lange gelegenes, durch seine eigene Last compactirtes Salz viel weniger Scheffel Maaße, das thut auch das Lüneburgisch, verliert aber an Gewigte nichts. Deswegen wird das alte Lüneburgisch Salz nach dem Gewigt verkauft, weil man sonst am Scheffelmaaße Schaden hätte.

Es wird also die Erwartung oder Besorgnis des Herrn Ober Salz Factors, wie viel dereinst die großen defecte in denen von so langen Jahren herliegenden Salz Vorräthen, wenn solche ja glücklicher weise versilbert werden sollten, betragen werden, als gänzlich ungegründet, immer mehr zutreffen. Denn, ist das Salz in einem gehörig verwahrten Raum aufgeschüttet, so verlecket nicht das aller geringste davon, wenn es auch bis ans Ende der Tage lieget, hat aber der Salz Raum nicht die gehörige Eigenschaft, so kann sich zwar in den ersten 2, 3, 4, 5 Jahren etwas, nachher aber nichts mehr verlieren.

Indem denn das Verlecken des Lüneburgischen Salzes eines theils so groß nicht ist, als d. H. Ober Salz Factor sich solches vielleicht aus einer irrig erhaltenen Nachricht vorgestellet, andern theils das wenige Verlecken auch gar nicht einmal existiren würde, wenn des Salinators Sülzer nur ihr Salz in der Kothe gehörig auslecken und austrocknen ließen; So fließet hieraus von selbst, daß des Verleckens wegen man bey der Lüneburgischen Saline der Siedung in eisernen Pfannen keinesweges bedürfe.

Damit indeßen niemand gedencke, es mögten die großen defecte oder die Abzüge, wodurch so viel Capital (2504 rfr) auf den Weisladereyen verlohren gehen soll, und welche der Herr Ober Salz Factor durch ein corporalischer Salz vermeiden will, doch wohl einiger maßen, oder in etwas vom Verlecken entstehen, will ich nur anzeigen, was denn die Abzüge (defecte) bey den Weisladereyen eigentlich sind. Sie sind nichts anders, als die jedermann bekannten Geld Abgaben, welche an Krancken-Häuser, Armen-Häuser, Testamente, Schulen, Prediger, auch zum Theil an die Königl. Kammer und das Kloster zu St. Michaelis alhie gegeben werden müßen. Diese reine Geldabgaben bleiben, und können offenbar durch ein Salz das corporalischer ist, nicht vermieden werden. Darüber hat zwar dH.Ober Salz Factor Recht, daß diese Auflagen den hohen Salz Preis bewürcken, nur darin ist er unrecht berichtet, daß die Auflagen, Abzüge, defecte vom Verlecken herrühren.

Herzlich gerne stimme ich hingegen den Gedancken des Herrn Ober Salz Factors bey, daß diejenigen Länder und Gegenden, die selbst Saltz Wercke haben, dem Lüneburgischen Salz Wesen nachtheilig sind. Nur muß dabey anmercken, daß keinesweges die gut angelegten, sondern nur die schlecht angelegten dem Lüneburgischen schädlich sind. Unter die schlecht angelegten, rechne ich die Brandenburgische, die Mecklenburgische, die Hollsteinische, und überhaupt diejenigen, welche so schlecht angeleget sind, daß man sie mit offenbaren Schaden zur Last des Landes und der Unterthanen betreibet. Diese ungesegnete Salinen, welche der Landes Herr, wenn er selbst rechnete, keinen Tag mehr dulden würde, versperren der Lüneburgischen die Lege, können aber doch mit allen ihren Begünstigungen und Künsten sie nicht so sehr versperren, daß nicht das verschrieene Lüneburgische theurere Salz vorgezogen, ja mit Gefahr eingeschlichen werde.

Nicht weniger stehe ich ihm willig zu, daß kein ander Mittel mehr vorhanden, die Revenues zu erhöhen, und den Salz debet in Aufnahme zu bringen, als den Salz Preis herunter zu setzen. Gewiß, dies ist das rechte, das einzige Mittel, und wir wollen nun sehen, was er vornehmen will, um den Salz Preis herunter setzen zu können.

Er will
1. die Einziehung der großen Kosten auf den Verbrand, und deren sehr vielen Siede und Sülzer Löhne beschaffen.
2. durch ein beßeres und corporalischer Salz mehrere Liebhaber herbey ziehen, auch das Verlecken und die großen Abzüge vermeiden und hiedurch will er
3. ohne Nachtheil und mit Vortheil den Preis so halten, daß das fremde Schiff oder See Salz von selbst keine Liebhaber finde.

Kein größer Glück für Lüneburg, als wenn dH. Ober Salz Factor dieses bewürckte. So mögten die Lüneburger wünschen, daß ihre Quelle noch 20 mal so starck zu flöße. Wie würde die Stadt bevölckert werden! wie würde die Consumption sich mehren! wie würde auf beiden die Königlichen Gefälle anwachsen! wie würden die anliegenden Land Leute aufkommen! wie würde der Werth der Lüneburgischen Häuser steigen! wie danckbar würde sich die Stadt gegen einen so großen Wohlthäter erweisen!

So wenig Hofnung indeßen Lüneburg zu diesem Glücke hat; so vermuthe ich dennoch, daß d. Hr. Ober Salz Factor seine Rechnung nicht etwan obenhin, sondern ganz wohlbedächtig und vielleicht also calculiret habe:

»durch die Abzüge werden 5295 rfr 2504 das ist, beynahe die Hälfte verlohren; die Abzüge kommen vom Verlecken. Das Verlecken kann ich durch mein corporalisch Salz vermeiden; das corporalische Salz kann ich mit eisernen Pfannen zu wege bringen; bey der Siedung in eisernen Pfannen habe ich nach über her Vortheil am Holz und Sieder Lohn; ich kann also, wenn ich auch gradiren müßte, gewiß mein Salz um den halben Preis, das ist einen Chor für 5 rfr verkaufen, der jetzt 10 rfr gilt: für diesen Preis müßen die See Salze weichen; und die Verdrängung aller Salze stehet in meiner unumschränckten Willkühr.«

Der Schluß ist richtig, aber die eingezogenen Nachrichten waren unrichtig, und, da hier das Unheil nicht vom Verlecken entstehet; sondern dHr. Ober Salz Factor von seinem reinen crystallischen, eigenschüßigen corporalischen Salze eben die Abgaben oder Abzüge baar zu bezahlen gehalten wäre, so ändert sich sein facit, weil einer von den Grund Sätzen seines Calculs ihm entweichet, und die glänzende Aussicht ist nicht mehr.

Noch nicht ganz verlohren, mögte jemand denken; die Vortheile in eisernen Pfannen sind noch beträchtlich groß. Ich wünschte zum Besten der Stadt Lüneburg, daß der Herr Ober Salz Factor Vortheile wüßte, die die Schraderische Angabe weit überstiegen, und so groß wären, daß sie eine beträchtliche Änderung im Salz Preise, mithin einen Absatz beschaffen könnten, welches jedoch bis jetzt weder aus der Lage der Sache, noch aus physicalischen noch aus mechanischen Gründen abzusehen, und daher nöthig ist, zuverläßigere Mittel zu Beförderung des Absatzes aufzusuchen. Ist nur Absatz da, so kommt der groß aufgegebene, aber würcklich kleine Behelf der Holz Ersparung mit eisernen Pfannen gar nicht in Betrachtung. Gesetzt es könne, wie doch nicht erwiesen, ein kleiner Holz Vortheil erhalten werden, wie lange wird das währen, da die Holz Preise nicht bleiben, sondern unter dermaligen Umständen, unfehlbar von Jahren zu Jahren beträchtlich steigen werden.

In dieser Betrachtung, die man nie aus den Gedancken laßen muß, ist und bleibet dann die vorschlägliche Holz Ersparung worauf alles verfällt, nur eine transitorische Beyhülfe. Und nun mögte ich fragen: Warum verfällt man nicht lieber auf die Verminderung des Holz Preises? Offenbar ist der effect einerley, ob Holz erspart, oder der Holz Preiß vermindert wird. Durch letzteres erhält man ja eben so gut die erwünschte Absicht, daß der Salz Preis gemindert wird. Die Schraderische Holz Ersparung soll etwan 10 p. Ct. betragen. Wie leicht wäre es nicht schon längst gewesen, es dahin zu bringen, daß in den Lüneburgischen Gegenden, der Faden Holtz um 8 ggr wohlfeiler würde. Das beträge beynahe 12 p. Ct.; die verlangte Hülfe würde damit geschaffet, sie wäre keineswegs transitorisch und dienete daneben unläugbar noch zur allgemeinen Aufnahme des Bürgers, des Beckers, des Brauers und aller Farbriquen, wovon seiner Zeit ein mehreres.

Lüneburg, d. 27ten Julii 1782.   EGSonnin.

83.

SALINE LÜNEBURG

Stellungnahme zur Kritik des kgl. dänischen Kammerrates Schrader am Feldgestänge. Im Gegensatz zum sachlichen Eingehen auf die Kritiken des Obersalzfaktors Biedenweg am 27. Juli 1782 enthält dieses zwei Monate später verfaßte Schreiben zahlreiche ironische und verletzende Formulierungen und Abschweifungen. Sonnin nimmt die Ausführungen des dänischen Kammerrates nicht ernst, er akzeptiert ihn nicht als Fachmann und macht sich geradezu einen Spaß daraus, ihn zu widerlegen und in Anlehnung an den Horazspruch »ridendo das Wahre« zu sagen, wie er abschließend den Stil des langen Schreibens rechtfertigt.
Kopie bei S 40 1; Konzept S 1 a, Nr. 572, Bl. 94.
Lüneburg, 21. 9. 1782

Stadtarchiv Lüneburg
Salinaria S 1a, Nr. 553
Neben Volumen betr. die von dem
Königl. Dänischen... Cammer-Rath Schrader
angeblich angezeigte Mängel des angelegten
Sülz-Gestängewerckes
Bl. 37

Pro memoria

Magnifico et Ampliß̃imo Collegio Consulari erstattet hiemit meine gehorsamste Erkenntlichkeit für die Hochgeneigte Communication des Briefes, welchen d. H. Cammer Rath Schrader auf Verlangen des Herrn Sood Meisters Timmermann an ihn wegen der Anlage meines Gestänges geschrieben hat.

Ein jedes Herz von Empfindung wird es sehr bedauern, daß der gute Herr Cammer Rath, da er eben nach Hannover gehen und daselbst für seinen König sprechen wollte, von einem so heftigen Schmerzen am Knie angegriffen wurde, daß er sich seynes Bewußtseins nicht erinnern können, auch eben deswegen sich nicht gehörig und ausführlich zu erklären wußte, doch aber noch so viel Sinn behalten, daß er sich entschloß, retour zu gehen, ohne daß man in dem Gasthause, wo er logirete, nur im geringsten bemerckt hätte, daß er sich nicht wohl befinde. Er meldet nicht, daß dieser Mangel des Bewußtseyns bey ihm aufgehöret habe und daher ist es, besonders wenn man nach dem Inhalte seines Schreibens urtheilen soll, wohl gewiß, daß er bey Abfaßung seines Briefes nicht fähig gewesen, sich seynes Bewußtseyns in allen Stücken zu erinnern.

Bey dieser Fortdauer seiner Sinnen Kranckheit, welche, wie sein Schreiben verräth, noch von mehreren schweren, drückenden Gemüths Kranckheiten begleitet und vergrößert wird, verdienet der Mann im Ernst ein wahres Mitleiden und ich beobachte daher meine schuldigste Pflicht, daß ich ihm hiermit willig und gern in mein ganzes Mitleiden nehme.

In der That wäre diese meine Erklärung schon genung zur Antwort auf sein herzlich schwaches Schreiben, und wer weiß, ob ich nicht vor einem und anderen Richter Stuhle damit bestehen könnte, weil aber doch der Herr Soodmeister Timmermann inständig verlanget, daß ich auf alles, was von H. Schrader mir zur Last geleget wird, mich <u>gehörig</u> verantworten solle; so will ich zur Beruhigung deßelben mit gegenwärtigem unverzüglich auf alles <u>gehörig</u> antworten.

Ich begreife ganz wohl, daß der Herr Soodmeister hier unter einer <u>gehörigen</u> Verantwortung, nicht eine solche verstanden haben wolle, die auf dem Fischmarkte gebräuchlich ist, da, wenn eine Frau von einem affecte die andere zu schelten, getrieben wird, die andere auch so fort im gleichen affecte lichterloh brennet und noch heftiger zurück schilt, sondern ich bin überzeugt, daß der Herr Soodmeister eine solche Verantwortung begehret, wie sie im Rechten gebräuchlich ist, und zwar dabey ohne Bitterkeit, mit einer respectuösen Mäßigung, welche ich auch in folgender meiner Verantwortung beobachten werde.

* * *

Kömmt in einem Fall von jener Art es zur Klage, so wird ein Richter von schwachen Sinnen, wenn Klägerin nur recht hoch schreyet, daß Beklagte eine Metze sey, sie unverzüglich durch Urtheil und Recht zur Metze verdammen, wohingegen ein richtiger Richter, wenn Beklagte auch nur leise wiederspricht, auf einen Beweis erkennen wird.

Letzteres ist der Spruch, dessen ich mich von dem Herrn Soodmeister gewiß zu erfreuen hätte, wenn ich, wie es in der That wahr ist, die Schraderschen Angaben, theils für ungegründete Nachrichten, theils für arbitraire supposita, theils für leere asserta, theils für meras fictiones, theils für erfahrungswidrige Grundsätze, theils für nicht wohlverstandene Meinungen, theils für sich widersprechende chimaeren, theils für fehlerhafte Rechnungen erklärete und ihnen nude per generalia contradiciret hätte, wie hiemit geschiehet, reservatis omnimode reservandis.

Mit dieser solemnen protestation hätte ich denn rechtlicher Art mich gehörig verantwortet, und könnte nach erkanntem Beweise, dem Herkommen nach, schon eine zeitlang ruhig seyn und schauen, wie mein Gegner mit seinen Beweisen gegen mich angezogen kommt. Überraschen wird er mich nicht, da nach einstimmiger Meinung seiner Nachbaren er für Krämpfe nicht recht sicher ist, wenn er beweisen oder sich erklären soll. Indem dann das erste ihm richterlich auferleget, worden, das zweyte aber ich quam legalißime viel öfter von ihm fordern werde als es ihm lieb ist, so werde bey einer jeden Wahrnehmung von Zuckungen mich meines oben gethanen freywilligen Gelübdes zu erinnern Gelegenheit haben. Wie oft wird nicht der Staub aufziehen, wenn wir erst recht ins Handgemenge kommen und wie mancher schöner Tag wird nicht verstreichen, ehe wir beyderseits simpliciter submittiren, da wahrscheinlicher Weise wegen besorglicher vagen Erklärungen und ihren anhängenden Excursionen wir leicht ad sextuplicas kommen mögten.

In Rücksicht auf das letztere scheinet es consilii und der umlaufenden Gerüchte wegen es noth zu seyn, daß, weil doch d. H. Cammer Rath Schrader eine Menge Worte aufs Papier geworfen hat, ich gegentheils wiederum unter dem Titul zur Beleuchtung einige Worte ausstreue, jedoch mit der ausdrücklichen, auf allen Ecken vorsichtigst beschränkten Verwahrung, daß ich durch nachstehende Beleuchtung des Schraderschen Schriftgestelles denselben von dem ihn incubirenden Beweise nullo modo liberiren, mich auch hiedurch zu nichts eingelaßen, auch überall nichts eingestanden haben will, inmaßen ich wohlwißend und wohlbedächtig zum voraus bedinge, daß diese meine Beleuchtung, in welcher Form und Ausdrücken sie auch unter der Feder erwachsen oder gerathen mögte, dennoch nicht anders als eine directe contradiction angesehen werden, mir es auch im Rechten nicht praejudiciren solle, daß ich den Herrn Cammer Rath Schrader für patient annehme.

Meine Beleuchtung enthält denn eigentlich nur einen kurzen Plan von dem Gange, den ich mit ihm nehmen werde, wenn ich im Ernst einen Speer mit ihm brechen soll. Mancher würde mir nicht rathen, daß ich meinen Plan entdeckete, weil er gar zu leicht verrathen werden könnte. Allein (si fas, magnis componere parva) ich werde, wie der Kayser doch mein Vorhaben auszuführen wißen, wenn gleich mein Plan meinem Gegner zur Wißenschaft käme. Mein Vertrauen auf meinem Plane ist so groß, daß ich kein Bedencken trage, auch das feinste meines Plans kund zu machen. Ich werde die schlauen Sachwalter jenes großen Reiches nachahmen, die um den codicem, der ihnen, jeden prozeß in Jahres Frist zu beendigen, vorschreibt, heilig zu halten, so gleich darauf zu schneiden, daß 3, 4, 5, 6 Neben Urtheile auszulangen. Man denke nicht, daß ich für mich den Plan mache, die Sache ins Weite zu ziehen. Keinesweges. Denn so lange die Sache nicht durch Urthel oder Recht zu meinem Vortheile entschieden ist, muß ich doch allen Kindern zu Spott, nolens volens am schwarzen Brete stehen. Ich thue es gewiß meinem Herrn Gegner zu Liebe, dem es schwer genug werden wird, alle Jahr eine Haupt Question von seinen reichen Angaben mit mir durchzugehen. Solchem nach schreite ich mit Muth zu Sache.

Jetzt saget der Herr Cammer Rath mache er sichs zur Pflicht, seine Meinung weiter zu eröffnen. Bey seiner gemachten Pflicht, worin ihm als Welt-Bürger alle Freyheit competiret, fand ich nichts zu erinnern, und es war mir auch lieb, zu ersehen, daß er nur Meinungen eröffnen wollte, allein, ich ward mit einer leichten Furcht umfangen, als ich in dem Verfolge ersahe, daß ihn sein Pflicht Eifer von oben bis unten eingenommen habe, und es mir schlecht ergehen würde, wenn seine bachantische Creutz Hiebe mich treffen sollten, und nicht vielmehr unwirksam durch die leichte Luft führen. Er will indeß eröffnen, warum mein Gestänge nicht beybehalten werden könne, und saget:

1 m

So viel er von besagter Vorrichtung gesehen, sey sie zu sehr zusammen gesetzt, und mit vielen mechanischen Schnirkeln überhäuft. Natürlich muß der Herr Cammer Rath rechtlicher Art erweisen, daß das Gestänge zu sehr zusammen gesetzt sey, aber von dem Ausdruck mechanische Schnirkel der ganz unbekannt ist, kann judex ex officio eine Erklärung verlangen, damit, wenn das subjectum definiret worden, er entscheiden könne, ob die angebliche praedicate von Nutzen und Schaden ihm beigekommen. Man muß dem Richter nicht dunkle Ideen vormahlen, sonst spricht er ins Wilde. Im gemeinen Leben heißt man eine krumme sich zum centro windende Linie einen Schnirkel. Ich habe aber in meinem Gestänge lauter gerade Linien, folglich ist dies aßertum ohne Bewußtseyn aus der Feder gefloßen, wo es aber aus Vorsatz geschehen, so wäre es recht arg, krumme Linien für gerade auszugeben.

Wenn es so weit kommt, will ich den Herrn Schrader – reprobando überführen, daß die gewöhnliche Feld Gestänge mehr componirt sind, als das meine, und daß einer, der nie welche gesehen hat, die ordinairen Feld Gestänge mit Erstaunen ansehen muß.

2 do

Giebt er an, das Stangenwerck sey zu schwach. Hier kann er ohne Beweis nicht loskommen. Denn ob gleich er anführt, daß er solches schon vor zweyen Jahren gesagt, so ist doch seyn aßertum nur erst 2 Jahr alt, und müßte ja wohl zum wenigstens 30 Jahr alt seyn, wenn meine Contradiction praescribiret seyn sollte. Daß es möglich sey, stärckere Stangen zu nehmen, wollen wir ihm zuglauben, weil es ganz begreiflich ist. So ist es auch nicht über menschlichen Begriff, daß es möglich sey, die ganze Construction zu ändern. Der Herr Cammer Rath spricht hier in einem Tone, als wenn er supponire, daß es nöthig sey, die ganze Construction zu ändern. Ist dies, so muß er supposition erweisen, wo nicht, so mag er sichs selbst zuschreiben, wenn er hier mit einer Neben Urtel sachfällig wird.

Es ist ganz wohl möglich, daß unser Krumm Zapfen sich den Hals umdrehet, wenn er sich dereinst so dünnne wird abgelaufen haben, als die anliegende Mühlen Zapfen sind. Ich kenne auch Krummzapfen, die gleich abbrachen wie sie angehen sollten, weil sie im Guße mißrathen waren, ich kenne auch welche, die noch andere Fehler hatten.

Das Exempel von Oldeslohe ist nur ein Exempel, welche bekannten Rechten nach keinen legitimen Beweis involviren. Auch der ietzige Besitzer spricht gerade das Gegentheil von dem, was H. Schrader sagt. Nach den feinsten Gründen der Wahrscheinlichkeit, wären wir jedoch wohl gehalten zu schließen, daß H. Schrader als ein alter Salis peritus sich nicht scheuen würde, seine Behauptung im Betreff dieses Exempels gerichtlich zu bewähren. Gesetzt aber, es müßte, wie glaublich, ihm auch der jetzige Besitzer succumbiren; so inhaerire ich doch meinem Rechte, waß Beyspiele nichts erweisen. Er eröfnet nun in einem bangen Tone.

3 tio

Das größeste Uebel ist, daß ein solches Gestänge als das Lüneburger ist, nur halb so viel Pumpen ziehen kann, als bey gehöriger Einrichtung geschehen müßte.

Ich habe vorhin in meiner contradiction vielerley claßen der Schraderischen Aufgaben bemercket, allein, dieses Vorgeben, weiß ich unter keine der vorbenannten claßen zu bringen, bin daher auf die Gedancken gerathen, daß der Herr Cammer Rath Schrader einen Schlag von einem perpetuo mobili mögte gekriegt haben. Wenn er mir unter 4 Augen gestehet, daß ihm dies Glück betroffen habe, so will ich ihn so gleich den Beweis von halb so viel Pumpen erlaßen, weil ich solche Ehren Männer nicht gerne in ihren süßen Gedancken störe, nach welchen sie durch die mechanic zweymal, 4 mal, 10 mal, 20 mal, so viel ausrichten können, als andere Leute.

Wäre es möglich, und wüßte ich, daß dH. Schrader sich das vorbenannte große Uebel gar zu sehr zu Gemüthe zöge, so wollte ich, von meiner Zusage gerührt, ihm zum Troste durch einen guten Freund wißen laßen, daß bey der hiesigen Sülze nicht mehr Pumpen erforderlich sind, als jezt von dem Gestänge getrieben werden, daß daher dies ihn quälende Uebel uns nicht fürchterlich sey, und daß man zur Zeit noch nicht wünschet, mehr Pumpen haben zu müßen.

4 to

Giebt er eine kräftige Ursache an, warum mein Gestänge nicht bestehen kann, weil es nemlich an einigen Orten hoch in Lüften, und über die Siede Häuser weggeführt worden, wohin niemand außer viler Mühe, großen Kosten, und ohne Leitern von 30 bis 40 Fuß Höhe kommen kann.

Den Ausruck: <u>Hoch in Lüften</u> will ich als eine Feinheit des Stils übergehen, es sey denn daß sich ein animus nocendi dahinter entdeckete. Desto ernsthafter will ich (a) die von ihm angezogene viele Mühe (b) die großen Kosten, und (c) die 30 bis 40 Fuß Leitern rügen, zumalen er so gar die Kosten in seiner Rechnung als einen besondern Posten aufgeführt hat. Wenn wir uns nach aller Rechts Kunst weidlich deswegen herum gerungen haben, werde ich auf eine gerichtliche Aufmeßung der Höhen, durch artis peritos antragen, und hienächst in einem besondern novo durch angesehene Zeugen, (will er sie beeidigen laßen, gebe ichs zu) erhärten, daß an dem Tage da ich das Sülz Gestänge zum ersten Male gehen ließ, verschiedene kleine 7jährige Knaben sich ohne Leitern auf die höchsten Stellen des Gestänges im währenden Gehen begaben, und sich hoch in den Lüften wiegen ließen. Wendet er ein, daß dis keine Menschen sind, so stelle ich 10 Tagelöhner für einen, die es schlanckweg nachthun. Die von Kunstverständigen vorzunehmende Aufmeßung wird ergeben, daß das über die Sülz Häuser weggeführte und alles übrige Gestänge mit einer Leiter von 12 Fuß, drey Zoll oder mit einer Leiter von weniger als 23 Fuß erreicht werden könne, ja, daß ich an dem nach der gewöhnlichen praxi aufgeführten Kunst Bocke bey der Papenmütze, der der höchste ist, so gleich fest Lattenstufen angeschlagen, womit er bestiegen wird.

Diese affaire wird ein Rechtsgang per se; ich gewinne ihn mit Haut und Haar, und mache damit, unter uns gesagt, ein Loch in seine Rechnungen.

Aber dH. Cammer Rath nimmt dagegen mich nun recht unbarmherzig in die Schule.

Er wirft in einer öffentlich ad acta zu legenden Schrift mir vor, daß ich wohl kein Gestänge, außer das zu Oldesloe gesehen haben möge. Hier muß ich mich bücken und bekennen, daß ich nie ein anderes gesehen habe. Dies bekenntniß, daß ich ohne renitentz ablege, ist eine wahre Herzstärckung für ihn die ich anderweitig wieder nutzen, und eben deswegen die Folgen die er daraus ziehet, nicht impugniren werde.

Ich nehme es als ein unerfahrner Mensch andächtig auf, wenn er aus dem Reiche der Möglichkeiten mir die große Lehre eröfnet, daß etwas am Gestänge schadhaft werden kann, wenn er ferner (ich denke wohl a neceßario) deduciret, daß es repariret werden müße, und wenn er auch (vielleicht ex consuetudine) festsetzet, daß es wöchentlich 2 mal ohne das Kunst Rad zu hemmen im Gange geschmieret werden müße. Den Beweis dieser hohen Sätze will ich ihm aus Großmuth schencken, aber darüber, daß bey meinem sonderbaren Gestänge das schmieren ohne Hemmung des Rades nicht geschehen könne, fordere ich absolut Beweis, und zwar mit Recht einen Beweis a priori, salva reprobatione. Er tritt ihn gewiß rüstig an, und wann er ihn mit aller ihm eigener Stärcke geführt haben wird, will ich ihm a posteriori ins Ohr sagen, daß einer von unsern Tagelöhnern das Gestänge schon mehrmal in vollem Gange geschmieret hat. Alsdann will ich einen Versuch machen, ob ich von seiner Rechnung von 364 rfr, wenigstens 5 pro Cent abdingen kann.

Gelinget mirs, eo ipso ihn einer Mißrechnung überführt zu haben, so wird mir das so angenehm seyn, daß ich es deswegen nicht überl aufnehme, wenn er

5 to

von einer wunderlichen Einrichtung und ihrer Natur und Anklebung spricht. Lauter Dinge, die ohne jetzt bemeldete Versüßung mir sehr ärgerlich, und so bitter als eine Injurie seyn würden. Es tritt hinzu, daß ich durch den sonnen klaren Beweis seiner unstatthaften Angabe schon wieder ein praejudicatum gegen ihn habe, unter deßen Begünstigung (wo nicht, drohe ich mit einer Gegen Rechnung) ich nun mehr es wagen kann, den Antrag zu thun, daß er von den reparatur Kosten, so angeblich die gewöhnliche 6 mal übersteigen sollen, nur die wenige 5 mal fallen zu laßen. Er wird sich winden, aber unter dem Titul der Liebe zum Frieden es endlich zu gestehen, (ich verstehe mich gut aufs Bitten) und so befindet sich dann die reparatur meines Gestänges mit der, der übrigen in der Welt in einem Verhältniße wie 1 zu 1, das ist, in der zu unsern Zeiten so beliebten Gleichheit.

Meine Pflicht nach, halte ich nunmehr mit richterlicher Gewalt dazu an, daß er mir coram judica in Persohn und ohne Sufflöhr sagen solle, was ein Grund sey, und was das Wort mechanisch bedeute. Ich weiß zwar jetzt noch nicht, sondern werde aus dem Gange der Sachen aller erst ersehen, ob es wahr ist, daß er, wie er saget, vernünftig sey. Wäre er es auch ex testimonio trium Medicinae Doctorum, die weil er in affirmatorio versiret, auf seine Kosten verschrieben werden müßen, so erforderte doch noch die Vorsicht, ihn in Eid zu nehmen, daß er als ein vernünftiger Mensch schließen wolle. Allein zu Folge meiner richtigen Kenntniß wird ohnfehlbar bey diesem Auftritte mein Erbarmen wieder so geregt werden, daß ich die schwere Bezüchtigung, als wenn ich nicht auf Gottes Erdboden geblieben wäre, ihm verzeihen werde. Ob es dem unerachtet nöthig werden wird, daß ich reprobando ihn mit einer, oder mit beiden Händen umfaße, und ihm noch dazu ein oder mehrere Stücke von meinem Gestänge ihm in die Hand oder auf die Schulter lege, um seynem Bewußtseyn es nach und nach beyzubringen wie ich mit meinem Gestänge auf Gottes Erdboden sey, sit penes judicem.

So viel weiß ich auch zum Voraus, daß ich nach diesem ernsthaften actu ihm eine Sächsische Frist zustehen müße, damit er, weil er hier nothwendig retour gehen muß, wieder zu sich selbst kommen mögte. Und eben mit dieser freywilligen, und humanen Frist Gestattung führe ich anticipando einen zu Recht beständigen Gegen-Beweis, daß ich das Maschinenwesen verstehe, und wohl weiß, was eine Maschine tragen kann. Noch mehr, um desto evidenter zu erweisen, daß ich so wohl von der construction als von der Wirkung solcher Maschinen einen hinlänglichen Begriff habe, will ich ihn hüten, daß er über mein Dreyeck (er muß nicht bemercket haben, daß es ein Dreyeck mit zwey Creutzen ist) und über meinen balancier-Balken (zu Teutsch Schwinge genannt) nicht gar zu sehr ins Lachen gerathe, welchenfalls seine Galle, deren er eine große portion hat, sich zu sehr ergießen, und mir den lieben Mann auf eine Zeitlang oder gar beständig rauben mögte, welches mir sehr ungelegen seyn würde, da ich noch des Schildsteins wegen mich gegen ihn verantworten muß, und unsere actiones und reactiones sehr intereßant werden dürften.

Zuvörderst werde ich ihn wegen des Worts <u>vielfältig</u> und wegen des Wortes <u>unzählig</u> hernehmen, und bey einer so schönen Gelegenheit untersuchen, ob er zählen könne. Die auf beide Fälle, er könne nur solches oder nicht, hienächst sich ergebende deductiones mit ihren Folgerungen, und nachherigen Anwendungen, auf seine Rechnungen, will ich hier belibeter Kürze wegen nicht anführen. Nur will ich, um meine Force in Gegen-Beweisen zu zeigen, zum voraus bemercken, wie ich ihm puncto des Zählens in contenti eines Fehlers damit überweisen will, wenn ich vorlege, daß der Krummzapfen noch mehr als 200 rthlr gekostet habe. Doch werde nach der Cantelen Lehre mich in acht nehmen, zu erörtern, ob er auch 2 zählen könne. Im vorigen, da er vorgiebt, er habe schon vor zwey Jahren dH. Bürgemeister Schütz was gesagt, was doch nur vor 1½ Jahr möglich gewesen, war mir dies zweifelhaft, jetzt aber bin ich überzeugt daß er

2 zählen kann, und er hat würcklich Recht, daß daß der Krummzapfen 2 mal geändert worden. Das eine mal hatte der Schmidt ihn schlecht gemacht. Nicht weniger werde ich mit vieler Circumspection den Satz, daß das Waßer nur auf eine kurze Zeit aus dem Schildsteine gehoben worden sey, mit keiner einzigen Sylbe anfechten. Denn, da in der jezigen politischen Welt, selbst der Kayser kein Geheimniß mehr vor sich behalten kann, so mögte H. Schrader durch den Wirt seines Herren Incognito vielleicht ausspähen, daß man das Waßer ausheben mit gutem Vorbedacht und ex rationibus politicis bis zu einem mit Verlauf von Jahren sich eröfnenden Zeit Punct eingestellet hat. Kann er nun 2 zählen so kann er gewiß 2 u. 1 zählen, und ich werde ihm so oft, bis ers endlich behält, sagen, daß es 3 heißt. Wenn wir hierüber einverständig sind, werde ich ihm beweisen, daß ich auf dem Schildsteine nicht mehr als 3 Veränderungen gemacht, die erste, als ich eine einfache Kurbel und Gestänge ins 3fache mit bestem Erfolge veränderte, die zwote, da ich den Trilling an der Kalck Mühle mit großem Nutzen vergrößerte, und die dritte an den Sieben. Hat er nun würcklich nicht 3 zählen können, so verzeihe ich ihm den unbestimmten Ausdruck des vielfältigen. Aber wegen des Un_zähligen_ will ich ihn doch faßen. Fünf Zeilen nachher, als er dis Wort geschrieben, nennt er 100 rfr, und in den siebenden sogar 200 rfr. Dies setzt dann ja wohl voraus, daß er bis 200 zählen könne. Ich will ihm zu rechte stehen, daß ich auf dem Schildstein nicht 8 und bey der Sülze nicht 16 Proben mit dem Gestänge gemacht. Warum sagt nun H. Schrader _unzählig_? Das ist entweder ein animus, pp oder er imitiret andere, die mit solcher Tugend begabet sind. In beiden Fällen werde ich verlangen, daß er angesehen wird, und zwar um so ernsthafter, da aus seinen Rechnungen zu meuthmaßen, daß er über 2000 zählen kann, und folglich mich anschwärzen wolle, als wenn ich, wer weiß wie viele tausend Proben gemacht hätte.

    Es giebt Leute, die es dem Herrn Schrader wieder für einen defect der Besinnlichkeit, oder auch für ein gedankenloses Nachbeten anrechnen, daß er von den Proben und Veränderungen spricht. Kein Uhrmacher, sagen sie, trift eine Taschen-Uhre (sein so alltägliches so bekanntes Werck) so genau, daß sie so fast bey der ersten Zusammensetzung ohne Mangel gehet. Er muß sie oft auseinander nehmen, und wieder zusammen setzen, das ist probiren. Wer da praetendiret, fahren sie fort, daß ein Werck von der Lüneburgischen Größe auf einmal gehen soll, dem fehlets am Bewußtseyn seines Aßerti und glücklich erachten sie mich, daß dH. Schrader mit seinem Bekenntniße, mir den Weg zu dieser theuren Wahrheit gebahnet hat, welche ich nach ihrer Meinung auf ihn selbst getrost anwenden solle, wenn er von Veränderungen redet. Solche discurse gefallen mir außerordentlich wohl, weil sie just in meinem Kram dienen, und ich meine, ich könne sie mit einem Exempel ganz artig illustriren. Der Herr Regierungs Advocat Schradern, Sohn des Herrn Cammer Raths Schradern ist bekanntlich ein überaus geschickter Sachwalter. Er wird zweifelsohne nie eine deduction machen, worin er gar kein Wort änderte, und ich glaubte, daß ihn vielleicht, wie andere brave Leute, der Fall betroffen, da er wünschete, in einem Aufsatze, dies und das geändert zu haben. Vielleicht sind auch dH. Cammer Rath, Fälle von sich und seinem Herrn Sohne bekannt, und wer weiß, ob nicht dH Cammer Rath, wenn er jetzt seine Briefe zurück hätte, nicht selbst verschiedenes änderte, bevor er sie auf die Post gäbe? Also vermuthe ich ebenfalls, daß, wenn er die Veränderungen durchziehet, er sich entweder dieses seines Bewußtseyns nicht erinnerte, oder seinem Führer nachspreche, oder eine andere rationem sufficentem habe.

    Die Frage: warum ich nicht einen (nach seinen Gedancken) beßern Krummzapfen von der Königs-Hütte genommen, will ich, wenn die Inquisition würcklich angehet, mit vieler Sanftmuth, in möglichst süßen Ausdrücken beantworten, um ihn dahin zu praepariren, daß meine unerwartete Rechtfertigung der Balanzier Balcken und Balanzier Steine ihm nicht zu sehr auffälle, und ihn nicht in eine gar zu heftige Gemüths Bewegung setze, in welcher er doch von Rechtswegen nicht seyn sollte, wenn er sich über die Natur und Verhältniß der friction erklären soll. Hievon soll ihm keine Kunst, ja auch nicht die Gunst des Richters befreyen. Nur will ich aus bewegenden Gründen dahin condescindiren, daß er seine Erklärung mündlich ad protocollum geben möge, und zwar nach denen ihm aufzugebenden allerleichtesten Fragen über die Frictions Lehre. Mit den schweren will ich ihn gerne verschonen, es wäre denn, daß die Art seiner Erklärungen über die leichten Fragen mir Hofnung gäben, durch etwas schwerere Quaestiones ächte Undinge zu entdecken, welchen uneigentlichen Nahmen er meinem Gestänge wohl nicht aus Unkunde, sondern muthmaßlich aus einer großen Unlauterkeit des Herzens beyleget, die nun zwar in unsern Zeiten wohl freylich keine Schande, und vielen bedeutenden Leuten überaus geläufig ist. Ich halte mein Gelübde, daß ich ihn auch über diesen Schritt bemitleiden will. Denn wie leicht hat es seyn können, daß in der secunde ihm nicht bewußt war, daß man nicht also seyn müße.

In gewißer Aussicht mögte es wohl nicht schaden, wenn ich, jedoch salva mea fama, ihn in einem oder andern Stücke Recht geben könnte. Dies kann auch die wildesten Gemüther geschmeidig zu machen, und man hat alsdann einen großen Schritt voraus, wenn man sorgen muß, daß viele gute Freunde und selbst der Richter zum Vergleich antragen. Ich schreite bey der ersten guten Gelegenheit zu Wercke, und stehe ihm aufrichtig, ohne alle mental reservation zu, daß das Waßer im Schildstein im Jahr nicht 3 Monathe gehoben worden, ja, ich will ihm die Marck und Bein durchdringende, Freude machen, daß das ganze Gestänge auf den Schildstein, nächster Tagen werde abgebrochen werden. Die ration, daß man in 3 Monaten so viel brechen könne, als man im Jahre nöthig hat, bin ich nicht verpflichtet anzufügen. Wenn ich hienächst ihm in exceptionibus et duplicis alles Fuß vor Fuß streitig gemacht, auch einige bedeutende Neben Urtheile ausgebracht haben werde, kann ich ihm verschiedene kleine Blößen, loco der Balanzier Balcken und Balanzier Steine geben, ohne zu befürchten, er mögte es errathen haben, daß ich ihm ins Gleich Gewicht zu setzen suche. Dies habe ich nun schon von ihm gelernet. Nach seinen eigenen Rath werde ich hiebey alle Friction vermeiden, und seinen Sinnen keine unnötige Bürde, unter keinerley praetext auflegen. Streichelnd werde ich ihn bekennen, daß das Auge eines so großen Künstlers mein Gestänge dereinst perlustriren sollte, ich allerdings eine gewiße Schaam beobachtet haben würde. Zwischen durch werde ich immer einen Liebesschlag nach dem andern austheilen, werde mich aber in acht nehmen, daß ich nicht Wunden mache, welche bey Leuten von unsern Jahren nicht gut heilen. Auch habe mir fest vorgenommen, niemalen retorquendo zu verfahren, weil solches die zu anfangs von mir bemerckte Persohnen zu thun pflegen. Vielmehr will ich nun schon unter der Hand von den Nutzen eines Vergleichs, etwas ausstreuen laßen. Hiezu werde ich meinen Freund Neyßen nicht gebrauchen, er mögte auch sein notorisches Unvermögen vorschützen; Ich habe verschiedene Männer die gegen uns beide ächte Freundschaft hegen, die werden uns die Brücke gerne treten. Durch andere werde ich umlaufen laßen, daß unsere Sache sehr kritisch, der Ausschlag ungewiß, und ich so hartnäckig sey, daß ich in fine transmißionen actorum verlange, propter compententiam judicis. Ist noch Gefühl da, so macht dies Gerücht einige Würckung.

Mitten unter dem Gemurmel das nun in publico entstehen, mancherley Urtheile erzeugen, vieler Herzen offenbaren, nicht wenige kleine, vielleicht auch große Wetten, hervorbringen, mithin einen Ansatz zu zweyen factionen machen wird, kommen wir allmählig zu dem wichtigen Grund Satze dH. Cammer Raths, verbis: »Wenn anders der Grundsatz richtig ist, daß man das Geschick eines Künstlers aus der Richtigkeit seiner Anschläge beurtheilen kann, wie in praxi jeder eingestehet; so pp«

Zur Erläuterung muß ich zum Voraus bemercken, mit welcher Faßung ich den Brief dH. Cammer Raths gelesen habe. Stadtkundigermaßen hatte er am 11 ten, 12 ten, 13 ten, 14 ten Aug. täglich einige Stunden auf dem Walle, in der Gegend des Gestänges zugebracht, und ohne Unterschied einem jeden der ihm aufstieß, die Untauglichkeit meines Gestänges demonstriret, insbesondere aber sich Mühe gegeben, den Zimmer Gesellen, die daran arbeiten, es recht tief einzuprägen. Von diesen erfuhr ich es früh genung, und nun waren (welches ich beym Schluße unsers Zwistes ihm danckbar zu Gute kommen laßen will) seine tela mir praevisa. Als ich seinen Brief erblickte, legte ich ihn geschwind zur Seite, und nahm mir feste vor, des Geist des Schriftstellers (Bey den Rechts Gelehrten animus auch wohl virus genannt) nicht weiter als bis auf die Oberfläche der Tunicae corneae kommen zu laßen. Es gelang mir, doch hatte ich wol etwas flüchtig gelesen.

Nicht ohne alle Heftigkeit, dachte ich auf den Gange, den ich mich meinem Herrn Antagonisten wegen seines Grundsatzes nehmen wollte. Das Wort, Grundsatz, welches bey hübschen Leuten, einen primo intuitu unläugbaren Grund Satz bedeutet, und das Wort Geschicke, welches doch wir Menschen alle so gerne haben wollten, schwärmeten mir unausstehlich in dem Kopfe herum. Letzteres verscheuchte ich bald, da ich auf alles Lob meines Gestänges, Verzicht that. Gegen das erste suchte ich Instanzen auf, fand sie auch, und forderte schon in Gedancken meinen Herren Schrader heraus, er mögte doch den Herrn Ingenieurs, die den Kielischen Canal dirigiren, ihre Geschicklichkeit absprechen, weil ihr Canal 16 mal so viel kosten wird, als der Anschlag war. Ich wußte, daß er dies nicht wagen dürfte. Ein Neben Gedancke, daß man allemal die Kosten übersehe, wenn das Werck nur gut ist, und sie wieder verdienet, ingleichen die Betrachtung, daß ein Kaufmann nicht frage, wie theuer die Ware sey, sondern wie viel er dabey verdiene, erlösete mich von der verzweifelten Unruhe. Ich empfand, daß dies der einzige Punct sey, aus welchen sich das beykommende Licht über meine Arbeiten verbreiten würde. Meine Geschicklichkeit fand keinen nisum zur Arroganz, da ich nur die Natur so genommen, wie sie Gott gemacht, und er die Arbeit gesegnet hat.

So ruhig, wie ein Schiffer, der mitten im heftigsten orcan glücklich in den Hafen einläuft, fing ich an, den Grundsatz mit seinen scheinbaren Folgerungen zu zerlesen. Es frappirte mich, daß ich periodum conditionalem, verbunden mit der phrasi des Licht Verbreitens, welchen ich einst in den Aufsätzen eines gewißen Recht Künstlers gefunden zu haben, mich urplötzlich erinnerte, bey meinem ersten Durchlesen nicht bemercket und also nur einen conditional Grund Satz vor mir hatte. Meine Verwunderung ging vorüber, mithin entdeckte ich gleich, als ich vorhin projectiret mit ihm gehen könnte, und daß sein falsches Licht nicht mehr vadiiren würde, so bald ich protaßin tricipitem nicht zugestünde.

Mit Entschloßenheit, mit dem Anscheine eines Ungestüms, und mit einem Fingerzeig auf die schiefen consequentien werde ich den von dH. Cammer Rath den Beweis eines jedes Kopfes (capitis) fordern. Ungebeten gebe ich ihm zur Führung des Einen 3 Monath, zur Führung des zweyten 6 Monath, und zur Führung des dritten 9 Monath Zeit, alles bey Verlust der Sache. Er wird einsehen, daß er in 100 Jahren nicht zu Stand komme. Dies wird eine Demmerung bey ihm machen, er wird die Schwäche seiner conditional periode einsehen, und doch sich nicht herablaßen können, die Nichtigkeit seines Grund Satzes zu gestehen.

Diese seine Verlegenheit werde ich nutzen, und ihm durch meine emissarien auf einen anderen ihm viel heilsamern, Weg bringen. Eine tugendhafte ehrwürdige matrone, in deren Gesellschaft er oft und gerne ist, soll ihm gelegentlich ganz kurz ein decadem von Bauen erzählen, die ich so wohl feil verdungen, daß alle Sach Verständigen behauptet hatten, ich würde dabey zu kurz kommen, da ich doch gegentheils dabey wohl gefahren. Wenn dem H. Schrader zu Hause wie gewöhnlich, die mit ihr gehabte discourse stunden lang heiter ruminiret, wird er von selbst auf die Gedancken kommen, daß ich das Geschick habe, einen Anschlag zu machen. Ein legulejus seines seines Orts, soll ihm begreiflich machen, wie sehr er sich vergalopiret habe, daß er in seiner Schrift unvorhergesehene Fälle eingestanden, particular Sätze für Grund Sätze ausgegeben, und seine Grund Sätze in conditiones eingekleidet habe. Sein Freund mit welchen er sich beym Wein sich wohl zu schrauben pflegt wird ihm dann und wann die Gewißens Frage thun, ob er würcklich, oder nur ostentative den Salz Bau verstehe, und seine hiesige Freunde werden ihm berichten, daß das Lüneburgische Gestänge noch nicht abgebrochen sey. Noch ein Freund wird ihm über eine mir (inscio ipso) bekannte Sache besprechen, und eine Stunde darauf soll ein Geistlicher, der einen ascendenten über ihn hat, ihm amtswegen ins Gewißen greifen, warum er mich so feindselig behandelt habe. Er fällt nicht beym ersten Hieb, bis endlich mit Beytritt eines besondern Umstandes, er nur erst bey dem dritten Angriffe sich erkläret mich ins Mitleiden zu nehmen, wie ich ihm gethan.

Jetzt, dum dolet, finde ich ihn unvermuthet an einen dritten Orte, wir sehen uns einander an, ein jeder läßt eine ächt empfindsame Zähre fallen, wir bekennen uns einander daß wir arme Sünder sind. Sehr ofte und von ganzen Herzen wiederholen wir dieses Geständniß. Wer uns beyde in dieser conversation sähe, würde sagen von dem Einen: Ist das der Mann, der so feindselig geschrieben hat? und von dem andern: Ist das der Mann der mit einer solchen petulanz antwortete? Unser Gespräch lencket sich bey Tische auf Neyßen der uns in einander gebracht hat. Wir vergeben ihm. Wie sanfte werden ihm die Ohren klingen!

Ich kenne die zarte textur einer Freundschaft die eben wiederzusammengewachsen ist, und suche sie so säuberlich zu schonen, als kläglich zu consolidiren.

Nach Tische werde ich mich mit ihm discursive über einige mechanisch Sätze unwiederruflich vereinigen, und ihm alsdann succeßive die aller sincerite, und Faßlichkeit die Ursachen, warum ich ein einfaches Gestänge (ich nenne mit Fleiß nicht das gewöhnliche doppelte, welches er wie no 3 verräth als ein Geheimniß hält) erwählet habe, in folgenden Sätzen, nur mit mehreren Worten eröfnen.

Ein einfach Gestänge
a) erfordert weniger Holz, auch
b) weniger Stücke, ist also
c) weniger componirt
d) Hat auch weniger friction als ein doppeltes, und
e) dauert, wenn es einmal in Ordnung, länger als ein doppeltes, weil dieses
f) Stoß und Zug hat, mithin
g) öfter bricht und
h) nicht leichter zu repariren ist.

Ich weiß, daß er aus wahrer Ueberzeugung mir alles zugestehet, nur die friction muß er mir aus Freundschaft, ingleichen aus Erkenntniß seiner vielen Mißschläge und meiner contenance, zutrauen, weil er sie nicht berechnen kann. Wir besprechen liti et caußae zu renuntiiren, scheiden in Frieden von einander, und sehen uns wol einmal wieder gesund an Leibe und Gemüthe.

Id Quod Erat Impetiandum.

Zweifels ohne wird, bevor ich mit ihm dahin gelange, mein Gestänge schon längst sich wieder legitimiret haben. Allein ich werde doch meinen medicinae Zweck zu erreichen suchen.

* * *

Magnificum et Amplißimum Collegium Consulare werden aus obstehenden Hochgeneigt bemercken, daß ich die Angriffe, welche der H. Schrader auf mich gethan, nicht nach seinem animo aufgenommen, sondern seinen ganzen Aufsatz für paßionirt, wie er es in vollem Maße ist, betrachtet habe. Es schien mir dann am besten zu seyn, wenn ich in einem entgegengesetzten Tone antwortete, und ridendo das Wahre sagte. Unter diesem Tone ist eines theils weitläuftig ausgeführt, daß man sein Sagen ohne Beweis nicht annehmen könne, und müße, andern theils aber auch auf jedes moment, so vollständig, geantwortet, daß meine Beleuchtung immer als eine Wiederlegung gelten kann, immaßen ich einen jeden erheblichen Punct hinlänglich berührt habe. Nur habe ich sein raisonement über die Zucke in trockenen Graben, deren Vortheil bei uns entschieden ist, und seine Rechnungen mit Fleiß stillschweigend übergehen wollen, doch mit der gehorsamsten Bitte »daß ihm die Unterhaltung meines Gestänges zu 2364 rfr nicht zugeschlagen werden möge. Ich will in 10 pro Cent wohlfeiler übernehmen.«

Lüneburg d 21 ten Sept. 1782. EGSonnin.

84.
SALINE LÜNEBURG

Auffällig kurze Stellungnahme an den Bürgermeister Schütz zu dem Aufsatz von G. S. Hollenburg »Gedanken zur Verbesserung des Feldgestänges« im Göttinger Magazin, 2. Jg., 4. Stck., S. 108.
26.9.1782

Stadtarchiv Lüneburg
Salinaria S 1a, Nr. 572
Acta betr.
1. den Bau der Sülzfahrt,
2. das Sülz-Gestänge-Werk und
3. Bau im Trockenen Graben
Bl. 113

Magnifice pp

Ew. Magnificence danke gehorsamst für das zugesandt Göttingische Magazin, welches hiebey zurück erfolget.

Der Herr Hollenberg hat in demselben seine Gedanken gegeben über

1. Die Verbeßerung des Krummzapfens, welche man wie er ausführet längst gewünschet hat. Er saget daß deren 2 zum rechten Winkel verbunden, beßere Dienste thun würden. Das hat seine Richtigkeit und ich habe auf dem Schildsteine eine dreyfache Kurbel, die auch unter denen vorwaltenden Umständen vortreflich würcket. Bey der Sülze konnte ich nicht einmal eine doppelte geschweige eine 3 fache anbringen. Die Engelländer nehmen gerne 2, 3, 4, 5 fache Kurbeln, und man hat schon Nachricht, daß einer ein model gemacht hat zur Kurbeln, die man 3 fach 6 fach, 9 fach etc. verstecken könne.

Wenn man die ungleiche Bewegung des Krummzapfens oder der Kurbel gehörig anwendet, so ist sie noch immer ein vortrefflich Stück in der mechanic, und ihre ungleiche Bewegung ist oft ein wahrer Vortheil.

2. Die Linie, welche aus Abwicklung eines Kreises entstehet (linea per evolutionem genita) habe ich schon im Jahr 1736 zu einem mechanismo angewandt, womit ich große Dinge auszurichten hoffete. Ich fand aber damals nicht den Erfolg und dachte ich müßte zuvor mich fester in der Theorie setzen, welches mir auch in der That Vortheil machte.

Nachher brachte ich sie an einem Tabacks Wercke an und fand, daß ich mit der gewöhnlichen Kurbel mehr ausrichtete.

Endlich habe sie auch in Stampfwercken versuchet und ihren Vortheil so groß nicht befunden, weil sie zu starcke Reibung hat. Der Herr Hollenberg würde eben dieses finden, wenn er nur die Reibung berechnen wollte.

3. Die Bogenhebel des Herrn Scheids mit Kettenzügen haben gewiß auch Reibung genung und ich kann ihren Vorzug noch so groß nicht achten. Sie haben zwar nur

Eine Reibung im centro, da die gewöhnliche Doppelgestänge 3 haben, allein bey rechter Untersuchung wird sich fragen, ob ihre übrige Inconvenientien nicht jene übersteigen. Gesetzt aber die Einrichtungen mit der evolut Linie, und die Scheidischen hätten einige Vortheile, so setzen doch beide ein Doppelgestänge voraus welches in unserem Falle immer große Schwürigkeiten hatte.

Das Inconveniens der ungleichen Kurbel Bewegung hindert in unserm Falle nichts, und die Friction ist von mir aufs möglichste verkleinert. Ingleichen sind die Biegungen so vortheilhaft angebracht, daß sich mein Gestänge den Augen eines Kenners nicht entziehen darf.

4. Es wird endlich auch des geraden Zuges der Pumpen gedacht. An meiner Pumpe ist das Ungerade des Zuges so wenig, daß es gar nicht in Betrachtung kommt. Alles dieses habe bey meiner Anlage wohl erwogen, und glaube, daß im Gantzen mein Gestänge alle möglichen Vortheile hat.

Die Bewegung mit Bogenstücken ist schon sehr alt. Man hat sie an den Glocken, an den Pumpen vorzeiten viel gebraucht, nachher aber sie wieder abgeschaffet, weil man fand, daß in Maschinen, die der Mensch beweget, dieser den Mangel des ungleichen Zuges leicht durch sein manoeuvre ersetzen kann, da er hingegen mit den Bogenzügen viel beschwerlicher arbeitet, und also der Vortheil bey den gewöhnlichen Handpumpen gar nicht statt fünde.

Einst kam ein Künstler mit einer großen Heimlichkeit in Hamburg an, für welche er viel Geld forderte. Er hatte einen ungleichen Hebel mit einem Bogenzuge, fast wie ihn H Scheide hat, zur Verbeßerung der Rammen und glaubte die Hälfte Mannschaft zu ersparen. Er hatte darin Recht, daß die Friction etwas gemindert ward, konnte aber übrigens von seinen großen Gedancken nicht abgebracht werden, bis man ihn mit Ausfertigung eines models von seiner Einbildung zurück brachte.

Ueberhaupt haben die mechanische neuere Erfindungen oft einen großen Anschein und die Frantzosen sind in diesem Stücke sehr erfinderisch; Allein oft findet man, daß sie vergeßen haben, alle Umstände nach einer richtigen Theorie zu erwegen.

d. 26. Sept. 1782. EGSonnin.

85.

SALINE LÜNEBURG

Bericht über den Gang des Feldgestänges mit einem Vorschlag zu dessen Wartung. Die Fertigstellung hat Sonnin am 11. November 1782 mitgeteilt. Ohne Unterschrift; nach Schrift und Stil zu urteilen eindeutig von Sonnin verfaßt.
Lüneburg, 21.11.1782

Stadtarchiv Lüneburg
Salinaria S 1a, Nr. 572
Acta betr.
1. den Bau der Sülzfahrt,
2. das Sülz-Gestänge-Werk und
3. Bau im Trockenen Graben
Bl. 140

Seit dem jüngsten Fahrtgange gehet das Gestänge immer ordentlich und hat keinen Mangel, außer daß an der Zuckenstange ein Eisen, welches wir bey den eisernen Stiefeln vom Harze mit erhalten haben, gebrochen ist. Ein Vorfall, der bey den vorigen Zucken fast wöchentlich sich ereignet hat.

Bey der Gelegenheit habe ich den Stiefel aufmercksam betrachtet: Er ist inwendig überaus glatt, und zeigt noch keine Spur, daß er von der Saale angefreßen würde. Auswendig hatte sich von der ableckenden Saale eine kalkartige Haut angesetzt, unter welcher bekanntlich der Rost nicht statt findet, und durch beides jene Besorgniß, als ob die Saale die eiserne Stiefel sie geschwinde verzehren würde, zum größesten Theile abfällig sind.

Die Ausflüße des auf dem Boden stehenden Kumms sind nun alle fertig, daß man jetzt den Sültz Häusern die Saale mit vieler Bequemlichkeit zufließen laßen kann.

Weil der angelegte große Adjustir Balken so vortreflich Dienste thut, so wird ein gleicher in dem trockenen Graben angebracht, und also der Graben so wohl als das baßin auf der Sültze beständig ledig gehalten.

Indem dann das Gestänge fähig ist, die zweckmäßige Dienste zu leisten; so mögte nun zur Erwägung kommen, wie mit demselben fernerweit am wirthschaftlichsten zu verfahren seyn dürfte.

Gewöhnlich hält der Herr des Gestänges darauf die nöthigen Aufseher und Arbeiter, unterhält daßelbe durch die gehörige Werck Leute, beßert durch diese die entstehende Mängel, und giebt die dazu erforderliche materialien her. Ein gleiches könnte auch in unserem Falle geschehen. Nur mögte dies wohl für uns der vortheilhafter Weg nicht seyn. Vielleicht würde der Sood beßer bedienet, das Werck beßer unterhalten, und in allen Stücken sehr vieles erspahret, wenn man den ganzen Betrieb und die ganze Unterhaltung des Wercks an einen Unternehmer überließe, und ihm alles, was nur möglich ist, aufbürdete, so daß die Sood Meisterey die wenigste Bemühung und Rechnung, sondern nur die Auszahlung der bedungenen Summe hätte.

Wie hoch ungefehr die bedingliche Summe gehen könnte, läßet sich schätzen, wenn man in Erwegung ziehet, wieviel Arbeiter der Uebernehmer zur Wartung des Wercks, wieviel er zum Schmier wieviel er zu Licht, wieviel er an materialien zur Unterhaltung gebrauche, ferner wieviel er auf zufällige Beschädigungen rechnen müße, und endlich wie viel ihm für seine Bemühung und risico zuzubilligen sey.

Wenn man gleich abseiten der Sood Meisterey hievon ein billiges taxatum entwürfe; so wird doch ein Uebernehmer in einer so unbekannten Sache als diese ist, nicht gerne das genauere thun, sondern des damit verknüpften risico wegen lieber das mehrere nehmen wollen, wie auch gegentheils die Sood Meisterey den Mindestnehmenden vorzuziehen geneigt und noch lange in der Vermuthung seyn wird, der Uebernehmer könne wohl noch etwas ablaßen.

Damit sie indeßen sich nicht blos auf eine Schätzung verlaßen dürfe, sondern von dem Würcklichen eine nähere Ueberzeugung erhalten möge, scheinet es verträglicher zu seyn, daß man die Wartung des Gestänges auf einige Monathe in der eigentlichsten Hinsicht auf eine Verdingung administriren, und davon eine genaue Rechnung halten ließe. Die hiedurch erhaltene Erfahrung würde für die Zukunft desto genauer zutreffen, da der Winter, und mit ihm die lange finstere Nächte, die Unbequemlichkeiten des Regens, des Schnees, des Frostes, das ist, alles Wiederwärtige nun eben vor der Hand ist, welches ohne Erfahrung ein Uebernehmer fürchterlicher oder bedenklicher erachten könnte, als es sich in der That verhielte.

Dieses unverheimlichte Verfahren würde auch diejenigen, welche zu einer solchen Uebernehmung Lust hätten, reitzen, das Werk mit eigenen Augen zu betrachten, sich um die Zahl der zu haltenden Leute zu bekümmern, die darauf fallende Unkosten zu erforschen, sich von der Unterhaltung aller und jener Theile einen Begriff zu machen, und den Fleiß, welchen der Uebernehmer zur Verhütung seines Schadens bey Tage und bey Nacht selbst anwenden muß, näher, oder ganz eigentlich kennen zu lernen.

Bey einer hiedurch entstehenden Concurrenz würde man dann desto ruhiger wegen der bedungenen Summe seyn können.

Abseiten der Sood Meisterey laßen nach diesem Versuche die Bedingungen sich zuverläßiger bestimmen, so wie der Gegentheil seine Nothdurft um so viel wißentlicher fordern kann, mithin kein Zweifel übrig ist, es werde gar leicht ein beyden Theilen genug thuender Vergleich zu Stande kommen.

Die größte Schwürigkeit dürfte der Uebernehmer finden, wenn er die Stellung der auf einen Nothfall zutretenden Zuckenschläger mit übernehmen sollte. Diese Art Leute würden einem jeden privato jedesmal neue Gesetze vorschreiben, und zur Zeit einer größeren Noth ihn am allerersten verlaßen. Aus dieser Ursache scheinet mir es nothwendig, daß diese Leute abseiten der Sülze zu engagiren wären, und diese am Schluße des Jahres sich deswegen mit dem Uebernehmer berechnete. Die Bezahlung würde denselben nach den Stunden, die sie gearbeitet, geleistet. Meines Erachtens könnte man die Hälfte aus den Heiligen Geiste nehmen, worin leichtlich 12 Mann noch so berührig zu finden, daß sie diese Zucke schlagen können. Zur zwoten Schichte nähme man entweder Leute, die von ihren Geschäften zur Gewinnung eines solchen Nebenschillings sich abmüßigen könnten, oder man hieße die in der Stadt Arbeit stehende Tagelöhner beytreten. Erhalten wir einen thätigen Uebernehmer, so wird der Nothfall nur selten eintreten und die Stellung der Zuckenschläger der Stadt desto weniger lästig fallen, ihm hingegen aber es auch wohl gar unmöglich fallen, die nöthigen Leute zusammen zu schaffen.

Die Austheilung der Saale, beym Soode mögte die Sood Meisterey auch wohl für sich behalten, um zugleich einen Mann zur Stelle zu haben, das das Intereße des Sodes nach besonderen ihm vorzuschreibenden Pflichten wahrnähme.

Auf dem Sülzhofe lieget noch ein kleiner Berg Kummer von dem Sülz Bau her, welcher nunmehr auch wohl abgefahren und damit der Sülz Hof gereiniget werden mögte.

Lüneburg d. 21 sten November 1782.

86.

LÜNEBURG

Entgegnung auf Sorgen vor nachteiligen Folgen der Blitzableiter des Kaufhauses für die Schiffahrt auf der Ilmenau bei Einschlägen.
Lüneburg, 12. 3. 1783

Stadtarchiv Lüneburg
B 1, Nr. 1a
Acta von allerhand publiquen Gebäuden
Gewitter Ableiter
Bl. 26

Pro memoria

Die Vorstellung der Böteschiffer gegen die anzulegende Gewitter-Ableitung hat laut Protocoll vom 10ten Mart. eine Besorgniß zum Grunde, daß ihre Schiffe nebst den Kaufmanns-Gütern, wenn sie beladen wären, und bey entstandenen Regenwetter unter dem ersten Bogen dicht am Ableiter liegen müßten, dadurch mehrerer Gefahr als sonst ausgesetzt, und daran eine Bewegung oder Druck verursachet würde.

Sie sind also unrecht berichtet, oder haben sich die ungegründete Idee gemacht, daß eine Gewitter-Ableitung eine den Schiffen gefährliche Bewegung oder Druck verursachen könne. Das thut sie nicht, sondern ihre erste Würkung ist, daß sie die Gewitter Materie aus der Luft hinweg nimmt, verzehret, und, wo die Luft nicht allzustark geschwängert ist, den Wetterschlag verhindert, Geschähe aber ein Schlag, so fährt er ins Waßer, und macht in einem so großen Strome eine Bewegung die etwan so groß ist, als wenn ein Schiffs- Knecht mit einem Ruder ins Waßer schläget, welche Bewegung weder einem beladenem noch einem ledigen Fahrzeuge schaden kann.

Gleichfalls ist es wohl eine ganz ungegründete Angabe, daß der unvermeidlichen Bewegung und des Druckes halber die vormals angebrachte Regen-Ableiter weggenommen werden müßen. Wenn es aber hieße, daß ein, hier gewöhnlich ausgelegter, Drachen-Kopf deswegen weggenommen worden, weil er eine Waßer-Menge in die mit Waaren beladenen Schiffe ausgegoßen, verdiente sie um so mehr allen Glauben, da man jetzt dergleichen Regen-Ausgüße auf den Straßen nicht mehr gestatten will.

Die vorhabende beide Ableiter des Kaufhauses, werden so angelegt, daß sie keinen Schaden verursachen können. Der eine an der Treppe wird in der daselbst befindlichen Ecke oder Kropf heruntergeleitet, und mit einem hölzernen Futter eingefaßt, das über einen Fuß weit ist. Der zweite kommt in einen weiten Raum zwischen mehreren Pfälen, wo kein Schiff herkömmt. Die Böte-Schiffer können also der Ableiter wegen ganz geruhig seyn, und werden, wenn sie bey andern Männern, die der Sache kundig sind, darüber Nachrichten einziehen, die Versicherung erhalten, daß sie von dem Gewitter-Ableiter nichts gefährliches zu besorgen haben.

Lüneburg, d. 12ten Mart. 1783.   EGSonnin

87.

LÜNEBURG

Das im Auftrag der Kämerei erstellte Gutachten konstatiert nur einen geringen Nutzen des Stadtgrabens als Wasserreservoir für die Ratsmühle und die Schiffahrt auf der Ilmenau. Es bietet drei Vorschläge zur Entschlammung an. In einem zweiten Gutachten wiederholt Sonnin am 28. Juni 1788 die gleiche Meinung und schlägt die Öffnung des Stadtgrabens zur Ilmenau vor.
Lüneburg, 14.4.1783

Stadtarchiv Lüneburg
G. 5c. Grundbesitzungen
Acta betr. die Austrocknung des Stadtgrabens
vor dem Roten-Tore 1777 sqq.
Bl. 3

Pro memoria

Ueber die von Deputatis ordinum in Camera gethane Aeußerung »Es sey nothwendig, daß der Stadt Grabe zwischen dem Rothen Thore und der Ilmenau welcher voller Schlamm und Mudde wäre, fördersamst ausgebracht würde, weil der Müller in solchem Graben Waßer in Vorrath haben müßte, wenn er im Sommer bey trockener Witterung und Dürre, da wenig Waßer in der Ilmenau sich befünde, mahlen wolle, oder den Schiffern behuf ihrer Schiffahrt das Waßer zu kommen laßen sollte« habe anbefohlener maßen hiemit meine unvorgreifliche Gedanken vorlegen sollen.

Um das Zuverläßige hierüber sagen zu können, habe ich (1) die Länge und Breite des Stadt Grabens aufgemeßen, (2) untersucht, wie viel Fuß Waßer der Müller darin stauen kann und (3) nachgesehen, um wieviel der Grabe verschlammt sey.

ad 1mum

Der Grabe ist lang, 1000 breit 160 Fuß mithin seine Quadratfläche oder sein Spiegel = 160 000 ◻ Fuß, oder, wenn man es nach Ruthen ausdrücken will lang 62½ Ruthen breit 10 Ruthen, folglich seine Oberfläche = 625 ◻ Ruthen.

ad 2dum

Bekanntlich sind die Freyschützen der Raths Mühle über dem Fachbaume 4 Fuß hoch, folglich kann der Raths Müller nicht mehr als 4 Fuß Waßer über dem Fachbaume oder vor seinen Schützen halten. Wird das Waßer höher, so läuft es entweder über die Freyschützen weg, oder es erzieht die Grundschützen, wenn es besorgen muß, daß der Zulauf ihm zu stark werde.

Kann denn nicht mehr als 4 Fuß Waßer in dem Graben stehen, so ist auch klar, daß der Müller nicht mehr als 4 Fuß Waßer aus dem Stadt Graben weglaufen laßen könne.

Die Waßer-Menge oder der Waßer-Schatz, den der Müller in dem Graben aufheben, und daraus seinen Mühlen zufließen laßen kann, würde dann durch die

Länge	von 1000 Fuß, die
Breite	von 160 ", und die
Tiefe	von 4 "
bestimmt zu	640 000 Cubic Fuß

ad 3tium

Bey dem jetzigen starken Zufluße des Waßers kann der Müller nicht so viel Waßer los werden, daß man genau nachmeßen konnte, wie hoch die Mudde in dem Graben sich aufgeschlämmet habe. Ich habe daher nicht mehr als sie nur schätzen können, und erachte, daß sich die Mudde bis zu 3 Fuß hoch in dem Graben aufgeschlämmet habe, indem nach meiner Bemerkung der Schlamm noch nicht eine gleiche Oberfläche zeiget, wenn nur 3 Fuß Waßer vor den Schützen stehet.

Nach dem vorstehenden war die

Oberfläche des Grabens	= 625 Qudr. Ruthen
Nehmen wir dazu die Höhe	= 3 Fuß
So ist die Maße des Schlamms	= 1 875 Ruthen

Die Ruthe zu 16 Fuß lang 16 Fuß breit, und 1 Fuß tief gerechnet.

Aus diesen datis können wir eines theils die Ausbringung des Schlammes und andern theils den Werth des an deßen Stelle stehenden Waßers näher bestimmen.

I.

Bey der Ausbringung des Schlammes kömmt zur Erwegung, auf welche Art der Schlamm aus dem Graben ausgeschaffet werden solle. Die eine Art wäre das gewöhnliche Auskellen oder aus baggern. Sie hat bekanntlich dies Inconveniens, daß indem man den Schlamm ausfischet, das meiste wieder zurückfällt, und es kaum möglich ist, den dritten theil des Schlammes damit auszuheben.

Wenn die jetzige Oefnung des Grabens bey der Papenmütze nicht abgedammet wird, so fließt ein sehr großer theil des aufgerührten Mudders zur Mühle und endlich in die Aue. Das Auskellen kostet Geld, und ist noch der Ort auszumachen, wo der Schlamm hingelegt werden solle.

Die zwote Art mögte seyn, daß man den Schlamm auflockerte, und dann bey hohen Frühlings- oder Herbst-Gewäßer den Schlamm aus dem Graben wegspülete. Dies Verfahren wäre wohlfeiler, reinigte den Graben beßer, als das Auskellen, und fände vorzüglich Platz, wenn man den Schlamm in der Aue leiden will.

Die dritte Art könnte seyn, daß man vor dem Graben bey der Papenmütze einen, wegen der kleinen Oefnung, unkostbaren Damm schlüge, und den Graben trocken legte. Wenn man frühe im Jahre damit anfängt, so ist der Schlamm in wenig Monathen so trocken, daß man ihn mit Karren ausschieben kann.

Der Zufluß der Saale, der Zufluß bey dem Sülz und rothen Thore von den einfließenden Gaßen-Rinnen, und der Zufluß aus dem trockenen Graben würden Unbequemlichkeiten machen. Weil aber das Waßer nur 4 Fuß hoch aufzuheben, könnte das Gestänge dieses spielend mit ausschaffen. Zu dem Klopfdamm bey der Papenmütze könnte die Erde vom Walle hergeben, die Arbeit, nebst Holz, Brettern, Nageln, und Zubehör verdungen werden.

An der Mauer würde ein Damm oder Wall 10 bis 12 Fuß breit erst von Busch und Zaunwerk befestiget, und mit Schlamm so hoch als möglich aufgefahren. Dieser Damm dienete nicht allein zu einer sehr nothwendigen Befestigung und conservation des Mauerfußes, sondern auch zu einem Gange, womit man dem Gestänge beständig beykommen kann. Auf dem Rande dieses Walles würden sogleich Weiden Paten gesteckt, oder auch Weiden-Pfäle eingeschlagen, daß sich das Werk bewachse und unwandelbar sey. Auf dem Buschwerke oder Walle, würde schon ein nicht geringer theil des Schlammes seinen Platz finden, und bis so weit würden die abseiten der Löbl. Cämmerey zur Austrocknung des Grabens angewandte Kosten nicht groß und eines theils sehr wohl angelegt seyn.

Sollte sie aber auch das Auskarren des Schlamms vornehmen wollen; so würde daßelbe für die Ruthe, nachdem die Entfernung wäre, 6, 8, 10, 12, 14, 16, 20 ggr bezahlen müßen und den Schlamm nicht wieder anzubringen, auch sehr schwerlich einen beqvemen Platz, wo man ihn auflegte, anzuweisen wißen.

Nehmen wir die Mittelzahl nemlich 12 ggr für die Ruthe, so würden die Kosten des Auskarrens 937½ rf betragen, welche 937½ rf die Stadt als ein verlohrnes Capital anzunehmen hätte. Zwar giebt es Bürger, welche der Meinung sind, Löbl. Cämmerey müßte dergleichen Arbeiten mit Fleiß aufsuchen, um den Tagelöhnern Arbeit zu verschaffen, als wodurch die Nahrung, Gewerbe und Wohlstand der Stadt vermehret würden, indem der Tagelöhner sein Geld dem Becker, dem Brauer, dem Schuster, dem Schneider, dem Branteweinbrenner wiedergebe und ein jeder von den Benannten wiederum der Stadt contribuire, mithin am Ende die Stadt ihre Auslage ganz wieder einnehme.

Nur ist die Rechnung zu hoch, und ich wüßte kaum 3 procent zu berechnen, die zurück in die Cämmerey fallen mögten. Ein anderes ists unter einem souverain dem die Financiers den 6ten theil, das ist 16 procent, zurück rechnen und ein anderes ists, wenn der Arbeiter ein Land urbar macht, welches nicht allein das ausgelegte Geld, sondern auch noch überher einen jährlichen Nutzen wieder einbringt.

Vielleicht wäre das Ausbringen des trocken gelegten Schlammes das Werk eines entrepreneurs, oder auch mehrerer Leute, die den Schlamm abholeten, und ihn auf ihren nahe gelegenen Feldern, wie ein notorisch vortrefflicher Dünger, gebrauchten. Wäre keine Hofnung zum entrepreneur oder zu einer zusammen getretenen Gesellschaft; So mögte es gut seyn, öffentlich bekannt zu machen: daß Löbliche Cämmerey gesonnen wäre, zur Austrocknung des Schlammes den Stadt Graben trocken zu legen. Einem jeden solle gestattet werden, von dem ausgetrockneten Schlamme, so viel er wolle, umsonst abzuholen. Wer Belieben dazu hätte, könne sich bey Löblicher Cämmerey melden, und anzeigen, wie viele Fuder er davon abholen wolle. Wenn sich so viele gemeldet, daß man auf 20 Tausend Fuder rechnen könne, sollte so gleich mit dem Trockenlegen der Anfang gemacht werden. Die Waßer Menge, welche in dem ausgetieften Graben stehen kann, ist nach dem vorhergehenden 640000 Cubic Fuß. Wenn der Müller mit vollem Waßer mahlet, das ist, wenn er 4 Fuß Waßer vor seinen Schützen hat, so zieht er seine 4 Fuß breite Schützen 1 Fuß hoch auf. Wie das Waßer im Teich nach und nach abnimmt, so zieht er seine Schützen höher, und er kann nicht mehr mahlen, wenn das Waßer noch 1 Fuß hoch über dem Fachbaume stehet. Er kann also nur 3 Fuß, das ist ¾ des im Graben stehenden Waßers, das ist, 480 000 Cub. Fuß. benutzen. Das tiefer liegende Kunstrad bleibet dabey noch in einer schwachen langsamen Bewegung. Man sieht hieraus, daß in dem Graben immer 1 Fuß Schlamm ohne Nachtheil der Mühlen bleiben könne.

Wir wollen dem ungeachtet, und, um der Sache nicht das wenigste zu thun, annehmen, daß das Mittel Gefälle 2 Fuß hoch sey, so würden die (mit dem Kunstrade) am Raths-Mühlendamm liegende 10 Mühlen Räder nicht einmal 20 Minuten von dem Waßer des Grabens mahlen können.

Das wäre es also, was die Mühlen von dem gereinigten Stadt-Graben zu genießen hätten, und das wäre schon etwas für eine Mühle der das Waßer knapp zugeschnitten ist, wenn sie darauf rechnen könnte, daß sie alle 24 Stunden ⅓ Stunde länger, oder mit 3 Rädern eine Stunde länger mahlen kann, sintemalen alsdann ihre Einkünfte um 1⅖ procent beßer wären. Allein bey der Raths Mühle in Lüneburg ist dieses der Fall gar nicht. Sie hat die meiste Zeit so viel Waßer, daß sie des Nachts laufen lassen muß, und nur sehr selten ist zur trockenen Jahreszeiten des Waßers so wenig, daß die Freyschützen des Nachts nicht überliefen. Gesetzt, es fielen im Jahr sechs ganze Wochen ein, (welches wohl niemand in Lüneburg erlebet hat, oder vielleicht gar noch nie geschehen ist) daß die Ilmenau genau nicht mehr auch nicht weniger zubrächte, als daß sie des Nachts eben mit den Freyschützen gerade würde; So machte dies 42 mal 20, das ist 840 Minuten oder 14 Stunden im Verlaufe eines ganzen Jahres und an Pacht etwan 3 rfr aus.

Es erhellet hier deutlich, daß der Werth des Waßers das in dem Graben aufbehalten werden kann, in Ansehung der Waßer Mühlen von keiner Bedeutung sey. Es ist auch eben hieraus klar, daß der Grabe von den Vorfahren gewiß nicht in der Absicht ausgegraben worden sey, um den Mühlen einen mehreren Waßer Schatz zu verschaffen. Vielmehr zeiget der bey der Papenmütze gewesene Damm, daß man das Waßer des Grabens von dem Mühlenstrome abgesondert gehalten habe, eben so wie der von der Cattun Farbrique bis zum Lüner Thore sich erstreckende größere Grabe noch bis jetzt davon abgesondert ist.

Wie groß ferner der Werth des in gedachten Graben gestaueten Waßers in Hinsicht auf die Schiffahrt sey, würden wir genau ermeßen können, wenn wir einen richtigen Riß der Ilmenau von dem rothen Thore an, bis zu der ersten Stelle, wo den Schiffern Waßer nöthig ist, zur Hand hätten, da sich dann aus der Vergleichung der Oberfläche des ganzen Stromes mit der Oberfläche des Grabens berechnen ließe, wie viel der Strom durch den Abfluß des Grabens anschwellen könne, da ein solcher Riß nicht vorhanden ist; so wollen wir uns derweile die Vorstellung machen, daß jetzt der Strom ober und unterwärts ruhig stehe, und das Waßer des Grabens in gehöriger Geschwindigkeit über den ganzen Strom verbreitet werden könnte. Ich glaube, ein jeder, der von der Größe des Stroms und von dem kleinen Gehalt des Grabens einige Kenntniß hat, wird mit mir dafür halten, daß durch eine solche Verbreitung das Waßer nur etwan um ¼ Zoll oder, vielleicht kaum um einen halben Zoll höher steigen könne.

Gesetzt dem Schiffer sey mit diesem Anwachse geholfen; so wird doch der untere Müller, den man nicht in der Macht hat, ihn osurpiren und sich dafür bezahlen laßen. Ziehet man hier, wie bey der Mühle erinnert ward, noch in Erwegung, wie selten der Fall, da dieser wenige Waßer Schatz nutzbar wird, eintrete, so wird sein Werth in der Größe, (wie er uns darkommt, wenn wir ihn ohne Berechnung betrachten) nicht mehr erscheinen, und dann die Frage sich leichter beantworten, ob er es werth sey, daß man seinetwegen ein Capital von 1000 rf verwende.

Könnte aber die Reinigung des Grabens auf die vorberegte Art geschehen, daß Liebhaber den Schlamm zu ihrem Nutzen abholeten und verwendeten; so würden auch die

abseiten der Stadt dazu verwendeten Kosten mit dem etwanigen Nutzen in einem ordentlichen Verhältniße stehen.
Lüneburg d 14ten April 1783

88.
LÜNEBURG

Gutachten für den Bürgermeister Schütz über den Bauzustand des Superintendentenhauses der Johanniskirche mit Vorschlag für einen Neubau. Die Entwurfszeichnung ist nicht mehr vorhanden. Erhalten sind Lagepläne Sonnins vom 12. Juli 1783 und 16. August 1786. (Veröffentlicht von Heckmann, a. a. O, Abb. 85.)
Lüneburg, 16. 4. 1783

Stadtarchiv Lüneburg
Ecclesiastica E 1b, Nr. 33
St. Johannis Kirche
Acta betr. den Bau der Superintendenten-
Wohnung und zweier Pastorat-Häuser 1783
seqq.
Bl. 20

Pro memoria

Auf Erfordern Sr. Magnificenz, des Herrn Bürgemeisters Schütz habe ich das Superintendentur-Gebäude, nebst dem dazu gehörigen Platz und Neben-Gebäuden in Augenschein genommen, und zwar solches in Rücksicht auf die Frage:
»Ob es thunlich oder rathsam sey, das Superindenten-Haus mit einer reparatur zu einem modern wohnbaren Gebäude einzurichten?«
Ueberhaupt ist das ganze Haupt Gebäude aus Versäumniß zeitiger Unterhaltung so mangelhaft geworden, daß man leichte 3 bis 400 Rthlr anwenden könnte, um solches nur einigermaßen in einen baulichen Stand zu setzen. Insbesondere aber ist nicht allein die Haupt Mauer der Johannis Kirche gegenüber so sehr ausgewichen, daß sie den Einsturz drohet, sondern es sind auch an vielen anderen Orten die Mauren starck übergewichen, und erheischen daher, weil die Ueberweichung von Zeit zu Zeit unausbleiblich zunimmt, in Verlauf von einigen Jahren wiederum recht kostbare Ausbeßerungen. In eben den Umständen befinden sich die neben-Gebäude. Entschlöße man sich auch, an diese und jenes ein Capital zur Ausbeßerung anzuwenden; So wird man doch immerhin ein geflicktes und wieder zu flickendes Werk erhalten.
Die innere Einrichtung ist irregulair, wie das ganze Gebäude. Der überflüßige Raum ist nach alter Art gut genung ausgetheilet, unsern Zeiten aber so wenig angemeßen, daß man mit aller Mühe und vielen Kosten nichts logeables herausbringen kann. Um dieses zu erläutern, will ich nur der vor Augen liegenden Fenster-Einrichtung erwähnen, deren Veränderung ein Capital hinnehmen würde, wenn sie nur erträglich werden sollte.
Wenn sodann gleich möglich wäre, mit einem großen Aufwande das weitläuftige Gebäude zu einer beqvemen Wohnung umzuschmeltzen; so würden doch diese Kosten beßer zu einem neuen Gebäude angeleget seyn, wozu man die meisten Steine und den Kalck nebst vielen andern materialien aus dem alten Gebäude nehmen könnte. Das neue würde weit schönere Lage an der Stadt erhalten, deren Platz zu dreyen

ansehnlichen, und sattsam geräumigen Prediger Häusern eine mehr als hinreichende Länge hat.

 Wird der Bau gut eingerichtet, und mit gehöriger Ersparung betrieben; so hat er die angenehme Folge, daß man sich freuet, das Geld mit Nutzen an ein Neues und nicht mit Schaden an die Ausbeßerung des Alten verwendet zu haben.

Lüneburg d 16 ten April 1783.   EGSonnin.

89.
LÜNEBURG

Vorschläge an die Kämmerei zur neuen Regelung der Arbeitszeit der Handwerker und zur Anstellung von Handlangern.
Lüneburg, 23.10.1784

Stadtarchiv Lüneburg
Bausachen Bl. Nr. 8
betr. Bau-Ordnungen

<u>Pro meroria</u>
I.

In Löblicher Cämmerey ward jüngst Klage geführt, daß die gesammten Arbeiter bey dem Grundschützenwercke des Nachmittags sehr lange Zeit mit dem Eßen zugebracht hätten. Dergleichen Klagen, die zuweilen sehr gegründet, zuweilen eben so ungegründet sind, werden so lange nicht aufhören, bis man ein regulativ vorzeiget, oder fürs künftige festsetzet, wie es mit der Früh- und Vesper-Stunde zu halten sey. Bis jetzt ist alles darin in der größesten Unordnung. Die Arbeiter sagen, es komme ihnen eine Stunde zu, das hätten sie immer gehabt. Abseiten derer, die die Aufsicht haben, wird es geleugnet. Es wäre dann nothwendig, daß Löbliche Cämmerey entweder ein altes oder ein neues regulativ denen Aemtern publicirete.

II.

Bey dem Mauer Amte ist eingeführte, daß der Mauer Meister bey einem jeden Mauer Gesellen einen Handlanger anstellet. Es giebt Fälle, wo es nicht anders seyn kann, wenn z. E. ein einziger Maurer Geselle ein Dach zu beßern, oder Mauren auszufugen hat, dabey er doch einen Handlanger haben muß. Allein auf große Bauen, kann ein Handlanger oft wohl dreyen Gesellen zulegen, und dann stehen die übrigen müßig, wie es bey dem Grundwercks Baue war.

 Die Ursache dieses besonderen Herkommens liegt darin, daß der Meister vom Gesellen kein Meister Geld erhält, sondern es von dem Handlanger nehmen muß, mithin je mehr je lieber Handlanger nimmt. Der Mauer Meister Clasen sagte mir, er sähe seine Handlanger ofte mit Verdruß müßig und wünschte selbst, daß ein anderes verfüget würde, und ich vorstelle solches zu Löblicher Cämmerey gefälligem Ermeßen.

Lüneburg den 23 ten Octobr. 1784   EGSonnin.

90.
SALINE LÜNEBURG

Gutachten über den Zustand der Baulichkeiten auf der neuen Sülze mit Vorschlägen für Veränderungen und Instandsetzungen.
Dazu ein Lageplan mit Buchstabenbezeichnungen der Häuser und Plätze.
Lüneburg, 17.2.1785

Museum für das Fürstentum Lüneburg
Salinaria, Konvolut 17
Acta betr. Nachrichten über die Soolquellen
hinter dem Grahl Wall, als auch über die
Soolquelle auf der neuen Sülze oder dem
Fahrtmeister Hofe in der Stadt

Pro memoria

mit angefügtem Riße von der Neuen Sültze.
  Bey denen über die neue Sültze zu nehmenden Entschlüßen wird es nicht unangenehm seyn, von der Lage der Gebäude und Größe des Platzes eine genauere Idee zu haben, weswegen ich ihn aufgemeßen und hiebey einen Grundriß anfüge.
  Da jetzt die reparation und künftige Unterhaltung der darauf stehenden Gebäude zur Erwegung kömmt; so mögte die gute Maxime, daß ein publicum sich so viel möglich alle öffentlichen Gebäude, mithin ihrer Unterhaltung entschlagen müße, auch hier bey denen weitläuftigen gar nicht vortheilhaft eingerichteten Gebäuden ihre Anwendung finden, wo nicht etwann andere Ursachen eintreten, welche eine Ausnahme von der Regul macheten. Könnte man sich in unserm Falle dann nicht ganz, so könnte man sich vielleicht in etwas erleichtern, und das übrige mit möglichster Ersparung unterhalten.
1. Das Holtzschauer litt. E ist sehr baufällig. Es würde viel kosten, wenn es wieder in baulichen Zustand gesetzt werden sollte. Da es jedoch entbehrlich ist, so mögte es rathsam seyn, daßelbe abzunehmen, und davon auf der alten Sültze ein Magazin zu machen, welches daselbst durchaus nothwendig ist, um das Holtz, welches man zum Gestänge und anderen Bedürfnißen unumgänglich in Vorrath halten muß, unter Obdach legen zu können. Jetzt lieget unser Vorrath unter freyem Himmel, wo er ebenso geschwinde verweset, als das Gestänge, zu deßen Herstellung er dienen sollte, wenn seine Theile nach und nach abgängig werden.
  Vorschläglich würde das Magazin an der Sültzmauer mit mehreren Vortheilen errichtet. Die Mauer gäbe die Hinterwand des Magazines ab und würde von dem Magazin gegen die Auswitterung geschützet. Dieses erhielte nur die halbe Breite des jetzigen Holtzschauers, würde aber gegentheils noch einmal so lang, als es jetzt ist, worin dann nicht allein die Gestänge-Balcken sortenweise hingeleget werden könnten, sondern auch noch ein beträchtlicher Theil zu einem abgesonderten Raum für anderweitige Holtzbedürfniße übrig bliebe. Die Unterhaltung dieses Holtz Magazins würde sehr geringe seyn, da nur eine niedrige Wand an der Luft stehet, und das Dach genug verwahret ist, wenn es mit Stroh Puppen unterleget, oder unterwiepet ist. Die Kosten, das Holtzschauer abzubrechen, es zum Sültzhofe zu bringen, daselbst wieder aufzurichten, auszumauren, und fertig zu liefern, würden sich auf 88 bis 94 rthlr. belaufen.
2. Das Bohrschauer litt. F könnte auch weggenommen werden, wenn wir, wie der Vorschlag war, unsere Röhren wohlfeiler auf der Bohrmühle bohren laßen könnten. Dieses würde jetzt, da derweile ein neuer Kunstmeister erwehlet worden, vorher zu

untersuchen seyn. Man sagt auch, seine Bohr Maschine sey nicht lang genug, um die Höltzer in derjenigen Länge, wie wir sie nöthig haben, zu bohren. Mehrere Einwürfe, die man mir macht, nicht zu gedencken. Wir haben indeßen Zeit zur Untersuchung, weil die Abnahme des Schauers uns nicht dringet. Denn es ist erst in dem vorigen Jahre unterwiepet und sonst nicht baufällig.

3. Das bisherige Holtz Magazin litt. D könnte als Holtz Magazin auch entbehret werden, wenn jenes nach dem Sültzhoff versetzt wird. Ob aber, wenn das Fahrtmeister Haus bewohnet oder vermietet werden sollte, alsdann nicht doch ein Holtzschauer wieder gebauet werden müßte, würde näher zu erwegen seyn.
Das Gebäude hat, wie der Augenschein ergiebet, sehr gutes starckes festes Holtz, und nur den Fehler eines undichten Daches. Deme würde abgeholfen, wenn es, wie das Bohrschauer, gehörig unterwiepet mit Leimen unterstrichen und zur Abhaltung des Tropfenfalles um einen Ziegel verlängert würde.

4. Das Saalhaus, das ist, Brunnenhaus, oder der Sood litt. C müßte wohl bleiben, wie es ist. In dem abgewichenen Jahre ist das Nothwendigste daran repariret. Der westliche Giebel hänget sehr über und könnte leicht einmal hinfallen. Der Gefahr kann man mit wenigen Kosten vorbeugen, wenn man entweder (nach gelöseten Latten) den Giebelsparren zurück schiebet, oder auch so viele und so starke Schwebelatten anbringet, daß sie der überwiegenden Last gewachsen sind. Die in abgewichenen Jahre beliebte Aufräumung der eingesunkenen Stelle kann nun mit dem ersten guten Wetter vorgenommen werden.

5. Das Fahrtmeisterhaus litt. B bedürfte sehr vieler Verbeßerungen. Es sieht von außen und innen kläglich genug aus. Auf Erfordern des Herrn Sood Meisters sind dazu einige Anschläge eingegeben.
Der Anschlag des Mauermeisters Kühnau betrift nur die allerunumgänglichsten Nothwendigkeiten und gehet doch auf 44 rthlr. Weil der Kalck beynahe die Hälfte ausmacht, muß man sehen, wieviel davon abzudingen seyn mögte.
Der Anschlag des Tischler Meister Jensen beträgt 11 rf, womit nur die große Undichtigkeit der Fenster zur äußersten Bedürfniß gebeßert wird.
Der Anschlag des Zimmermstr. Gudau ist 38 rthlr, für welche Summe die Fußbodens theils ausgebeßert theils neu geleget werden sollen. Die Bretter könnten von der Soodmeisterey zu jetziger Jahreszeit vortheilhaft angekaufet, und alsdann das Arbeitslohn bedungen werden. Die schlechte Beschaffenheit der Fußboden redet für die Nothwendigkeit ihrer Verbeßerung.

6. Das Obersegger – jetzt Stiegenschreiberhaus ist von Zeit zu Zeit kaum nothdürftig unterhalten worden. Es hat eine sehr elende, so enge Wendeltreppe, daß man nichts auf die Zwote Etage hinaufbringen kann, sondern alles durch das Fahrtmeister Haus hinaufschaffen muß. Auf des Herrn Soodmeisters Erfordern hat der Zimmermstr. Gudau einen Anschlag zu zweyen Treppen gemacht, welcher nicht übersetzet ist. Indeßen wäre es nicht ungerathen, wenn man auch Tischler vernähme, ob sie sie wohlfeiler liefern wollten.

7. Die kleinere Schauren und Anhängsel sind Hüner und Schweineställe Abtritte pp.

8. Von den vorhandenen unbebaueten Plätzen, die theils Anger, theils zu Gärten eingerichtet sind benutzet das Obersegger- und das Fahrtmeisterhaus jedes bey nahe die Hälfte, wie solches auf dem Riße mit punctirten Linien angedeutet und mit Buchstaben bezeichnet ist.

Lüneburg, d 17ten Febr. 1785 EGSonnin

91.
SALINE LÜNEBURG

Ausführliche Rückschau über die Arbeiten zur Verbesserung der Sülzfahrt und am Feldgestänge. Sie gibt einen eindrucksvollen Einblick in die Schwierigkeiten, die Sonnin vom eingesessenen Handwerk gemacht werden. Den Anstellungsvertrag als Stadt- und Salinenbaumeister unterschreibt Sonnin nach langen Verhandlungen erst am 20. Mai 1785.
Lüneburg, 25. 2. 1785

Stadtarchiv Lüneburg
Salinaria S 1a, Nr. 631
Acta betr. den Abbruch des sog. Graalturms,
worin sich das Zuckenwerk, durch welches
vormals die Hüttensoole in die Höhe gepumpt
worden, befunden
1790
Bl. 23
(Kopien: E 1b, Nr. 33. Bl. 234 und im Museum
f. d. Fürstentum Lüneburg, Salinaria, Konvolut 18.)

Promemoria.
Der im Jahr 1748 entstandene Saalmangel und gegentheils die fast jährlich eintretende Saalfluthen, welche einen Überfluß schwacher, oft kaum des Kochens werther Saale herzuführeten, waren die Ursache, daß man auf die Mittel, die Saale in quanto et quali zu verbeßern, gedachte und dieselbe würcklich zur Ausführung brachte. Sie geriethen nicht. Man hatte jährlich die gewöhnliche Saalfluthen nach Verlauf von Jahren auch wohl einen aus Ursachen nicht sehr lange anhaltenden Saal Mangel; Niemals folgte die Saale dem in den neu angelegten Fahrten ihr vorgeschriebenen Laufe; Die Fahrt selbst versank nebst den darauf mehr als einmal wieder erbaueten Häusern; Die Sood-Meisterey hatte große Summen vergeblich angewandt; Die Caße konnte sich nicht wieder in Schulden vertiefen, und der nunmehr bewürckte Sülzbau ward vorgeschlagen. Die große Simplicitet des Vorschlages und die daraus hervorleuchtende Gewißheit eines guten Erfolges bewog königliche Regierung nach einer halbjährigen Überlegung denselben per Rescriptum dementissimum vom 27ten Oct. 1775 zu genehmigen, und nun die Communication mit den Intereßenten oder praelaten der Sültzhäuser vorzuschreiben.

Als die Unterhandlungen mit den praelaten zu Stande gekommen, faßete Amplißimus Senatus den Entschluß, die vorgeschlagene meistens zusammen gefallene Sültzhäuser Brockhusen, Bernding supra, Bernding infra, Bernding perversum, Wöhlersing und Hennering abzubrechen, jedoch einen vorher zu machenden beglaubten Grundriß ad acta zu legen, der unter dem 12 ten Oct. 1778 eingegeben ward.

Hierauf ward am 18 t Octbr. 1778 der Anfang mit dem Abbruch der Häuser gemacht, deren mit Fleiß zusammen gesammlete Materialien man hienächst an den meistbietenden verkaufete. Beym Abbrechen fand man nichts bemerkens werthes, allein beym Ausgraben des von einen Kunstverständigen so betitelten Keßels traf man bald die so genannten Saltz Felsen an, deren ich in meinen relationen gedacht habe. Auf der Grentze von Hennerings und Wöhlersings Graft erschien ein verlaßener Sood von eichenen Bolen, ohngefähr in der Gegend, wo jetzt vor dem Soodes Gebäude, oder Soodesthurm an dem Vorwalle eine kleine Handzucke stehet, welche alle Morgen und Abend jedesmal etwann mit 70 bis 80, bey naßen Wetter auch mit bis 300 bis 400 Schlägen ausgeschlagen wird.

Bey dem jüngsten Schachte, welchen man in Absicht, die Quelle in der Tiefe zufaßen, nur erst vor einem Jahre eingeschlagen, war es merckwürdig, daß er sich gäntzlich verschlämmet, auch aus dem Grunde nicht den geringsten Zufluß hatte. Von der Seite tröpfelte aus dem Berge ein unbeträchtlich wildes Waßer herzu, das nachher versiegete.

In mehrerer Tiefe entdeckte man an Egberdings Seite einen nicht geringen Zufluß von süßen Waßer, denjenigen nemlich, welchen vorzeiten Egberdings Zucke abgeführet hatte, ingleichen nicht weit davon in Wöhlersings Grunde einen kleinen Saalfluß, so derzeit der reichhaltigste auf der gantzen Sültze war, es auch bis zum abgewichenen Jahre geblieben ist, da die Hauptqvelle, oder Tischqvelle sich so gestärcket, daß man fast einen Unterschied unter beiden spüren kann. Von der Peinicken Fahrt und Zucke floß ein an Menge und Gehalt der Graftqvelle völlig gleicher Strang herzu, der uns große Hofnung gab, aber auch ceßirete, wie man tiefer gegraben hatte. Hier muß ich aus der relation von meinen 1775 vorgenommenen Bohrungen anziehen, wie ich befunden, daß das Hauptterrain auf den Sültzhofe ein magerer grauer mit weißen Kalkstippeln und Nestern auch mit Gipskalksteinen vermischter Thon sey, gegen Norden und Osten aber sich auch Sandlagen befinden. In der beschriebenen Thon Erde nun fanden sich die benannten Saalflüße.

Als man die Deckbolen der Fahrt erreichte, ward alles mit der äußersten Behutsamkeit behandelt und kein Stück ohne genaue Untersuchung weggenommen. Um zu erfahren, ob hinter den Wänden, wohin nach den Sültzrelationen sich öfters die Qvelle versetzet haben sollte, würckliche Qvellen vorhanden seyn, wurden die Wände bedachtsam Fuß vor Fuß frey gegraben, aber hinter ihnen keine Spur einiger Qvellen entdecket. Damals sprung in Hennerings Grunde ein etwas starcker Strang süßes Waßer heraus, das nach einiger Zeit einen Beygeschmack von Saltz nach und nach, wie wir tiefer kamen, fast die völlige Saalstärcke erhielt, und endlich, als die Haupt Qvelle aufgeräumet ward, mit ihr zusammen floß.

Außer den benannten Nebenqvellen kamen noch viele andere Saltzqvellen von weniger Dauer, aus dem Sandberge nördlich aber recht starcke süße Qvellen hervor, welche die Arbeit ungemein erschwereten, indem an den Orten, wo die Qvellen ausfloßen, gemeiniglich das Erdreich nachschoß, welches die Arbeit verschüttete, die Qvellen es aber so erweicheten, daß man beständig im Schlamm arbeiten mußte und oft nach drey, vier, fünf Tagen nur erst wieder den vorigen Punct erreichete. Dies gab Anlaß zu dem lauten Gerüchte, daß ich nunmehr die Sültze in einen Sumpf verwandelt hätte. Bey meinem Bewußtseyn war es mir wohl möglich, diese mit den härtesten Ausdrücken vergesellschaftete Ausstreuungen zu ertragen; Allein der Sood mußte desto mehr darunter leiden, da die Arbeiter und diejenigen, so über sie zu befehlen hatten, die gantze Unternehmung für einen Wind Anschlag ansahen und unter gewißem Schutz nach Willkühr arbeiteten. Nicht weniger nachtheilig war es dem Soode, daß die Sültzer durch gedachte Anschwärtzungen gegen den Bau aufgebracht wurden. Täglich, zuweilen auch stündlich, erscholl aus einem dunklen Orte eine Sültzer Stimme, die von neuen Grillen, von dummen Anstalten, von Landesverweisung, von wohlverdientem Stricke sprach und der Arbeit mit gesammter Hand ein Ende zu machen drohete. Den größesten Schaden aber erlitten wir von den Sodes Companen, die gleichfalls aufgebracht und unterstützt, die Soodes Zucken nach Willkühr schlugen; eine größere Saal Menge vorspiegelten; eine große Anzahl von Kümme zu machen wußten; mit mehreren einverstanden, unsere Arbeit pro lubitu unter Waßer setzeten; besonders fast jede Nacht so sehr überschwemmeten, daß wir 2, 3 Stunden auch wohl bis Mittag mit dem Ausschöpfen zu thun hatten, und noch dazu in dem erweicheten Schlamme arbeiten mußten. Ich klagte genug darüber, allein man konnte selbst höheren Ortes nicht durchkommen, weil auch da einige in sich bekümmert waren, andere zweifelten, ob das Werck gerathen würde, andere es mit hohen Betheuerungen für unthunlich erkläreten. Ich war dann gezwungen, die unserm Soode so hoch zu Buche stehende interims Zucken anzulegen, womit ich unter einer nagenden Sorge, daß mir die Ueberschwemmungen den Lauf der Qvellen verwaschen mögten, nur nach und nach den bisher unüberwindlichen Chicanen entkam.

Unter diesen Mühseligkeiten, Verdruß und theils offenbahren theils schleichenden Wiederspenstigkeiten trat endlich die gute Stunde ein, in welcher ich den Gudau zum Polier erhielt, der jeden Auftrag treu ausrichtete, die angespannte Renitenz bald einsahe, die Sültzer zur Gedult beredete, die Arbeiter ermunterte und anstrengete und bald so fest ward, daß er weder den Verläumdungen eines Boshaften nach den Insinutionen eines Schleichers Gehör gab, den irrenden aber zu überzeugen wußte.

Als die Wände so weit frey waren, daß wir den Fußboden der Graft aufnehmen konnten, sahe man den Ausfluß der Qvelle etwas eigentlicher und zwar an zwoen Seiten des zu Ende der neuen Tischfahrt eingesenckten Kummes aufqvillen. Unter dem Fahrtboden war jedoch eben so wenig als hinter den Wänden etwas von Qvellen zu spüren. Um des Laufs der Qvellen nicht zu verfehlen, ließ ich den Schlamm, das ist, die überaus fest gelagerte Thon Erde aus dem Kumm vorsichtig ausheben, und man war kaum 1¾ Fuß tief gekommen, als schon die Saale von oben her hinein lief, weswegen ich die obersten Bolen des Kumms auch wegnehmen ließ. So gleich sahe man die Saale aus einer runden kaum 1½ Zoll weiten Oefnung gantz rein hervorfließen und alle anscheinliche Seiten Qvellen versiegeten. Sie ward in einen der obbemeldeten Interims Kümme geleitet und von da durch eine Interims Zucke dem Versammlungs Kumme zugebracht. Hienächst ward der 14 Fuß tief gesenckte Kumm nach und nach ausgegraben und ausgehoben. Es gab sich weder von unten noch von den Seiten etwas von Qvellen an. Damit ich hierin völlig gewiß seyn mögte, ließ in dem Grunde des Kummes noch 16 Fuß tief also bis 30 Fuß bohren. Der Bohrer brachte nicht die mindere Feuchtigkeit, sondern nur den obenbemeledeten gemischten Thon in seiner gewöhnlich trockenen consistenz auf.

Nunmehro war denn die Qvelle und ihr sogenannter Sitz würcklich vor Augen und meine Freunde gratulirten mir dazu. Einer von ihnen, der alle zu übrsehen glaubte, fügte hinzu: indeßen hätte ich doch immer viel Glück, daß ich den Punct der Qvelle getroffen hätte. Er verstand es freylich nicht beßer, sondern sprach dies aus den irrigen Begriffen mit welchen man bisher bey der Sültze geschwärmet hatte, und machte es ohngefähr so, als wenn jemand einen guten Advocaten, der einen wichtigen Proceß gewonnen hätte, das Compliment machete, er habe doch immer dabey viel Glück gehabt, daß er sein crinomenon caußae gefunden, oder als wenn jemand einen andern, der seinen Proceß verloren, condoliren wollte, daß er das Unglück gehabt, sein crinomenon caußae nicht finden zu können.

Hierauf arbeiteten wir bey guten Sommertagen ziemlich im trockenen und ich konnte ungehindert dem Gange der Hauptqvelle nachspüren. Sie strich in einem 1½ Zoll weiten Gange, der sich an den meisten Orten rund um geschloßen, oder eine Röhre von Kalkstein um sich hatte. Die Röhre war an vielen Orten gantz dünne, etwann wie eine Eyerschale, an andern aber, wo sie sich mit an einen Kalckstein angesetzt hatte etwas stärcker, doch konnte ich wegen dünnen Stellen kein Stück einer geschloßenen Röhre heraus bringen. So viel aber constirte mir, daß die Saale in der so geschloßenen Laufbahn bey unbehinderten Laufe keine Ausspühlung verursachen könne, gegentheils aber die dünnen Kalckröhre unfehlbar brechen müße, wenn die Saale irgend hoch aufgestauet wird. Der Lauf der Saale war auf- und seitwärts schlängelnd, gegen Westen gerichtet und zwar mehrentheils horizontal, doch so, daß ich einen Fall oder Steigen bemercken konnte, welches mich veranlaßete, ihm weiter nachzugehen. Zu meinem nicht geringen Vergnügen stieß ich bald auf einige eingeschlagene Pfäle und unfern von ihnen auf vier Bretter, die wie eine Trumme oder vierkantige Röhre zusammengeschlagen waren, und mit Heide angefüllt gewesen. Der meistens vermoderte Deckel war eingefallen und die zum Durchlauf der Qvelle bestimmt gewesene Trumme durch und durch verschlämmet. Mehrere Dinge von der Art, die ich der Kürze wegen übergehe, wiedersprachen augenscheinlich den vormaligen Behauptungen, daß unsere Vorfahren die Qvelle nie so weit verfolget hätten. Weil dieselbe jedoch noch immer etwas stieg, ging ich ihr nach bis ich einen Fuß Steigung oder Fall erhielt, und auf diese Weise geschahe es, daß eine kleine Fahrt, auf Hennerings Grunde und auch noch einige Fuß weiter auf Egings Grunde fortgeführet ward.

Bey dieser Arbeit mehrete sich der Zufluß des vorhin bemerckten wilden Waßers aus dem Berge so sehr, daß man statt eines kleinen zu deßen Ausschaffung gesetzen interims Kummes einen viel größeren mit Lebens Gefahr einsencken mußte, weil man den hohen losen Sandberg mit den vielen angebrachten Verstrebungen nur ebenhin gegen einen Einsturtz erhalten konnte.

Indeßen entdeckte sich bey dieser beschwerlichen Arbeit ein höchstmerckwürdiger Umstand, wovon weder in actis noch per traditionem das geringste bekannt war. Die Alten hatten nämlich die Sandlage, welche hier an die Thon-Erde gräntzet, mit einem eingeschlagenen Damme separiret. Der Damm war von einem blauen überaus festen Thone gemacht, und gewiß undurchdringlich, so daß das wilde Waßer aus dem Sande nicht zu den guten Qvellen kommen konnte. Dieser niemanden mehr bekannte Damm war bey der Verlängerung der alten und neuen Tischfahrt und bey dem Nachsuchen der Qvellen, welches bekanntlich in der finsteren Fahrt bey der Lampe geschehen, unbemerckt durchgestochen worden, mithin diese ansehnliche Menge süßen Waßers mit zur Saale gekommen. Es floß aus einem Striche groben Sandes, von Norden herzu und es kostete uns sehr viel, den Sand bis zum Stehen abzustützen und den Damm in der vormaligen Tiefe wieder herzustellen. Hinter dem Damm ward dann so tief, als möglich, der jetzige räumliche Kumm eingesencket und in diesem eine Zucke gestellt, welche jetzt täglich zweymal von dem Büttenträger ausgeschlagen wird. Das Waßer hat einen etwas saltzigen Geschmack, auch einen starcken Schwefel Geruch, mehret oder mindert sich mit der Witterung und kan bey trockenen Zeiten mit 300, bey naßen aber kaum mit 600 Schlägen ausgeschaffet werden.

Nach Herstellung des Dammes ward so gleich und zwar so tief, als es nur die Umstände litten, das baßin angeleget, welches man den großen Saalkümm oder Saalbehälter, oder wie bey andern Sültzen den Saalbrunnen nennen mögte. Um größerer Festigkeit und mehrer Dauer willen ist er rund gebauet, hat im Durchmeßer 20 Fuß, und 6½ Fuß zur Höhe im Lichten. An der einen Seite neben ihm ist ein Gang in welchen sich die Saale samlet. Alles ist von rund gewachsenen Holtze aufs beste der Boden aber von Bolen 3 fach gemacht und fleißig gedichtet. Zur Rundung ist auch das Obdach über dem Brunnen oder Soode im gleichen die Terraßen oder Erd Absätze angelegt. Letztere sind mit Holz vorgebauet, welcher uns sehr kostbar gewordene Vorbau bey der übrig flachen Doßirung in der Zukunft gäntzlich wegfallen kann.

Die Qvalität der Saale aus der Haupt oder Tisch Qvelle, (die in meinen vormaligen Berichten auch wohl Hennerings Qvelle genannt ist) beßerte sich währender Arbeit mercklich und die quantitet war auch so beträchtlich, daß man bey mehrmaligen Meßungen plus minus 90 Kümme fand, mithin eine überflüßige Menge reichhaltiger Saale hatte, und nun die Frage endstand, wie man es mit den schwächern Qvellen, der Graftqvelle, der Winckelqvelle, der faulen Brockhusenqvelle, der alten Tischqvelle pp halten wolle, welche bey der überflüßgen Saalmenge gantz entbehrlich waren und in diesem Betracht verlaßen, oder gar verschüttet werden konnten.

Nach reifer Überlegung ward beschloßen, sie bey zubehalten und sie alle mit der Haupt Qvelle in dem Gange am großen Saalkumme zu versamlen. Der nächste Weg zur Winckel Qvelle ging durch unter Brockhusen Saaltzfelsen, deßen Wegräumung viele Kosten und Mühe verursachete.

Zu gleicher Zeit ward die gantze alte Fahrt weggenommen, und blieb von derselben nichts bestehen, als die kurtze Winkelfahrten und ein kleiner Theil der uralten Tischfahrt unter dem Burgemeister Tische, wovon diese Fahrt den Namen erhalten. Diese kleine Winckel Fahrten sind sehr eng und niedrig gebauet, übrigens aber so gut von Holtz, daß sie Jahrhunderte dauren können.

Die Graft Fahrt war so gebauet, daß man erst eine ziemlich hohe weite Treppe von sehr breiten Stufen hinauf, und alsdann wiederum auf eine höchst elende Treppe eben so tief wieder zur Graft Qvelle herab steigen mußte. Wegen ihrer großen Weite waren die Deckbolen durchgeschlagen, auch hatten viele von den hohen Wandbolen sich so gekrümmet, daß sie dem Brechen nahe waren, mithin fast ein gantzer neuer Umbau der Graftfahrt erfordert ward.

Ueber dieses konnte man auf einem viel näheren Wege sie mit dem Tischwinckel verbinden. Sie ward also gantz weggeräumet, nicht halb so weit auch fast halb so hoch und also vorgerichtet, daß man jetzt gerade zu und fast horizontal von dem Tischwinckel zur Graft Qvelle gehet, deren Ausfluß etwann 2 Fuß über dem Boden des Tischwinckels erhaben ist. Bekanntlich waren die Wände bey der Qvelle beständig sehr naß, welches jedermann den Ausdünstungen der Saale zuschrieb. Allein beym Aufnehmen des Deckels ersahe man, daß aus dem obbemerckten Bergsande an drey Orten etwas wild Waßer abtröpfelte, welches zwar für sich sehr wenig, aber bey dem geringen quanto der Graftqvelle schon ein beträchtliches ausmachete. Es ward gesammlet und mit mehreren solchen Sieperqvellicken in die vorbemeldete Zucke am Berge geleitet.

So waren dann beym Soode eines Theils die wilde Waßer und andern Theils die reiche Saalqvellen gäntzlich von einander geschieden, die Brockhusenqvelle ausgenommen, von welcher ich schon im vorigen Berichte erwähnet, daß sie noch etwas süßes Waßer mit sich führe und gelegentlich noch einer näheren Untersuchung bedürfe. Einem jeden auch nur kleinen Zufluße war seine bestens gefaßete Stelle bereitet, von wannen er entweder durch die Soodes Zucken oder durch die interims Zucken so lange ausgehoben ward, bis man das Obdach des Brunnens, von den Sültzern Sodesthurm genannt, errichtete, und 2 neue gute Zucken setzete, vermittels welcher die bisherige 28 Soodes Companen mit 8 neuen statt der Vögte verstärkt, die Saale theils den Soodeskümmen, theils der Haupt Rinne zubringen mußten. Ob gleich nachher ein Paar anderer gesetzt sind, so hat man doch diese bey behalten, um sich ihrer im Nothfalle bedienen zu können, dergleichen Nothfall in dem abgewichenen Frühjahre bey der großen Waßerfluth sich ereignete.

Gleich eingangs habe ich öfterer Saalfluthen erwehnet, die gewöhnlich im spätesten Herbst, Winter und Frühjahr entstehen. In dem Spätherbst von 1778 hatten wir keine, allein vor Weyhnachten 1779 eine der stärcksten. Am 1ten December fiel ein außerordentlich starckes 3 Tage anhaltendes Regenwetter ein, wobey nicht allein von obenher das aufgegrabene und noch offenstehende baßin (Vertiefung oder Keßel) mit Regenwaßer erfüllet ward, sondern es drang auch von untenher eine Fluth herzu, die nicht allein die gantze alte Fahrt erfüllete, sondern auch einige Fuß hoch über den Deckbolen hinaufstieg. Bey dem sehr erweichten schlüpfrigen Thone waren einige auf Unterlagern gestellete Stützen mit dem darauf ruhenden Kumme ohne Beschädigung herunter gegliestchet. Dies war das gantze Unglück, von welchem der Schadenfroh verbreitete, die gantze Sültze sey in ihrem ehemaligen Sumpf zusammen gefallen, viele Leute hätten das Leben eingebüßet, und die Sültze sey auf ewig ruiniret. Allein man stellete noch einmal so viele Zuckenschläger an, ließ sie unter sich oft abwechseln, bereitete neue Zucken auf den Fall eines manquements zu und war innerhalb 8 Tagen wieder in dem vorigen Geleise.

Schon lange hatte man geglaubet, die Saalfluthen entstünden von dem trockenen Graben. Man hatte Beobachtungen gemacht, jedoch es dadurch nicht außer allen Zweifel setzen können. Ich machte 1775 zwo einander völlig gleiche observationes, und suspendirte deswegen mein Urtheil. Der Fahrt Meister Neyße wollte die Stelle wißen, wo das Waßer hindurch gelaufen war, die er auch selbst wieder verdämmet habe. Wir gruben sie in seiner Gegenwart auf, und fanden nicht das geringste Merckmal. Hingegen bey der Saalfluth vom Jahr 1779 schien der schleunige effect es zu beweisen, daß das Übel daher käme, weswegen ich meine gantze Aufmercksamkeit darauf richtete, und ihn sehr oft stundenlang besichtigte, ob ich eine Stelle eines Durchfalls entdecken könnte, konnte aber keine wahrnehmen. Ich stellete Tagelöhner an, die auch nichts fanden, bis endlich ein guter Kopf Namens Krickeldorff eine traff und mir anzeigete. Eine Menge von angestellten Versuchen bewährte, daß das Waßer aus dem trockenen Graben durch viele in seinem Bette befindliche Löcher zur Sültze flöße, welche man nun vor der Hand mit Plüsleimen verstopfete, und das größeste, so sich zeigete, in der Tiefe verfolgete. Man kam auf ein süßes Grundwaßer, welches man, um tiefer zu gehen auspumpete und wahrnahm, daß es auch zur Sültze laufe, wenn es bis zu einer gewißen Höhe anwuchs. Es ward also eine feste Pumpe gesetzt und der Ausschlag dieses wilden etwas nach Saltz schmeckenden Grundwaßers wöchentlich für 4 rf verdungen.

Nunmehro waren also die wilden Waßer so wohl beym Soode als im trockenen Graben von den guten Qvellen abgesondert. Die Saale war in qualitate so gut, als sie je gewesen, und im quantitate hatte man bey nahe das duplum desjenigen, was der Sood den praelaten liefern muß. Nur war das Zucken lohn dem Soode sehr lästig. Eigentlich war das Zucken durch den dermaligen Sültzbau nicht vermehret, sondern vielmehr vermindert worden. Denn vormals mußten die Soodes Compane nebst den Vögten überhaupt allen wilden und guten Zufluß, der zum Soode kam, wegzucken, mithin mußten sie ja so wohl das Grundwaßer als auch dasjenige, was aus dem trockenen Graben von obenher hineinfloß, ausschaffen. Sie hatten aber das letztere, nemlich was von oben aus dem trockenen Graben zum Soode kam, nunmehro, da die Löcher mit Plüsleimen verstopfet wurden, nicht mehr wegzupumpen, folglich war das Zucken um so viel erleichtert.

Wieviel der Zufluß, der von obenher aus dem trockenen Graben zum Soode kommen kann, betrage oder vorzeiten betragen hat, ist bey der großen Waßerfluth des abgewichenen Jahres uns offenbar vor Augen geleget worden, da das Waßer beym Soode bis an die erste Terraße oder Erd-Absatz gestiegen und 21 Fuß hoch über dem Fußboden unsers großen runden Saalkumms (baßins) gestanden ist. Daher dürfen wir uns nicht wundern, daß vorzeiten die Saalfluthen 1, 2, 3, 4 Wochen oder auch so viel Monate angehalten haben, weil die Soodeszucken und der Dickkopf einen solchen starcken Zufluß nicht eher haben gewältigen können. Wir erlebeten ja eben diese Unmöglichkeit auch bey der Saalfluth des vorigen Jahres. Denn als bey der hohen Waßerfluth der hohe Eisgang das Gestänge zerbrochen hatte, wurden so gleich die gewöhnliche 36 Mann bey den Zucken angestellt, welche in 4 Tage aber mit möglichster Anstrengung es nicht zur halben Ausleerung, des Keßels bringen konnten, und dennoch nur damals erst die Saalfluth gewältigten, als das Gestänge wieder mit arbeitete, da dann innerhalb 24 Stunden der Sood gantz rein und ledig ward.

Das theure Zuckenlohn gab den Bewegungs Grund ab, worum ein Gestänge zur Aushebung aller ächten und unächten Qvellen vorgeschlagen ward. Der Herr Senator Maneke machte mit eigener Hand ein Model davon, durch welches die Art der Bewegung und die Möglichkeit sehr in die Augen viel. Ein dagegen erhobener Zweifel, ob nicht durch die friction oder oftmalige Reibung der Theile in so vielen Hundert Gelencken des 4600 Fuß langen Gestänges nicht die meiste Kraft verloren werden, mithin nicht so viel Kraft, als zum Pumpen nöthig, übrig bleiben würde, ward durch den nur kürtzlich verstorbenen großen Mathematiker Herrn Schmidt für unstatthaft erkläret, und hierauf die Anlage des Gestänges resolviret, welches von einem bey der Raths Mühle entbehrlichen Mühlenrades getrieben werden sollte.

Der Anfang des Baues war unglückseelig, indem das Zimmerhandwerk, von Einem ihres Amtes, (auch zum puren Neide gegen Gudau) verleitet, einen Aufstand machete, der so weit ging, daß kein Zimmermann am Gestänge arbeiten wollte, und ich gantze ¾ Jahre lang zu dieser weitläuftigen Arbeit nichts mehr als einen einzigen Zimmer Gesellen erhalten konnte. Sie besonnen sich endlich und die Arbeit ging auch gut von statten. Allein uns betraff ein anderes Unglück. Wie das Gestänge in Gang gesetzet ward, zerbrach alle Tage etwas und der Spötter sagete: Einen Tag Gang und 8 Tage krank. Bey der Untersuchung fand sich, daß es am Eisen läge, welches bey denen Kriegsläuften so falsch, betrüglich und brüchig war, daß kein Schmidt für seine Arbeit einstehen konnte. Dieser Einwand ward auch durch die Folge bewähret, indem seit 2 Jahren, da fast alles (freylich mit großen Kosten) neu umgeschmiedet ward, nur selten etwas und zwar nur an den höltzernen Laschen bricht. Es wird mit größestem Fleiße beobachtet, daß, wenn etwan am Eisenwerke ein Bolzen, eine Scheere, Scheibe pp verschleißet, man solche zur rechter Zeit ersetzet. Für jenes Leid erntet man also jetzt die Freude, daß das Gestänge mit überaus geringer Waßeranwendung alle verlangte Dienste thut und alles so wohl süßes als Saltzwaßer beym Soode und beym trockenen Graben ausschaffet. Ein gleiches Vergnügen machet uns das Anschauen der Triangul, die zur Simplifizierung des Wercks anstatt der gewöhnlichen Kunst Böcke angeleget und sehr verspottet wurden. Ueberhaupt machte die Anlage des Gestänges viel Bewegung in der Stadt, nun aber weiß fast niemand mehr, daß es da ist.

Wie vorbemeldet, wurden die Löcher im trockenen Graben nur mit Plüsleimen verstopfet, folglich wurden sie von dem ständig fließenden Waßer nach und nach wieder ausgewaschen. Die Sültzer konnten es an der Saale so gleich mercken und man verstopfete sie wieder, bis in dem abgewichenen Jahre der Entschluß genommen ward, ihn nach dem Vorschlage von 1775 einzurichten. Damals lagen in dem trockenen Graben höltzerne Rinnen, die theils verfaulet theils undicht waren, und es war damals der Vorschlag, neue, entweder von Stein oder von Holtz, zu legen. Hätte man sie gleich von Marmor genommen und wäre es auch möglich gewesen, solche so dicht zu machen, daß sie keinen Tropfen Waßer durchgelaßen hätten, so wäre doch die Arbeit unnütz und vergeblich, weil man des Sinnes war, sie etwann eben so groß, wie die alten, das ist, 1¼ Fuß weit und 2 Fuß hoch zu machen. Denn bey dieser bey weiten nicht zureichenden Größe mußten bey einem auch nur kleinen Stürtzwaßer die Rinnen überlaufen und das überlaufende Waßer zwischen den Rinnen und dem Erdreich zum Soode dringen, wie solches bey den alten so engen Rinnen immer geschehen ist.

Jetzt hat man den Graben im Lichten 13 Fuß weit ausgegraben; seine Ufer so schräge auslaufen laßen, daß sie ohne Vorbau bestehen können; in dem Graben aber ein Plüsleimen-Bette von 4 Fuß dick geschlagen; über diese 1 Fuß hoch Sand gefahren, und den Sand mit einem Steinpflaster bedecket. Das Steinpflaster ist gantz flach und so gerade, daß es nur eine Vertiefung von 3 Zoll hat, und ist am Rande mit großen Feldsteinen besetzt, hinter welchen eine Lage von groben Steingrause und hinter dem Steingrause eine Lage von Plüsleimen gestampfet ist. Weil das Steinpflaster einen Fall von 2 Fuß auf 600 Fuß hat, wird das Waßer schnell abfließen und die mehreste Zeit nur wenig Waßer in dem Graben zu sehen seyn.

Es ist nicht unglaublich, daß das Waßer jemals die 4 Fuß dicke Plüsleimendecke durchdringen werde, und wo es wieder allen menschlichen Begriff möglich wäre, würde der Fehler so gleich bemercket, und auch wieder gebeßert werden können, da das Werk unter freyem Himmel jedermann vor Augen lieget.

Außerhalb der Mauer, womit der trockene Graben geschloßen war, befindet sich ein Stollen oder ein zu, beiden Seiten mit einer höltzernen Vorsetzen ausgesetzter Canal, welcher das Waßer aus dem Trockenen Graben in den Stadt Graben abführet. Etwann die Hälfte des Stollens, oder der beyden Vorsetzen, war bey dem diesjährigen Frost so dicht zusammen geschoben, daß sie kein Waßer durchlaßen konnten, und unumgänglich hergestellet werden mußten. Aus einer unschweren Berechnung erhellete, daß die Herstellung des Stollens jetzt und künftig allemahl ungleich mehrere Kosten erfordere, als die Kosten des Ausgrabens betragen; und demnach wird, soweit jetzt der Stollen zusammengefallen, kein Stollen wieder gebauet, sondern die Ufer werden so flach ausgegraben, daß sie ohne Vorbau bestehen, und wird damit, wenn der Rest des Stollens verfallen, auf eben diese Weise fortgefahren werden.

Lüneburg d 25ten Febr. 1785. EGSonnin.

92.
SALINE LÜNEBURG

Kurzes Protokoll einer Konferenz über die Herstellung von Bleiweiß und Alkalisalz. Im Zusammenhang mit diesen Versuchen steht die Errichtung einer chemischen Fabrik zur Verwertung überschüssiger Sole im Jahre 1788 durch Vermittlung Sonnins.
Ohne Ortsangabe, Datum und Unterschrift; vor dem 14.9.1786

Stadtarchiv Lüneburg
Salinaria S 1a, Nr. 548, Vol. I.
Acta betr. die gemachte Versuche aus der
überflüssigen Lüneburgischen Soole die beyden
Salze, nämlich Sal alcali und Sal acidum, zu
separiren, und durch das Sal acidum ein
Bleyweis heraus zu bringen, von dem Sale alcali
aber ein Sal alcali minerali oder Pott Asche zu
machen
Bl. 150

In conferentia

Denis Commisariis wurden verschiedene Solutiones welche man mit Saale und Bleyglätte gemacht hatte, vorgezeiget, und dabey bemercket, daß als dHr. Berg Rath Lentin mit experimentiret, man geglaubet, es sey die proportion der Glätte zur Saale wie 1 zu 12 die beste, nunmehro aber finde sich aus nachherigen Versuchen, daß die Proportion 1:6, 1:7, 1:8 beßer angemeßen sey.

Es ward ferner das gewöhnliche Experiment das fluidum der Solution mit viele Syrup zu beschütten gezeiget, welche dann sehr geschwind grün gefärbt ward und das da seyn des alcali bewähret.

Es ward ferner eine Probe von alcali welche dHr. Bergrath Lentin mit eigener Hand in forma sicca gemacht hatte, vorgeleget und erinnert, daß sie nicht starck genung schiene. Der Herr Hofmedicus schlug das Glühen vor, welches man desto sicherer thun können, da der Käufer des alcali am liebsten in Kuchen nehmen würde übrigens mußte man mit dem Versuch, ob das alcali seine gehörige Stärcke habe durch die Salzmachung vornehmen und wenn es hier bestünde, wäre an der Güte des mineralischen alcali nichts auszusetzen. Es ward dann beschloßen, diese Versuche baldmöglichst anzustellen. Hievon nun, ob das alcali die gehörige Stärcke und Schärfe würde es abhängen zu bedenken, auf welche Art man in der Folge am leichtesten das alcali selbst verfertigen wolle.

b) In Ansehung des Bleyweißes wurden verschiedene Proben, die weniger oder mehr weiß waren, vorgezeiget und angemercket, daß es fürs erste nicht die gehörige Schweere hätte, um für Kaufgut gelten zu können; zweitens zwar so weiß und sanft im Auge und Gefühl als der Kaufbleyweiß sey, aber wenn er mit Oel oder Ferniß angemacht würde, gantz gelblich oder röthlich ausfiele. DHr. Hofmedicus glaubte für beide Desideria würden sich auch noch Mittel finden laßen, das eine nemlich, daß man das luckere product starck zusammen preße, was an der Weiße fehle, durch Bleichen ersetze, und auch mit Reiben einen Versuch mache. Das andere, es könne wohl sein, daß die Glätte noch etwas vom Kupfer participire, welches man dadurch absondern könne, wenn man die Bleyglätte oder die solution in einem eisernen Gefäß koche, welchenfalls das Kupfer sich so gleich ans Eisen schlage. Vielleicht ergäbe sich alsdann die völlige Weiße.

Indeßen wurden auch Proben vorgezeiget, in welchen sich das gräuliche und röthliche zu Boden gesetzt hatte, und vorgeschlagen, daß man vorzüglich erst das Weißeste separire und zum Verkauf beßere und schlechtere Sorten mache.

93.
LÜNEBURG

Kurzes Gutachten über den Zustand der Vorsetzen am Stadtwall zwischen dem Lüner Tor und dem Schützenwall mit Vorschlag für neue Vorsetzen aus Holz. Lüneburg, 15.5.1787

Stadtarchiv Lüneburg
Bausachen B 1, Nr. 4, Vol. IV
Acta betr. die städt. Baugegenstände, deren
Reparatur, Erinnerung pp. (Allgem. Bau-
Akten)
1769–1794
Bl. 243

Pro memoria

Die Vorsetze am Walle zwischen dem Lünerthore und dem Schützenwalle ist so hinfällig, daß zu jeder Stunde ein Stück Erde ins Waßer absincken kann, die sodann mit Kosten wieder ausgeräumet werden müßte. Es wäre daher wohl nöthig, dieselbe fördersamst gegen einen Einsturtz zu sichern.

Der Vorschlag, ein Buschbette davor zu legen, ist in aller Hinsicht unstatthaft. Fürs erste kostet das Buschbette auch Geld. Zweitens es kann die Erde gegen den Einsturz nicht sichern. Drittens es vergehet in sehr kurzer Zeit. Viertens es wird vom Eisgange weggerissen. Fünftens es verenget den Strom, welcher hier nichts mißen kann, und viel breiter zu wünschen wäre.

Eine Vorsetze von rauhen Steinen würde hier auch übel angebracht seyn, wie man an der Schulzischen wahrnehmen kann. Sollte sie Bestand haben, so müßte sie eine Grundlage von Bolen und Pfählen und große Steine haben, welchenfalls sie auch theuer genung würde. Eine solche in hiesigen Mauerkalck gelegt, ist noch schlechter und würde theurer und unbeständiger ausfallen.

Solchergestallt würde diesem Orte eine hölzerne, wie sie war, die angemeßenste seyn, nur mit der Bemerckung, daß man sie schief verramme und Leimen dahinter bringe.

Lüneburg d 15 t Maii 1787   EGSonnin.

94.

LÜNEBURG

Gutachten über den Zustand der Vorsetzen an Schusters Gährhof mit Vorschlag für neue Vorsetzen aus Holz.
Lüneburg, 9.11.1787

Stadtarchiv Lüneburg
Bausachen B 2, Nr. 1
Acta generalia von den Vorsetzungen, Bl. 28

Pro memoria

An der Vorsetze des Schuster Gährhofes sind die Pfähle und Bohlen so sehr verfaulet, daß sie schwerlich diesen Winter bestehen mögten. Ob eine neue von Steinen, oder von Holtz zu bauen sey, ist die Frage, so erörtert werden soll. Eine Vorsetze von Feldquadern in Tras, oder Waßerfestem Kalck, geleget, ist die dauerhafteste und beste allein auch die theuerste. Doch kann sie vorietzt davon auch nicht gemacht werden, weil keine vorhanden sind. Rauhe Feldsteine, in Moos geleget, können am Waßer, wo der Strom mäßig, wie hier, recht gut bestehen, allein man muß hier doch ein Fundament dazu rammen, sonsten werden sie unterspület und fallen ein. Rauhe Steine in hiesigen Kalcke, auf die Art, wie bisher geschehen, zu legen, ist eine wahre Verschwendung, weil der Kalck gegen das Waßer nicht bestehet, in kurtzer Zeit ausgewaschen wird und gantz verlohren ist. Überdem ist hiebey erforderlich, daß ein Fundament darunter geleget werde. Solchemnach kann man zu einer in hiesigen Kalcke vermauerten Vorsetze gar nicht anrathen, bis man den eingelöschten Kalck gehörig untersuchet, sein Verhältniß zum Bestande gegen Waßer bestimmet, und bewährt gefunden hat.

Jene Frage schränkt sich dann nunmehro schon dahin ein, ob man die neue Vorsetze von rauhen Steinen in Moos legen, oder solche von Holtz verfertigen laßen wollte? Daß eine steinerne in Moos gelegte Vorsetze mit ihrem zu machenden Fundamente bey nahe 3 mal so theuer als eine höltzerne zu stehen komme, mithin, wenn man, wie billig Zins auf Zinsen rechnet, einen, alle 25 Jahre ungemein sich vergrößernden, Schaden ergebe, ist unleugbar und leicht zu berechnen. Hingegen hat die Maxime, eichenes Holtz bey deßen kundbaren Mangel zu schonen, ebenfalls ihren guten Grund und ist nie aus der Acht zu laßen. Jedoch würde eben diese Maxime in unserm Falle uns nicht zuwider seyn, wenn wir eine höltzerne Vorsetze machten. Denn der Grund, welchen wir Behuf einer steinernen Vorsetze machen müßten, nimmt auch Holtz weg. Wir erhalten aber mit den neuen Vorsetzen Pfählen (die unter Waßer nicht verfaulen), schon für die künftige steinerne Vorsetze einen guten Grund, da sie nachgehends mit denen alten die jetzt da stehen, in Verbindung gesetzt, sodann grundfest sind, eine steinerne Vorsetze zu tragen. Ich setze hiebey voraus, daß die höltzerne Vorsetze auch geböscht werde, wie bey der Vorsetze des Müllergartens vorgeschlagen worden.

Wie es indeßen gewiß ist, daß in wenigen Jahren der Steinmangel, so wie jetzt der Holtzmangel, eintreten werde, so mögte es gerathen seyn, ein Capital in rauhen Steinen anzulegen, welche man von den Bauren annähme, wenn er sie von selbst bringet, nicht aber von ihm fordern muß, welchen falls es sie theuer bezahlet haben will. Wahrscheinlich wird es sich sehr gut verintereßiren.

Der Gudauische Anschlag ist in Ansehung des Holtzes zupaßend, in wieferne er es in Betreff des Arbeitslohnes sey, entscheidet sich, wenn keiner der übrigen Zimmermeister es zu minderem Preise erläßet.

Lüneburg d 9 t Novbr. 1787   EGSonnin.

95.
LÜNEBURG

Gutachten im Auftrag des Rates der Stadt über Feuchtigkeitsschäden am Dachreiter des Rathauses. Sonnins Vorschlag, die Schäden im Sommer von einem Standgerüst aus beheben zu lassen, wird im Jahre 1788 ausgeführt.
Lüneburg, 12.11.1787

Stadtarchiv Lüneburg,
Bausachen B 1, Nr. 4, Vol. IV
Acta betr. die städt. Baugegenstände, deren
Reparatur, Erinnerung pp. (Allgem. Bau-
Akten)
1769–1794
Bl. 267

Pro memoria.
Bey den anhaltenden Stürmen der vorigen Woche war es nicht möglich, den Raths thurm zu besteigen. Bei der heutigen trockenen Witterung habe ich ihn desto genauer besehen können. Er hat überaus viele Lecken, die meistentheils daher entstehen, daß er nicht meistermäßig gedecket worden.

Die Lecken haben viele Stellen, besonders aber zweene Stender angestecket, welche einer genaueren Untersuchung und Verbeßerung bedürfen. Das Gesimse ist an der West Seite gesuncken, scheinet aber, weil es mit dem Bley nicht gut dicht gedecket worden, mehrere Orten schadhaft zu seyn. Die unteren und oberen 8 Hauptstender sind da, wo sie in freyer Luft stehen, mit Bley gedeckt, aber so unzuverläßig, daß man, ohne das Bley zu lösen, von ihrer Beschaffenheit nichts gewißes sagen kann. Von zweenen, an welchen der Glockenhammersträger sehr wiedersinnig angenagelt ist, muß man muthmaßen, daß sie beträchtliche verborgene Schaden haben. Auch die Ausbeßerungen, welche nach und nach am Thurme vorgenommen, sind sehr kläglich und nachläßig gemacht. Mit Anführung mehrerer Schadhaftigkeiten will ich nicht beschwerlich seyn und nur kurtz anführen, daß wegen der vielen Undichtigkeiten der größere Theil der Kupfer und Bleydecke abgenommen werden müße. Die Docken der Galerien haben meistens an ihrem Untertheile gelitten, scheinen jedoch durchgehends einer Ausbeßerung fähig zu seyn. Das Fußbrett, worauf sie ruhen, ist wohl bey den meisten vergangen, kostet aber auch nicht viel herzustellen. Die Wetterboden sind noch ziemlich dichte, haben aber auch Fehler der Deckung, welchen man abhelfen könnte.

Es wäre wohl möglich die reparation des Thurms auf ausgelegten Stangen, Brettern und Leitern zu verrichten. Indem aber solche Rüstung oft verleget und verändert werden muß und damit auch Zeit und Tagelohn verwendet wird, bey dem allen aber die Arbeit weder so tüchtig gemachet werden noch so gut von statten gehen kann; so möget es doch gerathener und fast ebenso wohlfeil seyn, ein leichtes Gerüste aufzustellen, wobey kein Holtz verschnitten werden muß, sondern der Bauhof sich die Stangen und Bretter richtig wieder liefern läßet.

Die obenangezogene Mängel sind freylich wichtig und für die Folge gefährlich genung, jedoch aber auch nicht von der Art, daß sie eine plötzliche Gefahr oder eine mehrere Verschlimmerung verursachen könnten, wenn die reparation in diesem Winter nicht vorgenommen würde, angesehen die den Lecken unterworfene Theile wohl naß werden oder bleiben mögten, aber von der Fäulung nicht weiter angegriffen werden könnten, weil dieselbe in der Kälte nicht statt hat. Der Kupferschmid, welcher für seine Arbeit nicht zu wenig aufgesetzt hat, dürfte sich auch viel beßer im Preise schikken, wenn er das Werck in den ruhigeren trockneren und längeren Maytagen vornehmen mag.

Vielleicht gäbe es auch einigen Nutzen, wenn abseiten Hoch Verordneter Kämmerey das Kupfer angeschaffet und dem Kupferdecker zugeliefert würde.

Lüneburg d 12 t November 1787   EGSonnin.

96.
LÜNEBURG

Vorschläge an die Kämmerei für die Regenwasserableitung durch die Grapengießer Straße, Rübekuhle oder Obere Ohlinger Straße. Wegen Schwierigkeiten mit den Anliegern – mehrere Entgegnungen Sonnins befinden sich in der gleichen Akte – kommt es erst 1790 zum Bau einer Gosse in der Oberen Ohlinger Straße unter Sonnins Aufsicht. 1820 wird sie wieder verändert.
Lüneburg, 14. 12. 1787

Stadtarchiv Lüneburg
S 14. Straßen in der Stadt
Acta betr. die Ableitung des Waßers von der
Rübekuhle und den Vierorten 1566 sqq.
1787–1821
Bl. 47

Pro memoria

Dem von Hochverordneter Kämmerey mir gewordenen Auftrage zu Folge habe das in den Rinnsteinen vor den vier Orten stehende Waßer mit dem H. Lieutenant Sander in Augenschein genommen, welches der Anlage nach durch die Grapengießerstraße abziehen sollte, allein wegen des unter den Klappen zu hoch gelegten Bodens dahin nicht abfließen kann, und immer stehen bleiben muß.

Nach dem von Magnifico Dno Protoconsule Schütz im p. m . vom 13ten Aug. d. J. geschehenen Vorschlage sahen wir auch nach, ob das der Gesundheit und unserer Polizey keine Ehre machende Waßer über die Stövekuhle abgeleitet werden könne und fanden solches sehr wohl möglich. Nun ward die Schrotwage zur Hand genommen, die uns drei Wege zur Ableitung des benannten stinkenden Waßers zeigete.

1. Der erste Weg bliebe in der Grapengießerstraße, wo von den Klappen oder 4 Orten an bis zur Kuhstraße ein sattsam hinreichendes Gefälle von 19 Zollen ist. Die Rinnsteine oder Goßen nebst den Klappen zu beyden Seiten der Straße müßen ganz aufgenommen, 7 Zoll oben erniedriget und übrigens nach dem Falle geleget werden, womit dann der erwünschte Zweck erreichet würde. Zur Veränderung der Rinnsteine müßten größere oder höhere Feldsteine mit einer nicht geringen Menge angeschaffet werden, weil die Rinnsteine von der Klappe an bis zur Kuhstraßen Ecke vertiefet werden müßen.

Der zweite Weg gienge über die Rövekuhle. Der Weg ist kürzer und das Gefälle hinreichend. Von dem Rinnsteine vor dem Wichmannischen Hause bis in den Rinnstein des Clasenschen leerstehenden Eckhauses sind 8 Zoll Fall, mithin wäre der Abzug eben so gut.

Nur finden sich hiebey zwo beträchtliche Schwierigkeiten.

1. Der Rövekuhle hat in der Mitten eine Erhöhung von 3 Fuß. Diese Wegzugraben und Wegzubringen machte eben keine beträchtliche Kosten; allein die wenigsten

der zu beyden Seiten stehenden Wohnungen sind so tief gegründet, daß sie die Wegnahme der Erde leiden könnten.
2. Das Waßer, was dorthin geleitet würde, müßte den Sülzhof vorbey in die Goße der Ritterstraße fließen.
Diese Goße hat ohnehin so wenig Abzug, daß neben dem Lamberts Kirchhofe und auf der Sülze leider oft und lange genug die Rinnsteine mit eben solchen stinkenden Waßer angefüllet sind. Abseiten der Kämmerey sollte nun die Brücke und Canal der Ritterstraße immer rein gehalten werden; aber es geschieht selten, und, wenn auch angefordert wird, hat es doch Weile.
Bey diesen Umständen mögte es nicht rathsam seyn, daß Waßerbeschwerde der Ritterstraße mit einem neuen Zufluße zu vermehren.
Der dritte Weg gienge über die kleine Ohlings-Straße nach Maneken Thurm. Das Gefälle dahin ist überaus schön und gegen 3 Fuß stark. Die Straße hat zwar auch einen Rücken aber er beträgt nur 5 Zoll und ist der dahin zunehmenden Ableitung auf keine Weise hinderlich. Vielmehr würde die Straße überhaupt viel reinlicher und schöner. Sie würde größesten Theils aufgenommen, erhielte auf die neuerliche und reinlichere Art in der Mitten einen einzigen Rinnstein, welcher manchen elenden Gaßen bey gelegentlicher Pflaster-Veränderung zum Muster dienen mögte. Da die Steine und Sand vorhanden sind, käme nicht vielmehr als das Steinbrückerlohn in Erwegung. Wahrscheinlich dürfte diese Ableitung die wohlfeileste seyn. Würde sie genehmiget; so entstünde dadurch mehr Gutes: denn
die Klappen auf den 4 Orten fielen gänzlich weg und belasteten die Kämmerey nicht mehr;
die tiefe, unanständige, schwerlich zu reinigende Rinnsteine oben in der Grapengießerstraße fielen gleichfalls hinweg und könnten gelegentlich eben so flach und eben so reinlich als die unteren gemachet werden;
die eben so tief und hesliche Goßen an jener Seite der Klappen könnten auch in sichere und anständigere verwandelt werden.
Wenn man jetzt den Zuschnitt danach machete, könnte mit der Zeit auch ein großer Theil von dem Waßer, was aus der großen Ohlingsstraße dem Meere zufließt und die dortige mißständige Pfütze vermehret, auch hieher abgeleitet werden.
Ob man bey der jetzigen noch günstigen Witterung das Werk angreifen wolle verstelle zu höherem Ermeßen.

Lüneburg d 14ten Dec. 1787   EGSonnin

97.

SALINE LÜNEBURG

Bericht über Versuchsergebnisse zur Herstellung von Sonnensalz. Auch die in den nächsten Jahren durchgeführten Versuche führen nicht zu einem produktiv verwertbaren Ergebnis.
Lüneburg, 24. 12. 1787

Stadtarchiv Lüneburg
Salinaria S 1a, Nr. 548, Vol. II
Acta betr. die neuesten Vorschläge zur
Verbeßerung der hiesigen Salz Coctur, und
Ersparung des dabey benöthigten Holzes

Pro memoria.

Die in diesem Jahre vorgenommene Versuche über das Sonnensalz haben zwar noch nicht einen so gewünschten Ausschlag gehabt, daß man mit völliger Gewißheit darthun könnte, ob und wie großer Vortheil dabey seyn würde, jedoch ist dadurch die Hofnung, daß am Ende etwas nutzbares heraus kommen mögte, nicht vermindert wohl aber um etwas vermehret.

In einem der freyen Luft ausgesetzten höltzernem Gefäße sind überaus reine und große Crystalle geschoßen. In einem bleyernen Gefäße crystallisirte sich die Saale geschwinder und die Crystalle wurden noch größer, weil sich ein Theil Bley in der Saale auflöset und damit schönere Crystalle bildet. Allein die zu Boden fallende Crystallen setzen sich so fest an den Boden, und vereinigen sich so sehr mit dem Bleye, daß man sie nicht gäntzlich mehr davon scheiden kann, ohne das Bley mit wegzuschlagen. So oft man frische Saale wieder aufgrußt, frißt die Saale tiefer in das Bley ein, nimmt daßelbe in sich und erzeuget Crystallen, die mit Bleytheilen vermenget sind. In wenigen Jahren wird das Bley von der Saale gantz durchdrungen, läßt die Saale durch und ist unbrauchbar. Die in bleyernen Gefäßen gefallene Crystallen sind der Gesundheit sehr nachtheilig.

Gantz anders verhält es sich, wenn die Saale in bleyernen Gefäßen gesotten wird. Die Saale löset in der kurtzen Zeit des Siedens nur einen sehr geringen Theil von Bley auf, welcher bey der folgenden starcken Hitze sich an die fremdartigen Theile und mit denselben sich an die Bleypfannen schlägt, und mit dem Pfannenstein zu Hornbley wird. Aus dieser Ursache hat noch niemand aus der Lüneburgischen Saale einiges Bley produciren können, vielmehr ergiebt eine genauere praecipitation, daß entweder gar kein Bley, oder unbegreiflich wenig in dem Lüneburgischen Kochsaltze befindlich sey.

Vorbemerckte in dem höltzernen Gefäße gefallene Crystalle sind deswegen so rein weiß und durchsichtig, weil man die letzte Saale oder Mutterlauge davon weggegoßen, welches wir, da wir solchen Ueberfluß der Saale haben, beständig thun könnten. Ein gleiches ist mit dem großen Kumm (der 23 Fuß lang, 22 Fuß breit und 1 Fuß tief) geschehen, daher die diesjährigen Crystallen gleichfalls reiner und weißer als die vorjährigen ausgefallen, und wir also in der Qvalitet gewonnen haben. Hingegen ist die Qvantitet geringer als im vorigen Jahr geworden.

Die Ursache lieget lediglich in der Witterung. In dem vorigen Jahre hatten wir freylich viele kalte Tage und viele kalte Nächte, allein zwischen durch auch schöne und recht warme. In diesem Jahre hingegen waren sie durchgehends temperirt, so daß wir keine Hitze fühleten.

Nun aber sind die heißen Tage doch eigentlich diejenigen, welche bey unseren Vorhaben die evaporation bewürcken. Jene Schriftsteller, welche uns das Sonnensaltzmachen empfohlen rechnen sehr viel auf den Wind und auf den Zug der Luft, und sie haben Recht, wenn die Luft heiß und das Fluidum waßerigt ist. In unserem Falle aber, wo das Fluidum oder unsere Saale fast gantz saturirt und die Luft selten warm ist, befördern die Winde das Verdunsten so wenig, daß es gar scheinet, als wenn sie sie behinderten. Beides haben wir bey unseren Versuchen sehr oft wahrgenommen.

An jedem stillen warmen Sommertage überzog sich die Oberfläche zusichtlich mit einer Haut, welche auch bald wieder verschwand. Dies geschahe nie an kühleren Tagen, auch nie bey starcken Winden, ja so gar bey warmen Tagen, wenn Winde dabei herscheten, gieng die Ausdünstung weniger von statten.

Einige unserer neuen Naturforscher behaupten, daß wärmere Jahre mit den kühleren periodisch abwechseln, und wir nun mehr schon der wärmeren Periode näher seyn. In dieser Rücksicht rathen auch die dem Sonnensaltzmachen günstige Schriftsteller, daß man nie Rechnung auf ein eintziges Jahr machen, sondern mehrere Jahre zusammen nehmen und einen Durchschnitt machen solle, sintemal man wiße, daß selbst in den heißen Ländern die Ausbeute sehr verschieden sey. Nach dieser hypothese mögten wir auch unsern Muth nicht sincken laßen, sondern, da wir doch nun die Anstalt haben, unsere Versuche fortsetzen, welche uns jetzt fast keine Unkosten verursachen.

Eines würde noch zur Beförderung der Crystallisation und zur Aufklärung der gantzen Sache sehr dienlich seyn, wenn wir unseren Saltzkumm in den Stadt Graben außer dem Sültzthore verlegeten. Die Lage des Stadtgrabens ist unserem Endzwecke sehr günstig. Er lieget gerade von Osten zu Westen an der Stadt Mauer, die nebst dem noch höheren Walle ihn gegen die kälteren Winde decket. Die Sonne scheinet täglich 12 Stunden an die Mauer, und hält den Graben in beständiger Wärme. Der Graben ist sehr lang und verstattet eine Anlage, so groß, wie man sie wünschte. Unsere Gestängewärter können die Aufsicht umsonst thun, und die hier fortzusetzende Versuche müßten gewiß entscheidend seyn.

Lüneburg d 24 t Dez. 1787 EGSonnin.

98.

RATHAUS HAMBURG

Gutachten mit dem Baumeister Carl Gottlieb Horn und dem Grenzinspektor Johann Theodor Reinke für die Kämmerei über den Bauzustand mit Vorschlägen für die Beseitigung der Schäden und eine spätere Verlegung des Rathauses. Hamburg, 27.4.1788

Staatsarchiv Hamburg
Cl. VII, Lit. Fc., Nr. 11, Vol. 6
Acta, betr. die Baufälligkeit und Reparation des
Rathauses
1786–1790...
Bl. 52

Pro memoria.

Nachdem es commißione Eines Hoch Edlen und Hochweisen Senats der freyen Reichsstadt Hamburg, Seiner Magnificenz der Herr Syndicus Sillem uns Endes unterschriebenen, den baulichen Zustand des hiesigen Rathhauses zu untersuchen aufgetragen und, um dieses Geschäfte zu erleichtern, uns die Eingaben des Herrn Inspectors Kopp so wohl, als die der Amts Zimmermeister- und Amts Maurermeister-Alten Hochgeneigtest communiciret haben; so nahmen wir die Untersuchung am abgewichenen Donnerstag und Sonnabend mit aller nöthigen Sorgfalt und Genauigkeit vor, und haben nun die Ehre bey Zurückgabe obbenannter Gutachten, unsern Befund ganz gehorsamst vorzulegen.

Ob es gleich jedermann bekannt ist, daß das Rathhaus in der langen Zeit seines Bestandes vielen Veränderungen ausgesetzt gewesen, daß nach und nach mehrere seiner Theile angebauet, und daß auch verschiedene Theile höher gebauet worden; so ist es doch hier ganz nothwendig, dieses Umstandes mit einem Fingerzeige zu erwähnen. Zu jenen Veränderungen liegen zweifels ohne viele Ursachen der jetzt ins Auge fallenden Abweichungen und Versinckungen, und dennoch sind die Effekte sehr ofte mit den Ursachen im Wiederspruche, daher denn auch die Schlüße, die man daraus folgert, ganz verschieden seyn können, je nachdem man dieses oder jenes zur Ursache annimmt. Eben diese Betrachtung legte uns auch die Pflicht auf alles was von Belang, aufmercksam zu meßen, abzulöthen und abzuwägen.

Zu leichterer Vergleichung wird es dienen wenn wir über die von dem Herrn Inspector Kopp im exhibito vom 29 Febr. sub No 1 bis 12 bemerkte Schadhaftigkeiten in eben der Ordnung unsere Wahrnemungen hergeben.

No. 1.

Die hinten unter dem Rathhause am Waßer belegene felsene Vorsetze längst, neben und unter dem Gehäge bis an das Eck der Schreiberey ist übergewichen, auch nach dem Eck der Schreiberey dem Ansehen nach gesuncken. Nur bemerken wir dabey, daß einmahl die Felsen nach alter Art weder recht eben noch zu Winkel gehauen sind, daß ferner die Felsen nicht gleich hoch oder dick, mithin dieselben nicht horizontal liegen, daß auch oberwärts keine gewiße horizontal Linie anzutreffen ist, nach welcher man zuverläßg bestimmen könne, ob die Mauer vom Gehäge an bis zum Eck der Schreiberey um die benannte 6 Zoll gesuncken sey. Wäre die Mauer würcklich versuncken, so müßte dies schon in älteren Zeiten, bevor die Schreiberey angebaut ward, geschehen seyn. Eine nachherige Versinckung müßte an den Creutzgewölbern der Schreiberey, die eine solche Sinkung nicht verhelen können, sichtbar, ja sehr sichtbar seyn, wovon wir keine deutliche Spuren sehen können.

Die Mauer hinter den Felsen ist sehr starck, auch inwendig angeschräget und daher so standhaft daß sie von der hinter ihr liegenden Erde nicht ausgedränget werden und den Ueberhang der Felsen verursachen konnte. Der Ueberhang der Felsen ist ganz irregulär, an einigen Stellen mit Fleiß gemacht, denn an einer Stelle machen die Grundfelsen sogar einen eingebogenen Winkel aus, der ursprünglich also und die folgende Schichte überher geleget ist, an einer andern Stelle ist ein ordentlicher Kropf worauf der Schornstein gegründet mit Vorbedacht übergekraget, und nur hier macht der Ueberhang 11½ Zoll aus. Hingegen stehet der Haupt Eck unter der Schreiberey so gerade, daß man an der einen Seite nur 1 und an der andern 2 Zoll Ausweichung angeben konnte, jedoch nicht mit Gewißheit, weil die Felsen gar zu irregulär behauen sind. Zwischen diesem bis ans neue Rathhaus finden wir Ueberweichungen von 8, 6, 4, 2 Zoll, wo die Felsen sich sichtbar von der Mauer abgelöset haben mögten.

Hieraus aber würde wohl nicht gefolgert werden mögen, daß die Mauer selbst übergewichen, oder von der Erde ausgedränget sey.

Der größeste Schaden an dieser Vorsetze ist daher entstanden, daß man nicht zur rechten Zeit die Fugen gehörig versehen und ausgezwicket hat.

No. 2.

Ob die unweit davon stehenden Pfeiler unter der Schreiberey übergewichen sind, ist nicht gewiß zu behaupten. Denn von den aufstehenden Felsen Pfeilern die abwärts gewichen scheinen, können wir nur die eine Seite sehen, und daher ihre Ausweichung nicht schließen, angesehen sie unten dicker als oben und daher ihre Axen völlig im Loth seyn könnten. Dieses scheinet uns wahrscheinlich, weil weder an den Gewölbern in der Schreiberey, noch auch in den Gewölbern unter der Schreiberey hievon etwas zu spühren ist. Beyde Creutzgewölber und besonders die in der Schreiberey stehen im Ganzen genommen sehr gut, wie die Gradbogen bewähren. Sie haben freylich viele, aber ganz unbedeutende Riße, und sind auf lange Zeiten sicher.

Die Verkleidung um die Pfeiler ist gut, zweckmäßig und so angeordnet, daß sie die ihr aufliegende Gewölber und Mauer gegen alle Ausweichung sichern könnten. Allein sie sind leider überaus schlecht conserviret und würden, gut unterhalten nie aus einander frieren können. Gegen die Fahrzeuge könnte man sie mit einigen Pfählen schützen. Uebrigens stehen sie im ganzen genommen gut. Die zu Grunde gelegten Sandsteine zeigen keine Sinkung an. Ihre Fugen sind zwar aus Mangel der Unterhaltung ausgewaschen; jedoch nicht einmahl so viel als die Pfeiler unter dem neuen Niedergerichte, die auch nicht gehörig versehen sind.

No. 3.

Die auf der vorbenannten Vorsetzung neben oder an dem Gehäge stehende Fenstermauer und Pfeiler, wie auch die ferner längst der Schreiberey sich erstreckende Mauer, ingleichen die vom Eck der Schreiberey bis an das Niedergerichte fortgehende Fenstermauer und Pfeiler, nicht weniger die Mittel Mauer und endlich die an der Rathsstube grenzende Hauptmauer, kürzlich alle viere das alte Rathhauß einschließende Mauren finden wir sämtlich inwendig beynahe lothrecht. Die auswärts an der Mauer des Gehäges mit neuen kleinen Steinen, aus uns unbekannten Ursachen vorgenommene Ausbeßerung, kann der Mauer keinen Schaden bringen, da sie inwendig original ganz gerade stehet, auswendig aber die Felsenmauer bey der Rathsstube gar nicht und unfern der Schreiberey nur etwa 2½ Zoll überhänget.

No. 4.

Das unter der großen Rathhauß Diele liegende Gebälke ist in schlechten irreparablen Umständen. Die Sinkung deßelben ist ganz unregelmäßig und nicht wohl zu erklären, weil wir an der Mittelmauer nicht die Merkmale finden die sich zeigen müßten, wenn sie die Ursache davon seyn sollte. Desto gewißer ist es, daß die Mittelmauer gerade stehet, keine Borsten hat und ihre Versinkung entweder zweifelhaft oder nicht sicher zu bestimmen ist.

No. 5.

Den Ausbau neben der Schreiberey wie auch

No. 6.

den Ausbau neben der Magistratur, und

No. 7.

die Decke über der Rathsstube, finden wir so, wie sie unter diesen Nummern beschrieben sind.

No. 8.

Die benannte 3 etagen hohe Mauer an der Bank pp welche unten 3 Fuß dick, haben wir in den beyden unteren etagen sorgfältig gelöthet, finden dieselbe wenig vom Lothe abweichend und durchgehends in recht dauerhaften Stande. Die auswendige Aus- und Einbiegungen sind mehr scheinbar als von einigem Belange, ausgenommen den Eck welcher diagonal sich ausgebauchet hat, den Anschein der Krümmungen vermehret und die ganze Facade verstellet. Die unter derselben befindliche felsene Vorsetze stehet gut und ist auf die Dauer gemacht. Ihre Fugen sind gleichfalls nicht gehörig ausgebeßert. In den steinernen Fenster Zargen sind verschiedene Riße und Sprünge, allein solche Mängel benehmen dem Bestande der Mauer gar nichts. Dergleichen leichte Unfälle hat man wohl an neuen Gebäuden schon in dem ersten und zweiten Jahre, und die meisten entstehen, wenn man die Zargen nicht behutsam setzet.

No. 9.

An der Gaßenwerts stehenden Facade, die durchgehends gut zu Loth und fast ganz gerade stehet, finden wir auch nur den einzigen ins Gesicht fallenden Fehler, nicht weit von dem Portale, welcher auch ohne Zweifel von der ungleichen Begründung des Portals herrühret, und gewiß unschädlich ist. Ueberhaupt führen wir hier die einem jeden bekannte Wahrheit an, daß alle Krümmungen, Ungleichheiten, Riße und Bogen, Ueberweichungen pp einer Mauer, nebst den Spaltungen der Fenster eigentlich ihrer Dauerhaftigkeit nichts benehmen, wenn sie gegen die Dicke der Mauer unbeträchtlich sind, wie hier der Fall ist, da die sämtlichen Mauren starck sind, und daher dieses Gebrechen desto weniger in Betrachtung kommen da sie den Schwerpunkt der Mauer nicht verändern, mithin ihren Unbestand nicht nach sich ziehen, und am wenigsten Gefahr verursachen können.

No. 10 et 11.

Das Gewölbe in der Registratur hat sich überaus gut gehalten. Es hat zwar einige leichte Riße, welche gegen die Riße, so wie wir in unsern Kirchengewölbern finden, gar nichts zu achten.

Die Zwischen Mauer zwischen der Bank und Registratur, war vor Alters die Haupt- und Giebelmauer des Rathhauses, deren Stand und Beschaffenheit wir sehr gut befunden. Auf derselben ruhet der Thurm des Rathhauses, und wir können keine Merkmale von deren Versinkung angeben, vielmehr bestätiget der unverrückte Stand der Registratur Gewölber, daß sie keine solche Veränderung erlitten, aus welchen man für die Zukunft nachtheilige Folge schließen könnte.

Der Theil von benannter Haupt Mauer biß ans Waßer, enthaltend unten die Banko-Zimmer und oben die Oberalten-Feuer-Kaßen- und Admiralitäts-Stuben ist nachher, und wie aus der älter scheinenden Brüstung zu muthmaßen, zu verschiedenen Zeiten angebauet. Die am Waßer befindliche Felsen Vorsetze ist überaus gut, lothrecht, gerade und standhaft, und hieraus kann man auf den sichern Bestand der über ihr ruhenden Mauer einen gültigen Schluß um desto füglicher machen, da auch inwendig die Mauer in der Kassirer Stube ziemlich lothrecht ist. Sie hat einen Hang von einigen Zollen, aber nicht nach auswärts, sondern nach inwendig herein.

Die darüber aufgeführte Brüstung, welche nach außen überhänget, ist wieder ein Contrast den man nicht gar zu wohl erklären kann. Sie sowohl als die obere etage ist noch von alten großen Steinen; hingegen die Pfeiler in der Mitteletage sind von neuern Steinen. Bey dem allen hängt der Giebel nicht auswärts hinaus, sondern er ist einwärts um 6 Zoll aufgezogen, ruhet also, da die Mauerdicke oben abnimmt auf dem wahren Grunde und kann zur Beysorge eines Unbestandes keine Ursache abgeben.

Daß die Mittel- oder Scheerwand zwischen der Banko und Kaßierstube gesunken, läßt sich aus der eingebogenen obern Balkenlaage abnehmen. Die Balken sind auf ihrem Mittel 16 Zoll gebogen. Beyde Mauren, wo sie aufliegen, stehen gut. Die wahre Ursache dieser Balkensinkung sind die schweren Schornsteine die hier aus den Banko-Admiralitäts-Feuerkaßen- und Oberalten-Zimmern zusammen kommen, theils auf den Balken theils nur auf Fachwerk ruhen und nicht gehörig unterstützet sind. Selbst die Schornsteine haben Borsten und verdieneten in Sicherheit gesetzet zu werden, womit zugleich die beschwerlichen kleinen Reparaturen an den Thüren pp wegfielen.

No. 12.

Das Gewölbe auf dem großen Rathhause finden wir nicht schlecht, auch um desto weniger Gefahr dabey, da niemand darauf zu gehen hat.

Ueberhaupt ist das Dachwerk über dem ganzen Rathhause, fest und dauerhaft, ausgenommen das flache Dach über der Weinbude, wo es vielleicht an tüchtiger Unterhaltung fehlet.

Wie nun überhaupt der bauliche Zustand des Rathhauses so beschaffen, daß weder eine plötzliche Gefahr, die kleine Anbaue ausgenommen, noch auch eine baldige Verschlimmerung an seinen Haupttheilen zu besorgen; so hätten wir

II.

die Frage:
»Ob an demselben eine nicht gar zu kostbare und auf lange Zeiten dauerhafte Reparation statt fünde« in aller Hinsicht zu bejahen, und giengen in Betreff der Reparation unsere Gedanken dahin:

a) an der Felsen Mauer längst dem Gehege und der Schreiberey würden diejenigen Stücke, die loß seyn möchten, ausgenommen und wieder eingebracht. Die übrigen aber wohl ausgefuget verzwicket und wo es thunlich verankert.
b) die unter der Schreiberey befindlichen Pfeiler würden mit Fleiß nachgesehen und verbeßert.
c) die Fenster Mauer und Pfeiler neben dem Gehäge bedürften nur einer auswändigen Ausfugung.
d) das Gebälke unter dem großen Rathhause müßte ganz neu gelegt und die Balken zu beyden Enden mit durch die Mauren gehenden Ankern versehen werden, womit zugleich die Mauren sub Litt a und c desto mehr auf lange Zeit gesichert würden.
e) der Anbau würde fördersamst neu gemacht.
f) die Rathsstube erhielte eine neue Decke.
g) sämtliche Facaden des neuen Rathhauses würden auswendig ausgebeßert und die steinerne Fenster Zargen des Ansehens wegen ausgeküttet, auch allenfalls, wo sie das Auge beleidigen, behauen. Wollte man den Mißstand der ausgewichenen Ecke nach dem Waßer zu wegschaffen, so könnte man sie ohne Schwürigkeit abstützen und gerade mauren.
h) und i) die bisherige und fortdaurende Sinkungen der Scheerwand an den Banko-Zimmern pp würde gehemmet, wenn man die Last der Schornsteine, wie leicht thunlich, von unten auf unterstützete.
k) das Gewölbe des großen Rathhauses bedürfte keiner Reparation, nur würde es dienlich seyn, wenn von Jahren zu Jahren, wie ohne alle Gefahr geschehen kann, die unter gekleideten Bretter nach gesehen und die wandelbaren ausgebeßert würden.

Aus diesen Bemerkungen würden ferner

III.

die Frage:
»wie hoch die Reparation gehen möchte, sich unschwer übersehen laßen«.

Die hauptsächlichsten Reparationes sind die Decke in der Rathsstube und die große Rathhausdiele. Wir glauben nicht zu wenig anzuschlagen, wenn wir die Decke über die Rathsstube mit inewändiger anständigen Verzierung zu 7000 und die neue Balkenlage der Rathhausdiele mit Ankern und Zubehör zu 9000 Mk ansetzen.

Die übrige benannten Verbeßerungen kann man nach und nach vornehmen, auch mit denselben mehr oder weniger wirthschaftlich verfahren. Wenn man den gehörigen Fleiß der Handwerker unter zweckmäßiger Aufsicht voraussetzet, so ließen sie sich mit 12 biß 15 000 Mk recht gut beschaffen und wir erachten daß sie über 20 000 Mk nicht gehen könnten.

Alsdann würde die ganze dauerhaft und gut gemachte reparation die Summe von 36 000 Mk nicht überschreiten.

IIII.

Die angelegentliche Frage

»Ob bey der vorzunehmenden Reparation Amplißimus Senatus und andere Collegia sich in andere Zimmer begeben müßen?«

können wir zuverläßig mit Nein beantworten.

a) die Rathsstube hat die wenigste Schwürigkeit. Man ziehet unter der jetzigen Decke auf hinlängliche Unterstützungen einen verlohrnen Boden von doppelten wechselsweise sich die Fugen deckenden Märkischen Dielen. Damit kein Staub durchfalle, auch über dem Boden nichts, was in der Rathsstube vorfällt, gehöret werden könne, wird der verlohrne Boden unterwärts mit weißer Friese oder groben Tuche doppelt beschlagen. Er wird in der Zwischenzeit zwischen den Rathstagen ganz bequem zu Stande gebracht, und hierauf der Fußboden in der 180 ger Stube nebst allen darunter liegenden alten Balken weggenommen. Mittlerweile sind die neuen Balken völlig zubereitet. Sollten keine Umstände hindern wäre es wohlgethan wenn sie verkehrt geleget oder nach dem Waßer zu gestrecket, und mit beyden Mauren verankert würden. Ihre Länge würde in diesem Fall auch geringer.

Wenn die neue Balkenlage und der Fußboden in der 180 ger Stube hergestellet, würde des Gehörs wegen dieser Fußboden wieder mit Haardecken beleget, sodann der verlorne Boden weggeräumt, die Schalung zur Gipsdecke angeschlagen, und hienächst die Gipsdecke, wozu wir Hände genung haben, fördersamst gefertigt. Diese Arbeit führte man in den Ferien der Hundes Tage aus. Gefiele es die Wände mit einem der Rathsstube angemeßenen Tafelwerke zu zieren, so müßte auch dieses vorher zugerichtet werden. Der Geruch von der Gipsdecke und der Mahlerey verlöhre sich in wenige Wochen, wenn man die Fenster Tag und Nacht offen hielte, und beydes dürfte in den wenigen Stunden einer einfallenden Seßion wohl nicht einmahl beschwerlich seyn.

b) die große Rathhausdiele ließe sich gleichfalls ohne große Beschwerlichkeit verändern, wenn man sie in zweyen Theilen zur bequemen Zeit und zwar den Theil vor der Schreiberey zuerst vornehme. Die Anstalt, daß die Cammer, die Canzelley und die Schreiberey derweile communication behielten, ließe sich leichtlich und ohne sonderliche Kosten treffen.

Nachgehends würde der zweite Theil auf gleiche Weise, und so daß man vorgedachte Communication beybehielte, zu Stande gebracht.

Woferne nun das Rathhaus die vorangeführte respective Verbeßerungen und Reparationen erhielte, so sind wir nach unserm besten Wißen und Gewißen überzeuget, daß es zum wenigsten noch ein halb Jahrhundert ohne Beysorge einiger Gefahr bestehen und genutzt werden kann, und in Verlauf dieser Zeit alle Theile deßelben sich einander gleich, und so zu sagen gleichmäßig reif zu einem dereinstigen Abbruche werden.

Es sey uns erlaubt in Ansehung der Situation anzufügen, daß unsers Erachtens das Rathhaus nicht an der besten und bequemsten Stelle liget, wäre es möglich, daß in der jetzt bemerkten langen Zeit, abseiten der Stadt die sämtlichen Privat Häuser vom Kayserhofe an bis zum Brodschrangen, gelegentlich angekaufet werden könnten, so gäbe dieses Quarré einen Platz zu einem zierlichen und nach allen Absichten bequem einzurichtenden Rathhause. Der Platz könnte auch noch so viel abgeben, daß die Straßen um etwas breiter würden. Bei dem Ankauf könnte die Kammer nichts verliehren, indem sie derweile gute Einkünfte davon zöge, und am Ende würde der Platz, worauf jetzt das alte Rathhaus stehet, und beßer zur Handlung gelegen ist, theurer verkauft werden können. Ueberdieses hätte man die Bequemlichkeit, daß wenn das neue Rathhaus fertig, daß alte ohne alle Beschwerlichkeit verlaßen werden könnte. Der neue Bau

würde auf diesem Platze sicherer und wohlefeiler, weil man nicht am Waßer zu bauen hat.
Hamburg, d. 27 April 1788.　　　　　　　　　　　　EGSonnin.
Carl Gottlob Horn　　　　　　　　　　　　　　　　Johann Theodor Reinke.

99.
RATHAUS HAMBURG

Von Johann Theodor Reinke mit unterzeichnete Ergänzung zum Gutachten vom 27. April 1788 und Vorschlag für ein Fonds zur Finanzierung eines Neubaues. Wie schon bei anderer Gelegenheit betont Sonnin die fachliche Kompetenz des Bauhofsinspektors und seines einstigen Schülers Johannes Kopp. Er kritisiert den von dessen Vorgänger durchgeführten Neubau des Niedergerichts.
Hamburg, 9.5.1788

Staatsarchiv Hamburg
Cl. VII, Lit. Fc, Nr. 11, Vol. 6
Acta, betr. die Baufälligkeit und Reparation des
Rathauses
1786–1790...
Bl. 67

Pro memoria.
Magnifico et Amplißimo Senatui erstatten Endes Unterschriebene hiemit gantz gehorsamsten Bericht über zwey uns aufgegebene Fragen:

I.
»Ob neben dem Cathrinitischen Kirchspiels Sahle ein Zimmer aptiret werden könne, welches, falls Senatus sich daselbst einmal versammeln wollte die Stelle der registratur vertreten könne?«
An dem Cathrinitischen Kirchspiels Sale grentzen 2 Zimmer die zum Hause des Rathhaus Schließers gehören. In beide kann man, wenn die Scheerwände durchgebrochen und mit Thüren versehen werden, kommen. Zu beiden Zimmern kann man auch einen besonderen Zugang haben, nemlich den einen, wenn man durch die Cantzelley gehen will und den andern wenn man durch des Rathhaus-Schließers Haus gehet.
Der Rathhaus Schließer wird diese Zimmer unschwer einige Raths Tage entbehren können, und wo die Raths Stube in den Ferien verändert würde, sind sie vielleicht gantz entbehrlich, es wäre denn noch der Gips und Farbe-Geruch zu spüren, welcher aber in 14 Tagen vorbey ist mithin dürften nur 1 oder ein paar Raths Tage die Zimmer nöthig seyn.

II.
»Nach welcher Disposition und Ordnung die reparation des Rathauses vorzunehmen und auszuführen sey?«
Mit hohen Stellungnahmen mögten wir hier wohl äußern, wie der Bauhofs Inspector Kopp der Sache so kundig sey, daß er hierin einer Vorschrift nicht bedürfte. Jedennoch gehorsamen Hochgeneigtesten Befehlen wir um desto williger, als wir zugleich Gelegenheit erhalten, eines oder das andere anzufügen, welches wir, theils, um kurtz

zu seyn, in unserem Gutachten nur obenhin berühret haben, theils wegen einer gewißen Verbindung überschlagen mußten.

(A)

Ueberhaupt könnte man in ansehung der Reparationsarbeiten wohl sagen: sie seyn so mannigfaltig, so weitläuftig und so geartet, daß man sie immer auf einmal und mit einer Menge von Leuten vornehmen könnte; Allein alsdann käme es darauf an, daß die Arbeiter alle treu, fleißig und geschickt wären, und dann die Aufsicht unermüdet und ununterbrochen geführt würde. Dieses alles mögte auf einmal zu viel gefordert seyn, und, weil keine Gefährlichkeiten vorhanden, es rathsamer seyn, sie nach und nach, stückweise und zupaßend vorzunehmen.

Nach geschehener Untersuchung haben wir uns die Sache so vorgestellet, als wenn ein so genannter, seines metiers wohlkundiger, Hauswirth sich mit ganzem Ernste vorgenommen hätte, sein weitläuftiges Erbe 50 Jahre hinzuhalten und derweile für seine Kinder so viele revenues daraus zu ziehen, daß dieselbe nach Verlauf dieser Zeit das Erbe gantz neu erbauen, oder beliebig die alten Gebäude noch länger benutzen könnten. Ein solcher würde niemalen mehr Arbeiter anstellen, als er mit seinen eigenen Augen übersehen könnte. Er wird nicht mehr als die Nothdurft erfordert vornehmen. Er nimmt nicht mehr weg, als dem Gebäude nachtheilig ist. Er sieht nicht auf die Zierde, zeiget aber, daß er ein Wirth ist. Er thut nichts überflüßiges, läßt aber auch nichts verfallen, hält rechte Zeit und Maaße und erhält seinen Zweck.

Diese Vorstellung hat uns geleitet, nach einer solchen Vorstellung haben wir auch unseren Anschlag gemacht, und sind eben daher um desto gewißer, daß die angeschlagene Summe mehr als hinreichend sey, das Rathhaus wieder in so gute Umstände zu setzen, daß es nachher keiner großen Reparation bedürfte, sondern unter regulmäßiger Aufsicht mit mäßigen Kosten im Stande erhalten werden könne.

Wir können bemeldetes Beyspiel in allem Betrachte auf unsern Vorfall anwenden. Denn nachdem Magnificus et Amplißimus Senatus decretiret hat, das Rathhaus möglichst lange zu repariren; so hat Hochderselbe seinem Bauhofsinspector Kopp, der dem Werke gewachsen, und bieder genung ist, jenen hohen Wink nach allen Kräften auszuführen. Er hat eine Menge Leute und unter ihnen die Wahl. Er kann die besten, die fleißigsten, die getreuesten anstellen. Diese gehorchen seinen Befehlen pünktlich; sie nehmen nichts weg, als was er vorschreibet und absolut nötig ist; sie verschieben, was noch einige Jahre sitzen kann, bis auf seine Zeit; sie laßen aber auch nichts verfallen und conserviren also der Stadt ihr Rathhaus und ihr Geld aufs beste. Da er also nicht an eine Zeit, nicht an Schönheiten, nicht an die Urtheile der Menschen, sondern nur an die Nothdurft gebunden ist; so nimmt er ein jedes Stück zu seiner Zeit nach dieser Regul vor.

Wir wißen gar zu wohl, daß dieß, von ganzem Hertzen gethan, eine mehr mühseelige als ins Auge fallende Arbeit sey und hingegen es viel angenehmer, glänzender und schmeichelhafter ist, ein neues Rathhaus zu bauen; Allein das Bewußtseyn, seiner Verbindung und Pflicht gelebet zu haben, gewährt uns ein dauerhaftes Vergnügen, und der Ruhm, dem Vaterlande drei Millionen Marck ersparet zu haben, ist in der That von mehrerem Gewigte.

Denn wenn wir jetzt zum neuen Rath Hause 1 Million Marck (unter dieser Summe kommt es, so starck, so reich, so geschmackvoll, wie das alte ist, nicht zu Stande) zu Zinsen von 3 pro cent aufnehmen, so verzehren diese Zinsen mit Zinsen auf Zinsen in 50 Jahren drey Millionen und 384 tausend Marck. Das neue Rathhaus kostet dann 4 Millionen 384 000 Marck, und in 100 Jahren 16 mal so viel. Wollte man die Zinsen nicht anschwellen laßen, sondern jährlich abbezahlen, müßte dazu ein immerwährendes jährliches Grabengeld bewilliget werden, und in dieser Hinsicht, wäre es eine geringere Ehre, wenn der Hamburgische Bürger laute sagete: Dieser Mann schenket uns jährlich 30000 Mk durch seine redliche und thätige reparation.

Bey unserer Vergleichung mit einem Hauswirthe wird man mit Recht erinnern: da das Rathhaus keine revenües einbringt, sondern jährlich große reparations Kosten erfordert, woher nimmt man um 50 Jahre Geld zu einem neuen Rathhause?

Ganz gewiß können in der Zukunft die Unterhaltungs Kosten so groß nicht seyn, wenn nach nunmehriger ordentlicher Ausbeßerung künftig ein wirthschaftlicheres Auge darauf gehalten wird. Ohne sorgfältige Vorsehung wird selbst ein neues Rathhaus (sonderlich, wo man es nicht beßer, als das Niedergericht bauete) bald verfallen und bald großen Reparationen unterworfen seyn. Und was wollte man thun, wenn es unserer Stadt ganz unmöglich wäre, zu einem neuen Rathhause Geld aufzubringen? Eben das, was man alsdann thun müßte, nemlich es bestens zu unterhalten, mögte jetzt die Regul der Klugheit seyn, zumalen die Stadt bei der Reparation ungemein gewinnen kann. Schon vor 15 Jahren war der Vorschlag, ein Capital auf Zinsen für eine künftigen Bau niederzusetzen. Setzten wir jetzt für ein neues Rathhaus 250000 Marck aus, so hätte man innerhalb 50 Jahren eine Million vorräthig und hätte 750000 Mk ohne Belastung einiger Person gewonnen. Ein noch weniger lästiger Weg würde es seyn, wenn Höchsten Orts beliebet würde, daß die Kammer von den öffentlichen Einkünften jährlich 10000 Mk auf sichere hypothek belegen sollte. Dies fiele ihr nicht beschwerlich, bedrückte keinen Menschen, erleichterte vielmehr reell den Bürgern ihre Hausgelder und wir lieferten in 50 Jahren unsern Nachkommen 1 Million und 150000 Mk, welche sie entweder zum neuen Bau anwenden, oder wo sie lieber von Staatslasten sich entledigen wollten, das Rathhaus noch 50 Jahre hinhalten könnten, gewiß mit noch größerem Vortheile.

(B)

Was denn insbesondere die Ordnung der reparation betrifft; so waren, als unumgänglich nothwendige Stücke fördersamst vorzunehmen

sub no. 5

der Ausbau neben der Schreiberey.

Ein Werck von wenigem Belange, welches nach gehöriger Vorbereitung bald hergestellet werden kann. Er ruhet auf vielen Pfählen, welche man abschneiden, Grundschwellen darüber strecken und unsern Nachkommen eine nochmalige Reparation sehr erleichtern kann. Ob der Bauhofs Inspector ein Mittel zur Ersparung bey diesem Stücke ausfinden könne, wäre ihm zu überlaßen.

sub no. 6

Der Ausbau neben der Registratur ist eben von der Art. Die Pfäle und Bänder, worauf er ruhet, sind abgefault. Ob die Balken noch so gut sind, wie sie scheinen, wäre durch Bohren zu untersuchen, und wo sie haltbar, thäten neue doppelte Pfäle auf gestreckten Grundschwellen sicherere Dienste für die Nachwelt.

Unterdeßen, daß benannte beide Baustücke zu Stande kämen, könnten alle Balken und Bolen die sub no. 7 zur Rathsstube, und sub no. 8 zur Rathhaus Diele erforderlich sind, bereitet und zum wahren Vortheil etwas ausgetrocknet seyn. Der Bauhofsinspektor Kopp wird die vorbereitete Arbeit ohnfehlbar in wenige Tagen zur Stelle bringen, ohne daß Senatus et collegia in ihren Seßionen gestöret werden müßten.

sub no. 1

die Felsen Vorsetze am Waßer vom Gehäge an bis zu Ende der Schreiberey kann so bald man will vorgenommen werden. Die Hauptsache ist dabey, daß man die unterste Felsen, so weit man Waßerswegen nur immer zukommen kann, wohl mit Tras ausfuge und auszwicke. Dies ist hier besonders nöthig, weil die Felsen nach alter Art nicht so regulmäßig, wie die jetzigen behauen sind. Sie tragen zwar deswegen recht gut, so wie die vor Alters von runden Feldsteinen aufgeführte Thürmer Tausend Jahre bestanden sind, obgleich die runden Felsen sich oft nur in Einem Punkte berühren. So wie nun die Auszwickung bey jenen Thürmern ein wesentliches Erforderniß war; so ist sie es auch bey unsern im regulmäßigen Felsen und wäre anzurathen, daß man zum Auszwicken die zweckmäßigsten Stücke des Abfalls vom Felsenhauen nähme, welche sich mit Gewalt eintreiben laßen und die Vorsetze gegen Versinkungen sichern. Einige zuverläßige Maurer Gesellen können von dieser Arbeit viel beschaffen und wenn ihnen das Waßer hindert, die Löcher zu den unter den Balcken zu befestigenden Ankkern bohren.

Gleichermaßen ließe sich die Pfeiler Verbeßerung sub no. 2 so bald man will vornehmen. Sie sind freylich viel größer als es nöthig war, angelegt, und konnten mit eben den Kosten gantz von Sandsteinen oder Felsen gemacht werden, welchen falls wenigere Fugen auch wenigere Reparation erfordert hätten. Ueber dieses hat man sie mit Segeberger Kalck gemauert, welcher im Waßer nicht bestehet. Deswegen findet man gantz lose Stellen. Nunmehro muß man mit Bedacht das unhaltbare wegnehmen was unter Waßer kommen kann, mit Tras mauren und ausfugen, über Waßer aber alles mit einem schwachen Tras Mörtel ausfugen und die Unterhaltung der Pfeiler sich ein besonderes Augenmerck seyn laßen. Diese versäumen, ist ihren Ruin wißentlich befördern wollen.

sub no. 8
die Ausbeßerung an der, 3 Etagen hohen Mauer bey der Banck, an den Fensterpfeilern des Geheges, an den auswendigen Mauren um und über der Schreiberey, an den Giebelmauren pp preßiret nicht und könnte allenfalls in künftigem Jahre vorgenommen werden.

sub no. 9
die an der gaßenwerts stehenden Facade zu besorgende wenige Ausbeßerung kann auf eine gefällige Zeit verschoben werden. Das Werck bleibet freylich mit dem Vorzuge seiner langen Dauer eine antiquitet, so wie unsere spätere Nachkommen das neue Rathhaus, was wir jetzt gefühl und geschmackvoll bauen mögten für eine antiquitet erklären werden, weil alsdann die mode es erheischet.

sub no. 11 et 12
da die Versinckungen der Scheerwände vor der Hand keine bedenkliche Folgen, als diese haben, daß man jährlich an den Thüren kleine Verbeßerungen hat; So muß auch die Unterstützung nicht nothwendig in diesem Jahre geschehen, sondern kann so lange als keine Gefahr vorhanden ausgesetzet werden. Man kann sie zu einer Zeit beschaffen, die zu anderen Baugeschäften unbeqvem fällt.

sub no. 12
das Rathhaus Gewölbe wird alsdann erst, wenn eine oder die andere Diele deßelben schadhaft befunden würde, ausgebeßert.

In unserem Gutachten haben wir auch des flachen Daches über der Weinbude gedacht. Dieses würde mit dem allerersten gehörig vorgenommen und in einen haltbaren Stand gesetzet. Sollt das Kupfer sich nicht mehr dichten laßen, mithin abgenommen werden müßen; so mögte man zugleich ein höheres Sparrwerck aufsetzen.

Hamburg d 9 t Maii 1788   EGSonnin.
                                                                    J. T. Reinke.

100.
SANDWISCH- UND TIEFSTACKSCHLEUSE AM BILLWERDER ELBDEICH

Von Johann Theodor Reinke mit unterzeichnetes Gutachten für die Landherren über den Bauzustand mit Vorschlag für die Instandsetzung.
Hamburg, 23.5.1788

Staatsarchiv Hamburg
Archiv der Landschaft Billwärder Nr. 465
Neubauten und Ausbesserungen der
Tiefstackschleuse 1701–1876

Pro memoria
Auf Erfordern des Herrn Oberalten Kern haben wir Endesbenannte die Schleuse bey der Sandwisch und die Schleuse beym Depen Stack besichtiget und legen hiemit unsere unvorgreifliche Gedanken über dieselben vor.

I.
Bey der Sandwischer Schleuse kam zur Frage:
a) Ob dieselbe entbehrlich sey und ganz eingehen könne?
Unserer Meinung nach könnte man dieselbe ganz eingehen laßen, da dieselbe sehr hoch am Strome liegt und aus dieser Ursache wenig Waßer abführen kann; daher es denn auch kommt daß sie sehr selten und vielleicht nur ein oder ein paar Mahl im Jahre sich öfnen kann. Die Vorsicht, welche man gebrauchen will sie vorher abzudämmen um zu versuchen ob die Depenstacks Schleuse das Wasser genugsam abziehen könne, verdienet einen allgemeinen Beyfall, und nun kommt in Betrachtung:
b) wie solches am füglichsten geschehen könne, und wieviel die Abdämmung kosten würde.
Unseres Ermeßens könnte die Abdämmung innerhalb der Schleuse nach der Landseite zu also geschehen: daß man zwischen den Schleusenständern ein paar Schotte von marckischen genuteten Diehlen vorrichtete und dieselbe mit guter Kleyerde ausfüllete. Es wäre zwar genug, wenn die Schotte nicht höher wären als das Wasser binnen Landes anwachsen pfleget; allein es wäre doch nicht ungerathen wenn man sie bis unter die Schleusendecke gehen ließe.

Die Kosten sind von wenigen Belange:
6 Marckische Diehlen a 3 ½ Mk . . . . 21 Mk
¼ Putt Kleyerde a 4 Mk . . . . 1 ”
Zimmerer- und Arbeitslohn 10 ”
Zum Ueberfluße Kleinigkeiten auszuflicken 18 ”
Summa = 50 Mk

Die Schleusenthüren mögte man zur Sicherheit auf alle Fälle vernageln.

II.
Die Depenstacks Schleuse ist in so kläglichen und dem Einsturz drohenden Umständen daß bey ihr keine reparation auf mehrere Jahre stattfindet und sie daher nothwendig neu gebauet werden muß. An den Wänden und der Decke ist fast kein Stückchen gesund. Ob der Schleusenboden noch gut sey, haben wir nicht untersucht, weil wir drey Bedenklichkeiten bey der Schleuse finden die von weit größerer Erheblichkeit sind.

1. Die erste Bedenklichkeit ist diese: Wir fanden bey sehr niedrigem Waßer vor der Schleuse eine große Tiefe von 20–30 Fuß.
2. Die zweite Bedenklichkeit ist das neben ihr liegende Stack welches aus Wasen bestehet und so wenige Festigkeit hat, daß es zittert wenn man darauf gehet.

Nun muß doch bey einem Schleusenbau ein Klopfdamm vor der Schleuse geschlagen werden. Diesen kann man eines theils mit der gehörigen Zuverläßigkeit an dem Stacke nicht anschließen; andern theils wird die Tiefe vor der Schleuse den Klopfdamm überaus kostbar machen, da seine Höhe 20 Fuß unter und wenigstens 24 Fuß über dem niedrigsten Waßer seyn muß. Man siehet leicht daß hie zu recht lange schwere Kiehnen angeschaft und sie mehrfach und wohl verbunden werden müßen wenn der Klopfdamm gegen eine mögliche hohe Fluth bestehen soll.

Hie zu kommt

3. Die Bedenklichkeit daß die Schleuse so hoch am Strom liegt, die alle Deichverständige so niedrig am Strome legen als sie nur immer können. Uns scheint das Gefälle des Stroms hier so günstig zu seyn, daß die Schleuse gegen 1 Fuß mehr Waßer abziehen würde wenn man sie ganz unten beym neuen Deiche anlegte.

Dies würde dem Lande ungemein viel werth seyn, und da dort das Ufer flach, zur Anlage viel bequemer und dem Klopfdamme weniger nachtheilig ist, würde die Verlegung der Schleuse vielleicht weniger kosten, als ihre Erneuerung an ihrer jetzigen Stelle.

Wir erachten daß es in mehrerer Hinsicht wohl der Mühe werth sey, diese Bedenklichkeiten in reife Ueberlegung zu nehmen, und da man doch geneigt ist, mit der Abdämmung der Sandwisch-Schleuse einen Versuch zu machen, worüber natürlich ein volles Jahr vergehet, so möchte man dieses Jahres frist anwenden um aufs umständlichste zu erwägen ob und wie es möglich sey, die neue Schleuse an der äußersten Grentze von Billwärder anzulegen.

Bis dahin kann auch die Depenstacks-Schleuse noch immer aushalten, sonderlich wenn man ihre größeste Schadhaftigkeit mit vorgenagelten dünneren und dickeren Schellstücken wirthschaftlich ausbeßerte, welchenfalls dieselbe unter aufmerksamen Beobachtungen ganz sicher und ohne alle Gefahr noch einige Jahre hingehalten werden kann. Eine solche nach Nothdurft und den Deichregeln vorgenommene Ausbeßerung kann mit 100 bis 150 Mk bestritten werden.

Hamburg, d. 23 sten Maii 1788 EGSonnin.
J. T. Reinke.

101.

LÜNEBURG

Gutachten zur Veränderung des Roten Tores und dessen unmittelbarer Umgebung. Dazu Lageplan und Entwurfszeichnung für ein Holztor im Aufriß. (Veröffentlicht von Heckmann, a.a.O., Abb. 87.)
Lüneburg, 7.6.1788

Stadtarchiv Lüneburg
Bausachen B 1, Nr. 4, Vol. IV
Acta betr. die städt. Baugegenstände, deren
Reparatur, Erinnerung pp. (Allgem. Bau-
Akten)
1769–1794
Bl. 273

Pro memoria

Bey der vorseyenden Veränderung des rothen Thores ist vorgebracht worden: Man könne dieselbe nicht vornehmen, bevor die neue chaußee reguliret und abgestecket wäre. So viel ich aber davon vernehme, soll dieselbe gerade auf das Sültzthor gerichtet werden und dann fiele die vorgegebene Hinderung von selbst dahin.

Gesetzt aber, daß der neue Weg auch aufs rothe Thor gehen sollte, so zeiget anliegender Situations Riß, daß er keine Veränderung geben könne, wie er auch immer geleget werden mögte. Jetzt gehet der Weg aus dem Thore so, wie ich ihn punctiret und mit gelb illuminiret habe, fürs künftige aber sollte er gerade ausgehen, wie die grünen Linien ab und cd ihn anzeigen.

Das neue Wachthaus käme dahin zu stehen, wo der Buchstab a stehet, kann aber auch etwas weiter hinaus gestellet werden, wenn man etwas von der Wall Erde wegnehmen will. Die Abtragung des Walles, wo er durchgeschnitten wird und deßelben Herstellung an dem Orte wo das jetzige alte Thor weggenommen würde, wäre des Herrn Lieutenant Sanders Sache und würde am füglichsten durch die Wall Leute gemacht.

II

Von Hochlöblicher Kämmerey wird in Erwegung gezogen, ob das rothe Thor mit gemauerten Pfeilern, wie das Bardewiker Thor ist gemacht werden solle oder ob man hölzerne dazu nehmen wolle, wie mein unmaßgeblicher Vorschlag gewesen, und dem Zimmer Meister Gudau ist aufgegeben, darüber einen Anschlag zu machen, wozu er einen Riß von mir gefordert hat. Ich füge ihn hiebey. Da die Thüren auf beide Fälle gleich bleiben, so wird, wenn man die Kosten der gemauerten mit den hölzernen vergleichen will, der Anschlag so gefertiget werden müßen, das der Zimmermann die Kosten der Pfeiler besonders und die Kosten der Thüren auch besonders stelle. Alsdann ist noch zu bedencken, daß, wie die tägliche Erfahrung giebet, die gemauerte Pfeiler alljährliche reparationes erfordern, und hingegen die hölzerne gegen 20 Jahre ohne reparation aushalten und nach geschehener guten reparation noch einmal so lange wieder dauren.

Lüneburg d 7 t Junii 1788. EGSonnin.

102.

ENTWÄSSERUNGS- UND KORNMÜHLE AM HERRENBRACK

Gutachten für die Landherren über den Mühlenentwurf des Zimmermeisters Heinrich Joachim Lübbers.
Hamburg, 3.7.1789

Staatsarchiv Hamburg
Archiv der Landschaft Billwärder Nr. 147
Erbauung der Korn- und Wasserschöpfmühle
auf dem Billwärder Elbdeich am
Sandwischbrook 1789–1790

Pro memoria

Dem Herrn Oberalten Kern ist es gefällig gewesen, mir die Kopey eines von dem Zimmer-Meister Lübbers gefertigten Rißes zu einer Schrauben-Windmühle mitzutheilen, welchen ich hiebey wieder zurück sende.

Der Riß ist ausführlich genung gemacht, so daß man die meisten Haupttheile daraus ersiehet. Nur fehlet das obere Getriebe an der stehenden Welle, daher man denn die Geschwindigkeit des Ganges nicht beurtheilen kann. Jedoch ist dieses weder ein Fehler noch ein Geheimniß, da die Mühlen genungsam bekannt sind.

Die Windmühle ist angelegt 2 Waßerschrauben zu treiben, welche das Waßer 10½ Fuß aufbringen sollen. Zu dieser Absicht hat sie Ruthen von 88 Fuß Länge, und einen Thurm von 66 Fuß Höhe, ohne das Fundament, welches noch 12 Fuß hoch ist. Außer denen beiden Schrauben ist auch noch ein Korngang darin, welchen sie füglich treiben kann, wenn das Waßermahlen nicht nötiger ist. Endlich ist auch ein Schott angeleget, womit er denen Schrauben leicht Waßer geben will.

Man ersiehet hieraus, daß die Lübbersche Mühle bey dem Plane, den jetzt das Land vor hat, nicht anwendbar ist, mithin nicht statt finden kann. Gantz richtig hat er bemerket, daß die Schraubenmühlen das Waßer so hoch nicht treiben können, wie dann nunmehro die traurige Erfahrung und die offenbare Unmacht der hier und anderwerts angelegten Schraubenmühlen leider alles dasjenige bestätiget, was die theorie voraussagete und uns belehrete, daß auch Ruthen von 90, 100, 110, 120 pp. Füßen, keine größeren Wirkungen hervor zu bringen, im Stande wären.

Sicherer und natürlicher ist also der Plan, den das Land jetzt vorschlägt, auch mit leichteren Kosten ausführen kann, da man nemlich das Waßer nicht über den Deich hin, sondern durch den Deich hin in solcher Höhe ausmahlen will, die den Bedürfnißen des Landes angemeßen ist. Dieses kann zuverläßig mit einer weit kleineren Mühle, die auch nur einer einfachen Schraube bedarf, hinlänglich bewürcket werden. Sie kann eben so gut, wie jene Große, einen Korngang haben und wird bey jeden etwas starken Winde Waßer und Korn zugleich mahlen können.

Der Ort, den man dazu unweit der Sandwischer Schleuse vorschlägt, ist wohl gewählt. Er liegt frey vor dem Winde, hat den gehörigen Zufluß und auch diesen kann man noch verbeßern.

Die Verlegung der Depenstacks-Schleuse kann vor der Hand noch ausgesetzet werden. Ich habe sie vor wenig Wochen besichtiget und kann versichern, daß sie noch einige Jahre ohne alle Besorgniß stehen könne. Unterdeßen wird die Ausführung des obenbenannten guten Plans uns nähere Aussichten zum Besten des Landes eröfnen und Gelegenheit geben, reifere Entschlüße zu faßen.

Hamburg d 3ᵗ Julii 1789 EGSonnin.

103.

LAMBERTIKIRCHE OLDENBURG IN OLDENBURG

Gutachten im Auftrag des Herzogs Peter Friedrich Ludwig von Oldenburg über den Bauzustand mit Kostenüberschlägen für die Instandsetzung und einen Neubau. Sonnin mag sich nicht für Instandsetzung oder Neubau zu entscheiden. Für gelungen hält er eine Instandsetzung nur dann, wenn innerhalb von 40 bis 60 Jahren keine Schäden mehr auftreten. Neben Hinweisen auf die Notwendigkeit von guten optischen und akustischen Bedingungen im Kirchenschiff enthält das Gutachten die bemerkenswerte Feststellung: »Wenn man gut, nur einfach, nur mit den unentbehrlichsten Zierrathen eine runde Kirche, welche allemal die schönste, geräumigste, dauerhafteste und wohlfeilste ist, erbauen wollte,...« Mit ihr widerspricht er seiner am 1. Mai 1775 zum Entwurf der Kirche Wilster geäußerten Ansicht, ein länglicher Kirchenraum sei aus akustischen Gründen zu bevorzugen. Eine kreisrunde Kirche hatte Sonnin schon 1762 für ein neues Waisenhaus in Hamburg in Anlehnung an einen Musterentwurf Leon-

hard Christoph Sturms in der »Vollständige Anweisung Allerhand Oeffentliche Zucht- und Liebes-Gebäuden wohlanzugeben« entworfen.
Oldenburg, 23.7.1789

Heckmann, Hermann: Das letzte Kirchengutachten von Ernst George Sonnin. In: Oldenburger Jahrbuch, 78/79. Bd. 1978/79, S. 19 ff.

Staatsarchiv Oldenburg
Bestand 73, Nr. 9864
113. Consist. Acta eine nöthige Haupt-
Reparation oder neuen Bau der
Oldenburgischen St. Lamberti Kirche
Betreffend de ao. 1789 seq.
Nr. 2

Pro Memoria!

Auf die von einem höchstpreislichen Consistorio in Betreff der Lamberts-Kirche mir aufgegebenen Fragen habe ich unterthänig gehorsamst zu erwiedern.

Quaestio I.

Ist Gefahr bey dem Kirchen-Gebäude, und muß solches deshalb repariret werden?

R.

Gefahr ist freylich vorhanden, aber keine plözliche. Weil sie indessen in einer beschleunigten Progreßion beständig anwächst und ein unvorhergesehener Umstand leicht bewürken könnte, daß ein Unfall einträte; so hätte man Ursache demselben baldthunlich vorzubeugen in mehrerer Erwegung, daß das Gebäude bey längeren Aufschub in sich selbst immer schlechter wird.

Quaestio II.

Worin müßte die reparation in letzterm Falle bestehen, wenn sie gründlich seyn soll?

R.

Ueber diese Frage würde eine kurze Beschreibung der Schadhaftigkeiten ein näheres Licht verbreiten.

Die Kirche scheint zu dreyen verschiedenen Zeiten erbauet zu seyn. Wahrscheinlich machte der mittlere Gang anfänglich die ganze Kirche aus, der nach der Hand der nordliche und zuletzt der südliche Theil verräth, daß man sich nach den besten derzeit gängigen Mustern gerichtet habe. Doch hat sie das Sonderbare, daß ihre Grundlage auf der platten Erde gestrecket ist, da doch die Vorfahren viel auf eine tiefe Begründung in der Erde hielten, die mir wohl bis 16 Fuß vorgekommen ist. Hiezu kommt daß man die Mauer mit keinem Schrote versehen, sondern sie von der Grundschichte an lothrecht zu einerley Dicke aufgezogen hat.

Ein steinernes Gewölbe war ehedeßen ein Hauptstück der Gothischen Baukunst. Aus der Erfahrung wußte man, daß es ausweichen und einstürzen konnte. Diesem Unfall bauete man mit starcken Wiederlags-Pfeilern vor, wie auch in unserem Falle geschehen ist.

Dem ungeachtet haben die Gewölber, die regulmäßig, zum Theil künstlich, zum Theil mit überaus hohen Busen aufgeführt sind, sehr viele ansehnliche Risse oder Borsten erhalten. Die Gewölbe über dem Mittelgange, welche nur erst schadhaft werden, wenn die äußere so weit gewichen, daß ihr Einsturz nahe ist, stehen gut und haben nur einige angehende Fehler. Desto häufiger und beträchtlicher finden wir sie in den Nebengewölbern, wo zwar die Gurtbogen, als die stärkere und engere, ziemlich stehen, hingegen die schwächere und engere Gradbogen, (»diagonal-Bogen«) denen die Last der Bögen hauptsächlich auflieget, schon so weit ausgewichen sind, daß wir sie unter ihren Busen weggesunken finden. Solchemnach müssen wir jetzt die Busen als eine schwebende und schiebende Last betrachten, unter welcher man die Stütze hinweggenommen und sie in den Zustand eines, wenn die fatale Sekunde eintritt, plötzlichen Einsturzes versetzet hat. Mit der daran verwandten Reparation, da man sie mit Eisen und Schrauben an die Busen oder Scheiben henkete, that man eben so, als wenn wir heute, die am Fuße der Mauer häuffig lose liegende Cadaversteine mit Ketten an das Dach hängen, und denn uns überreden wollten, daß unsere Mauer auf ihnen ganz sicher ruhe. Eben die Borsten, welche an den Gewölbern so sichtbar sind, erblicken wir auch in den Fensterbogen, und diese Borsten können so wenig als die Risse in den Gewölbern jemals aufhören, sich zu erweitern, bis man die Ursache ihrer Erweiterung oder beständigen Vergrößerung aufhebt. Sie sind zwar jetzt zugestrichen, und mögen sehr ofte zugestrichen seyn, aber sie werden nie dichte, wenn man auch ihre Ausbesserung jährlich mit allem Fleiße wiederholet.

Die nächste Ursache der aller Orten so sichtbaren und bedenklichen Schadhaftigkeiten ist diese, daß die auswendige Mauer mit ihren Strebe-Pfeilern ausgewichen ist. Hirvon zeugen die an allen 4 Ecken befindliche große und gegen 2 Zoll weite Haupt-Borsten, die sich von Zeit zu Zeit immer mehr eröffnen und unausbleiblich die mehrere Unhaltbarkeit der Gewölber nach sich ziehen.

Frägt man ferner: Woher die Ausweichung der Mauern und Pfeiler entstanden? so läßt auch die Ursache dieser Ueberweichung sich ganz deutlich darthun. Die Weichung kann schon ihren Anfang genommen haben, als der Maurer die Gewölbe schloß, ehe und bevor die aus ungleichen Theilen zusammengesetzte und inwendig nur ausgegossene Strebe-Pfeiler sich gehörig consolidiret hatten. Ich schließe dieses aus einigen ganz unnatürlichen Versinkungen der Gradbögen, welche, da der Bogen noch naß war, erfolget ist, und bey besteiften Strebe-Pfeilern nicht erfolgen konnte. Auf diese Weise waren sie frühe auf den Weg des Ueberweichens gekommen, welches gewiß auch durch den auf der platten Erde liegenden Grund nicht gehemmt ward, vielmehr nach und nach befördert ist, indem nichts natürlicher als deßen fortgehende Auswaschung erfolgen konnte. Gedenken wir uns hiebey, daß die Vorwesen auch so wenig für die Unterhaltung des Mauerfußes, als es jetzt geschieht, gesorget hätten, so ist's in der That ein Wunder, daß die Gewölber nicht vorlängst eingefallen sind. Man sehe, wie der Mauerfuß an der Chorhaube, an der ganzen Süd- und zum Theil an der West-Seite ausgewittert und ausgewaschen ist, und man wird überzeugt seyn, daß die Ueberweichung eine unausbleibliche Folge des besagten war. Denn, so wie nach und nach dem Gebäude auswendig der Grund weggespület ward, so lehnete sich alles auswärts über; die untere Felsenlage sank auf den Grund; die folgenden folgten ihr, und so sind mit der Zeit die Strebepfeiler so lose geworden, daß fast kein einziger mit dem anderen in Verbindung geblieben, wie es der klare Augenschein ergiebt. Ein Fehler in der Anlage war auch wohl dieser, daß die vier Haupt-Ecken nicht gehörig versehen, sondern nur Einen Diagonal-Pfeiler erhielten, da sie, dem Schube so vieler Gewölber ausgesetzt, wenigstens 2 recht winklichte und etwas stärkere haben mußten. Daher sind die 4 große Hauptbosten an den 4 Ecken und auf dem Chor entstanden.

Es ist nicht unbekannt, wie ein Dachstuhl dazu eingerichtet werden kann, daß er die Mauren etwas zusammen hält. Der hiesige, welcher wie die Gewölbe nicht auf einmal, sondern Stückweise erbauet ward, thut eher das Gegentheil, und befördert das Ueberweichen mit seiner großen auswärts schiebenden Schwere. Selbst diese Schiebung ist nunmehro größer, weil viele Haupt-Stücke verfaulet sind, an denen man schon Eisenwerk, doch am unrechten Orte, verwendet hat.

Das Ziegeldach ist aller Orten durchsichtig, kann auch vermöge seiner Construction fast gar nicht dicht gehalten werden. Es hat 5 Eckwalmen und 12 Giebeldächer mit 24 Kehlrinnen. Letztere haben auch etwas zur Ausweichung der Mauren beygetragen, da bey Regenwetter ihr Ausguß geradezu die Pfeiler betraf und sie ausspülete. Mehrere nicht ganz unbeträchtliche Mitwürkungen muß ich der Kürze wegen übergehen, da ich jetzt nur dasjenige, was baldige Gefahr drohet, zu bemerken hatte, und aus dem angezogenen von selbst schließen wird, worin das Hauptsächlichste der Reparation bestehen wird, wann sie gründlich seyn soll. Gründlich würde sie meines Ermessens dann genannt werden können, wenn sie so dauerhaft wie ein neuer Bau gemacht würde, bey welchem man in 40, 50, 60 Jahren keine reparation von Belang besorgen darf. Eine solche gründliche reparation ist effective wohlfeiler, als die jährlichen reparationen, bey welchen man beständig repariren muß, eben so viel Geld verwendet, den gebrechlichen Cörper in allen seinen Theilen mehr und mehr schwächet und für Unglück nie sicher ist.

Die Hauptstücke der Reparation sind folgende:

a) Die Mauren und Pfeiler müssen ohne Ausnahme in den Stand gesetzet werden, daß sie keiner Ausweichung mehr unterworfen sind. Daher wird auch nun bey ihnen kein Guß wieder statt finden, sondern es müste alles solide ausgemauert werden.
b) Die gar zu gebrechlichen Gewölber würden ausgenommen und neu eingeschlagen.
c) Das hohe, vieltheilige und daher übermäßig schwere und drückende Dach würde abgetragen und in ein leichteres verwandelt.
d) Gerathen wäre es, daß man das Dach mit Kupfer deckete. Die erste Auslage ist zwar groß, allein man behält auf immer den Werth des Metalls und ist der unangenehmen reparationen überhoben, die so weit gehen daß ein Kupfer-Dach fast wohlfeiler ist, als ein Ziegeldach.

Quaestio 4.
Wie hoch würden sich die Kosten einer gründlichen reparation belaufen?

R.
Ein genauer Ueberschlag würde Zeit erfordern, da man jedes Stück insbesondere zu untersuchen hätte. Es wird indessen ziemlich richtig zutreffen, wenn ich eine solche Hauptreparation zwischen 20- und 24000 Rthlr schätze.

Quaestio 5.
Ist hiezu oder zu einem neuen Bau zu rathen?

R.
Es giebt Gründe, die dieses, und Gründe, die das andere anrathen.

A.
Für die reparation konnte man anführen. Richtet man sein Augenmerk lediglich auf die Ersparung; so müßte man die reparation anrathen. Denn da doch ein neuer Bau mehr als das duplum der reparation zu stehen kommen wird, so ist klar, daß binnen der Zeit, da die reparation das Gebäude conserviret, man eine zwote reparation an Zinsen ersparen und so fortfahren kann, bis bey gänzlicher Hinfälligkeit der Kirche man das Ersparete zum neuen Bau wieder anwenden kann.

Setzte man etwan einen Werth auf die Antiquitet des Werks, so müßte man gleichfalls so lange als möglich, ja selbst mit Geld-Verlust es zu unterhalten suchen.

B.
Für einen neuen Bau könnte man sagen: Die Richtigkeit des Arguments von der Ersparung könne man gar nicht verkennen, ja man müsse zugeben, daß man sich endlich

mit der Zeit eine neue Pracht-Kirche übersparen könne, und wenn künftig jedermann so verführe, müße ein neuer Bau eine wahre Seltenheit seyn. Ob indeßen die Nachkommen die jetzt vorgenommene reparation mit gehörigem Fleiße unterhalten und die zwote reparation vornehmen, ihren Kindern die dritte empfehlen pp. würden, sey unausgemacht. Eben so mißlich sey es, ob sie die ihnen überlieferte antiquitet gleichmäßig schätzen würden, da sie zwar ein gutes, doch kein ausnehmendes Stück des Alterthums und ihre Einrichtung wohl ihren Zeiten, aber dem Zwecke unserer Kirchen gar nicht angemessen sey. Die Haupt-Erfordernisse unserer Zeit seyn gut Gesicht und gut Gehör und beides ermangelte ihr. Sie schließe einen großen mit schwerer Unterhaltung verknüpften Raum ein; Allein etwan nur der halbe Platz sey brauchbar, weil man den großen Raum, den die vielen Gewölbe-Pfeiler und das ganze Chor einnehmen, davon abrechnen müsse. Ein neuer Bau ließe sich kleiner und viel zweckmäßiger einrichten. Eine kleinere Kirche würde auf eben diesem Platze ein viel schöneres Ansehen haben pp.

Quaestio 6.
Wie viel würde ein neuer Bau kosten?

R.
Wenn man gut, nur einfach, nur mit den unentbehrlichsten Zierrathen eine runde Kirche, welche allemal die schönste, geräumigste, dauerhafteste und wohlfeilste ist, erbauen wollte, würde doch dazu die Summe von 50000 Rthlr. erfordert. Solchergestalt müßten zum neuen Bau 26000 Rthlr. mehr als zur Reparation verwandt werden. Doch wäre auch hiervon das, was von den Landesproducten zu gute gemacht wird und das, was vom Arbeitslohn und consumption wieder in die Landes-Kasse zurück fließe, abzuziehen. Sodann würden etwann 12000 Rthlr. als die würkliche Ersparung übrig bleiben. Eine Summe, die immer beträchtlich und des Aufhebens werth ist.

In einem gewissen Falle, da der Bau nothwendig war und Geld zum Bau aufgenommen werden mußte, rieth ich zur reparation, die auch gut vollführet und gut aufgenommen ward. In einem anderen Falle von Belang, da die Kasse nährlich hinreichte, rieth ich zum neuen Bau, und in der Folge freuete sich der Bauherr, sich dazu entschlossen zu haben.

Es ist sehr ungewiß, wie die Nachkommen sich betragen werden, und daher schwer, ihnen ein gutes als ein unvollkommenes Werk zu hinterlaßen, so wie es uns selbst eine unfehlbare Satisfaction ist, ein gutes Werk gestiftet zu haben. Wenn ich für beide Fälle das Gewisse gegen das Ungewisse in meinen Gedanken abwäge, so scheint die Wage immer zu einem neuen Bau sich neigen zu wollen, der ich jedoch nicht trauen kann, weil außer dem ökonomischen hier noch mehrere Umstände in Betrachtung kommen können, deren Erörterung höchstpreislichen Consistorii erhabeneren Einsicht in tiefschuldigster Ehrfurcht anheim geben muß.

Quaestio 7.
Ob nicht die Glocken pp. aus dem auf dem Kirchhofe stehendem Glockenstuhle in dem neben dem Heil. Geist Thore stehenden sogenannten Heil. Geist Thurm aufgehängt werden könnten und wie hoch dies wohl zu stehen kommen würde?

R.
Schon am 12 ten dieses hatte ich benannten Thurm für mich gesehen und ersuchte heute den Herrn Bau-Inspector Becker, ihn mit mir genauer zu besichtigen.

Er hat genau die Größe, daß alle im Glockenstuhle befindliche 5 Glocken in demselben Platz finden. Nun kommt es hauptsächlich darauf an: Eines Theils, ob die Mauer stark genung sey, die Last der Glocken zu tragen und anderen Theils, ob sie die von

Läutung der Glocken verursachte Erschütterung ausstehen können? und beides kann man mit Grunde bejahen.

Denn die Mauer hat nicht allein unten eine 5 füßige Dicke, welche nach der Höhe des Thurms mehr als hinreichend wäre, sondern sie hat noch überher eine starke Mittelwand, auf welcher die unten im Thurme geschlagene Gewölber mit ruhen. Ueber den Gewölbern ist die Mauer 4 Fuß und in der oberen Etage noch 3 Fuß dick. Die Mittelwand ist besonders vorträglich, um den Glockenstuhl in der Mitte, wo die große Glocke zu hängen kommt, zweckmäßig zu unterbauen, und man könnte fast sagen, daß sie allein der Last und der Bewegung der Glocken gewachsen sey, wenn es möglich wäre sie darauf zu bringen.

Zu dem in dem Thurme zu errichtenden Glockenstuhle und zu dessen eben erwehnten Unterbau ist in dem alten Glockenstuhle Holz genung vorhanden. Es ist länger auch dicker als es nöthig ist, und in dieser Rücksicht mögte, wenn man etwas weghauen und abschneiden müßte, es vortheilhafter seyn, neues Holz zum Glockenstuhle und Unterbau zu nehmen und dies stärker zu besserem Gebrauche aufzubewahren.

Die Mauren des Thurmes haben sich gegen die Witterung sehr gut erhalten, ich habe auch keine Borste an ihm bemerkt. Nur an der West-Seite sind hie und da kleine Stellen ausgewittert, welche leicht zu verbessern sind, und zum Theil von selbst wegfallen, wenn Schall-Löcher eingehauen werden. Auch dieses wird nicht Umstände verursachen, weil die obere Mauer schon Pfeiler mit Blenden hat. Das Dach des Thurms ist mit Spänen gedeckt die großen Theils verfaulet und daher viele Lecken entstanden sind, die gewiß schon lange eine neue Eindeckung des Thurmes nothwendig macheten. Zu Aufbringung der Glocken müßte ein neues Tau und neue Blöcke, welche etwan 50 Rthlr. anliefen, angeschaffet werden. Es ist sehr bequem, daß die Glocken vom Walle aufgebracht werden können, und auch dieses ist bequem, daß man auf den Wall eine bequeme Auffahrt hat. Beides erleichtert den Transport und die Aufbringung der Glocken.

Um zu sehen, wie hoch die Glocken geworfen würden, wenn man sie gewöhnlich läutete, sind sie heute all 4 zugleich geläutet worden. Die Schwankungen und Zitterungen des Glockenstuhls waren nicht sehr groß, wenn man die Glocken aber in den Thurm bringt, werden sie noch viel unbeträchtlicher.

Die Kosten, den Glockenstuhl im Thurme vorzurichten und zu unterbauen, das Mauerwerk, wo es fehlt, anzumauern und auszuhauen, die Glocken auszunehmen, zu transportiren und wieder aufzuhängen, schätze ich plus minus zu 300 Reichsthaler. Oldenburg den 23 sten Julius 1789. EGSonnin

104.

SANDWISCH- UND TIEFSTACKSCHLEUSE AM BILLWERDER ELBDEICH

Gutachten für die Landherren über die Zweckmäßigkeit von Schraubenmühlen, weil nicht alle die an sie zur Entwässerung gestellten Erwartungen erfüllen. Hamburg, 13.10.1789

Staatsarchiv Hamburg
Archiv der Landschaft Billwärder Nr. 147
Erbauung der Korn- und Wasserschöpfmühle
auf dem Billwärder Elbdeich am
Sandwischbrook 1789–1790

Copia
das Original in Hand des pp. Land Hr. Westphalen.

Pro memoria.

Als am 11ᵗ August dieses Jahres in betreffs einer neben der Sandwisch-Schleuse zu errichtenden großen Waßerschrauben Mühle an Ort und Stelle eine große Besichtigung gehalten ward, so gaben die Hochweisen Landherrn, der Herr Senator Westphalen und der Herr Senator Amsinck mir auf, nachstehende Fragen zu beantworten, welches hiemit gantz gehorsamst geschiehet.

1ᵗᵉ Frage Ob die besichtigte Stelle von der Beschaffenheit sey, daß eine große Waßerschrauben Mühle daselbst bequem und mit Sicherheit erbaut werden könne?

R. In Ansehung der Bequemlichkeit hat die Stelle so wichtige Vorzüge, daß man zu ihrem Endzwecke nicht leicht eine Bequemere finden mögte. Sie liegt sehr frey vor allen Winden; sie liegt sehr gelegen zu den behuefigen Land- und Waßerwegen, und sie hat vor dem Deiche eine sattsame Tiefe zur Anfurt.

An der Sicherheit ihres Grundes darff man auch nicht zweiffeln, da derselbe bisher zur Anlage einer immer recht sicher geachteten Schleuse gedienet hat.

Die Nähe des Bracks ist unschädlich, weil auf der daranstoßenden Erdzunge, als dem eigentlichen Platze quaestionis, vormals der Deich belegen, folglich die Erde gut gelagert, und der Last einer Wind-Mühle, eines nicht so gar schweren Gebäudes völlig gewachsen ist.

2ᵗᵉ Frage Ob die anzulegende Waßerschrauben-Mühle den gehofften Nutzen schaffen werde?

R. Der gehoffte Nutzen ist zweierley. Der erste: daß sie das Waßer zu einer zweckdienlichen Höhe aushebe, und der zweyte: daß sie wan kein Waßer zu schöpfen ist, Korn mahle.

Der letztere wird nach der Natur der Sache nicht fehlen können, weil sie, wenn das Waßer Schöpfen geschehen, von nichts am Korn-Mahlen behindert wird, und da man sie des Waßerschöpfens so viel möglich, entheben will, gewiß eine ansehnliche Menge Körner mahlen kann.

Eben so wird auch der Haupt-Nutzen des Waßerschöpfens der Hoffnung gemäß erreicht werden können. Hauptsächlich soll die Mühle ein Surrogat der wegen ihrer hohen Lage unbrauchbar und wegen ihrer Baufälligkeit, unzuverläßigen Sandwischer-Schleuse werden. Man hat sich nicht die Vorstellung gemacht, daß sie das Land gantz entwäßern solle, als wozu Eine Mühle wenig hinreicht; Sondern der Vorschlag ist, daß man mit den Privat-Mühlen das Waßer übermahlen, und wann der gesetzte Waßer-Paß dies nicht mehr gestattet, die Schrauben Mühle gebrauchen und damit die Winter-Saat zu retten suchen wolle. Diesen dem Lande so ersprießlichen Endzweck wird man desto leichter erreichen, da die Mühle das Waßer nicht über den Deich hin, sondern in eine durch den Deich hingehende Gathe aufbringen; das ist, in der mindest möglichen Höhe aus schaffen soll. Diese Höhe findet man laut geschehener Untersuchung fünf Fuß und fünf Zoll über den gesetzten Waßerpaß erhaben. Um sicherer zu gehen, soll die Mühle schon arbeiten, wenn das Waßer noch um 1 Fuß niedriger als der Waßer Paß stehet. Hiemit hätte man schon 6 Fuß 5 Zoll, und mit einer Zugabe von 7 Zoll, auf volle 7 Fuß zu rechnen.

Die Betrachtung und die Wahl der Höhe ist eine äußerst angelegene Sache. Sie ist's, welche die Würckung der Mühle erschweret oder erleichtert. Man weiß, wie viel schwerer oder gegentheils wie viel leichter es einem Schaufel-Rade wird, wenn es das Waßer um 1 Fuß höher oder um 1 Fuß niedriger heben soll. In dieser Rücksicht mögte man die Höhe von 7 Fuß vestsetzen und allenfalls die Höhe von 8 Fuß nicht überschreiten.

Nächst der mindesten Höhe trägt ein guter mechanismus sehr viel zur Erfüllung der gehofften Würckung bey, und die Natur schreibet uns die Gesetze vor, die wir ohne Nachtheil nicht übertreten dürffen:

a) Sie will daß man die Schraube so flach als thunlich legen, das ist mit einem Kunstworte zu reden, sie so wenig als möglich eleviren solle. Es braucht wohl keine tiefsinnige Überlegung, um hiezu zu sehen, daß mit einer flachliegenden Schraube das Waßer sich leichter aufschrauben läßt, als mit einer steiler erhabenen. Vor einigen Zeiten glaubte der Mühlenbauer die Elevation von 30 Graden sey ein unveränderlich Gesetz, jetzt hat er sie schon auf 26 Grad gemildert, und in unserem Falle könnte man sich wohl zu der von 20 Graden nähern. Es versteht sich, daß alsdann die Schraube länger seyn muß. Einem jeden wird wohl auch beyfallen, daß hiedurch die Schwere und mit ihr die Reibung vergrößert wird. Wann man aber dagegen erweget, daß die Maschiene leichter gehet, und die Reibung in offenen Schrauben weniger bedeutend; So wählet man doch wohl lieber einen längeren Weg worauf <u>etwas</u>, als einen kürtzeren, worauf <u>gar nichts</u> aufgebracht werden kann.

b) Sie will, daß man, um leichter Bewegung zu erhalten, die Schrauben Gänge wenig steigen laßen soll. Es giebet Mühlenbauer, welche entgegen und sich zum Nachtheil meynen, daß mehr steigende Schrauben mehrere Kraft geben müßten. Die gewöhnliche Steigung, die der dreyfache Schraubengang um die Dicke des Diameters steiget, ist den meisten Fällen angemeßen. Wenn wir sie beybehalten und die Elevation mindern, so mindern wir auch zugleich die Steigung.

c) Sie will nicht gar zu lange Mühlen-Flügel haben, wodurch der Mühlenbauer große Kraft zu erhalten sucht, und sie gerne zu 90 Fuß und darüber haben mag. Die Mechanik weiß, mit 70 füßigen eben das auszurichten, gewinnet dabey an der Höhe des Thurms und hat standhaftere Ruthen.

d) Sie will, daß der Mühlen-Thurm so dünn oder schmal als möglich seyn soll, weil derselbe einen großen Theil des Windes wegnimmt. In unserm Falle, wird der anzulegende Korn-Gang uns die Dicke vorschreiben, doch muß man nicht vergeßen, sie aufs äußerste zu beschränken.

e) Sie will die Dicke der Schraube so groß haben, als die gegebene Krafft sie erlaubet. Die bey schwachen Winde nur geringe Krafft der Mühlenflügel, bestimmt uns den Diameter nicht viel mehr als 5 Fuß anzuordnen.

f) Das gewöhnliche Verhältniß, da ein Umgang der Wind-Flügel zwey Umgänge der Schraube bewürcket, ist gut bey langen Flügeln, ändert sich aber bey kürtzeren.

g) Nach einem vormaligen Plane, da man gedachte das Waßer über den Deich hin zu nehmen, wollte man 2 große Schrauben vorlegen, womit man gewiß nicht mehr als jetzt mit einer wintzigen ausgerichtet hätte. In unserem Falle könnte eine zweyte, die einen Diameter von 3½ Fuß hätte, zu 21 Grad Elevation, und überhaupt zum leichten Gange eingerichtet wäre, bey schwachen Winde gute Dienste thun, auch bey stärckeren zum Korn- oder Waßer-Mahlen mit eingespannet werden.

h) Der von einigen gehoffte Nutzen, daß man mit der Schöpff-Mühle sich auch der Depenstacks-Schleuse entohnigen könne, dürffte mit dieser Anlage nicht erfüllet werden.

Gesetzet aber, daß man es mit mehreren Mühlen dahin bringen könnte; so würde ich doch zur Anlage einer Schleuse an der niedrigsten Stelle des Strohms rathen, damit man sich mit derselben auf die große Veränderung, welche allen niedrigen Marsch-Ländern bevorstehet, vorbereiten könne.

3te Frage Wie es zu verhüten, daß es denen Vorbey-Fahrenden nicht nachtheilig werde, wenn die Pferde sich vor den umgehenden Mühlen-Flügeln scheueten?

R. Ohne Zweifel wird die inwendige Kannte des Deichs, als der Mühlen-Platz, mit einem guten Latten oder Rückwerck eingefridigt werden; Wenn man nun auch die auswendige Kannte mit einem dreyfachen Werck von guten Böhmischen Latten, etwa 50 Ruthen lang versähe, so würde ein jeder nicht unvorsichtiger Fuhrmann auf alle Fälle genungsam gesichert seyn.

Hamburg d 13ᵗ October 1789   EGSonnin.

105.
SALINE LÜNEBURG

Gutachten für den Sodmeister über den Zustand des Graalturmes im nordwestlichen Bereich der Stadtmauer mit Vorschlag zum Ausbau des Pumpenwerks und zur Sicherung des Mauerwerks. Der Turm wird jedoch bereits 1790 abgebrochen.
Aufmaß mit Darstellung der Pumpenanlage in Querschnitt und Grundriß mit 2 Kopien und Erläuterung vom 4. September 1790 in der gleichen Akte. (Veröffentlicht von Heckmann, a. a. O., Abb. 88.)
Lüneburg, 23.3.1790

Stadtarchiv Lüneburg
Salinaria S1a, Nr. 631
Acta betr. den Abbruch des sog. Graalturms,
worin sich das Zuckenwerk durch welches
vormals die Hüttensoole in die Höhe gepumpt
worden, befunden 1790
Bl. 20 (Copia)

Stadtarchiv Lüneburg
Bausachen Bl. Nr. 5a
Nachrichten betr. die Abbrechung der alten
Grahl-Fuhrt in dem Pulverthurm auf dem
Bardoviker Walle

Pro memoria

Seit denen 10 und 5 Jahren, da ich den Grahlthurm besichtigte, hat derselbe in seinen Bestandteilen sehr vieles verlohren und auch vieles ist daraus entwendet worden, weil das zugängliche Dach an mehreren Stellen offen ist, auch außerdem noch Oefnungen vorhanden sind, wodurch man unschwer hinein steigen kann. Bleibet er in diesem Zustande; So wird von Zeit zu Zeit mehreres daraus entwendet, das inwendige Holtzwerk verfaulet mehr und mehr, das Obdach wird in einigen Jahre einstürzen und mit Unkosten wieder heraus gezogen werden müßen, wenn man das inwendige Werck heraus nehmen und das noch brauchbare nutzen will.

Dem Vernehmen nach, gehöret die Thurmmauer nebst dem Obdache Löblicher Kämmerey zu, und das inwendige Werck der Löblichen Sood Meisterey. Das inwendige Werck ist ein schweres Gerüste, welches angeordnet ward, um die Hüttensaale so hoch zu bringen, daß sie in denen noch liegenden Brunnen-Röhren abfließen könnte. Es ward deswegen so schwer und starck, weil es 2 große Waßerkümme tragen mußte, die nach alter Manier nöthig erachtet wurden, die vorseyende Höhe zu erreichen. Denn man zuckte aus dem untersten Kumme bis zum Bord des zweiten 25 Fuß, und aus dem zweiten, der gleichfalls 6 Fuß tief ist, bis über den Bord des dritten Kummes wieder 18 Fuß, das ist zusammen 43 Fuß. Das Pumpwerck selbst ist ein Druckwerck mit meßingenen Stiefeln, so wie es auch auf dem neuen Sültze ist, und durchs Treten bearbeitet wird. Die Stender des Gerüstes sehen noch sehr gut aus; Die Boden und Balcken hingegen sind an vielen Stellen so schadhaft, daß man nicht mehr mit Sicherheit darauf gehen kann.

Diese Beschädigungen sind lediglich von der Undichtigkeit des Obdachs entstanden, und sie konnten, wie ich schon vormals berichtet, mit einem dichten Dache fernerweit abgewendet werden; Allein eines Theils scheuete man mit Recht die großen Kosten der Herstellung eines so schwer verfallenen Obdachs, wovon man sich keinen Nutzen versprechen konnte, andern Theils war die Frage: Ob man nicht das Werck unterhalten müße, wenn etwan der Fall eintreten mögte, daß man der Hüttensaale wieder benöthiget wäre?

Diese damals freylich noch bedenckliche Frage scheinet nunmehro gäntzlich entschieden zu seyn. Denn, da der Saltz Preis so kläglich tief gefallen ist; So mögte wohl die Hütten Saale niemals wieder die Siedungs Kosten belohnen können. Doch ich will einmal setzen, daß dieser mir undenckliche Fall einmal wieder möglich würde. Alsdann würde ein wißenschaftlicher Mann an dies Pumpwerck nicht die Kosten der reparation verwenden, sondern mit dem 5 ten Theile der erforderlichen reparations Kosten ein neues Pumpwerck in einem einzigen Satze anzulegen wißen, welches überher den Vortheil einer leichteren Bearbeitung und den Vortheil einer leichteren Unterhaltung hätte. Es erhellet hieraus, daß man Verlust hätte, wenn man das Werck reparirte; daß man Verlust hätte, wenn man es so bearbeiten ließe; daß man Verlust bey der Unterhaltung hätte; und daß man Verlust hat, wenn man es weiterhin der Verfaulung überläßt, statt deßen man die darin steckende Materialien nutzen könnte.

Nach diesen Betrachtungen mögte es gerathen seyn, das Werck je eher je lieber aus dem Thurme wegzunehmen. Die meßingene Stiefel wünschte man schon vor vielen Jahren zur Umwechselung auf der neuen Sültze gebrauchen zu können. Das Holtzwerck, was gut ist, findet gar zu leicht seine Anwendung. Die in dem gewölbten Gange liegende Brunnen-Röhren könnten auch weggenommen und, da sie noch gut scheinen, anderweitig genutzt werden. Der Gang selbst könnte an dem äußern Ende zugemauert werden.

Den Thurm und sein Obdach betreffend, würde zu erwegen seyn, ob Löbliche Kämmerey, ihn auf einige Weise zu nutzen wüßte, welchenfalls deßen Herstellung sich von selbst verstünde. Wäre dieses nicht, so mögte doch das Dach, ehe es einstürtzet, abgetragen werden. Der Mauer schadet es nicht, wenn sie mit Leim und Soden bedeckt, unter freyem Himmel läge, nur wäre zu bedencken ob man nicht so viel davon abnehmen wollte, daß nicht ein jeder beykommen könnte, was ihm beliebet, davon wegzuholen. Am besten wäre es vielleicht, wenn man alles, was vor dem Walle vorstehet, bis auf den Grund wegnähme.

Lüneburg d 23 t Martii 1790　　　　　　　　　　　　　　　　　　　　　EGSonnin.

106.

LÜNEBURG

Gutachten für den Rat der Stadt über den Bauzustand der Vorsetzen am Kaufhaus. Vorschlag zum Bau neuer Vorsetzen aus Feldsteinen und Hinweis auf die Vor- und Nachteile der Konstruktion aus Holz oder Naturstein. Entwurfszeichnung einer hölzernen Vorsetze in der gleichen Akte, Bl. 100. (Veröffentlicht von Heckmann, a. a. O., Abb. 85.)

Lüneburg, 3. 4. 1790

Stadtarchiv Lüneburg
Bausachen B 2, Nr. 1
Acta generalia von den Vorsetzungen
Acta betreffend die Schadhaftigkeit der
Vorsetzung beim Kauf Hause auf der Hude und
deren reparation 1790, 91, 92
Bl. 38 (Konzept Sonnins dazu: B 2, Nr. 1, Bl. 96)

Pro memoria.
Hochgeneigtestem Auftrage gemäß habe ich die Schadhaftigkeit der Vorsetze beym Kaufhause aufmercksamst besichtiget. Zwischen der Kalckwinde und der neuen großen Winde sind sie am meisten sichtbar, indem daselbst wegen der Undichtigkeit der Vorsetzung die Erde hinter derselben ausgespület und mehrere Löcher eingefallen sind. So wohl die Bolen, als die Vorsetzen-Stender sind theils sehr, theils durchhin vermodert, so daß man eine reparation von Belang deswegen nicht vorschlagen kann, weil die daran gewandten Kosten zu bald bereuet werden dürften. Alles was man thun könnte, mögte darin bestehen, daß man hinter den Pfälen, so gut als thunlich, füren Bretter befestigte und alles bis zur gäntzlichen Untauglichkeit stehen ließe, so wie solches schon vor etlichen Jahren an der Vorsetze dießeits der Kalckwinde geschehen ist.
Wenn nun hienächst die Vorsetzung wieder neu gebaut werden sollte, so entstehet die Frage: Soll man von Holtz oder von Steinen bauen? Und meines Ermeßens würde die Antwort seyn: Ohne Bedenck von Steinen, wenn die Kosten, wenn die Kosten nicht gar zu hoch steigen!
Mit Steinen kann man hier auf dreyerley Art bauen (a) mit gehauenen Sandsteinen (b) mit gehauenen Feldsteinen (c) und mit rauhen unbehauenen Feldsteinen. Die beiden ersten Baumaterialien sind hier viel zu theuer, indem sie nach Verschiedenheit der Umstände 3, 4, 5 mal so viel kosten, als eine höltzerne Vorsetze gefolglich dazu gar nicht zu rathen ist. Denn ich habe schon mehrmalen durch Berechnung dargethan, daß wenn ein Bau von Mauerwerck noch einmal so viel oder das duplum kostet, was eben der Bau von Holtz zu stehen kommt, man beym Mauerwerck keinen Gewinn habe, indem die Zinsen des gedoppelten Capitals so viel betragen, daß man dafür immer wieder neu bauen laßen kann. Um desto größer ist der Verlust, den man hat, wenn ein Steinbau 4, 5, 6 mal so viel, als ein höltzerner anlaufen sollte.
Gantz anders verhält es sich mit dem dritten Baumaterial von rauhen unbehauenen Feldsteinen. Denn es gibt Fälle, wo man mit rauhen Feldsteinen viel wohlfeiler als mit Holz bauen kann. Wir sehen dieses von den rauhen Stein Vorsetzen, welche Löbliche Kämmerey durch den Mauermeister Clasen am Schwenck Orte hat setzen laßen. Sie stehet gut genung, und würde recht dauerhaft seyn, wenn man genungsames Material dazu gethan hätte; wenn die Anlage regulmäßig; wenn die Arbeit regulmäßig und beßer auf die Dauer gemachet wäre. Da dieses nicht geschehen; So siehet man beständig Steine am Strande liegen die ausgefallen sind, und welche entweder wieder eingesetzt werden müßen, oder verloren gehen. In beiden Fällen ist dieses nicht allein offenbarer Schaden, sondern es macht einem jeden, der es siehet, einen üblen Begriff von einem Wercke, das für sich genommen, gelobt zu werden verdienet. Eben so ist es mit der Quadern-Vorsetzen am Lösegraben gegangen, wo zwar die Zuthat gut und reichlich gewesen, mit der Arbeit aber alles so verdorben worden, daß es immer ein schlechtes Stück bleibet. Die steinerne Vorsetze im trockenen Graben lehret ein gleiches.
Vor vielen andern gehöret die Lage des Schwenck Orts zu denen Fällen, wo man eine Vorsetze mit rauhen Feldsteinen wohlfeiler, als mit Holtz bauen kann. Sie hat aber auch 2 große Vorzüge. Der erste Vorzug ist, daß vor der gantzen Vorsetze keine Waßertiefe ist, sondern vor ihr ein trockener Sand sich angesamlet hat, auf welchem man

fast immer trockenen Fußes gehen kann, weil er nur selten mit Waßer bedecket ist. Man konnte also alhier die Grundsteine der Vorsetzung auf ebener Erde legen, ja man hatte nicht einmal nöthig, Grundbolen oder Bretter zu strecken, auf welchen man sie gründete, sondern es war genung, wenn nur die Steine ihr gehöriges Geschicke hatten. Der zweite Vorzug ist, daß an derselben fast gar kein Strohm gehet, welches dann auch die Ursache ist, das sich der Sand so geruhig vor ihr lagert. Vielleicht ist hier eine der geruhigsten Stellen an der gantzen Aue und selbst bey einer hohen Waßerfluth gehet der Strohm sanft an ihr vorbey. Bey Spiermanns Hause ist auch das Waßer sehr niedrig und auch daselbst kann man so wohlfeil mit rauhen Felsen als mit Holz bauen.

Ueberhaupt läßt sich da wohlfeiler mit rauhen Felsen bauen, wo keine Waßertiefe ist und wo der Strohm keine Gewalt auf die Vorsetze ausüben kann. Ist Waßertiefe da, so muß man schon ein Rostwerck oder dergleichen zu Grunde legen, damit keine Unterspülung statt habe, man muß auch schon sorgen, daß die entgegengesetzte Fläche richtig sey. Ist ein reißender Strohm entweder beständig oder nur zuweilen vorhanden; so muß man wiederum schwerer bauen, auch dem Strohm die ihm zukommende Lenckung zum Vortheil der Vorsetze geben. Daß in solchen Fällen wohlfeiler mit Holtz, als mit rauhen Felsen gebauet werde, verstehet sich von selbst, nur Schade, daß es so bald vergehet. Wenn aber bey einem Steinwercke der mehrere Aufwand nicht weit über das duplum gienge und dann die Felsen Vorsetze so gut von Zuthat und Arbeit gemachet würde, daß sie alles ausstehen könnte, so wäre immer die steinerne Vorsetze vorzuziehen.

Wir haben nun die Lage unserer Vorsetze näher zu erwegen. Vorhin ist erinnert, daß beym Schwenck Ort gar keine Waßertiefe sondern gantz flaches Ufer sey, so daß man auf ebener Erde die Grundsteine legen konnte. Eine so seichte Stelle ist an der gantzen Vorsetze, auch selbst bey Spiermanns Hause nicht mehr. Von Spiermanns Hause nach der nächsten neuen Winde zu vermehret sich die Tiefe noch und sie wird bey der zwoten großen neuen Winde schon 9 Fuß. Bey der Kalckwinde ist sie 15 Fuß und weiter her nach dem Schwenckorte ist sie 18 Fuß, welche Vortiefe bis einige Ruthen von dem Schwenckorte fortgehet. Eine solche beträchtliche Vortiefe machet Schwürigkeiten, auch oft solche, die man vorher nicht sehen konnte, und erfordert reifere Ueberlegung.

Neben Spiermanns Hause mögte bey außerordentlich niedrigem Waßer der Strand wohl auf ein Paar Ruthen trocken werden. Darauf ist die Vortiefe 1 bis 1½ Fuß. Wenn man hier ein Rostwerck auf Pfäle legete und die Pfäle hinterwerts recht gut mit Bolen dichtete, daß keine Ausspülung statt fünde; So ließe sich darüber eine Felsen-Vorsetzen errichten, die so dauerhaft wäre, als regelmäßig sie gebauet ist, und auf eben diese Weise könnte man auch die gantze Strecke der Vorsetzen, wie tief sie auch ist, bauen, wenn man nemlich Pfäle genung einschlägt, um ein Rostwerck, das immer unter Waßer bleibt, darauf zu legen, und darüber eine Felsenwand zu stellen, welche nur oben mit einem Holster beleget werden dürfte, damit man darauf arbeiten, Waaren legen, Waaren abladen und Waaren aufbringen könne.

Wer siehet nicht ein, daß hier der Unterbau das meiste kostet, und daß an dem Oberbau der nur 7½ Fuß hoch ist, nicht beträchtlich gewonnen werde. Nicht schwerer ist zu ermeßen, daß der Unterbau schwer und starck seyn müße, wenn die Last einer Steinvorsetze darauf ruhen soll; nicht weniger alles gut gedichtet werden müße, damit der stärckere Strom keine Ausspülungen mache, und den ganzen Gewinnst den der Oberbau hergab wieder hinweg nehme. Eine solche Dichtung kann ohne Kernwand nicht geschehen. Aber wir wißen doch, daß die Pfäle auch im Waßer, so wie die Kernwand im Waßer nach und nach sich verzehren oder auflösen, mithin der Unterbau nicht wie der Oberbau ein perpetuirliches Werck werden könne. Es bleibet demnach die Erlangung eines Vortheils oder einer Ersparung immer noch zweifelhaft, wenn man nicht was Rechtes, das ist, ein beständig Werck bauet, und dann folgt gewöhnlich dem Zweifel ein offenbarer Schaden.

Man baue indeßen von Holtz oder von Steinen, so ist in beiden Fällen nothwendig, daß man gegen eine fernere Unterspülung sich sichere. Die große Vortiefe ist eine Würckung des Strohms, der bey nahe winckelrecht auf unsere Vorsetzen auf fällt. Sie würde freylich so groß nicht seyn, wenn man dem Strohme eine schrägere Vorsetzung entgegen gestellt hätte. Aber an statt einer so vortheilhaften Schräge ist unsere jetzige Vorsetze nicht allein lothrecht gebauet, sondern sie hänget auch schon seit vielen Jahren über und ihr Ueberhang hat die Vortiefe sehr vergrößert. Giebt man ihr künftig eine genugsame Schräge, so wird die Tiefe sich wieder vermindern und das Werck erhält desto mehrere Dauer. Ich habe wohl nicht nöthig hier auszuführen, daß da, wo die Vortiefe am größesten auch die Schräge größer, mithin auch die Vorsetze kostbarer werden müße. Aber das kann ich gar nicht umhin zu bemercken, daß hierin ersparen, wesentlich verschwenden sey.

Unsere Vortiefe ist es dann, welche den Bau einer steinernen Vorsetze eben so erschweret. Will man sie tüchtig und dauerhaft machen, so muß man einen Klopfdamm schlagen, hinter welchem man sie gehörig gründen und aufziehen kann. Giebt man ihr sodann die gehörige Stärcke und Schräge; So kann man ihr auch mit Recht das praedicat der Unvergänglichkeit beylegen. Unter dieser Bedingung ziehe ich sie in Ansehung der Dauer einer von Felsenqvadern in Tras gelegten Vorsetzen billig vor, weil bey dieser der Tras mit der Zeit erweichet wird, bey jener aber nichts erweichet werden kann und dieselbe ohne eines Bindungs Mittels zu bedürfen, sich mit ihrer Last im Gleichgewichte erhält, auch der Gewalt des Strohms gewachsen ist, wohl zu verstehen, daß man sie, wie oben erwehnet, tüchtig mache und nicht mit einer unzeitigen Einsparung das gantze Werck verderbe.

Wenn denn nun alles so gut, so starck so unvergänglich gemachet werden soll; So wird man sich gantz außerordentlich schwere Kosten davon vorstellen. Allein sie steigen doch nicht so hoch, als man gedencken mögte, sondern betragen nicht einmal völlig das duplum einer höltzernen Vorsetze. In dieser Hinsicht halte ichs für meine Pflicht, angelegentlichst zu einer Vorsetze von rauhen Feldsteinen anzurathen.

Zur Erleichterung der Arbeit muß ich noch erinnern, daß man, um den Strohm vortheilhafter zu lenken, vom Schwenckorte anfange zu bauen. Ohnehin ist die jetzige Vorsetze vom Schwenckorte bis zur Kalckwinde und von da bis zur neuen großen Winde gantz schlecht, wogegen die Strecke zwischen beiden großen neuen Winden erst kürtzlich auf Schwellen gebauet und noch haltbar ist, auch diejenige bis nach Spiermanns Haus wenig Vortiefe hat, und so lange hingehalten werden kann, bis die Schwellen Vorsetzen ausgedienet haben. Die Strecke von dem Schwenck Orte bis zur Kalckwinde ist 125 Fuß, und von da bis zur neuen Großen Winde sind 100 Fuß. Eine so große Länge auf einmal vorzunehmen, erfordert einen großen Vorrath von Steinen, der wohl nicht vorräthig seyn mögte. Aber zu dem ersten Stücke vom Schwenckorte an bis zur Kalckmühle mögte eher der Vorrath hinreichen oder leicht angeschaffet werden können, wenn man an die Arbeit gehen will.

Dies ist das schwereste Stück an der gantzen Vorsetze, weil es eben die größeste Vortiefe hat, folglich wird es auch das meiste kosten. Allein ich glaube, wenn es fertig ist, wird ein jeder wünschen, daß das übrige auf eben den Fuß gemachet werde.

Lüneburg d 3 t April 1790   EGSonnin.

107.
LÜNEBURG

Nachtrag zum Gutachten vom 3. April 1790 über den Bauzustand der Vorsetzen am Kaufhaus mit Ausführungseinzelheiten, speziell zur Qualität des Mörtels. Lüneburg, 16.4.1790

Stadtarchiv Lüneburg
Bausachen B 2, Nr. 1
Acta generalia von den Vorsetzungen
Acta betreffend die Schadhaftigkeit der
Vorsetzung beim Kauf Hause auf der Hude und
deren reparation 1790, 91, 92
Bl. 45 (Duplikat: B 2, Nr. 1, Bl. 89)

Nachtrag zum P. M. vom 3 ten April 1790.
In demselben ist nur kurz bemercklich gemachet, daß eine gehörig starcke und gehörig geschrägte rauhe Felsen Vorsetze keines Bindungs-Mittels bedürfe. Damit hierüber kein Mißverstand entstehen könne, will ich mich darüber und über einige andere Puncte deutlicher erklären.

Der Begriff von Bindungsmitteln findet eigentlich nur dann bey ihr statt, wenn man sie als eine Mauer betrachtet, wie sie auch von Maurern gerne und absichtlich eine Mauer genannt wird, auch leider ofte die bey Mauren gewöhnliche Bindungs Mittel dabey angewandt werden, von welchen ich nun meine Meinung sagen will.

1. Der hiesige Mauerkalck so wohl vom Schildseine, als vom Kalckberge ist zu Waßerwercken, zu Grundmauren in der Erde, und überhaupt, wo es naß oder nur feucht ist, gar nichts werth, weil seine Bindung von Feuchtigkeiten ganz aufgehoben wird.
2. Mit dem hiesigen Kreiden- oder Beitz-Kalck habe ich einen Versuch gemacht, wovon ich nichts rühmen kann; vielleicht weil ich ihn frisch verbrauchen mußte. Seit 2 Jahren hat man eine Parthie eingelöscht, womit gelegentlich Versuche angestellet werden können. Fünde man, daß er die Eigenschaften eines guten Beitz-Kalckes hätte, so wäre er zu Waßer Wercken brauchbar. Zum Zuckersieden ward er vormals sehr begehret, doch sagte man, daß er nicht gehörig gebrannt sey, sondern viele ungahre Stücke habe.
3. Der Tras ist bekanntlich das beste Verbindungs Mittel zu Waßerwercken, erfordert aber auch enge Fugen, die bey runden Steinen nicht statt haben.
4. Leimen und Plüsleimen ist gut zu Mauren, wenn sie trocken stehen. Vom Waßer wird er so gleich erweicht, mithin sind es verlorene Kosten, wenn man ihn zu Waßerwercken verwendet.
5. Moos wird auch wohl zu Felsenvorsetzen gebraucht, ist aber mehr ein Ausfüllungs- als ein Verbindungs-Mittel. Wir wißen, daß er wie alle Vegetabilien vom Waßer endlich wieder aufgelöset wird. Einige haben Moos und Leimen gebraucht, aber damit Kosten an ein vergänglich Werck gewandt.

Mögte jemand noch andere Verbindungs-Mittel vorschlagen, so kosten sie doch etwas und sind bey diesem Wercke ganz entbehrlich, welches für sich bestehen solle, und daher auch dann würcklich unwandelbar ist, wenn man ihm sein Bedürfniß giebet. In unserem Falle müßte die Felsenvorsetze, welche unter Waßer 18 und über Waßer 7½ Fuß hoch wird, oben wenigstens 2 Fuß dick und an der Land Seite lothrecht aufgeführet werden. An der Waßer Seite würde sie von oben bis auf 16 Fuß etwan zu 70 Grad, und der Rest von 10 Fuß zu 45 Grad doßirt, oder geschräget, damit keine Ausspülung entstehe.

An der Waßer Seite müßen überhaupt lauter schwere Stücke gebracht, und ohne auswendige Verzwickung rein für sich fest gelagert werden. Ob sie einen guten oder schlechten Kopf haben, muß hier gar nicht, sondern nur dies in Betrachtung gezogen werden, daß man sie fest lege, weswegen man sie auch an der Waßerseite nicht verzwicken, das ist, nicht kleine Steine einlegen soll, die sich leichtlich ausheben laßen. Zwar der Maurer will gerne, daß seine Arbeit schön aussehen soll, sucht einen guten Kopf und zwickt nett aus. Beides ist unnütz, ja sogar schädlich, und aufs beste nur eine Zeit und Geldfreßende Eitelkeit, wie die Vorsetze am Schwenckort zeiget. Die Zwischenräume der großen Steine mag man hinterwärts oder Landwärts mit kleineren ausfüllen, doch daß sie die Festigkeit der Lagerung nicht behindern. Ganz hinten am Erdreiche sind kleine eben so gut, als die Großen. Auf diese Weise kann die Vorsetze bey unserer großen Waßertiefe gegen den schweren senckrecht auf sie fallenden Strom bestehen. Man wird gleich einsehen, daß sie Geld kostet, und viele Steine erfordert. Beides kann und muß man nicht verhelen. Denn, wo die Waßertiefe 18 Fuß ist, werden zu einem jeden laufenden Fuß der Vorsetze 11½ Maß Steine erfordert, wovon die Hälfte lauter große Stücken seyn müßen, zur hinteren Hälfte aber kleinere, ja so gar kleine von 2 bis 3 Zoll dienen können.

Wird hier ein Maurer zu Rathe gezogen; so wird er über Unraht, Stein- und Geld-Verschwendung schmähen. Er schlägt vor: Eine Lage von lauter recht schweren Stükken zu nehmen, sie gantz fest gegen das Erdreich anzulehnen, vorne und hinten gut auszuzwicken, und will ein Werck daraus machen, das wohl stehen soll. So sprach ja unser erster Werckmeister beym trockenen Graben, schafte recht schwere Steine an, verarbeitete 100 rf und mußte sein Werck schon stützen, ehe er es vollendete.

An der Elbe sieht man viele 1000 Ruthen von Felsen zur Bedeckung der Ufer und Deiche. An der Alster ist eine Vorsetze gesetzt, die viele Jahre bis jetzt gut steht, obgleich die Holzfreunde ihren baldigen Einsturz vermutheten. Ein Steinhauer, hievon eingenommen, unternahm es, zu Ritzebüttel, eine Felsen-Vorsetze, statt der vergänglichen hölzernen aufzuführen, die gegen alle Stürme stehen sollte. Sein Vorschlag ging auf Ersparung und seine Meinung war recht gut. Er nahm recht schwere Steine, lehnete sie nach einer guten Schräge gegen eine feste Erde. Seine Vorsetze stand recht gut gegen die Stürme und ward gepriesen. Nach einigen Jahren entstand ein heftiger ganz geradezu auf seine Vorsetze andringender Sturm. Die Wellen fanden ein Loch in seiner Vorsetze, hinterspületen sie, warfen das ganze Werck ab, und führeten die schweren Steine über 200 Schritt vom Ufer weg. Der Erfolg war, daß jene schrien: Holz hat Bestand, Steine sind Lumpenwerck p. p. Dergleichen traurige Beyspiele habe ich so viele erlebet, und sie sind es, die mirs auflegen, nicht allein zu bemerken, daß die vorgeschlagene Vorsetze gegen das duplum einer hölzernen kosten werde, sondern auch anzufügen, daß man Ehre und Geld dabey verliere, wenn man sie nicht so cörperlich macht, daß sie Stand halten könne. Denn mit unserer Vortiefe von 18 Fuß ist nicht zu scherzen und mit dem reißenden winckelrechten Strome auch nicht. Giebt man dem Gewigte und Andrang des Stroms Raum, die Vorsetze aus- und durchzuspülen, so ist man übel daran. Unter Waßer kann man nichts beßern, oft nicht einmal finden, wo der Schade ist. Solchenfalls wäre man dann genöthiget, wieder einen Klopfdamm zu schlagen um den Schaden aufzusuchen. Ein Schade von einer andern, dritten, vierten p. p. Stelle würde ein gleiches erfordern, und die Unfälle würden so lange einander folgen, bis man das Werck nach den Gesetzen der Natur eingerichtet hätte. Wäre die Vorsetze so schwach von Gehalt, und Schräge, daß eine große Fluth in sie einbrechen könnte; So würde, wenn die Fluth einige Tage daurete, die ganze Strecke ins Waßer fallen, und ein großer Schade erfolgen. Gegen diese Unlust sichert man sich auf immer, mit einer Anlage, die mit ihrer naturgesetzmäßigen Einrichtung dem Strome nie weichet, und sie ist wohlfeil genung, wenn eine solche Vorsetze nicht das duplum einer hölzernen kostet, welche, wann sie gehörig geschräget, zu gewöhnlichem guten Bestande vorgerichtet, und mit der hier unentbehrlichen Kernwand gesichert wird, auch Geld kostet, indem der laufende Fuß bey dieser Vortiefe unter 7 rf nicht geliefert werden kann. Mögte hier ein Zweifel entstehen, ob der Anschlag richtig, daß eine solche Vorsetze nicht über das duplum gehe, und mögte dieser Zweifel Anlaß geben, die Felsenvorsetze schwächer anzulegen, um das duplum nicht zu überschreiten; so wäre es beßer, das Werck gar nicht vorzunehmen, als sich einem solchen schweren Schaden und den Spott derer, die für Holz sind, auszusetzen.

Hieneben darf ich nicht vergeßen, zu beantworten, daß der Maurer nicht nach seinem Kopfe und der Gewohnheit, sondern nach dem Geschicke der Steine arbeiten müße, da hier lediglich auf die Dauer, und keinesweges auf Zierde gesehen wird. Hätten wir einen guten Steinsetzer, so würden wir ihn vielleicht allen Maurern vorziehen.

So viel ich in Erfahrung bringen können, ist der Vorrath von Steinen jetzt noch nicht so groß, daß man ein rechtlich Stück damit anfangen könne. Es wäre, wie gesagt, ein großer Vortheil für den Verfolg der Arbeit, wenn man das Stück vom Schwenck Ort bis zur Kalckwinde zuerst und auf einmal vornehmen könnte. Die Länge ist 125 Fuß und erfordert also 1400 Maß Steine. Nachher nimmt die Vortiefe so sehr ab, daß der laufende Fuß von der übrigen ganzen Länge gemittelt nicht halb so viel Steine erfordert. Ich glaube, daß man die Steine zu dem ersten Stücke in einem Paar Jahren leicht zusammen bringen dürfte, und derweile kann man die alte Vorsetze, die hier gerade am schlechtesten mit ist, mit Busch, Heide und geringen Brettern hinhalten.

Lüneburg d 16 ten April 1790. EGSonnin.

108.

LÜNEBURG

Auffällig kurzes Gutachten für den Rat der Stadt über den Bauzustand des Gewölbes in der Gerichtsstube des Rathauses mit der Empfehlung zur baldigen Instandsetzung, die auch ausgeführt wird.
Lüneburg, 21.4.1790

Stadtarchiv Lüneburg
Bausachen B 1, Nr. 4, Vol. IV
Acta betr. die städt. Baugegenstände, deren
Reparatur, Erinnerung pp. (Allgem. Bau-
Akten)
1769–1794
Bl. 321

Pro memoria.

Auf Erfordern der Wohlgebohrnen Herren Praetoren habe ich das Gewölbe in der Gerichts-Stube besichtiget, und in bedencklichen Umständen gefunden.

Es ist, wie einem jeden in die Augen fällt, sehr flach geschlagen und daher zum Sincken, und Drücken sehr geneigt. Wegen des starcken Dranges hat sich die Mauer an der Straße davon abgesetzt und ist daselbst ein großer Riß vorhanden; Bey dem Pfeiler ist er am stärcksten, und, da dieser nacher noch geschwächet ist, so ruhet ein großer Theil des Gewölbes, auf einem schwachen Fuße. Auch haben sich die Grad- und Gurtbogen der Gewölber so weit durchgeschlagen, daß sie nur vermittelst des Kalcks zusammen hängen, und eigentlich nichts mehr tragen können. Wenn nun die Last der Gewölber jenen Zusammenhang überwindet, so müßen die Gewölber zusammen sincken.

Man kann noch keine Merckmale wahrnehmen, daß dieser Zeitpunkt plötzlich eintreten werde, man kann aber auch keinesweges behaupten, daß er weit entfernet sey, zumalen man nicht gewiß, ob, und womit und wie hoch die Gewölber oben ausgefüllet sind.

Lüneburg d 21 t April 1790.   EGSonnin.

109.
LÜNEBURG

Erläuterung der Zeichnung von Vorsetzen aus Feldsteinen für den Neubau am Kaufhaus in Ergänzung zu den Gutachten vom 3. und 16. April 1790. Dazu Vorskizze im Konzept und Entwurf im Querschnitt (Stadtarchiv Lüneburg, K. 10. G. Nr. 21 (k) sowie B 2, Nr. 1, Bl. 55, veröffentlicht von Heckmann, a. a. O., Abb. 86).
Hamburg, 14. 5. 1790

Stadtarchiv Lüneburg
Bausachen B 2, Nr. 1
Acta generalia von den Vorsetzungen
Acta betreffend die Schadhaftigkeit der
Vorsetzung beim Kauf Hause auf der Hude und
deren reparation 1790, 91, 92
Bl. 52 (Konzept Sonnins dazu: B 2, Nr. 1, Bl. 86)

Bemerckung zur zweckmäßigen Anlage der Felsen Vorsetze,
nebst beygefügten Profil,
Zum pro memoria vom 3 t April und Nachtrag d 16. Apr. 1790.

Es wird vorausgesetzt, daß die Vorsetze nicht zur Zierde, sondern zu immerwährender Dauer angeleget werden solle.

Wenn ein Maurer sie setzet, so bemühet er sich, sie auch so zierlich zu setzen, daß er Ehre davon habe; und suchet die Zierlichkeit darin, daß er die Stein Vorsetze auswendig gerade und eben aufführe, so wie er gewohnt ist, eine Mauer von Bruchsteinen oder Feldsteinen nach der Schnur und dem Richtscheit aufzuführen, das ist, eine gerade glatte Wand zu machen. Um also eine zierliche Vorsetze von Feldsteinen darzustellen, kehret er allemal die flache beste Seite eines Steins, das ist den besten Kopf nach auswendig, füllet auch die auswendige Zwischenräume seiner Kopfsteine sorgfältig mit kleineren Steinen aus, schlägt gar Steine, die gut spalten, in kleinere Stücke; treibet die heiligte Splitter in die Fuge hinein; und erhält mit dieser Mühe das Ansehen einer ziemlich geraden Fläche, die er und seine Zunftgenoßen für meistermäßig erkennen. Eine solche Kunstgerechte Fläche thut recht gut in Mauren, die mit gehörigem Kalcke verbunden werden, wie wir ja wißen, daß man gantze Kirchen nebst Thürmern mit runden Feldsteinen gebauet hat, die mehrere Jahrhunderte bestanden sind. Allein bey Felsen-Mauren oder Vorsetzen, die am Waßer bestehen sollen, ist diese gantze Kunst gar nichts werth, sondern so gar schädlich und ihrem Endzwecke, nemlich der hier erforderlichen Dauer zu wieder.

Um gegentheils den wahren Zweck einer perpetuirlichen Dauer zu erreichen muß man sich nachstehendes zur Regul machen.

1. Man muß sich gar nicht einmal einfallen laßen, sein Augenmerck dahin zu richten, daß man am Waßer eine gerade ebene Wand erhalte, weil der Kenner wohl weiß, daß der falsche Schein keinen Nutzen schaft, und daß es hingegen einer wohlgelagerten

Vorsetze nicht schadet, wenn sie gleich auswendig uneben, höckerigt und löcherigt aussiehet.

2. Auswendig, (das ist an der Waßerseite) muß man gar keine kleine Steine und noch weniger Zwicksteine anbringen. Gegentheils muß man auswendig lauter große schwere Steine lagern, welche mit ihrer eigenen Last sich halten und daher, weil sie von denen über ihnen liegenden Steinen noch gedruckt werden, um desto gewißer liegen und gegen einen starcken Strohm bestehen können.

3. Je höher die Vorsetze ist, desto nothwendiger wird es, daß man solcher großen Steine zweene, oder drey hinter einander lege, um sie miteinander gut zu lagern, oder, wie man sagen mögte, mit einander zu verbinden. Bleiben zwischen den großen Steinen Zwischenräume, oder Lücken, so kann man die Lücken mit einem paßenden kleineren Stein ausfüllen, doch müßen die Füllsteine nie so klein seyn, daß sie heraus gespület werden können, wiedrigen falls läßt man die Lücke ungefüllt.

4. Niemals muß man die beste Seite der großen Steine nach außen zu kehren, sondern die beste, die flacheste, die geradeste, die ebenste Seite muß entweder unten oder oben zu liegen kommen, oder technice zu reden: die beste Seite muß man zur Lager-Seite machen. Der gute Setzer ist also unbekümmert, ob der Stein einen guten Kopf habe, oder nicht; freuet sich aber, wenn er eine gute Lagerseite erblicket, worauf der Stein ruhen könne. Ob der Kopf hohl, krumm, spitzig, schief, puckligt sey, kommt bey ihm auf keine Weise in Betrachtung.

5. Die Hauptsache ist also bey ihm, daß der Stein wohlgelagert werde. Gut gelagert ist ein Stein, wenn sein Lager an dreyen Stellen gut auflieget, oder auf dreyen festen Puncten ruhet. Ist dieses, so hat er gar nicht nöthig weiter untersteckt zu werden.

6. Das Unterstecken oder unterzwicken ist nichts werth, weil es dem Steine selten eine zuverläßige Ruhe, und solche falsche Ruhe nur gar zu oft Raum und Gelegenheit zum Ausweichen giebt. Von den Füllsteinen, womit man die zwischen den großen Steinen sich ergebende Lücken ausfüllet, ist schon oben erwähnet. Sie können in so ferne mit zum Lagern dienen, wenn sie selbst so feste ruhen oder gelagert sind, daß sie nicht ausweichen können. Wäre dieses nicht so hat man lieber eine Lücke (die unschädlich) als eine falsche betrügliche Ruhe von Zwicksteinen, die die gantze Vorsetze verderben können.

7. Wenn man auf vorbemeldete Weise 2 oder 3 große Lagersteine hinter einander gelagert hat; So werden sie, wie gesagt, auswendig nach der Waßer Seite zu gar nicht ausgezwickt. Hingegen zwickt oder füllt man sie inwendig, das ist an der Landseite mit Fleiß, jedoch keines weges mit kleinen Zwicksteinen, aus, sondern mit so großen, die durch die Zwischenräume der großen Lagersteine nicht durchschlüpfen können.

8. Alsdenn leget man hinter den großen Lagersteinen andere Mittelsteine von beliebiger Größe, wie sie fallen und hinter den Mittelsteinen schüttet man kleinere und dann gantz kleine ein, die nur 3, 4, 5 Zoll seyn mögen. Wenn man solcher Steine eine Schicht von 1 Fuß hoch aufgeschüttet hat, werden sie mit einer Steinbücker-Ramme niedergeschlagen und so weiter schichtenweise verfahren. Sie geben sodann einen festen Grund, der der schweresten Last nicht weichet. Alle kleinen Steine, welche man beym Steinpflastern aufschließet, sind hier vortreflich angewandt, und der Landmann, welcher sein Land gerne davon reiniget, wird sie auch gerne bringen. Zu wünschen wäre es, daß die inwendigsten, welche am Lande zuliegen kommen, sämtlich nur 1 oder 2 Zoll groß wären. Sie tragen eben so gut, wie die großen und sichern die Vorsetze gegen alle ausspülung.

9. Wie eine solche unwandelbare Vorsetze, die in unserm Falle nicht allein das Ufer beschützen, sondern auch den Strohm verbeßern soll, zweckmäßig auf zuführen sey, habe ich in angefügten Profil ausgedrückt. Das Profil habe ich nach der größten Tiefe gezeichnet, welche damahls unter Waßer 18, und über Waßer 8 Fuß betrug,

nemlich nicht weit vom Schwenck Orte. Weiter hinunter wird die Vortiefe immer geringer und hört bey Spiermanns Hause fast gar auf. Hier erfordert der laufende Fuß nur 2¼ Maß Steine, hingegen bey der größesten Vortiefe 12½ Maß. Das Mittel zwischen beiden mögte man auf 7 Maß rechnen. Meines Ermeßens wird die Stadt es nie bereuen, eine solche Vorsetze gebaut zu haben.

Hamburg d 14 t Maii 1790   EGSonnin.

110.
LÜNEBURG

Gutachten für den Bürgermeister Oldekopp über den Bauzustand der Vorsetzen bei der Kalkwinde und hinter der Wahrburg.
Lüneburg, 14.7.1790

Stadtarchiv Lüneburg
Bausachen B 2, Nr. 1
Acta generalia von den Vorsetzungen
Acta betreffend die Schadhaftigkeit der
Vorsetzung beim Kauf Hause auf der Hude und
deren reparation 1790, 91, 92
Bl. 57 (Konzept Sonnins dazu: B 2, Nr. 1, Bl. 93)

Pro memoria.

Nachdem von dem Herrn Camerario Eden am 7 ten hujus in camera mir aufgetragen war, die Lage des Ufers hinter der Wahrburg in Augenschein zu nehmen, um darüber bey der nächsten Kämmerey-Seßion meine Gedancken sagen zu können; So wurden am 10 t dieses in camera von Sr. Magnificenz dem Herrn Bürgermeister Oldekopp an mich 3 Fragen erlaßen.

1 te Frage: Ob die Schadhaftigkeiten, welche an der Vorsetze zu beiden Seiten der Kalckwinde sich hervorgethan, vorläufig mit geringen Kosten dahin verbeßert werden könnten, daß die Vorsetze noch einige Jahre bestehen könnte.

Diese Frage schlechthin zu bejahen, konnte ich mich um so weniger entlegen, da ich in meinem Berichte über beregte Schadhaftigkeiten nicht allein fürs künftige eine unvergängliche steinerne Vorsetze vorgeschlagen; sondern auch wohlwißend versichert habe, daß man jene Schadhaftigkeiten mit füren Holtze zuversichtlich ausbeßern könne, wie solches schon dießeits der Kalckwinde vor vielen Jahren nützlich geschehen sey. Hiedurch wurde Zeit gewonnen, um die zur Vorrichtung einer steinernen Vorsetze erforderliche große und kleine rauhe Feldsteine in solcher Menge zu sammlen, daß auf einmal ein so großes Stück derselben vorgenommen werden könne, womit der zum Behuf der Vorsetze zu schlagende Klopfdamm sich gehörig verdiene und die Kosten verlohne.

2 te Frage: Ob ich die Vorsetze hinter der Wahrburg besehen? ob sie noch stehen könne? und ob das Ufer, wenn es gehörig abgeschräget würde, ohne Vorsetze bestehen könne?

Den letzteren Theil dieser Frage mußte ich nothwendig bejahen, da man dieses fast allgemein von allen Strömen, Flüßen und Bächen in der Welt behaupten kann, wie ich vor Jahren schon erkläret. Da man hienächst vorhatte, das gantze Ufer ablaufen zu laßen, fand solches der Schiffarth wegen Bedencklichkeiten, da bekanntlich an dem Ufer viel an und ausgeladen wird. So viel aber könnte ich wohl ohne alle Bedencklichkeit anrathen, daß man eine ziemliche Strecke hinter der Wahrburg, so weit keine sonderliche Vortiefe ist, das Ufer abschrägete, welches, wann der Strohm durch die vorgeschlagene steinerne Vorsetze vortheilhafter gelenket wird, von gutem Nutzen seyn würde. Was die dermalige Vorsetze betrifft, so ist dieselbe freylich schlecht. Doch könnte man den größesten Theil immerhin stehen laßen, bis er einfiele, weil durch ihren Hinfall kein Schade entstehen kann, und sodann die gefällige Strecke abdoßiret werden könnte.

Bey dieser Erörterung sagte der Bauschreiber Melbeck, daß der Herr Bürgermeister von Töbing bey der Baustätte eine steinerne Vorsetze machen wolle. Da mir hievon noch nichts, mithin der modus nicht bekanntgeworden, so konnte ich auch mich darüber nicht erklären.

3 te Frage: Warum die vorgeschlagene Abnahme der dritten Wand vom Flußbette noch nicht geschehen sey?

Der Herr Camerarius Eden äußerte hiebey, daß die Kunst Intereßenten und besonders die 2 nächsten Succeßpres in der Verwaltung noch darüber gehöret werden sollten.

Auf meine Bemerckung: daß die Abnahme des Flußbettes nichts anders als die Beruhigung der Intereßentenschaft beziele, und ohnehin sie kein jus contradicendi hätten, war der Herr Consul Oldekopp der Meinung, daß man ihren Wunsch erfüllen müße; worauf beschloßen ward, die Abnahme des Flußbettes am nächsten Sonntage zu bewerckstelligen, die beiden ersteren Punkte aber näher in Amplißimo Senatu zu erwegen.

Lüneburg d 14 t Julii 1790   EGSonnin.

111.
ENTWÄSSERUNGS- UND KORNMÜHLE AM HERRENBRACK

Gutachten für die Landherren über Setzungsschäden.
Hamburg, 10. 8. 1790

Staatsarchiv Hamburg
Archiv der Landschaft Billwärder Nr. 147
Erbauung der Korn- und Wasserschöpfmühle
auf dem Billwärder Elbdeich am
Sandwischbrook 1789–1790

Pro memoria.

Ob der bey der Grundmauer zur Waßer Schrauben Mühlen entstandene Fehler von einer Ausweichung oder von einer Senckung entstanden sey, habe ich durch mehrere deshalb angestellte Versuche nicht gäntzlich ausmachen können, obgleich das letztere mir wahrscheinlicher vorkommen.

Es fällt sehr in die Augen, daß an der Nord Seite unter der Legde 2 Steine untermauert sind und hingegen an der Südseite die beiden Schichten gäntzlich fehlen, oder sich verlaufen, wodurch man bewogen werden mögte auf eine Versinkung zu schließen; Allein eines Theils bestätiget die Schrootwage, daß der Zimmermeister einen Stein zu viel hat untermauren laßen, andern Theils sind mehrere Spuren vorhanden, daß der Mauermeister nicht nach der Schrootwage gearbeitet hat, daher es dann leichte geschehen können, daß bey dieser Nachläßigkeit er um eine Schicht gefehlet hätte. Wäre dieses erweislich, so wäre die Versinkung unläugbar, und man würde, daß der Grund gesuncken sey, um desto eher glauben, wenn man sich erinnert, wie bey Erwählung dieser Stelle schon erwähnet ward, daß der Deichbruch von 1756 nahe bey dieser Stelle gewesen sey, wogegen jedoch auch Landeskundige Männer versicherten, diese Stelle nebst der gantzen Erdzunge sey frey geblieben, und deswegen sey dieselbe als ein alter sicherer Grund vorzüglich zur Mühle zu erwählen.

Um die Beschaffenheit des Grundes näher kennen zu lernen, ließ ich unter dem Mauergrunde 6 Fuß tiefer eingraben und fand beständig einen festen gleiches Kley auf welchem man sonst nicht Bedencken tragen mögte, ein weit schwereres Gebäude ohne Rammung zu errichten. Indeßen bewog der Umstand, daß man beym Ausgraben des Canals in der Erdzunge ein Buschbette vorgefunden hatte, mich, alte Leute aufzusuchen, und fand deren Viere, die am Deichbruche selbst mit gearbeitet hatten. Ihre Außagen kamen alle darin überein,

daß an unserer Stelle der Deich stehen geblieben; daß der Waßerstuz gerade auf das Schmidtische Haus losgegangen; daß natürlicher Weise der Wassersturtz hinter dem Deiche sich mehr ausgebreitet mithin von der Erdzunge oberwärts etwas weggenommen habe; daß an unserer Stelle der Deich nicht steil weggespület, sondern Ausweise des Bracks die größte Tiefe weit davon gegen Osten gewesen sey; daß solchergestallt an unserer Baustelle nordwärts wohl vielleicht etwas aufgefüllete Erde mit befindlich seyn mögte; und daß daher man gäntzlich auf dem alten sicheren Grunde würde geblieben seyn wenn man den Mühlen Grund 6 bis 10 Fuß näher nach dem Deiche zu geleget hätte.

Aus diesen ihren Anzeigen, welchen sie noch beyfügeten:

daß wegen eines an der West-Seite in älteren Zeiten gewesenen Deichbruchs es gar nicht gut gewesen wäre, die Mühlenstelle weiter gegen Westen zu verlegen,

glaube ich befüglich schließen zu können, daß unser Grund gut sey und daß wenn gleich an der Ost- und Nordseite etwas aufgefüllete Deicherde vorhanden wäre, diese sich, wenn die Last darauf kommt, bald setzen und hienächst keine Gefahr von ferneren Sincken übrig laßen werde.

Wollte jemand die an unseren Mauerwercke ersichtliche Borsten für Merckmale einer Ausweichung ansehen; So ließe solches aus dem Berichte jener alten Leute sich auch erklären, indem, wenn ein Theil der nordöstlichen Mauern auf dem aufgefüllten Erdreiche sich stärcker setzete, daraus nothwendig eine Ueberweichung erfolgen müße, um welche man desto weniger Ursache hätte, besorgt zu seyn.

Sollte aber, wie viele der Meinung sind, jene Borsten daher entstanden seyn, daß der Kalck nicht schnell genung gebunden, und die Last des Bogens die Seiten Mauren bis zum Ueberweichen ausgedränget hätte; So würde ich mich gar nicht bemühen, jemand diese Meinung auszureden, weil eine Ueberweichung von der Art just am wenigsten zu bedeuten hat, und ich wünschte, daß sie es hier nur allein seyn mögte. Denn, wenn wir den Bogen mit der über ihm liegenden Mauer weg nähmen, so nähmen wir mit der Ursache auch die Würckung hinweg und die auf die Mauer noch zu setzende Last würde sie herstellen. Des Bogens als eines unwesentlichen Stücks könnten wir gäntzlich entbehren, indem bekannt, daß ein über die Oefnung gestreckter fürener Balcken uns sowohl zur Tragbarkeit als zur Dauer die nemlichen Dienste leistet.

Nach Maßgabe meiner obangeführten Untersuchungen und Erkundigungen glaube ich mit Grunde sagen zu können, daß der Schade und die Gefahr so groß nicht sey, als das Gerüchte sich verbreitete.

Auf die Frage: Wie der entstandene Fehler jetzt und auf die Zukunft zu verbeßern sey? würde zu erwiedern seyn, daß vorjetzt keine andere Verbeßerung nöthig, als daß den Bogen wegnähme und statt seiner einen Balcken einlegete. Sollte aber künftig die Mauer, wenn die Last darauf kommt, sich mehr setzen, so würde sie mit weniger Mühe sich so leicht so weit unterstecken laßen, bis sie einen festen Stand gewinnet. Welchem nach mein unmaßgeblicher Vorschlag dahin gienge, daß man gefälligst fortführe, die Mühle zu errichten und baldigst zu vollenden.

Hamburg d 10ᵗ August 1790   EGSonnin.

112.
ENTWÄSSERUNG DER MARSCHEN

Stellungnahme im Auftrag der hannoverischen Regierung zu den Vorschlägen des Oberamtmannes in Winsen für eine neue Deichordnung. Dazu eigene Gedanken und Vorschläge für Eindeichungen. (Veröffentlicht von Reinke, a. a. O., S. 157.)
1791

Pro memoria.

Die von dem Herrn Ober-Amtmann... in Winsen hergegebenen Vorschläge zur Entwässerung beyder Marsch-Vogteyen kann einer, der das Fach kennet, nicht lesen, ohne den Herrn Verfasser hochzuschätzen. Denn der Bedruck der armen Unterthanen, ihr sich nähernder Untergang, die unzweckmäßige Anlage der Deiche, ihre äußerst ungleiche Vertheilung, die augenfällige Gefahr der Schaardeiche, der landesherrliche bisherige und künftige Verlust etc. etc., alles dieses ist in einem aus sich selbst fließenden Zusammenhange bündig, deutlich, elegant vorgestellet und in Ansehung der Mittel zur Herstellung der Marschen und ihres Flors sind aus den gangbarsten Deichbaues-Kenntnissen so unbezweifelte Prämissen zu Grunde geleget, daß niemand sich entledigen konnte, die daraus fließenden Schlußfolgen zuzugeben.

Königliche Churfürstliche Hohe Landes-Regierung geruhet indessen, zu genauerer Erwägung und mehrerer Ueberzeugung eine hohe Commission niederzusetzen, welche die nothleidenden Marschen in Augenschein nehmen und jene Entwürfe untersuchen würde. Hochernannte Herren Commissarii fanden für gut, schon im Frühjahre des 1786 sten Jahres die Marschen in den traurigen Umständen einer starken Überschwemmung zu sehen, sahen aber auch in den mittleren Tagen des Junii den wahren Contrast jener Unglückseligkeiten, nämlich: reiche Saaten auf fetten Fluren und glänzendes Horn-Vieh auf angenehmen Weiden.

Sogleich gefiel es Deroselben vorberegte Untersuchung vor die Hand zu nehmen, und wirklich ward, wie aus den schön geführten Protocollen zu ersehen, keine Mühe gesparet, den vorgeschlagenen Plan, nicht nur im Großen, sondern auch in seinen besonderen Theilen zu prüfen. Denn es wurden in re praesenti alle im Plane befangenen Gegenden, Anhöhen, Niedrigungen, Gewässer, Deiche, Schleusen, Wiesen, Graben aufmerksamst in Augenschein genommen, die concernirenden Lagen nivelliret, die Wasserprofile gemessen, die Monita der Grundbesitzer fleißig gehöret, und, nachdem man noch über die Ausführbarkeit des Plans und der dazu führenden Mittel vorsichtigst berathschlaget hatte, ein commissarischer, auf die unterlegte Deich-Praxis sich gründender Entschluß gefasset.

Beide commissarischen Berichte, in welchen die Einwendungen der Anwohner hin und her erwogen, die Situationes näher bemerket, die abzuführende Wassermenge berechnet, die angegebene Wirkung der Schöpfmühlen damit verglichen, die gewöhnliche Fallzeit der hohen Fluthen erfahrungsmäßig angezeiget, kurz, alles, was für und wider den Plan seyn konnte, von allen Seiten beleuchtet worden ist, enthalten den Beschluß in einem mehreren extenso, und so ist derselbe von den Höchsten und Hohen Landes-Collegiis genehmigt, auch schon mit Ausführung des Werks der Anfang gemacht worden.

Vorgerühmter Plan hat noch eine andere in ihm zugelegte Folge gehabt, nämlich diese: daß von dem Hohen Landschaftlichen Collegio auf eine neue Deich-Ordnung angetragen ist.

Da mir indessen, seit mehr als 20 Jahren, als ich das Land Hadeln und besonders das Siedland kennen gelernet, so höchst wahrscheinlich geschienen, daß unsere gewöhnlichen Deich-Proceduren an der Elbe dereinst eine sehr große Revolution, mithin die Deich-Ordnung angemessene Modificationes untergehen würde und nothwendig müßte, so habe mich nicht erwehren können, jene meine Praesumtionen bei dieser Gelegenheit vorzulegen. Treffe ichs etwa nicht, oder werde ich gar beschämet, so darf ich ja nur mein erröthendes Angesicht hinter dem süßen in magnis voluisse verstecken.

Meine Bemerkungen sind nicht hoch, sondern jedermann wird es für gemeine, längst bekannte Dinge anerkennen, wenn ich hier anführe:

»daß die Elbe durch die allenthalben vorgenommenen Eindeichungen gar sehr und vielleicht um zwei Drittel ihrer ersten Breite beenget sey;«

»daß der zwischen den Deichen eingeschlossene Strom bei Regengüssen, Schnee- und Eisweichungen zu einer ungeheuren Höhe anschwelle und reißend sich herabstürze;«

»daß seine Fluthen Land und Sand mit sich fortführen; das fortgeführte an einen niedrigern oder ruhigern Ort lagern und dadurch nicht allein das Strombette verändern, sondern auch dasselbe nach und nach erhöhen, mithin den über seinem erhöheten Bette daher fließenden Strom selbst erhöhen;«

»daß der Elbstrom bei kleineren und größeren Fluthen einen feinen Schlick mit sich führe, und damit vielleicht in etwas sein Bette, weit mehr aber die überströmten Ländereyen erhöhe und zugleich dünge oder fruchtbarer mache.«

Ohne Zweifel werde ich über den Vortrag so trivialer Dinge Verzeihung erhalten, wenn ich daraus für die Deichwissenschaft drei respectable Maximen oder Haupt-Regeln abziehe.

I. Man soll den Strom nicht mehr beengen, sondern, wo möglich, ihm mehrern Raum zu schaffen suchen.

II. Man soll kein Land eindeichen, bevor es seine gesetzmäßige Höhe erreichet habe.

III. Man soll ein niedriges Land nicht erniedrigen, wohl aber zu erhöhen suchen.

I.

Die erste Haupt-Regel konnten unsere ältern Vorfahren wohl nicht errathen, weil eines Theils ihre ersten, auch nur schmalen Eindeichungen den Strom nicht merklich beengeten, andern Theils aber ihnen noch nicht bekannt war, daß die Strombetten sich erhöhen.

Um desto entschiedener und reitzender war für sie die Fruchtbarkeit der eingeschlossenen Ländereyen. Ihnen war es also nicht zu verdenken, daß sie einen jeden Fleck, der nur ebenhin seine Kosten vergüten konnte, mit einem Deiche umgaben. Sie hatten nicht ganz unrecht wenn sie so Landgeitzig waren, daß sie auch nicht die geringste Krümme, Spitzen, Winkel oder schiefen Eck uneingedeicht liegen ließen. Ihre im Marschlands Geitz und der Eindeichungssucht so getreue Nachfolger deicheten mit Triumph Flächen ein, welche halbe, ja ganze Meilen breit waren, und wußten nicht, daß sie für sich, für ihre Nachkommen und für uns, ein so lästiges, so kostbares, so unglückliches Werk bereiteten. Ihnen schien es eine unbedeutende Sache zu seyn, wenn sie Mühlen-Teiche, Wasserreiche-Bäche, ja gar ansehnliche Flüsse und ihre Winter-Deiche einnahmen. Sie sahen unbesorgt über alle Schwierigkeiten hin, weil sie das Eindeichen als eine untrügliche Empfehlung bei ihren Hohen Gönnern benutzen wollten. Nach vielen daraus erfolgten Unglücken, Deichbrüchen und verlornen Kosten hat man seit einem halben Jahrhundert:

»daß unsere Deiche zu niedrig und zu schwach seyn«

bemerket; man hat dieselben höher und dicker gemacht; man hat stolz darauf gethan, daß man nunmehr richtige Verhältnisse eines Deich-Profils ausgefunden etc. etc., man hat aber bei dem allen das liebe verdienstvolle Eindeichen fortgesetzet, und die große Anzahl solcher Marschländereyen vermehret, von welchen der Herr Ober-Amtmann sehr zutreffend saget:

»daß ihr Ertrag unsicher und geringer als der sohren Heidgeest sey.«
Möchte mancher Deich-Practicus glauben: Weil man jetzt durch unsere höheren, zu gehöriger Kappe und Böschung angelegten, Deiche die schwersten Fluthen abhält, und, wenn man ihnen ihr erforderliches Deich-Profil giebet, gegen noch weit schwerere Ueberströmungen bestehen kann, daß durch diese Vorkehrungen nun alles von der Strombeengung entsprungene Uebel geheilet sey, so siehet er noch lange nicht weit genug.

Wahrlich, die Stromschmählerung führt noch viel mehreres Uebel mit sich. Ich will nicht wenig bedrückende Uebel übergehen und absichtlich nur bemerken:

Daß in dem beengten Strome das Eis sich höher, als unsere Deiche sind, aufthürmen kann; daß ein beengeter Strom weniger Vorland gestattet; daß ein beengeter Strom seine von der Natur ihm vorgeschriebenen Schlängelungen nicht gehörig machen kann; daß daher zuweilen Schaar-Deiche entstehen, die dem Deich-Künstler oft sehr weit überlegen sind; daß das hoch aufgeschwollene Wasser den Fuß der Schaar-Deiche erweichet, auch oft unterweichet; daß solches ferner sich unter den Deichen durchseigert, und, daß dieses als Durchqualm oder Kuver-Wasser im Binnenlande wieder hervortrete.

Gewiß lauter große, gefährliche, geldfressende Uebel, oder Inconvenienten! Aber ich habe noch Eines in Betrachtung zu ziehen, welches bisher zwar wenig geachtet worden, in der That aber uns lästiger geworden, als eines der vorbenannten. Es ist dieses:

»daß das Bett des Stroms sich immer mehr und zwar um destomehr erhöht, je schmaler man den Strom eingeschlossen hat.«

Dieß schleichende Uebel setzet den Deich-Künstler so weit herunter, daß seine bisherige Deich-Praxis endlich ganz aufhören muß. Schon seit langer Zeit war der Schleusenbau sein Palladium; eine Erfindung der angewandten Mathematik, die Hochachtung verdienet und die der Gipfel der Deich-Baukunst war. Durch sie zwang er den Strom zu seiner Willkühr, durch sie entfernete er ihn, so sehr er auch wüthete. Allein in unsern Tagen spielet der Strom den Meister. Denn, auf seinem erhöheten Bette erhöhet, verschleußt er ihm die Schleusen und machet sie unnütz, wenn sie auch sonst die größesten Meisterstücke des Schleusenbaues wären.

Gegen dieses Inconveniens gaben uns die Holländer anfangs schräge, nachmals verticale Wasserschaufel-Räder. Weil ihr Bau leicht, auch nicht kostbar war, sahe man sie bald bei Dutzenden in den niedrigeren Marschen spielen. Man hatte Ursache, ihre Dienste zu rühmen, so lange man 3 höchstens 4 Fuß Wasser zu heben hatte.

Als bei nachherigen Strom-Erhöhungen sie das Wasser höher aufbringen sollten, ward ihre Wirkung zu schwach befunden und die Holländer beschenkten uns mit den Schnecken- oder Wasser-Schrauben-Mühlen. Man wird sich leicht vorstellen, daß diese, wie jene, und wie jeder Mechanismus, ihre Grenzen haben müssen. Bei minderen Höhen werfen sie eine erstaunliche Menge Wasser aus; allein bei größeren Höhen verliert sich gleichfalls ihre Wirkung, und diese Einschränkung der Natur machet es, daß sie in einigen Marschländereyen nur noch wenig, bei andern nur auf gemessenen Höhen brauchbar sind, und, wann diese erreichet, den Besitzer früher, als ers wünschte, in unheilbarer Wassers-Noth sitzen lassen müssen.

Tritt dieser Erfolg ein, so tritt auch zugleich mit ihm das, von dem Herrn Ober-Amtmann im dritten und vierten Satze rührend beschriebene Elend ein und zwinget uns die einfacheren, unglänzenden, sicheren Proceduren der guten Natur wieder zu umarmen.

II.

Unter jenem, vom erhöheten Strom bewirkten Elende, seufzen am bedrücktesten diejenigen Marschländer, die am frühesten eingedeichet sind. Vielleicht ist das Hadelnsche Siedland das erste, welches am Elbstrome eingedeichet ward, vielleicht auch das niedrigste, vielleicht auch das unglückseeligste. Es ist die meiste Zeit mit Wasser bedecket, weil seine Schleusen nicht mehr ziehen können, da mit dem Strombette der Strom zu hoch geworden ist.

Ich könnte leicht ein Dutzend niedriger Marschländereyen am Elbstrome benennen, die uns mit lauter Stimme warnen, daß man kein niedriges Land, das ist: überall kein Land eindeichen solle, welches nicht die gesetzmäßige Höhe hat. Fragt man, welche Höhe gesetzmäßig sey? so würde sich im allgemeinen antworten lassen, es sey diejenige, welche mit der jedesmaligen Erhöhung des Strombettes und Stroms also gleichlaufend erhalten werden könne, daß es ihm an einem reichlichen Wasser-Abzuge nicht fehle.

Der Hamburgische Billwärder ist früher, als er die gehörige Höhe hatte, eingedeichet, hat auch deswegen alle Fehler eines zu niedrigen Marschlandes. Seine Schleusen ziehen nicht genug; Regen und Schneewasser überschwemmet das Land; bei hohen Fluten dringt das Kuverwasser durch; nur sehr spät wird es Wasser frey; oft ist die ganze Wintersaat verloren; zuweilen ist nur etwas am Rande ertrunken; nur sehr selten wird das Ganze eingeerndtet. Seine obere Schleuse öffnet sich kaum dreimal im Jahr und soll nächstens weggenommen werden. Die untere will man so tief, als möglich, herunterwärts verlegen.

Allein wie lange wird die Freude währen? Wie leicht können die zwischen den hohen Elbdeichen eingesperreten Stürzwasser das Strombette daselbst nachtheilig genug erhöhen und dann wollen die armen Leute ihre Zuflucht zu den Schnecken-Mühlen nehmen. Mit aller ersinnlichen Beredsamkeit kann man es ihnen nicht begreiflich machen, daß eben so, wie ihre Schaufel-Mühlen defect oder unzulänglich geworden, gleichermaßen auch die Schnecken- oder Schrauben-Mühlen mit den Jahren unbrauchbar werden müssen, denn ihre Mühlenbaumeister (ihr Zimmermann) saget ihnen, wenn bei mehreren Deich-Erhöhungen die Wirkung der Mühle sich vermindere, müsse man zwei, drei, vier vorrichten, und sey geholfen.

Aber, gesetzt die Billwärder hätten Geld genug, eine Menge solcher Mühlen anzuschaffen und zu unterhalten, so ist doch augenfällig die ganze Vorkehrung nur eine Palliativ-Kur. Denn wenn man in einer langen Reihe von Jahren so schwere Deiche unterhalten, sie gehörig erhöhet, sie zu jedesmaligem Behufe verstärket, und eine Menge von Mühlen hingepflanzet hat, so hat man sich mit allen diesen Kosten ein wirkliches Siedland angeschaffet, daß nach einer andern Reihe von Jahren ein Sumpf und nach einer dritten Jahren-Reihe ein stehender See werden kann.

Wer hier einwenden wollte: wenn die Schnecken-Mühlen nicht mehr dienen können, werden die Holländer, Engländer, Franzosen uns mit Erfindung einer viel wirksameren Maschine aushelfen, der leget zweierlei Artigkeiten zu Tage; die eine, daß er von der Statik und Mechanik nichts wisse, die andere, daß er unbesonnen genug seyn wolle, noch tiefere Siedländer zu machen.

Diesem betrübten Schicksale, das, so lange die Natur ihren Lauf behält, durchaus unvermeidlich ist, nähern sich leider schon die meisten Marschen am Elbstrome und es möchte schon Zeit seyn, die zur Abwendung ihres täglich anwachsenden Schadens bestdienlichen Mittel zu ergreifen.

III.

Die dritte Maxime oder Grund-Regel:
»daß man kein niedriges Land erniedrigen, sondern zu erhöhen suchen solle,«
empfiehlt sich angelegentlichst zu nur gedachtem ersprießlichen Endzwecke.

<u>Effective</u> erniedrigt man ein <u>eingedeichtes Land</u>, wenn man es in seinem niedrigen, zur gesetzmäßigen Höhe nicht gediehenen Zustande läßt. Denn, wenn der Strom mit seinem Bette beständig höher wird, das Land aber immer niedrig bleibet, so hat man es relative erniedriget.

<u>Effective</u> erniedrigt man ein <u>uneingedeichtes Land</u>, wenn man es eindeicht, bevor es die gesetzmäßige Höhe hat, und es hiermit der Wohltat beraubet, zugleich mit dem Strombette sich zu erhöhen oder aufzuschlicken.

Gegen diese Regel sündigten unsere ältern und neuern Vorfahren lediglich aus Mangel der Stromkenntniß. Sie hielten ein jedes niedriges Land, das mit einem hohen, dicken Winterdeiche gedeckt war, für ein Land von großem Werthe. Wir hingegen müssen nach obigen Gründen es für unwerth achten, weil es mit unerschwinglichen Deich-Kosten und mit Verschwendung der ganzen bisherigen Deich-Praxis doch <u>auf die Dauer</u> nicht Wasserfrei gehalten werden kann.

Möchte hieraus jemand geradezu den Schluß machen, daß, weil uns die Folgen der vormaligen naturwidrigen Deich-Praxis so lästig und kostbar werden, wie nunmehr auch just das Widerspiel vorkehren müssen, so schlösse er nicht ganz unrecht, ja er schlösse vielmehr ganz recht, wenn noch res integra wäre. Jetzt aber werden verschiedene Localitäten auch verschiedene Modificationen erfordern, bei welchen dennoch der Hauptzweck, welcher ist:
»daß man die niedrigen Länder zu erhöhen suchen müsse,«
sich so erwünscht als glücklich erreichen lassen wird.

Wir haben die Mittel dazu in Händen, der Deich-Verständige kennet sie, dem Landmann sind sie nicht fremd, beglückte Beispiele sind in unsern Landen; und glückseelig sind die niedrigen Länder, welche sie baldigst ergreifen, um sich je eher je lieber aus traurigen Pfützen zu gesegneten Marschländern empor zu schwingen.

* * *

Vieljährige Beobachtungen haben mich belehret, daß man beim Deichwesen vorbemeldete drei Maximen nicht beobachte, vielmehr aber ihnen geradezu zum Verderben entgegen handele. Wenn ich daneben erwog, daß sich die Natur ihr Recht nicht nehmen läßt, glaubte ich eine Revolution zum Glücke vieler Marschländer vermuthen zu dürfen. Gewiß involviret dieselbe auch eine Veränderung in den Deich-Ordnungen, worüber ich mich nun deutlicher erklären kann.

Wofern wir nach der hergebrachten Praxis fortfahren wollen, mit jährlich anwachsenden Kosten unsere niedrigen Länder bis zu vollständigen Sümpfen hinzuhalten, so würde wohl eine Verordnung nöthig seyn, welche den <u>glücklichen</u> Marschländern vorschreibet, wieviel sie zur Erhaltung der <u>unglücklichen</u> vorjetzt, und bei anwachsendem Elende von <u>Jahren zu Jahren mehr</u> beitragen sollen. Sollten aber nach Anweisung der guten und sich selbst segnenden Natur die unglücklich verwahrloseten Niederungen zu ihrem möglichen Flor erhoben werden, so würde die neue Deich-Ordnung ganz anders lauten.

Fast in allen Marschen sind die Verkabelungen ganz ungleich. Vieles mag die Ungleichheit der Theilnehmer dazu beigetragen haben. Wenn denn jetzt ein Siedland mit einem Hochlande in einem Deichbande und jetzt eine gleichmäßige Verkabelung gemacht würde, nun aber das Siedland zum beinahe Hochlande erhoben würde, wäre die Verkabelung schon wieder unrichtig. In dieser Hinsicht möchte hauptsächlich auf die Melioration der niedrigen zuvor Rücksicht genommen werden, nächst welcher die Theile egaler ausfallen dürften.

* * *

Unter den bedrückten Neuländern seufze ich mit über den Schaden, welcher von hohen Fluthen und Mangel der Abwässerung jährlich verursachet wird; und, ermuntert durch die Höchst und hohen Orts den Neuländern zugedachte huldreiche Beihülfe, halte ich mirs erlaubt, den Entwässerungs-Vorschlag nach den vorangeschickten dreien Hauptregeln zu erwägen.

In wahrer Verehrung und nach den reinsten Ueberzeugungen meines Herzens gestehe und wiederhole ich, daß die Höchstverordnete Commission jene Vorschläge sorgfältigst untersuchet, nach der bisher im Rufe stehenden Deichpraxis geprüft, ex substratis recht beurtheilet, und in substratis keinen Grund, sie zu mißbilligen, gefunden habe.

Es war indessen in dem Entwässerungs-Vorschlage der Punct von der Erhöhung des Strombettes, welcher ganz außer der Sphäre der bisherigen Deichroutine belegen, nicht unterleget, mithin konnte derselbe nicht zur Erwägung kommen, und es war ganz natürlich und vorsichtig, in dem unverrufenen Gleise des practischen Deichverfahrens zu bleiben.

Wann aber die allgemeine Noth der widernatürlich bedrängten Marschländer es erheischet, die sanfteren, wohlthätigeren, perennirenden Verfahrungswege der Natur zu reclamiren, auch zu dem Ende richtigere Principia zu substerniren, so ist ermeßlich, daß aus diesen sich andere, als die aus dem Entwässerungs-Plane geflossenen Resultate ergeben müssen.

Betrachtet man den Entwässerungs-Plan im Ganzen, so contrastiret derselbe total mit der aus der Natur fließenden zweiten und dritten Regel. Denn nach dem Plane sollen eines Theils verschiedene niedrige Ländereyen eingedeichet werden, andern Theils soll das niedrige Neuland in seinem niedrigen Zustande verbleiben. Man siehet leicht, daß beiderlei Ländereyen nicht allein relative erniedriget, sondern auch von der so heilsamen Erhöhung durchs Aufschlicken ganz ausgeschlossen werde.

Betrachtet man ihn im Besonderen, so drehet sich der Plan hauptsächlich um den Punct der Schöpf-Mühlen, welche dem nothleidenden Lande die nöthige Hülfe leisten, das ist, es entwässern sollen.

Von ihnen habe ich schon oben gesaget, daß sie das Wasser nur zu einer gewissen Höhe erheben können, und, wenn diese erreicht, dasselbe hülflos lassen müssen.

In diesem Betrachte kann dem Entwässerungs-Plane das Prädicat des Bestandes nicht zukommen, vielmehr ist es offenbar, daß er nur eine Zeitlang dauern könne, und alsdann, es sey früh oder spät, man so viel schwere Kosten und so viel längere Zeit anwenden müsse, um ein so viel mehr verdorbenes Land in einen brauchbaren Stand zu versetzen.

Das Gutachten des Landvoigts... übersteigt die bisherige Deich-Praxis nicht, sondern bleibt weit unter ihr, und ist hie und da sehr schwankend. Die Mechanik der Mühlen zu verbessern ist wohl nicht seines Vermögens. Die beste Mühle in der Grafschaft Breitenburg, wirft, nach ihres Erbauers oft experimentirten Angabe bei starkem Winde kaum 200 000 Cubic-Fuß in 24 Stunden aus – wie es nun zugehe, daß die ... sche 720 000 schöpfe, wäre dem nöthig zu untersuchen, der sich seiner Mühlen bedienen wollte.

Im Neulande sollen die Schöpf-Mühlen eines Theils das aufs Land fallende Regen- und Schnee-Wasser, andern Theils das bei hohem Elbstande sich durchseigernde Kuverwasser ausschaffen. Ob letzteres bei erhöhetem Elbstrome sich nicht so sehr vermehren möchte, daß die Mühlen es gar nicht mehr gewältigen können, will ich jetzt nicht erörtern, und nur dieses bemerken, daß das durchgeseigerte Kuverwasser keinen Schlick oder düngende Theile mit sich führt; gegenseitig aber jedesmal einen Theil der Gahre aus dem Lande auslauget, und, wie der Herr Ober-Amtmann sich ausdrükket: das Land aussohret. Erhöhet man aber das Land, so wird relative der Strom niedriger und dränget nicht so viel Kuverwasser durch, daher denn solches auch nicht über das Land treten und es aussohren kann.

So nachtheilig nun das Kuverwasser einem Lande ist, so gedeihlich ist hingegen das Schlickwasser.

Es war eine gemeine Sage im Neulande, daß man nach der hohen Fluth von 1781 noch 4 Jahre lang die düngende Kraft desselben merklich habe spüren können. Vielleicht flossen dann die Einwendungen, welche einige Dorfschaften gegen den Entwässerungs-Vorschlag einbrachten, nicht sowohl aus einer Renitenz, als aus einem dunklen Lichte oder Kenntnisse ihres Vortheils und Schadens, worüber sie sich wohl eben nicht wissentschaftlich zu erklären wußten, doch ihr Anliegen rein vom Munde gaben.

So wollten:

die Steller ihren Elbschlick nicht verlieren;

die Ramesloher etc. die ihren Wiesen so benöthigte Bewässerung behalten;

die Tönnhauser gleichfalls, und sich lieber selbst bedeichen;

Soltau, weil er den Elbschlick verlieren sollte, für jeden Morgen jährlich 4 Rthlr. Vergütung haben etc.

* * *

In so fern dann erwiesen ist, daß der Entwässerungs-Plan transitorisch und in mehrerer Rücksicht dem Neulande nachtheilig sey, so entstehet hinwiederum die von Hochverordneter Commission oft beregte und an alle Dorfschaften ergangene Frage:

»Ob ein besserer Vorschlag gethan werden könne?«

Zu Protokollen sind deren verschiedene gegeben worden, unter welchen nur ein Einziger dem Höchsten Landesväterlichen Wunsche, dem Wohl der Unterthanen und dem gewissen Gange der Natur auf alle Weise angemessen ist. Es ist der Vorschlag des Herrn Ober-Deich-Grefen…, zu Protokolle pag. 150 also lautend:

»Er sey zweifelhaft, ob es nicht, wenn man die enorme Deichlast dagegen rechne, im Ganzen vortheilhafter sey, alle Winter-Deiche, mit Beibehaltung eines kleinen Sommer-Deiches, niederzulegen, und das Land bloß zu Viehweide und Sommerkorn so lange zu nutzen, bis es durch jährliche Ueberschwemmungen im Frühjahr so hoch aufgeschlickt sey, daß es zum Bedeichen besser, als vorjetzt noch, tauge.«

Da der Herr Ober-Deich-Grefe schon dem Vorschlage des Herrn Ober-Amtmanns ganz und in seinen Theilen beigetreten war, und auch Bedenklichkeiten gegen den Sommer-Deichs-Vorschlag hervortreten, füget er hinzu:

»Wie er gestehen müsse, diesem Gegenstande noch nicht reiflich genug nachgedacht zu haben, und daher diesen bloß als einen beiläufigen Gedanken angeführt haben wolle.«

Indessen hat er recht viel Wesentliches gesagt, wenn er der enormen Deichlast erwähnet, hernach das Aufschlicken benennet, und dann das Land zum Eindeichen noch nicht tauglich hält.

Die im Protokolle und hiernächst im Hohen Commissions-Berichte vermehrt ausgeführten Bedenklichkeiten sind von großer Wichtigkeit und verdienen näher zergliedert zu werden.

Erste Bedenklichkeit:

Daß die öffentlichen Abgaben auf zwei Drittel herunter gesetzt werden müssen, wodurch 4000 Rthlr. jährliche Einkünfte verloren gehen.

Resp. Hätten die Bewohner ein jus quaesitum, die Herabsetzung zu fordern, so müßte man es zugestehen, wo nicht, möchte die Nothwendigkeit es nicht erheischen, weil ihr Land melioriret wird. Denn

a) werden sie einer großen Deichlast überhoben.

b) Soltaus Sommer Deichsland ist um 25 pCt. besser, als seine Binnen-Deichsländer.

c) Das Tünkerland bewähret ein gleiches.
d) Wenn auch in einem oder zweien Jahren die Herabsetzung bewilliget würde, wäre es nichts neues, da im Plane gesagt wird, daß seit 1770 bis 1786, auf 48000, das ist jährlich 3000 Rthlr., zugebüßet worden.
e) Die Wirthe werden bald aufblühen, den Unwirthen wird es schmerzlich fallen, daß ihnen die Gelegenheit zum Klagen und Remission zu suchen benommen wird.

Zweite Bedenklichkeit:
Die Höpeter und einige andere Deiche müssen erst mit großen Kosten in haltbare Sommer-Deiche verwandelt werden.
Resp. a) Die Sommer-Deiche erfordern nicht so große Haltbarkeit als die Winter-Deiche.
b) Mit dem Capital, was an die neuen Winter-Deiche, Schleusen, Mühlen etc. gewendet werden sollte, kann man sehr weit reichen.
c) Die Dienst-Arbeit würde weniger seyn und hier mehr ausrichten.

Dritte Bedenklichkeit:
Die meisten Häuser stehen an und auf dem Deiche und müßten auf Wohrten gesetzet werden.
Resp. Es ist betrübt, daß sich die Deich-Beamten erlaubet haben, die Hochweise Landesherrliche Verordnung, daß alle Häuser so hoch als der Deich ist, gebauet werden sollen, gar nicht zu befolgen. Wäre dem Gesetze gelebet worden, bedürfte es jetzt keiner Wohrte, die Häuser blieben stehen, und jetzt würden viele Tausend Rthlr. ersparet.

Vierte Bedenklichkeit:
Die nöthige Deich-Erde für 197 Häuser fehlet.
Resp. Wenn der schwere Winter-Deich in einen kleinen Sommer-Deich verwandelt wird, gewinnt man eine Menge Erde.

Fünfte Bedenklichkeit:
Wollte man auch die Häuser nach der Geeste verlegen, so ist der Platz nicht da, und die Leute sind zu weit von ihrem Vieh entfernet.
Resp. Die Versetzung der Häuser wäre den Marschleuten weder bequem noch nützlich.

Sechste Bedenklichkeit:
Ein Strom, der Deiche einreißt, kann auch Wohrten wegnehmen, und Häuser wegspülen.
Resp. Man hat Beispiele von Wohrten, die mit ihren Häusern gegen die Fluthen bestehen. Es kommt auf flache Dossirung an. Steile Deiche werden leicht weggerissen.

Siebente Bedenklichkeit:
Die Schleusen am Deiche wären doch fortwährend zu erhalten, weil die ganze Vogtey ein Kessel sey, mithin auch bey Sommer-Deichen das stehend bleibende Wasser alles unbrauchbar machen würde.
Resp. Schleusen könnten wohl nicht entbehret werden weil das Land einen Abzug haben muß. Daß die jetzigen nicht so gut ziehen, als sie könnten, liegt an der Unordnung und schlechten Wirthschaft. Bei Sommer-Deichen wird es nicht schwer seyn, den Kessel der Vogtey so trocken, als man will, zu halten.

Achte Bedenklichkeit:

Eine Familie von ihrem Platz auf den andern zu versetzen, kostet à Familie 400 Rthlr., bringt für 197 Familien 78 800 Rthlr.

Resp. Das Capital ist groß und freilich die Unlust groß, in welche uns die unbesonnene Begierde, viel Land hinter hohen Winter-Deichen einzuschließen, gesetzt hat. Was will man aber thun? Es möchte nur zu entscheiden seyn: ob man jetzt mit geringerer Mühe und Kosten das Neuland der beständigen Wohlthaten der Natur und eines dauerhaften Flors fähig machen, oder solches nebst einem noch unreifen Stück Landes davon ausschließen, und beide mit Verwendung eines ansehnlichen Capitals in einen elendern – mit zweifachen Kosten nicht wieder zu verbessernden – Zustand setzen wolle?

Bei Ausführung des Sommer-Deichs-Vorschlages möchten sich noch einige jetzt nicht anzugebende Vortheile finden; wie zum Beispiel viele alte Häuser so hoch stehen, daß sie fast mit dem Deiche gerade sind etc. Fänden sich hingegen auch andere Schwierigkeiten, würde man sie doch dreimal leichter jetzt, als in Zukunft überwinden.

Neunte Bedenklichkeit:

Der Fracht- und Postweg über den Hopet werde gesperrt, und das Commercium könne darunter leiden.

Resp. Das wäre bei Fluthen freilich unvermeidlich. Allein, da nicht alle Tage Fluthen sind, und der Umweg über Haarburg und Artlenburg ganz unbedeutend ist, möchte das Commercium diese Zögerung nicht empfinden. Auch hier ist zu beklagen, daß die Alten diesen Fahrweg so niedrig gelegt haben. Er muß auch nothwendig mit der Zeit erhöhet werden. Wäre nur erst das Neuland in einem blühenden Stand gesetzt, und würde bei Zeiten eine Anlage dazu gemacht, so könnte es ihm nicht sauer werden, diesen Fahrweg bis zur Höhe des Sommer-Deichs zu erheben.

Ich wüßte mehrere Schwierigkeiten zu benennen, die ich jedoch billig übergehe. Sie können und müssen alle aufgeräumet werden. Zu diesem unauszusetzenden Zwecke gelanget man nicht, ohne seine Mittel anzuwenden.

* * *

Bei der ersten Grund-Maxime ward bemerkt:

»daß man dem Strom mehr Raum zu schaffen suchen solle.«

Dieß geschieht effective durch die Anlage von Sommer-Deichen. Damit giebt man ihm Raum über die ganze hinter dem Sommer-Deiche belegene Fläche hinzufließen. Beym Elbstrome könnte man im Ganzen wohl annehmen, daß zu jeder Seite das eingedeichte Land eben so breit als der Strom selbst sey.

Man kann es auch als gewiß annehmen, daß endlich, wenn man sich lange genug gesträubet hat, alle Winter-Deiche in Sommer-Deiche verwandelt werden müssen.

Wenn wir uns nun gedenken, daß jetzt eine Fluth zwischen den Winter-Deichen um drei Fuß hoch über dem Mayfelde anschwölle, so wird nach weggenommenen Winter-Deichen eben die nämliche Fluth, den einen Theil ihres Wassers zur rechten, den andern Theil zur linken des Stroms über das Sommerland ausbreiten, und der dritte Theil wird im Strome bleiben. Solchemnach ist klar, daß eine Fluth, die jetzt drei Fuß steiget, alsdann nur einen Fuß hoch sey, und also, wenn die Elbe lauter Sommer-Deiche hat, die Fluthen nur den dritten Theil ihrer jetzigen Höhe erreichen werden.

In vielen Marschen ist das Mayfeld 6, 8 bis 10 Fuß niedriger als der Kamm des Winter-Deiches; könnten wir 6 Fuß zur Mittelzahl annehmen, so würden die hohen Fluthen 4 Fuß niedriger seyn.

Gewiß ein großer Effect der Sommer-Deiche, daß sie die Fluthen um zwei Drittel erniedrigen. In dieser Betrachtung würden, wenn die Winter-Deiche auf einmal weggenommen würden, die meisten Marschen schon Sommer-Marschen seyn.

Bei Sommer-Marschen ist das Außenland eben so einträglich als das Binnenland. Deswegen kann man dem Strome auch mehr Raum geben, wenn man den Sommer-Deich weiter vom Ufer entfernet und dieses allenfalls anlaufen läßt. Auf diese Weise würde mancher Schaar-Deich unschädlich und von der Gegenseite nützlich seyn.

Und warum verschieben wir das, was uns die Natur unwiderruflich gebeut? Wie lange wollen wir das unentbehrliche Bedürfniß des Marschlandes in die wilde See schicken? Wie lange wollen wir uns bemühen, Siedländer zu machen? Warum soll der getreue Fleiß hinter den sauer aufgethürmten Deichen winseln? Soll er nicht Erlaubniß haben aus seinem Moraste zu emergiren? Wie feutig wird er die gnädigsten Hände küssen, die ihm solche ertheilen!

Ich weiß gar zu wohl, daß in vielen Districten der Sommer-Deichs-Plan nicht geradezu angebracht werden kann, sondern erst vieles vorbereitet werden muß. Auch in unserem Falle muß man etwas vorbereiten; doch wird man nicht unübersteigliche Schwierigkeiten, vielleicht gar unvermuthete Erleichterungen finden.

Dem Herrn Ober-Amtmann..., der viel zu edel denkt, als daß er die laute Einladung der Natur und der Noth nicht sogleich hören, nicht scharf bemerken, nicht mit den schnellesten Schritten befolgen sollte, wird es nicht möglich seyn, hier seine überwiegenden und nicht zu verkennenden Talente zu vergraben. Ihm fehlet es nicht an Beiständen, die so pflichtig als willig sind, die Marsch-Vogtey aus ihrem Bedrucke zu erlösen. Er hat das Herz seiner Marschleute in seiner Hand und leitet es gar leicht zu ihrem Besten.

Aber vermuthlich wird es auch an Widerwärtigen und Kabalisten nicht fehlen. Der Faule wird ihr Sprecher seyn. Er wird mit dem Davonlaufen drohen. Nun, man lasse ihn gehen. Sein Knecht, der längst wachte und schwitzte und frühstückte, wenn er noch fühllos schlief, kann seine Stelle vertreten. Dem wird sein errungenes Brodt besser schmecken, als seinem Herrn das, was er auf Kosten der Königlichen und Landschaftlichen Cassen erbettelte.

Bei ihm ist der Landesherr für seine Abgaben gesichert. Wird Seine milde Huld hier zur ersten Einrichtung Begünstigungen ausspenden, so kehret das Capital zuverlässig mit reichen Zinsen zurück.

Welch ein sanfter Prospect! wenn in dem Chur-Hannöverischen Landen die Aussaaten nicht mehr im Wasser verfaulen; wenn ihre Niederungen, mit einer gedeihlichen Kleydecke überzogen, die edelsten Sommer- und Winter-Früchte aller Gattungen erzeugen!

Der Verzagte ächzet mir zu: wir haben einen weiten Weg bis wir dahin kommen. Gut, mein Freund! wir können schöne Richtsteige gehen, um schneller beim Ziele zu seyn; schon die ersten Schritte sind mit Segen verbunden. Und du, weichlicher Freund, wirst dich doch wohl nicht betrüben, wenn du mit deinen Augen im Neulande Winter-Korn ohne Risico bauen siehst? Denke dir, wie die Nachkommenschaft uns segnen wird, wenn ein angewachsener Schlick die niedrigen Flächen der braunen Haid-Geest bedeckt, wenn der Anlauf der grauen Haid-Berge Marschfrüchte trägt, wenn die gesammte Marsch im Verhältniß bis zur Höhe des stolzen Kedingschen Vorlandes erhoben, nun keine Winter-Deiche mehr gebraucht, nun die segenreichen Fluthen nicht mehr mit feindlichen Batterien abwehrt, nun Graben macht, um in denselben einen Rest zur Viehtränke aufzubewahren, und nun mit egypten ihre baldige Rückkehr wünschet.

Glückselige Stunden, die wir schon vorlängst haben konnten! Und warum hatten wir sie nicht?

Die so hoch gepriesene Wasserbaukunst, in den Händen der practischen Vorurtheile und der blinden Eindeichsucht, hat uns bethöret. Und noch heute würden die Göttersprüche der Deich-Praxis die ächtmütterliche Stimme der Natur nicht aufkommen lassen, wenn die Noth uns nicht drängte und der Landesherr einsähe:

»daß er schwere Summen an regelmäßige Winter-Deiche verwendet, um das dahinterliegende kostbare Land kläglich zu deterioriren.«

Aber ist der Herr Ober-Deich-Grefe... auf guten Wegen, daß er von der practischen Observanz abweichet? Ja! er ist auch auf dem rechten Wege. Er wird Begleiter und Nachfolger und gegen die Kabale Mitstreiter genug, vielleicht auch Collegen mit sich haben.

* * *

Wehe dem, der die Natur zur Feindin hat! Hingegen: Wohl dem, des Freundin sie ist, und: Wohl dem, der seine Augen steif auf ihre Winke heftet. Sie segnet ihn dafür.

Im Jahre 1791.   E. G. Sonnin.

113.
LÜNEBURG

Vorschlag an den Rat der Stadt zur Entwässerung des Stadtgrabens mit Pumpen, die vom Feldgestänge angetrieben werden. Weitere Schreiben Sonnins zur Durchführung in der gleichen Akte.
Lüneburg, 19.3.1791

Stadtarchiv Lüneburg
G. 5c. Grundbesitzungen
Acta betr. die Austrocknung des Stadtgrabens
vor dem Roten Tore 1777 seqq.
Bl. 31

Pro memoria

Die Gründe, welche Sr. Magnificenz dem Herren Protoconsul Schütz wegen Ausschaffung des Schlammes aus dem Stadt Graben vor dem rothen Thore in der Vorstellung vom 20t. Sept. abgewichenen Jahres vorgetragen worden, sind nicht allein für sich einleuchtend und gründlich; sondern werden auch durch die angeführte That-Sache von Boitzenburg bestätigt.

Es ist auch gewiß, daß der Graben zur leichterer Ausbringung des Schlammes bald trocken geleget, und an den benannten Orten das Ufer zu bequemen Auffahrten eingerichtet werden kann.

Der kleine Damm welcher bey der Papenmütze lieget, mag vormals zu einem ähnlichen Endzwecke gedienet haben. Etwas Waßer kann man mit einer davor angelegten Schütte abziehen. Allein das meiste muß man durch andere Anstallten ausheben, weil der Schlamm viel tiefer liegt, als das niedrigste Waßer bey der Mühle ist.

Die Aushebung des Waßers geschieht am vortheilhaftesten mit einigen bey der Papenmütze anzulegenden Pumpenwerken, die vom Gestänge in Bewegung gesetzt werden. Denn da dieses Tag und Nacht ohne Ermüdung fortgehet, so beschaffet es mehr als 12 Arbeiter, welche man wenigstens haben müßte, wenn man den Graben mit einer Archimedischen Schnecke, oder mit Hebeschaufeln frey halten wollte. Die Zucken werden hier nur kurz, und kosten wenig, zumalen die vorräthige eiserne Stiefel dabey mit vielem Vortheil angewendet werden können.

Zur Verstärkung des Dammes ist Erde genug zur Stelle da. Bey näherer Untersuchung wird sich finden, wie sein Grund beschaffen sey. Vielleicht haben die guten Alten ihn so stark gemachet, daß er unser Verbeßerung nicht bedarf. Seine Höhe würde mit dem Ufer der an der Aue liegenden Gärten gleich. Die vor demselben anzuordnende Schütze kann noch weniger als 3 Fuß breit seyn. Ihre Schwelle würde nur zur Tiefe des niedrigsten Waßers gestrecket.

Der Abzugs-Canal würde so nahe an der Stadt-Mauer gegraben, daß nur unter dem Gestänge ein behufiger Gang zu deßen Reparation übrig bliebe. Der Gang selbst könnte mit aufgeworfenem Schlamm so viel thunlich erhöhet werden.

Übrigens sehe nicht ab, ob einige Schwürigkeiten bey Ausführung des Werks eintreten könnten.

Lüneburg den 19t Martii 1791. EGSonnin.

114.
LÜNEBURG

Bericht an die Kämmerei über Schäden an der Balkenlage unter dem Roten Tor. Lüneburg, 26.5.1791

Stadtarchiv Lüneburg
Bausachen B 1, Nr. 4, Vol. IV
Acta betr. die städt. Baugegenstände, deren
Reparatur, Erinnerung pp. (Allgem. Bau-
Akten)
1769–1794
Bl. 333

Pro memoria

Hoch Verordneter Kämmerey Geneigtestem Auftrage zu Folge habe ich die Schadhaftigkeiten des Gebälckes unter dem rothen Thore besichtiget.

Sie sind in der That völlig so groß, als die Werckmeistern Kuhnau und Gudau solche in ihrem Berichte vom 28t Maii vorigen Jahres (der hiebey wieder zurück gehet) angezeiget haben. Wie die über denen Balcken liegende Bolen beschaffen sind, kann man freylich nicht sehen, weil die Balcken zu dichte aneinander liegen. Es ist auch zu wünschen, daß sie unbeschädiget seyn mögten. Wären sie es aber auch jetzt noch nicht; So sind sie doch in der Lage, worin sie nothwendig vor der Zeit verfaulen müßen. Denn, da die ganze Balckenlage über einen Fuß versuncken ist; So hat sich auch das über derselben liegende Steinpflaster mit ihr so tief versencket; daß das durchs Thor abfließen sollende Regenwaßer nicht ablaufen kann, sondern in der Sincke stehen bleiben und nach und nach verdunsten muß. Bey starckem Regen kann man für Waßer kaum durchs Thor gehen, ob gleich daselbst Gefälle genug vorhanden ist.

Nun ist es ja natürlich, daß sich das Regenwaßer hinunter bis auf die Bohle und Balcken ziehen und dieselben anstecken muß, welchem Verderben vorzukommen, es äußerst nöthig ist, daß das Steinpflaster zu seinem ordentlichen Falle erhöhet und bey der Gelegenheit die Beschaffenheit der Bohlen und Balcken nachgesehen werde.

Die Scheerwand, welche mit dem Gebälcke auch versanck, hat man mit einigen nur schwachen Eisen an das obere Gebälcke angehangen, damit sie nicht umfallen mögte. Jetzt sind die Hangeisen, wohl schon meistens durchgerostet; Die Wand aber hängt frey und ruhet unten auf nichts und ihre Schwelle ist an mehreren Stellen vermodert. Wenn nun das versunckene Steinpflaster wieder hergestellet wird, kann auch die Scheerwand mit untergründet werden.

Übrigens ist es sehr nöthig, daß die Trage Stender, deren Fuß durchgehends angegangen ist, so hoch, daß sie bey hohem Gewäßer waßerfrey bleiben, abgeschnitten und um so viel mit paßlichen Feld Qvader Stücken unterleget werden.

Lüneburg d 26 t Maii 1791. EGSonnin

115.
ALSTERVERSCHMUTZUNG HAMBURG

Gutachten für den Kattunfabrikanten Hirsch Wolff Bauer gegen die von Alten, Jahrverwaltern und Deputierten der Wasserkunst am Niederndamm erhobenen Vorwurf der Wasserverschmutzung. Es stützt sich auf die durch Berechnung nachgewiesene Verdünnung der beim Kattundrucken in die Alster abfließenden Gift- und Farbstoffe. Von der Kattunherstellung besitzt Sonnin zumindestens seit den Bemühungen der Patriotischen Gesellschaft in den ersten Jahren ihres Bestehens detaillierte Kenntnisse.
  Dazu ein Lageplanausschnitt.
Hamburg, 19. 8. 1791

Winkens, Ursula: Ein Umweltschutzprozeß: Alsterverschmutzung vor zweihundert Jahren. In: Hamburgische Geschichts- und Heimatblätter, Bd. 10, H. 11, Oktober 1981, S. 274–280

Staatsarchiv Hamburg
H. 82
Reichskammergericht
2. Teil, No. 61

Pro Memoria.
Der Herr Hof-Rath Hüffel stellte mir vor einigen Tagen das Supplicatum der sämmtlichen Herren Interessenten von der Waßerkunst beym Graskeller am niedern Damme d. d. 27sten July dieses Jahres zu, und ersuchte mich angelegenst, um mein Gutachten über die Fragen:
A) Ob durch die bey den Kattun-Fabriquen gebräuchliche scharfe Ingredientien als Scheide-Waßer Vitriol-Oel p. p. und schlammigte Maßen das Waßer in unserer Alster vergiftet und verpestentialisiret werde mithin das durch die Waßerkunst denen Herren Intereßenten zum Rödings-Markt, zur Neuenburg, zur Deichstraße, zur Bohnenstraße p. p. zugeführte Waßer, denen, die es genießen, unausbleibliches Elend, Krankheit und Tod verursachen können?
B) Ob der neuangelegte Bauersche Klopperbaum der Waßerkunst zu nahe liege, und ob die von dem Klopperbaum abfließende verpestete schlammigte Maße in dem engen Raum vor den Kunströhren einzig und allein konzentriret und von den Kunströhren zuerst aufgefaßet und eingesogen würde?

<u>Die erste Frage</u> sollten wohl eigentlich die Herren Aerzte als unsere Gesundheits-Räthe beantworten. Allein da in unsern Tagen auch diese Herren schon tolerant sind; So habe ich hoffentlich keine Verfolgung zu befürchten, wenn ich nur das sage, was aus ihren eigenen hypothesen und Verfahrungs-Arten fließet.
  Ich erlebe es jetzt schon zum 4ten mal, daß man bey An- und Umlegung eines Kattunklopperbaums über die Schädlichkeit der Kattun-Fabricken ein wildes Geschrey erhebet; daß man auf die Herren Aerzte sich berufet; daß man uns unvermeidliche Krankheiten, Tod und Pest prophezeiet und daß man die Abschaffung aller Klopperbäume und Färberschuten heftigst wünschet p. p.

NB Jedesmal waren die Herren Aerzte über diesen Punct nicht einerley Meinung. Wenn Einer von ihnen behauptete, wir würden die schaudervollen Folgen davon in wenig Jahren erleben; so antwortete ein anderer, (der jenen nicht blosstellen wollte) mit niedergeschlagenen Augen gantz freundlich, er wolle die Sache näher erwegen p. p. Indeßen wurden allemal die Klopperbäume geleget und Pestilenzen sind davon nicht erfolget. Vielleicht haben die Hochweisen Besichtigungs Herren cum camera in Rückerinnerung an diese Vorfälle die Legung des Baumes sogleich zugestanden.

Auffallend war es mir doch jedesmal, wie Aerzte das Vitriol-Oel eifrig verschreyen konnten, da es doch gerade die höchste Mode war, daß auf ihre Verordnung ein jeder des Morgens einen Gesundheits-Trank, von Waßer und Vitriolspiritus gemischet, zu sich nahm, oder ihn förmlich als einen Gesundbrunnen gebrauchete. Und müssen wir uns nicht noch heute darüber höchlichst wundern, daß das Supplicatum der Herren Kunst-Intereßenten sich auf die Zustimmung der Aerzte berufet, da doch alle unsere Aerzte ihren Kranken täglich offenbar Gift eingeben. Sie verordnen nach Maßgabe der Kranckheiten, Scheide-Waßer, Vitriol-Oel, Arsenik, Qvecksilber mehrerley Art, Bereitungen von Spießglasen, Opium, giftige Gummen und Resinen, giftige Kräuter und Aufgüße von ihnen, Schierling u. s. f. und rühmen die dadurch bewürkte gute Erfolge in allen öffentlichen Blättern. Wären die Gesundheits-Räthe der Herren Intereßenten rechter Art gewesen; So hätten sie ihnen wohl ins Ohr raunen können; daß alle die beschriene Gifte nur alsdenn Gifte sind, wenn man davon zu viel genießet, und daß sie hingegen gesund und so gar medizinal sind, wenn man davon wenig genug genießet. Es war dann vorlängst Mode und es ist noch Mode, daß man sich einen erfrischenden Gesundheits-Trank machet, indem man zu Einen Qvartier Waßer Ein Qventin Vitriolspiritus oder welches einerley schwaches Vitriol Oel gießet. Von dieser angenehmen Mischung kann jederman täglich eine gute Menge ohne Besorgniß zu sich nehmen. Will jemand reines Vitriol-Oel nehmen, welches die Aerzte beßer halten, so nimmt er die Hälfte, das ist auf ein Qvartier Waßer nur 1 halb Qventin Vitriol-Oel. Man wird mir wohl zugeben, daß die Mischung noch gesunder oder wenn man so sagen kann, noch unschädlicher wäre, wenn man auf 1 Qvartier Waßer nur ⅓ Qventin Vitriol-Oel nähme. Dieses Verhältniß bitte ich zu bemerken.

Ein Qvartier Waßer wieget circa 2 Pfd. dazu sollte kommen nach der Mode 1 Qventin, da ist 60 Gran Vitriolspiritus, oder ½ Qventin = 30 Gran Vitriol-Oel nach meinem vorbemerkten Verhältniß aber nur ⅓ Qventin = 20 Gran Vitriol-Oel. Kämen nun auf 2 Pfund Waßer 20 Gran, so kommen natürlich auf 1 Pfd. Waßer nur 10 Gran. Diese Mischung ist gewiß so schwach und daher so unschädlich, daß die Aerzte sie einem jeden Kranken erlauben würden. Um meinem Zweck näher zu kommen, füge ich nun hinzu, daß ein Kubikfuß Waßer circa 48 Pfund wieget. Auf 1 Cubic-Fuß (oder 1 Großen Eimer Waßer) kann man also 480 Gran das ist 1 Unze Vitriol Oel geben und hat sodann einen gantz unschädlichen Gesundheits-Trunk, in welchem das giftige Vitriol-Oel medicinal geworden ist, und seine giftige Würkung gantz und gar verloren hat.

Wir wollen nun miteinander erwegen eines Theils, wieviel Kubick Fuß (oder große Eimer) Waßer wohl in unserer Aöster seyn mögten und andern Theils wollen wir schätzen, wieviel Vitriol-Oel täglich in die Alster hinein gespület werde. Wißen wir diese beide Punkte, so können wir selbst mit unseren unbefangenen 5 Sinnen beurtheilen, ob das Alsterwaßer durch das Vitriol-Oel p. p. vergiftet werde oder nicht. Beides will ich zutreffend entwickeln.

Zur Berechnung der Kubick-Fuße in der Alster sollte ich von rechtswegen die Große Binnen Alster, ja so gar einen Theil der Außen-Alster annehmen weil daran Kattun Fabricken liegen; Allein ich will freygebig seyn und diese nebst dem Kanal hinter dem neuen Walle als nicht da seyende ansehen. Ich will auch den täglichen Zufluß des Alsterstrohms, nebst dem, was mit der Ebbe hereintritt, nicht in Betrachtung ziehen; Ich will es auch ignoriren, daß die kleine Alster täglich zweymal gefüllet wird; Nur will ich lediglich die kleine Binnen-Alster vom Jungfernstiege an bis zu unserer Kunst quaestionis in meine Berechnung nehmen, und mir vorstellen, als wenn alle Fabricken allein in unserer kleinen Alster liegen.

Unsere kleine Alster ist gemittelt	lang	2 200 Fuß
	breit	300
		660 000 □ Fuß
	tief	4
		2 640 000 Kubick Fuß

Sollte dieser Waßerschatz zu einer unschädlichen Gesundheits Mischung gebracht werden; So müßte man 2 640 000 Pfund Vitriol-Oel dazu verwenden. So viel Vitriol-Oel kommt in einem gantzen Jahre nicht aus England.

Man wird leicht überschlagen können; wie erstaunlich viel Vitriol-Oel erfordert werde, wann unsere kleine Alster täglich 2mal, das ist 730 mal im Jahre vergiftet werden sollte, da sie durch jene 2 640 000 Pfd. nur erst in den Stand eines gesunden unschädlichen Waßers gesetzet werden kann, und alsdann gegen 1500 Millionen betrüge.

Die Herren Kunst-Intereßenten werden nun aus dieser unumstößlichen Berechnung ermeßen, wie sehr sie von den Aerzten getäuschet worden sind, die ihnen so viel Unheil geweißaget haben. Hätten die Aerzte die Umstände nach Maaß, Zahl und Gewicht erwogen, wie jetzt rechtschaffene Chymiker thun, so würden sie sich nicht so sehr weit von der Wahrheit verirret haben. Sie mögten indeßen für sich immer irren, wie sehr sie wollten, wenn sie nur nicht gute Bürger in Furcht und Schrecken setzeten und sie zu dem unpatriotischen Wunsch verleiteten, daß alle Klopperbäume und Färber Schuten weggeschaffet werden sollten. Sachkundige Männer würden gegentheils wünschen, daß der Kattun Handel in unserer Stadt 200 mal so groß und noch 200 Klopperbäume nebst 200 Färberschuten auf die Alster geleget werden mögten. Das Alster-Waßer würde dadurch nicht vergiftet, wohl aber gereiniget werden.

In dem Supplicato wird verschiedentlich eines Schlammes, und schleimigten verpesteten Maße gedacht. Soll dieses den Gummi und den im Kattun befindlichen Kleister gelten; so sind diese beide Materien eines Theils keinesweges ungesund, andern Theils ist das quantum derselben so geringe, daß er in dem Quanto des Alsterstrohmes eine gantz unbedeutende Kleinigkeit, übrigens aber gar nicht abzusehen ist, was das seyn sollte, daß dieselbe verpestete. Die Ausspülung der Krappfarbe fällt in die Augen, verschwindet aber auf der Stelle und ist dann eben das, was die mohrigten oder Holtz-Theile in unserm Alster-Waßer sind. Wenn das Supplicatum sich etwan beklagete, daß vom Dreckwalle, vom Neuenwalle, vom Gänsemarkte, von den Bleichen, von der Fuhlentwiete, vom Spinn und Zuchthause, vom Pferdemarkte, von den Rabeusen, von Düvels Orte, u. s. w. der Kunst viele Unreinigkeiten zugeführet würden, müßte mans eingestehen. Aber wer schreyet über diese weit größere uns nachtheiligere Unreinigkeiten? Mit Recht kann es auch niemand, weil in der Waßermenge der Alster, die 15mal so groß ist, als die obenberegte Qvantität, das alles unmerklich, unsichtbar und unwürksam wird.

Nach dem vorigen hätten wir nun anderntheils noch zu schätzen, wie viel Vitriol-Oel unsere Fabricken wohl jährlich oder täglich verarbeiten und in die Alster spülen mögten. Man wußte vor zeiten, daß die größeste Fabricke jährlich 65 Buteljen verarbeitete. Wir wollen nun setzen, daß der Verbrauch der Fabricke A sey = 65, B = 55, C = 45, D = 35, E = 25, F = 20, G = 18, H = 17, I = 15, zusammen circa 300 Buteljen sey. Ich will, damit ich alles reichlich und auch das Scheidewaßer und was die Färber sonst gebrauchen mit einbegreifen könne, annehmen, daß statt jener 300 jährlich 730 Pfd. das ist täglich 2 Buteljen Vitriol-Oel in die Alster gespület würden. Welcher Mann der nur einiger maßen den Gebrauch seiner Sinnen hat, wird nicht so bald ers höret, eingestehen, daß 2 Buteljen Vitriol-Oel in unserm Alster Strohm auf alle Weise unmerklich sind, mithin es ein ausnehmender Unsinn seyn müßte, sagen zu wollen daß sie damit vergiftet werden könne.

Indem dann gantz unwiedersprechlich erwiesen ist, daß die Maße der von den Kattunfabricken und Färbereyen in die Alster kommenden scharfen und giftigen Ingredientien viel zu unbedeutend ist, als daß sie unser Alster-Waßer zum Nachteil der Gesundheit verändern könne, und daß daher alles, was im Supplicato von Vergiftung, Pestilenz und Tod gemeldet wird ins Reich der Undinge gehöret; So kann ich nun

Die zwote Frage desto kürzer beantworten, wenn ich nur erwähne, daß da, wo kein Gift, oder Giftwaßer vorhanden ist, ein solches auch von den Kunströhren nicht eingesogen werden könne, und demnach alle erhobene Gefährlichkeiten in ihr offenbares Nichts zerfallen.

Hiemit könnte ich dann mein Gutachten um desto zuversichtlicher schließen, da ich wohl weiß, daß mit Grunde nichts da wieder erhoben werden kann. Allein weil wir Menschen von einer Meinung die einmal bey uns Wurzel geschlagen hat, nicht so gleich abgehen, sondern wie etwa derjenige, der sich einbildet, ein Gespenst gesehen zu haben, immer wieder nach den Ort siehet, ob er was entdecken könne; So will ich noch im Betreff des Baums quaestionis einiges hinzufügen.

Laßt uns annehmen, daß unser größester Fabrikant just da wohne, wo der neue Baum angelegt ist. Wir wollen setzen, daß er jährlich 97 500 Pfd. Vitriol-Oel verarbeite. Wir wollen uns denken, daß er jeden Tag gleichviel verbrauche; So consumirt er täglich 262 Pfd. Vitriol-Oel.

Stellen wir uns ferner vor, daß er die 262 Pfd. von seinem Baum auf einmal ins Waßer göße; So wird sein Baum gleichsam der Mittel-Punkt seyn, von welchem sich das Oel nach allen Gegenden verbreitet. (NB Hier fehlt der von den Kunstverwanten angelegte Riß, der parte auch hätte candide zur Prüfung gegeben werden sollen.)

Der Baum ist von der Kunst nach Angabe des Supplicats 180 Fuß, und ansichtlich noch mehr von den übrigen Ufern entfernet. Er hat um sich mehr als 5 Fuß Tiefe, wenn gestauet ist. Dies ist schon ein kleiner See, in welchem 262 Pfd. eine gar zu große Kleinigkeit sind, als daß man sich des Lachens enthalten könnte, wenn jemand uns aufbinden wollte, daß da von eine Vergiftung entstehen sollte. Die Waßermenge, so auf 180 Fuß von dem Baume umher stehet, beträget 162 500 Kubikfuß, welche, wie oben erwiesen, durch Einspülung von 162 500 Unzen Vitriol-Oel nur kaum medicinal gemacht werden könnten, geschweige, daß 262 Pfund in dem kleinen See vor der Kunst eine der Gesundheit nachtheilige Veränderung bewürken könnten. Wer hier einwenden wollte, der kleine See sey schon vorhin von den oberen Fabricken vergiftet und die Abspülung von dem neuen Baum komme dazu, der beliebe nur nachzurechnen, so wird er finden, daß auch dadurch das Waßer vor der Kunst noch nicht einmal medicinal werden könne, sondern so zu sagen noch immer roh verbleibe. Das factum von der Stadt Ganges, welches in dem Supplicato so zweckmäßig als Pflichtvoll aufgeführet worden, scheinet mir so rein nicht zu seyn als es aufgegeben wird. Denn notorie haben wir 3 Papier-Mühlen, die nicht wenig Lumpen wuschen, zu gleicher Zeit gehabt, welche alle drey ihr mit Lumpenwaschen verunreinigtes Waßer uns mit der Alster zuführeten, und dennoch ist bey uns keine Epidemie davon entstanden. Wie wäre es aber? wenn einige Aerzte von Montpellier ohne gehörige Untersuchung jenes Waßer für mörderisch erkläret hätten, eben so wie einige von den unsrigen mit Vergessung ihrer eigenen praxis unserm Alsterwaßer ein schiefes praedicat beylegen wollen. Das factum besagt, man hätte das Waßer am Fuße eines Berges weggeleitet. Könnte hier nicht eine Ursache der Schädlichkeit verborgen liegen? und woher schließet das Supplicatum, daß die Verpestung hier einzig durchs Auswaschung von Lumpen geschehen. Wäre dies gewiß, so mögen jene Lumpen immer pesthaltig gewesen seyn; Unser Scheidewaßer, unser Vitriol-Oel, unser arsenic, unser gummi, unser Kleister, unsere Farbstoffen haben nichts pestartiges an sich, und werden alle zur Arzeney gebraucht, ohne daß sie unsere Körper verpestilenzialisiren.

Was von Konzentriren der verpesteten Maße in dem engem Raum, von dem Einsaugen der Kunströhre, von dem schief gebildeten Winkel p.p.p. vorgetragen, und mathematisch zu erwiesen versprochen wird, ist so wiedernatürlich erdacht, daß es das Licht wohl eher nicht vertragen könnte, als bis man die Mathematicos beredete, ein jedes aßertum für einen Grundsatz anzunehmen. Diese werden sehr neugierig seyn, hier eine neu erschaffene konzentrirende Kraft kennen zu lernen; und mögten am Ende wohl lächeln, wenn sie nach Erwegung der angeblichen Demonstrationen wahrnehmen, daß die Natur hier keine Ueberspünge macht, und daß die so genannte giftreiche schleimigte Maße, wie auf allen Bäumen, schon im Klopfen mit Waßer innigst vermischt wird und ehe sie vom Baume abfället, verdünnet und eben dadurch, wie das Supplicatum selbst anmerket, unschädlich gemachet ist.

Eben so mögte ihnen sogleich einleuchten der zu erwartende Beweis von dem starken Strome, der die schleimigte vergiftete Maße (welche nach Angabe des Supplicati durch einen langen Weg verdünnet und unschädlicher gemachet wird) so ungetheilt und unhaltbar hinreißen soll, wohl aber mögte es ihnen faßlicher seyn, daß der Haupt-Strohm zur Mühlenbrücke gehe, wo ihm 12 Mahlschützen eine Oefnung von 6048 Quadrat Zollen darbieten; daß ferner ein auch sehr starker Strohm durch die 3 Mühlenräder beym Graskeller gehet, welche wohl eine Oefnung von 1872 Quadrat Zollen haben, und daß der dritte Strohm, der in die Kunströhren gehet, der denn auch wohl eine Oefnung von 50 Quadrat Zollen haben könnte, in der That nur sehr schwach gegen jene beide Ströme, nemlich nur wie 50 zu 7960 sich verhalten müßte, mithin hier, entweder die konzentrirende Kraft oder ein besonderer magnetismus in der Kunströhre dasjenige bewürken müße, was das Supplicat so zuversichtlich angiebet. Den Zug, welchen eine circa 50zöllige Kunströhre in der Zeit, da die Kunst nur alleine mahlet, er würken könne, würden sie auch wohl zu ermeßen fähig seyn. Wenn nun nach reiflicher Erwegung aller Umstände anläugbar ist
1. daß seit dem vieljährigen Bestande der Kattun-Fabricken an der Alster überhaupt keine epidemischen oder pestilentialischen Krankheiten dadurch verursacht sind;
2. In denen Häusern und Familien der Herren Kunst-Intereßenten in einem so langen Zeitraume sich keine mehrere Mortalitet geäußert hat;
3. In dem vorhergehenden auch von mir ausgeführet ist, wie das Quantum der bey den Fabricken angewandten giftigen Ingredientien gegen die Größe unsers Waßerschatzes äußerst unerheblich, mithin keine Vergiftung möglich sey;
4. Diese durch die Erfahrung bestätigte Wahrheit auch von denen Aerzten nicht anders als nur negando conclusionem wiedersprochen werden kann;

So sind die Herren Intereßenten der Kunst zu bedauren, daß sie durch unreifdenkende Aerzte so sehr intimidiret worden, daß sie mit zittern und schaudern dem Untergange und Tode ihrer sämtlichen Häuser entgegen sahen.

Hamburg d. 19 Aug. 1791. EGSonnin.

116.

LÜNEBURG

Gutachten für die Kämmerei über den Zustand der Stützen des Kaufhauses. Lüneburg, 13.9.1791

Stadtarchiv Lüneburg
Bausachen B 2. Nr. 1
Acta generalia von den Vorsetzungen
Acta betreffend die Schadhaftigkeit der
Vorsetzung beim Kauf Hause auf der Hude und
deren reparation 1790, 91, 92
Bl. 77

Pro memoria.
Vorgestern abend habe ich die Beschaffenheit der Ständer am Kaufhause untersuchet. Sie sind eigentlich alle gut, und dauren gewiß noch eben so lange als die neun eichene, die vor ein Paar Jahren gemacht sind, und eben so lange, als die neun unterzuziehende Legde. Denn der Kern der Stender ist noch so gut, als er war, wie die Stender gesetzet wurden, und nur dieses, daß der Spint angegangen ist, irret die Unverständigen. Zweene davon müßten mit einer 3zolligen Bole verkleidet werden. Man giebt vor, daß dies eben so viel koste, als ein neuer. Es ist aber keines weges an dem. Denn wenn ein neuer Stender gesetzt wird, so müßen zwey Fächer Mauerwerck mit heraus genommen werden, und alsdann sind die Kosten wenigstens viermal so groß, und die Dauer ist nicht größer.
Hätte der Meister Langlotz die zu einer solchen reparation erforderliche Beurtheilungskraft gehabt; So würde er in seinem Anschlage nicht 12 neue Stender gefordert haben. Ich sorge daher, daß es ferner im Wercke selbst ihm auch daran fehlen, und er aus gutem Herzen unnöthige Kosten verursachen mögte.
An der westlichen Seite ist eine neu gelegte Grundschwelle mit den Stendern und Wänden ausgewichen. Man sagt beym Kaufhause, daß die schweren Fäßer sie ausgedrängt haben. Dies ist auch nicht an dem, sondern der Augenschein ergiebt, daß die Grundschwelle so äußerst schlecht untergemauret worden, daß sie nothwendig ausweichen und versincken muß. Sie muß nun aufs neue untermauret und wieder zurück gebracht werden. Ob Meister Langlotz das letztere mit der gehörigen Einsparung bewürken könne, wird die Zeit lehren. Die Sache ist nicht von großen Belange. Wenn ein Meister, der davon Kenntniße hat, sie macht, so wird sie gut und er verdient dabey nicht einmal 12 ggl Meister-Geld, das übrige kriegen die Gesellen.
Lüneburg d 13 ten Sept. 1791.   EGSonnin.

117.
ALSTERVERSCHMUTZUNG HAMBURG

Zweites Gutachten gegen den Vorwurf der Wasserverschmutzung durch die Kattunfärberei von Hirsch Wolff Bauer. Zunächst enthält es Korrekturen von Schreibfehlern im Gutachten vom 19. August 1791. Dann setzt Sonnin sich ausführlich mit Gegenargumenten auseinander und errechnet die Verdünnung der beim Kattundrucken abfließenden Gifte und Farben nach einer anderen Methode als bisher, um die Ungefährlichkeit noch deutlicher verständlich zu machen.
   Die Klage gegen Bauer wird am 15. Februar 1792 vom Rat der Stadt abgewiesen.
Hamburg, 5. 2. 1792

Winkens, a. a. O.

Staatsarchiv Hamburg
H. 82
Reichskammergericht
2. Teil, No. 62

Pro Memoria.

Der Herr Hofrath Hüffel hat gut gefunden, das von denen Herren Alten und Jahr-Verwaltern der Waßerkunst zum Niederdamm sub 3. October eingegebene Supplicatum mir zu communiciren wofür ich ihm sehr verbunden bin, weil ich dadurch Gelegenheit erlange, denen Herren Intereßenten viele Mißbegriffe, welche sie theils von mir und theils von der Sache selbst haben zu benehmen, auch ihnen, wie ich hoffe, überher noch einen angenehmen Dienst zu thun, und ihre drückende Besorgniße zu vermindern.

Ehe ich zur Erwegung des Supplicats schreite, muß ich anzeigen, daß in der denen Herren Intereßenten mitgetheilten Copey meines p. m. verschiedene Schreibfehler stehen geblieben, welche nicht corrigiret worden sind, und welche, hier mit Sternchen bezeichnet, zur gefälligen Verbeßerung empfehle.

---

* In der Copey stehet:
Auf 1 Cubic Fuß kann man 480 Gran, das ist 1 Pfd. Vitriol-Oel geben. Es soll heißen <u>1 Unze</u> Vitriol-Oel geben.
Nachher stehet: 2 640 000 Pfund
soll heißen 2 640 000 <u>Unzen</u>
nochmals stehet 2 640 000 Pfund
soll heißen 2 640 000 <u>Unzen</u>.
** Der zweite Schreibfehler ist daß 97 500, statt 9 750 gesetzt sind. Denn 65 Buteljen a 150 Pfd. sind nur <u>9 750</u> Pfd.
*** Der dritte Schreibfehler ist aus dem zweiten entstanden. Anstatt: consummirt er täglich 262 Pfd., solls heißen <u>26 ⅔</u> Pfd. Dieser Schreibfehler ist 4 mal wiederholt.
**** Die Worte: <u>nebst dem Canal hinter dem Neuen Walle</u>, werden weggestrichen.

Das Supplicat vom 3ten October enthält gar nichts Neues außer ein monströses Rezept. Übrigens ist nur, was im ersten Supplicat stehet wiederholet und oftmals eine excursion gemachet worden, die einer Erörterung bedarf. Weil auch in demselben kein Plan ist, so muß ich denselben, so wie es bald hie bald dahin sich wendet, folgen.

Der Anfang hats mit dem Anwalde des Gegners zu thun, und handelt ernsthaft über die Frage von der Entfernung des Klopperbaums, welche in meinen Gedanken gantz unerheblich und gantz unnütz ist. Hierauf wundern sich die Herren Intereßenten über den Baumeister Sonnin

»daß er sich von dem Juden brauchen ließ, seine Falsa zu bestärken, und daß er sich brauchen ließ, über Dinge zu urtheilen, davon er nichts verstehe«

Ob der Jude Falsa vorgebracht habe, weiß ich nicht, weil ich seine Angabe gar nicht kenne. Das aber weiß ich wohl, daß ich keine Falsa vorgetragen habe und müste daher wohl schließen, daß die Falsa sich abseiten der Herren Intereßenten, wie mehrmals, befinden. Mögen sie sich doch immer wundern! Ich finde den Spruch des großen Rechtslehrers: daß das Bewundern ein Zeichen der Unwißenheit sey, auf sie sehr zutreffend. Sie wißen nicht, daß ich schon vor 40 Jahren in den besten Kattunfabricken bekannt, auch beyräthig gewesen bin; Sie wißen nicht, daß ich die Physick nebst der Experimental Physick studiret und auch darüber gelesen habe; Sie wißen nicht, da nach dem Ausspruche des großen Vitruvs ein Baumeister die Physick wißen soll, daß ich dem zu Folge mir darin die erforderliche Kenntniße beygelegt habe; Sie wißen nicht, daß ich als der Mathematik befließener einen großen Theil der Physick kennen muß und würklich kenne; Sie wißen nicht, daß ich nur als Gelehrter von rechtswegen in der Physick so unerfahren nicht seyn soll, daß ich über diesen Vorfall nicht urtheilen könnte p. p. Indem nun die Herren unstreitig das Recht haben, das jetzt besagte und sehr viel mehreres nicht zu wißen; So haben sie auch das Recht sich zu wundern. Dahingegen aber habe ich auch das Recht, ihnen zu erklären, daß ich wegen meines Metiers, wegen meiner Wißenschaft und wegen meiner vielen Erfahrung ganz wohl berechtiget bin, über diese Fragen zu urtheilen. Anbey muß ich, damit die Herren Intereßenten nicht wieder nöthig haben, sich zu wundern, ihnen zur Wißenschaft bringen, daß ich bey der Wahrheit in Dienst und Pflichten stehe, daß ich ihr als ihr treuer Gehülfe ohne Ansehen der Person beystehe, und daß ich allemal fertig bin, wenn sie mich auffordert weil sie die Kunst weiß, mich zu bereden. Sie, meine Gebieterin, ist mir wieder gut und wird obsieglich entscheiden, daß ich nicht ultra crepidam gefahren bin.

Ich bin nicht Schuld daran, daß das Supplicat so oft und jetzt abermals gegen sie zu Felde zieht, wenn es saget:

»Sonnin lacht selbst darüber, daß er über die Schädlichkeit und Nichtschädlichkeit des durch die Kattunfabricken verunreinigten Waßers urtheilen, und eine Frage beantworten solle, die eigentlich für die Aerzte gehöret und er beantwortet die Frage auf eine Weise die beynah scheinet, als hätte er sich über die, die ihn fragen, aufhalten wollen«

Daß ich solcher jugendlichen Faseleyen und solcher Falschheit, die mir hier imputiret wird, nicht fähig war, zeiget mein p. m., in welchem ich die Sache ernsthaft behandelt, und oft scapham scapham gemeinet habe. Ich habe aber nicht geschrieben, daß die Sache eigentlich für die Aerzte gehöre. Das gestehe ich ihnen nicht exclusive zu, vielmehr behaupte ich, daß einem jeden so gut, wie den Aerzten zustehe, darüber zu urtheilen. Was ein jeder beweisen kann, ist gültig; was nicht erwiesen wird, gilt nichts, wenns auch die Leibärzte aller Kayserhöfe sagten.

Weil es dann erweisliche Thatsachen sind, was ich von denen Gesundheits-Räthen und von dem Gebrauch der Gifte sage, so bemüht sich das Supplicat vergeblich, meine aßerta vom Gesundheits-Trank in einen unwahren Zusammenhang zu verstellen, und mit aller seiner, zum Verdrehen angewandten, Mühe bringet es doch nichts weiter heraus, als das noch nie bezweifelte Spruchwort: Et venena, modice sinuta, salubria sunt. Das resultat, was hieraus gezogen wird, ist und bleibet wahr, wird auch durch Erfahrung bestärkt und die hohe Obrigkeit dadurch nicht beleidigt, weil sie hier die Wahrheit pure wißen will. Was das Supplicat vom Spaß und bon mot saget, zählet man gerne unter die Fechterkünste, wenn es aber vom radotiren spricht, so erblicken wir ein großes deficit, welches pars alteri Petri heißet. War es möglich? nicht zu wißen, daß hier jetzt 5 Alte im Spiel sind, nemlich die beiden Herren Alten der Kunst, die beiden Herren Physici und meine Wenigkeit. Wäre ich ein Simplicius, was würde ich ihm darauf antworten! Diesen Auswuchs will ich in aller Stille begraben, und hingegen in vollem Ernste ihm erklären, daß die Beschwerde der Herren Intereßenten, daß ihr Alster Waßer ungesund sey und verpestet werde, so lange nur Fantasie sey und bleibe, bis sie es uns erwiesen haben.

Es erfreuet mich, daß die Herren Intereßenten bekennen gesund zu seyn. Ihre Vorfahren waren es auch bey dem Genuße unsers guten Alsterwaßers. Sie waren es, als die nähere Rahusensche Bäume noch arbeiteten; Ihre Nachkommen werden auch gesund bleiben, weil sie bis ans Ende der Tage gutes gesundes Waßer behalten sollen. In der That wißen sie es selbst wohl, allein weil man doch einmal sich verleiten ließ, zu sagen, daß das Alsterwaßer ungesund sey, so will man Recht haben und wird böse, wenn ich den Ungrund ihrer Angeblichkeiten durch Berechnungen aufdecke.

Das Supplicat fühlet wohl, daß es durch meine Berechnungen gefesselt sey. Daher will es mit einem ungestümlichen: Was gehet uns das an! sich auswinden. Ja, ja! Es fühlt, daß es hiemit auch wohl nicht auslange und ergreift in aller Eile die Ausflucht, daß die Gegner den Gesichts-Punct verrücken wollen, welches doch nicht an dem ist. Denn das Supplicat selbst will ihn verrücken. Deswegen müssen wir ihm auf die Finger sehen und deswegen ist es hier wohl höchstnothwendig, daß wir genau nachsehen in welchen Gesichts-Punct das Supplicat vom 27ten Aug. uns gesetzt hat.

Es behauptete:

»daß wir durchaus ein reineres und gesunderes Waßer in einem großen Theile der Stadt haben würden, wenn gar keine Kattunklopperbäume und Färberschuten geduldet würden«

es behauptete, daß größere Gesundheit und

»weniger Mortalität sich zeigen würde«

es sagte auf guten Glauben der Aerzte, daß

»daß keine Verunreinigung des Waßers schädlicher sey, als die von den Kattunfabricken,«

es ist kühn genug auf diese aßerta

»einer weisen Polizey ihre Pflicht vorzuschreiben«

es beruft sich

»auf die ausgemachte Schädlichkeit aller Kattunklopperbäume«

Dies war der Gesichtspunct, den das erste Supplicat fixirte.

Ich wiedersprach diesen Angeblichkeiten, diesen ungegründeten Verläumdungen der Klopperbäume, diesen Angriffen auf die Polizey standhaft, und nun stand unsere Sache so, daß das Supplicat beweisen oder mich wiederlegen sollte.

In Ansehung des Gesichts-Punkts muß ich hier anfügen, daß so fest man auch aus diesem Gesichts-Punkte nichts als würkliche Unwahrheiten bezielete, so ließ man uns doch eine schätzbare Wahrheit zukommen die ohne Zweifel für unbedeutend und gleichgültig angesehen ward. Es war die: daß durch Verdünnung die Gifte unschädlich werden.

Aufmerksam auf die Winke meiner Gebieterin ergriff ich sie mit beiden Händen.

Denn so spricht das Supplicat d. 27 Aug.

»Die Enge des Raums zwischen Kunst und Mühle verhindert es, daß das Waßer die schleimigte mit Vitriol und Scheide-Waßer* geschwängerte Maße nicht verdünnen und unschädlich machen kann«

und abermals: die schleimigte vergiftete

»Maße wird verdünnet und unschädlich durch den weiten Weg, den sie erst zur Kunst zu machen hat. Sie verliert sich in dem großen Waßer, kann also erst zu Grunde fallen und das Waßer weniger ungesund machen«

mehrere dahin einschlagende Stellen will ich jetzt übergehen.

Auf diese unumstößliche Wahrheit gründete ich mein Gutachten; ich suchte die Grenzen zwischen dem Schädlichen und Unschädlichen auf; ich gab den durch viele Tausend Erfahrungen erprobten Grad der Unschädlichkeit im Gesundheitstranke**

---

* Die Herren Intereßenten haben in ihrem ersten Supplicat hauptsächlich des Vitriol Oels und Scheidewaßers gedacht. Weil denn das Vitriol Oel in der That kein schweres Gift ist, so habe ich auch meine Berechnungen darauf gerichtet und werde in der Folge bey dem Vitriol Oel bleiben, um mit veränderten Berechnungen nicht beschwerlich zu fallen. Von den übrigen Giften oder Corrosiven wird auch nicht soviel gebraucht, besonders jetzo, da man die Kattun nicht so ächt mehr macht als vorzeiten. Die Engländer haben einen Weg gefunden, die Farben fast eben so dauerhaft als mit Corrosiven zu machen. Ihnen ahmen wir nach. Zudem gehen die unächten Kattune viel stärker als die ächten und dabey stehen sich unsre Fabricken gut.

** Der von langen Zeiten her gebräuchliche in meinem p. m. gedachte Gesundheitstrank war, daß man zu 2 Pfd. Waßer 30 Gran, oder zu 1 Pfd. Waßer 15 Gran Vitriol-Oel nahm. Ein Pfund hält 5760 Gran. Das Gift verhält sich also in demselben zum Waßer wie 15 Gran zu 5760 Gran, oder $= 1:384$. Der Trank ist unschädlich und kann bey großen Qvantitäten ohne Beysorge an; und setzte, um gewiß zu gehen, ihn noch um die Hälfte mehr verdünnet feste. Hierauf applicirte ich ihn also auf unsern Fall, daß ich das Gift, was nach richtiger Erfahrung unsere Fabricken täglich in die Alster einspülen, mit der in unserer kleinen Alster enthaltenen Waßermenge verglich, und zeigte, daß durch eine vielfach größere Anzahl von Klopperbäumen oder Kattunfabricken unsere kleine Alster nicht vergiftet werden könne. Diese meine pro bono publico angewandte Mühe erkennet das Supplicat so wenig, daß es saget: ich schikanire, ich verirre mich in Rechnungen, ich spreche in den Wind, ich habe meine Vorspiegelungen mit medizinischen Crämmereyen verbrämet. Warum aber so böse? warum so hart? Es fühlet, daß es durch meine Berechnungen gefeßelt sey.

Es giebt mir auch zu verstehen, daß ich nur die Mine annehme als ob ich zu dem größten detail herabstiege. Ich gestehe gerne, daß ich bey der gar zu sehr überwiegenden Waßermenge gar zu freygebig war, und daß ich meine Berechnungen hätte in einfacheren, leichter zu übersehenden Verhältnißen stellen können. Ich will beides gehorsamst hiemit nachholen.

In meinem p. m. führete ich aus, daß alle an der gantzen Alster liegende Kattunfabricken täglich nicht mehr verarbeiten als 2 Buteljen Vitriol-Oel a 150 Pfund das ist 300 Pfd. Weil aber die meisten und die stärksten Fabricken außerhalb unserer kleinen Alster liegen, hätte ich billig für diese nur 150 Pfd. das ist 1 Butelje rechnen sollen. Jetzt will ich aber doch wieder mit dem Gifte so freygebig seyn, daß ich 200 Pfd. für sie annehme. Ich war damals auch mit dem Waßer so verschwenderisch, daß ich supponirte, als wenn die kleine Alster täglich nur 1mal gefüllet würde. Nun will ich, wie es ja täglich geschieht, sie von der Fluth zweymal gefüllt, in Anschlag bringen. Wiederum will ich, um eine runde Zahl und einfaches Verhältniß zu erhalten von denen 2 640 000 Cubic Fuß die ich für die kleine Alster mit ihren Nebenflethen berechnet hatte

freygebig wegwerfen	556 666 ⅔ Kub Fuß
und nur behalten	2 083 333 ⅓ Kub Fuß
2 mahl gefüllet	2
Kubik Fuß =	4 166 666 ⅔
der Kubik Fuß wiegt =	48 Pfund
	32 = ⅔
	33 333 328
	16 666 664

Vorbesagt, wurden täglich eingespült	Waßer =	200 000 000 Pfund
	Gift =	200 Pfund
Solchemnach verhält sich Vitriol-Oel zum	Waßer = 200 :	200 000 000
oder welches einerley	= 1 :	1 000 000

Das ist 1 Tropfen Vitriol-Oel wird mit 1 Million Waßertropfen verdünnt, oder 1 Gran Gift ist in tausendmal Tausend Granen Waßer verdünnt. Das Gift ist also in unserer kleinen Alster 1730 mal so viel verdünnet als in dem von mir angenommenen Gesundheits Tranke, folglich total unschädlich. So gantz gerade zu und so gantz aufrichtig habe ich aus dem von denen Herren Intereßenten selbst substernirten Gesichts-Punkten erwiesen, daß unser Alster-Waßer durch das Gift, was die Kattunfabricken hineinspülen, nicht vergiftet werde, ja sogerade zu habe ich ihrem Vorgeben »daß das

---

getrunken werden. Damit ich jedoch noch gewißer gienge, nahm ich aufs Pfund Waßer nur 10 Gran Vitriol-Oelen, womit das Gift noch um die Hälfte mehr mit Waßer verdünnet ist. Also verhält sich das Vitriol-Oel zum Waßer wie 10 Gran zu 5760 Gran, oder = 1 : 576. Das ist wenn man 1 Tropfen Vitriol-Oel mit 576 Tropfen Waßer vermischt, so hat man einen Gesundheitstrank den auch die zärtlichsten Personen trinken können.

Waßer in der Alster weniger gesund und mehr mortalisirend werde p. p.« wiedersprochen.

Hingegen sollte nun das Supplicat entweder sein Vorgeben beweisen, oder meinen Wiederspruch vernichten. Es wählet einen leichtern Weg; es wundert sich; es spaßet; es bonmotiret; es scheynet, wir sollen keinen Gesundheits-Trank haben. Nur sachte, meine Herren, streuben sie sich nicht! Wenn es möglich wäre 400 Klopperbäume in unserer kleinen Alster anzulegen; So könnten die 400 Klopperbäume nicht so viel giftige Maßen hinein arbeiten, daß das Waßer vergiftet würde. Es bliebe noch immer gutes gesundes unschädliches Waßer, aber zum Gesundheits-Trunk könnten die 400 Bäume es noch lange nicht bringen, höchstens könnten sie es auf 1 : 1600 bringen. Die Herren Intereßenten sagen auch: Was gehet uns das an: Wieviel Waßer in der Alster ist. Gut, meine Herren; Man will es ihnen nicht aufdringen, da sie ja die Freyheit haben, dieses und viel mehreres nicht zu wißen. Allein dann mußten sie auch nicht so dreiste seyn, das Alsterwaßer als ungesund und mortalisirend zu verschreyen, mußten nicht die Schädlichkeit aller Klopperbäume als ausgemacht, vorspiegeln, mußten nicht der Weisen Polizey ihre Pflicht in einem trotzenden Tone vorschreiben. Es ist geschehen!! Doch das Supplicat, will oberwehnter maßen die Gegner beschuldigen, daß sie den Gesichtspunct verrücken wollen, deferiret hier seinen Posten, und sagt:

»Der Scharfblick einer hohen Obrigkeit würde das Gewebe der Machinationen seiner Gegner durchsehen und erkennen, daß es hier einzig darauf ankommt ob der Bauersche Klopperbaum der Kunst so nahe liege p. p.«

Das ist ja eben der Satz, der am 27 August mit allen erfindlichen starken Ausdrücken behauptet ward, ja wohl! der Satz dem ich so fervide wiedersprach. Ist das nur das einzige? Nun wird das Supplicat aßerta probiren und mich mit meinem Wiederspruche heimweisen wollen. Das wird ihm wohl zu mühsam seyn. Es spricht von allotriis, es schmälet auf den Sonnin, der überhaupt von guten Bürgern gesprochen hatte; es rühmet die zu Tage gelegte patriotische Gesinnung der Herren Intereßenten; Es erzehlet uns zum drittenmale, was für Verhaltungs Befehle den bestimmten Aufsehern der Kunst gegeben worden; es entdeckt uns, was sie (wohl ohne alles Vorurtheil) mit ihren Augen gesehen haben; es spricht, ohne sich selbst zu meinen, von Verdrehungen und frivolen Behauptungen; es benachrichtigt uns, daß die bey den Kattun-Fabricken gängigen Ingredienzien die stärksten Gifte sind; daß die Drucker keine Chymiker sind; daß sie um geschwinder ihren Zweck zu erreichen, die Gifte unnöthig vermehren; daß sie insgeheim probiren; daß sie die Portion sogar verdoppeln; daß die Drukker es gewiß leugnen werden; daß sie ein Geheimniß daraus machen; daß sie sich für eine hohe Obrigkeit scheuen p. p. p. p.

Wird das was man hier denen Druckern zur Last leget auch bewiesen werden? Nein, das ist nicht nöthig. Denn die Intereßenten der Kunst, ihre Alten und Jahr-Verwalter urtheilen hier nicht blos nach dem, was sie so eben von dem unter den Druckern herrschenden Grundsatze gesagt haben, sondern ihnen ist selbst ein Rezept in die Hände gefallen, das ihre gerechte Furcht vergrößert, und NB die Wahrheit ihrer Behauptungen erweisen wird.

Das Supplicat nennet es ein horribles und monströses Rezept, nach welchem es gewiß sey, daß die Kattundrucker so ein fürchterliches Gift zusammen rühren. Es merket an, daß es unmöglich sey, solche Menge Gift in der angegebenen Qvalität des Waßers aufzulösen, daher denn der Drucker den Bodensatz von seinem Klopperbaume ins Waßer schüttet. Noch wird ein bekanntes Beyspiel in Augspurg, wie sie Enten, die sogleich nach dem Abfluße sie verschluckten, vergiftet haben, beygefügt und dann wird er kräftig und siegend geschloßen: weil der Ungrund deßen, was der Gegner Sr. Sonnin hat vorbringen laßen, daß nemlich die vom Klopperbaum abfließende Maße nicht giftig sey aus dem bis jetzt gesagten erhellet; So wiedersprechen wir alles übrige was noch angeführt mit einem generellen Wiederspruche p. p.

Ich darf wohl nicht auslaßen, daß in der eben angeführten deduction eingeschaltet war:

»der scharfsichtige Sonnin hatte diese verpestete schleimigte Maßen nicht auffinden können«

dies gestehe ich gerne. Denn in Hamburg existiren solche Maßen nicht. Seit denen 40 Jahren die ich mit Kattunfabricken bekannt bin, hat man darauf raffiniret, je weniger je lieber corrosive oder Gifte zu gebrauchen, weil die Kattune bey der geringsten Fahrläßigkeit mehr als ihnen lieb ist corrodiret werden. Ich gestehe auch, daß ich den Schluß:

»Ein Unsinniger hat ein tolles Rezept gegeben und ein Unsinniger in Augspurg hat Enten vergeben; ergo ist die von unsern Klopperbäumen abfallende Maße giftig«

nicht hätte machen mögen. Gewiß unter allen unseren Kattunfabrickanten existirt kein solcher Dummkopf, der jene den Druckern angeschuldigte Grundsätze hegete, auch keiner der sich mit zu scharfen Sachen seine Waare verbrennen wolle. Ich will hier das Verfahren unserer Fabricken anzeigen.

Das Vitriol-Oel wird, ehe es zum Kattun kommt, mit vieler Aufmerksamkeit verdünnt, und zwar also daß auf 50 Eimer Waßer à 20 Pfund das ist auf 1000 Pfd. Waßer beständig 1½ Pfund Vitriol-Oel unterhalten wird. Durch dies verdünnete Vitriol Waßer oder verdünnete Gift Waßer wird der Kattun vorsichtig durchgezogen. Man läßt denn das imbuirte Stück wohl ablecken, bringt es auf den Klopperbaum, spület und klopfet es, wodurch denn das darin befindliche Vitriol-Oel in einer viel tausendmal größeren Waßermenge diluiret wird. Ehe das Vitriol-Oel zum Kattun kam, waren anderthalb Pfund mit Tausend Pfund Waßer verdünnt, folglich ist das Verhältniß = 1 : 666, welches schon 16 procent dünner als mein Gesundheits Trank ist, folglich kann es gar nicht mehr als Gift von dem Klopperbaume abfallen; In diesem Verhältniße arbeiten unsere meisten Fabricken. Wer 1¾ Pfd. gebraucht risikiret schon, wenn seine Arbeiter nicht achtsam sind. Ich könnte hier die Verhältniße von mehreren Giften anführen, weil aber die Herren Intereßenten bey dem 2ten Satze:

»Ob der neu angelegte Baurische Klopperbaum der Kunst zu nahe liege und ihr nachtheilig seyn könne«

sich noch etwas verweilen wollen, so muß ich sie nicht aufhalten, und dem Gange des Supplicats nachfolgen, welches geschäftig ist seine bisher gesagte und mit keinem Worte erwiesene Nichtigkeiten zu wiederholen und mit neuen Nebensachen zu vermehren. Ihm ist es groß verdächtig, daß Sonnin die Entfernung des Baums von der Kunst nicht hinlänglich weiß, ergo kann er nicht urtheilen. Er zanket sich mit seinen Gegnern über diesen nichts bedeutenden Punct und ist bange, daß ich dem Hessischen Riß den Vorzug gebe; Es wiederholt die alberne Schimäre von dem heftigen und würksamen Strom, der die giftigen Maßen in die Kunst leiten soll, deren Daseyn es nicht erwiesen hat und nicht erweisen kann; Es spiegelt wieder eine Verrückung des Gesichts Puncts vor, weswegen meine Berechnungen keine Anwendung finden sollen; Es ist artig genug mir zuzumuthen, daß ich den Grad der Stärke des Strohms meßen soll, welches ja wohl seine Sache war; Es glaubet, daß ich dann sehen würde, wie derselbe die Gifte, die nicht da sind und die von unsern Klopperbäumen gar nicht abfallen können, fortreißen und zur Kunst führen solle; Es will uns bereden, daß es mit vielfacher Wiederholung seiner leeren Sagen und eingestreueten Nebendingen mich widerleget habe; Es wähnet damit, daß ich von den mohrigten Theilen rede, welche die Alster in ihrem langen Laufe aus den vielen Möhren annimmt, habe ich die Verunreinigung derselben von den Klopperbäumen zugestanden. Es drohet, daß es sich dabey nicht beruhigen werde; Es verhandelt einen Personal Streit mit den Juden; Es giebt ohne Grund vor, daß von dem neuen Klopperbaum ihre Kunströhren verschlämmet und die Kunst Reinigungs Kosten haben werde; Und endlich, nachdem es gesaget, daß in allen diesen der Ungrund der gegnerischen Vorspiegelungen deutlich gezeiget worden, contradiciret es per generalia p. p.

Allein wir wißen doch wohl daß zwischen Sagen und beweisen ein merklicher Unterschied ist und deswegen will ich letzteres versuchen.

Ich habe mehr als einmal erwiesen, daß von unsern Klopperbäumen keine Gifte abfallen, und daß es eine strafbare Verläumdung unserer guten Fabricken sey, wenn das Supplicat auf bloße Erzehlungen und ein unsinniges Rezept sie beschuldigen will, daß sie von ihren Klopperbäumen giftige Maßen ins Waßer schütten; Ich widerspreche nochmals diesem nichtigen, unerwiesenen und Männern nicht anständigen Vorgeben in totum, und will nun noch in specie zeigen, daß der neue Klopperbaum der Kunst keinesweges zu nahe liege.

Um dieses überzeugend darzustellen, wollen wir uns gedenken und annehmen
daß ein Klopperbaum von 30 Fuß gantz dicht an der Kunst und gerade über den Saugeröhren ihrer Kunst angeleget sey;
daß er mit einem recht dichten Bollwerke oder Kasten umgeben sey, damit weder von dem vom Baum abgespülten Gifte etwas entwischen, noch von außen frisch Waßer hinein kommen könne;
daß die Kunst lediglich aus dem Kasten oder Behälter der den Klopperbaum einschließet, schöpfen müße;
daß der Kasten so weit sey, daß die Kattune völlig darin gespület werden könne;
daß zu dem Ende dieser wohlgeschloßene Behälter 49 Fuß im Lichten weit sey.

Meinem Zwecke gemäß muß ich zuvörderst anzeigen, daß ein solcher Baum mit Ordnung und menage nicht mehr als 200 Stück täglich verarbeiten könne. Auf 1 Stück kann er ohne Gefahr nicht mehr als 3 Loth Vitriol-Oel anwenden, verbrauchete also 600 Loth oder 18 ¾ Pfund, wofür wir 20 Pfund annehmen wollen. Nun wollen wir die Waßermenge, welche in dem Behälter Raum hat, berechnen.

Er ist	lang –	49 Fuß
	breit –	49 –
		441
		196
		2401
	tieff –	5 Fuß
		12 005
		2 mal voll
		24 010 Kubik Fuß
1 Kubick	Fuß =	48 Pfd.
		192 080
		96 040
		1 152 480 Pfund
wir wollen wegwerfen		480 Pfd.

Und behalten an	Waßer =	1 152 000 Pfund
und an	Vitriol-Oel =	20 Pfund
mithin Vitriol-Oel zu Waßer =	20 : 11 152 000	
oder =	1 : 75 600	

Wir sehen nun, daß der kleine Behälter, welcher noch nicht 50 Fuß weit ist, eine so große Waßermenge faßet, in welcher das eingespülte Vitriol-Oel 100 mal so viel verdünnet wird, als mein Gesundheits Trank war, der 1 : 576 hielt. Hier hat sich nach Ausdruck des Supplicats das Gift schon in dem großen Waßer verloren, und ist kein Gift mehr. Solchergestalt haben wir nunmehro den casum in terminis. Die Saugeröhre von saugen den Gift so wie er vom Klopperbaume kommt ein, welcher so verdünnet ist, daß er kein Gift mehr ist, so ist es bey allen Klopperbäumen, und anders könnte es auch bey dem neuen Klopperbaume nicht werden.

Hieraus ist klar, daß der neue Klopperbaum der Kunst nicht zu nahe liege, und daß er ihr keinen Nachtheil bringen könne, wenn er noch viel näher läge oder gar dicht an der Kunst geleget würde. Auch erhellet hieraus, daß es der Kunst nicht nachtheilig wäre, wenn auch noch 10 Klopperbäume so dicht als möglich, vor der Kunst angeleget würden. Wollten die Herren Intereßenten hier wieder einwenden, die Kattunfabrikkanten verarbeiteten stärkere Gifte so ist das schlechthin eine Verläumdung, welche sie zu erweisen schuldig sind.*

Aber man mögte sagen, meine angegebene Unschädlichkeit des Alster Waßers stünde recht gut auf dem Papier, es frage sich aber, ob sie auch in der That also befunden werde. Ich sage ja und will es beweisen.

a) alle Kattunklopperbäume haben ihre Pumpen unter sich, schöpfen all ihr Waßer zur Fabricke damit, eßen und trinken davon pp würden aber ihre Waare verderben, wenn es giftig und unrein wäre.

b) Die Nachbaren haben ihre Pumpen dicht an den Klopperbäumen, schöpfen das Waßer, wie es von den Klopperbäumen abfällt, dadurch, sind gesund, und brauchen es zu allen Geschäften zur Zuckerbäckerey p. p. ohne Nachtheil, weil es rein ist.

c) Alle Leute und alle Waßerträgerinnen auf dem Dreckwall schöpfen Waßer neben den Klopperbäumen, und letztere tragen es in den Häusern herum. Es ist zu allen Bedürfnißen brauchbar, es ist gesund und bringt keine mehrere Mortalität.

Und was ist denn wohl die Ursache, daß das unter und neben den Klopperbäumen geschöpfte Waßer so brauchbar und so gesund ist? Die Antwort ist leicht. Die Gifte sind, ehe sie auf den Klopperbaum kommen, schon so sehr diluirt, daß sie keine Gifte mehr sind. Eben diese angezogene Erfahrungen, daß das Waßer in der kleinen Alster gesund, unschädlich, und zu allem brauchbar sey, heben auch die Vorspiegelungen von der Trübung des Waßers durch Krapp und Kuhmist gäntzlich auf. Viele tausend Leute finden nichts trübes in dem, was sie beym Klopperbaume schöpfen; Und was ist es dann in unserer großen Alsterwaßermenge, wenn ein jeder Klopperbaum täglich 1 Kubikfuß an Kuhmist verbraucht, was ist das gegen die übrigen stercora die täglich in dieselbe fließen? Eine wahre Kleinigkeit, die das Supplicat nicht so hoch zu treiben Ursache hatte.

Nachdem indeßen daßelbe, von allen seinen Vorspiegelungen, Sagen, Beschuldigungen, Verunglimpfungen, Fürchterlichkeiten nichts, ja würklich nichts erwiesen hat; So will es zum vollen Beweise sich auf das visum repertum der Herren Physicorum und auf den Bericht des Herrn Grenz-Inspektors Reineke berufen.

Herr Reineke hat seinen Bericht sehr gut, sehr richtig und der Sache so gemäs eingerichtet, daß nichts dagegen zu erinnern ist. Er hat nichts von den fantastischen Begriffen, die man sich von dem Strome gemacht. Er sagt, die mit dem Waßer vermischten Unreinigkeiten fließen der Kunst mehr oder weniger zu, nachdem sie mehr oder weniger damit vermischt sind. Sind also keine Gifte da, so fließen der Kunst keine Gifte zu.

---

* Im vorhergehenden habe ich schon bemerket, daß jetzt so viel corrosive nicht mehr gebraucht werden. Dies trift besonders den Bleyzucker, wovon ein Fabrikant nur wenig verwenden muß, wenn er bestehen will. Er wird nicht so stark, sondern nur etwan wie 1 : 100 verdünnet ehe er zum Kattun kommt; Alleine auf dem Baum wird er desto stärker verdünnt. Seine Consumption beträgt im Ganzen kaum ⅛ des Vitriol-Oels. Arsenick ist gar wenig mehr im Gebrauch, und der Sublimat nebst den Auripigment noch weniger. Ich habe im p. m., nur nicht jedes für sich berechnen zu dürfen von der consumtion des Vitriol-Oels das duplum angenommen mit dem Zusatz um alle übrigen Gifte mit einzubegreifen. Auch hier war ich freygebig genug. Noch ist zu bemerken, daß man nicht alle Gifte zugleich verarbeitet, sondern heute dies morgen ein anderes.

Er bestätigt die bunte Angeblichkeiten des Supplikats vom ungetheilten Gift in keine Wege.

Das visum repertum der Herren Physicorum finden die Herren Intereßenten sehr beruhigend für sich. Ich kann dabey nicht vergeßen, was wir uns in Schulen zu sagen pflegten: Amicus Plato, amicus Aristoteles, sed magis amica veritas. Beynahe seit 50 Jahren verehre ich die der Stadt so nützlich gewordene Talente der Herren Physicorum; Allein dies beweget mich nicht, denen von mir angeführten Gründen zu entsagen, welche so lange die Natur stehet, unverrücklich bleiben. Es verhindert mich auch nicht, gegen die Gedanken der Herren Physicorum das, was meines Ermeßens aus der Natur der Sache fließt, einzuwenden.

Sie sagen: Er der Baum liege der Kunst zu nahe und sey ihr gefährlich. ratio:
»denn der von ihm kommende aus vielen scharfen Sachen und aus verschiedenen Giften, dergleichen der Arsenik und der Bleyzucker sind, bestehende Farben-Unrath hat nicht Zeit zu sinken oder sich zu setzen«

Mit gütigem Wohlnehmen, das soll er auch nicht: Sollte er etwa einen Bodensatz in unserer Alster machen? Wie lange sollte der da liegen, ohne von den täglich zweymal frisch hinzutretenden Waßer wieder aufgelöset zu werden? Nein er soll, so wie er vom Klopperbaume kommt ohne zu sinken, frisch durch die Mühlenräder wegfließen. Je weniger er sinkt, desto weniger kommt in die Saugeröhren der Kunst, die in der Tiefe liegen. Es wäre also beßer für die Kunst, daß der besagte Farben Unrath mit der Oberfläche des Waßers wegflöße, und sich gar nicht setzte, wie er denn ohnehin schwerlich sinket, wenn er nur wie 1:250 verdünnet ist. Ich muß der Herren Physicorum Worte nochmals anziehen. Sie sagen

»der von dem Klopperbaum kommende aus vielen scharfen Sachen und aus verschiedenen Giften, dergleichen der Bleyzucker und Arsenik sind bestehende Farben Unrath p. p.«

Der benannte vom Klopperbaum kommende Unrath besteht nicht allein aus den scharfen und Sachen, sondern aus einer großen Waßermenge und aus den scharfen Sachen. Er ist schon ehe er zum Kattun gebraucht wird, mit 700 Theilen Waßer gemischt. Wenn er so verdünnt auf dem Klopperbaum kommt, wird er daselbst mit vielen tausend Theilen Waßer vermischt und wenn er dann endlich vom Klopperbaum ins Waßer fällt, wird er wiederum mit vielen tausend Theilen Waßer vermischt. Wir können dann in unseren Gedanken den Farben Unrath vom Waßer nicht absondern,* sondern wir solten sagen:

»der vom Klopperbaum mit vielen hundert Tausend Waßer Theilen gemischt kommende Farben-Unrath«

In den Worten der Herren Physicorum ist auch das Wort viel sehr relativ und bedürfte einer Erläuterung. Wenn wir 1 Loth Zucker in einer Theetaße Waßers auflösen, so können wir sagen: Es ist viel Zucker darin. Lösen wir aber 1 Loth Zucker in einem Oxthofte auf, so sagen wir: es ist wenig Zucker darin, obgleich das quantum des Zukkers in beiden gleich ist. In jenem war das Verhältniß circa = 1:5 in diesem aber = 1:16000. So ist's auch mit den Giften. Wenn 1 Gran Vitriol-Oel in 5 Tropfen Waßers aufgelöset wird, so ist in der Auflösung viel Gift, ist aber 1 Gran Vitriol Oel in 480 Tropfen Waßers aufgelöset, so ist der Auflösung wenig Gift. In dem ersten Fall ist das Gift zum Waßer = 1:5 und die Auflösung ist giftig, in dem andern Fall ist sie = 1:480 und die Auflösung ist nicht mehr giftig, sondern unschädlich und für die meisten Menschen gesund. Wenn ein Arzt mir vorschriebe, ich sollte 20 Tropfen Scheide-

---

* Dies ist der Fehler, den die Herren Intereßenten beständig machen. Sie haben sich den irrigen Begriff in den Kopf gesetzt, daß die Gifte gantz und ungetheilt in ihre Saugeröhren kommen.

waßer mit 20 Tropfen Waßer verdünnt einnehmen, würde ich es nicht wagen, verordnete er aber, daß ich es mit 2000 Theilen Waßer verdünnt nehmen sollte, würde ich es gerne thun. Gleiche Bewandniß hat es auch mit den Farben. Wenn ich 1 Theil Holtztinctur zu 100 Tropfen Waßers gieße, so ist noch eine Farbe zu sehen, wenn ich 1 Tropfen zu 1000 Tropfen gieße; so verschwindet sie. Was sonst bey dem sogenannten Farben Unrath sich befindet sind unschädliche Dinge, als Kleister Gummi p. p. mit einer großen Waßermenge übersetzt. Der Kuhmist wird von den Herren Intereßenten als trübend angezogen; allein er trübet eine große Waßermenge nicht. Dies sind Wahrheiten die in der Physik so gegründet sind, daß wir sie uns untereinander nicht bezweifeln können. Wir betrachten nun auch die im unserm Falle vorhandene Waßermenge.

Der der Kunst fast gerade gegen überliegende Klopperbaum hat eine große Waßerfläche vor und neben sich, welche ein Gegner mir nicht unter 10000 Qvadrat Fuß berechnen würde. Ich will freygebig seyn und sie annehmen zu

	50 000 Qvadrat Fuß
tief	5
	250 000 Kubick Fuß
	2 mahl voll
	500 000 Cubic Fuß
Der Cub Fuß	48 Pfund
	24 000 000 Pfund

Vorhin geben wir zu täglicher Arbeit 20 Pfd. jetzt weil man einwendet, Bauer nähme viel Gift, so will ich

geben	24 Pfund
So verhält sich Gift zu Waßer =	24 : 24 000 000
oder Vitriol Oel zu Waßer =	1 : 1 000 000

mithin ist ein jedes Theilchen des Farben Unraths mit 1 Million Waßer theilchen übersetzt oder verdünnet.

Diese Veränderung geht so weit, daß ein Mensch, der nach und nach 1 Oxthoft von dem Waßer genoßen, mit dem gantzen Oxthoft nicht mehr als ⅓ Gran von dem Farben-Unrath zu sich genommen hat. Weil dann in unserm Falle der Waßertheile so ausnehmend viele und des Farben Unraths so ausnehmend wenige sind, so heischet die Natur und Lage der Sachen von uns, daß wir sagen müßen

»der von dem Klopperbaum kommende aus 1 Million Waßertheilen und nur aus 1 Theil scharfer mit Giften vermengten Sachen bestehende Farben Unrath«

Und weil dann das Subjekt hier nun in einer gantz andern Gestallt erscheinet, so gehet auch ein gantz anderes Prädikat hervor, welches heißt

»kann unmöglich schädlich, kann unmöglich ungesund seyn p. p.«

Der Herren Physicorum Ausdruck, daß das Waßer schon ohnehin mit fremden Theilen überladen sey, bedürfte auch wohl einer näheren Bestimmung. Denn, wenn wir erwegen, daß unsere kleine Alster täglich 2mal frisch Waßer erhält, so ist die Ueberladung nicht recht stattnehmig. Soll das Waßer mit dem Farben-Unrath der andern Fabricken überladen seyn, so kann man auch dies nicht affirmiren, weil derselbe in der gantzen kleinen Alster beynahe gleichmäßig, wegen der reciprocation, ausgetheilet ist, und da er gewiß noch viel kleiner ist, als 1 : 1 000 000 so kann er keine Überladung machen.

Wenn übrigens die Herren Physici urtheilen, daß der benannte Farben Unrath das Waßer auf eine der Gesundheit nachtheilige Weise verunreinige, so mögte ich mit gütigen Wohlnehmen, solches wohl so lange simpliciter verneinen, bis solches völlig erwiesen ist. Ich muß hier nach meinem Gefühle reden, da ich nicht allein a priori, sondern auch a posteriori erwiesen zu haben vermeine, daß besagter Farben Unrath das Alsterwaßer nicht verunreinige. A posteriori ist es durch die Erfahrung erwiesen, die uns lehret, daß eine große Anzahl von Menschen des unter und neben den Klopperbäumen geschöpften Waßers beständig genießen und dabey eben so gesund und nicht mehr mortalisiret als andere, die aus andern Flethen und den Feldbrunnen ihr Waßer nehmen.

Wie ich mir demnach schmeichle, vollständig erwiesen zu haben,
1. daß durch die bey unsern Kattun-Fabricken gebräuchliche scharfe Ingredienzien, als Scheidewaßer, Vitriol-Oel, Gifte allerley Art schleimigte Maßen Farben Unrath p. p. das Waßer in der kleinen Alster nicht vergiftet werde, und daß daher denen, die es genießen, keine mehrere Ungesundheit und Mortalität zugezogen werde.
2. Daß der neue Klopperbaum der Kunst nicht zu nahe liege, auch das ihr aus der Alster zufließende Waßer nicht vergiften und nicht trüben könne.
3. Daß, wenns auch möglich wäre, in dem engen Raume der kleinen Alster außer denen bereits darin angelegten noch 10 oder mehrere Kattunklopperbäumen, so nahe als möglich vor und neben der Kunst anzulegen, alle diese 10 und noch mehrere Klopperbäume nicht im Stande wären, das der Kunst zu fließende Waßer zu vergiften, oder der Kunst ungesundes Waßer zuzuführen, oder ihr Waßer zu trüben.

So bedaure ich nochmals, daß die Herren Intereßenten sich bewegen laßen, Dinge zu behaupten, die nicht erwiesen werden können. Es gefällt mir nicht, daß sie das Alsterwaßer als vergiftet verschrien, es für Krankheit = und Tod = befördernd angegeben, sich selbst in Furcht und Schrecken gesetztet unsere Kattunfabricken verunglimpfet und unseren Fabrikanten einen gar nicht guten Namen angedichtet haben.

Es gefällt mir nicht, daß sie ohne Grund der weisen Polizey Pflichten vorgeschrieben haben p. p. Nun ist das geschehen und ich sehe nicht, wie die Sache ausgehen soll. Von Seiten der hohen Obrigkeit wird dem Gesuche der Herren Intereßenten nicht gerne statt gegeben werden, aus Beysorge, wenn man dies bewilligte, mögte den Herren Intereßenten oder ihren Nachfolgern es einfallen, die gantze Alster commandiren zu wollen.

Abseiten der Herren Intereßenten wird es ihnen schwer fallen, ihre starke Behauptungen zurück zu nehmen, zumalen ihnen die Herren Physici ein jus contradicendi ertheilet haben. Zudem könnte es auch wohl seyn, daß sie im Vertrauen auf ihre Gesundheits Räthe würklich glaubten, daß das Waßer ungesund und Tod befördernd sey, welches dann dieselben in große Verlegenheit setzen müßte.

Dieser zu entkommen, will ich ihnen ein leichtes Mittel vorschlagen, wie ihre Kunströhren reines Waßer einsaugen können, das von dem Kattun Fabricken Farben = und anderen Unrath gäntzlich befreyet ist. Und dies will ich gratis thun, weil ich unter denen Herren Intereßenten Gönner und Freunde habe. Sie umgeben ihre Saugeröhren mit einem dichten Kasten, der vor dem Alsterwaßer keinen Tropfen einläßt; Daneben ist er so eingerichtet, daß sie mit jeder höchsten Fluth so viel reines Elbwaßer, als nöthig, einlaßen können. Auf diese unkostbare Weise können sie ihre Häuser und einen großen Theil der Stadt mit gantz gesunden und reinen Elb-Waßer versorgen.

Hamburg d. 5. Febr. 1792   EGSonnin.

118.

BRUNNEN GÄNSEMARKT HAMBURG

Gutachten über die Unbedenklichkeit eines neuen Brunnens für den Wasserzufluß der bestehenden Brunnen. Der Grenzinspektor Johann Theodor Reinke hat sich schon am 21. Januar 1792 genauso unbedenklich geäußert.
Hamburg, 21. 2. 1792

Staatsarchiv Hamburg
Cl. VII, Lit. Fd, No. 8, Vol. 15
Acta betr. die Anlegung eines Brunnen auf dem Gänsemarkt
1792 u. 93, No. 3

Pro Memoria.

Der Herr Hermann Flügge als jetziger Jahr Verwalter des vom Grindel Hofe zur Stadt geleiteten Feld Brunnens, hat von mir ein schriftliches Gutachten verlanget, über die Frage:

Ob die Herren Brunnen Intereßenten es wohl wagen könnten, noch ein paar neue Brunnen in der Gegend vom Gänsemarkte anzulegen ohne daß dadurch denen jetzigen sämmtlichen Brunnen einiger Waßermangel veruhrsachet würde?

Über eben diese Frage habe ich schon vor Zwanzig Jahren meine Meynung dahin gegeben: daß die Herren Intereßenten ohne Beysorge einigen Nachtheils für die übrigen Brunnen noch mehrere neue Brunnen abgeben könnten.

Zu der Zeit habe ich mich um die Beschaffenheit der diesen Brunnen zufließenden Quellen aufs genaueste bekümmert, und insbesondere sowohl bey denen bejahrteren Herren Intereßenten als auch bey denen ältesten Brunnen-Bedienten und Bekannten mich erkundiget: Ob jemals bey dem Brunnen ein Mangel eingetreten sey. Sie versicherten mich alle einmüthig: wie sie und ihre Vorfahren niemals einen Waßermangel bey den Brunnen erlebet hätten. Ich fand nicht Ursache, die Versicherungen so vieler guten Männer in Zweifel zu ziehen, und indem ich hieneben erwog, wie viel täglich bey dem Spillbrunnen außer dem Damthor sowohl, als bey jedem Brunnen insonderheit, an Spillwaßer ungenutzt verläuft, so könnte ich den Vorschlag noch ein paar Brunnen anzulegen, keineswegs wiederraten. Jetzt wollen einige besorgen; dadurch, daß man auf dem Gänsemarkt noch ein paar Brunnen anlegete, mögten die weiter entferneten Brunnen wenigeren Zufluß an Waßer haben; Allein diese Beysorge ist ungegründet. Denn bey einer jeden Brunnenleitung werden die entferntern Brunnen allemal niedriger geleget, als die Oberen und dann ist es eine gantz natürliche Folge, daß das Waßer den niedrigern Brunnen eben so bald ja ordentlicher weise noch schneller als denen Obern zu fließen müße, mithin die Oberen immer früher als die unteren Mangel an Waßer leiden würden.

Bey diesen Umständen würden allgemeinen Beyfall finden, wenn die Herren Intereßenten sich entschlößen den Überfluß ihres Waßers zu ihren eigenen und gemeinen Besten, durch Mehrere Brunnen zu verwenden.

Hamburg den 21sten Febr 1792

EG Sonnin
concordat
C.D.Anderson

119.

ALSTERVERSCHMUTZUNG HAMBURG

Drittes Gutachten gegen den Vorwurf der Wasserverschmutzung durch die Kattunfärberei von Hirsch Wolff Bauer. Mit einem Umfang von 54 Seiten übertrifft es noch das mit 47 Seiten schon sehr weitschweifige zweite Gutachten vom 5. Februar 1792. Es erfolgt, nachdem die vom Rat der Stadt abgewiesene Klage gegen Bauer an das Reichskammergericht Wetzlar weitergereicht worden ist, enthält jedoch an neuen Argumenten nur die Beurteilung der Verschmutzung durch Oberflächenwasser aus den Straßen. Der Rat schließt sich der Auffassung

Sonnins an. Der Prozeß zieht sich jedoch noch jahrelang hin, ohne daß sich der Ausgang bisher ermitteln ließ.
Hamburg, 5.3.1793

Winkens, a.a.O.

Staatsarchiv Hamburg
H. 82
Reichskammergericht
2. Teil, No. 73

Pro Memoria

Im Betref der Streitigkeiten über den vom Wolff Hirsch Bauer angelegten neuen Klopper-Baum, sind mir von Herrn Hof-Rath Hüffel nachstehende Fragen zur Beantwortung vorgeleget worden:

Ite Frage:
Sind die Kattunfabricken in der kleinen Alster, vormals stärcker, oder zahlreicher gewesen, als sie es jezo sind?
Re. Es ist natürlich, daß sie bei ihrer ersten Anlage schwächer gewesen und nach und nach immer stärcker geworden sind.

Im Jahre 1740, da ich sie kennen lernte, waren sie noch im Wachsen, aber seit der Zeit haben sie in der kleinen Alster und besonders in deren Unterntheile, das ist: unterhalb der Scheelengangs-Brücke, sich sehr vermindert.

Um die Zeit fabricirten in dem Untertheil der Alster, unterhalb Scheelengangs-Brücke, (als soweit mein Riß sub Litt Y gehet) folgende:
1. die Heybroockische, nachmals Deppesche, mit 2 Klopper-Bäumen.
2. die Rahusensche, mit 2 Bäumen.
3. die von Axensche, mit 2 Bäumen.
4. die Königsche, mit 2 Bäumen.
5. die Batosche, mit 1 Baum.

Der Zeit verarbeiteten auch fast alle in meinem Riße angedeutete Färber-Bäume und Färber-Schuten, von welchen ich schon in meinem P.M. angezeiget habe, daß sie mehr Gifte und Farbestoffen in die Alster bringen, als die Kattundruckereien.

Anstatt also der Zeit in der kleinen Alster, unterhalb Scheelengangs-Brücke, 5 starcke Fabricken mit aller möglichen Mannschaft und außer ihnen noch so viele Färber-Bäume und Färber-Schuten, arbeiteten; so haben seit denen Jahren die Fabricken in der kleinen Alster, sich so ausnehmend vermindert, daß von benannten großen Fabricken, seit 8 Jahren, nur die einzige Bartelsche Fabricke gearbeitet hat, auch fast alle Färber-Bäume und Färber-Schuten, leer stehen.

Wenn also die Vorspiegelung der Herren Intereßenten, daß das Waßer in der kleinen Alster, durch die Kattun-Fabricken verdorben würde, gegründet wäre; so hätten sie dadurch, daß von 5 Bäumen nur ein Einziger arbeitete, eine große Erleichterung gehabt. Doch hievon haben sie freilich nichts gefühlt, konnten per rerum naturam auch gewis nichts davon fühlen, weil die praetense Waßer-Verderbung, durchs Kattundrukken, nichts weiter, als eine nichtige Einbildung ist. Allein nun, als der Jude seinen neuen, nur kleinen Klopper-Baum, der nicht mehr, als den neunten Theil der vorigen Fabricken beträgt, angeleget hat; nun sind die Herren Intereßenten recht empfindsam geworden; nun suchten sie, non sine animo, ihre alte hundertjährige Chimaere, von der Verderbung des Waßers, durchs Kattundrucken, wieder hervor. Aber jetzt, da sie deutlichst überwiesen sind, daß ihr durchaus unwahres Geschrei, von Gift und Mord, nicht statt finden könne, machen sie eine Wendung und wollen uns mit einer andern Unwahrheit, nämlich: mit der Vorspiegelung von Verschleimung, übertäuben. Nun produciren sie ein abscheuliches Waßer und sind vermuthlich kurzsichtig genug, zu glauben, daß man sich durch ihr Glaucoma, von der Wahrheit werde ablenken laßen; in der süßen Hoffnung trägt das Supplicat vom 4ten Maii 1792, die handgreifliche Unwahrheit vor, daß dieses bös geschöpfte Waßer von dem neuen Klopper-Baume verursachet werde. Ich läugne dieses Aßertum gerade zu und werde meine Gründe unten angeben.

IIte Frage:
Kan man nicht ein Mittel gegen die Verderbung des Waßers, durch das Kattundrukken und Spühlen in der kleinen Alster, angeben?
Re. Diese Frage muß ich der Wahrheit gemäs, simpliciter verneinen und will erweisen, daß es absolute nicht möglich sey, dagegen ein Mittel vorzuschlagen. Denn es existiret gar keine Verderbung des Alster-Waßers, durch das Kattundrucken und Spühlen. Es ist ein pures Hirn-Gespinste, daß durchs Kattundrucken und Spühlen, das Alster-Waßer verdorben werde; folglich kan man ja wohl gegen ein Non Ens kein Mittel vorschlagen.

Abseiten des Supplicats wird man einwenden; Man habe schon vor hundert Jahren darüber geklaget. Concedo! Also hätten wir ein hundertjähriges Non Ens. Dieses räume ich gerne ein.

Denen guten älteren Vorfahren der Herren Intereßenten, kan man es nicht verdenken, wenn sie von solchen Vorurtheilen eingenommen waren, weil man der Zeit in der Physik noch sehr weit zurück war und in guter Einfalt schloß: Man spühlet baares Gift in die kleine Alster, davon muß sie vergiftet werden. Ein jeder Intereßent mag seinen Hauß-Medium wol gefragt haben, der auch aus guter Einfalt es bejahete. Vielleicht mag man schon der Zeit von denen Herren Stadt-Physicis ein Visum repertum eingeholet haben, welche alle, aus gleicher Unkenntnis der Natur, das Kattundrucken und Spühlen, verdammeten. So wurden jene Vorfahren von den angeblich Sachkundigen, induciret. So pflegte sie Amplißimum Senatum mit ihrer ungegründeten Klage und so inducirten sie auch 1712 die hohe Kaiserliche Commißion, daß dieselbe Senatum committirte, sichere Mittel vorzuschlagen, ohne zu wißen, daß sie Senatui auftrug, gegen ein Non Ens zu Felde zu ziehen. Wie oft die Brunnen Intereßenten nach 1712 Senatum noch mit ihrem Undinge turbiret haben, weis ich eigentlich nicht. Aber aus Erfahrung weis ich, daß sie nach und nach zu mehrerer Einsicht gekommen sind; zumalen sich in effectu nichts Böses davon wahrnehmen ließ. Allein die jetzigen Herren Intereßenten legen sich höhere Einsichten zu; sind ganz warm, ihr Non Ens zu realisiren; wollen Senatum zur Vorschlagung sicherer Mittel, gegen ein Unding, anhalten; wollen ihm Vorwürfe, wegen des Versäumten, machen und, wie hoch würden sie einhertraben, wenn jezt ein medicinischer Spruch, pro Auctoritate noch decidiren könnte. Aber, die dunklen Zeiten sind vorbei. Jetzt soll es ihnen schwerlich gelingen, das mit Pochen zu erzwingen, was ihren Vorfahren aus bloßer Unwißenheit zugestanden war. Jezt sollen und müßen sie erst erweisen, daß ihre Klage keine Chimaere sey und dann wird Senatus sich gerne zu ihnen herablaßen.

IIIte Frage:
Sind seit 1712 mehrere Kattunfabricken angeleget?
Re. Allerdings! Ich kan zwar diejenigen, welche von 1712 bis 1740 neu angeleget sind, nicht benennen; allein die große Anzahl derer, die 1740 im Wesen waren, bestätiget es. Doch ich will 4 zuverläßige Beispiele anführen.
1. Der alte Heybroock bauete auf dem Neuen Walle das Hauß, worin vormals Deppe, nachmals Willinck, jezo Siveking, wohnet; (in meinem Riße mit A bezeichnet) legte hinter dem Hause, an der kleinen Alster, 2 Kattun-Klopper-Bäume ll an. Er legte, welches wol zu mercken, diese Fabricke ohne allen Widerspruch, so nahe bei der Kunst an, als noch Keine gewesen war. Er fabricirte starck mit 6 Pulten; machte feine Waare; gebrauchte viele scharfe Species. Die Kunst Intereßenten fürchteten

sich nicht für Pest und es entstand auch keine. Einer von seinen Söhnen setzte die Fabrick fort.

2. Sein zweiter Sohn Cornelius, bauete auf dem Neuen Walle das Hauß, in welchem noch jezt Abraham Roosen wohnet; legte hinter demselben 2 Kattundrucker-Bäume p. p., ohne Widerspruch an und arbeitete seine Waare mit scharfen Ingredientien.

3. Zwischen 1740 und 1750, kauften die Gebrüder Rahusen von dem Geheimten-Rath von Ahlefeld auf Sestermühe, sein auf dem Neuen Walle belegenes Hauß; (in meinem Riße mit Litt. C bezeichnet) legten hinter demselben 2 Kattunklopper-Bäume an und exaltirten in der feinsten Arbeit. Seit Jahren ließen sie die Fabricke ruhen und verkauften solche an Herrn Schmidt, welcher jezt neue Pulten zur Arbeit, wider legen läßt. Auch diese Klopper-Bäume wurden ohne Widerspruch angeleget, ob sie gleich der Kunst ziemlich nahe lagen.

4. Im Jahr 1775 miethete der Beklagte Hirsch Wolff Bauer von dem Notario Andersen ein Hauß auf dem Dreckwall, legte hinter demselben einen Kattunklopper-Baum ohne allen Widerspruch, an und fabricirte allerhand. Nach einigen Jahren sagte sein neuer Haußwirth Willigmann, ihm das Hauß auf, daß er fahren mußte. Auf diese und andere Weise sind mit denen Kattunfabricken, in der mir bekannten Zeit, ungemein viele willkührliche Aenderungen vorgegangen, ohne daß die Herren Kunst Verwandten sich je gereget hätten.

Indem ich dieses so frei gestehe, wird sich ihre Galle in Bewegung sezen und sie sagen laßen: daß Senatus solches hätte wehren sollen. Meines Ermeßens aber war Senatus nicht schuldig, Richter zu seyn, wo kein Kläger war und überdem war demselben nichts weiter committiret, als Mittel gegen die Waßer-Verderbung, vorzuschlagen. Diese aber existirte nicht, wird auch nie existiren und wer bezalet nun die Mühe, welche Amplißimus Senatus, wegen dieses elenden Hirngespinstes, sich so oft hat geben müßen?

Vielleicht fällt es Jemand ein, hiebei zu fragen: Wie es zugegangen, daß die Herren Intereßenten sich nicht gereget haben? und mir scheinet ihre Mühe ganz natürlich zu seyn.

Es hat ohne Zweifel in so vielen Jahren viele verständige Männer unter ihnen gegeben. Weil diese sahen, daß aller Mühe ungeachtet, kein Mittel ausgefunden werden konnte; so merckten sie genau darauf, ob von der Anlage mehrerer Fabricken, sich böse Folgen ergäben und da sie keine Verpestung wahrnahmen, wurden sie immer ruhiger. Nun nahmen sie wahr, daß ihnen ihre Kunst beständig ein gutes, reines, wohlschmeckendes Waßer, in ihre Häuser führte. Sie nahmen wahr, daß Jedermann davon kochete, brauete, backte, es zu allen Lebens Bedürfnißen gebrauchte und Jedermann sich dabei wohl und gesund befand. Sie nahmen ferner wahr, daß täglich viele Tausend Eimer Waßer von den Waßerträgerinnen, dicht an den Klopper-Bäumen, geschöpfet und in die Stadt herumgetragen wurden, ohne daß die Leute, so deßen genoßen, in Kranckheiten verfielen. Sie nahmen auch noch wahr, daß beim Genuß des Alster-Waßers, nicht allein die Menschen, sondern auch die Thiere und vorzüglich die Fische, wolgedeiheten. Sie sahen und hörten von den Kattunfabrikanten, daß sie selbst das Alster Waßer zu ihrem Genuße und Bedürfnißen, anwendeten; Ja, sie bemerckten, daß ihre Kunst Genoßen eben so gesund, ja eben so alt wurden, als diejenigen, welche sich das Elb-Waßers, oder des Feldbrunnen-Waßers, bedienten.

Diesen unläugbaren Erfahrungen widersetzte sich ihr Verstand nicht, sondern ihr Gemüth ward geruhig und schloß à posteriori eben das, was ich nunmehro à priori beweise:

»daß durchs Kattundrucken und Spühlen, das Waßer in der kleinen Alster, nicht verdorben werde.«

Solchergestalt ist Amplißimus Senatus, durch die Wahrnehmungen vernünftiger Männer, vielen Zudringlichkeiten überhoben worden und wird auch künftig so lange davon befreiet seyn, bis die ungestümen Verläumder des guten Alster Waßers, werden erwiesen haben, daß eine Verderbung deßelben, <u>durchs Kattundrucken</u> und Spühlen, existire. (Hier nun finde ich beiläufig zu bemercken für nöthig, daß das Kattundrukken stets in den Häusern geschiehet: Dahero es <u>eigentlich</u> heißen solte: <u>durchs Kattunkloppen und Spühlen</u>. Weil aber in dem höchsten Commissions-Decrete von 1712 dieser Ausdruck ausdrücklich gebrauchet worden; so habe ich, in Conformitaet deßelben, solchen lieber beibehalten, als mich des Erwehnten, bedienen wollen.)

IVte Frage:

Was von den Proben Waßers, welches die Herren Kunst Intereßenten, sub 6ten Jun. a. p. Amplißimo Senatui p. produciret und coram Notariis, aus ihrem Kunst Baßin geschöpfet haben, zu halten sey?

Re. Ich halte es für einen dilatorischen Nebel. Was aber den innern Gehalt dieses Artificii betrift: so halte ich eben das davon, was ich davon hielte:

a) Als die Herren Kunst Intereßenten uns erzählten, daß sie große Farben Ströhme vom neuen Klopper-Baume, auf ihre Kunst hätten zueilen sehen; wogegen der Jude per Tester erwies, daß er noch keine Farbe, in seiner Fabrick, gekocht habe.

b) Als sie uns vorspiegelten, daß die Kattunfabrikanten nach einem Gift-Rezepte aus dem Toll-Hause, arbeiteten.

c) Als sie Jammer, Elend, Krankheit, Pest und Tod, von einem Gifte prophezeieten, das gar nicht vorhanden ist.

d) Als sie uns imponiren wolten, der ganze Strohm gienge nach ihrer Kunstrade zu und ihre Kunst-Röhren reißen den Gift, den ganzen Gift, unaufhaltsam an sich, ohne Verlust eines einzigen Tropfens.

e) Als sie jämmerlich schrien: Ihr Gegner habe den Gesichts-Punct verändert; welches eben sie gethan hatten und ferner thun wolten.

f) Als sie uns überreden wolten, die Aussprüche der Sachkundigen könten das ungültig machen, was aus der Natur, als wahr erwiesen wird. Ich sage, was ich von vorbenannten erdichteten, verläumderischen, unwahren Aßertis gehalten habe, das halte ich auch von den producirten Waßer-Proben.

Ich glaube wol, daß die Proben coram Notariis aus dem Baßin und Kumm geschöpfet sind. Allein es kan Vieles geschehen seyn, was Notarii nicht gesehen haben und, wo die Herren Intereßenten sich schmeicheln, daß vernünftige Leute ihr producirtes Waßer für ächt und unverfälschtes halten sollen, so betrügen sie sich gewaltig. Denn nach denen damit angestellten Proben, hat ihr Waßer

1. einen stinkenden Geruch,
2. einen schlammigten, zusammenziehenden Geschmak,
3. eine Dinten ähnliche Farbe,
4. einen schwarzen zähen Bodensaz,
5. ein Urin artiges Salz,
6. einen darauf schimmernden fettigen Schleim p. p.

Alle diese Eigenschaften kan das Waßer in der kleinen Alster, von dem Kattundrucken und Spühlen, nicht erhalten, indem dazu lauter reinliche und nicht solche garstige Sachen, gebrauchet werden, die sich bei ihrem Waßer befinden. Alle Heßlichkeiten und Abscheulichkeiten, die bei ihrem Waßer sind, kommen durchaus nicht vom Kattundrucken, sondern sind Additamenta der abscheulichen Waßerschöpfungs-Kunst.

Das unverfälschte Alster-Waßer, so wie es, wenn alle Kattundrucker arbeiten, beständig in der kleinen Alster fließt und regelmäßig von der Kunst geschöpfet und denen Intereßenten in ihre Häuser geführet wird, ist von ganz anderer Beschaffenheit. Es hat

keinen stinkenden Geruch,
keinen bittern Geschmack,

>	keine Dinten-Farbe,
>	keinen Bodensaz,
>	keine zähe, schleimigte Haut,
>	kein Urin-Salz,

sondern es ist,
>	(wie begehende, mit Notarial-Attestaten versehene Waßer-Proben, in Buteljen sub Num. 1, 2, 3 erweisen)

rein, weiß, klar, wolriechend, wolschmeckend, unverdorben, gesund, zu allen Bedürfnißen und Geschäften des menschlichen Lebens, brauchbar.

Wie bestehen nun die Herren Intereßenten hiegegen mit ihrem abscheulich geschöpften Waßer? Wenn sie Leute induciren wolten, müßten sie es so grob nicht machen.

Vte Frage:
>	Ists möglich, daß durch den neuen Klopper-Baum das Waßer zu einer unflätigen Maße umgeschaffen werden kan? Oder enthalten die Farbenstoffen, deren sich die Kattundrucker gebrauchen, soviel Unflath?

Re. Nein! Das Aßertum des Supplicats vom 4ten Maii 1792:
»daß das Waßer durch den neuen Klopper-Baum zu einer unflätigen Maße umgeschlagen werde«

gehöret zu denen fictiven und Unwahrscheinlichkeiten, auf welchen wir die vorigen Supplicate so oft attrapiret haben und sie in denen vom 4ten Maii und 6ten Junius a. p. wider attrapiren.

Wir wissen, daß die Natur, welche nie Ueberspünge macht, ein reines Waßer nicht so geschwinde in ein unflätiges umschaffen kan, und wenn dann dem Aßerto des Supplicats zufolge, daß Waßer durch den neuen Klopper-Baum zu einer unflätigen Maße umgeschaffen werden solte; so müste von dem neuen Baume Unflath ins Waßer kommen. Will das Supplicat dies offeriren, so liegt ihm ob, es zu beweisen; Bis dahin widerspreche ich ihm kräftigst, erkläre diese Vorspiegelung für Unwahrheit und nehme mit allen Vernünftigen das abscheulich geschöpfte Waßer, für keinen Beweis des Vorgespiegelten, an.

Ich will indeßen doch erörtern, ob von dem Kattundrucken und Spühlen, unflätige oder Waßer verderbliche Maßen, ins Waßer kommen, welches ich zwar in meinen beiden P. M. schon bemerket habe, aber doch widerholen will.

Zum Kattunfabriciren werden zweierlei Ingredientien gebraucht, nämlich: die so genannten scharfen Species und Farbestoffen.

a) Die scharfen Species sind: Scheide-Waßer, Salpeter-Geist, Salz-Geist, Vitriol-Oel, Vitriol-Geist, äzendes Quecksilber, Arsenick und andere Corrosive.

>	Sie sind wirkliche Gifte und wurden vorzeiten, als man mehr ächte Kattunen fabricirte, stärcker gebraucht, als jezt, da man wenig ächtes macht. Sie sind, wie gesagt, würckliche Gifte; allein ich habe unwidersprechlich erwiesen, daß sie in der großen Waßer Menge so sehr verdünnet werden, daß sie aufhören, Gifte zu seyn und, in gehöriger Maaße genommen, gegentheils zur Gesundheit dienen.

Jetzt bemerke nur noch von diesen scharfen Species, daß sie keinen Stanck und Unflath mit sich führen; folglich das Waßer nicht zur unflätigen Maße umschaffen können.

2. Die Farbstoffen, welche der Kattundrucker gebrauchet, sind: roth Holz, blau Holz, gelbe Beeren, Krapp etc.

>	Sie sind fast alle aus dem Pflanzen-Reich, haben gleichfalls keinen Gestank und Unflath mit sich, können folglich das Waßer nicht zur unflätigen Maße umschaffen.

Wenn also weder die scharfen Species, noch die Farbestoffen das Waßer zur unflätigen Maße umschaffen können: so müßte, nach dem Ausdrucke des Supplicats:

3. Der Klopper-Baum selbst, die große Kraft besitzen, das gute und täglich zweimal frische Waßer, in eine unflätige Maße umzuschaffen. Aber der Klopper-Baum ist ja

nur ein auf dem Waßer schwimmendes Gerüste von tannenen Holze, auf welchem die Arbeiter stehen, wenn sie den Kattun klopfen und spühlen,

mithin denke ich nicht, daß das Supplicat dem schwimmenden hölzernen Baum die Kraft beilegen wolle, die reinliche Species und Farbestoffen der Kattundrucker, in eine unflätige Maße umzuschaffen; doch kan ich auch nicht wißen, was man gegenseitig denket, weil das Supplicat es sich nicht übel nimmt, eine jede ihm einfallende Unwahrheit, in den Tag hineinzuschreiben. Zum Beispiel sagt es, (ohne dafür roth zu werden)

»daß der Jude und seine Helfers Helfer, ihr über allen Glauben abscheulich geschöpftes Waßer, für einen Gesundheits-Trank erklären.«

Wo stehet diese Erklärung? Der Herren Intereßenten abscheulich geschöpftes Waßer kennt man ja noch nicht. Es ist ja noch unter dem Siegel! Wie niedrig serpentirt doch die unseelige Chicane!

Wie wäre es aber, wenn ich mit eben der Dreistigkeit, wie das Supplicat sich herausnimmt, sagete: daß die Kunst das Waßer in eine unflätige Maße umgeschaffen habe. Hätte ich nicht eben soviel Recht dazu? Aber müßte ich es nicht auch erweisen? Jedoch, ich will ihnen die Ehre des Beweisführens, herzlich gerne überlaßen.

Damit indeßen das Supplicat adaequate Begriffe von dem Gesundheits-Trancke erlange; so beliebe es nachzulesen, was im 42ten, 43ten, 44ten Stücke unserer Addreß-Comtoir-Nachrichten de Anno 1791, von der Verbeßerung verdorbener fauler Waßer, durchs Vitriol-Oel, eingerücket ist und beliebe sich dabei verführt zu halten, daß 1000 pro Autoritate abgegebene Sprüche sachkundiger Männer, diese Wahrheiten nicht entkräften werden.

Des fettigen Schleims, welchen der Concipirent auf seinen weiten Reisen,

»nur an denen Orten, wo verpestete Waßer die Gegend inficirten, auf demselben wir ein Oel umher schwimmen sahen,«

muß ich wol zu erwähnen nicht vergeßen.

Ich bin glücklicher gewesen, da ich auf meinen kleinen unbedeutenden Reisen in Nieder-Sachsen, solche Schleime auf allen Pfüzen, sogar ganz nahe um Hamburg herum, gesehen habe, ohne zu wißen, daß verpestete Waßer unsere Gegend inficiren. Das weis ich aber gewis, daß ein solcher verpesteter Schleim in denen Materialien der Kattundrucker, nicht vorhanden ist, auch in dem Waßer der kleinen Alster, so wie es täglich von denen Waßerträgerinnen und in regula von der Kunst beim Graskeller, geschöpfet wird, nicht existire, mithin ein fremdes, <u>von der Waßer-Kunst herkommendes sey.</u>

VIte Frage:

Können die vom Klopper-Baum abfallende Materialien in so geschwinder Zeit, als sie, bis zu der nur 180 Fus entlegenen Kunst, kommen, zur unflätigen Maße umgeschaffen werden?

Re. Es gehöret freilich viel Aberwiz dazu, sich eine so geschwinde Verwandelung zu gedenken und doch finden wir sie wesentlich ausgedrückt. Wir wollen uns vorläufig der in den Supplicaten erschlichenen starcken Ausdrücke erinnern:

»Wenn die Mühlen nicht mahlen, gehet der ganze Zug des Waßers, einzig, unaufhaltbar und ungetheilt zu den Röhren hin; der beständig gehende Strohm, der kurze Weg vom Bauerschen Klopper-Baume, bis zur Kunst p. p. verhindern es, daß das Waßer, die mit Vitriol und Scheide-Waßer geschwängerte (worin kein Schlamm befindlich) nicht verdünnen und unschädlich machen kan.

Wenn es dann wahr ist, daß die Röhren so starck unaufhaltsam an sich ziehen, daß das Waßer die Materie nicht einmal verdünnen kan, so kan noch viel weniger in der kurzen Zeit und auf dem kurzen Wege, eine solche Verwandelung geschehen, daß die scharfen reinlichen Materialien der Kattundrucker, in eine garstige, faule, stinkende Maße umgeschaffen würden, wozu, wie Chymicker wißen, eine Fäulung und zur Fäulung, eine lange Zeit gehöret.

Aber nun ganz was Neues, worauf ich aufmercksamst zu attendiren bitte.

Von dem Klopper-Baume des Juden, kömmt niemalen kein Tropfen Waßer, weder reines noch unreines, zur Kunst am Gras Keller; es gehet von seinem Baume gar kein Zug zur Kunst, sondern der Strohm gehet von seinem Baume einzig und allein nach der Herren-Mühle zu, die Herren-Mühle mag mahlen, oder nicht; die Korn-Mühle beim Graskeller, mag mahlen, oder nicht p. p.

Ich hatte schon in meinem P. M. entgegen denen vernunftlosen Aßertis, daß die Kunst-Röhren allen Gift, ohne Verlust eines einzigen Tropfens, einsaugen, mit unläugbarer Berechnung, erwiesen, daß höchstens nur ein ganz schwacher Zug, von dem neuen Klopper-Baume zu den Röhren hin, Statt haben könne. Nun aber kann ich von der Richtigkeit meiner Berechnungen, durch den Augenschein, so oft mans will, einen Jeden überzeugen, nachdem nachfolgende Versuche gemacht sind.

a) Wenn man von dem neuen Klopper-Baume schwimmende Sachen, Holz, Kork, Hobelspäne, ledige Fäßer, ledige Buteljen, ins Waßer wirft; so führet sie der Strohm niemals nach der Kunst, sondern nach den Herren-Mühlen hin. Die Ursache ist leicht einzusehen. Die Herren-Mühlen haben 12 Räder, oder Gänge, mithin 12 Mühlen-Schüzen. Die Schüzen können nicht so dichte seyn, daß Jede nicht beständig einen Theil Waßers durchlaße. Die 12 Schützen zusammen genommen, laßen eine so ansehnliche Waßer-Menge durchfließen, daß sie einen unaufhörlichen, gar nicht schwachen Strohm, in der kleinen Alster machet.

b) Dieser beständige, den Herren-Mühlen zufließende Strohm, ist so starck, daß, wenn auch das Kunstrad mahlet, dennoch der besagte Strohm die Oberhand behält und das jenige, was beim Klopper-Baum ins Waßer geworfen wird, niemals nach der Kunst zufließet, sondern den Herren-Mühlen zueilet.

NB. Demnach ist a) alles, was das Supplicat von dem, dem Kunstrade, wenn es alleine mahlet, zueilenden Strohme saget, eine gänzliche Erdichtung; b) die in dem, abseiten der Herren Intereßenten, hergegebenen Riße, punctirte Linien, die den Strohm andeuten sollen, namentlich die Linie c. c., sind nur fingiret, mithin falsch und ein solcher Strohm existiret nirgends, als in den Gedancken des Supplicats und desjenigen, der auf Befehl die punctirten Linien in dem Riße, verzeichnete; c) In welchem Gemüthsstande mögen nun wol die Herren Intereßenten sich befunden haben, als sie, nach dem Vorgeben des Supplicats, ganze Ströhme von Farben und damit vermischten Giften, auf ihr Kunstrad zueilen sahen p. p.

c) Wenn die Herren-Mühle geschloßen und nicht allein das Kunstrad, sondern auch schon die Mühle beim Graskeller, mahlet; so schwimmet doch von dem neuen Klopper-Baum nichts nach der Kunst zu, sondern folget dem Haupt-Strohme, zu den Herren-Mühlen, ganz natürlich, weil der Abflus bei den 12 Mühlen-Schüzen stärcker ist.

Ich habe den Haupt-Strohm in meinem Riße, mit punctirten Linien angedeutet, so wie er in der kleinen Alster befunden wird.

d) Alles, was von denen Oberhalb dem Bauerschen belegenen Klopper-Bäumen, namentlich dem Bartelschen, Krügerschen, dem Roosenschen, dem Rahusenschen, izt Schmidschen, dem vormaligen Heybroock- oder Deppeschen, Gruseschen, Steindorfschen, abfließt, oder ins Waßer geworfen wird, schwimmet mit dem Haupt-Strohm zu denen Herren-Mühlen und nicht zum Kunstrade hin, wenn solches gleich alleine mahlet.

e) Mit diesem Haupt-Strohme gehet auch das zur Herren-Mühle zu; wenn sämtliche Fabricken ihre Färbe-Keßeln laufen laßen und kommt nicht zur Kunst.

f) Ja sogar, was bei der Waßer-Treppe ausgeworfen wird, schwimmet mit dem Haupt-Strohme fort, wenn das Kunstrad alleine mahlet. Wenn aber die Korn-Mühle beim Graskeller zugleich mit mahlet; so wirds vom Mühlen-Strom mit fortgerißen.

So sehr weichen die Würckungen der Natur von der imaginairen derjenigen ab, welche von ungeprüften Vorurtheilen verblendet, ihre vorgefaßten Meinungen mit neuen Fictionen durchsezen wollen.

Das Supplicat saget uns von Gift, Tod p. p. Die Natur saget: es sey gesund. Das Supplicat saget: das Alster Waßer werde durchs Kattundrucken verderbet; die Natur zeiget, daß es dadurch verbeßert werde. Das Supplicat will uns bereden, daß aller Unrath vom Kattundrucken, gerade zur Kunst flöße und von ihren Sauge-Röhren ganz und unzertheilt eingesogen würde und nun zeiget uns die Natur ad Oculum, daß alles den Herren-Mühlen zufleuße und nichts zu der Kunst, oder ihren Röhren, kommen kan.

VIIte Frage:
Ist die Menge des Unraths, welcher von den Straßen-Gaßen in der Stadt, in die Alster fließet, größer, oder ist die Menge der Farbenstoffen, welche von dem Kattundrucken hineinkommen, größer?

Re. Offenbar ist die Menge des Gaßen-Unflaths und der Excrementen, von so vielen Menschen und Thieren, welche von so vielen Straßen hineingespühlet werden, viel größer. Dieser Unflath ist auch viel schwerer und sezt sich mehr zu Boden, als der Abfall vom Kattundrucken, welches ich hier widerholt bemercke.

Der Kleister, welcher, mittelst des Vitriol-Oels, aufgelößt wird, macht keinen Bodensaz, sondern wird mit dem täglich 2mal erfrischten Waßer, weggeschwemmt. Der andern scharfen Species, wovon ein kleiner Theil in die Alster kommen könte, ist so wenig, daß es in der Waßer Menge kaum zu berechnen ist und sie werden auch mit jedem frischen Waßer verschwemmt. Die aus dem Pflanzenreiche genommene Farbenstoffe, sind ausgekocht, sehr leicht und werden auch mit der Ebbe verschwemmt, haben aber weder Geruch noch Geschmack.

Ganz anders verhält es sich mit dem Unflath, welcher von den Straßen, Kloacken und Abtritten, in die kleine Alster kömmt. Er ist schwerer, bindender und macht einen Boden-Saz, der einen heslichen Geschmack, Gestanck, Farbe und Salz hat.

Er sezt sich, wie gewöhnlich in Ströhmen, am meisten am Rande des Kanals; das ist da, wo er Mühe hat, daß ihn der Mühlen- und Ebbe-Strohm nicht mit wegreißen kann. Er wächßt mit der Zeit hoch an; wohingegen die mittlere Strohmbahn sich beständig tief und rein erhält. Wegen seines starken Anwachsens, müßen die Anwohner der kleinen Alster, den Schlamm dann und wann austiefen.

Bekanntlich haben die Fabrickanten unter oder neben ihren Bäumen, ihre Pumpen, womit sie Waßer für ihre Fabricken, für ihren Haußhalt und für ihre Thiere, schöpfen. Unerachtet sie nun solches unter und neben ihren Klopper-Bäumen, wenn sie auch in voller Arbeit sind, schöpfen; so ist doch das Waßer rein und gesund; widrigenfalles sie solches weder zum Genus, noch zur Fabricke, brauchen könnten. Dieser tägliche Gebrauch, den die Fabrickanten selbst und ihre Nachbarn, nebst denen Waßerträgerinnen, von dem Alster-Waßer machen, vernichtet die alte Grille, von Verderbung des Waßers, gänzlich. Aber jeder Fabrickant kan mit seiner Pumpe auch wol unter und neben seinem Klopper-Baume, ein trübes, dinten ähnliches, bitteres, stinkendes, garstiges, abscheuliches Waßer schöpfen, wenn er will, denn die Mündung der Säuge-Röhre, oder des Siels seiner Pumpen, liegt über dem Schlamm erhaben, saugt das gute, gesunde, reine Waßer der kleinen Alster ein und läßt den Schlamm liegen. Wenn aber der Fabrickant jenen Gaßen Unflath vor seine Säuge-Röhre, so hoch sich aufschlammen laßen will, daß er an die Mündung seiner Säuge-Röhre tritt; so sauget sie freilich Schlamm mit ein. Oder, wenn er den Schlamm vor seiner Sauge-Röhre aufrühren und damit das reine Alster-Waßer trüben wolte; so könte seine Pumpe, die sonst rein Waßer giebt, auch ein trübes, böses Waßer aufbringen.

Auf eben die Weise könnten auch die Herren Intereßenten, wenn sie wolten, den Schlamm in ihrem Baßin aufrühren und die Kunst angehen laßen. So könten sie zu gleicher Zeit aus ihrem Baßin und aus ihrem Kumm, ein heslich schmeckendes, übelriechendes, schwarzes Waßer, schöpfen, welches vielen Bodensaz machete, eine fettig zähe Haut über sich und in dem starcken Bodensaze ein Urinartiges Salz, enthielte, das von dem in die Alster gekommenen Urin der Menschen und Thiere, sich gesezet hätte.

Ich glaube, daß in ihrem ruhigen Kunst-Baßin sich von dem dicken, schweren Gaßen Unflath immer genug sezen würde, wozu die Lage, ihrer Kunst recht günstig ist. Zwar kan ihr von der Bauerschen Seite her, nichts Unfläthiges oder Unreines, zufließen, weil der Haupt-Strohm alles von der Kunst wegführet. Aber von der Waßer-Treppe her, könte sie den Unflath desto reichlicher erhalten, weil auch daselbst alles ruhig ist und zu der Zeit, wenn die Kunst alleine mahlet, der Zug des Waßers von dahin ganz zur Kunst gehet, mithin der neben dem Haupt-Strohm herschwimmende Gaßen-Unflath, sich um desto beßer sezen oder auch durch die Sauge-Röhren aufgenommen werden mag; zumalen auch bei den Neben-Gebäuden der Kunst, sich beständig vieles von dem Gaßen-Schlamm ansezet und bei Ebbezeit das Baßin damit versorgen kan.

Ich habe gesagt: die Kunst könnte dies Manoever machen, wenn sie wolte; nur könte ich nicht anrathen, daß sie behaupten solte, als wenn ein so erkünsteltes scheusliches Waßer, von dem neuen Klopper-Baum herkäme. Denn das würde Niemand glauben.

Da die Lage der Kunst so geschickt ist, den von dem Gaßen-Kummer und Abtritten, in der kleinen Alster sich sezenden Schlamm, in ihr Baßin und Röhren, aufzunehmen; so ist es ganz natürlich, daß sie von jeher alle halbe Jahre eine Reinigung vornehmen. Wenn diese nach wie vor geschiehet, so werden die Herren Intereßenten nach wie vor, beständig ein so reines, klares, gesundes, wolriechendes, wolschmeckendes Waßer, in ihren Häusern haben, als ihre, durch Erfahrung sage gewordnene gute Vorfahren, solches bei guter Gesundheit und Wolsein ihrer Familien, genoßen.

Bekanntlich habe ich in vielen Häusern der Brunnen Verwandten, Umgang gehabt und alle Kunstmeister sind meine gute Freunde gewesen. Nie habe ich Klagen über das Kunst-Waßer gehöret, wol aber die Behauptung, daß dies Kunst-Waßer beßer sey, als das der beiden Künste am Oberdamm.

Die Einwendung, daß der neue Klopper-Baum das Kunst-Waßer verschlamme, ist aus der Luft gehaschet und kan durch nichts weniger, als durch die producirte Waßer-Proben, erwiesen werden.

Jedermann wird es einsehen, daß es leicht seyn würde, ein solches aversables Waßer aus dem Baßin und Kumme der Herren Intereßenten, zu schöpfen, wenn gleich noch niemals eine Kattundruckeri, oder Färberei an der Alster, angeleget wäre und nur der Gaßen-Kummer, nebst denen übrigen Excrementen, ihren Einflus in die kleine Alster gehabt hätten. Bei so vielen dahinein gefloßenem Gaßen-Unrath, war der neue Baum gar nicht nöthig, um eine solche abscheuliche Waßer-Schöpfung zu praestiren. Man konte sie leisten, ehe der neue Klopper-Baum geleget ward.

Allen Rechten nach lieget nun denen Herren Intereßenten ob, rechtlicher Art nach zu beweisen, daß der neue Klopper-Baum das Alster-Waßer in eine solche unflätige Maße umgeschaffen und die Kunst-Röhren verschleimt habe. Dieser Beweis aber muß nicht mit neuen Aßertia, nicht mit neuen Fictionen, nicht mit neuen Unwahrheiten, nicht mit neuen Aussprüchen sachkundiger Männer, nicht mit neuen einsichtig geschöpften Waßer-Proben, sondern mit Realitaeten, geführet werden. Denn dergleichen weit aussehenden Vorspiegelungen könte wol Amplißimus Senatus nicht annehmen, welcher ohne Zweifel endlich einmal von dieser hundertjährigen Chicane, erlöset zu werden, wünschen mögte.

Ich schmeichle mir nun, in meinem P. M. vom 19ten August 1791, in meinem P. M. vom 6ten Febr. 1792 und im gegenwärtigen, vollständig erwiesen zu haben:
a) daß durchs Kattundrucken und Spühlen, das Waßer in der kleinen Alster nicht ver-

dorben werden könne, nach denen neuen Experimenten aber, in der That verbeßert werde;

b) daß die Sage von der Waßer-Verderbnis, in älteren Zeiten, da in der Physick noch viele Misbegriffe und Irrthümer herrscheten, von irrenden Physickern ausgestreuet und auf die Nachkommen, aus Unkenntnis der Natur, fortgepflanzet sey;

c) daß unter dieser falschen Voraussetzung, die ältere Kunst-Verwandten Eine Kaiserliche hohe Commißion induciret haben, Amplißimo Senatui zu committiren, sichere Mittel gegen die Waßer-Verderbung, vorzuschlagen;

d) daß aber, weil jene fälschlich vorgegebene Waßer Verderbung nicht existiret und nicht existiren kan, es unmöglich sey, dagegen Mittel vorzuschlagen.

e) daß die von denen Herren Intereßenten, im abgewichenen Jahre, producirte Waßer-Proben, höchstverdächtig und mit allen Umständen streitig seyn.

f) daß dies producirte verdorbene, unreine, stickigte Waßer, schlechterdings von dem neuen Klopper-Baume nicht hergekommen seyn könne, auf welchem nur reinliche Sachen verarbeitet werden.

g) daß von dem neuen Klopper-Baume her und überhaupt von der, der Kunst gegen über liegenden Seite her, kein Tropfen Waßer zur Kunst, kommen kan, weil der beständige Strohm in der kleinen Alster, nichts zur Kunst fließen läßt, wie der unläugbare Augenschein ergiebet;

h) daß daher alles, was die Herren Intereßenten gegen den neuen Klopper-Baum vorgebracht haben, chimaerisch sey, von der Erfahrung widerleget werde und nimmer mehr erwiesen werden kan.

Diesen meinen unläugbaren Beweisen hätte ich noch eine richtige Berechnung hinzufügen können, woraus erhellete, daß von dem Bauerschen Klopper-Baum in 10 Jahren nicht soviel Unrath in die Alster kommen könne, als die Herren Intereßenten in ihrem Kunst-Baßin und Kumme, gehabt haben müßen. Allein, weil sie doch erst die Existenz ihres mehr als hundertjährigen Entis rationis, erweisen müßen; so habe ich mich vorizt nur der Kürze beflißen.

Hamburg den 5ten Mart. 1793.   EGSonnin

120.

SALINE LÜNEBURG

Vorschläge an den Soodmeister zur Verhinderung des Süßwasserzuflusses im Trockenen Graben. Ihnen folgt ein Bericht über den Stand der Bauarbeiten am Schacht im Trockenen Graben und über den Zustand der Kümmeke-Quelle am 3. Oktober 1793.
Lüneburg, 21. 8. 1793

Stadtarchiv Lüneburg
Salinaria S 1a, Nr. 616
Acta betr. Gutachten des Baumeisters Sonnin
über den Bau eines Schachts im trockenen
Graben und eines Kummen-Fahrt-Baues wegen
Abhaltung des Wilden Waßers und
Verstärckung der Saale de 1793 et 1794
Bl. 1

Copia
Hochwohlgebohrner Herr!
Hochgeehrtester Herr Camerarius und Soodmeister.

Ew. Hochwohlgeb. relatire hiemit gehorsamst, daß in Betreff des wilden Waßers, welches seit 4 Monaten von dem trockenen Graben her zur Saale kam, der eine Theil, welcher dadurch, daß das Bette des trockenen Grabens um 10 Zoll versuncken war, entstand, nunmehro gänzlich abgewendet und das Bette des trockenen Grabens wieder schnürrecht auch zu einem beßeren Gefälle hergestellet ist.

Da auch eine zehnjährige Erfahrung gelehret hat, daß bey starcken Regengüßen, das Waßer am Obertheile des trockenen Grabens über die Wandsteine des Bettes tritt, hinter solchen sich samlet, in die Erde versincket und zur Quelle kommt; So habe ich hinter den Wandsteinen so viel Plüsleimen einfüllen laßen, daß ich hoffe, er werde künftig das überströmende Waßer abführen können.

Oben an dem trockenen Graben fanden sich, als man vormals sein Bette legte, zu beiden Seiten kleine süße Quellen, welche vom Walle und aus der Tartar-Schanze hervorkamen, und über die Wandsteine in den trockenen Graben floßen. Sie hatten sich zum Theil seit einem Jahre verloren, Ich habe nachgraben laßen und als sich gefunden, daß sie sich gewendet hatten, ist mehrerer Plüsleimen eingebracht, wodurch sie sich wieder gehoben haben und jetzt wieder in den trockenen Graben ablaufen. Künftig werden über ihr Verhalten genaue Betrachtungen angestellet werden.

Der zweite Theil des zur Saale getretenen wilden Waßers ist in der Tiefe und von größerem Belange. Er ist so starck, daß man die beiden Zucken, welche ihn ausheben, nicht eine einzige Stunde ruhen laßen kann, ohne die Saale zu schwächen. Woher diese Veränderung in der Tiefe komme, kann ich wohl muthmaßen, aber nicht mit Gewißheit sagen. Es scheinet als wenn die Saalquelle jetzt niedriger streiche oder sich gewendet habe. Sie scheinet jetzt auch etwas mehr von Osten herzukommen. Alles dieses muß ich nun mit Fleiß untersuchen.

Als ich vor Jahren den Schacht, worin beide Zucken stehen, anlegte, machte ich ihn nur so weit, daß beide Zucken darin Raum hatten und ein Mann dabey hinunter steigen konnte. Und obgleich damals das wilde Waßer mit einer Zucke bequem ausgehoben werden konnte, so stellte ich doch 2 Pfosten, um, wenn eine schadhaft würde, die zwote gebrauchen zu können. Jetzt hat sich der wilde Zufluß so gemehret, daß beide Zucken, wie oben gemeldet, ohne Unterlaß gehen müßen. Der Schacht war derzeit auch weit genug, weil damals die Salzquelle ganz rein und deutlich zu sehen war. Jetzt ist ihr Fluß zwar noch rein zu sehen. Allein er verstecket sich sogleich hinter den Bolen des Schachts, und macht es durchaus nothwendig, daß wir ihn unten erweitern müßen, theils um ihren veränderten Gang auszuspähen, und das behufige vorzukehren, theils um die Erde und Steine, welche ausgegraben werden, herauf bringen zu können. Denn nach meinen vormaligen Berichten befanden sich hier viele Gipskalksteine in Nestern, deren eine Menge heraufgebracht und zu Tage geleget ward. Zwischen diesen ging der Saalstrang durch und kann leicht einen andern Lauf oberwärts oder seitwärts oder unterwärts genommen haben.

So unumgänglich nothwendig es dann ist, die Abweichung der Quelle zu kennen und einer vielleicht noch nachtheiligern Abirrung zeitig vorbeugen zu können; eben so dringend ist es auch, daß mit der Arbeit baldigst fortgefahren werde, damit man zum Zwecke komme, ehe die naßen Herbst und Wintertage uns mehreres wildes Waßer herzubringen, welches wir vielleicht nicht wegschaffen könnten, da jetzige beide Zucken im trockenen Graben den gegenwärtigen Zufluß kaum gewältigen können und man schon jetzt keine Leute zum Zucken erhalten kann.

Zur vorhabenden Arbeit haben wir jedoch die nöthigen Arbeiter, nemlich die beiden Fahrtknechte und die beiden Büttenträger, welche sie in Sodeslohn zu verrichten pflichtig sind. Sollte mittlerweile Sülz-Arbeit vorfallen, daß ein Fahrtknecht abgehen müßte; So nimmt man an seiner statt einen guten Zimmergesellen, welchem er von seinem Verdienst bey der Sülz-Arbeit das erforderliche zubüßen muß. Es könnte auch wohl seyn, daß uns ein dritter Arbeitsmann nöthig wäre, welchenfalls man einen tüchtigen Tagelöhner anstellen müßte.

Wieviel Zeit zur Untersuchung des abgewichenen Saalflußes oder Ableitung der wilden Quellen erfordert werde, läßt sich nicht bestimmen, weil man nicht weiß, was dabey vorfallen mögte. Es kann seyn, daß die Abweichung des Saalflußes leicht zu corrigiren ist, es kann auch seyn, daß lange Zeit dazu erfordert wird. Man muß hier schlechterdings den Gesetzen folgen, welche die Natur uns vorschreibet. Die coctur kann keinen Stillstand leiden und daher dürfte man die Arbeit weder umgehen noch aufschieben können.

Mögte das vorangeführte hinreichen Ew. Hochwohlgeb. zum Beschluß der Arbeit zu bewegen und mir Hochgeneigtesten Befehl dazu zu ertheilen; So würde ich nicht verfehlen, dieselbe sogleich anzufangen, und sie mit ernsthaftem Betrieb zu ihrer baldigsten Vollendung fortzusetzen, der mit tiefschuldigster Verehrung unausgesetzt beharre

Ew. Hochwohlgebohrn gehorsamster Diener
Lüneburg d 21ten Aug. 1793.   EGSonnin.

121.

SALINE LÜNEBURG

Am 15. November 1793 hatte Sonnin den Soodmeister auf die drohende Einsturzgefahr der Kümmeke-Fahrt aufmerksam gemacht. Der Einsturz erfolgt wenige Tage danach. Sonnin bedankt sich für Unterstützung, beschwert sich zugleich über das Verhalten des Fahrtknechtes Müller in weit ausschweifenden Passagen. In einem Nachtrag am 19. Dezember berichtet er dann wieder sachlich kurz über den Solezufluß.
Lüneburg, 9.12.1793

Stadtarchiv Lüneburg
Salinaria S 1a, Nr. 616
Bl. 11

Hochwohlgebohrner Herr Camerarius und Soodmeister,
Hochgeehrtester Herr!

Ew. Hochwohlgebohrn habe ich durch den Stiegeschreiber Denike schon meinen verpflichtesten Dank abstatten laßen für den Hochgeneigtesten Beystand, welchen Dieselben mir bey dem Bau der Kümmeken-Fahrt haben angedeihen laßen. Ich wiederhole ihn hiermit aufs verbindlichste und werde ihn unausgesetzt in meinem Herzen wiederholen, so oft ich an die, mir hiedurch wiederfahrene, große Wohlthat gedenke.

Mit Recht sage ich; eine große Wohlthat! Ew. Hochwohlgebohrn wißen: daß in der Kümmeke sehr oft 4, 6, 8, 10 Personen beym Feuer sitzen. Wäre nun zu einer solchen Stunde der Einsturz der Kümmeke erfolget; Wäre eine solche Menge Menschen mit dem Feuer hinunter gefallen; wäre auch der Fahrtknecht oder ein Büttenträger darunter befallen pp wie schrecklich würde mir eine solche Nachricht gewesen seyn! Ein allgemeiner Aufstand auf der Sültze, und ein großer Zulauf von Volke war eine schnelle und unvermeidliche Folge! Würden sie sich nicht alle gegen mich versammlet habe? Hätten sie sich nicht berechtigt gehalten, mich den vermeintlichen Stifter eines solchen Unglücks zu bestrafen? War ich nicht in Leib und Lebens Gefahr? Wenn man mir auch das Leben gelaßen hätte, würde ich nicht am Ende Gewißensbiße haben leiden müßen, daß ich geschwiegen hätte? Habe ich nun nicht Ursache, Gott und

Ihnen für die Abwendung solcher traurigen Erfolge zu danken? Ja! beyden sey hiemit unendlicher Dank gesagt!!!

Auch statte ich Ew. Hochwohlgebohrn dafür den lebhaftesten Dank ab, daß Dieselben mir durch den Stiegeschreiber Denike den Ernst haben wißen laßen, mit welchem der Fahrtknecht Müller zu beßerer Beobachtung seiner Pflichten angewiesen worden ist.

Ferner erkenne mich höchstens verbunden, daß Ew. Hochwohlgebohrn mir eben dieses in einem eigenhändigen Briefe eröfnen und zugleich mir die vorgebrachte Entschuldigung des Fahrtknechts Müller haben mittheilen wollen. Schuldigst preise ich Dero Gerechtsliebe, nach welcher Ihnen gefällig gewesen, auch die Einwendungen des andern Theils zu hören.

Kämen nun seine Aussagen mit der Wahrheit überein, wie stille würde ich in meiner Ruhe bleiben. Denn sogleich nach glücklicher Abwendung des besorgten Unfalls hatte ich mir ganz fest vorgenommen, alles Unangenehme dieses Vorfalls von Grund aus, aus meinem Herzen zu verbannen; alles wiedrige total zu vergeßen, und mich ganz den fröhlichen Empfindungen über mein erlebtes Glück zu überlaßen, wie ich denn auch würcklich einige Tage so ruhig gewesen bin, als einer, der aus der Schlacht entrunnen ist.

Da aber der Müller nicht Ehrfurcht genug gehabt hat, seinem Hochgebietenden Herrn Soodmeister die reine unverstellte Wahrheit zu sagen, da hienächst seine Aussage einen Keim zum künftigen Nachtheil des Soodes enthalten, und da die Wahrheit meine hohe Gebieterinn, von mir fordert, daß ich nichts, als was ihr gefällt, sagen soll; So übernehme aus schuldigstem respect gegen Ew. Hochwohlgebohrn, und aus Pflicht gerne die Unruhe, die Unrichtigkeiten, einer Person aufzudecken, die weder um den Herrn Soodmeister, noch um den Sood es verdienet hat, daß ich mir die Mühe gebe, sie zu erörtern.

Ew. Hochwohlgebohrn sind hier gewiß außer aller Verantwortung. Sehr wohl und sehr gründlich führen Dieselbe an, daß der Fahrtmeister Gudau den Müller bey seiner Annahme als einen fleißigen guten Arbeiter empfohlen habe; es aber seine Pflicht gewesen wäre, es anzuzeigen, wenn ihm das Gegentheil bekannt war. Wie sich der Fahrtmeister dabey benommen, weiß ich nicht, es wäre auch unanständig, wenn ich mich bey ihm danach erkundigen sollte. Hätte aber bey der Annahme meine Meinung erfordert werden können; So würde ich gesaget haben: Er sey ein fleißiger Zimmergeselle: in seiner Profeßion habe er nur eine sehr mäßige Wißenschaft; wenn er aber gute Anweisung habe, mache er gute Arbeit, sey auch bey seinen guten Leibeskräften zu aller Arbeit geschickt. Dies Zeugniß hätte ich ihm von ganzem Herzen gegeben. Denn so habe ich ihn als Zimmergesellen gekannt, so habe ich ihn als Zimmergesellen sehr oft mit Vergnügen arbeiten gesehen.

Aber er ist nun nicht Zimmergeselle mehr, er ist Fahrtknecht geworden. Als Fahrtknecht betrug er sich schon anders, und hat sich bald genug ganz nach dem alten Martin Geißelbrecht gebildet, der, leider, sein Leiter, sein Führer, sein Vorsprecher ist.

Es sind nun 17 Jahre, daß ich den Martin von einer Seite kenne, die ich gar nicht rühmen kann. Der weiland Fahrtmeister Neyse hatte seine liebe Noth mit ihm. Er durfte ihm nicht ein Wort sagen, so fuhr er auf gegen ihn und prostituirte ihn vor allem Volke. Gewöhnlich sprach er: er habe dem Soode einen Eid gethan; sein Eid verlange nicht, daß er sich todt arbeiten solle; Es könne nicht immer in Sprüngen gehen; Er arbeite nach seinem Eide; Er arbeite, daß ers verantworten könne; dann hätte ihm niemand etwas zu sagen; Der Fahrtmeister wolle nur etwas zu meistern haben; er habe nur eine Galle gegen ihn; warum er dann dem Albrecht nichts sage; es wäre nur alles darauf abgesehen, daß der Fahrtmeister den Fahrtknechten ihren Lohn kürtzen wolle; es solle ihm nicht gelingen; Er wolle ihm nicht weichen, er stehe in einem theuren Eide und gehe nicht davon ab pp. Was konnte nun Neyse thun? Durfte er ihn für meineidig erklärten? Er mußte schweigen, gieng oft weg und sagte: laß ihn bellen, bis er ausgebellet hat. Er sahe wohl ein, daß hier unter der Vorschützung des Eides alles subordination aufhöre. Dies tat Martin unter dreyen Soodmeistern die keine Kenntniße vom Sültzwesen hatten. Verklagte Neyse ihn, so kenneten die Herren Soodmeister die Sache nicht, sie riethen zum Frieden und der Sood mußte leiden. Jetzt ist Martin alt, man kann wenig Arbeit von ihm fordern, wenn man seine Arbeit überschlägt, so verrichtet er in 6 Tagen nicht so viel, als ein guter Zimmergeselle in einem einzigen Tage. Demungeachtet darf man ihm nichts sagen. Er spricht davon, wie bey Neyse, gestallt er dann etwan vor einem halben Jahre mir in meinem Hause eben so und so grob begegnete, daß ich ihn verklagen wollte, aber Bedenken trug, Ew. Hochwohlgebohrn zu behelligen.

Ohngefähr auf diesem Fuß benimmt sich jetzt auch der Fahrtknecht Müller. Er arbeitet wie Geißelbrecht nach seiner Bequemlichkeit fein langsam. Was er vormals als Zimmergeselle in einem Tage verrichtete, thut er als Fahrtknecht beym Soode würcklich nicht in zweyen. Als Zimmergeselle arbeitete er mit recht munterer Lebhaftigkeit, jetzt geht und arbeitet er als ein abgelebter Mann, in dem keine Lust und kein Vermögen mehr ist. So habe ich ihn beym Sülzhäuser Bau und bey der Soodes Arbeit gesehen. So habe ich ihn oft beym Walle im trockenen Graben, so habe ich aus meinem Fenster bemercket, und ihn niemals wieder so thätig als in seinem Gesellenstande befunden. Wie er sich, wenn er bey Bauherrn, außer dem Soode, arbeitet, verhalte, kann ich nicht sagen, werde auch nie danach forschen.

Ew. Hochwohlgebohrn gedenken eines Zwistes den Gudau mit dem Müller auf der Herberge gehabt, und woraus ein persönlicher Haß entsprochen wäre pp. Ich kenne den Zwist nicht, mag auch darüber mit den ersteren nicht klatschen; Nur kann ich auf Ehre bezeugen, daß Gudau beständig die Parthie der Fahrtknechte gegen mich gehalten hat, und noch hält, wenn ich von ihrer Läßigkeit und Unbrauchbarkeit rede. Hieraus habe ich also einen persönlichen Haß nicht vermuthen können. Es kann indeßen wohl eine andere Ursache des nicht auszurottenden Haßes mit dabey vorhanden seyn, die ich anzeigen muß.

Ew. Hochwohlgebohrn ist bekannt, wie sehr ich darauf halte, daß, wenn an dem Gestänge etwas fehlet, solches in der möglichsten Geschwindigkeit hergestellet werde, und zwar aus der höchst wichtigen Ursache, nemlich eines Theils darum daß man dem Soode nicht die große Kosten Zuckenschläger anzustellen, verursachet, andern Theils, darum, daß man die Saale nicht anschwellen laße, welche alsdann ihren Lauf verliere, fremde Theile mitnimmt, Auswaschungen macht und verdorben wird, wie wir nun den Vorfall gehabt haben. Zu diesem Endzwecke ist alles aufs Beste eingerichtet; Es ist von allem nothwendiger Vorrath vorhanden, und so geordnet, daß ein entstehender Fehler in einer halben oder höchstens ganzen Stunde abgeändert werden kann. Dies ist eine Hauptnothwendigkeit des Soodes, welche absolut bewürcket werden muß und welche ich nicht genug empfehlen kann. Wenn ich aber dann und wann bemercket habe, oder noch bemercke, daß die Saale im baßin, höher, als leidlich ist, steige, so murre ich mit dem Fahrtmeister von rechts wegen gantz ernsthaft, und dann sagt er: Die Fahrtknechte stehen ihm nicht gehörig bey; sie kommen zu späte; sie wollen nicht zugreifen; Sie stehen und sehen zu; wollen sich nicht befehlen laßen; pp. Nun kann aber der Fahrtmeister nicht anders, er muß sie ernstlich antreiben. Das gestänge leidet keinen Verzug. Der Sood leidet Schaden, die Saale verdirbt. Er muß Leute haben, die anfaßen. Die Fahrtknechte sind schon verwöhnt, spricht er auf sie, so wiedersetzen sie sich und spricht er härter, so sagen sie: er begegne ihnen unanständig, er traktire den Fahrtknecht wie einen Arbeitsmann, welches er doch nicht sey, sondern stehe im Eide. Dieser Zwist ist immer gewesen und ist immer da, so oft er die Fahrtknechte zum Gestänge fordert, welches er um der dabey vorfallenden Wiedrigkeiten willen niemals als bey unumgänglicher Noth thut. Dies, glaube ich, ist der persönliche Haß, der alle 6, oder alle 10, oder alle 14 Tage lebhaft wieder erneuert wird, und absolut nicht auszurotten ist, solange der Fahrtmeister die Fahrtknechte zum Gestänge rufet, und diese sich befugt zu seyn glauben, ihren Eid, wie sie wollen, anzuwenden. Sehr oft habe ich ihm gesagt, er solle sie garnicht gebrauchen und, wenn er es nöthig hätte, einen rüstigen Zimmergesellen dazu nehmen. Er wendet ein, er dürfe es nicht thun. Frage ich, ob es ihm verboten sey, antwortet er, Nein, und hält dennoch im Grunde die Parthie der Fahrtknechte wieder mich, vielleicht in der Meinung, daß er sie in Ordnung bringen wolle, welches doch meines Erachtens, nunmehr schlechterdings unmöglich ist, da sie sich schon so weit vom Fleiße, von Folgsamkeit, von Ordnung, von Bereitwilligkeit entfernet haben; da sie noch beständig die Einwendung machen, es sey eigentlich ihre Arbeit nicht; da sie dafür besonders bezahlet seyn wollen; da Geißelbrecht alt und stumpf zur Arbeit ist, und Müller sich nach ihm richtet, und vielleicht gedenket, man könne nicht verlangen, daß er mehr als sein College arbeiten solle. Gewiß bey diesem Verhältniße zwischen Fahrtmeister und Fahrtknechten kann weder Bitten, noch Güte, noch Ernst, noch Strafe das geringste fruchten. Das ist nur vergebliche Mühe!!

Ew. Hochwohlgebohrn muß es wohl freilich höchst unangenehm gewesen seyn mit dem bemeldeten Zwist behelliget zu werden und wünschen daher menschenfreundlich, daß diese unangenehme Periode aufhören und alle Arbeiten in Ruhe und Frieden verrichtet werden mögen. Meines wenigen Theils wünsche ich es auch von Herzen, und wünsche hinzu, daß Ew. Hochwohlgebohrn niemals wieder beschweret würden. Indem nun so viel ich einsehen kann, das Gestänge der eigentliche Stein des Anstoßes und der wahre Zankapfel ist; So wären zwey Wege möglich, Ew. Hochwohlgeb. von den Beschwerden dieser Leute zu befreyen.

»Der eine Weg wäre, daß der Fahrtmeister die Fahrtknechte, wenn er deren bedürfte, zum Gestänge riefe; ihnen ihre Arbeit anwiese und frey ließe, zu thun, was sie wollten, ferner auf keine Art und Weise beym Herrn Soodmeister über ihr Thun Beschwerde führete, und es gänzlich dem Herrn Soodmeister, ohne alle Einmischung, überließe, was ihnen zu bezahlen seyn möge.

Der zweite Weg wäre, daß Ew. Hochwohlgeb. gefälligst dem Fahrtmeister erlaubten, daß er so oft er eines Zimmermannes beym Gestänge bedürfte, ohne alle Umstände einen tüchtigen Zimmergesellen zu Hülfe nehme, auf den er nach Handwercks Gewohnheit sprechen könne, der nach dem gewöhnlichen Gesellenlohn bezahlet würde und weiter dem Soode nicht zur Last käme, sondern nach Zimmermanns Gebrauch verabschiedet werden könnte.«

Dieser Weg wäre der leichteste, und der beste. Er befreyet den Herrn Soodmeister von allem Geklage. Er ist dem Soode nicht halb so kostbar, als die unzulängliche Hilfe der Fahrtknechte; er verhütet den so schädlichen Anwachs der Saale; er bewürket dauerhaftere Arbeit am Gestänge und erhält den erwünschten Frieden.

Aus so wichtigen Gründen, die Ew. Hochwohlgebohrnen Ruhe und das Beste des Sodes betreffen, darf ich es desto zuversichtlicher wagen, Deroselben den letztern Weg vorzüglichst und in schuldigster Ehrfurcht zu recommandiren, da der erstere dem Soode kostbarer und nachtheiliger ist, auch zufällig demselben viel nachtheiliger werden könnte, als wir es uns vorstellen mögten. Ueber dieses kann hiebey nichts verloren werden. Denn, kommt der Fall in den gewöhnlichen Arbeitsstunden, so werden doch die Fahrtknechte aus der Soodes-Arbeit weggenommen, trift er außer der Zeit, so sind die Fahrtknechte schwer herbey zu schaffen, und wollen auch bezahlet seyn.

Nachdem nun, meiner Pflicht gemäß, Ew. Hochwohlgebohrn ich die wahre und Deroselben vielleicht nicht so gäntzlich bekannte Lage des Fahrtmeisters und der Fahrtknechte so aufrichtig vorgestellet habe, daß ich vor der uns am Ende richtenden Wahrheit nicht erröthen darf; So will ich nun in Bezug auf meine relationes vom 21ten Aug. und 3ten Octbr. meinen Bericht vom Fortgange des Kümmekenbaues fortsetzen und dabey dasjenige, was Müller noch eingewandt hat, in der Ordnung, wie es beym Bau nacheinander erfolget ist, zu Hochgeneigter Erwegung berühren.

Der Fahrtmeister Gudau war angezeigtermaßen so sehr für seine lieben Fahrtknechte eingenommen, daß er unsere Arbeit ein ganzes Vierteljahr aufschob, um ihnen zum Vortheil des Soodes Winterarbeit zu schaffen. Endlich drang ich darauf, daß vom 17ten Septbr. dem Fahrtknecht Müller die Stelle des neuen Schachts angewiesen ward. Am 4ten Tage hernach kam ich wieder hin, und eröfnete dem Müller umständlich, wie auf Bergwercken und in Hamburg gewohnt sey; von oben herunter die Bohlen einzusetzen; daß dabey die allerwenigstes Gefahr sey; daß es am wenigsten koste; daß ich auf die Art Brunnenschächte von 60, 70, 80 Fuß ausgesetzet habe, und sagte ihm noch dabey, wie er die Bohlen zuschneiden müße. Nun sagt er aus: Er entsinne sich nicht, diesen Befehl erhalten zu haben. Ich will ihm das zuglauben. Allein denn mußte ich mir doch denken, daß er meine Angaben für so unbedeutend angesehen habe, daß er sie nicht des Behaltens werth erachtete. Er füget hinzu: Als er angefangen zu graben, wären noch keine Bohlen zugerichtet gewesen. Das ist an dem! Aber wer richtet eher Bohlen zu als sie nöthig sind? Und am 4ten Tage da sie eben nöthig waren, kam ich selbst und sagte ihm umständlich, wie sie zugerichtet werden sollten. Er antwortete aber kein Wort auf meinen Vortrag und hernach erfuhr ich, daß er weiter fortgegraben habe. Ich überschlug indeßen, wie viel er mit seinen beiden Gehülfen in 3 Tagen verrichtet hätte, und fand daß ⅖ Putt Erde ausgegraben waren, welche Arbeit man in unseren Marschländern, wo die Erde noch viel fester und viel weiter fortzuschaffen ist, höchstens mit 16 ggl. bezahlet, hier aber dem Sode 36 ggl und, wenn ich ihr stehendes Geld mit rechne, über 2 rfr zu stehen kommen. Könnte ich nun wohl, da ich Arbeit kenne, hier wohl sagen, daß sie fleißig gewesen sind?

Die hier auszugrabende Erde ist, wie auch auf der Sülze, ein grauer mit weißen Kalckstippeln durchmengter Thon. Tiefer hinunter befinden sich Gipskalcksteine, oder Marien Glassteine in Nestern, die nur so groß sind, daß sie ein Mann füglich heben kann. Sie lagen unten so dick an einander, daß sie gleichsam ein Gewölbe über eine Hölung schloßen, welche 7 bis 8 Fuß hoch war. Als dieses Gewölbe durchgebrochen war, fuhr ich in den Schacht hinunter um die Beschaffenheit der falschen Quelle zu untersuchen. Sie kam jetzt von Südosten her, da sie vor 2 Jahren beynahe aus Westen herfloß, übrigens aber war zu meiner größesten Zufriedenheit ihre Richtung so nachtheilig nicht, als ich sie mir vorgestellet hatte. Denn seit mehreren Monathen war ihr Zufluß so groß, daß man beyde Zucken des Gestänges im trockenen Graben gehen laßen und, wenn am Gestänge etwas gebrach, noch dazu Zuckenschläger aufstellen mußte. Noch fröhlicher war ich, als ich nach genauerer Untersuchung ersahe, daß die falsche Quelle auch höher lag, als ich vermuthete und ich sie zu den Zucken des trockenen Grabens ableiten konnte. Es war denn nun vor der Hand nicht nöthig, den Schacht tiefer einzuschlagen, er mußte aber mit Bolen ausgesetzet werden, welches nun von unten auf geschehen mußte. Hiebey war es mir jedoch nicht angenehm zu ersehen, daß der Schacht nicht lothrecht eingeschlagen war, wie man es von einem achtsamen Zimmergesellen vermuthen mußte, sondern gerade an der Seite, wo ich den Raum am größten nöthig habe, war er fast einen Fuß aus dem Lothe, mithin unten 1 Fuß enger als oben. Ich sprach nichts hierüber, als dieses, daß man von unten auf die Erde weggraben und die Bolen lothrecht einbringen müßte. Hierauf bereitete sich Müller mit seinen beyden Gehülfen einen Satz Bolen oder Bretter und brachte mit der Bereitung dieses Einen einzigsten und understen Satzes einen ganzen Tag zu. Mit dem Einbringen dieses Einen Satzes ging auch ein ganzer Tag hin. Nun mußte ich ja rechnen, da 24 Satz erforderlich waren, daß mit dieser unbedeutenden Arbeit 8 Wochen hingehen würden. Dies wollte ich nicht, und dies war es, was mich bewog, ihm die Bolen zubereiten zu laßen. Ich nahm den Zimmergesellen Gudau dazu, welchen ich Mühe hatte zu überreden, weil er besorgte, ich mögte Unlust davon haben. Dieser Zimmergeselle Gudau bereitete ganz allein, ohne Gehülfen mit Leichtigkeit 3 Sätze in Einem Tage. Das war doch wohl ein auffallender Unterschied. Konnte ich es wohl vor Gott und Ew. Hochwohlgeb. verantworten, die erforderliche 24 Sätze von Müller bereiten zu laßen?

Wir wollen indeßen auch hören, was er aussaget. Er saget: es seyen keine Bolen zubereitet gewesen. Ist wahr! Wollte er von oben herunter arbeiten, so war es Pflicht, sie sogleich so zuzubereiten, wie ich ihm sie angegeben hatte. Wollte er nach seinem Sinne von unten auf sie einbringen so brauchte er sie nicht eher, als bis er tief genug gegraben hatte, und da hat er sie NB. sich auch selbst bereitet. Er sagt: als er beynahe mit dem Graben fertig gewesen, habe er gehöret, ich habe einige Satz Bretter bereiten laßen. Ist nicht andem! Er hatte schon aufgehört zu graben; Er hatte sich schon selbst einen Satz bereitet, als ich den Zimmergesellen Gudau sie bereiten ließ. Er saget: Weil das Loch zu klein befunden worden, habe er auf Befehl des Fahrtmeisters vieles miniren müßen. Ist halb andem, halb nicht! Das Loch war zu klein befunden, weil er gegen alle Regel nicht lothrecht gearbeitet hatte, wie man doch von einem Zimmergesellen fordern konnte. Daß ihm der Fahrtmeister befohlen zu miniren, ist nicht andem, sondern ich selbst habe es ihm gesagt, daß er die Erde, die er nicht lothrecht weggenommen habe, noch lothrecht weggraben müße. Warum beleget er nun die Verbeßerung seines begangenenen Fehlers mit dem Namen miniren? Warum sagt er, der Fahrtmeister habe ihm befohlen, zu miniren, da ich es ihm selbst sagte? Warum sagt er nicht, er habe nicht lothrecht gegraben?

Er gestehet ein, daß er gesaget habe, es sey gefährliche Arbeit. Das war sie aber doch ganz und gar nicht, nur ihm gefiel es, sie also zu nennen. Er sagt, er wolle die Arbeit gerne völlig beendigt haben. Das glaube ich wohl. Er wollte noch viele Wochen daran arbeiten und gewiß wäre sie noch lange nicht beendigt. Das konnte ich nur nicht verantworten. Ueber dieses waren wir schon weit im Herbste, ich wußte nicht, wie alsdann die Witterung seyn würde und was sie uns in den Weg legen konnte. Ich durfte mir seinethalben nichts zu schulden kommen laßen, noch den Sood benachtheiligen. Nun bin ich sicher.

Er sagt: Der größte und schwerste Theil sey schon zu Stande gebracht worden. Was hat er denn gethan? Er hat mit 2 Gehülfen in 15 Tagen 2¼ Putt Erde ausgebracht. Man kann noch alles nachmeßen. War das der schwerste Theil der Arbeit? Ich gestehe gerne, daß Müller seine Entschuldigungen recht artig, scheinbar, einnehmend, und auch demüthig eingekleidet hat; nur bestehen sie nicht, wenn man sie ans Tageslicht bringet. Allein könnte ich, der ich Ew. Hochwohlgeb. respect schuldig bin, wohl zugeben, daß Dieselben mit intricaten Aussagen hintergangen würden? So lasch dürfte ich mich nicht finden laßen. Ich muß sie entwickeln.

Nachdem einige Sätze von unten auf eingebracht waren, drang die falsche Quelle so stark herzu, daß sie den Schacht unten füllete, den Arbeitern beschwerlich war, und weggeschaffet werden mußte. Ich hatte in dem alten Zuckenschachte eine 8zollige Bole legen laßen, welche zu diesem Zwecke jetzt durchgearbeitet werden mußte. Müller gieng bey, klagte aber über Waßer, über beschwerliche Arbeit, über Nägel, welche in dem Holz sich befänden, wobey man so viel Geräthe verdürbe pp. So bald ich dieses vernahm, und schon ganz wohl untersuchet hatte, daß ich wegen der falschen Quelle nichts mehr zu besorgen hatte, auch wußte, daß ich keine Nägel in die Bolen hatte schlagen laßen, war ich auch gleich fertig, ihn von seinen Beschwerden zu erlösen, rief ihn am 5ten Octobr. ab zur Kümmekenfahrt und schickte den Zimmergesellen Gudau in den Schacht. Der fand keine solche Nägel in der Bole, worauf er Zimmergeräthe verderben konnte, hieb die Bole in 1¼ Tagen durch, machte eine Oefnung von 6 Fuß in dem alten Schacht und brachte die übrige 20 Sätze in 10 Tagen ein.

So viel sich bis jetzt ergiebet, ist das Ungemach im trockenen Graben gehoben, das Gestänge hebet das wilde Waßer mit einer einzigen Zucke aus und es wird sich nun zeigen, ob naße Witterung bis zum Sommer einigen Einfluß habe. Ist dieses nicht, so kann der Schacht zugedecket, und wie ich doch vor der Hand nicht besorge, künftig wieder genutzet werden.

Bey der Kümmekenfahrt ward erst am 22ten Octobr. der Anfang gemacht, weil Müller in der Zeit allerhand andere Arbeit hatte. Ihre Hinterwand, hinter welcher die Saalquelle bis her hervorfloß, ward weggenommen. Es fand sich daselbst viel Unrath und unter demselben viele Mauersteine, welche gewiß, als ich die Wand aufstellete, in dem Erdreiche nicht vorhanden waren, als welches noch so genannte Jungfern-Erde, das ist, noch nie aufgegraben war, sondern sich noch so befand, wie es der Schöpfer gegründet hatte. Die Mauersteine bewiesen dann, daß sie mit dem Versincken der mit Mauersteinen belegten Kümmeke dahin gekommen wären. Allein eben diese Mauersteine beweisen auch, daß vorhin eine Ausspülung der Saale vorgegangen seyn müße.

Dieses kommt auch mit der Erfahrung überein. Denn es war seit einigen Jahren mit der sonst guten Saale viele Unreinigkeit herzugefloßen, welche sich in dem Gange neben dem baßin lagerte, und viel öfter, als sonst gewöhnlich ausgebracht werden mußte. Sie häufte sich so geschwinde an, daß man Anstalt machen mußte, sie in dem großen Saalbehälter (baßin) aufzuhalten, damit sie nicht den Zucken nachtheilig würde. Dieser Erfolg hat mich auch den Gedanken gebracht, wie man, wenn die Saale künftig ihre Ausspülungen fortsetzen sollte, dem Uebel bey Zeiten wehren könne.

Als der von der Kümmeke herabgesunkene Wust weggeräumet ward, fielen noch von Zeit zu Zeit Kleinigkeiten herunter, und gaben Anlaß von Gefährlichkeiten zu sprechen. Auf Bergwercken, wo dieses alles unendlich viel gefährlicher ist, hat man hingegen das unfehlbare Hilfs-Mittel, daß man die einzubringenden Stollen immer vorher fertig macht, als denn weggrabt und die Stolle eilfertigst einbringt. Auch dieses ward vorher besorgt. Die Stollen wurden gefertiget und vor der Fahrt hingelegt, daß Müller sie sogleich einringen konnte.

Die Quelle, welche vormals in gerader Richtung auf die Hinterwand strich, kam nun zur rechten Seite unter Eyings Hause etwan 3 oder 4 Fuß an der Hinterwand mit vieler Stärcke hervor, und zwar ersahe ich ungerne, daß sie mehr als 3 Fuß höher floß, als ich sie verlaßen hatte. Allein ich sah auch wieder mit vieler Zufriedenheit, daß sie sich wieder erniedrigte, als der Wust, hinter welchem sie sich erhoben hatte, zum Theil weggeräumet ward. Gerne hätte ich gesehen, daß das Aufräumen schneller geschehen wäre. Allein es waren immer Einwendungen zur Hand, bald war hier was eingeschoßen, bald war da was abgefallen und immer ward mehr von Gefährlichkeiten gesprochen, welches auch in so ferne richtig war. Denn jemehr man den Fuß eines Erdreichs weggräbt und es nicht wieder unterstützet, desto mehr Gefahr machet man sich selbst, und ist selbst Schuld daran, wenn man darunter erlieget. Diesem Spielwercke welches am Ende uns nichts als Gefahr bringen konnte und mußte, sahe ich bis zum 1sten Novbr. zu. Wenn Ew. Hochwohlgebohrn gesehen hätten, wie wenig Erdreich diese 3 Männer in den verstrichenen 9 Tagen herausgebracht hatten, Sie würden es mit Erstaunen und mit Unwillen betrachtet haben. Die Büttenträger sind hier außer Schuld. Denn sie konnten nicht mehr wegbringen, als Müller ihnen vorarbeitete.

Als ich nun darauf bestand, daß der erste Stollen eingesetzt werden sollte, wendete er mit einem aßuranten Tone ein: Das gienge gar nicht an; Es wäre ja die fließende Saale da; Man könne ja die Sohle (die unterste Bohle) nicht im Waßer legen, es würde ja nicht feste; die Saale müßte erst abgeleitet und dazu Anstalt gemacht werden pp. Gerade als wenn ich unwißend genug wäre, ihm unstatthafte Arbeit aufzugeben. Sollte ich darüber warm werden? Sollte ich von einem Zimmergesellen, der sein Handwerck nicht einmal gebührend verstehet und keine Erfahrung hat, fordern, was er nicht weiß? Er ward aber belehret, wie ers machen sollte, konte nicht mehr wiedersprechen, mußte folgen, und brachte es auch am folgenden Mittag so weit, daß der Stollen ohne Umstände in wenig Stunden gesetzen werden konnte.

Eben an diesem Tage den 2ten Novbr. fing der Fahrtknecht Geißelbrecht an, die Saale, wie gewöhnlich zu meßen. Ich ging bald nachmittag zur Fahrt, um die Setzung des Stollens zu befördern. Müller wendete ein, er könne heute nicht, er müße Saale meßen. Ich erwiederte, das Saalmeßen könne aufgeschoben werden, welches ihm nicht gefiel. Der Fahrtmeister kam dazu und sagte: Er könne Elwin die Saale meßen laßen, wie sonst wohl geschehen. Müller versprach es und ich hoffete, den Abend den Stollen stehend zu finden; Allein wie Unmuths ward ich, als man mir sagte: Müller sey sogleich, als ich nebst dem Fahrtmeister weggegangen, auch zum Saalmeßen weggegangen. Es stieg ein Argwohn in mir auf.

Wohlbedächtig nahm ich Anstand, bey Ew. Hochwohlgebornen mich über dieses Verfahren zu beschweren, ob ich gleich schlimme Folgen davon vermuthete. Denn nun stand wieder das untergrabene Erdreich den halben Tag und den Sonntag ohne Unterstützung frey. Es kam dazu, daß wegen Schaden am Gestänge die Saale anschwoll, den Fuß des Erdreichs erreichete, viel deßelben herunter fiel, das gemächlich wieder weggeschaffet werden mußte, mithin der Stollen erst 4 Tage hernach eingebracht werden konnte, da Müller sich selbst eine Hinderniß von beynahe 6 Tagen gemacht hatte. Ich nahm die Kümmeke in Augenschein und fand, daß die Borste sich verlängert hatte.

Als nun endlich der erste Stollen nach so vieler Anstrengung untergebracht war, wies ich ihm in Gegenwart des Fahrtmeisters an, daß er Bretter darauf legen und sie schief gegen das Erdreich legen sollte, damit nicht mehr herunter fiele. Nimmermehr hätte ich gedacht, daß ein Zimmergeselle sie so elend befestigen könnte. Sie fielen auch den folgenden Tag mit vielem Erdreich herunter, welches, wie üblich, mit gewöhnlicher Gemächlichkeit ausgebracht ward. Der Fußboden in der Kümmeke war nun schon über 2 Zoll gesuncken. Es war Gefahr obhanden und mein Argwohn nahm zu.

Diese Vorfälle bewogen mich, am 13ten Novbr. Ew. Hochwohlgebohrn Beystand angelegenst zu erbitten, und ich war gezwungen, mein gehorsamstes Gesuch am 15ten zu wiederholen, da ich mit der Arbeit nicht aus der Stelle kommen konnte, und die Unterbringung des zweiten Stollens eben so, wie des ersten diffultiret war. In der Bekümmerniß, worin ich so viele Tage schwebte, bat ich den Fahrtmeister, er sollte dem Müller recht gute Worte geben und ihn bitten, daß er noch heute den zweiten Stollen einbringe, welches er, unerachtet es einem Meister bisher ist, seine Gesellen zur Arbeit zu bitten, wircklich gethan, und, als er erfuhr, daß Ew. Hochwohlgebohrn den Müller hätten fordern laßen, ihn nochmals inständig gebeten, er solle den Abend wiederkommen, um ihn unterzustellen, welches er versprochen und auch gehalten hat. Hievon saget er aus: Er so wohl, wie seine Collegen, gingen nicht eher von der Arbeit weg, als bis sie den Satz, woran sie arbeiteten, dergestalt befestiget hätten, daß er für den Einsturz gesichert sey, ohne darauf zu sehen, wieviel Stunden sie arbeiteten.

Diese unschuldig scheinende Aussage dringet mich anzuzeigen, daß ich bey dieser Kümmekenfahrt-Arbeit mehrmalen den Müller mit seinen Collegen beobachtet und gefunden habe, daß sie des Morgens später auf die Arbeit kamen und des Abends früher wieder weggingen, als die Soodes-Ordnung es vorschreibet. Hienächst muß wieder bewegen, was ich p. 26 erzählet habe, daß er am 2ten Novbr. den Stollen, wie er doch versprochen hatte, nicht einbrachte, sondern das untergrabene Erdreich auf Gefahr stehen ließ.

Nun will er aber vorspiegeln, als wenn er das Gegentheil gethan hätte, und erzählet nun, nicht in praeterito, als wenn er sowohl als seine collegen in der vergangenen Zeit niemals von dem Satz, woran sie gearbeitet hätten, ehender weggegangen wären, als bis sie den Satz befestiget, daß er für den Einsturz sicher gewesen sey, und daß sie nimmer darauf gesehen hätten, wieviel Stunden sie arbeiteten. Er wußte gar zu gut, daß ers de praeterito gar nicht sagen konnte. Deswegen sagte er in praesenti, nach der instehenden Zeit: Er und seine Collegen giengen (wie er versprochen) heute Abend nicht ehender von der Arbeit weg, bis sie den Satz, woran sie heute arbeiteten, dergestalt (heute Abend) befestiget hätten, daß er für den Einsturz gesichert sey. Ist das nicht fein gegeben? Um aber doch den Schein, als wenn er dies seither gethan habe, beyzubehalten, füget er hinzu und er wolle auch noch jetzt, ohnerachtet es schon spät, wieder hingehen und seinen Collegen helfen. Er fähret fort: Dieses habe ihn bewogen. Was ist das für ein dieses? War es dieses, das er noch nie gethan hatte und heute Abend erst zum ersten Mal thun wollte? Hatte ihn dieses vor 3 Tagen bewogen, den Fahrtmeister um eine Vergütung des Stiefelgeldes anzusprechen. Soll (das dieses) auf die beschwerliche Arbeit gehen, so ist auch dies gegen die Wahrheit.

Er hat sichs ganz und gar nicht sauer werden laßen, sondern nach aller willkührlichen Gemächlichkeit gearbeitet, welche noch zu belohnen, in der That sündlich wäre, da der Sood arm ist.

Ew. Hochwohlgebohrn geneigter Ernst hat ihn denn doch hauptsächlich bewogen, daß er noch den Abend wiederkam, und den schon viele Wochen bereit liegenden Stollen einbrachte, und um 8 Uhr damit fertig war. Ich war etwas beruhiget. Doch ging ich frühe zur Fahrt, und wies dem Müller an, wie er auf diesen zweiten Stollen eben solche Bretter, wie auf dem ersten legen, sie auch gegen die Erde lehnen und, nach bekannter Zimmermanns-Manier, befestigen sollte. Ich ließ auch den Fahrtmeister herbey rufen, und wiederholete in seiner Gegenwart, was ich eben dem Fahrtknecht angewiesen hatte. An diesem Tage NB war es, daß ich dem Fahrtmeister sagte, er solle noch einen Zimmergesellen zunehmen. Er, Gudau, wiedersprach mir mit vieler Heftigkeit, und behauptete, wie Müller auch vorhin sagte, es gienge nicht an; es könnte nicht mehr als ein Mann in der Fahrt arbeiten, das Geld sey verloren. Ich erwiederte es mögte etwas Tagelohn verloren gehen, wenn wir nur sicher würden, ich wolle es verantworten.

Nicht so, wie Müller in seiner Aussage vorträgt, als hätte ich schon vorher gesagt, der Fahrtmeister sollte mehr Gute anstellen, weil es die Arbeit erforderte, habe ichs dem Gudau gesagt, sondern ich sagte ausdrücklich: ich könnte mit Müller nicht fortkommen, die Arbeit solle vor sich gehen.

Nota. In solchen Fällen habe ich beständig Krieg mit dem Fahrtknecht Gudau. Er strebt unglaublich für die Fahrtknechte. Wenn er dann nicht weiter kann, so wendet er ein: Es sey seine Pflicht zu sorgen, daß der Sood Nutzen von den Fahrtknechten habe, für das stehende Geld, was ihnen gegeben werde, dafür müßten sie was thun. Ist recht gut und billig! Allein wenn nun der Sood durch der Fahrtknechte Zögerung doppelt verlieret, was gewinnen wir dann? Nichts als Schaden!

Nunmehro ward auch die Soolquelle mehr frey gegraben. Wegen des noch vor derselben liegenden Wustes, war sie noch immer veränderlich, und schien sich bald auf diese bald auf jene Seite zu lenken. Ich hoffete noch immer, sie würde ihre vorige Richtung wieder annehmen, indem sie einigemal wieder zur linken Seite sich zu wenden schien. Sie floß indeßen starck herzu, daß ich sie auf 100 Kümme schätzete. Das Saalmeßen, welches die Fahrtknechte am 1ten und 2ten dieses Monaths vorgenommen, war ganz umsonst. Denn es war derweiln, wie oben gesagt, eine Hinderung beym Gestänge eingefallen, wodurch die Saale 3 Fuß angeschwollen und noch 3 Fuß hoch war, wie Müller aufhörete, zu meßen. Er schätzete sie auf 80 Kümme, aber es war keine Gewißheit, sondern eine leere Muthmaßung.

Am Sonnabend war die neue Befestigung fertig. Müller war so gelernig geworden, daß er noch eine Leiste mehr angenagelt und meine Angabe verbeßert hatte. Mein Hertz beschäftigte sich mit Dancksagungen und ich hatte schlafend keine Schreckbilder mehr, von todten, von verbrannten, von erstickten Menschen.

Des folgenden Abends um 8 ½ Uhr brachte mir der Fahrtmeister die Nachricht, daß der Fußboden der Kümmeke mit dem Feuerherde eingestürzet; aber nur auf 8 Fuß versuncken sey; daß weiter kein Schade geschehen; daß nur 2 Personen, nemlich Hövermann nebst dem Jungen in der Kümmeke gewesen; daß beide auf eine besonders glückliche Weise nicht mit hinunter gefallen seyn pp.

Diese Nachricht gab mir eine zwiefache Freude. Die eine, daß ich nun für alle fernere Einstürzungen sicher war; die zwote, daß dieser Erfolg mich rechtfertigte, wie NB. NB. NB mein ängstliches Geschrey über vorhandene Gefahr keineswegs ungegründet gewesen sey. Doch konnte ich mich der Besorgnüß, daß noch etwas nachschießen mögte, nicht völlig entledigen. Daher eilete ich noch am Montage morgens zur Fahrt, konnte aber nicht die geringste neue Versinckung verspüren, und beschloß also, so bald möglich, wieder einen Stollen setzen zu laßen. Der Zimmergeselle Gudau war auch da, und der dritte Stolle kam noch vor Abend zu stehen.

Die Quelle hielte sich zwar noch auf der nemlichen Stelle, ward aber täglich klarer und schien nun gar keine Unreinigkeit mit sich zu führen.

Am Dienstage Abend stand der vierte Stolle. Die Quelle war schon ganz frey und quoll etwan 1 Fuß von der vierten Sohle ganz gerade von unten herauf, mit einem ziemlich starcken Strudel. Wenn jetzt der weiland Fahrtmeister Neyße noch lebete, so würde er fröhlich ausrufen: Habe ichs nicht gesagt, daß die Quelle aus der Tiefe hervorkäme? Sie muß noch mehr in der Tiefe gesucht und da arrestirt werden! Sie liegt noch so tief wie Johannis Thurm hoch ist pp! Da ich aber schon aus Erfahrung bey dem Soodesbau weiß, daß sie bald steiget bald fällt, bald zu dieser bald zu jener Seite abweicht, das ist, bald vertical bald horizontal schlängelt; so halte ich für rathsam, daß man abwarte, ob sie einen andern Lauf nehmen will. Indeßen gab ich auf, daß der 5te Stolle eingebracht würde, welcher auch am Mittwoche Abend stand. Er deckete die Mündung der Quelle. Dem unerachtet schien es mir gut, auch den 6ten einbringen zu laßen. Er war am Donnerstag Abend eingesetzet und deckte über die Quelle mit seiner ganzen Breite. Ich vermuthete, sie würde weiter vorwärts ausfließen; Allein sie hielte sich unter der 5ten Sohle und kam durch die Fuge herauf; daher ich in der Fuge der Sohle ein Loch von 4 Zoll schneiden ließ durch welches sie klar und reichlich hervorspringet. Wir müßen nun erwarten, ob sie diesen Ort des Ausflußes behalten wird.

Um deswillen gedächte ich, die Fahrt noch nicht mit einer Hinterwand zu schließen, sondern eine leichte Thüre von füренen Holze mit Hängen und Schloße machen zu laßen, welche man zu beliebiger Zeit öfnen und ihren Bestand oder Veränderung wahrnehmen kann.

Mit dem sechsten Stollen war dann die Arbeit in der Kümmekenfahrt geendiget, und ich stellete den Fahrtknecht Müller mit beiden Büttenträgern an, die versunckene Kümmeke wieder auszufüllen, wozu die Erde welche man unten wegnahm, wieder gebraucht wird. Auch diese Arbeit wird in dieser Woche geendiget seyn.

Der Betrag der Erde, welche aus der Kümmekenfahrt ausgebracht ist, machet 3 ⅛ Pütt aus, woran 3 Mann 20 Wercktage gearbeitet haben, außer den 6 Tagen, in welchen die Stollen eingesetzet würden. Man kann alles nachmeßen so oft man will.

Um Ew Hochwohlgebohrnen über alles, was in Dero Hochgeneigtesten Zuschrift enthalten ist, zu beruhigen: So muß ich noch anmerken, daß der Fahrtknecht Müller sich auf mich beruft, welchergestalt mir am besten bekannt, daß sich so viele Hinderniße in der Kümmekenfahrt finden. Ich habe schon vorhin gesagt, daß er sich alle Hinderniße ohne Noth selbst gemacht habe und bin ganz gewiß überzeugt, daß wenn er so hätte arbeiten wollen, wie er beym Soode arbeitete, ehe er Fahrtknecht ward; So hätte er mit seinen beiden Collegen die Kümmeken-Arbeit ganz gewiß in 8 Tagen fertig gemacht, ohne sich in Schweiß arbeiten zu dürfen. Hätte er Stunden arbeiten wollen mit seinen beiden Collegen, so hätte er ohne alle Beschwerde das Werck in 6 Tagen vollendet. Ich habe ihm durch den Fahrtmeister im trockenen Graben Stunden-Arbeit anbieten laßen. Geißelbrecht und beide Büttenträger wollten es gerne. Müller aber antwortete: Er arbeite keine Stunde; er arbeite auch die Stunde nicht für 2 Witt auch nicht für 1 Schl. er müße einen guten Groschen haben. Gleichergestalt habe ihm Stunden Arbeit bey der Kümmekenfahrt durch den Fahrtmeister anbieten laßen. Ihm ward zur Antwort, das könne er nicht aushalten. Ich möchte fragen: Ist denn Müllers Körper schon so schwach?

Es gefällt mir nicht, daß er seine Aussagen so eingekleidet hat, als wenn der Fahrtmeister Gudau an allem Schuld sey, und daß er zu dem Ende Unwahrheiten vorträget.

Alles dieses erörtere ich deswegen so mühsam, so pünktlich und so weitläuftig, damit Ew. Hochwohlgeb. den Mann näher kennen lernen und, in wie ferne er ein gerades und dankbares Hertz habe, genauer zu prüfen, aus diesen Thaten Anlaß nehmen könnten. Nachdem dann Müller, seitdem er Fahrtknecht ward, sich so außerordentlich verändert, daß er nun, wenn es ihm gefällt, Unrichtigkeiten aussaget, Zeit und Personen mit einander vermischet, und seine begangenen Fehler andern zur Last leget; So muß er mir nicht übel nehmen, wenn ich ihm auch mehreren Unfug zutraue. Ich glaube nicht, daß Gudau die Wahrhaftigkeit gehabt hat, Ew. Hochwohlgebohrn von dem Zwist auf der Herberge etwas zu sagen, aber von Müller kann ichs mir gedenken, damit er seine Läßigkeit und renitenz beschönige. Von Gudau glaube ich nicht, daß er so einfältig sey, sich zu beschweren, daß Müller nicht bestraft worden, aber ich stehe nicht dafür ein, daß Müller es nicht hätte ausstreuen können. Von Gudau glaube ich nicht, daß er auch nur in der größten Entfernung gedenken könne, daß Ew. Hochwohlgebohrn deswegen dem Müller die Stang hielten, weil er zuweilen bey Deroselben arbeite? Nein! Gudau kennt Dieselben gewiß von einer weit erhabenern Seite! Aber könnte es wohl nicht Müller haben ausstreuen laßen? Um den Gudau zu denigriren, welchen er so oft in seinen Aussagen mit unächten Farben mahlen will pp.

Mir war es nicht erlaubt, von der Wahrheit auch nicht in Kleinigkeiten abzugehen, welche für Ew. Hochwohlgebohrn Gerechtigkeitsliebe, Unpartheylichkeit und Uneigennützigkeit mit lauter Stimme redet, alle schiefe Ideen dem Erfinder derselben ins Angesicht zurückwirft und ihn auseßen laßen wird, was er sich einbrocket.

Für Ew. Hochwohlgebohrn Beruhigung und Entfreyung von verdrießlichen Klagewercken habe ich oben zweene Wege vorzuschlagen, mir die Freyheit genommen; Aber ich kenne noch einen dritten, der dem Soode, deßen Wohl Deroselben so sehr am Hertzen lieget, sehr vieles werth, auch denen Prälaten zu erwünschen und sehr leicht zu bewerckstelligen wäre. Er bestehet darin: <u>daß man die Fahrtknechte aussterben laße.</u>

Das ist, daß man, wenn ein Fahrtknecht stirbt, keinen Fahrtknecht wieder annehme.

Die Fahrtknechte waren bey der vormaligen Sültz-Einrichtung nöthig, jetzt aber sind sie nicht allein gantz entbehrlich, sondern auch dem Soode äußerst schädlich.

Bekanntlich hielt man vor alten Zeiten die Beschaffenheit der Salzquelle als ein Geheimniß, deswegen mußten die Fahrtknechte in Eid genommen werden. Jetzt haben wir gantz und gar keine Geheimniße mehr, ein jeder mag sie frey sehen, und deswegen haben wir keine beeidigten Leute mehr nöthig. Die Fahrtknechte hatten vordem auch mehrere Arbeit bey der neuen Sültze und Grahlfahrt, sie mußten die Quellen säubern, sie mußten mehrere Zucken schlagen, mußten fast beständig in der schmutzigen Fahrt arbeiten, welches jetzt fast alles wegfällt, und durch die Büttenträger verrichtet wird, oder durch Tagelöhner eben so gut verrichtet werden kann. Die beeidigten Fahrtknechte sind dem Soode und dem Prälatenbau unglaublich nachtheilig. Sie berufen sich, wie ich p 6 gemeldet auf ihren Eid, den sie nach ihrer convenienz auslegen. Der Eid hat zu unsern Zeiten die Würckung nicht mehr, die er vorzeiten hatte. Der Meineid wird auch nicht mehr bestraft, würde auch zu viel Mühe machen.

Was für unendliche Unruhe würde es geben, wenn alle Zimmermeister, Mauermeister, Böttchermeister, Sattlermeister beeidigte pp Gesellen halten sollten! Kein Meister könnte bestehen. Ohne Eid sind beyde Theile frey, und halten einander das Gleichgewicht! Sollten wir unser Brod wohl wohlfeiler eßen, wenn der Landmann beeidigte Knechte hielte?

Die Zimmerarbeit am Soode ist gar nicht künstlich, und eben so wenig die an dem

Baue der Sültzhäuser. Ein jeder mittelmäßige Zimmergeselle, ja ein jeder Lehrling, der bey einem guten Meister 2 Jahre gelernet hat, ist immer geschickt genug dazu. Wäre einer auch ein großer Künstler in seinem Handwerke, das hilft bey der Sültze nichts. Hier ist lauter altägliche schlichte Arbeit zu verfertigen und zwar nach der einfachen Weise der Alten. Wer hier fleißig ist, und viel beschicket, ist hier der beste Mann für den Sood und für den Prälaten.

Wenn die Fahrtknechte so arbeiten, wie ich sie seit 18 Jahren gekannt habe, so verrichten beyde Fahrtknechte nicht so viel, wie Ein thätiger rüstiger Zimmergeselle. Dies ist ein großer Nachtheil für die Sülze. Ein solcher Fahrtknecht ist nicht allein für seine Person schädlich, sondern auch alle, die mit ihm arbeiten, richten sich nach seinem Beyspiele. Alsdann ist der Schade zwiefach, oft mehr als dreyfach, weil die Tagelöhner sich nach ihrem Anführer richten müßen. Ich kann also mit vieler Gewißheit versichern, daß bisher zweene Fahrtknechte nicht so viel beschaffet haben, als ein ordentlicher Zimmergeselle mit Lust thun kann und thun muß.

Von Rechts wegen sollte aber ein jeder Fahrtknecht mehr bewürken als ein Zimmergeselle, weil sie mehr erhalten, als ein Zimmergeselle sich verdienen kann! Gewöhnlich können sie es jährlich auf 130 rfr bringen, so viel erwirbt der beste Zimmergeselle ordentlicher Weise nicht. Wenn ein Zimmergeselle beym Soode so viel arbeiten kann, so stehet uns der Beste zu Gebote. Wir haben allezeit die Wahl, die besten auszusuchen; wir haben nicht die Last, mit alten abgelebten Leuten uns zu plagen, sondern können starke, junge, fleißige Leute immer stündlich erhalten, wenn wir wollen.

Ich muß hier noch einen Umstand anführen der uns in Ansehung des Gestänges sehr hinderlich ist. Es ist dieser, daß die Fahrtknechte so weit von der Sülze entfernt wohnen. Hätte man einen unbeweibten Zimmergesellen zum Gebrauch, so müßte derselbe ein Quartier nahe bey der Sülze nehmen, daß man ihn in wenig Minuten herbey schaffen könne und nicht so lange Zeit mit hin und her laufen verginge, welches oft stundenlang dauret.

Diese unläugbare Wahrheiten vorausgesetzt, hat der Sood bey seiner jetzigen neueren Einrichtung an denen seitherigen Fahrtknechten jährlich 130 rfr verloren, welches in diesen zehen Jahren, da ich schon darüber erinnerte, 1300 rfr ausmacht. Diese 130 und, wenn ich das Gestänge mit rechne, 150 rfr wird der Sood, wenn die Fahrtknechte ausgestorben sind, jährlich gewinnen, wenn statt ihrer ein hurtiger Zimmergeselle gewonnen wird, den man, wenn er nicht taugen will, alle Wochen gehen laßen kann, und nicht nöthig hat, von ihm Grobheiten zu leiden, wie Neyße von Martin einziehen mußte. Ein solcher junger Mensch thut das mit Lust und Freuden, was ein beweibter Mann schon mit Anstrengung bewürcken muß, ein bejahrter Mann aber gar nicht mehr kann, wenn er auch wollte. Insbesondere sind beym Gestänge frische Arbeiter unentbehrlich, wenn der Sood nicht leiden und die Soole verdorben werden soll. Da muß es absolut in Sprüngen gehen, da muß man sich einen Schweiß arbeiten können, da darf man nicht zu späte kommen, nicht erst eßen, nicht erst schlafen, nicht erst trinken, da ist eine viertel Stunde oft einen Louisdor dem Soode werth. Wer nicht rasch ist, nicht rasch arbeiten kann, ist beym Gestänge schädlich und unbrauchbar. Ein junger Mensch kann einige Stunden bis aufs Leben arbeiten und fühlet hernach kaum, daß er gearbeitet hat. Er läßt sich wie ein Arbeitsmann gebrauchen, und weiß nicht anders, als daß er thätig sein muß. Die Geschwindigkeit hat hier allein den Vorzug. Wer dafür keine Anlage hat, ist beym Gestänge nichts werth, wenn er auch aller Welt Künste besäße. Das Gestänge ist nun nach der Natur unserer Salzquelle, die hier allein gebietet, so eingerichtet, daß man bey deßen reparation durchaus nicht säumen darf. Eben deswegen ist es wohlbedächtig so leicht eingerichtet, daß man jeden Fehler schnell abhelfen kann. Unser Saalfluß eilet schnell herzu, wächst schnell an und macht schlimme Folgen, wenn man nicht eiligst Hülfe schafft.

Soll aber der Sood leiden; Soll er bey jedem Gebrechen des Gestänges Zuckenschläger anstellen; soll die Saale so hoch steigen, daß sie einen andern Gang nimmt; will man sie mit schweren Kosten wiedersuchen; So mag man freylich mit Bequemlichkeit arbeiten; so mag man sich die gefällige Zeit nehmen und die Folgen verwerten. Ich wünsche dies dem Soode nicht und habe deswegen immer die betriebsamste Beßerung des Gestänges pflichtmäßig empfohlen, werde auch nicht aufhören, sie, so lange ich da bin, zum Besten des Soodes zu empfehlen, und werde des Fahrtmeisters nicht schonen.

In dem vorbesagten vermeine nun Gründe genug angeführt zu haben, warum ich zum großen Vortheile des Soodes <u>wünsche, daß die Fahrtknechte aussterben mögten,</u> und schon jetzt zu wünschen wäre, <u>daß wir keine Fahrtknechte mehr hätten.</u> Wenn die Fahrtknechte dies erfahren, so werden sie sagen: Ich hätte eine Galle auf sie, ich hätte andere Absichten, ich mögte wohl Zimmergesellen haben, die ich einschieben wolle, ich laure auf ihren Tod pp. Alles dieses und vieles mehreres, was der Eigennutz und die Gemächlichkeit, denen ich hier wohlwißentlich und wohlbedächtig entgegen arbeite, nur erdenken können, will ich, um des Soodes willen, gerne ertragen, und bin zufrieden, diese Wahrheiten zum Wohl des Soodes vorgetragen zu haben. Sie werden zu einer gelegenen Zeit ihre Anwendung finden. In der That gönne ich den Fahrtknechten ein recht langes gesundes Leben, daß sie ihres guten Einkommens lange genießen mögen. Nur ihre Arbeit gönne ich der Sültze nicht und am wenigsten dem Gestänge, oder, welches einerley, der Salz-Quelle, die sich nach ihnen nicht bequemen will.

Ew. Hochwohlgebohrn wollen indeßen mir Hochgeneigtest verzeihen, daß ich so weitläufig von einem Umstande handele, der noch sehr viele Jahre entfernt seyn kann. Allein, wie eines Theils von Dero edelmüthigen Gesinnungen ich Hochgewogensten Beyfall mir zuversichtlich versprechen darf, daß ich, noch diesseits des Grabes, einen so beträchtlichen Nutzen des Soodes in Vorschlag bringe; also könnte andern Theils leicht in kurzer Zeit mit Geißelbrecht der schon 70 Jahre alt ist, der erste Vorfall eintreten daß Ew. Hochwohlgebohrn gut finden mögten, die Soodes Ausgaben jährlich um 65 rfr zu vermindern und bey diesen schmalen Salz conjuncturen den Prälaten ihre Baukosten zu erleichtern.

Es kann aber auch seyn, daß er noch viele Jahre lebt, mithin in Hinsicht auf das Gestänge immer unbrauchbarer wird, und auf diesen Fall mögte ich herzlich wünschen, daß Ew. Hochwohlgebohrn gefällig seyn mögte, zu Dero Beruhigung und des Soodes Besten dem zweiten von mir vorgeschlagenen Weg Hochgeneigten Beyfall zu geben, da die Sache nun so ist, und die Beybehaltung der guten Saale, mithin die schleunigste Herstellung des Gestänges, unsere Hauptsache und die erste, allen übrigen vorzuziehende, Nothwendigkeit ist und bleibt.

Der Saalfluß ist jetzt stark. Nach der jüngsten, zu Anfang dieses Monats geschehenen Meßung hat man 110 Kümme gezählet. Sie kann bey naßem Wetter noch stärker werden. Sie ist, da mehrere kleine Fehler des Gestänges und besonders der Soodes Zucken schlechten Leders wegen zusammengekommen sind, seit einigen Tagen 5 Fuß hoch im baßin. Dieses ist schon zu hoch und giebt schon begründete Besorgniß, daß sie ihren Lauf verändern und uns nachher in Bekümmerniß und Sorge setzen mögte. Es ist vieler Vortheil dabey, wenn man Ein oder ein Paar Tagelohn ausgiebt, als daß man in Meinung solches, nach des Fahrtmeisters Sinn, zu ersparen, hernach 10fach ausgiebt, wenn Zuckenschläger eingestellt werden müßen. Die Saale wird sich nach uns nicht richten, wir müßen uns schlechterdings nach ihr richten.

Am Sonnabend ist die Kümmeke ganz wieder hergestellt worden, und ist nun für alle künftige Versinckungen gesichert. Ich werde nun genaue Beobachtung der Saale anstellen, die ich seit einigen Tagen wegen der hochangeschwollenen Saale habe gar nicht vornehmen können. Alles, was an mir liegt, werde anwenden, daß der Gang des Gestänges so kurz, als möglich unterbrochen oder so prompt als möglich hergestellt werde. Die hohe Saale ist mir in diesen Tagen so hinderlich gewesen, daß ich die oben benannte Schluß Thüre noch nicht habe anschlagen laßen können, so gerne ichs auch wollte.

Sollte ich noch etwas finden, das diesem meinen Bericht nachzutragen wäre, werde es nicht versäumen.

Uebrigens empfehle mich Dero Hochgeneigtesten Gewogenheit und beharre in schuldigster Verehrung Ew. Hochwohlgebohrn

Lüneburg d 9t Dec. 1793 EGSonnin

122.
EINDEICHUNG VON HAMBURG

Stellungnahme zum Vorschlag von Professor Büsch. Sie widerspricht ihm weitgehend und gipfelt in der vom Geist der Aufklärung getragenen Aussage, daß nur die Müßigen vom Hochwasser betroffen seien und daß die kostspielige Eindeichung nur als Luxus zu betrachten sei. Gesamtumfang 150 Seiten! Wiedergegeben ist hier nur der in den »Verhandlungen und Schriften der Hamburgischen Gesellschaft zur Beförderung der Künste und nützlichen Gewerbe«, IV. Bd., Hamburg 1797, S. 278, überlieferte Teil.
Hamburg, 23.1.1794

(Pro memoria Sonnins vom 23.1.1794)

Die Idee, Hamburg einzudeichen, sei sehr alt, und ihm sehr lange bekannt. Als er vor 66 Jahr in diese Gegend gekommen, habe er vieles über die vorhergehenden hohen Wasserfluthen gelesen, und es könne seyn, daß ihm schon damahls erzählt worden, wie man abseiten Hamburgs den holländischen Ingenieurs, welche die Ausführung übernehmen wollen, entgegen gesetzet: daß die Alsterfluthen höher und gefährlicher gewesen, als die Seefluthen, und wie diese hierauf sich erboten, die Alster umzuleiten, die völlige Sicherheit bei der Umleitung aber nicht erweisen können, der Vorschlag zur Seite gelegt worden sei. Seit 1721 hätten die Eindeichungsvorschläge, wie es scheine geruhet, auch wären sie ihm aus dem Gedächtnisse verschwunden, (S. 5) bis die hohe Fluth 1751 wieder daran erinnert. Nach dieser Fluth seien viele wackere Negocianten mehr gegen, als für die Eindeichung gewesen. »Denn, hätten sie gesagt, wenn wir unsere Waaren nicht vergessen, sie so wenig als möglich auf Gefahr hinlegen; selbst zur Hand sind, und auf unsre Leute uns nicht verlassen etc., können uns die Fluthen nicht beträchtlich schaden.« Eben dergleichen kenne man auch noch jetzt, die 1792 den Ausspruch ihrer Arbeiter: es hat keine Noth! nicht trauend, ihre Waaren gerettet hätten.

S. 8. Da ihm die Eindeichung von jeher bedenklich geschienen so habe er 1752 vorgeschlagen, und 2 Jahre lang sich bemühet, die Eigenthümer niedriger Erben zu vermögen, daß sie bei vorkommenden Bauveränderungen ihre untern Zimmer und Waarenlager wasserfrei machen mögten; aber es sei ihm nur mit einem paar Eigenthümer geglückt, sie dahin zu bringen; so wenig Eindruck habe die Fluth von 1751 gemacht.

In seinem Gutachten über die Reinigung des Herrengraben und Bebauung des Küterwalls mit Speichern habe er vorgeschlagen, alles wasserfrei zu machen, welches auch nachher geschehen. Durch die bald erfolgte hohe Fluth 1756 sei der Eifer hierin lebhaft gewesen, aber weil nachher in 35 Jahren keine hohe Fluthen erfolget, immer mehr erloschen. Nur erst 1791 sei wieder eine Fluth eingetreten, die höher als alle bisher bekannte Seefluthen, jedoch 1½ Fuß niedriger gewesen, als die Ueberschwemmung der Alster 1709. Nach dieser Fluth habe ein angesehener Kaufmann in einer Gesellschaft von dem Nutzen und Nothwendigkeit, die Stadt einzudeichen gesprochen, welches an das ehemals ihm erzählte ihn wieder erinnert. Um die Zeit habe auch Herr Professor Büsch den Vorschlag für Signalgebung gegen die Gefahr der Fluthen bekannt gemacht.

In einem über Deichangelegenheiten von ihm geforderten Gutachten habe er 1792 mit folgenden Worten (S. 14)

»Die öffentlichen Zeitungen haben uns verkündiget, daß durch die hohe Überschwemmung vom 23. März in Hamburg ein Schaden von einer Million Rthlr. verursacht worden, dergleichen die Vorzeit wohl nicht erlebt hätte. Einige alte Männer brachten den schon seit der Mitte des vorigen Jahrhunderts bekannten Vorschlag, die Stadt mit behufigen Wällen und großen Schleusen gegen hohen Fluthen zu decken; auch die Alster durch Hamm und Horn abzuleiten, wieder recht warm in Bewegung. Allein man hörte sie nicht; sondern die Verständigsten unter den Kaufleuten sind in der Stille eins geworden, ein allgemein untrügliches Mittel gegen die schädlichen Fluthen zu ergreifen, welches darin bestehet, daß sie den Fluthen keine verderbliche Waaren vorlegen wollen. Wenn dann auf eben diese Weise die Marschbauern kein Korn dahin säen, wo es durch Ueberschwemmung kann verdorben werden; so etc.«

schon ganz zufällig gegen Hamburgs Eindeichung sich erkläret, bevor Herr Professor Büsch auf die Gedanken der Eindeichung gekommen sei.

Einige vernünftige Kaufleute hätten auch seitdem die Fußböden ihrer Speicher schon so hoch gelegt, daß sie wasserfrei geworden; andere hätten gedoppelte Boden gemacht; einer habe auf seiner Diele eine bretterne Erhöhung von 18 Zoll angebragt, worauf er seine feinere Eisenwaaren den Fluthen entnommen. Dazu komme die wohlthätige Signalirung, welche den Bürger bei jeder hohen Fluth öffentlich erinnere. Wenn sie, wie Herr Büsch sagt, noch unvollkommen sei, werde er sie leicht bessern können. Irrungen seien immer möglich, auch bei Schleusen, z. B. der Neuenwalls-Schleuse.

S. 19. Der Herr Prof. habe zwar eine Darstellung der Schwierigkeiten gegeben, die aber unvollkommen sei. Wer könne es z. B. verbürgen, daß die Alster nicht durch so hohe oder noch höhere Ergießung, als die 1697 und 1709 gewesen, die Stadt überschwemme? Die seitdem erfolgte Ableitung eines unbeträchtlichen Theils des Alsterwassers nach Hogerdamm beweise dies nicht. (S. 30) Die angeführte Beispiele von Glückstadt und Amsterdam enthielten nicht viel tröstliches. Glückstadt sei in 39 Jahren zweimal überschwemmt worden, und Amsterdam in Gefahr, wie aus dem Nachtrag des Hrn. Prof. zu ersehen. Zwar stehe Hamburgs Eindeichung nicht mit dem übrigen Elbdeiche in Verbindung; wohl aber mit der Alster, die (S. 31) abgedämmt oder umgeleitet werden müsse. Das erstere, man möge es in oder außerhalb der Lombardsbrücke vornehmen wollen, sei kostbar; das letztere nicht untersucht.

S. 32. Der Grund, auf welchem die Dämme liegen oder liegen sollen, sei zu untersuchen. Daß der Stadtwall hinterm Grasbrook bisher gehalten, sei kein Beweis für die Zukunft. Der Grasbrook habe Schaarstellen, und wenn weniger Wasser durch die Stadt fließe, könne dieser verloren gehen, auch der Stadtwall nicht bestehen. Der Brookdorfer Deich in Dithmarschen habe vielleicht Jahrhunderte gelegen, sei aber vor einigen Jahren bei stillem Wetter und niedrigem Wasser versuncken, weil er auf Moor gelegt worden. Der Neugammer Deich habe Sandgrund gehabt und das Wasser sei unter ihm durchgedrungen. Hinterm Stadtdeich sei Torf; unterm Grasbrook sei Torf; Alle umliegende Marschländereien hätten Torf. Man wisse ja, daß der Elbstrom vor Zeiten am Dohmsstegel geflossen. Beim Brunnengraben habe sich an mehrern Orten in der Stadt Torf genug gefunden. Also sei eine scharfe Untersuchung des Grundes nöthig. Der Schleusenboden sei das wichtigste Stück beim ganzen Project, wenn der Grund dazu nicht tauge, sei alles unsicher; doch könne man ihn mit Kosten gut machen.

Ao 1771 habe das Wasser über den Bleichen 17 Fuß hoch gestanden und lediglich vom Oberwasser (durch die Vierländer Deichbrüche) hergerührt. Woraus sich schließen lasse, (S. 35) daß, wenn alle drei mögliche Fluthen von der See, Alster und Elbe zusammenträfen, wir auch ohne Oberwasser vieles zu befürchten hätten.

Die Sicherung der Neustadt für sich habe gar keine Schwierigkeiten, und könnte überaus wenig kosten. Allein wenn sie ernstlich zur Proposition käme, würden die mehrsten Stimmen für den gegenwärtigen Zustand sein, wie Herr Prof. Büsch und er bei Ausführung des Kanals am Herrengraben erfahren. – Den Haven beim Baumhause abzudämmen, sei der Medingsche Vorschlag gewesen; aber die Holländer hätten lange vor ihm den ganzen Haven eindeichen und vergrößern wollen. – Zur Sicherung der Neustadt sei eine Schleuse in der Düdane und ein sehr großer Aufwand gar nicht nöthig; und weil überdem die niedrige Gegend auf der Bleichen und am Jungfernstiege sich durch die Neuwallsschleuse genug gesichert glaube, so dürfe es für entschieden wohl nicht anzunehmen sein, weder daß die Neustadt mit der Altstadt zugleich gesichert werden, noch daß sie in der vom Hn. Büsch bemerkten Verhältniß concurriren müsse.

Den Hauptdamm (S. 38) würden sachkundige Männer wohl um die Hälfte breiter, nämlich 90 Fuß Breite, zu geben anrathen. Bei 12½ Fuß innerer Höhe werde aussen freilich nur 8 Fuß mehr sein, doch können durch den Ueberfluß des Alsterwassers die innern Kanäle vielleicht zuweilen so angefüllet werden, daß nur 6,4 Fuß etc. oder gar inneres und äusseres Wasser ins Gleichgewicht träten. Die Klopfdämme, welche eben so viel als der Hauptdamm kosten würden, fehlen hier; Die unbegründete und ungefütterte Steinbekleidung werde bei einem Werke, worauf Hamburgs Sicherheit sich gründen soll, gleichfalls nicht hinreichen. Nehme er nun hierzu die erforderliche Vergrößerung des Profils, so werde man einsehen, daß die Dämme wenigstens noch einmal so viel, als Herr Prof. Büsch angeschlagen, kosten würden.

Eine Schleuse am Niederbaum sei bei weitem nicht hinreichend. Der Strom würde in einer so kleinen Oeffnung reissend werden, daß die Schiffe doppelte Mannschaft nöthig hätten, um durchzukommen. Vor und hinter der Schleuse würden schädliche Ausspülungen des Grundes entstehen; hingegen die Kanäle anschlämmen. Vielleicht sei es rathsam, Kastenschleusen zu bauen, die so viele Bequemlichkeit und Sicherheit voraus hätten; und in diesem Falle würden beide Kosten circa 500000 Mk. Beim Oberbaum sei das Gewühl oft eben so stark. Eine Breite von 25 Fuß reiche lange nicht hin; auch werde man hier doppelte Thüren haben müssen. Wenn man sie auch zum ersten Mahle von Holz baue, so würde eine unangenehme Erfahrung doch gebieten, sie zum zweiten Mahle von Steinen zu bauen. Alles erwogen, werde man rathsam erachten, gleich anfangs zum steinern Bau zu schreiten. Da brauchen sie keinen Erd-Damm in der Mitte, sondern nur eine Zwischen-Mauer.

S. 45. Die kleinern Schleusen und andern Vorkehrungen übergehe er, mit der Bemerkung, daß dabei so viel unvorhergesehene Umstände eintreten, daß man auch hier sich auf das doppelte gefaßt machen müsse. So werde es hier bei der Eindeichung gehen, wie es Herr Professor Büsch und ihm beim Herrengraben ergangen, wo die Ausführung doppelt so viel, als der Anschlag betragen habe. Also mit 1 Million Mk Banco, werde die Stadt ihre Eindeichung, NB. zur völligen Sicherheit nicht beschaffen. Schutt und allerhand Erde zu Verdämmungen möge nicht rathsam sein.

Es sei freilich möglich (S. 47), daß die Neustadt sich ausschließend wasserfrei mache. Sie habe darauf schon längst Bedacht genommen. Bei der Ueberlegung hätten sie etwa den zwölften Theil der Kosten herausgebracht, den der Herr Professor ihnen zurechne. Es lasse sich aber auch als möglich gedenken, daß noch einige andere Gegenden der Stadt sich ausschließend wasserfrei machten. Viele niedrige Keller und Wohnungen könnten durch Schotten wasserfrei werden, dergleichen er schon 1748 und 49 mit gutem Erfolge angelegt habe. So klein auch die Mühe sei, sie vorzubringen, so hätten doch andere die Beschwerde der Fluthen noch weniger geachtet, und beibehalten.

Von S. 49–58 läßt Herr Sonnin über die Association sich gelegentlich in Digreßionen von dem, was beim Herrengraben, bei der Armen-Ordnung etc. vorgegangen, ziemlich weitläuftig aus, welches hier füglich mag übergangen werden.

Die Versinkungen der Speicher könnten nach hohen Fluthen erfolgen; aber diese seien nicht Schuld daran, sondern die Bauleute. Daß der Grund durchgeweichet werde, sei Schuld des Maurers. Dreißig Jahre sei genugsame Dauer für Kellerbalken. Balken, die an ihren Enden fest vermauert gewesen, habe er in 15 Jahren sowohl in Kellern als höhern Etagen verfault angetroffen; hingegen andere die frei gelegen, und über 30 Jahre alt, in den niedrigsten Kellern, gesund befunden. Nicht die Fluthen – denn die Balken verfaulen nicht von aussen, sondern würden zuerst inwendig morsch –, sondern oft sei das Holz, oft der Maurer daran Schuld. Wenn man den Kellern Luft gäbe, wären die Feuchtigkeiten in zwei Tagen alle verdünstet. Herr Professor hätte beweisen müssen, daß in wasserfreien Kellern die Balken länger währten. Auf Fachwerksgebäude hätten Regen, Schnee und Sonnenschein eben so starke Wirkung als die Fluthen, weil sie in freier Luft eben so geschwind vergingen (S. 62). – Das Versinken der Speicher entstehe entweder aus dem Erweichen und Sinken des Grundes, oder das Gebäude sinke in sich zusammen; in beiden Fällen sei nicht den Fluthen, sondern den Baumeistern Schuld zu geben. Der Grund aller Gebäude werde bis auf niedrige Ebbe, auch wohl noch tiefer gelegt; liege also beständig im Wasser; wie ihn hier hohe Fluthen durchweichen könnten!

Die hölzernen Vorsetzen betreffend, so seien (S. 67) bei der letzten hohen Fluth nur ein paar Stücke von der durch Herrn Professor und ihn vor 20 Jahren erbauten Vorsetze am neuen Kanal eingestürzt; die meisten aber hätten das Schicksal schon vor 5 Jahren ohne hohe Fluthen erfahren. Bekanntlich würden gute Vorsetzen, die 30 Jahre stehen, hinter den Bohlen zunächst mit zähen Leimen angefüllet, hieran seien sie durch einen der Herren Bau-Vorsteher verhindert, und statt dessen nur Leisten über die Fugen zu nageln angewiesen worden. Die schlechte Erde sei aber nach und nach ausgewaschen, und nach Verlauf von 12 Jahren schon Versinkung der Erde hinter den Vorsetzen erfolgt, ein Jahr später schon ein Stück Vorsetze, 4 Ständer lang, ins Wasser gestürzt, und in den folgenden Jahren immer mehrere. Indem nämlich die Erde unterhalb den Ankern minirt und ausgehölet worden, wären die Anker durch den Druck der obern Erde gebrochen. Weil also die hohen Fluthen davon nicht Ursache wären, so möge auch deshalb kein Gewinn in Rechnung zu bringen, noch auch eine Erhöhung der Anker anzurathen sein, indem die Bauleute dafür halten, es sei in Betreff der Festigkeit nicht gleichviel, wie hoch der Anker gelegt werde.

Der Schaden von den beiden jüngsten Fluthen könne nicht zur Vergleichung mit den künftigen dienen, indem das von Herrn Professor zum Vorschlag beförderte, und noch mehr zu vervollkomme wohlthätige Mittel, die Signalgebung, dergleichen Schaden für die Zukunft verhüten werde.

Die Lage der Kellerbewohner sei so traurig nicht als man sie beschreiben könne. Die Leute seien aufmerksam und thätig. Kinder, Betten, Eswaaren und Kleidung würden, wenn eine hohe Fluth drohe, zuerst auf die Straße gesetzt; käme hier das Wasser, so brächte man sie auf die Haustreppe und Hausdiele. Zuweilen übernachten sie auf der Haustreppe. Wenn die Fluth vorüber, sei alles in kurzer Zeit wieder in Ordnung. Sie wären dergleichen gewohnt, und dabei frisch und gesund. Nur bei einigen, wo Coffe, Brandtwein und Schlaf herrschten, höre man Klagen über Verlust und Krankheiten. Unter den großen Kaufleuten sei eben dieses Verhältniß; nur die trägen und nachläßigen verlöhren durch die Fluthen. Mit der Frage an die Kellerbewohner: ob sie nicht 20 Procent mehr Miete geben würden, wenn sie wasserfrei wären (S. 86)? könnte man vielleicht einige überraschen, daß sie schnell Ja sagten, wenn man ihnen aber die Sache näher verständigte, würden sie schnell zurücktreten. Solche Leute rechneten nichts auf Bequemlichkeit, sondern aufs Geldersparen. Man würde eben dergleichen in größern Häusern antreffen. Es gäbe noch viele muntere, thätige und vorsichtige Bürger. Nicht alle verfielen aufs Wohlleben, weichlich leben u. s. w. So fährt Herr Sonnin noch einige Seiten fort, die Eindeichung als den Luxus und die weichliche Lebensart begünstigend vorzustellen.

S. 100. Gegen die angezogne Ersparung der gegenwärtigen Barrierwände sei anzuführen, daß längs den künftigen rauhen Stein-Vorsetzen, wieder Pfähle einzuschlagen sind. Ueberdem würde der Damm 90 Fuß Breite und 1820 Fuß Länge erhalten; Da gehe ein Raum für 25 große Schiffe vom Haven verlohren. Die Schleusen sowohl am öbern als untern Haven würden wohl zwei paar Thüren von der Breite, daß sich zwei Fahrzeuge vorbei fahren können, und Vorboden haben müssen; sie würden beträchtlich Raum wegnehmen, den Haven beengen, die Einfahrt erschweren. S. 105. Diese Erschwerung werde hauptsächlich die kleineren Fahrzeuge treffen, welche uns die Bedürfnisse zuführen. Was für Zögerung werde es erst geben, wenn große Fahrzeuge durch gehen, oder wenn die Schleusen gesperrt sind? Die Everfahrer werden die Erschwerung auf die Lebensmittel schlagen, und dies werde die ärmere Klasse von Hamburgs Einwohnern drücken. Die großen Schiffe müßten nach gerader Linie durchgezogen werden etc.

S. 109. Die Gefahr des Durchbrechens sei eine wichtige Bedenklichkeit. Die Instanz von den Marschländern hebe die Bedenklichkeit nicht, sondern bestätige sie. Mehrere Marschländer wünschen jetzt, daß sie nie eingedeicht wären u. s. w. Ferner der Schluß, Amsterdam ist eingedeicht, ist einer öftern Gefahr immer glücklich entgangen; ergo kann Hamburg sich auch eindeichen; sei sehr schwach. Auch die kühnste Behauptung sei kein Beweis; und wenn man dem Herrn Professor auch alles was er von den Dämmen und ihrer Höhe; von den Schleusen, von der Höhe ihrer Thüren, von der Berechnung des Drucks, von einer nieder zu setzenden Deputation etc. sage, zugestehe; so sei damit Hamburgs Sicherheit nicht erwiesen. Es komme darauf an, ob der Grund, auf welchem Dämme und Schleusen liegen, oder liegen sollen, sicher sei. Die Untersuchung müsse nicht obenhin, sondern aufs genaueste, ohne Behelf mit Wahrscheinlichkeiten geschehen.

Die Bedenklichkeit wegen Anschlämmung des Havens sei nicht gehoben, viel mehr (S. 120) sei es wirklich wahr, daß der Strom im Haven sehr geschwächt werde, und dessen Anschlämmung sehr zunehmen müsse. Hingegen vor den Schleusen werde der Strom viel zu lebhaft, und der Schiffahrt äußerst nachtheilig und beschwerlich. Die Vorfahren hätten weise gehandelt, daß sie den Billstrom nicht von der Stadt weggewiesen. Dieser sei ihr mehr werth, als die ganze Eindeichung mit allen ihren angerühmten Vortheilen.

S. 124. Vor den Schleusen werde der Strom Vertiefungen machen, und wo sich seine Geschwindigkeit verliehre, werde er die ausgetiefte Erde niederwerfen und Hügel machen, wie dergleichen bei allen Mühlen und Deichbrüchen zu sehen. Die Hügel würden Austiefungskosten erfordern und dem Haven nachträglich sein.

Herr Sonnin wirft (S. 128) die Frage auf, was der Staat für Hergebung des Grundes zu Dämmen und Schleusen, Gebrauch des Walls etc. bekommen müsse? Weil aber die Antwort keinen Ernst, sondern lauter Ironie enthält, so mag sie hier füglich übergangen werden. So wie auch die Digreßion (S. 133–137) über die vom Herrn Professor Büsch vorgeschlagene Erweiterung der Stadt, worin er gleichfalls gegentheiliger Meinung ist. Eins verdient allenfalls ausgehoben zu werden. Vor etwa 20 Jahren sei bei der hamburgischen Gesellschaft in Vorschlag gebragt, eine Zapfschleuse vor der Alster anzulegen, um diese mit der Elbe zu verbinden. Dabei sei die Erweiterung der Stadt, die gesunde Luft, die reizende geschickte Gegend zu Garten, Fabriken, Windmühlen etc. angepriesen, auch er selbst sei von dem Project sehr eingenommen gewesen. Man habe bis zum Erschöpfen darüber gesprochen, nur der Herr Senior habe zu allem geschwiegen, und zuletzt unerwartet erklärt; man müsse erst alle Mittel anwenden, eine einzige Fabrik an der Alster anzulegen, und wenn die gut ginge, wolle er das Project bestens befördernd helfen.

S. 138. Ein jeder gute Bürger werde mit dem Herrn Professor wünschen, daß die Signalirung der Wassergefahr auf festern Fuß gesetzt werde. Und er, als der Urheber dieser gemeinnützigen Anstalt, könne sich zur Abhelfung ihrer Mängel am besten verwenden. Ein höchst schätzbarer Nutzen, den diese Anstalt habe, sei derjenige, daß man dadurch Zeit gewinne, den Eindeichungs-Vorschlag von allen Seiten zu prüfen, ohne dabei der bisherigen großen Gefahr ausgesetzt zu sein.

Endlich giebt Herr Sonnin (S. 144) noch die Bedenklichkeit, ob die immer mehr zunehmende Versandungen der Elbe, die schon jetzt den Aufgang vieler Schleusen nur bei sehr niedrigen Ebben noch zulassen, mit Verlauf der Zeit ein solches Ungemach uns zuziehen könnten, nach welchem Hamburg bedauern müßte, so kostbare Werke unnütz angelegt zu haben; zumal man nicht wisse, was für eine Veränderung im Strom durch die Eindeichung bewirket werde.

Herr Sonnin der in seinem Gutachten Herrn Professor Büschs Vorschlag Seite auf Seite gefolgt, und eben deswegen, wie es scheint, in einige Wiederholungen und Allotrien gerathen ist, recapitulirt und schließt folgendermaßen: (S. 145 f.)

Weil nun wie im vorstehenden angemerkt worden, es noch sehr ungewiß ist,
1. Ob die Alster-Ueberschwemmung zuverläßig abgewendet werden könne;
2. Ob der Grund, worauf die neuen Dämme liegen sollen, oder die alten schon liegen, unbezweifelt sicher sei;
3. Ob die Neustadt eingedeicht sein wolle;
4. Ob die Eindeichung für die doppelte Anschlagssumme geleistet werden könne;
5. Ob die berechnete Vortheile erwiesen werden können;
6. Ob jede Fluth verursache, daß einige Menschen früher weggerafft werden;
7. Ob die höhern Fluthen so vielen Schaden an den Bauwerken anrichten;
Gegentheils aber wohl erweislich sein dürfte,
a) daß der Haven um ein beträgtliches beengt würde;
b) daß die Schleusen-Oefnungen zu eng seien, indem so wohl die öbern als untern nur den 3ten Theil der gegenwärtigen Haven-Oefnungen ausmachen;
c) daß dadurch oben der Einfluß des Stroms behindert;
mithin
d) der Billstrom nebst dem öbern Elbstrom nach und nach von der Stadt abgewiesen werde;
e) daß auch dazu die untern beengten Schleusen mitwirkten;
f) daß durch die unzulängliche Schleusenweiten Haven und Flethe verschlämmen, folglich mehr Düpekosten erfordern werden;
g) daß in und vor den engen Schleusen ein gar zu lebhafter Strom entstehe;
h) daß dieser die Schiffahrt insonderheit mit kleinen Fahrzeugen erschwere, und nachtheilige Vertiefungen bewirke;
i) daß der Schaden den unsere Kaufleute durch die Fluthen von 1791 und 1792 zufällig durch Sicherheit und zur ungewöhnlichen Jahreszeit erlitten, kein Schluß für künftige ähnliche Fälle enthalte;
k) daß vielmehr der kaufmännische Schaden durch das heilsame Mittel der Signalirung größtentheils abgewendet, auch
l) gänzlich aufgehoben werde, wenn entweder die untern Zimmer und Räume gelegentlich wasserfrei gebauet, oder auch den Fluthen nichts verderbliches Preis gegeben würde;
m) daß der Schaden an Gebäuden und Vorsetzen größtentheils durch Fluthen unter 12 ½ Fuß verursacht werde;

n) daß diese minder hohe Fluthen den Bewohnern der Keller und niedrigen Häuser die beschwerlichsten sein, weil sie so viel häufiger sind; mithin die Eindeichung ihnen ihr Ungemach wenig erleichtere;

so möge unserer Stadt anzurathen sein,

I. daß sie von der so bedenklichen und ihr entbehrlichen Eindeichung abstehe;
II. daß sie das vom Herrn Professor Büsch vorgeschlagene Signaliren aufs vollkommenste einrichte und darüber ernstlich halten lasse;
III. daß sie die Eigenthümer niedriger Erben ermuntere, ihre untern Zimmer und Packräume gelegentlich wasserfrei zu machen;
IV. daß sie Männer von Talenten und Fähigkeiten zu Vorschlägen auffordere, wie sie sich ihrer großen immer zunehmenden Lasten entladen möge;
V. daß unsere guten Mitbürger sich vereinigen möchten, alles was die Stadt unnöthig belastet aus dem Wege zu räumen; keine neue Lasten zu übernehmen; in avance zu kommen; und nachher sich nicht weiter auszudehnen.

Am Ende bemerkt Herr Sonnin noch, daß nur Hamburgs Wohl ihn bewegen können, seine Gedanken, die dem Vorschlage des Herrn Professor Büsch seines vieljährigen Herrn Collegen, diametralem entgegen wären, herzu geben. Er hoffe inzwischen, der Herr Professor werde gegründete Bemerkungen nicht verkennen, ungegründete aber mit einem Meisterblicke übersehen.

123.
SALINE LÜNEBURG

Bericht an den Soodmeister über den Zustand der Sülze, insbesondere des Feldgestänges.
Lüneburg, 2.4.1794

Stadtarchiv Lüneburg
Salinaria S 1a, Nr. 616
Bl. 39

Hochwohlgebohrner Herr Camerarius und Soodmeister
Hochgeehrtester Herr!

Um bey Ew. Hochwohlgebohrn so wohl meiner Pflicht als auch meiner Zusage vom 9ten Decembr. des abgewichenen Jahres mich zu entledigen, habe hiemit meinen vormaligen Berichten über unseren im vorigen Jahre durch wild Waßer geschwächten und nun zur vorigen Stärcke Gottlob glücklich wiederhergestellten Saalfluß, noch etwas weniges anfügen sollen.

In meinen Berichte vom 9ten Dec. ist p. 35 gemeldet, daß die Saale unter der 5ten Sohle hervor quelle und ich in der Sohle ein Loch schneiden laßen, wodurch sie herauf flöße. Dieses Loch habe ich nach her etwas größer schneiden laßen um sie noch genauer beobachten zu können. Sie kommt bisher noch beständig daselbst herauf, und dem Anscheine nach wird sie daselbst lange bleiben. Sie bringt vorjetzt wenig Unreinigkeiten mit sich, und lagert nur einen feinen weißen Sand um ihren Ausfluß her.

Vor einiger Zeit habe ich sie mit vieler Aufmercksamkeit betrachtet. Ihr Aufsprudel ist nicht so vehement, wie man glauben mögte; Allein er giebt doch eine große Menge, welche man gewiß über 100 Kümme zu schätzen hat.

Mehrerer Umstände wegen können wir jetzt dieselbe nicht zuverläßig meßen, unter welchen hauptsächlich die Eine Hinderniß, daß der Stiefel etwas ungleich ausgeschließen ist, baldmöglichst nach dem Feste durch Einbringung eines anderen gehoben werden wird.

Bey allen genauen Beobachtungen, die wir seither mit der Saale angestellet, ist bey ihr nur die Veränderung gespüret worden, daß sie bey dem schweren Regen in den abgewichenen Frühjahrs Monaten etwas weiß, mithin etwas trübe geworden, welche Farbe man immer für unschädlich gehalten, weil sie bey heiterem Wetter wieder vergehet. Selbst bey dem Regen des nächstvorhergegangenen Märzmonats war sie einige Tage weiß, ist aber jetzt wieder ganz helle.

Diese Ereigniß ist sehr bekannt. Sie ist vorzeiten viel häufiger gewesen und man hat sich nichts daraus gemacht; Allein ich kann doch darüber nicht ruhig seyn, sintemalen dieselbe viel sparsamer eingetreten, seitdem das wilde Waßer im trockenen Graben abgeleitet worden ist. Schuldigst werde ich meine ganze Aufmercksamkeit aufwenden, ihr auf die Spur zu kommen, und werde um so viel angelegener auf den ununterbrochenen Gang des Gestänges halten. Denn, da die vormaligen öftere Erscheinungen der weißen Farbe, welche thon und kalkartig ist, keine fröhliche Folgen gehabt haben; so erlaubet meine Pflicht mir nicht, unbesorgt zu seyn, vielmehr muntert sie mich zur Wachsamkeit auf, ob wir nicht vielleicht einigen Schaden abwenden können, ehe er zu groß und dem Sode unerträglich wird.

Den im trockenen Graben eingeschlagenen Schacht haben wir zugedecket und mit einem leichten inkostbaren Dache versehen unter welchem auch die Zuckenschläger, wenn die Noth es erfordert, trocken stehen können.

Der Kunstbock bey der Rathsmühle ist nicht mehr recht zuverläßig. Er könnte wenn er niederfiele, uns sehr großen Schaden verursachen.

Bey der ersten Anlegung unseres Gestänges verfuhr ich gut werkmännisch, nemlich ich bauete solches nach bergmännischer Handwerks-Gewohnheit mit starcken Kunstböcken und hatte Beyfall. Nur ich war nicht zufrieden, weil viel Holz darauf ging, mithin eine jede reparation kostbarer ward. Ich entschloß mich, alles künstliche handwerkerische abzuthun, und alles nach der Mathematik möglichst zu simplificiren. Daher machte ich leichte niedrige Triangul-Balanzierbalken, Lenkstangen liegend und hängend pp. Nun ward ich getadelt. Man sagte: ich machte Nürnberger Arbeit, Nürnberger Land, meine Klapper Arbeit würde kein Jahr dauren; sie würde bald wieder zusammenfallen; ich mach törichte tentamina auf des Sodes Kosten, und sey meiner Sache nicht gewiß. Es meldete sich sogar einer, der ein ganz neues beßeres Stangenwerk bauen wollte, weil meine Schwefelsticken-Arbeit doch innerhalb eines Jahres in einen Klumpen zusammenschießen würde pp. Ich sagte nun wohl, daß ich meiner Ehre und meinem Beutel Schaden thäte, allein ich verfolgte meinen Endzweck und ließ nur zweene Kunstböcke stehlen, den Einen an der Ecke im trockenen Graben und den zweyten bey der Rathsmühle.

Den ersten kann ich des vorstehenden Grundes wegen nicht mehr simplificiren und muß ihn jetzt wieder so bauen laßen. Den zweiten aber werde mathematisch recht sehr simplificiren, und eben damit auch die Schikane, welche der Kunstmeister bey der Rathskunst neulich der Kämmerey machete, abthun.

Der Gestängewärter Möller hat wegen seiner Leibes-Schwachheit längst gewünscht, abgehen zu können. Jetzt hat er Hofnung, ins Spital aufgenommen zu werden, welches eine Wohlthat für unseren Sood ist. Denn anstatt, eines abgelebten Mannes, dem bey dem besten Willen die Kräfte fehleten, wird Ew. Hochwohlgeb. unausgesetzte Vorsorge für das Wohl des Soodes, das Gestänge mit einem jungen thätigen Subjekt beglücken, deßen das Gestänge jetzt um so mehr bedarf, da von den 3 übrigen Gestängewärtern ein und der andere auch schon die Dienste nicht mehr so leisten kann, als die unaufschiebliche Nothdurft des Soodes es von ihnen erfordert.

Zu Ew. Hochwohlgebohrn reifern Ermeßen verstelle, ob es gerathen wäre, die Gestängewärter unvereidet zu laßen. Man kann sich ihrer desto leichter entschlagen, welches man doch schlechterdings allemal thun muß, wenn ein Mann entweder seine Thätigkeit, oder seine Gesundheit, oder seine Leibeskräfte verloren hat. Vielleicht wäre es gut, daß bey der Annehmung ihm solches eröfnet würde. Ins Hospital kann er doch immer kommen, wenn er sich darum verdient gemacht hat.

Doch Ew. Hochwohlgeb. kennen die Lage des Soodes am besten, und verzeihen Hochgeneigtest mir diese unmaßgebliche Äußerungen, der mit vollkommnester Hochachtung beharre

Ew. Hochwohlgebohrn gehorsamster Diener

Lüneburg d 2 ten April 1794. EGSonnin.

KONKORDANZ

Reihenfolge der Objekte nach der chronologisch ersten Erwähnung. Die Signaturen aller sonst noch ermittelten Schriftstücke Sonnins enthält der Katalog in der Monographie (Heckmann, a. a. O., S. 248–303).

Große Michaeliskirche Hamburg   1, 2, 4, 5, 57, 67, 72, 76
Dom St. Marien Hamburg   3, 12, 15, 16, 18, 19
Herrengraben Hamburg   6, 9, 17, 25, 26, 31, 32
Petri- und Paulikirche Bergedorf   7, 8
Pferdestall Seestermühe   10
Kirche St. Cosmae et Damiani Stade   11, 13
Ratsapotheke Hamburg   14
Schloß Kiel   20
Universitätsgebäude Kiel   21
Kirche Wilster   22, 27, 49, 50, 51, 54, 55, 56, 58, 59, 61, 62, 63
Kirche Wedel   23
Kirche Selent   24
Elbregulierung   28
Hanfmagazin an der Elbe   29
Niederhafen Hamburg   30
Dreifaltigkeitskirche Harburg   33, 38, 39, 42
Nikolaikirche Hamburg   34
Katharinenkirche Hamburg   35, 37, 43, 45
Feuerspritzen   36
Rathaus Hamburg   40, 41, 44, 46, 98, 99
Vicelinkirche Neumünster   47, 48
Saline Lüneburg   52, 53, 65, 66, 68, 69, 70, 73, 74, 75, 77, 78, 79, 80, 82, 83, 84, 85, 87, 90, 91, 92, 97, 105, 120, 121, 123
Lüneburg   60, 81, 86, 88, 89, 93, 94, 95, 96, 101, 106, 107, 108, 109, 110, 113, 114, 116
Petrikirche Buxtehude   64
Nikolaikirche Lüneburg   71
Sandwisch- und Tiefstackschleuse am Billwerder Elbdeich   100, 104
Entwässerungs- und Kornmühle am Herrenbrack   102, 111
Lambertikirche Oldenburg in Oldenburg   103
Entwässerung der Marschen   112
Alsterverschmutzung Hamburg   115, 117, 119
Brunnen Gänsemarkt Hamburg   118
Eindeichung von Hamburg   122

Personenregister

Abich; Obersalzinspektor 232, 239
Aedilis; 110–112
Ahlefeld, von; Geheimer Rat 376
Alber; 259
Albers; 265
Amsinck, Garlieb; Kirchenjurat 104
Amsinck; Senator 329
Andersen; Notar 376
Anderson, C. D. 373
Arens, Johann August; Architekt 187
Aristoteles; Philosoph 370
Axen, von 374

Bardewiek, Wilhelm; Bauinspektor 135
Bartel, Justus Hinrich; Zimmermann 123
Bartel 374, 380
Bato 374
Bauer, Hirsch Wolff; Kattunfabrikant 356, 361, 366, 367, 371, 373, 374, 376, 382, 383
Baumgarten, Alexander Gottlieb; Philosophieprofessor 7
Baumgarten, Siegmund Jakob; Theologieprofessor 7
Becker, Johann Gottlieb; Bauinspektor 187, 327
Berens, Nicolaus; Kirchenjurat 223, 224
Beyer, Abraham; Bauhofswerkgeselle 28, 46, 50, 51
Biedenweg; Obersalzfaktor 268, 269, 274
Bleyel, Michel; Dachdecker 123
Blome, von Kammerrat 65
Blumenthal 265
Brandenburg, Joachim; Maurermeister 123
Buchter, Christoffer; Zimmermann 123
Büsch, Johann Georg; Mathematikprofessor 11, 36, 39, 68, 75, 77, 80, 89, 92, 98, 100, 398–400, 402–403

Busch; Hafenmeister 91

Clasen; Maurermeister 333
Clasing 253
Creutz; Müllermeister 239, 240

Dänzer 110–112
Dassel, von; Barmeister 252, 253, 255, 258
Denike; Stiegeschreiber 385, 386
Deppe 375, 380
Detz, Lütje; Zimmermann 123
Dimpfel; Senator 223
Ditmar; Zimmermeister 54
Dohrn, Heinrich; Holzhändler 182
Duckstein, Peter Marselius; Dachdecker 124

Eden; Camerarius 342
Elwin 392
Ende, Christopher am; Zimmermann 123

Ficker, Nicolaus; Bauhofinspektor 46
Findeißen, Gabriel; Zimmermann 123
Findorff; Baukommissar 135, 141, 142
Fischer, Urban; Zimmermann 123
Flügge, Hermann; Jahrverwalter 373
Fontana, Domenico; Architekt 23, 126
Francke, August Hermann; Pfarrer 7
Frantz, Casper; Zimmermann 123
Friedrich Wilhelm I.; preußischer König 7

Geermann, Franz Octavius; Malermeister 124
Geißelbrecht, Martin; Fahrtknecht 386–388, 391, 394, 396, 397
Göhring; Zimmermeister 226, 241, 242, 259

Greggenhofer, George; Architekt 64
Grönland, Johann; Zimmermann 181, 182
Grüsser, Johannes Christoph; Zimmermeister 42, 44
Gruse 380
Gudau; Zimmermeister 295, 302, 305, 322
Gudau; Fahrtmeister 355, 368, 388, 393, 395
Gudau; Zimmergeselle 389, 390, 394
Günther, J. A.; Vorsteher Patriotische Gesellschaft 20

Häseler; Fahrtmeister 158
Hansen, Christian Frederik; Architekt 130
Hansen; Maschinendirektor 157, 158, 203, 208
Harsdorff, Caspar Frederik; Architekt 135, 136, 142, 144, 145, 148
Heike; Zimmermann 57
Heimbürger, Johann Nicolaus; Maurermeister 42, 44
Heinsohn, Didrich; Zimmermann 123
Hennings, Ties; Zimmermann 123
Hering; Adam; Zimmermann 123
Heumann, Johann Paul; Oberhofbaumeister 28, 101
Heybroock 374, 375, 380
Heybroock jun. 376
Hiebner, Nicolaus; Zimmermann 123
Hövermann 393
Hoffmann, Thomas; Sechziger 224
Hollenburg, G. S. 284
Holler, Johann; Zimmermeister 181
Holm, Heinrich; Schlossermeister 124
Holm, Mogens; Dachdeckermeister 124
Holtz, Hinrich; Zimmermann 124

Horn, Carl Gottlieb; Architekt 310, 315
Hornberger, Johann Siegmund; Zimmermann 123
Hüffel; Hofrat 356, 362, 374
Hutmann, Johann Christoffer; Maler 124

Jensen; Tischlermeister 295
Jenßen, Thies; Zimmermann 123
Junge, Claus; Holzhändler 182

Kack, Panck; Zimmermann 123
Kampe, F. L.; Stadtbauherr 108, 109
Kemmerich, Dietrich Hermann; Schriftsteller 20
Kentzler, Hinrich Peter; Kirchenjurat 224
Kern; Oberalter 320, 322
Kielmannseck; Graf Georg Ludwig von; Generalleutnant 39
Kirberg, Christoffer; Zimmermann 123
Klefeker; Bauherr 36, 37, 50, 51, 93
Knepel, Johann Christoffer; Zimmermann 124
Knorre, Jürg; Zimmermann 123
Koch, Bastian; Dachdeckermeister 123
König 374
Köster, Hans; Schmied 123
Köster, Paul; Kirchenjurat 223
Kohlhard, Wilhelm Ludolph Tobias; Ingenieuroffizier 91
Kopp, Johannes; Bauhofsinspektor 116, 121, 127, 128, 310, 311, 316
Kracht; Schiffer 190, 191
Kraut; Syndikus 262
Krochmann, Casten; Zimmermann 123
Krohne, Gottfried Heinrich; Architekt 9, 20
Kroon, Nicolaus Heidenreich; Zimmermann 124
Krüger 380

Kruse, Johann; Konrektor 7
Kuhn, Johannes Nicolaus; Architekt 121
Kuhnau; Maurermeister 295, 355

Lamprecht; Protosyndikus 202
Lange, Joachim; Theologieprofessor 7
Langlotz; Zimmermeister 361
Lentin; Bergrat 303
Lucht, Martin; Holzhändler 181
Lübbers, Heinrich Joachim; Zimmermeister 322, 323

Maaß; Kirchenhauptmann 182
Maneke; Senator 240, 241, 301
Marquard, Joachim; Zimmermeister 123
Marquard, Peter; Zimmermeister 123
Matsen; Kirchenjurat 124
Matthießen, Leuert; Zimmermann 123
Mecklenburg-Stelitz, Sophie Charlotte von; Prinzessin 10
Meding 400
Megerholtz; Zimmermeister 98
Melbeck; Bauschreiber 342
Meybohm, Ludewig; Zollschreiber 190
Michaelis, Christian Benedict; Theologieprofessor 7
Michaelis, Johann Heinrich; Theologieprofessor 7
Minte, Marten; Zimmermann 123
Möller, Cord Michael; Fayencenmaler 7, 19
Möller; Gestängewärter 405
Müller; Sodmeister 203, 225, 229
Müller; Fahrtknecht 385, 387–395

Neisse; Fahrtmeister 13, 155–157, 202, 203, 209, 210, 225, 229, 253, 386, 387, 394, 396

Nelßen, Elias; Zimmermann 123
Neubert 110–112
Neumann, Balthasar; Architekt 9, 20
Neumann, Johann Friedrich; Zimmermeister 54–56
Nicolassen, Joachim Heinrich; Baumeister 100
Nieper; Bürgermeister 162

Odeler, Gottfried; Zimmermann 124
Oldekopp; Bürgermeister 341, 342
Oldenburg, Peter Friedrich Ludwig von; Herzog 323

Pandt; Kirchenjurat 120, 124, 126
Pauli; Barmeister 258
Platon; Philosoph 370
Pöppelmann, Matthäus Daniel; Architekt 9, 20
Prey, Johann Leonhard; Steinmetzmeister 28, 30, 32, 92
Pültz, Johann Caspar; Zimmermeister 123

Rahusen 374, 376, 380
Rantzau von Aschberg, Graf Hans; Oberpräsident 7
Reese, Hinrich; Oberalter 223
Rehlender, Claus Hermann; Maurermeister 116
Reichart, Andreas; Zimmermann 123
Reichenbach; Propst 64
Reimarus, Hermann Samuel; Professor 11
Reinke, Johann Theodor; Grenzinspektor 13, 19, 21, 310, 315, 316, 319–321, 369, 372
Rentzel, Joachim; Kirchspielherr 28
Richter, Johann Adam; Architekt 55, 197
Röhrup, Peter; Zimmermann 123
Röhrup, Tönnies; Zimmermann 123
Roosen, Abraham 376, 380
Rosenberg, Johann Gott-

fried; Architekt 77, 135, 138, 142–144, 146
Rossi, Domenico Egidio; Architekt 9, 20

Sander; Leutnant 307, 322
Schäfer; Hofarzt 225
Schade, Heinrich; Ingenieur 85
Schele; Bürgermeister 43
Scheide 285
Schenck; Kirchenhauptmann 181, 182
Schildt, Claus; Zimmermann 123
Schlaun, Johann Conrad; Architekt 9, 20
Schlenter, Johann Pater; Dachdecker 124
Schlüter, Andreas; Bildhauer 9, 20
Schlüter, Claus; Holzhändler 153, 178, 182, 185, 191
Schmidt, Jürgen Gerhard; Maurermeister 42, 44
Schmidt; Mathematiker 249–251
Schmidt 376, 380
Schniebes, Gottlieb Friedrich; Buchdrucker 222
Schößing, Adam; Zimmermann 123
Schotter, Ludwig Joachim; Zimmerpolier 222, 223
Schrader, Christoffer; Kleinschmied 123
Schrader; Kammerrat 268, 269, 274–278, 280, 282, 283

Schrader; Regierungsadvokat 280
Schröder, Peter Hinrich; Zimmermann 124
Schuback; Bürgermeister 223
Schütz; Bürgermeister 166, 225, 249, 279, 284, 292, 307, 354
Schuldt, Johann Joachim; Maurermeister 42, 44
Schultz, Johann Georg; Zimmermann 124
Schultz; Faktor 262
Seelig; Sekretär 225
Selmer, Claus; Zimmermann 123
Senger, Johann Nicolaus; Zimmermann 124
Siereking 375
Sieber; Kirchenjurat 105, 112, 121
Sillem; Syndikus 310
Sixtus V.; Papst 126
Sonnin, Johann; Pastor 7
Sonnin, Rahel Elisabeth geb. Struensee 7
Sooth, Nicolaus Christopher; Ingenieuroffizier 84
Stäger; Fahrtmeister 165
Steindorf 380
Stern, von; Major 252, 253
Sturm, Leonhard Christoph; Architekturtheoretiker 323

Tewes, Frantz Peter; Maler 124

Tiltzig, Johann Georg; Maurermeister 116, 121
Timmermann; Sodmeister 158, 203, 241, 275
Töbing, von; Bürgermeister 225, 241, 342
Treu, Johann Georg; Zimmermann 124
Tummel, Johann Georg; Sechziger 223, 224

Vitruvius, Pollio; Architekturtheoretiker 10, 362
Vollbier, Johann; Zimmermeister 54–57
Voß, Johann; Zimmermann 123

Wagner, Franz Anton; Senator 223, 243
Warneke 253
Weber, Johann Georg; Zimmermann 123
Westphalen, Erich Jacob; Zimmermeister 104, 105
Westphalen; Senator 328, 329
Weyl, Johann Ernst; Zimmermann 124
Widau; Bürgermeister 244
Witte, Claus 185
Wolff, Christian; Mathematikprofessor 7
Wolff, Georg Christian von; Geheimer Rat 58
Wortmann, Peter; Sechziger 223

Zeiblich, Johann Christoffer; Zimmermann 123

HISTORISCHE LANDESKUNDE MITTELDEUTSCHLANDS

Herausgegeben für die Stiftung Mitteldeutscher Kulturrat
von Hermann Heckmann

SACHSEN
1985
ISBN 3 8035 1259 X

THÜRINGEN
1986
ISBN 3 8035 1293 X

SACHSEN ANHALT
1986
ISBN 3 8035 1294 X

BRANDENBURG
1988
ISBN 3 8035 1311 1

MECKLENBURG mit VORPOMMERN
1989
ISBN 3 8035 1314 6

VERLAG WEIDLICH WÜRZBURG

AUS DEUTSCHLANDS MITTE
Eine Schriftenreihe der Stiftung Mitteldeutscher Kulturrat

Band 1: EIN LESEBUCH – Autoren aus Ost- und Mitteldeutschland
20. Jahrhundert

Band 2: EIN LESEBUCH – Autoren aus Ost- und Mitteldeutschland
18. und 19. Jahrhundert

Band 3: MITTELDEUTSCHLAND – Versuche begrifflicher Definition unter fachwissenschaftlichen Aspekten

Band 4: WEH' DEM, DER KEINE HEIMAT HAT – eine Anthologie ost- und mitteldeutscher Autoren unserer Zeit

Band 5: KULTURELLES ERBE – Lebensbilder aus elf Jahrhunderten –
Bildende Kunst – Musik – Literatur

Band 6: DIE ELBE, von der Quelle bis zur Mündung – eine Anthologie

Band 7: MUSIK AUS DEUTSCHLANDS MITTE
Eine Anthologie zum Jahr der Musik 1985

Band 8: KULTURELLES ERBE II – Lebensbilder aus elf Jahrhunderten –
Bildende Kunst – Musik – Literatur

Band 9: Hermann Graf von Arnim-Muskau
MÄRKISCHER ADEL – Versuch einer sozialgeschichtlichen Betrachtung anhand von Lebensbildern von Herren und Grafen von Arnim

Band 10: Herbert Eilers
DIE EISENACHER ZEICHENSCHULE – Die Geschichte der Schule und ihrer Lehrer

Band 11: Hans-Georg John
LEIBESÜBUNGEN und volkstümliches Treiben in Halle an der Saale

Band 12: Benno von Knobelsdorff-Brenkenhoff – ANHALT-DESSAU 1737–1762
seine vier Fürsten und Brenckenhoff

Band 13: Karl Aley – VOM WAISENKNABEN ZUM WAISENVATER
der Franckeschen Stiftungen 1916–1946

Band 14: Helmut Richter
BERLIN – Aufstieg zum kulturellen Zentrum

Bände 15 + 16: Hermann Heckmann und Wolfdietrich Kopelke
SAGEN AUS DEUTSCHLANDS MITTE

Band 17: KULTURELLES ERBE III – Lebensbilder aus vier Jahrhunderten
Bildende Kunst – Musik – Literatur

Band 18: Kurt-Helmut Spöthe: MÜHLHAUSEN – Entwicklungen einer thüringischen Mittelstadt in der DDR

Band 19: Kurt Stüdemann: WOLLENWEBER UND WOLLENWEBEREI
IN MECKLENBURG – Ein Beitrag zur mecklenburgischen Handwerksgeschichte unter besonderer Berücksichtigung der Parchimer Verhältnisse

Band 20: Willi Griebenow: TERTIALRECHT UND TERTIALGÜTER IM EHEMALIGEN NEUVORPOMMERN UND RÜGEN – Geschichtl. Skizze eines schwedischen Rechtsinstituts

Band 21: Kurt Bernhard
ZEITUNGEN UND ZEITSCHRIFTEN IN MECKLENBURG

Band 22: Alfred Gottfried
JOHANN CHRISTIAN SIMON UND JOHANN GOTTLIEB OHNDORFF
zwei Freiberger Barockbaumeister

Sammelband
KULTURELLES ERBE

BILD- UND WORTESSAYS
Kleine Buchreihe der Stiftung Mitteldeutscher Kulturrat

Band 1: Hermann Heckmann
DRESDEN – Bauten und Baumeister

Band 2: Georg Hermanowski
WEIMARER KLASSIK

Band 3: Wolfdietrich Kopelke
HALLE an/der SAALE – Bewohner, Bauten und Begebenheiten

Band 4: KUPFERTAFELN zum Werk C. M. WIELANDS
(Sammlung J. G. Gruber)

Band 5: Anno und Georg Hermanowski
JOHANN GOTTFRIED HERDERS SCHULREFORM

Band 6: Goerd Peschken
BERLINER SCHLOSS

Band 7: Bernhard Sowinski
BERLIN UND ICH – eine Anthologie

Band 8: Wolfdietrich Kopelke
DAS WEIMARISCHE HOFTHEATER UNTER GOETHE

Band 9: Friedhelm Grundmann
BACKSTEINGOTIK AN DER OSTSEEKÜSTE

Band 10: Hans Tümmler
HERZOG / GROSSHERZOG CARL AUGUST
von
SACHSEN – WEIMAR – EISENACH

Band 11: Hans Tümmler
GOETHE – VOIGT – ein Briefwechsel

Band 12: Jörn Göres
GOETHES MONDGEDICHTE